高等数学（上）

夏大峰　吴　斌　朱　建　李小玲　李栋梁　编著

高等学校博士学科点专项科研基金（20113228110003）
南京信息工程大学教材建设基金　　　　　共同资助

科　学　出　版　社

北　京

内 容 简 介

本教材适用于各理工学科中非数学专业的高等数学课程. 由于高等数学基本理论、基本方法和基本技能,特别是微积分的基本理论和方法在各理工类等学科中具有广泛的应用,所以本教材进一步完善了微积分方面的基本理论和方法. 同时,因傅里叶级数在理工类学科中具有广泛的应用背景,所以本教材把傅里叶级数单独作为一章,其目的是强调傅里叶级数的重要性.本教材的特点是每一章节都列举了大量的例子,题型多样化,除了有利于学生掌握知识外,还有利于学生思维能力的培养;每一节附有习题,每一章附有总复习题.

本教材共十二章,分上、下两册. 上册内容:函数的极限与连续,导数与微分,微分中值定理与导数的应用,不定积分,定积分及其应用,向量代数与空间解析几何;下册内容:多元函数微分法及其应用,重积分及其应用,曲线积分与曲面积分,无穷级数,傅里叶级数,微分方程.

带"*"部分的教学内容可以略讲或不讲,不影响高等数学教学内容的整体性,也不影响考研数学一、数学二的内容.

本教材不仅可作为理工类各学科非数学专业的教材,也可作为其他学科有关专业的高等数学课程教材,还可以作为全国考研数学一、数学二高等数学的教材和参考书.

图书在版编目(CIP)数据

高等数学. 上/夏大峰等编著. —北京:科学出版社,2016
ISBN 978-7-03-049052-0

Ⅰ. ①高… Ⅱ. ①夏… Ⅲ. ①高等数学–高等学校–教材 Ⅳ. ①O13

中国版本图书馆 CIP 数据核字 (2016) 第 142748 号

责任编辑:胡 凯 许 蕾/责任校对:李 影
责任印制:徐晓晨/封面设计:许 瑞

科 学 出 版 社 出版
北京东黄城根北街 16 号
邮政编码:100717
http://www.sciencep.com

北京中石油彩色印刷有限责任公司 印刷
科学出版社发行 各地新华书店经销

*

2016 年 6 月第 一 版 开本:787×1092 1/16
2018 年 9 月第七次印刷 印张:22
字数:513 000

定价:59. 00 元
(如有印装质量问题,我社负责调换)

前　　言

　　高等数学是理工类各学科非数学专业和相关学科专业的基础课程，除了要求学生掌握高等数学的有关知识外，还强调培养学生的抽象思维能力、逻辑思维能力和定量思维能力，以及应用数学的理论和方法解决实际问题的能力.

　　本教材由 2011 年度高等学校博士学科点专项科研基金 (20113228110003) 和南京信息工程大学教材建设基金共同资助，按照理工类各学科非数学专业的高等数学教学内容要求，参照全国考研数学一、数学二的考研大纲，以及我校气象类学科和其他理工类各学科非数学专业人才培养的要求，借鉴国内外其他高校高等数学教学改革的成功经验编写而成. 本教材既能继承传统教材的优点又力求突出以下几个方面：

　　(1) 注意将数学素质的培养有机地融合于基础知识的讲解之中，突出微积分的基本思想和基本方法. 以高等数学的基本概念、基本理论和基本方法的理解和掌握为宗旨，注重基本概念、基本理论的理解，强调数学思维能力的渗透，强化理论知识的应用，力求使学生会用所学知识解决相应的实际问题，最大限度地为理工类各学科非数学专业后续课程夯实数学基础.

　　(2) 在确保高等数学科学性的前提下，充分考虑到高等教育大众化的新形势和全国考研数学一、数学二的内容，构建学生易于接受的高等数学体系，力求使学生在学习过程中能较好地了解各部分内容的内在联系，从整体上掌握高等数学的思想方法，力求揭示数学概念和方法的本质. 例如，对极限等概念，先介绍其描述性概念，再介绍它们的精确定义，便于学生接受并理解其概念；对微分与积分概念，都由实际问题引入，不仅介绍几何意义还介绍物理等方面的意义，使学生对所学知识有实际理解.

　　(3) 本教材对例题作了精心选择，例题丰富，紧扣教学内容，题型多样化，且许多例题是经济管理等方面的实际问题，既具有代表性又有一定的难度，适应理工类等各专业读者的需求.

　　(4) 为了便于实现因材施教以及分层教学的要求，对有关内容和习题进行了精心设计和安排. 每节后面的习题以本节教学内容为主进行配置，同时还选择一些考研的数学题. 每章后面还配有总复习题，总复习题融复习、巩固和考研为一体，为学生提供必要的训练.

　　(5) 带有 "*" 的内容可以不作要求，不影响内容的整体结构. 对于带有 "*" 的基本理论建议在教学过程中简要介绍其应用. 例如归结原理在有些高等数学教材中很少介绍，实际上归结原理在讨论函数的极限不存在性、判别无界性等方面都有广泛的应用.

　　总体来说，本教材的编写思路是处理好传统高等数学教材优点与教学改革的关系，使之相互融为一体. 本教材保留了高等数学传统教材说理浅显、叙述详细、深浅适度、结构严谨、例题较多、习题适度、便于自学等优点；还将数学专业的数学分析有关基本理论和方法渗入其中，有的理论和方法虽然没有给出证明，但适当强调了其应用，例如归结原理在判别极限不存在、无界以及无界但不是无穷大量等方面的作用等.

　　高等数学是大气科学中最重要的数学基础, 在大气科学各领域中具有广泛的应用. 为此, 李栋梁教授针对大气科学中用到的数学知识提出总体构想与框架. 在此基础之上, 本教材的编写人员集体讨论了全书的框架和教学内容的安排, 并参与各章节内容的编写. 全书主要由夏大峰统稿与定稿. 第一章、第二章、第三章、第十二章由夏大峰编写; 第四章、第五章由吴斌编写; 第六章、第七章由朱建编写; 第八章、第九章、第十章由李小玲编写; 第十一章由夏大峰、李小玲共同编写. 在教材编写的前期讨论中, 南京信息工程大学大学数学部的老师也参与了教材结构框架的讨论, 并提出了许多有益的建议.

　　本书的编写得到了南京信息工程大学教务处、数学与统计学院有关领导的大力支持和帮助, 也得到了许多老师的鼓励, 在此表示衷心的感谢.

　　由于编者水平有限, 书中难免存在一些缺点和错误, 敬请各位专家、同行和广大读者批评指正.

编　者

2016 年 1 月

目　　录

第一章　函数的极限与连续

事物的发展与变化可以归结为变量之间的依赖关系, 高等数学研究的对象则是变动的量, 函数描述的就是变量之间的依存关系. 极限是研究变量的基础, 也是研究变量的基本方法. 本章作为微积分的基础与准备, 需掌握的主要内容有函数及相关概念、数列与函数的极限及相关概念、无穷小量和无穷大量、函数的连续性及有关性质、函数的间断点等, 着重介绍其基本思想与方法, 为后面微积分的学习打好理论基础.

第一节　函　　数

一、实数集

集合是数学中最基本的概念, 通常把具有某种特定性质的对象汇集成的总体称为集合, 其中的对象称为该集合的元素. 设 A 是由具有某种性质 P 的元素构成的集合, 则 A 可表示为

$$A = \{x : x \text{ 具有性质 } P\} \quad \text{或} \quad A = \{x \,|\, x \text{ 具有性质 } P\}.$$

若 x 是集合 A 的元素, 则称 x 属于 A, 记为 $x \in A$; 若 x 不是集合 A 的元素, 则称 x 不属于 A, 记为 $x \notin A$.

两个集合 A, B 的并、交、差和余的运算分别定义为

$$A \cup B = \{x \,|\, x \in A \text{ 或 } x \in B\};$$
$$A \cap B = \{x \,|\, x \in A \text{ 且 } x \in B\};$$
$$A - B = \{x \,|\, x \in A \text{ 但 } x \notin B\};$$
$$A^{\mathrm{c}} = \{x \,|\, x \notin A\}.$$

若集合的元素都是由实数构成的, 则称该集合为数集. 根据实数轴上的点与实数之间的一一对应关系, 数集的元素有时也称为点.

高等数学中谈到的集合基本上都是数集, 常用的数集除了自然数集 $\mathbf{N}$、正整数集 $\mathbf{N}^+$、整数集 $\mathbf{Z}$、有理数集 $\mathbf{Q}$、实数集 $\mathbf{R}$ 外, 还有区间和邻域.

区间是用得较多的一类数集, 设 $a, b \in \mathbf{R}$, 且 $a < b$, 则数集

$$(a, b) = \{x \,|\, a < x < b, x \in \mathbf{R}\}$$

称为开区间; 数集

$$[a, b] = \{x \,|\, a \leqslant x \leqslant b, x \in \mathbf{R}\}$$

称为闭区间; 数集

$$(a, b] = \{x \,|\, a < x \leqslant b, x \in \mathbf{R}\}$$

与

$$[a,b) = \{x \mid a \leqslant x < b, x \in \mathbf{R}\}$$

均称为**半开半闭区间**.

上述区间的 a 与 b 称为这些区间的**端点**, 其中 a 称为区间的**左端点**, b 称为区间的**右端点**; $b - a$ 称为区间的**区间长度**.

以上四种区间均为有限区间, 其区间长度 $b - a$ 是有限的数值. 此外还有下列五种无限区间:

$$(a, +\infty) = \{x \mid x > a, x \in \mathbf{R}\};$$
$$[a, +\infty) = \{x \mid x \geqslant a, x \in \mathbf{R}\};$$
$$(-\infty, b) = \{x \mid x < b, x \in \mathbf{R}\};$$
$$(-\infty, b] = \{x \mid x \leqslant b, x \in \mathbf{R}\};$$
$$(-\infty, +\infty) = \mathbf{R}.$$

这些区间的区间长度都为无穷大. 其中记号 "$+\infty$" 读作正无穷大, "$-\infty$" 读作负无穷大.

邻域是数集中最重要的一类子集, 常用来描述 "某点附近" 的情况, 下面引入邻域的概念.

定义 1　设 $a, \delta \in \mathbf{R}, \delta > 0$, 数集

$$U(a, \delta) = \{x \mid |x - a| < \delta, x \in \mathbf{R}\} = (a - \delta, a + \delta)$$

称为点 a 的 δ 邻域, 其中点 a 与数 δ 分别称为这个邻域的中心与半径 (图 1-1-1(a)). 当不强调邻域的半径时, 可用记号 $U(a)$ 表示以点 a 为中心的任意开区间.

数集

$$\mathring{U}(a, \delta) = \{x \mid 0 < |x - a| < \delta\} = (a - \delta, a) \cup (a, a + \delta)$$

称为点 a 的去心 δ 邻域 (图 1-1-1(b)). 当不强调去心邻域的半径时, 可用记号 $\mathring{U}(a)$ 表示以点 a 为中心的任意去心邻域.

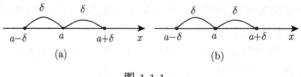

图 1-1-1

二、 函数的基本概念

事物及其变换过程是高等数学研究的对象, 数学则是把事物与变量联系起来, 也就是把事物及其变化过程进行量化. 人们在观察事物的变化过程中, 会遇到很多量, 这些量一般可分为两类: 一类是在该过程中保持不变的量, 称为**常量**; 另一类是在该过程中不断变化着的量, 称为**变量**. 一般地, 常用字母 $a, b, c, \cdots$ 等表示常量, 用字母 $x, y, z, t, \cdots$ 等表示变量. 在高等数学中, 通常把常量作为变量的特殊情况来处理.

为了简便起见, 先介绍数学上一些常用的数学符号: 符号 "∀" 表示 "任意 (确定) 的" 或者 "每一个"; 符号 "∃" 表示 "存在" 或者 "有". 例如 "∀x" 表示 "任意 (确定) 的 x", 而 "∃x" 表示 "存在 x".

函数研究的是变量之间的对应关系, 在事物的变化过程中, 经常会同时遇到两个或更多个变量之间的互相依赖关系.

例如, 在初速度为 0 的自由落体运动中, 路程 s 与时间 t 是两个变量, 当时间变化时, 所经过的路程也随之改变, 它们之间有如下关系:

$$s = \frac{1}{2}gt^2 \quad (t \geqslant 0). \tag{1-1-1}$$

又如, 在电阻两端加直流电压 V, 电阻中有电流 I 通过, 电压 V 改变时, 电流 I 随之改变, 其变化规律为

$$I = \frac{V}{R},$$

若电阻 $R = 2$, 则

$$I = \frac{V}{2}. \tag{1-1-2}$$

式 (1-1-1)、(1-1-2) 均表达了两个变量之间相互依赖的关系或规律, 依据这些规律, 当其中一个变量在某一范围内取定一个数值时, 另一变量的值就随之确定, 数学上把这种对应关系称为函数关系, 其定义如下.

定义 2 设 x, y 为某一变化过程中的两个变量, 如果 x 在非空数集 D 内任意取定一个值, y 按照某对应法则 f, 总有唯一确定的值与之相对应, 则称 y 是 x 的函数, 并称 x 为自变量, y 为因变量, 记作:

$$y = f(x) \ (x \in D),$$

其中, 数集 D 称为函数 $f(x)$ 的定义域.

一般地, 在函数 $y = f(x)$ 中, 使得式子 $f(x)$ 有意义的 x 的集合是该函数的定义域, 这时也称之为**该函数的自然定义域**. 但在实际问题中, 函数 $y = f(x)$ 的定义域还要根据问题中的实际意义来确定.

由定义 2 可知, $f(x)$ 也表示与 x 对应的函数值, 因此对应于 x_0 的函数值记为 $f(x_0)$ 或 $y|_{x=x_0}$. 全体函数值构成的集合称为**函数** $y = f(x)$ 的值域, 记作 $f(D)$, 即

$$f(D) = \{y | y = f(x), x \in D\}.$$

由自变量与因变量的有序对组成的集合

$$\{(x, y) | y = f(x), x \in D\}$$

称为函数 $y = f(x)$ 的**图像或图形**.

由于高等数学讨论的对象主要是函数, 函数 $y = f(x)$ 的图像或图形可在平面直角坐标系中画出, 所以也常称之为曲线 $y = f(x)$.

另外, 符号 $f(x)$ 中的 f 表示 y 与 x 之间的对应关系, 所以 f 仅仅是一个函数对应法则的记号, 它也可用其他符号如 g 或 h 等代替, 这时, 函数 $y = f(x)$ 就写成 $y = g(x)$ 或 $y = h(x)$.

例 1　求下列函数的定义域.

(1) $y = \sqrt{\sin x}$;

(2) $y = \sqrt{x^2 - x - 6} - \arccos \dfrac{2x - 1}{7}$.

解　(1) 由题意可得不等式 $\sin x \geqslant 0$, 解得

$$2k\pi \leqslant x \leqslant (2k+1)\pi, \quad k \in \mathbf{Z},$$

则该函数的定义域为

$$D = \{x \,|\, 2k\pi \leqslant x \leqslant (2k+1)\pi, k \in \mathbf{Z}\}.$$

(2) 由

$$\begin{cases} x^2 - x - 6 \geqslant 0, \\ \left| \dfrac{2x - 1}{7} \right| \leqslant 1, \end{cases}$$

即

$$\begin{cases} (x - 3)(x + 2) \geqslant 0, \\ |2x - 1| \leqslant 7, \end{cases}$$

解得

$$\begin{cases} x \leqslant -2 \text{ 或 } x \geqslant 3, \\ -3 \leqslant x \leqslant 4, \end{cases}$$

则该函数的定义域为

$$D = \left\{ x \,\middle|\, -3 \leqslant x \leqslant -2 \text{ 或 } 3 \leqslant x \leqslant 4 \right\}.$$

例 2　设函数 $f(x)$ 满足

$$3f(x) + 4x^2 f\left(-\dfrac{1}{x}\right) + \dfrac{7}{x} = 0,$$

试求函数 $f(x)$ 及定义域.

解　在等式

$$3f(x) + 4x^2 f\left(-\dfrac{1}{x}\right) + \dfrac{7}{x} = 0$$

中取 x 为 $-\dfrac{1}{x}$ 得

$$3f\left(-\dfrac{1}{x}\right) + \dfrac{4}{x^2} f(x) - 7x = 0,$$

上述两式消去 $f\left(-\dfrac{1}{x}\right)$ 得

$$f(x) = 4x^3 + \dfrac{3}{x}.$$

由此得函数 $f(x)$ 的定义域为

$$D = \{x | x < 0 \text{ 或 } x > 0\} = \{x | x \neq 0\}.$$

由函数的定义可知, 若两个函数的定义域相同, 对应法则也相同, 则称这两个函数相同. 例如函数 $y = \lg x^2$ 与 $y = 2\lg x$, 它们的对应法则相同, 但定义域不同, 所以它们不是相同的函数. 又如函数 $y = x (x \geqslant 0)$ 与 $y = (\sqrt{x})^2$, 它们的对应法则相同, 定义域也相同, 因此它们是相同的函数.

函数的表示方法有多种形式, 常见的主要有: 表格法、图示法、解析法.

表格法: 把自变量 x 与因变量 y 的一些对应值用表格列出, 对应法则由表格所确定.

例 3 某气象站 2015 年 3 月从 1 日到 7 日的中午 12 点钟的温度列表如下:

日期	2012.3.1	2012.3.2	2012.3.3	2012.3.4	2012.3.5	2012.3.6	2012.3.7
温度	16°C	17°C	17°C	16.5°C	16°C	17.5°C	18°C

上述表格描述的是某气象站 2015 年 3 月从 1 日到 7 日中午 12 点钟的温度, 对这 7 天中的任何一天中午 12 点钟, 按表的对应法则可唯一确定该天中午 12 点钟的温度, 即温度是对应日期中午 12 点钟的函数.

图示法: 把变量 x 与 y 对应的有序数组 (x, y) 看作直角坐标平面内点的坐标, y 与 x 的函数关系就可用坐标平面上的曲线来表示, 这种表示函数的方法称为图示法 (或图像法).

例 4 函数 $y = |x| + 1$ 的图像 (图 1-1-2).

解析法 (或公式法): 如果函数的对应法则由一个数学解析式表示, 则称这种表示函数的方法为解析法 (或公式法).

例 5 函数 $f(x) = |x|$ 的定义域 $D = (-\infty, +\infty)$, 值域为 $[0, +\infty)$, 称为绝对值函数.

有些函数在不同的定义范围内对应的函数关系并不相同, 这时就要用几个不同的式子分段来表示该函数, 如例 6.

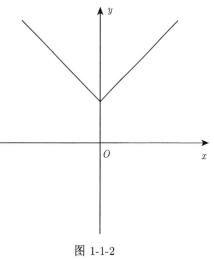

图 1-1-2

例 6 函数

$$y = \begin{cases} x + 2, & x \leqslant 0, \\ \mathrm{e}^x, & x > 0 \end{cases}$$

(图 1-1-3(a)) 与符号函数

$$\mathrm{sgn} x = \begin{cases} 1, & x > 0, \\ 0, & x = 0, \\ -1, & x < 0 \end{cases}$$

(图 1-1-3(b)).

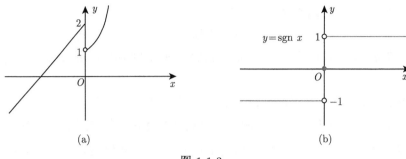

图 1-1-3

像上面两个这样在不同的范围内用不同的式子分段表示的函数称为**分段函数**. 在许多学科领域中经常用到分段函数.

必须指出, 分段函数是用不同的式子表示一个 (而不是几个) 函数. 因此对分段函数求函数值时, 不同点的函数值应代入相应范围的公式中去求.

例 7   常用记号 $[x]$ 表示 "小于或等于 x 的最大整数", 显然 $[x]$ 是由 x 唯一确定的, 如

$$[-1.001] = -2, \quad [0.87] = 0, \quad [1.79] = 1, \quad [2.43] = 2.$$

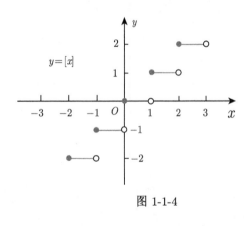

图 1-1-4

称函数 $y = [x]$ 为**取整函数**, 取整函数 $y = [x]$ 的定义域是实数集 **R**, 值域是整数集 **Z**, 它表示 y 是不超过 x 的最大整数, 该函数为分段函数 (图 1-1-4).

上述用公式所表示的函数, 都是直接用一个或几个关于自变量的式子来表示的, 这样的函数也称为**显函数**. 除此以外, 变量之间的函数关系也常用方程来表达, 例如在直线方程 $x + 2y = 1$ 中, 给定任意一个实数 x, 都有唯一确定的 y 值 $\left(y = \dfrac{1-x}{2} \right)$ 与之相对应, 因此在方程 $x + 2y = 1$ 中隐含了一个函数关系 $y = \dfrac{1-x}{2}$. 又如圆的方程 $x^2 + y^2 = a^2$ 确定了两个函数

$$y = \sqrt{a^2 - x^2}, \quad x \in [-a, a],$$
$$y = -\sqrt{a^2 - x^2}, \quad x \in [-a, a].$$

在 xOy 平面上, 函数 $y = \sqrt{a^2 - x^2}$ 表示上半圆周, 函数 $y = -\sqrt{a^2 - x^2}$ 表示下半圆周, 这两个函数都是由方程 $x^2 + y^2 = a^2$ 确定的. 在这种情况下, 方程所确定的是哪一个函数要根据条件而定. 如方程 $x^2 + y^2 = a^2$ 所确定的函数满足 $y \geqslant 0$, 则由该方程所确定的函数是

$$y = \sqrt{a^2 - x^2}, \quad x \in [-a, a].$$

如果由一个二元方程 $F(x, y) = 0$ 确定 y 是 x 的函数 (满足函数的定义), 则称函数 $y = y(x)$ 是由方程 $F(x, y) = 0$ 确定的**隐函数**.

设 $y = y(x)$ 是由二元方程 $F(x, y) = 0$ 所确定的函数, 有的方程可以解出 $y = y(x)$ 为解析式子, 但也有一些方程确定的函数关系不那么容易甚至不可能直接用自变量的解析式子表示出来. 例如开普勒 (Kepler) 方程

$$y - x - \varepsilon \sin y = 0 \ (\varepsilon \ \text{为常数}, \ 0 < \varepsilon < 1),$$

在这个方程中不可能将 y 用 x 的解析式表示出来, 但它仍能确定 y 是 x 的函数.

有时变量 x, y 之间的函数关系还可以通过参数方程

$$\begin{cases} x = \varphi(t), \\ y = \psi(t) \end{cases} (t \in I)$$

给出, 这样的函数称为**由参数方程确定的函数, 简称参数式函数**, t **称为参数**.

例 8 物体做斜抛运动时, 运动曲线 (图 1-1-5) 表示的函数就可写作参数式函数:

$$\begin{cases} x = v_0 t \cos \alpha, \\ y = v_0 t \sin \alpha - \dfrac{1}{2} g t^2, \end{cases}$$

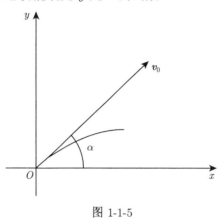

图 1-1-5

其中, α 为初速度 $\boldsymbol{v}_0$ 与水平方向的夹角, $v_0 = |\boldsymbol{v}_0|$.

三、函数的几种基本特性

由初等数学可知, 函数的有界性、单调性、奇偶性、周期性是函数的四个基本特性, 下面分别对它们作简要概括.

1. 函数在指定数集上的有界性

定义 3 设函数 $f(x)$ 的定义域为 D, 数集 $I \subset D$. 若存在数 M_1, 使得当 $\forall x \in I$ 时, 恒有

$$f(x) \leqslant M_1,$$

则称函数 $f(x)$ 在数集 I 上有上界, M_1 为 $f(x)$ 在 I 上的一个上界; 若存在数 M_2, 当 $\forall x \in I$ 时, 恒有

$$f(x) \geqslant M_2,$$

则称函数 $f(x)$ 在数集 I 上有下界, M_2 为 $f(x)$ 在 I 上的一个下界; 若 $f(x)$ 在数集 I 上既有上界, 又有下界, 则称 $f(x)$ 在 I 上为有界函数.

显然, 若 $f(x)$ 在 I 上有界, 则必存在数 M_1, M_2, 使得对 $\forall x \in I$, 恒有

$$M_1 \leqslant f(x) \leqslant M_2,$$

取 $M = \max \{|M_1|, |M_2|\}$, 则容易证明上式等价于

$$|f(x)| \leqslant M,$$

因此函数 $f(x)$ 在数集 I 上有界的充要条件为存在正数 M, 对 $\forall x \in I$, 恒有 $|f(x)| \leqslant M$.

在几何上, 若函数 $f(x)$ 在数集 I 上有上界 M_1, 则表示函数 $y = f(x)$ 在数集 I 上的图像均位于直线 $y = M_1$ 的下方; 若函数 $f(x)$ 在数集 I 上有下界 M_2, 则表示函数 $y = f(x)$ 在数集 I 上的图像均位于直线 $y = M_2$ 的上方; 若函数 $f(x)$ 在数集 I 上有界, 则表示必存在一个正数 M, 函数 $y = f(x)$ 在数集 I 上的图像位于直线 $y = M$ 与 $y = -M$ 之间. 否则就称 $f(x)$ 在 I 上为无界函数, 即对 $\forall M > 0$, 都 $\exists x_0 \in I$, 使得 $|f(x_0)| > M$. 无界函数是指无上界或无下界的函数.

例 9　讨论下列函数的有界性.

(1) $y = \sin(x^2 - x + 5)$;

(2) $y = \dfrac{\sqrt{x}}{x - 1}$;

(3) $y = \dfrac{1}{x} \cos \dfrac{1}{x}$.

解　(1) 函数 $y = \sin(x^2 - x + 5)$ 的定义域为 $(-\infty, +\infty)$, 在 $(-\infty, +\infty)$ 内为有界的, 大于且等于 1 的数都是它的上界, 小于且等于 -1 的数都是它的下界; 即对 $\forall x \in (-\infty, +\infty)$, 都有

$$\left| \sin(x^2 - x + 5) \right| \leqslant 1.$$

(2) 函数 $y = \dfrac{\sqrt{x}}{x - 1}$ 的定义域为 $D = \{x \,|\, x \geqslant 0, x \neq 1\} = [0, 1) \cup (1, +\infty)$. 对 $\forall M > 0$, 取 $x_0 = \dfrac{M + 1}{M}$, 则

$$y(x_0) = \frac{\sqrt{x_0}}{x_0 - 1} > \frac{1}{x_0 - 1} = M,$$

故函数 $y = \dfrac{\sqrt{x}}{x - 1}$ 是无界的.

(3) 函数 $y = \dfrac{1}{x} \cos \dfrac{1}{x}$ 的定义域为 $D = \{x \,|\, x \neq 0\} = (-\infty, 0) \cup (0, +\infty)$. 对 $\forall M > 0$, 存在自然数 N, 使 $N > M$, 取 $x_0 = \dfrac{1}{2N\pi}$, 则

$$y(x_0) = 2N\pi \cos(2N\pi) = 2N\pi > M,$$

故函数 $y = \dfrac{1}{x} \cos \dfrac{1}{x}$ 是无界的.

2. 函数的单调性

定义 4　设函数 $f(x)$ 在数集 $D \subset \mathbf{R}$ 上有定义, 对 $\forall x_1, x_2 \in D$, 若

(1) 当 $x_1 < x_2$ 时, 恒有 $f(x_1) \leqslant f(x_2)$, 则称 $f(x)$ 在 D 上为单调增加; 特别地, 当 $x_1 < x_2$ 时, 恒有 $f(x_1) < f(x_2)$, 则称 $f(x)$ 在 D 上为严格单调增加.

(2) 当 $x_1 < x_2$ 时, 恒有 $f(x_1) \geqslant f(x_2)$, 则称 $f(x)$ 在 D 上为单调减少; 特别地, 当 $x_1 < x_2$ 时, 恒有 $f(x_1) > f(x_2)$, 则称 $f(x)$ 在 D 上为严格单调减少.

单调增加与单调减少函数统称为**单调函数**, 严格单调增加与严格单调减少函数统称为**严格单调函数**.

例如, 对数函数 $y = \ln x$ 在 $(0, +\infty)$ 上是严格单调增加的; 当 $0 < a < 1$ 时, 指数函数 $y = a^x$ 在 $(-\infty, +\infty)$ 内是严格单调减少的.

余弦函数 $y = \cos x$ 在 $[-\pi, 0]$ 上是严格单调增加的, 在 $[0, \pi]$ 上是严格单调减少的.

分段函数 $y = \begin{cases} x, & x \leqslant 0, \\ \mathrm{e}^x, & x > 0 \end{cases}$ 在 $(-\infty, +\infty)$ 内严格单调增加; 而分段函数

$$y = \begin{cases} x + 2, & x \leqslant 0, \\ \mathrm{e}^x, & x > 0 \end{cases}$$

在 $(-\infty, 0]$ 内严格单调增加, 在 $(0, +\infty)$ 内也严格单调增加, 但在 $(-\infty, +\infty)$ 内却不是单调增加函数.

取整函数 $y = [x]$ 在 $(-\infty, +\infty)$ 上是单调增加的, 但不是严格单调增加的.

函数 $y = \begin{cases} 1, & x \in \mathbf{Q}, \\ 0, & x \notin \mathbf{Q} \end{cases}$ 在任何区间上都不是单调的.

例 10　证明函数 $f(x) = x^3 - 2$ 是严格单调增加的.

证　函数 $f(x) = x^3 - 2$ 的定义域为 $(-\infty, +\infty)$, 对 $\forall x_1, x_2 \in (-\infty, +\infty)$, 且 $x_1 < x_2$, 有

$$\begin{aligned} f(x_2) - f(x_1) &= x_2^3 - x_1^3 = (x_2 - x_1)(x_2^2 + x_2 x_1 + x_1^2) \\ &= (x_2 - x_1)\left[\left(x_1 + \frac{x_2}{2}\right)^2 + \frac{3}{4} x_2^2\right] > 0, \end{aligned}$$

即 $f(x_2) > f(x_1)$. 故函数 $f(x) = x^3 - 2$ 是严格单调增加的.

3. 函数的奇偶性

定义 5　设函数 $f(x)$ 的定义域 D 是关于原点对称的区间 (即 $\forall x \in D$, 必有 $-x \in D$), 对 $\forall x \in D$,

若等式 $f(-x) = -f(x)$ 恒成立, 则称 $f(x)$ 为奇函数;

若等式 $f(-x) = f(x)$ 恒成立, 则称 $f(x)$ 为偶函数.

在几何上, 由于奇函数 $f(x)$ 满足条件 $f(-x) = -f(x)$, 因此若点 $A(x, f(x))$ 在曲线 $y = f(x)$ 上, 则 A 的关于原点中心对称的点 $A'(-x, -f(x))$ 也在该曲线上 (图 1-1-6(a)), 因此奇函数的图像关于原点中心对称. 类似可知偶函数的图像关于 y 轴对称 (图 1-1-6(b)).

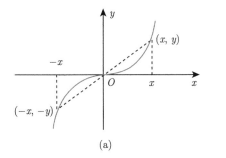

(a)

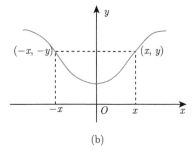

(b)

图 1-1-6

例 11   判别下列函数的奇偶性.

(1) $f(x) = \dfrac{a^x + a^{-x}}{b} (a > 0$ 且 $a \neq 1; b \neq 0)$;

(2) $f(x) = x^3 + 1$;

(3) $f(x) = \ln(x + \sqrt{x^2 + 1})$.

解   (1) 因为

$$f(-x) = \frac{a^{-x} + a^x}{b} = f(x),$$

所以 $f(x) = \dfrac{a^x + a^{-x}}{b}$ 是偶函数.

(2) 因为

$$f(-x) = (-x)^3 + 1 = -x^3 + 1,$$

所以 $f(-x) \neq f(x)$ 且 $f(-x) \neq -f(x)$, 故 $f(x) = x^3 + 1$ 既不是奇函数也不是偶函数.

(3) 因为

$$\begin{aligned}
f(-x) &= \ln(-x + \sqrt{(-x)^2 + 1}) = \ln(\sqrt{x^2 + 1} - x) \\
&= \ln \frac{(\sqrt{x^2 + 1} - x)(\sqrt{x^2 + 1} + x)}{\sqrt{x^2 + 1} + x} = \ln \frac{1}{\sqrt{x^2 + 1} + x} \\
&= -\ln(x + \sqrt{x^2 + 1}) = -f(x),
\end{aligned}$$

所以 $f(x) = \ln(x + \sqrt{x^2 + 1})$ 是奇函数.

4. 函数的周期性

设 $y = f(x)$ 的定义域为 D, 若存在非零定值 $T(T \neq 0)$, 使得对 $\forall x \in D$, 都有 $x + T \in D$, 且等式 $f(x + T) = f(x)$ 恒成立, 则称 $f(x)$ 是**周期函数**, T 是它的一个**周期**. 易知 T 的整数倍 nT 也一定是 $f(x)$ 的周期. 在 $f(x)$ 的所有周期中, 若存在最小的正数, 则称这个数为 $f(x)$ 的**最小正周期**. 值得注意的是, 并不是所有的周期函数都有最小正周期.

例 12 $y = x - [x]$ 是周期函数, 其最小正周期为 1; 三角函数中 $y = \sin x$ 和 $y = \cos x$ 都是以 2π 为周期的周期函数, $y = \tan x$ 和 $y = \cot x$ 都是以 π 为周期的周期函数.

例 13   证明狄利克雷 (Dirichlet) 函数

$$f(x) = \begin{cases} 1, & x \in \mathbf{Q}, \\ 0, & x \notin \mathbf{Q} \end{cases}$$

是周期函数, 但无最小正周期.

证   设 $\forall x \in \mathbf{R}$, 当 $x \in \mathbf{Q}$ 时, 对 $\forall r \in \mathbf{Q}$, 有 $x + r \in \mathbf{Q}$, 因此有

$$f(x + r) = f(x) = 1;$$

当 $x \notin \mathbf{Q}$ 时, 即 x 为无理数, 则 $x + r$ 也为无理数, 因此有

$$f(x + r) = f(x) = 0.$$

综上可知, 对 $\forall x \in \mathbf{R}$, $\forall r \in \mathbf{Q}$, 恒有

$$f(x) = f(x + r),$$

所以, 任一有理数 r 均为 $f(x)$ 的周期, 因此 $f(x)$ 是以任一有理数为其周期的周期函数. 但由于正有理数无最小值, 所以 $f(x)$ 是周期函数但无最小正周期.

另外, 常值函数都是周期函数, 但没有最小周期.

例 14　证明函数 $f(x) = x - \sin x$ 不是周期函数.

证　反证法　假设函数 $f(x) = x - \sin x$ 有周期 $l \neq 0$, 则 $\forall x \in (-\infty, +\infty)$, 有

$$f(x + l) = f(x),$$

即

$$(x + l) - \sin(x + l) = x - \sin x.$$

令 $x = 0$, 得 $l - \sin l = 0$, 解得 $l = 0$, 这与周期 $l \neq 0$ 矛盾. 所以函数 $f(x) = x - \sin x$ 不是周期函数.

四、初等函数

1. 反函数及其基本性质

设函数 $y = f(x)$ 的定义域为 D, 值域为 $f(D)$, 如果对于 $\forall y \in f(D)$, 在 D 内总有唯一确定的 x 与之对应, 使得 $f(x) = y$ 成立, 那么就得到一个以 y 为自变量、x 为因变量的函数, 称该函数为 $y = f(x)$ **的反函数**, 记作

$$x = f^{-1}(y),$$

其定义域为 $f(D)$, 值域为 D.

一般地, 函数 $y = f(x)$ 不一定存在反函数. 例如函数 $y = x^2$ 就没有反函数. 只有一一对应的函数存在反函数, 例如, 当 $x \geqslant 0$ 时, $y = x^2$ 对应的反函数为 $x = \sqrt{y}$, 当 $x \leqslant 0$ 时 $y = x^2$ 对应的反函数为 $x = -\sqrt{y}$.

定理 1　如果函数 $y = f(x)$ 是单值单调的, 那么其反函数 $x = f^{-1}(y)$ 必存在, 且有相同的单调性.

证　假设 $y = f(x)$ 是单调增加函数, 设 $\forall y_1, y_2 \in f(D)$, 且 $y_1 < y_2$. 又设

$$y_1 = f(x_1), y_2 = f(x_2), x_1, x_2 \in D,$$

则必有 $x_1 < x_2$ (否则与函数是 $y = f(x)$ 的单调增加的相矛盾), 因此 $x = f^{-1}(y)$ 也是单调增加函数.

同理可证, 若 $y = f(x)$ 是单调减少的函数, 则其反函数必存在, 且也是单调减少的. 综上所述, 该结论成立.

设函数 $y = f(x)$ 与 $y = f^{-1}(x)$ 互为反函数, 则满足 $f^{-1}(f(x)) = x$. 它们的图像关于直线 $y = x$ 对称. 反函数的实质体现在它所表示的对应规律上, 与原来的函数相比, 自变量与

因变量的地位对调了. 至于用什么字母来表示反函数中的自变量与因变量并不重要. 习惯上把自变量记作 x, 因变量记作 y, 则反函数 $x = f^{-1}(y)$ 也写作 $y = f^{-1}(x)$. 即自变量与因变量的记号可以变, 但对应规律与定义域不能变. 例如,

函数	其反函数 (用 y 表示自变量时)	其反函数 (用 x 表示自变量时)
$y = 2x + 1$	$x = \dfrac{y-1}{2}$	$y = \dfrac{x-1}{2}$
$y = \mathrm{e}^x$	$x = \ln y$	$y = \ln x$
$y = x^3$	$x = \sqrt[3]{y}$	$y = \sqrt[3]{x}$

1) 反正弦函数

正弦函数 $y = \sin x$ 在 $\left[-\dfrac{\pi}{2}, \dfrac{\pi}{2}\right]$ 上是单调增加函数, 其值域为 $[-1,1]$, 则存在反函数 $x = \sin^{-1} y$. 其中 $\sin^{-1}$ 记作 (也读作)"arcsin", 即称

$$y = \arcsin x, \quad x \in [-1, 1]$$

为正弦函数 $y = \sin x$ 在 $\left[-\dfrac{\pi}{2}, \dfrac{\pi}{2}\right]$ 上的反函数, 简称反正弦函数, 其值域是 $\left[-\dfrac{\pi}{2}, \dfrac{\pi}{2}\right]$ (图 1-1-7).

2) 反余弦函数

余弦函数 $y = \cos x$ 在 $[0, \pi]$ 上是单调减少函数, 其值域为 $[-1,1]$, 则存在反函数 $x = \cos^{-1} y$. 其中 $\cos^{-1}$ 记作 (也读作)"arccos", 即称

$$y = \arccos x, \quad x \in [-1, 1]$$

为余弦函数 $y = \cos x$ 在 $[0, \pi]$ 上的反函数, 简称反余弦函数, 其值域是 $[0, \pi]$ (图 1-1-8).

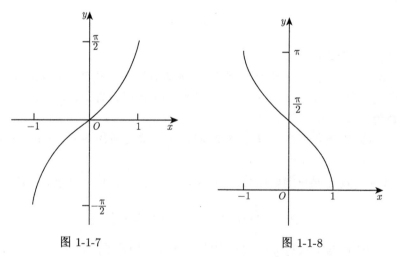

图 1-1-7   图 1-1-8

3) 反正切函数

正切函数 $y = \tan x$ 在 $\left(-\dfrac{\pi}{2}, \dfrac{\pi}{2}\right)$ 内是单调增加函数, 其值域为 $(-\infty, +\infty)$, 则存在反函数 $x = \tan^{-1} y$. 其中 $\tan^{-1}$ 记作 (也读作)"arctan", 即称

$$y = \arctan x, \quad x \in (-\infty, +\infty)$$

为正切函数 $y = \tan x$ 在 $\left(-\dfrac{\pi}{2}, \dfrac{\pi}{2}\right)$ 上的反函数, 简称反正切函数, 其值域是 $\left(-\dfrac{\pi}{2}, \dfrac{\pi}{2}\right)$ (图 1-1-9).

4) 反余切函数

余切函数 $y = \cot x$ 在 $(0, \pi)$ 上是单调减少函数, 其值域为 $(-\infty, +\infty)$, 则存在反函数 $x = \cot^{-1} y$. 其中 $\cot^{-1}$ 记作 (也读作)"arc cot", 即称

$$y = \operatorname{arc cot} x, \quad x \in (-\infty, +\infty)$$

为余切函数 $y = \cos x$ 在 $(0, \pi)$ 上的反函数, 简称反余切函数, 其值域是 $(0, \pi)$ (图 1-1-10).

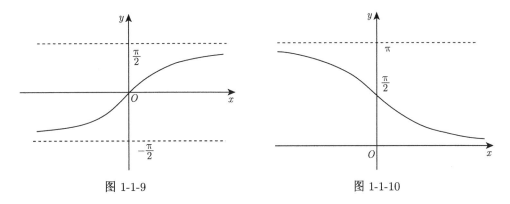

图 1-1-9   图 1-1-10

易证, 反三角函数还满足如下的互余恒等式:

$$\arcsin x + \arccos x = \frac{\pi}{2}, \quad x \in [-1, 1],$$
$$\arctan x + \operatorname{arccot} x = \frac{\pi}{2}, \quad x \in (-\infty, +\infty).$$

2. 复合函数

在很多实际问题中, 需要把两个或更多个函数合成另一个新的函数. 例如, 在物理学中, 设有一质量为 m 的物体做直线运动, 速度为 v, 则其动能为 $E = \dfrac{1}{2}mv^2$; 当物体做自由落体时, 速度为 $v = gt$, 这时其动能为 $E = \dfrac{1}{2}m(gt)^2 = \dfrac{1}{2}mg^2t^2$. 抽象出数学模型, 即已知函数 $E = \dfrac{1}{2}mv^2$ 与 $v = gt$, 将 $v = gt$ 代入 E 中, 得新函数 $E = \dfrac{1}{2}mg^2t^2$. 这样, E 通过变量 v 成为 t 的函数, 由此得到的函数称为**复合函数**. 如: $y = \lg u, u = \sin x$ 复合成复合函数 $y = \lg \sin x$, 但这里要求 $u = \sin x$ 满足条件 $0 < \sin x \leqslant 1$, 即 $x \in (2k\pi, (2k+1)\pi), k \in \mathbf{Z}$.

定义 6 设函数 $y = f(u)$ 的定义域为 U, 函数 $u = \varphi(x)$ 在 $I\,(I \in D)$ 上有定义, 对应的值域 $\varphi(I) \subset U$, 则 y 通过 u 而成为 x 的函数, 记作

$$y = f[\varphi(x)] \ \text{或} \ y = f \circ \varphi(x)\,(x \in I).$$

称 $y = f[\varphi(x)]$ 是由函数 $y = f(u)$ 与 $u = \varphi(x)$ 复合而成的函数, 其中 u 称为中间变量.

复合函数也可以由两个及以上的函数复合而成, 例如: 函数 $y = \ln \tan x^2$ 是由函数 $y = \ln u, u = \tan v, v = x^2$ 复合而成.

需要注意的是, 在复合函数 $y = f[\varphi(x)]$ 中, 函数 $u = \varphi(x)$ 的值域 $\varphi(I)$ 不能超出函数 $f(u)$ 的定义域 U, 否则就不能复合成一个函数. 因此复合函数 $y = f[\varphi(x)]$ 的定义域是使得函数 $u = \varphi(x)$ 的值包含在函数 $y = f(u)$ 的定义域 U 内的一切 x 的集合 I, 即

$$I = \{ x | \varphi(x) \in U \}.$$

例 15　设

$$f(x) = \begin{cases} 0, & x < 0, \\ x, & x \geqslant 0, \end{cases}$$

$$g(x+1) = x^2 + x + 1,$$

试求 $f(g(x)),\ f[f(g(x))],\ g(f(x)), f[g(f(x))]$.

　　解　令 $x + 1 = u$, 则

$$g(u) = (u-1)^2 + (u-1) + 1 = u^2 - u + 1,$$

即

$$g(x) = x^2 - x + 1.$$

又 $g(x) = x^2 - x + 1 > 0$, 于是

$$f(g(x)) = g(x) = x^2 - x + 1;$$

$$f[f(g(x))] = f(g(x)) = g(x) = x^2 - x + 1;$$

$$g(f(x)) = f^2(x) - f(x) + 1 = \begin{cases} 1, & x < 0, \\ x^2 - x + 1, & x \geqslant 0; \end{cases}$$

$$f[g(f(x))] = g(f(x)) = \begin{cases} 1, & x < 0, \\ x^2 - x + 1, & x \geqslant 0. \end{cases}$$

3. 函数的四则运算

设函数 $f(x),\ g(x)$ 的定义域分别为 $D_1,\ D_2$, 令 $D = D_1 \cap D_2 \neq \varnothing$, 则定义这两个函数的四则运算:

$$\begin{aligned} &\text{和 (差)} f \pm g: & &(f \pm g)(x) = f(x) \pm g(x), \quad x \in D; \\ &\text{积 } f \cdot g: & &(f \cdot g) = f(x) \cdot g(x), \quad x \in D; \\ &\text{商 } \frac{f}{g}: & &\left(\frac{f}{g} \right)(x) = \frac{f(x)}{g(x)}, \quad x \in D - \{ x | g(x) = 0, x \in D \}. \end{aligned}$$

例 16　若函数 $f(x)$ 的定义域 I 关于原点对称, 则 $f(x)$ 可以表示为奇函数与偶函数之和.

证　由于函数 $f(x)$ 的定义域 I 关于原点对称, 令

$$g(x) = \frac{1}{2}[f(x) + f(-x)], \quad h(x) = \frac{1}{2}[f(x) - f(-x)],$$

那么

$$g(-x) = \frac{1}{2}[f(-x) + f(x)] = g(x),$$

即 $g(x)$ 是 I 上的偶函数; 同理可以验证 $h(x)$ 是 I 上的奇函数, 且 $f(x) = g(x) + h(x)$.

4. 基本初等函数

尽管在实际问题中所遇到的函数形式有时比较复杂, 但经过仔细观察与分类后, 可发现它们总是由几种最简单、最基本的函数 (如幂函数、指数函数、对数函数、三角函数、反三角函数等) 构成.

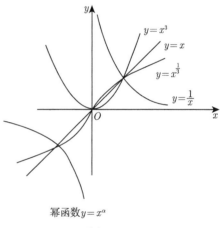

幂函数 $y = x^{\alpha}$

图 1-1-11

在初等数学中, 已详细地讨论过常值函数、幂函数、指数函数、对数函数、三角函数、反三角函数的概念及其性质. 通常将这六类函数统称为**基本初等函数**. 有关它们的知识也是微积分的基础知识. 图 1-1-11 为幂函数图像, 图 1-1-12 为指数函数图像, 图 1-1-13 为对数函数图像, 图 1-1-14(a)、(b) 为三角函数图像, 反三角函数图像与三角函数图像关于直线 $y = x$ 对称, 其图像略.

有关基本初等函数的概念、定义域、值域、图像、基本性质等是本教材内容的基础, 请读者熟记.

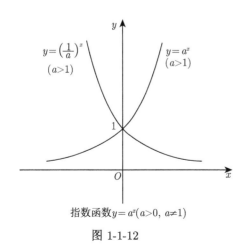

指数函数 $y = a^x (a > 0,\ a \neq 1)$

图 1-1-12

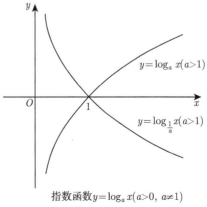

指数函数 $y = \log_a x (a > 0,\ a \neq 1)$

图 1-1-13

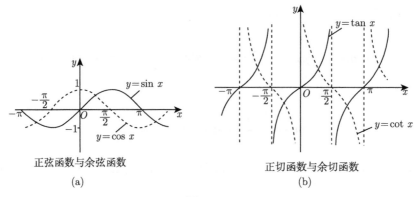

图 1-1-14

5. 初等函数

定义 7   由基本初等函数经过有限次的四则运算和有限次的函数复合而构成, 并可用一个式子表示的解析函数, 称为初等函数.

例 17   函数 $y = 3x^4 + \mathrm{e}^x + \ln(\sin x)$ 是初等函数. 因为 $\ln(\sin x)$ 是由基本初等函数 $w = \ln u, u = \sin x$ 复合而成的函数, 而 $y = 3x^4 + \mathrm{e}^x + \ln(\sin x)$ 是由 $3, x^4, \mathrm{e}^x$ 与 $\ln(\sin x)$ 经过四则运算得到的.

例 18   函数

$$f(x) = \begin{cases} x - a, & x \geqslant a, \\ a - x, & x < a \end{cases}$$

是初等函数. 因为

$$f(x) = \sqrt{(x-a)^2}$$

是由基本初等函数

$$y = \sqrt{u}, u = v^2 \text{ 和 } v = x - a$$

复合而成的函数.

6. 双曲函数

应用中常遇到以 e 为底的指数函数 $y = \mathrm{e}^x$ 与 $y = \mathrm{e}^{-x}$ 所构成的的双曲函数, 定义如下:

双曲正弦: $\mathrm{sh}x = \dfrac{\mathrm{e}^x - \mathrm{e}^{-x}}{2}$ (图 1-1-15);

双曲余弦: $\mathrm{ch}x = \dfrac{\mathrm{e}^x + \mathrm{e}^{-x}}{2}$ (图 1-1-16);

双曲正切: $\mathrm{th}x = \dfrac{\mathrm{sh}x}{\mathrm{ch}x} = \dfrac{\mathrm{e}^x - \mathrm{e}^{-x}}{\mathrm{e}^x + \mathrm{e}^{-x}}$ (图 1-1-17).

它们对于一切实数 x 都有意义, 这些函数的性质与相应的三角函数非常相似, 例如根据双曲函数的定义, 易证它们具有如下的关系:

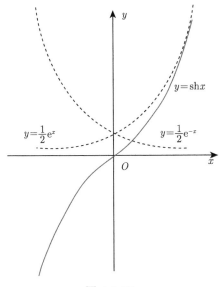

图 1-1-15

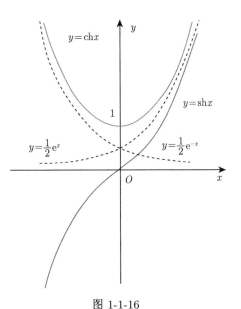

图 1-1-16

$$\mathrm{ch}^2x - \mathrm{sh}^2x = 1;$$

$$\mathrm{sh}2x = 2\mathrm{sh}x\mathrm{ch}x;$$

$$\mathrm{ch}2x = \mathrm{ch}^2x + \mathrm{sh}^2x;$$

$$\mathrm{th}2x = \frac{2\mathrm{th}x}{1+\mathrm{th}^2x};$$

$$\mathrm{sh}\,(x \pm y) = \mathrm{sh}x\mathrm{ch}y \pm \mathrm{ch}x\mathrm{sh}y;$$

$$\mathrm{ch}\,(x \pm y) = \mathrm{ch}x\mathrm{ch}y \pm \mathrm{sh}x\mathrm{sh}y.$$

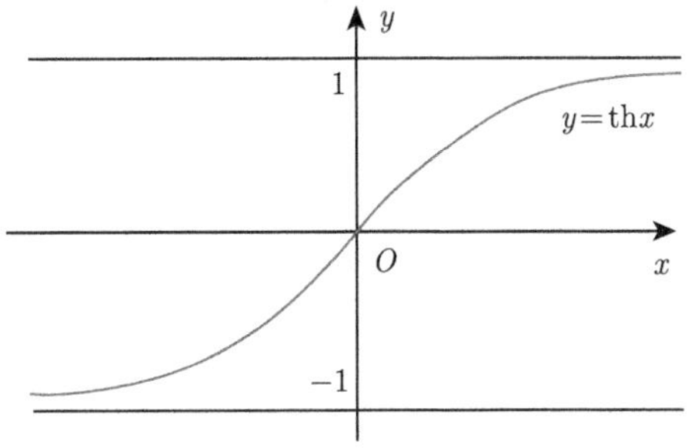

图 1-1-17

请读者自证.

另外, $\mathrm{cth}x = \dfrac{\mathrm{ch}x}{\mathrm{sh}x} = \dfrac{\mathrm{e}^x + \mathrm{e}^{-x}}{\mathrm{e}^x - \mathrm{e}^{-x}}$ 称为双曲余切, 其定义域为 $\{x\,|\,x \neq 0\}$, 并具有关系式

$$\mathrm{cth}2x = \frac{1 + \mathrm{cth}^2x}{2\mathrm{cth}x}.$$

习 题 1-1

1. 求下列函数的定义域.

(1) $y = \ln(1-x) + \sqrt{x+2}$;

(2) $y = \arccos\sqrt{2x}$;

(3) $y = \ln(\ln x)$;

(4) $y = \ln\left(\arcsin\dfrac{x}{2}\right)$.

2. 下列函数是由哪些函数复合而成的?

(1) $y = (\mathrm{arc\,cot}\sqrt{x})^3$;

(2) $y = 3^{\tan[\ln(x^2+x+2)]}$.

3. 讨论下列函数是否具有奇偶性.

(1) $y = \cos(\sin x)$;

(2) $y = x^2 + \tan x$;

(3) $y = 2^x - 2^{-x}$;

(4) $y = \dfrac{1}{x}\ln(x+\sqrt{x^2+1})$.

4. 求函数 $y = \dfrac{1-\mathrm{e}^x}{1+\mathrm{e}^x}$ 的反函数.

5. (1) 已知 $f\left(\dfrac{1}{x}\right) = x - \sqrt{x^2 + 1}$, 求 $f(x)$;

(2) 已知 $f\left(\dfrac{x}{x-1}\right) = \dfrac{2x-1}{3x+1}$, 求 $f(x)$.

6. 证明: 当 $\sin \dfrac{x}{2} \neq 0$ 时, 有

(1) $\sin x + \sin 2x + \cdots + \sin nx = \dfrac{\cos \dfrac{x}{2} - \cos \dfrac{2n+1}{2}x}{2\sin \dfrac{x}{2}}$;

(2) $\cos x + \cos 2x + \cdots + \cos nx = \dfrac{\sin \dfrac{2n+1}{2}x - \sin \dfrac{x}{2}}{2\sin \dfrac{x}{2}}$.

第二节　数列的极限

一、数列极限的概念

极限概念是由于求某些实际问题的精确解答而产生的. 例如, 割圆术求圆周率 π 就是一个特殊的范例. 中国古代从先秦时期开始, 一直是取 "周三径一" 的数值来进行圆的计算, 即圆的周长与直径的比率为三比一. 如此计算出来的圆周长实际上就是圆内接正 6 边形的周长. 公元 3 世纪中期, 魏晋时期的数学家刘徽利用圆内接正多边形来推算圆的周长方法 —— 割圆术, 即通过不断倍增圆内接正多边形的边数求出圆周长, 进而求得较为精确的圆周率. 刘徽从正 6 边形开始割圆 (图 1-2-1), 将 6 条弧的每段 2 等分, 得到正 12 边形, 并如此继续这样的分割. 若将正 $6 \times 2^{n-1}$ 边形的周长记为 L_n, 则得到圆周长数列 $\{L_n\}$. 刘徽将圆周长一直算到正 3072 边形, 即 $n = 10$ 的情形, 由此求得圆周率的近似值 3.1416. 刘徽指出: 割之弥细, 所失弥少, 割之又割, 以至于不可割, 则与圆合体, 而无所失矣. 意思是说, 将圆内接正多边形的边数不断增加, 则它们的周长与圆周长的误差越来越小, 即当 n 越来越大时, 数列 $\{L_n\}$ 的极限就是圆的周长.

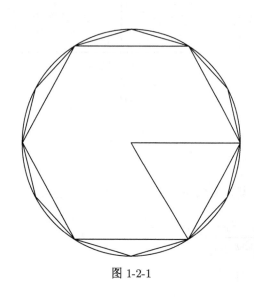

图 1-2-1

这就是极限思想在几何学上的应用. 在解决实际问题中逐步形成的这种极限方法, 已成为高等数学中的一种基本方法, 也是微积分的理论基础.

定义 1　无穷多个数按某种方式排列

$$x_1, x_2, \cdots, x_n, \cdots$$

称为数列, 记作 $\{x_n\}$ 或 $x_n(n = 1, 2, 3, \cdots)$, 其中 x_n 称为数列的通项或一般项.

例如:

$$\left\{\frac{n}{n+1}\right\} : \frac{1}{2}, \frac{2}{3}, \frac{3}{4}, \cdots, \frac{n}{n+1}, \cdots;$$

$$\left\{(-1)^n \frac{1}{n}\right\} : -1, \frac{1}{2}, \frac{-1}{3}, \frac{1}{4}, \cdots, \frac{(-1)^n}{n}, \cdots;$$

$$\{n\} : 1, 2, 3, \cdots, n, \cdots;$$

$$\{(-1)^n\} : -1, 1, -1, 1, \cdots, (-1)^n, \cdots$$

都是数列.

对于数列 $\{x_n\}$, 其各项的值 x_n 由下标 n 唯一确定, 所以数列可以视为定义在正整数集上的函数

$$x_n = f(n), n = 1, 2, \cdots, n, \cdots.$$

对于一个数列 $\{x_n\}$, 我们关心的是 n 无限增大时 (记作 $n \to \infty$), 对应项的变化趋势. 例如, 当 $n \to \infty$ 时,

数列 $\left\{\dfrac{n}{n+1}\right\}$ 趋于 1;

数列 $\left\{(-1)^n \dfrac{1}{n}\right\}$ 各项的值在数 0 的两侧来回交替着变化, 且越来越接近 0;

数列 $\{n\}$ 的值越来越大, 无限增大;

数列 $\{(-1)^n\}$ 的值永远在 -1 与 1 之间交互取得, 而不与某一数无限接近.

如果当 $n \to \infty$ 时, 数列的项 x_n 能与某个常数 A 无限接近, 则称这个数列为**收敛数列**, 常数 A 称为当 $n \to \infty$ 时数列 $\{x_n\}$ 的极限, 记作 $\lim\limits_{n \to \infty} x_n = A$ 或 $x_n \to A(n \to \infty)$. 其严格定义如下.

定义 2 设 $\{x_n\}$ 是一个数列, A 是某常数, 如果对 $\forall \varepsilon > 0$, 总存在正整数 N, 使得当 $n > N$ 时, 不等式 $|x_n - A| < \varepsilon$ 都成立, 那么就称常数 A 为数列 $\{x_n\}$ 当 $n \to \infty$ 时的极限, 记作

$$\lim_{n \to \infty} x_n = A \text{ 或 } x_n \to A(n \to \infty).$$

这时我们称数列 $\{x_n\}$ 是收敛的, 且收敛于 A; 否则就称数列 $\{x_n\}$ 不收敛或数列 $\{x_n\}$ 是发散的.

定义 2 中的正整数 N 与预先给定的小正数 ε 是有关的, 它随着 ε 的给定而选定. 一般地, 当 ε 越小时, N 将会相应地越大.

若将常数 A 及数列 $x_1, x_2, x_3, \cdots, x_n, \cdots$ 在数轴上一一表示出来, 任取一个小正数 ε (无论它多么小), 在数轴上作点 A 的 ε 邻域即开区间 $(A - \varepsilon, A + \varepsilon)$, 由于

$$|x_n - A| < \varepsilon \Leftrightarrow A - \varepsilon < x_n < A + \varepsilon,$$

所以, 若 $\lim\limits_{n \to \infty} x_n = A$, 则对上面的 ε, 必存在 N, 使数列中除了开始的 N 项外, 自第 $N + 1$ 项起, 后面所有的项

$$x_{N+1}, x_{N+2}, x_{N+3}, \cdots$$

都落在开区间 $(A-\varepsilon, A+\varepsilon)$ 内 (图 1-2-2).

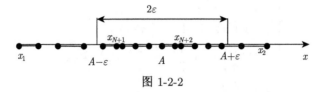

图 1-2-2

例 1   证明 $\lim\limits_{n\to\infty}\dfrac{n+(-1)^n}{n}=1$.

证   对 $\forall \varepsilon > 0$, 考察

$$|x_n - A| = \left|\frac{n+(-1)^n}{n} - 1\right| = \frac{1}{n},$$

为了使 $|x_n - A| < \varepsilon$, 只需 $\dfrac{1}{n} < \varepsilon$, 即 $n > \dfrac{1}{\varepsilon}$ 成立, 可取 $N = \left[\dfrac{1}{\varepsilon}\right]$, 则当 $n > N$ 时, 就有

$$\left|\frac{n+(-1)^n}{n} - 1\right| < \varepsilon,$$

即

$$\lim_{n\to\infty}\frac{n+(-1)^n}{n}=1.$$

例 2   证明 $\lim\limits_{n\to\infty} q^n = 0$, 这里 $|q| < 1$.

证 $\forall \varepsilon > 0$ (设 $\varepsilon < 1$), 考察

$$|x_n - A| = |q^n| = |q|^n < \varepsilon,$$

在不等式两边取自然对数, 得

$$n \ln|q| < \ln\varepsilon,$$

由于 $\ln|q| < 0$, 故有

$$n > \frac{\ln\varepsilon}{\ln|q|},$$

因此, 要想使 $|x_n - A| < \varepsilon$ 成立, 只要 $n > \dfrac{\ln\varepsilon}{\ln|q|}$ 成立即可, 取 $N = \left[\dfrac{\ln\varepsilon}{\ln|q|}\right]$, 当 $n > N$ 时, 有 $n > \dfrac{\ln\varepsilon}{\ln|q|}$, 则

$$|x_n - A| < \varepsilon$$

成立, 即

$$\lim_{n\to\infty} q^n = 0(|q| < 1).$$

例 3   证明 $\lim\limits_{n\to\infty}\sqrt[n]{n}=1$.

证   令 $\sqrt[n]{n}=1+\alpha_n$, 则 $\alpha_n \geqslant 0$ 且当 $n \geqslant 2$ 时, 有

$$n =(1+\alpha_n)^n = 1 + n\alpha_n + \frac{n(n-1)}{2}\alpha_n^2 + \cdots + \alpha_n^n$$

$$> \frac{n(n-1)}{2} \alpha_n^2 \geqslant \frac{n^2}{4} \alpha_n^2$$

即 $\alpha_n < \dfrac{2}{\sqrt{n}}$.

对 $\forall \varepsilon > 0$, 由 $\dfrac{2}{\sqrt{n}} < \varepsilon$ 得 $n > \dfrac{4}{\varepsilon^2}$, 取 $N = \max\left\{2, \left[\dfrac{4}{\varepsilon^2}\right]\right\}$, 当 $n > N$ 时, 有

$$\left| \sqrt[n]{n} - 1 \right| = \alpha_n < \frac{2}{\sqrt{n}} < \varepsilon.$$

所以, $\lim\limits_{n\to\infty} \sqrt[n]{n} = 1$.

定义 3　若数列 $\{x_n\}$ 收敛于 0, 则称 $\{x_n\}$ 为无穷小量或无穷小数列.

例如, $\left\{ \ln\left(1 + \dfrac{1}{n}\right) \right\}$ 与 $\left\{ \dfrac{1}{2^n} \right\}$ 都是无穷小数列.

由于 $|x_n - a| = |(x_n - a) - 0|$, 以及 $||x_n| - |a|| \leqslant |x_n - a|$, 则我们有下列结论:

定理 1　数列 $\{x_n\}$ 收敛于 a 的充要条件是 $\{x_n - a\}$ 为无穷小量.

定理 1 说明数列 $\{x_n\}$ 是否收敛于 a 等价于数列 $\{x_n - a\}$ 是否为无穷小量.

定理 2　如果 $\lim\limits_{n\to\infty} x_n = a$, 则 $\lim\limits_{n\to\infty} |x_n| = |a|$.

反过来, 如果 $\lim\limits_{n\to\infty} |x_n| = |a|$, 但不一定有 $\lim\limits_{n\to\infty} x_n = a$, 即定理 2 的逆命题不成立. 例如, 数列 $\{(-1)^n\}$ 不收敛, 但 $\lim\limits_{n\to\infty} |(-1)^n| = 1$, 即数列 $\{|(-1)^n|\}$ 收敛.

例 4　证明: 若 $\lim\limits_{n\to\infty} x_n = a$, 则 $\lim\limits_{n\to\infty} \dfrac{x_1 + x_2 + \cdots + x_n}{n} = a$.

证　先证 $\lim\limits_{n\to\infty} x_n = 0$ 时, 有 $\lim\limits_{n\to\infty} \dfrac{x_1 + x_2 + \cdots + x_n}{n} = 0$. 对 $\forall \varepsilon > 0$, 由 $\lim\limits_{n\to\infty} x_n = 0$, 存在自然数 N_0, 当 $n > N_0$ 时, 有

$$|x_n| < \frac{\varepsilon}{2}.$$

注意到 $|x_1| + |x_2| + \cdots + |x_{N_0}|$ 是一个固定的数, 而 $\lim\limits_{n\to\infty} \dfrac{1}{n} = 0$, 由此存在自然数 N_1, 使得当 $n > N_1$ 时, 有

$$\frac{|x_1| + |x_2| + \cdots + |x_{N_0}|}{n} < \frac{\varepsilon}{2}.$$

于是, 取 $N = \max\{N_0, N_1\}$, 当 $n > N$ 时, 有

$$\left| \frac{x_1 + x_2 + \cdots + x_n}{n} - 0 \right| = \left| \frac{x_1 + x_2 + \cdots + x_n}{n} \right|$$
$$\leqslant \frac{|x_1| + |x_2| + \cdots + |x_{N_0}|}{n} + \frac{|x_{N_0+1}| + |x_{N_0+2}| + \cdots + |x_n|}{n}$$
$$< \frac{\varepsilon}{2} + \frac{n - N_0}{n} \frac{\varepsilon}{2} < \varepsilon,$$

所以

$$\lim_{n\to\infty} \frac{x_1 + x_2 + \cdots + x_n}{n} = 0.$$

若 $\lim\limits_{n\to\infty} x_n = a$, 则由定理 1 有 $\lim\limits_{n\to\infty} (x_n - a) = 0$. 又

$$\frac{x_1 + x_2 + \cdots + x_n}{n} - a = \frac{(x_1 - a) + (x_2 - a) + \cdots + (x_n - a)}{n},$$

且由上面的证明可知

$$\lim_{n \to \infty} \left(\frac{x_1 + x_2 + \cdots + x_n}{n} - a \right)$$

$$= \lim_{n \to \infty} \frac{(x_1 - a) + (x_2 - a) + \cdots + (x_n - a)}{n} = 0.$$

再根据定理 1 有

$$\lim_{n \to \infty} \frac{x_1 + x_2 + \cdots + x_n}{n} = a.$$

定义 4　对于数列 $\{x_n\}$, 如果对 $\forall M > 0$, 存在自然数 N, 当 $n > N$ 时, 都有 $|x_n| > M$, 则称数列 $\{x_n\}$ 收敛于 ∞, 记为 $\lim\limits_{n \to \infty} x_n = \infty$ 或 $x_n \to \infty\ (n \to \infty)$. 此时 $\{x_n\}$ 称为无穷大量或无穷大数列.

类似地, 还可以定义数列 $\{x_n\}$ 为正无穷大量, 记为 $\lim\limits_{n \to \infty} x_n = +\infty$ 或 $x_n \to +\infty(n \to \infty)$; 数列 $\{x_n\}$ 为负无穷大量, 记为 $\lim\limits_{n \to \infty} x_n = -\infty$ 或 $x_n \to -\infty(n \to \infty)$.

定理 3　数列 $\{x_n\}$ 为无穷大量的充要条件是 $\left\{ \dfrac{1}{x_n} \right\}$ 为无穷小量; 若 $\{x_n\}$ 为无穷小量且 $x_n \neq 0$, 则 $\left\{ \dfrac{1}{x_n} \right\}$ 为无穷大量.

证　**必要性**　若数列 $\{x_n\}$ 为无穷大量, 则对 $\forall \varepsilon > 0$, 取 $M = \dfrac{1}{\varepsilon}$, 由无穷大量的定义, 存在自然数 N, 当 $n > N$ 时, 有 $|x_n| > M = \dfrac{1}{\varepsilon}$, 即当 $n > N$ 时, 有

$$\left| \frac{1}{x_n} \right| < \varepsilon.$$

这表明 $\left\{ \dfrac{1}{x_n} \right\}$ 为无穷小量.

充分性　若数列 $\left\{ \dfrac{1}{x_n} \right\}$ 为无穷小量, 则对 $\forall M > 0$, 取 $\varepsilon = \dfrac{1}{M}$, 由无穷小量的定义, 存在自然数 N, 当 $n > N$ 时, 有

$$\left| \frac{1}{x_n} \right| < \varepsilon = \frac{1}{M},$$

即当 $n > N$ 时, 有 $|x_n| > M$. 这表明 $\{x_n\}$ 为无穷大量.

后半部分的证明即为上述证明过程的逆推.

二、数列极限的性质

定理 4(数列极限的唯一性)　如果数列 $\{x_n\}$ 收敛, 那么它的极限是唯一的.

证　用反证法: 假设 $\lim\limits_{n \to \infty} x_n = A$ 及 $\lim\limits_{n \to \infty} x_n = B$, 且 $A < B$, 取 $\varepsilon = \dfrac{B - A}{2}$. 由 $\lim\limits_{n \to \infty} x_n = A$ 知存在自然数 N_1, 当 $n > N_1$ 时都有

$$|x_n - A| < \frac{B - A}{2},$$

即

$$x_n < \frac{B + A}{2}.$$

同理, 由 $\lim\limits_{n\to\infty} x_n = B$ 知存在自然数 N_2, 当 $n > N_2$ 时都有

$$|x_n - B| < \frac{B-A}{2},$$

即

$$x_n > \frac{B+A}{2}.$$

取 $N = \max\{N_1, N_2\}$, 当 $n > N$ 时上述两个不等式都成立. 矛盾, 故 $\{x_n\}$ 的极限是唯一的.

定理 5(收敛数列的有界性)　如果数列 $\{x_n\}$ 收敛, 那么数列 $\{x_n\}$ 是有界的.

证　设 $\lim\limits_{n\to\infty} x_n = A$, 取 $\varepsilon = 1$. 由 $\lim\limits_{n\to\infty} x_n = A$ 知存在自然数 N, 当 $n > N$ 时都有

$$|x_n - A| < 1, \quad \Rightarrow \quad |x_n| < |A| + 1.$$

取 $M = \max\{|x_1|, |x_2|, \cdots, |x_N|, |A| + 1\}$, 则对任意的 x_n, 都有 $|x_n| \leqslant M$. 所以数列 $\{x_n\}$ 是有界的.

反过来, 若数列 $\{x_n\}$ 有界, 但不一定收敛. 例如, 数列 $\{(-1)^n\}$ 有界, 但该数列发散.

定理 6(收敛数列的保号性)　如果 $\lim\limits_{n\to\infty} x_n = A$, 且 $A > 0$ (或 $A < 0$), 则存在自然数 N, 当 $n > N$ 时都有 $x_n > \dfrac{A}{2} > 0$ (或 $x_n < \dfrac{A}{2} < 0$).

证　就 $A > 0$ 的情形证明如下: 取 $\varepsilon = \dfrac{A}{2} > 0$, 由 $\lim\limits_{n\to\infty} x_n = A$ 知存在自然数 N, 当 $n > N$ 时都有

$$|x_n - A| < \frac{A}{2},$$

即

$$x_n > \frac{A}{2},$$

所以, 当 $n > N$ 时都有 $x_n > \dfrac{A}{2} > 0$.

推论　如果 $x_n \geqslant 0$ (或 $x_n < 0$) 且 $\lim\limits_{n\to\infty} x_n = A$, 则 $A \geqslant 0$ (或 $A < 0$).

定理 7(数列极限的四则运算)　设数列 $\{x_n\}$, $\{y_n\}$ 收敛, 则数列 $\{x_n \pm y_n\}$, $\{x_n y_n\}$ 均收敛; 当 $\lim\limits_{n\to\infty} y_n \neq 0$ 时, 数列 $\left\{\dfrac{x_n}{y_n}\right\}$ 也收敛, 且

(1) $\lim\limits_{n\to\infty} (x_n \pm y_n) = \lim\limits_{n\to\infty} x_n \pm \lim\limits_{n\to\infty} y_n$;

(2) $\lim\limits_{n\to\infty} (x_n y_n) = \lim\limits_{n\to\infty} x_n \cdot \lim\limits_{n\to\infty} y_n$;

(3) 当 $\lim\limits_{n\to\infty} y_n \neq 0$ 时, $\lim\limits_{n\to\infty} \dfrac{x_n}{y_n} = \dfrac{\lim\limits_{n\to\infty} x_n}{\lim\limits_{n\to\infty} y_n}$.

证　设 $\lim\limits_{n\to\infty} x_n = a$, $\lim\limits_{n\to\infty} y_n = b$, 则对 $\forall \varepsilon > 0$,

(1) 由 $\lim\limits_{n\to\infty} x_n = a$ 可知: 存在自然数 N_1, 当 $n > N_1$ 时, 有

$$|x_n - a| < \frac{\varepsilon}{2}; \tag{1}$$

由 $\lim\limits_{n\to\infty} y_n = b$ 可知: 存在自然数 N_2, 当 $n > N_2$ 时, 有

$$|y_n - b| < \frac{\varepsilon}{2}. \tag{2}$$

取 $N = \max\{N_1, N_2\}$, 当 $n > N$ 时, 由上述不等式 (1)、(2) 成立, 有

$$|(x_n \pm y_n) - (a \pm b)| \leqslant |x_n - a| + |y_n - b| < \frac{\varepsilon}{2} + \frac{\varepsilon}{2} = \varepsilon,$$

这就证明了

$$\lim_{n \to \infty} (x_n \pm y_n) = a \pm b = \lim_{n \to \infty} x_n \pm \lim_{n \to \infty} y_n.$$

(2) 因为 $\{y_n\}$ 收敛, 由定理 5, 存在 $M > 0$, 使得对任意自然数 n, 都有 $|y_n| \leqslant M$.

若 $a = 0$, 即 $\lim_{n \to \infty} x_n = 0$ 时, 存在自然数 N, 当 $n > N$ 时, 有

$$|x_n| < \frac{\varepsilon}{M}, \tag{3}$$

于是有

$$|x_n y_n - 0 \cdot b| = |x_n y_n| = |x_n| \cdot |y_n| \leqslant M |x_n| < \varepsilon;$$

若 $a \neq 0$, 即 $\lim_{n \to \infty} x_n = a \neq 0$ 时, 存在自然数 N_1, 当 $n > N_1$ 时, 有

$$|x_n - a| < \frac{\varepsilon}{2M}.$$

由 $\lim_{n \to \infty} y_n = b$ 可知: 存在自然数 N_2, 当 $n > N_2$ 时, 有

$$|y_n - b| < \frac{\varepsilon}{2|a|}. \tag{4}$$

取 $N = \max\{N_1, N_2\}$, 当 $n > N$ 时, 上述不等式 (3)、(4) 成立, 于是有

$$|x_n y_n - ab| = |x_n y_n - a y_n + a y_n - ab|$$
$$\leqslant |x_n - a| \cdot |y_n| + |a| |y_n - b| \leqslant M |x_n - a| + |a| |y_n - b| < \frac{\varepsilon}{2} + \frac{\varepsilon}{2} = \varepsilon,$$

这就证明了 $\lim_{n \to \infty} (x_n y_n) = ab = \lim_{n \to \infty} x_n \cdot \lim_{n \to \infty} y_n$.

(3) 因为 $\lim_{n \to \infty} y_n = b \neq 0$, 所以 $\lim_{n \to \infty} |y_n| = |b| > 0$. 由定理 6, 存在自然数 N_1, 当 $n > N_1$ 时, 有 $|y_n| > \frac{|b|}{2}$; 由 $\lim_{n \to \infty} y_n = b$ 可知: 存在自然数 N_2, 当 $n > N_2$ 时, 有

$$|y_n - b| < \frac{b^2 \varepsilon}{2}.$$

取 $N = \max\{N_1, N_2\}$, 当 $n > N$ 时, 有

$$\left| \frac{1}{y_n} - \frac{1}{b} \right| = \left| \frac{y_n - b}{b y_n} \right| \leqslant \frac{2}{b^2} |y_n - b| < \varepsilon.$$

这就证明了 $\lim_{n \to \infty} \frac{1}{y_n} = \frac{1}{b}$. 根据 (2), 我们有

$$\lim_{n \to \infty} \frac{x_n}{y_n} = \lim_{n \to \infty} x_n \frac{1}{y_n} = \frac{a}{b} = \frac{\lim_{n \to \infty} x_n}{\lim_{n \to \infty} y_n}.$$

例 5 求极限 $\lim\limits_{n\to\infty}\dfrac{\dfrac{3}{2^n}+2}{7\ln\left(1+\dfrac{1}{\sqrt{n}}\right)-2}$.

解 因为

$$\lim_{n\to\infty}\frac{3}{2^n}=0,\ \lim_{n\to\infty}\ln\left(1+\frac{1}{\sqrt{n}}\right)=0,$$

所以

$$\lim_{n\to\infty}\frac{\dfrac{3}{2^n}+2}{7\ln\left(1+\dfrac{1}{\sqrt{n}}\right)-2}=\frac{\lim\limits_{n\to\infty}\left(\dfrac{3}{2^n}+2\right)}{\lim\limits_{n\to\infty}\left[7\ln\left(1+\dfrac{1}{\sqrt{n}}\right)-2\right]}=\frac{0+2}{0-2}=-1.$$

例 6 证明: $\lim\limits_{n\to\infty}\sqrt[n]{a}=1(a>0)$.

证 当 $a>1$ 时, 令 $\sqrt[n]{a}-1=h$, 则 $h>0$, 且

$$a=(1+h)^n=1+nh+\frac{n(n-1)}{2!}h^2+\cdots+h^n>1+nh,$$

所以

$$h<\frac{a-1}{n},$$

对 $\forall\varepsilon>0$, 要使 $|\sqrt[n]{a}-1|<\varepsilon$, 只要 $h<\dfrac{a-1}{n}<\varepsilon$, 即只要 $n>\dfrac{a-1}{\varepsilon}$, 故取 $N=\left[\dfrac{a-1}{\varepsilon}\right]$, 则

$$\lim_{n\to\infty}\sqrt[n]{a}=1.$$

当 $a=1$ 时, 显然有 $\lim\limits_{n\to\infty}\sqrt[n]{a}=1$;

当 $0<a<1$ 时,

$$\lim_{n\to\infty}\sqrt[n]{a}=\lim_{n\to\infty}\sqrt[n]{\frac{1}{\dfrac{1}{a}}}=\frac{1}{\lim\limits_{n\to\infty}\sqrt[n]{\dfrac{1}{a}}}=1\ \left(\text{这时 }\frac{1}{a}>1\right).$$

综上讨论可得

$$\lim_{n\to\infty}\sqrt[n]{a}=1(a>0).$$

定理 8(夹逼定理) 如果三个数列 $\{x_n\}$, $\{y_n\}$, $\{z_n\}$ 满足:

$$y_n\leqslant x_n\leqslant z_n,\quad n=1,2,\cdots,$$

且 $\lim\limits_{n\to\infty}y_n=\lim\limits_{n\to\infty}z_n=A$, 则 $\lim\limits_{n\to\infty}x_n=A$.

证 对 $\forall\varepsilon>0$, 由 $\lim\limits_{n\to\infty}y_n=A$ 存在自然数 N_1, 使得 $n>N_1$ 时有

$$|y_n-A|<\varepsilon,\ \text{从而有 }A-\varepsilon<y_n;$$

由 $\lim\limits_{n\to\infty}y_n=A$ 存在自然数 N_2, 使得 $n>N_2$ 时有

$$|z_n-A|<\varepsilon,\ \text{从而有 }z_n<A+\varepsilon;$$

取 $N = \max\{N_1, N_2\}$, 当 $n > N$ 时, 有

$$A - \varepsilon < y_n < x_n < z_n < A + \varepsilon,$$

于是有 $|x_n - A| < \varepsilon$. 这就证明了 $\lim\limits_{n \to \infty} x_n = A$.

例 7   设 $x_n = \dfrac{1}{n+1} + \dfrac{1}{n+\sqrt{2}} + \dfrac{1}{n+\sqrt{3}} + \cdots + \dfrac{1}{n+\sqrt{n}}$, 求极限 $\lim\limits_{n \to \infty} x_n$.

解   因为

$$\frac{n}{n+\sqrt{n}} \leqslant x_n \leqslant \frac{n}{n+1},$$

且

$$\lim_{n \to \infty} \frac{n}{n+\sqrt{n}} = 1, \quad \lim_{n \to \infty} \frac{n}{n+1} = 1,$$

由夹逼定理可得

$$\lim_{n \to \infty} x_n = 1.$$

三、 数列的子列

在数列 $\{x_n\}$ 中, 第一次任取 x_{n_1}, 第二次在 x_{n_1} 之后任取 x_{n_2}, 第三次在 x_{n_2} 之后任取 $x_{n_3}, \cdots$, 这样无限次任取下去, 得到一个数列

$$x_{n_1}, x_{n_2}, x_{n_3}, \cdots, x_{n_k}, \cdots,$$

记为 $\{x_{n_k}\}$, 称为数列 $\{x_n\}$ 的子数列, 简称为子列.

定理 9(收敛数列与子列的关系)   如果数列 $\{x_n\}$ 收敛于 A, 那么数列 $\{x_n\}$ 的任意子列 $\{x_{n_k}\}$ 也收敛, 且极限也是 A.

如果数列 $\{x_n\}$ 的某子列发散, 或存在 $\{x_n\}$ 的某两个子列收敛但极限不相等, 那么数列 $\{x_n\}$ 发散. 但有下列结论:

定理 10   如果 $\lim\limits_{n \to \infty} x_{2n} = \lim\limits_{n \to \infty} x_{2n-1} = A$, 则 $\lim\limits_{n \to \infty} x_n = A$.

证   对 $\forall \varepsilon > 0$, 由 $\lim\limits_{n \to \infty} x_{2n} = \lim\limits_{n \to \infty} x_{2n-1} = A$, 分别存在自然数 N_1, N_2, 使得当 $n > N_1$ 时有

$$|x_{2n-1} - A| < \varepsilon;$$

当 $n > N_2$ 时有

$$|x_{2n} - A| < \varepsilon.$$

取 $N = \max\{2N_1, 2N_2\}$, 当 $n > N$ 时, 不论 n 为奇数还是偶数, 上述两个不等式都成立, 故都有

$$|x_n - A| < \varepsilon,$$

所以 $\lim\limits_{n \to \infty} x_n = A$.

例 8   设 $x_n = \dfrac{a^n}{a^n + 2}$ (其中 a 为实数), 讨论数列 $\{x_n\}$ 的收敛性.

解   当 $|a| < 1$ 时, 由于 $\lim\limits_{n \to \infty} a^n = 0$, 所以有

$$\lim_{n \to \infty} x_n = 0;$$

当 $|a| > 1$ 时, 由于 $\lim\limits_{n \to \infty} a^n = \infty$, 所以有

$$\lim_{n \to \infty} x_n = \lim_{n \to \infty} \frac{a^n}{a^n + 2} = \lim_{n \to \infty} \frac{1}{1 + \dfrac{2}{a^n}} = 1;$$

当 $a = 1$ 时, $x_n = \dfrac{1}{3}$, 所以有

$$\lim_{n \to \infty} x_n = \frac{1}{3};$$

当 $a = -1$ 时, $x_{2n-1} = -1$, $x_{2n} = \dfrac{1}{3}$, 此时有

$$\lim_{n \to \infty} x_{2n-1} = \frac{1}{3}, \quad \lim_{n \to \infty} x_{2n-1} = -1,$$

所以, 数列 $\{x_n\}$ 是发散的.

*四、 柯西收敛准则

上面介绍了利用数列极限的定义来证明数列以某数为极限的例子, 但数列极限即使存在也未必能预先知道, 这时就无法用极限的定义来验证极限, 因此还必须从数列本身来找到能够判断它的收敛性的条件, 法国数学家柯西 (Cauchy) 给出了数列极限存在的充要条件, 也称**柯西收敛准则**.

定理 11(柯西收敛准则)　*数列 $\{x_n\}$ 有极限的充分必要条件是: 对 $\forall \varepsilon > 0$, 总存在一正整数 N, 使得当 $m, n > N$ 时, 总有*

$$|x_n - x_m| < \varepsilon.$$

证明略.

例 9　设 $x_n = 1 + \dfrac{1}{2} + \cdots + \dfrac{1}{n}$ $(n = 1, 2, \cdots)$, 证明数列 $\{x_n\}$ 是发散的.

证　对任意的正整数 n, 取 $m = 2n$, 有

$$\begin{aligned}
|x_m - x_n| &= \frac{1}{n+1} + \frac{1}{n+2} + \cdots + \frac{1}{2n} \\
&> n \cdot \frac{1}{2n} = \frac{1}{2},
\end{aligned}$$

若取 $\varepsilon = \dfrac{1}{2}$, 则找不到这样的正整数 N, 使得当 $n > N$ 时, 有

$$|x_n - x_m| < \frac{1}{2},$$

由定理 11 可知, 该数列 $\{x_n\}$ 的极限不存在.

习　题　1-2

1. 观察下列数列 $\{x_n\}$ 一般项 x_n 的变化趋势, 并写出它们的极限.

(1) $x_n = \dfrac{1}{3^n}$;

(2) $x_n = (-1)^n \dfrac{1}{n+1}$;

(3) $x_n = \dfrac{n+5}{n+1}$;

(4) $x_n = 2 + \dfrac{n}{n^2+1}$;

(5) $x_n = (-1)^n \ln(n+1)$.

2. 用数列极限的定义证明下列等式.

(1) $\lim\limits_{n\to\infty} \dfrac{1}{\sqrt{n}} = 0$;

(2) $\lim\limits_{n\to\infty} \dfrac{n}{3n+1} = \dfrac{1}{3}$;

(3) $\lim\limits_{n\to\infty} \dfrac{\sqrt{n^2+1}}{n} = 1$;

(4) $\lim\limits_{n\to\infty} \dfrac{1}{\ln n} = 0$.

3. 设数列 $\{x_n\}$ 有界, 且 $\lim\limits_{n\to\infty} y_n = 0$, 证明 $\lim\limits_{n\to\infty} x_n y_n = 0$.

4. 求下列数列的极限.

(1) $\lim\limits_{n\to\infty} (\sqrt{n+2} - 2\sqrt{n+1} + \sqrt{n})$;

(2) $\lim\limits_{n\to\infty} \dfrac{n+2}{\sqrt{n^3+1}} \sin \dfrac{n\pi}{5}$;

(3) $\lim\limits_{n\to\infty} \left(\dfrac{1}{n^2} + \dfrac{2}{n^2} + \cdots + \dfrac{n}{n^2} \right)$;

(4) $\lim\limits_{n\to\infty} n^2 \left(\dfrac{2}{2n+1} - \dfrac{1}{n-1} \right)$;

(5) $\lim\limits_{n\to\infty} \left(1 + \dfrac{1}{2} + \dfrac{1}{3} + \cdots + \dfrac{1}{n} \right)^{\frac{1}{n}}$;

(6) $\lim\limits_{n\to\infty} \sqrt[n]{n + 2^n}$;

(7) $\lim\limits_{n\to\infty} \dfrac{3n^2 + 2n - 1}{2n^2 + 1}$;

(8) $\lim\limits_{n\to\infty} \dfrac{1 + \dfrac{1}{2} + \dfrac{1}{4} + \cdots + \dfrac{1}{2^n}}{1 + \dfrac{1}{3} + \dfrac{1}{9} + \cdots + \dfrac{1}{3^n}}$;

(9) $\lim\limits_{n\to\infty} \left(\dfrac{1+2+3+\cdots+n}{n+2} - \dfrac{n}{2} \right)$;

(10) $\lim\limits_{n\to\infty} \left(\dfrac{1}{3} + \dfrac{1}{15} + \cdots + \dfrac{1}{4n^2-1} \right)$.

5. 设 $a_1, a_2, \cdots, a_k$ 为 k 个正实数, 证明

$$\lim\limits_{n\to\infty} \sqrt[n]{a_1^n + a_2^n + \cdots + a_k^n} = \max\{a_1, a_2, \cdots, a_k\}.$$

6. 设 $\lim\limits_{n\to\infty} a_n = a > 0$, 证明 $\lim\limits_{n\to\infty} \sqrt[n]{a_n} = 1$.

第三节　函数的极限

一、函数极限的概念

前面第二节我们介绍了数列极限的概念, 数列 $\{x_n\}$ 可以视为自变量为正整数 n 的函数:

$$x_n = f(n),$$

所以, 数列 $\{x_n\}$ 的极限 a 就是正整数 n 无限增大 (即 $n \to \infty$) 时, 对应的函数值 $f(n)$ 无限接近于确定的数 a. 对于一般的函数 $f(x)$, 当自变量 x 无限接近某个点或趋于无穷时, 函数值 $f(x)$ 是否无限接近某个确定的数 a? 这就是本节要介绍的函数极限. 函数极限主要有两种情形:

(1) 自变量 x 无限接近某个点 x_0 时, 对应的函数值 $f(x)$ 的变化情况;

(2) 自变量 x 的绝对值无限增大时, 对应的函数值 $f(x)$ 的变化情况.

1. 当 $x \to x_0$ 时函数的极限

当自变量 x 沿着数轴从 x_0 的左、右两侧向 x_0 无限接近时 (即 $x \to x_0$ 时), 对应的函数值 $f(x)$ 都逐渐趋近于某一个常数 a, 并且函数的这个变化趋势与函数 $f(x)$ 在 x_0 处是否有定义无关. 这样的数 a 称为**函数 $f(x)$ 当 $x \to x_0$ 时的极限**, 记作 $\lim\limits_{x\to x_0} f(x) = a$. 严格定义如下:

定义 1　设函数 $f(x)$ 在 x_0 点的某去心邻域 $\overset{\circ}{U}(x_0)$ 内有定义, a 是某常数, 若对任意给定的正数 ε (无论它多么小), 总存在正数 δ, 使得当 x 满足 $0 < |x - x_0| < \delta$ 时, 不等式

$$|f(x) - a| < \varepsilon$$

恒成立, 则称 a 为 $f(x)$ 当 $x \to x_0$ 时的极限, 记作

$$\lim_{x \to x_0} f(x) = a \quad \text{或} \quad f(x) \to a \, (x \to x_0).$$

如果定义 1 中的常数 a 不存在, 就称极限 $\lim\limits_{x \to x_0} f(x)$ 不存在, 或称函数 $f(x)$ 当 $x \to x_0$ 时发散.

运用 "$\forall$"、"$\exists$"、"$\Leftrightarrow$"、邻域等数学符号, 极限 $\lim\limits_{x \to x_0} f(x) = a$ 的定义 1 可简单地表述为

$$\lim_{x \to x_0} f(x) = a \Leftrightarrow \forall \varepsilon > 0, \exists \delta > 0, \text{使得当} x \text{满足} 0 < |x - x_0| < \delta \text{时, 不等式} |f(x) - a| < \varepsilon \text{恒成立}.$$

极限的这一定义也称为 ε-δ 语言.

定义 1 中, 字母 δ 的大小刻画了 x 与 x_0 接近的程度, 不等式 $0 < |x - x_0| < \delta$ 表示 x 仅在 x_0 的 δ 的去心邻域内变化, 且 $x \neq x_0$; ε 的大小刻画了 $f(x)$ 与 a 接近的程度. 这里 ε 的大小是预先任意给定的, 而 δ 的大小则与 ε 有关, 当 ε 确定后, δ 也就随之确定. 一般地, ε 越小, δ 越小, 但两者之间不是函数关系.

由于定义 1 中的不等式

$$0 < |x - x_0| < \delta \Leftrightarrow x_0 - \delta < x < x_0 + \delta \quad \text{且} \quad x \neq x_0,$$

$$|f(x) - a| < \varepsilon \Leftrightarrow a - \varepsilon < f(x) < a + \varepsilon,$$

因此, 极限 $\lim\limits_{x \to x_0} f(x) = a$ 的几何意义为: 对 $\forall \varepsilon > 0$, 必 $\exists \delta > 0$, 使得当 x 在区间 $(x_0 - \delta, x_0 + \delta)$(但 $x \neq x_0$) 内取值时, 对应曲线 $y = f(x)$ 上的点一定介于两条水平直线 $y = a + \varepsilon$ 和 $y = a - \varepsilon$ 之间 (即曲线图像均位于矩形 $ABCD$ 内)(图 1-3-1).

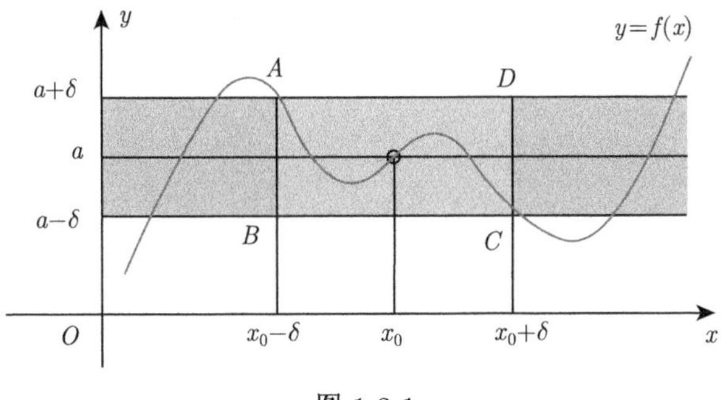

图 1-3-1

例 1　证明 $\lim\limits_{x \to 2} \dfrac{x^2 - 4}{x - 2} = 4$.

证　对 $\forall \varepsilon > 0$, 且 $x \neq 2$ 时, 由

$$\left| \frac{x^2 - 4}{x - 2} - 4 \right| = |x + 2 - 4| = |x - 2| < \varepsilon$$

可知, 只要取 $\delta = \varepsilon$, 则当 $0 < |x - 2| < \delta$ 时, 就恒有不等式

$$\left| \frac{x^2 - 4}{x - 2} - 4 \right| < \varepsilon$$

成立, 所以

$$\lim_{x \to 2} \frac{2x-1}{x} = 2.$$

例 2　证明 $\lim\limits_{x \to -1} \dfrac{x+2}{2-x} = \dfrac{1}{3}$.

证　因为

$$\left| \frac{x+2}{2-x} - \frac{1}{3} \right| = \left| \frac{4(x+1)}{3(2-x)} \right| = \frac{4}{3} \left| \frac{x+1}{2-x} \right|,$$

且 $x \to -1$, 故可限制

$$|x+1| = |x-(-1)| < 2.$$

此时有

$$|2-x| = |3-(x+1)| \geqslant 3 - |x+1| > 1.$$

于是对 $\forall \varepsilon > 0$, 取 $\delta = \min\left\{2, \dfrac{3\varepsilon}{4}\right\}$, 当 $0 < |x-(-1)| < \delta$ 时, 有

$$\left| \frac{x+2}{2-x} - \frac{1}{3} \right| = \left| \frac{4(x+1)}{3(2-x)} \right| = \frac{4}{3} \left| \frac{x+1}{2-x} \right| < \frac{4}{3} |x+1| < \varepsilon$$

成立. 所以

$$\lim_{x \to -1} \frac{x+2}{2-x} = \frac{1}{3}.$$

例 3　证明 $\lim\limits_{x \to x_0} \sin x = \sin x_0$.

证　$\forall \varepsilon > 0$, 在 $|x-x_0| < \pi$ 内, 由于

$$|f(x) - a| = |\sin x - \sin x_0| = \left| 2\sin\frac{x-x_0}{2}\cos\frac{x+x_0}{2} \right|$$

$$\leqslant 2\left| \sin\frac{x-x_0}{2} \right| \leqslant 2\left| \frac{x-x_0}{2} \right| = |x-x_0|,$$

从上式可知, 要使

$$|f(x) - a| = |\sin x - \sin x_0| < \varepsilon$$

成立, 只要 $|x-x_0| < \varepsilon$ 即可. 所以取 $\delta = \min\{\pi, \varepsilon\}$, 则当 x 满足 $0 < |x-x_0| < \delta$ 时, 就有

$$|\sin x - \sin x_0| < \varepsilon$$

成立, 所以

$$\lim_{x \to x_0} \sin x = \sin x_0.$$

在极限 $\lim\limits_{x \to x_0} f(x) = a$, 或 $f(x) \to a (x \to x_0)$ 的定义中, x 既从 x_0 的左侧又从 x_0 的右侧趋于 x_0. 如果我们只考虑 x 是从 x_0 的左侧趋于 x_0 (记为 $x \to x_0^-$) 时的极限, 或者我们只考虑 x 是从 x_0 的右侧趋于 x_0 (记为 $x \to x_0^+$) 时的极限, 于是引入了自变量趋于某一点的**单侧极限概念**.

当我们只考虑 x 是从 x_0 的左侧趋于 x_0 (记为 $x \to x_0^-$) 时, 那么, 把定义 1 中的 $0 < |x - x_0| < \delta$ 改为 $x_0 - \delta < x < x_0$, 此时的极限 a 称为 $f(x)$ 在 $x \to x_0^-$ 的 **左极限**, 记为

$$\lim_{x \to x_0^-} f(x) = a \quad 或 \quad f(x) \to a \ (x \to x_0^-).$$

我们把 $\lim\limits_{x \to x_0^-} f(x)$ 简记为 $f(x_0^-)$, 即 $\lim\limits_{x \to x_0^-} f(x) = f(x_0^-)$, 此时, $\lim\limits_{x \to x_0^-} f(x) = a$ 可写为 $f(x_0^-) = a$.

若上述的 a 不存在, 则称 $\lim\limits_{x \to x_0^-} f(x)$ 或 $f(x_0^-)$ 不存在, 或 $f(x)$ 在 $x \to x_0^-$ 时的左极限不存在.

类似地, 当我们只考虑 x 是从 x_0 的右侧趋于 x_0 (记为 $x \to x_0^+$) 时, 把定义 1 中的 $0 < |x - x_0| < \delta$ 改为 $x_0 < x < x_0 + \delta$, 此时的极限 a 称为 $f(x)$ 在 $x \to x_0^+$ 的 **右极限**, 记为

$$\lim_{x \to x_0^+} f(x) = a \quad 或 \quad f(x) \to a(x \to x_0^+).$$

我们把 $\lim\limits_{x \to x_0^+} f(x)$ 简记为 $f(x_0^+)$, 即 $\lim\limits_{x \to x_0^+} f(x) = f(x_0^+)$, 此时, $\lim\limits_{x \to x_0^+} f(x) = a$ 可写为 $f(x_0^+) = a$.

若上述的 a 不存在, 则称 $\lim\limits_{x \to x_0^+} f(x)$ 或 $f(x_0^+)$ 不存在, 或 $f(x)$ 在 $x \to x_0^+$ 时的右极限不存在.

左极限与右极限统称为 **单侧极限**.

由于不等式 $0 < |x - x_0| < \delta$ 等价于下列不等式:

$$x_0 - \delta < x < x_0$$

与

$$x_0 < x < x_0 + \delta,$$

于是, 我们有下列结论:

定理 1 $\lim\limits_{x \to x_0} f(x) = a$ 的充要条件是 $f(x_0^-) = f(x_0^+) = a$.

例 4 证明极限 $\lim\limits_{x \to 0} \mathrm{sgn} x$ 不存在.

证 因为该函数的左、右极限为

$$\lim_{x \to 0^-} \mathrm{sgn} x = \lim_{x \to 0^-} (-1) = -1,$$

$$\lim_{x \to 0^+} \mathrm{sgn} x = \lim_{x \to 0^+} 1 = 1,$$

即左、右极限不等, 所以极限 $\lim\limits_{x \to 0} \mathrm{sgn} x$ 不存在.

例 5 设函数

$$f(x) = \begin{cases} 2^{\frac{1}{x}}, & x < 0, \\ 1, & x = 0, \\ a + \cos x, & x > 0, \end{cases}$$

问 a 为何值时, 函数 $f(x)$ 在 $x = 0$ 点的极限存在.

解   因为

$$f(0^-) = \lim_{x \to 0^-} f(x) = \lim_{x \to 0^-} 2^{\frac{1}{x}} = 0,$$

$$f(0^+) = \lim_{x \to 0^+} f(x) = \lim_{x \to 0^+} (a + \cos x) = a + 1,$$

若函数 $f(x)$ 在 $x = 0$ 点的极限存在, 则必有 $f(0^-) = f(0^+)$, 因此 $a = -1$.

所以, 当 $a = -1$ 时, 函数 $f(x)$ 在 $x = 0$ 点的极限存在.

2. 当 $x \to \infty$ 时函数的极限

设 a 为某常数, 如果当 $|x|$ 无限增大时, 函数 $f(x)$ 与 a 可无限地接近, 则称 a 是函数 $f(x)$ 当 $x \to \infty$ 时的极限, 记作 $\lim_{x \to \infty} f(x) = a$.

用字母 X 表示较大的正数, 则不等式 $|x| > X$ 表示 x 是那些与原点的距离比 X 还远的点. 极限 $\lim_{x \to \infty} f(x) = a$ 的精确定义如下:

定义 2   设函数 $f(x)$ 在 $|x|$ 大于某一正数时有定义, a 为某常数, 如果对任意给定的小正数 ε, 总存在一个正数 X, 使得当 $|x| > X$ 时, 不等式 $|f(x) - a| < \varepsilon$ 都成立, 则称 a 是函数 $f(x)$ 当 $x \to \infty$ 时的极限, 记作

$$\lim_{x \to \infty} f(x) = a \quad \text{或} \quad f(x) \to a(x \to \infty).$$

定义 2 可用 $\varepsilon\text{-}X$ 定义简单地表述为

$$\lim_{x \to \infty} f(x) = a \Leftrightarrow \forall \varepsilon > 0, \exists X > 0, \text{ 使得当 } |x| > X \text{ 时, 恒有 } |f(x) - a| < \varepsilon \text{ 成立.}$$

从几何上看, $\lim_{x \to \infty} f(x) = a$ 的意义是: 对于 $\forall \varepsilon > 0$, $\exists X > 0$, 使得当 x 满足 $|x| > X$ 时, 曲线 $y = f(x)$ 上对应的点一定落在两条水平直线 $y = a + \varepsilon$ 和 $y = a - \varepsilon$ 之间 (图 1-3-2).

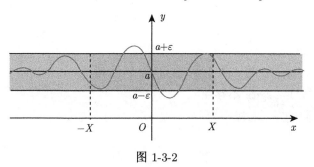

图 1-3-2

例 6   证明 $\lim_{x \to \infty} \dfrac{x^2 - 3}{x^2 + 1} = 1$.

证   因为

$$\left| \frac{x^2 - 3}{x^2 + 1} - 1 \right| = \frac{4}{x^2 + 1} \leqslant \frac{4}{x^2},$$

对 $\forall \varepsilon > 0$, 取 $X = \dfrac{2}{\sqrt{\varepsilon}} > 0$, 当 $|x| > X$ 时, 都有

$$\left| \frac{x^2 - 3}{x^2 + 1} - 1 \right| < \varepsilon,$$

成立. 所以

$$\lim_{x\to\infty}\frac{x^2-3}{x^2+1}=1.$$

例 7 证明 $\lim\limits_{x\to\infty}\dfrac{\arctan x}{x}=0$.

证 $\forall\varepsilon>0$, 由不等式

$$\left|\frac{\arctan x}{x}-0\right|<\frac{\pi}{2\,|x|}<\varepsilon,$$

解得

$$|x|>\frac{\pi}{2\varepsilon},$$

取 $X=\dfrac{\pi}{2\varepsilon}$, 当 $|x|>X$ 时, 不等式

$$\left|\frac{\arctan x}{x}-0\right|<\varepsilon$$

恒成立. 所以

$$\lim_{x\to\infty}\frac{\arctan x}{x}=0.$$

在极限 $\lim\limits_{x\to\infty}f(x)=a$ 或 $f(x)\to a\ (x\to\infty)$ 的定义中, x 既从 $x>0$ 的方向趋于正无穷 (记为 $x\to+\infty$), 又从 $x<0$ 的方向趋于负无穷 (记为 $x\to-\infty$). 如果我们只考虑 x 是趋于正无穷 $(x\to+\infty)$ 时的极限, 或者我们只考虑 x 是趋于负无穷 $(x\to-\infty)$ 时的极限, 这样我们又引入了自变量趋于无穷的**单侧极限**概念.

当我们只考虑 x 趋于正无穷大 $(x\to+\infty)$ 时, 那么, 就把定义 2 中的 $|x|>X$ 改为 $x>X$, 此时的极限 a 称为 $f(x)$ 在 $x\to+\infty$ 时的**极限**, 记为

$$\lim_{x\to+\infty}f(x)=a\quad 或\quad f(x)\to a\ (x\to+\infty).$$

若上述的 a 不存在, 则称 $\lim\limits_{x\to+\infty}f(x)$ 或 $f(x)$ 在 $x\to+\infty$ 时的极限不存在.

类似地, 当我们只考虑 x 趋于负无穷大 $(x\to+\infty)$ 时, 那么, 就把定义 2 中的 $|x|>X$ 改为 $x<-X$, 此时的极限 a 称为 $f(x)$ 在 $x\to-\infty$ 时的**极限**, 记为

$$\lim_{x\to-\infty}f(x)=a\quad 或\quad f(x)\to a\ (x\to-\infty).$$

若上述的 a 不存在, 则称 $\lim\limits_{x\to-\infty}f(x)$ 或 $f(x)$ 在 $x\to-\infty$ 时的极限不存在.

$\lim\limits_{x\to-\infty}f(x)$ 与 $\lim\limits_{x\to+\infty}f(x)$ 称为 x 趋于无穷时的**单侧极限**.

由于不等式 $|x|>X$ 等价于 $x>X,\ x<-X$. 于是, 我们有下列结论:

定理 2 $\lim\limits_{x\to\infty}f(x)=a$ 的充要条件是 $\lim\limits_{x\to+\infty}f(x)=\lim\limits_{x\to-\infty}f(x)=a$.

二、极限的基本性质

函数的极限性质与数列的极限性质基本相同. 上面我们讨论了 $x\to x_0,\ x\to x_0^-,\ x\to x_0^+$ 与 $x\to\infty,\ x\to+\infty,\ x\to-\infty$ 等情况下自变量变化过程中函数 $f(x)$ 的极限. 下面从极

限的定义出发, 以 $x \to x_0$ 的情形为例, 讨论极限的一些基本性质, 所得的结果可以推广到 $x \to x_0^-$, $x \to x_0^+$ 与 $x \to \infty$, $x \to +\infty$, $x \to -\infty$ 等情况下自变量变化过程中的极限性质.

定理 3　若极限 $\lim\limits_{x \to x_0} f(x)$ 存在, 则该极限是唯一的.

证　**反证法**　假设极限不唯一, 则存在两个不相等的常数 a, b, 使得 $\lim\limits_{x \to x_0} f(x) = a$ 与 $\lim\limits_{x \to x_0} f(x) = b$ 均成立. 不妨设 $b > a$. 取 $\varepsilon = \dfrac{b-a}{2}$, 由于

$$\lim_{x \to x_0} f(x) = a,$$

则 $\exists \delta_1 > 0$, 当 x 满足 $0 < |x - x_0| < \delta_1$ 时, 恒有

$$|f(x) - a| < \varepsilon = \frac{b-a}{2},$$

即

$$\frac{3a-b}{2} < f(x) < \frac{a+b}{2}. \tag{1}$$

又由于

$$\lim_{x \to x_0} f(x) = b,$$

则 $\exists \delta_2 > 0$, 当 x 满足 $0 < |x - x_0| < \delta_2$ 时, 恒有

$$|f(x) - b| < \varepsilon = \frac{b-a}{2},$$

即

$$\frac{a+b}{2} < f(x) < \frac{3b-a}{2}, \tag{2}$$

取 $\delta = \min\{\delta_1, \delta_2\}$, 则当 x 满足 $0 < |x - x_0| < \delta$ 时, 上面 (1)、(2) 两式均成立, 矛盾. 所以, 极限是唯一的.

定理 4(局部有界性)　若极限 $\lim\limits_{x \to x_0} f(x)$ 存在, 则 $\exists \delta > 0$, 使得 $f(x)$ 在 $\overset{\circ}{U}(x_0, \delta)$ 内有界.

证　设 $\lim\limits_{x \to x_0} f(x) = a$, 由极限定义, 取 $\varepsilon = 1$, 则 $\exists \delta > 0$, 当 x 满足 $0 < |x - x_0| < \delta$ 时, 有

$$|f(x) - a| < 1,$$

即

$$a - 1 < f(x) < a + 1,$$

所以, $f(x)$ 在 $\overset{\circ}{U}(x_0, \delta)$ 内是有界的.

定理 5(局部保号性)　若 $\lim\limits_{x \to x_0} f(x) = a$, 且 $a > 0$ (或 $a < 0$), 则 $\exists \delta > 0$, 当 $x \in \overset{\circ}{U}(x_0, \delta)$ 时, $f(x) > \dfrac{a}{2} > 0 \left(\text{或 } f(x) < \dfrac{a}{2} < 0\right)$.

证　由于 $a > 0$, 取 $\varepsilon = \dfrac{a}{2}$, 根据 $\lim\limits_{x \to x_0} f(x) = a$, 则 $\exists \delta > 0$, 当 $x \in \overset{\circ}{U}(x_0, \delta)$, 恒有

$$|f(x) - a| < \frac{a}{2},$$

即

$$\frac{a}{2} < f(x) < \frac{3a}{2},$$

故

$$f(x) > \frac{a}{2} > 0.$$

对于 $a < 0$ 的情形, 同理可证结论成立.

推论 1 若 $\lim_{x \to x_0} f(x) = a$, 且 $\exists \delta > 0$, 当 $x \in \overset{\circ}{U}(x_0, \delta)$ 时, $f(x) \geqslant 0$ (或 $f(x) \leqslant 0$), 则 $a \geqslant 0$ (或 $a \leqslant 0$).

证 因为推论 1 是定理 5 的逆否命题.

习 题 1-3

1. 用 $\varepsilon - \delta$ 定义证明下列极限.

(1) $\lim_{x \to 3} (2x - 1) = 5$;

(2) $\lim_{x \to 3} \frac{x^2 - 9}{x - 3} = 6$;

(3) $\lim_{x \to 0} x \arctan \frac{1}{x} = 0$;

(4) $\lim_{x \to x_0} \cos x = \cos x_0$.

2. 用 $\varepsilon - X$ 定义证明下列极限.

(1) $\lim_{x \to \infty} \frac{1}{x + 1} = 0$;

(2) $\lim_{x \to \infty} \frac{1}{x^2} = 0$;

(3) $\lim_{x \to \infty} \frac{\sin x}{x} = 0$;

(4) $\lim_{x \to \infty} \frac{2x^2 + 1}{x^2 - 1} = 2$.

3. 证明: 若 $\lim_{x \to \infty} f(x) = a$, 则存在 $X > 0$, 当 $|x| > X$ 时, $f(x)$ 有界.

4. 证明: 若 $\lim_{x \to \infty} f(x) = a$, 且 $a > 0$, 则 $\exists X > 0$, 当 $|x| > X$ 时, $f(x) > 0$.

5. 证明: 若 $\lim_{x \to x_0} f(x) = a$, 则 $\lim_{x \to x_0} |f(x)| = |a|$; 并举例说明, 其逆命题不成立.

6. 证明下列极限不存在.

(1) $\lim_{x \to 0} \arctan \frac{1}{x}$;

(2) $\lim_{x \to \infty} 2^x$;

(3) $\lim_{x \to 1} \frac{x^2 - 1}{|x - 1|}$;

(4) $\lim_{x \to 0} f(x)$, 其中 $f(x) = \begin{cases} 2x - 1, & x \leqslant 0, \\ 3x + 1, & x > 0. \end{cases}$

第四节 极限运算法则

用极限的定义只能确定出少数最基本的函数极限, 本节将建立极限的运算法则, 然后运用这些法则求一些极限.

一、极限的四则运算法则

定理 1 设极限 $\lim f(x) = A$, $\lim g(x) = B$, 则

(1) $\lim[f(x) \pm g(x)] = \lim f(x) \pm \lim g(x) = A \pm B$;

(2) $\lim[f(x) \cdot g(x)] = \lim f(x) \cdot \lim g(x) = A \cdot B$;

(3) 如果 $B \neq 0$, 则 $\lim \frac{f(x)}{g(x)} = \frac{\lim f(x)}{\lim g(x)} = \frac{A}{B}$.

证 只对 $x \to x_0$ 的情形给出证明, 其余情形可类似地证明.

(1) 对 $\forall \varepsilon > 0$, 由 $\lim_{x \to x_0} f(x) = A$ 可知, $\exists \delta_1 > 0$, 当 $0 < |x - x_0| < \delta_1$ 时, 都有

$$|f(x) - A| < \frac{1}{2}\varepsilon;$$

由 $\lim\limits_{x \to x_0} g(x) = B$ 可知, $\exists \delta_2 > 0$, 当 $0 < |x - x_0| < \delta_2$ 时, 都有

$$|g(x) - B| < \frac{1}{2}\varepsilon.$$

取 $\delta = \min\{\delta_1, \delta_2\}$, 则当 $0 < |x - x_0| < \delta$ 时, 上述不等式都成立, 于是

$$|[f(x) \pm g(x)] - (A \pm B)| = |[f(x) - A] \pm [g(x) - B]|$$
$$\leqslant |f(x) - A| + |g(x) - B| < \frac{1}{2}\varepsilon + \frac{1}{2}\varepsilon = \varepsilon,$$

所以

$$\lim\limits_{x \to x_0} [f(x) \pm g(x)] = A \pm B.$$

(2) 因为 $\lim\limits_{x \to x_0} g(x) = B$, 由局部有界性知, $\exists \delta_0 > 0, M > 0$, 当 $0 < |x - x_0| < \delta_0$ 时, 有

$$|g(x)| \leqslant M.$$

对 $\forall \varepsilon > 0$, 由 $\lim\limits_{x \to x_0} f(x) = A$ 可知, $\exists \delta_1 > 0$, 当 $0 < |x - x_0| < \delta_1$ 时, 都有

$$|f(x) - A| < \frac{1}{2M}\varepsilon;$$

由 $\lim\limits_{x \to x_0} g(x) = B$ 可知, $\exists \delta_2 > 0$, 当 $0 < |x - x_0| < \delta_2$ 时, 都有

$$|g(x) - B| < \frac{1}{2(|A| + 1)}\varepsilon.$$

取 $\delta = \min\{\delta_0, \delta_1, \delta_2\}$, 则当 $0 < |x - x_0| < \delta$ 时, 上述不等式都成立, 于是

$$|f(x) \cdot g(x) - A \cdot B| = |g(x)[f(x) - A] + A[g(x) - B]|$$
$$\leqslant |g(x)| |f(x) - A| + |A| |g(x) - B|$$
$$\leqslant M |f(x) - A| + (|A| + 1) |g(x) - B|$$
$$< \frac{1}{2}\varepsilon + \frac{1}{2}\varepsilon = \varepsilon,$$

所以

$$\lim\limits_{x \to x_0} [f(x) \cdot g(x)] = A \cdot B.$$

(3) 的证明较复杂, 可以参照数列的证明思路进行证明, 在此略证.

定理 1 中的 (1) 与 (2) 可以推广到有限个函数相加、减及乘的情形.

推论 1　若极限 $\lim\limits_{x \to x_0} f_1(x), \lim\limits_{x \to x_0} f_2(x), \cdots, \lim\limits_{x \to x_0} f_k(x)$ 都存在, 则

(1) $\lim\limits_{x \to x_0} [f_1(x) \pm f_2(x) \pm \cdots \pm f_k(x)] = \lim\limits_{x \to x_0} f_1(x) \pm \lim\limits_{x \to x_0} f_2(x) \pm \cdots \pm \lim\limits_{x \to x_0} f_k(x)$;

(2) $\lim\limits_{x \to x_0} [f_1(x) \cdot f_2(x) \cdot \cdots \cdot f_k(x)] = \lim\limits_{x \to x_0} f_1(x) \cdot \lim\limits_{x \to x_0} f_2(x) \cdot \cdots \cdot \lim\limits_{x \to x_0} f_k(x)$.

推论 2　若极限 $\lim\limits_{x \to x_0} f(x)$ 存在, 则

(1) $\lim\limits_{x \to x_0} [Cf(x)] = C \lim\limits_{x \to x_0} f(x) (C$ 为常数$)$;

(2) $\lim\limits_{x \to x_0} [f(x)]^m = [\lim\limits_{x \to x_0} f(x)]^m.$

作为已知结果, 当 x_0 在相应的三角函数的定义区间内时, 就有

$$\lim_{x \to x_0} \sin x = \sin x_0, \qquad \lim_{x \to x_0} \cos x = \cos x_0,$$

再根据极限的商的运算法则可得

$$\lim_{x \to x_0} \tan x = \tan x_0, \qquad \lim_{x \to x_0} \cot x = \cot x_0,$$

$$\lim_{x \to x_0} \sec x = \sec x_0, \qquad \lim_{x \to x_0} \csc x = \csc x_0.$$

例 1　求极限 $\lim\limits_{x \to 2}(3x^2 - 2x + 3).$

解　由极限的运算性质, 有

$$\lim_{x \to 2}(3x^2 - 2x + 3) = 3\lim_{x \to 2} x^2 - 2\lim_{x \to 2} x + \lim_{x \to 2} 3 = 11.$$

一般地, 对应 n 次多项式

$$P_n(x) = a_0 x^n + a_1 x^{n-1} + \cdots + a_{n-1} x + a_n,$$

有如下结论:

$$\lim_{x \to x_0} P_n(x) = \lim_{x \to x_0} (a_0 x^n + a_1 x^{n-1} + \cdots + a_{n-1} x + a_n)$$

$$= a_0 \lim_{x \to x_0} x^n + a_1 \lim_{x \to x_0} x^{n-1} + \cdots + a_{n-1} \lim_{x \to x_0} x + a_n$$

$$= a_0 x_0^n + a_1 x_0^{n-1} + \cdots + a_{n-1} x_0 + a_n = P_n(x_0).$$

例 2　求极限 $\lim\limits_{x \to 1} \dfrac{3x^2 - 1}{x^2 - 5x + 3}.$

解　因为

$$\lim_{x \to 1} \left(3x^2 - 1\right) = 3 - 1 = 2,$$

$$\lim_{x \to 1} \left(x^2 - 5x + 3\right) = 1 - 5 + 3 = -1 \neq 0,$$

由极限的运算法则, 可得

$$\lim_{x \to 1} \frac{3x^2 - 1}{x^2 - 5x + 3} = \frac{\lim\limits_{x \to 1} \left(3x^2 - 1\right)}{\lim\limits_{x \to 1} \left(x^2 - 5x + 3\right)} = \frac{2}{-1} = -2.$$

一般地, 设 $P_n(x)$ 与 $Q_m(x)$ 分别为 n 次多项式函数与 m 次多项式函数, 且 $Q_m(x_0) \neq 0$, 则有

$$\lim_{x \to x_0} \frac{P_n(x)}{Q_m(x)} = \frac{\lim\limits_{x \to x_0} P_n(x)}{\lim\limits_{x \to x_0} Q_m(x)} = \frac{P_n(x_0)}{Q_m(x_0)}.$$

例 3　求极限 $\lim\limits_{x \to 1} \dfrac{x^2 + x - 2}{x^2 + 2x - 3}.$

解　当 $x \to 1$ 时, 分母极限为 0, 故此极限不能直接用极限的商的运算法则来求. 由于分子极限也为 0, 且分子与分母有公因式 $(x-1)$, 根据函数在 $x \to x_0$ 时的极限与它在 x_0 处

是否有意义无关. 故求 $x \to x_0$ 的极限时, 可设 $x \neq x_0$, 即 $x - x_0 \neq 0$, 这样, 求极限时可约去公因式 $(x - x_0)$, 从而化为能用极限的商的运算法则来求的极限, 即

$$\lim_{x \to 1} \frac{x^2 + x - 2}{x^2 + 2x - 3} = \lim_{x \to 1} \frac{(x-1)(x+2)}{(x-1)(x+3)}$$
$$= \lim_{x \to 1} \frac{x+2}{x+3} = \frac{3}{4}.$$

由例 3 可知, 如果当 $x \to x_0$ 时分母、分子的极限都是 0, 可以先对函数恒等变形并分解因式, 消去公因式后再用极限的商的运算法则求极限.

例 4   求极限 $\lim\limits_{x \to 2} \dfrac{\sqrt{2x-3} - \sqrt{3-x}}{x^2 - 4}$.

解

$$\lim_{x \to 2} \frac{\sqrt{2x-3} - \sqrt{3-x}}{x^2 - 4} = \lim_{x \to 2} \frac{(\sqrt{2x-3} - \sqrt{3-x})(\sqrt{2x-3} + \sqrt{3-x})}{(x^2 - 4)(\sqrt{2x-3} + \sqrt{3-x})}$$
$$= \lim_{x \to 2} \frac{3(x-2)}{(x^2-4)(\sqrt{2x-3} + \sqrt{3-x})}$$
$$= \lim_{x \to 2} \frac{3}{(x+2)(\sqrt{2x-3} + \sqrt{3-x})}$$
$$= \frac{3}{8}.$$

例 5   求极限 $\lim\limits_{x \to \infty} \dfrac{x+5}{2x^4 - 3x + 1}$.

解 $\lim\limits_{x \to \infty} \dfrac{x+5}{2x^4 - 3x + 1} = \lim\limits_{x \to \infty} \dfrac{\dfrac{1}{x^3} + \dfrac{5}{x^4}}{2 - 3\dfrac{1}{x^3} + \dfrac{1}{x^4}} = \dfrac{0}{2} = 0.$

一般地, 当函数或数列的极限不能直接用运算法则求时, 可先对函数或数列进行恒等变形, 化为可利用四则运算法则求解的形式时, 再求极限.

二、复合函数的极限运算法则

定理 2   设 $y = f(u)$ 与 $u = \varphi(x)$ 的复合函数 $f[\varphi(x)]$ 在点 x_0 的某去心邻域内有定义, 若 $\lim\limits_{x \to x_0} \varphi(x) = a$, 且在点 x_0 的某去心邻域内 $\varphi(x) \neq a$, 又 $\lim\limits_{u \to a} f(u) = A$, 则复合函数 $f[\varphi(x)]$ 当 $x \to x_0$ 时的极限也存在, 且

$$\lim_{x \to x_0} f[\varphi(x)] = \lim_{u \to a} f(u) = A.$$

证   对 $\forall \varepsilon > 0$, 由 $\lim\limits_{u \to a} f(u) = A$, $\exists \eta > 0$, 当 u 满足 $0 < |u - a| < \eta$ 时, 不等式

$$|f(u) - A| < \varepsilon$$

成立; 又 $\lim\limits_{x \to x_0} \varphi(x) = a$, 则对上面的 $\eta > 0$, $\exists \delta_1 > 0$, 当 x 满足 $0 < |x - x_0| < \delta_1$ 时, 有

$$|\varphi(x) - a| < \eta$$

成立; 又由题设可知, $\exists \delta_2 > 0$, 当 x 满足 $0 < |x - x_0| < \delta_2$ 时, 有 $\varphi(x) \neq a$, 即

$$0 < |\varphi(x) - a|$$

成立. 取 $\delta = \min\{\delta_1, \delta_2\}$, 则当 x 满足 $0 < |x - x_0| < \delta$ 时, 不等式

$$0 < |\varphi(x) - a| < \eta$$

总成立. 则有

$$|f(u) - A| < \varepsilon, \quad \text{即} \quad |f[\varphi(x)] - A| < \varepsilon$$

总成立. 所以

$$\lim_{x \to x_0} f[\varphi(x)] = A.$$

在定理 2 中, 若把 $\lim\limits_{x \to x_0} \varphi(x) = a$ 换成 $\lim\limits_{x \to x_0} \varphi(x) = \infty$ 或 $\lim\limits_{x \to \infty} \varphi(x) = \infty$, 且把 $\lim\limits_{u \to a} f(u) = A$ 换成 $\lim\limits_{u \to \infty} f(u) = A$, 结论也成立.

定理 2 的意义是: 在相应的条件下, 求 $\lim\limits_{x \to x_0} f[\varphi(x)]$ 可化为求 $\lim\limits_{u \to a} f(u)$, 这里, $u = \varphi(x), a = \lim\limits_{x \to x_0} \varphi(x)$.

例 6　求极限 $\lim\limits_{x \to 1} \sqrt{x^2 - 2x + 5}$.

解　令 $u = x^2 - 2x + 5$, 因为 $\lim\limits_{x \to 1}(x^2 - 2x + 5) = 4, \lim\limits_{u \to 4} \sqrt{u} = 4$. 所以

$$\lim_{x \to 1}\left(\sqrt{x^2 - 2x + 3}\right) = \lim_{u \to 4} \sqrt{u} = 2.$$

例 7　求极限 $\lim\limits_{x \to 1} \dfrac{x^2 - 1}{\sqrt{1 + x} - \sqrt{2}}$.

解　因为分子、分母的极限为零, 所以通过化简计算

$$\lim_{x \to 1} \frac{x^2 - 1}{\sqrt{1 + x} - \sqrt{2}} = \lim_{x \to 1} \frac{(x - 1)(x + 1)(\sqrt{1 + x} + \sqrt{2})}{(1 + x) - 2}$$

$$= \lim_{x \to 1} \frac{(x + 1)(\sqrt{1 + x} + \sqrt{2})}{1} = 4\sqrt{2}.$$

例 8　求极限 $\lim\limits_{x \to +\infty} x(\sqrt{x^2 + 1} - x)$.

解　因为 $\lim\limits_{x \to +\infty} x = +\infty$, 故不能直接用极限的运算法则求解, 可先对函数进行恒等变形 (如分子有理化、同除一个因式) 再求解.

$$\lim_{x \to +\infty} x(\sqrt{x^2 + 1} - x) = \lim_{x \to +\infty} \frac{x(x^2 + 1 - x^2)}{\sqrt{x^2 + 1} + x}$$

$$= \lim_{x \to +\infty} \frac{x}{\sqrt{x^2 + 1} + x}$$

$$= \lim_{x \to +\infty} \frac{1}{\sqrt{1 + \dfrac{1}{x^2}} + 1}$$

$$= \frac{1}{1 + 1}$$

$$= \frac{1}{2}.$$

例 9　设 $\lim\limits_{x \to x_0} f(x) = a(a > 0), \lim\limits_{x \to x_0} g(x) = b$, 则

$$\lim_{x \to x_0} [f(x)]^{g(x)} = a^b = \Big[\lim_{x \to x_0} f(x)\Big]^{\lim\limits_{x \to x_0} g(x)}.$$

证　因为 $\lim\limits_{x \to x_0}[f(x)]^{g(x)} = \lim\limits_{x \to x_0} e^{g(x) \cdot \ln f(x)}$, 由于

$$\lim_{x \to x_0} g(x) \cdot \ln f(x) = b \ln a = \ln a^b,$$

则

$$\lim_{x \to x_0} e^{g(x) \cdot \ln f(x)} = e^{\ln a^b} = a^b,$$

故有

$$\lim_{x \to x_0}[f(x)]^{g(x)} = a^b = \left[\lim_{x \to x_0} f(x)\right]^{\lim\limits_{x \to x_0} g(x)}.$$

注　例 9 可以作为结论来应用. 例如

$$\lim_{x \to 1}[2(x^2 + 1) + 1]^{\sin \frac{\pi}{2} x} = 5^1 = 5.$$

例 10　求极限 $\lim\limits_{x \to \infty} \dfrac{2x^4 - 1}{x^4 + 2x + 1}$.

解　$\lim\limits_{x \to \infty} \dfrac{2x^4 - 1}{x^4 + 2x + 1} = \lim\limits_{x \to \infty} \dfrac{2 - \dfrac{1}{x^4}}{1 + \dfrac{2}{x^3} + \dfrac{1}{x^4}} = 2.$

复合函数极限的公式还有一种用法: 欲求 $\lim\limits_{x \to x_0} f(x)$ 的值, 可令 $x = \varphi(t)$, 若满足 $\lim\limits_{t \to t_0} \varphi(t) = x_0$, 且在 t_0 的某个去心邻域内 $\varphi(t) \neq x_0$, 则 $\lim\limits_{x \to x_0} f(x) = \lim\limits_{t \to t_0} f[\varphi(t)]$. 这种方法称为**极限的变量代换法**.

例 11　求极限 $\lim\limits_{x \to 0} \dfrac{\sqrt[n]{1 + x} - 1}{x}$ $(n \geqslant 2)$.

解　令 $\sqrt[n]{1 + x} - 1 = t$, 即 $x = (1 + t)^n - 1$, 则当 $t \to 0$ 时, 有 $x \to 0$, 且在 $t \in \overset{\circ}{U}(0)$ 时, $x \neq 0$. 因此

$$\begin{aligned}
\lim_{x \to 0} \frac{\sqrt[n]{1 + x} - 1}{x} &= \lim_{t \to 0} \frac{t}{(1 + t)^n - 1} \\
&= \lim_{t \to 0} \frac{t}{nt + C_n^2 t^2 + \cdots + t^n} \\
&= \lim_{t \to 0} \frac{1}{n + C_n^2 t + \cdots + t^{n-1}} \\
&= \frac{1}{n}.
\end{aligned}$$

例 12　设函数 $f(x) = \begin{cases} \dfrac{x}{1 - \sqrt{1 - x}}, & x < 0, \\ 3x + 2, & x > 0, \end{cases}$ 讨论极限 $\lim\limits_{x \to 0} f(x)$ 的存在性.

解　分段函数在分段点的极限是否存在, 常用在分段点的左右极限来讨论. 因为

$$f(0^-) = \lim_{x \to 0^-} f(x) = \lim_{x \to 0^-} \frac{x}{1 - \sqrt{1 - x}} = \lim_{x \to 0^-} \frac{x(1 + \sqrt{1 - x})}{x} = 2,$$

$$f(0^+) = \lim_{x \to 0^+} f(x) = \lim_{x \to 0^+} (3x + 2) = 2,$$

所以, $f(0^-) = f(0^+) = 2$, 故极限 $\lim\limits_{x \to 0} f(x)$ 存在, 且 $\lim\limits_{x \to 0} f(x) = 2$.

习　题　1-4

1. 计算下列极限.

(1) $\lim\limits_{x \to 2} \left(x^2 + 7x + \sin\dfrac{\pi}{x} - 10 \right)$;

(2) $\lim\limits_{x \to 1} \dfrac{x^2 + x + 2}{x + 1}$;

(3) $\lim\limits_{x \to 1} \dfrac{x^2 + x - 2}{x^2 - 1}$;

(4) $\lim\limits_{x \to -1} \dfrac{x + 1}{x^2 - x - 2}$;

(5) $\lim\limits_{x \to 1} \dfrac{x^2 + x - 2}{x^2 - 4x + 3}$;

(6) $\lim\limits_{x \to 2} \dfrac{x^2 + x - 6}{x - 2}$;

(7) $\lim\limits_{h \to 0} \dfrac{(a + h)^2 - a^2}{h}$;

(8) $\lim\limits_{x \to 1} \left(\dfrac{1}{1 - x} - \dfrac{3}{1 - x^3} \right)$;

(9) $\lim\limits_{x \to \infty} \dfrac{2x^2 + x - 2}{5x^2 - 4x + 3}$;

(10) $\lim\limits_{x \to +\infty} \dfrac{4x^2 + \sqrt{x^3 + x + 2} - 2}{2x^2 - x^{\frac{3}{2}} + 3x}$.

2. 求下列各极限.

(1) $\lim\limits_{x \to 3} \sqrt{3x - 5}$;

(2) $\lim\limits_{x \to 4} \sqrt{3 - \sqrt{x}}$;

(3) $\lim\limits_{x \to 2} (2x - 1)^{\frac{6}{x}}$;

(4) $\lim\limits_{x \to 0} \dfrac{\sqrt[3]{x + 1} - 1}{2x}$;

(5) $\lim\limits_{x \to 1} \dfrac{\sqrt{5x - 4} - \sqrt{x}}{x - 1}$;

(6) $\lim\limits_{x \to 0} \dfrac{5x}{\sqrt{1 + x} - \sqrt{1 - x}}$;

(7) $\lim\limits_{x \to 1} \dfrac{\sqrt[3]{x} - 1}{\sqrt{x} - 1}$;

(8) $\lim\limits_{x \to \infty} (\sqrt{x + 2} - \sqrt{x + 1})$;

(9) $\lim\limits_{x \to \infty} \left(\dfrac{2}{3 - x} - \dfrac{2 + x}{3x^2} \right)$;

(10) $\lim\limits_{x \to 1} \dfrac{x^m - 1}{x^n - 1}$ (m, n 为正整数).

3. 设函数 $f(x) = \begin{cases} \dfrac{x}{\sqrt{1 + x} - 1}, & x < 0, \\ (x + 2)^2, & x > 0, \end{cases}$ 讨论极限 $\lim\limits_{x \to 0} f(x)$ 的存在性.

第五节　极限存在准则及两个重要极限

前面我们介绍了极限概念以及极限的运算法则, 在利用运算法则求极限时, 必须在各项极限都存在的前提下进行, 因此判别极限是否存在往往比求极限更重要. 那么如何判别极限的存在性呢? 本节将介绍判定极限存在的两个准则, 并利用它们推出两个应用非常广泛的重要极限. 最后还介绍了归结原理, 即函数极限与数列极限的内在关系.

一、准则 I (夹逼准则)

在第二节, 我们介绍了数列的夹逼定理. 类似地, 函数也有相应的夹逼 (准则).

准则 I　若函数 $f(x), g(x), h(x)$ 在点 x_0 的某去心邻域 $\mathring{U}(x_0)$ 内满足条件:

(1) $g(x) \leqslant f(x) \leqslant h(x)$;

(2) $\lim\limits_{x \to x_0} g(x) = \lim\limits_{x \to x_0} h(x) = a$,

则 $\lim\limits_{x \to x_0} f(x)$ 存在, 且等于 a.

证　对 $\forall \varepsilon > 0$, 由 $\lim\limits_{x \to x_0} g(x) = a$, $\exists \delta_1 > 0$, 对当 x 满足 $0 < |x - x_0| < \delta_1$ 时, 有不等式 $|g(x) - a| < \varepsilon$ 成立, 即

$$a - \varepsilon < g(x) < a + \varepsilon,$$

又由 $\lim\limits_{x \to x_0} h(x) = a$, $\exists \delta_2 > 0$, 当 x 满足 $0 < |x - x_0| < \delta_2$ 时, 有不等式 $|h(x) - a| < \varepsilon$ 成立, 即

$$a - \varepsilon < h(x) < a + \varepsilon,$$

取 $\delta = \min\{\delta_1, \delta_2\}$, 则当 x 满足 $0 < |x - x_0| < \delta$ 时, 上述不等式同时成立, 再根据准则 I 中的条件 (1), 则有

$$a - \varepsilon < g(x) \leqslant f(x) \leqslant h(x) < a + \varepsilon,$$

即

$$|f(x) - a| < \varepsilon,$$

所以

$$\lim\limits_{x \to x_0} f(x) = a.$$

这个准则也适用于 $x \to x^+$, $x \to x^-$, $x \to \infty$, $x \to +\infty$, $x \to -\infty$ 等自变量的变化过程.

作为准则 I 的应用, 下面证明一个**重要的极限**:

$$\lim\limits_{x \to 0} \frac{\sin x}{x} = 1.$$

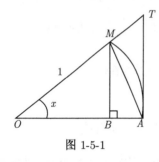

图 1-5-1

证　因为 $\dfrac{\sin x}{x}$ 是偶函数, 所以当 x 变号时, 函数值的符号不变, 因此只需讨论 $x \to 0^+$ 的情形. 不妨设 $0 < x < \dfrac{\pi}{2}$, 在单位圆中的弧度用 x 表示, 则有向线段 $\overrightarrow{BM}$ 与 $\overrightarrow{TA}$ 的长度分别为 (图 1-5-1)

$$BM = \sin x, TA = \tan x, \overset{\frown}{AM} = x,$$

由于

$$\triangle OAM \text{ 的面积 } < \text{ 扇形 } OAM \text{ 的面积 } < \triangle OAT \text{ 的面积},$$

即

$$\frac{1}{2} \sin x < \frac{x}{2} < \frac{1}{2} \tan x,$$

当 $0 < x < \dfrac{\pi}{2}$ 时, $\sin x > 0$, 用 $\dfrac{1}{2} \sin x$ 除上式各项, 不等式化为

$$\cos x < \frac{\sin x}{x} < 1,$$

又

$$\lim\limits_{x \to 0^+} \cos x = 1, \quad \lim\limits_{x \to 0^+} 1 = 1,$$

应用夹逼准则, 可得

$$\lim\limits_{x \to 0^+} \frac{\sin x}{x} = 1.$$

再由函数 $\dfrac{\sin x}{x}$ 是偶函数, 从而

$$\lim_{x \to 0} \frac{\sin x}{x} = 1.$$

该极限无论在理论推导中和还是在实际计算中都有重要应用, 所以将该极限称为**重要极限一**.

例 1　求极限 $\lim\limits_{x \to 0} \dfrac{\tan x}{x}$.

解　$\lim\limits_{x \to 0} \dfrac{\tan x}{x} = \lim\limits_{x \to 0} \left(\dfrac{\sin x}{x} \cdot \dfrac{1}{\cos x} \right) = 1.$

例 2　求极限 $\lim\limits_{x \to 0} \dfrac{1 - \cos x}{x^2}$.

解

$$\lim_{x \to 0} \frac{1 - \cos x}{x^2} = \lim_{x \to 0} \frac{2 \sin^2 \dfrac{x}{2}}{x^2} = \lim_{x \to 0} \frac{\dfrac{1}{2} \sin^2 \dfrac{x}{2}}{\left(\dfrac{x}{2} \right)^2}$$

$$= \frac{1}{2} \lim_{\frac{x}{2} \to 0} \left(\frac{\sin \dfrac{x}{2}}{\dfrac{x}{2}} \right)^2 = \frac{1}{2} \times 1^2 = \frac{1}{2}.$$

例 3　求极限 $\lim\limits_{x \to 0} \dfrac{\tan x - \sin x}{x^3}$.

解

$$\lim_{x \to 0} \frac{\tan x - \sin x}{x^3} = \lim_{x \to 0} \frac{\sin x \, (1 - \cos x)}{\cos x \cdot x^3}$$

$$= \lim_{x \to 0} \left(\frac{1}{\cos x} \cdot \frac{\sin x}{x} \cdot \frac{1 - \cos x}{x^2} \right)$$

$$= \lim_{x \to 0} \frac{1}{\cos x} \cdot \lim_{x \to 0} \frac{\sin x}{x} \cdot \lim_{x \to 0} \frac{1 - \cos x}{x^2} = 1 \times 1 \times \frac{1}{2} = \frac{1}{2}.$$

例 4　求极限 $\lim\limits_{n \to \infty} \left(2^n \sin \dfrac{x}{2^n} \right)$ (x 为非零常数).

解　因为 x 为非零常数, 所以 $\lim\limits_{n \to \infty} \dfrac{x}{2^n} = 0$. 则

$$\lim_{n \to \infty} \left(2^n \sin \frac{x}{2^n} \right) = \lim_{n \to \infty} \frac{\sin \dfrac{x}{2^n}}{\dfrac{x}{2^n}} \cdot x = 1 \cdot x = x.$$

例 5　求极限 $\lim\limits_{x \to 0} \dfrac{\arcsin x}{x}$.

解　令 $\arcsin x = t$, 则 $x = \sin t$, 且当 $x \to 0$ 时, $t \to 0$, 因此,

$$\lim_{x \to 0} \frac{\arcsin x}{x} = \lim_{x \to 0} \frac{t}{\sin t} = 1.$$

同理可求得 $\lim\limits_{x \to 0} \dfrac{\arctan x}{x} = 1.$

二、 准则 II (单调有界准则)

先给出数列情形的单调有界准则, 并导出一类重要极限, 以及其应用.

定义 1 如果数列 $\{x_n\}$ 满足条件:

$$x_n \leqslant x_{n+1} \left(\text{或 } x_n \geqslant x_{n+1}\right) (n = 1, 2, \cdots),$$

则称数列 $\{x_n\}$ 为单调增加 (或减少) 数列.

单调增加与单调减少的数列统称为**单调数列**.

对数列 $\{x_n\}$, 若存在两个数 M_1, M_2 (设 $M_1 < M_2$), 使得 $\forall x_n$ 都满足不等式

$$M_1 \leqslant x_n \leqslant M_2,$$

则称 $\{x_n\}$ 为有界数列, M_1 为其下界, M_2 为其上界. 否则称为无界数列.

数列 $\{x_n\}$ 为有界的: 当且仅当存在 $M > 0$, 使得 $|x_n| \leqslant M (n = 1, 2, 3, \cdots)$.

数列 $\{x_n\}$ 为无界的: 当且仅当对任意的 $M > 0$, 存在某自然数 n_0, 使得 $|x_{n_0}| > M$.

准则 II 单调有界数列必有极限.

对准则 II 本书不作证明, 只给出如下的几何解释, 以帮助读者直观地理解准则 II.

对于单调有界的数列 $\{x_n\}$, 在数轴上其点 x_n 只可能沿数轴在一个有限的区间 $(-M, M)$ 内向左或向右 (向单方向) 移动. 例如当 $\{x_n\}$ 是有界的单调增数列时, 设 M 为它的一个上界, 则对应的项 x_n 在数轴上都落在点 M 的左侧且不断向右移动, 当项数 n 越大, 对应的项 x_n 增加的幅度愈来愈小, 并从点 M 的左侧无限逼近它最小的上界 a, 这个最小的上界 a 就是数列 $\{x_n\}$ 的极限, 即

$$\lim_{n \to \infty} x_n = a.$$

同理可推得, 如果数列 $\{x_n\}$ 为单调减少且有下界, 则该数列必有极限 (极限为该数列的最大的下界). 由此可知, 单调有界数列必有极限, 即准则 II 成立.

准则 II 可推广到变化过程如 $x \to +\infty, x \to -\infty, x \to x_0^+, x \to x_0^-$ 等对应的单调有界函数的单侧极限的情形中, 但不能推广到诸如 $x \to x_0, x \to \infty$ 等变化过程对应的双侧极限的情形中.

作为准则 II 的应用, 我们讨论另一个**重要极限**:

$$\lim_{x \to \infty} \left(1 + \frac{1}{x}\right)^x = \mathrm{e}.$$

先考虑数列极限 $\lim\limits_{n \to \infty} \left(1 + \frac{1}{n}\right)^n$. 考察数列

$$\{x_n\} = \left\{\left(1 + \frac{1}{n}\right)^n\right\} \quad (n = 1, 2, 3, \cdots).$$

先证 $\{x_n\}$ 是单调增加的:

$$x_n = \left(1 + \frac{1}{n}\right)^n$$

$$=1 + n \cdot \frac{1}{n} + \frac{n(n-1)}{2!} \cdot \frac{1}{n^2} + \frac{n(n-1)(n-2)}{3!} \cdot \frac{1}{n^3} + \cdots + \frac{n(n-1)(n-2)\cdots 2 \cdot 1}{n!} \cdot \left(\frac{1}{n}\right)^n$$

$$=1 + 1 + \frac{1}{2!}\left(1 - \frac{1}{n}\right) + \frac{1}{3!}\left(1 - \frac{1}{n}\right)\left(1 - \frac{2}{n}\right) + \cdots + \frac{1}{n!}\left(1 - \frac{1}{n}\right)\left(1 - \frac{2}{n}\right)\cdots\left(1 - \frac{n-1}{n}\right),$$

$$x_{n+1} = \left(1 + \frac{1}{n+1}\right)^{n+1}$$

$$=1 + (n+1) \cdot \frac{1}{(n+1)} + \frac{(n+1)n}{2}! \cdot \left(\frac{1}{n+1}\right)^2 + \cdots$$

$$+ \frac{(n+1)n(n-1)\cdots 2}{n!} \cdot \left(\frac{1}{n+1}\right)^n + \frac{(n+1)n(n-1)\cdots 2 \cdot 1}{(n+1)!} \cdot \left(\frac{1}{n+1}\right)^{n+1}$$

$$=1 + 1 + \frac{1}{2!}\left(1 - \frac{1}{n+1}\right) + \frac{1}{3!}\left(1 - \frac{1}{n+1}\right)\left(1 - \frac{2}{n+1}\right) + \cdots$$

$$+ \frac{1}{n!}\left(1 - \frac{1}{n+1}\right)\left(1 - \frac{2}{n+1}\right)\cdots\left(1 - \frac{n-1}{n+1}\right)$$

$$+ \frac{1}{(n+1)!}\left(1 - \frac{1}{n+1}\right)\left(1 - \frac{2}{n+1}\right)\cdots\left(1 - \frac{n}{n+1}\right).$$

比较 x_n 与 x_{n+1} 的展开式可知, 两式除前两项相同外, 从第三项开始 x_{n+1} 的每一项都大于 x_n 的相应项, 且 x_{n+1} 最后还多了一个数值为正的项, 因此

$$x_n < x_{n+1}, \quad n = 1, 2, 3, \cdots,$$

这表明数列 $\{x_n\}$ 单调增加.

再证 $\{x_n\}$ 是有界的: 由 x_n 的展开式可知, x_n 中括号内的因子都小于 1 大于 0, 故

$$2 < x_n < 1 + 1 + \frac{1}{2!} + \frac{1}{3!} + \cdots + \frac{1}{n!}$$

$$< 1 + 1 + \frac{1}{2} + \frac{1}{2^2} + \cdots + \frac{1}{2^{n-1}}$$

$$= 1 + \frac{1 - \left(\frac{1}{2}\right)^n}{1 - \frac{1}{2}} = 3 - \left(\frac{1}{2}\right)^{n-1} < 3,$$

从而, $\{x_n\}$ 有界.

因此该数列 $\{x_n\}$ 单调增加且有界, 由准则 II, 极限 $\lim\limits_{n \to \infty}\left(1 + \frac{1}{n}\right)^n$ 存在, 我们将此极限记作 e, 即

$$\lim_{n \to \infty}\left(1 + \frac{1}{n}\right)^n = \mathrm{e}.$$

下面证明:

$$\lim_{x \to \infty}\left(1 + \frac{1}{x}\right)^x = \mathrm{e}.$$

这里 e 是一个无理数, 它的值是 $2.718281828459045\cdots$.

证　先证 $x \to +\infty$ 时的情形: 对 $x > 0$, 令 $n = [x]$, 则 $n \leqslant x < n+1$, 且

$$1 + \frac{1}{n+1} < 1 + \frac{1}{x} \leqslant 1 + \frac{1}{n},$$

于是有

$$\left(1 + \frac{1}{n+1}\right)^n < \left(1 + \frac{1}{x}\right)^x < \left(1 + \frac{1}{n}\right)^{n+1},$$

又当 $x \to +\infty$ 时, 有 $n \to +\infty$, 而

$$\lim_{n \to \infty} \left(1 + \frac{1}{n}\right)^{n+1} = \lim_{n \to \infty} \left[\left(1 + \frac{1}{n}\right)^n \left(1 + \frac{1}{n}\right)\right]$$

$$= \lim_{n \to \infty} \left(1 + \frac{1}{n}\right)^n \cdot \lim_{n \to \infty} \left(1 + \frac{1}{n}\right) = \mathrm{e} \cdot 1 = \mathrm{e},$$

$$\lim_{n \to \infty} \left(1 + \frac{1}{n+1}\right)^n = \lim_{n \to \infty} \left(1 + \frac{1}{n+1}\right)^{n+1-1}$$

$$= \lim_{n \to \infty} \left[\frac{\left(1 + \dfrac{1}{n+1}\right)^{n+1}}{1 + \dfrac{1}{n+1}}\right] = \frac{\lim\limits_{n \to \infty} \left(1 + \dfrac{1}{n+1}\right)^{n+1}}{\lim\limits_{n \to \infty} \left(1 + \dfrac{1}{n+1}\right)} = \mathrm{e},$$

由夹逼准则, 得

$$\lim_{x \to +\infty} \left(1 + \frac{1}{x}\right)^x = \mathrm{e}.$$

再证 $x \to -\infty$ 的情形: 令 $x = -t$, 则

$$\lim_{x \to -\infty} \left(1 + \frac{1}{x}\right)^x = \lim_{t \to +\infty} \left(1 + \frac{1}{-t}\right)^{-t} = \lim_{t \to +\infty} \left(\frac{t-1}{t}\right)^{-t}$$

$$= \lim_{t \to +\infty} \left(\frac{t}{t-1}\right)^t = \lim_{t \to +\infty} \left(1 + \frac{1}{t-1}\right)^{t-1+1}$$

$$= \lim_{t \to +\infty} \left(1 + \frac{1}{t-1}\right)^{t-1} \cdot \lim_{t \to +\infty} \left(1 + \frac{1}{t-1}\right) = \mathrm{e},$$

所以,

$$\lim_{x \to -\infty} \left(1 + \frac{1}{x}\right)^x = \mathrm{e},$$

综上可得

$$\lim_{x \to \infty} \left(1 + \frac{1}{x}\right)^x = \mathrm{e}.$$

若作代换 $x = \frac{1}{t}$, 则 $x \to \infty$ 相当于 $t \to 0$, 所以上式又可写为

$$\lim_{t \to 0} (1 + t)^{\frac{1}{t}} = \mathrm{e}.$$

因此该重要极限在应用中有如下三种常用形式:

$$\lim_{n \to \infty} \left(1 + \frac{1}{n}\right)^n = \mathrm{e};$$

$$\lim_{x\to\infty}\left(1+\frac{1}{x}\right)^x = \mathrm{e};$$

$$\lim_{x\to0}(1+x)^{\frac{1}{x}} = \mathrm{e}.$$

例 6　求极限 $\lim\limits_{x\to\infty}\left(\dfrac{x}{x+1}\right)^x$.

解　$\lim\limits_{x\to\infty}\left(\dfrac{x}{x+1}\right)^x = \lim\limits_{x\to\infty}\dfrac{1}{\left(1+\dfrac{1}{x}\right)^x} = \dfrac{1}{\lim\limits_{x\to\infty}\left(1+\dfrac{1}{x}\right)^x} = \dfrac{1}{\mathrm{e}}$.

例 7　求极限 $\lim\limits_{x\to\infty}\left(1+\dfrac{2}{x}\right)^{5x}$.

解

$$\lim_{x\to\infty}\left(1+\frac{2}{x}\right)^{5x} = \lim_{x\to\infty}\left(1+\frac{2}{x}\right)^{\frac{x}{2}\cdot2\cdot5} = \lim_{x\to\infty}\left[\left(1+\frac{2}{x}\right)^{\frac{x}{2}}\right]^{10}$$

$$= \left[\lim_{x\to\infty}\left(1+\frac{2}{x}\right)^{\frac{x}{2}}\right]^{10} = \mathrm{e}^{10}.$$

例 8　求极限 $\lim\limits_{x\to0}\dfrac{\ln(1+ax)}{x}\,(a\neq0)$.

解　$\lim\limits_{x\to0}\dfrac{\ln(1+ax)}{x} = \lim\limits_{x\to0}\ln(1+ax)^{\frac{1}{x}} = \lim\limits_{x\to0}[a\ln(1+ax)^{\frac{1}{ax}}] = a$.

例 9　求极限 $\lim\limits_{x\to0}(\cos x)^{\frac{\pi}{x^2}}$.

解

$$\lim_{x\to0}(\cos x)^{\frac{\pi}{x^2}} = \lim_{x\to0}\left[(1+\cos x-1)^{\frac{1}{\cos x-1}\cdot(\cos x-1)\cdot\frac{\pi}{x^2}}\right]$$

$$= \lim_{x\to0}\left[\left\{[1+(\cos x-1)]^{\frac{1}{\cos x-1}}\right\}^{\frac{-\pi(1-\cos x)}{x^2}}\right]$$

$$= \lim_{x\to0}\left\{[1+(\cos x-1)]^{\frac{1}{\cos x-1}}\right\}^{\lim\limits_{x\to0}\frac{-\pi(1-\cos x)}{x^2}}$$

$$= \mathrm{e}^{\lim\limits_{x\to0}\frac{-\pi(1-\cos x)}{x^2}} = \mathrm{e}^{\lim\limits_{x\to0}\frac{-\pi}{x^2}\cdot2\sin^2\frac{x}{2}} = \mathrm{e}^{-\frac{\pi}{2}}.$$

例 10　求极限 $\lim\limits_{x\to0}\dfrac{a^x-1}{x}\,(a>0$ 且 $a\neq1)$.

解　令 $a^x-1=t$, 则

$$x = \lg_a(1+t) = \frac{\ln(1+t)}{\ln a},$$

且 $x\to0$ 时 $t\to0$, 于是

$$\lim_{x\to0}\frac{a^x-1}{x} = \lim_{t\to0}\frac{t}{\dfrac{\ln(1+t)}{\ln a}} = \ln a\lim_{t\to0}\frac{t}{\ln(1+t)} = \ln a.$$

例 11　设 $x_1=\sqrt{2}$, $x_2=\sqrt{2+\sqrt{2}}=\sqrt{2+x_1}$, $\cdots$, $x_{n+1}=\sqrt{2+x_n}$ $(n=1,2,\cdots)$, 求 $\lim\limits_{n\to\infty}x_n$.

解   首先证明该数列是单调的: 因为 $2 < 2 + \sqrt{2}$, 所以

$$\sqrt{2} < \sqrt{2 + \sqrt{2}},$$

因此 $x_1 < x_2$, 假设 $x_k < x_{k+1}$, 则

$$2 + x_k < 2 + x_{k+1},$$

故有

$$\sqrt{2 + x_k} < \sqrt{2 + x_{k+1}}, \quad 即 \quad x_{k+1} < x_{k+2}.$$

则由数学归纳法可知, 对任何的自然数 n 都有 $x_n < x_{n+1}$. 故数列 $\{x_n\}$ 是单调增加的.

再证数列 $\{x_n\}$ 是有界的:

$$x_1 = \sqrt{2} < 1 + \sqrt{2},$$

假设 $x_n < 1 + \sqrt{2}$, 则

$$x_{n+1} = \sqrt{2 + x_n} < \sqrt{2 + 1 + \sqrt{2}} < \sqrt{2 + 2\sqrt{2} + 1} = 1 + \sqrt{2},$$

所以, 由数学归纳法可知, 对任何的自然数 n 都有

$$x_n < 1 + \sqrt{2},$$

即数列 $\{x_n\}$ 有上界 $1 + \sqrt{2}$.

由准则 II 可知, $\lim\limits_{n \to \infty} x_n$ 存在, 设 $\lim\limits_{n \to \infty} x_n = A$, 由题设可知 $A > 0$. 对递推公式:

$$x_{n+1} = \sqrt{2 + x_n}$$

两边取 $n \to \infty$ 时的极限, 得

$$A = \sqrt{2 + A}, \quad 即 \quad A^2 - A - 2 = 0,$$

解得 $A = 2$(负值已舍去), 所以

$$\lim_{n \to \infty} x_n = 2.$$

下面我们再来介绍函数的单调有界准则.

准则 II′   若函数 $f(x)$ 在 x_0 点的左侧某邻域 $(x_0 - \delta, x_0)$ (或右侧某邻域 $(x_0, x_0 + \delta)$) 内单调有界, 则极限 $\lim\limits_{x \to x_0^-} f(x) \left(或 \lim\limits_{x \to x_0^+} f(x) \right)$ 存在.

准则 II″   若存在某 $X > 0$, 使得函数 $f(x)$ 在 $(X, +\infty)$(或 $(-\infty, -X)$) 内单调有界, 则极限 $\lim\limits_{x \to +\infty} f(x) \left(或 \lim\limits_{x \to -\infty} f(x) \right)$ 存在.

准则 II、准则 II′、准则 II″ 统称为单调有界极限存在准则.

*三、　归结原理

归结原理是刻画函数极限与数列之间的理论基础, 在讨论极限不存在时经常用到的归结原理, 由于证明涉及的知识比较多, 故证明略. 下面只给出 $x \to x_0$ 情形的归结原理, 其他情形类似.

*定理 (归结原理)　极限 $\lim\limits_{x \to x_0} f(x)$ 存在充要条件是对任意趋于 x_0 的数列 $\{x_n\}(x_n \neq x_0)$, 数列 $\{f(x_n)\}$ 收敛, 且

$$\lim_{n \to \infty} f(x_n) = \lim_{x \to x_0} f(x).$$

同样的, 还有 $x \to x_0^{\pm}$, $x \to \infty$, $x \to \pm\infty$ 的归结原理. 在此略述.

例 12　讨论极限 $\lim\limits_{x \to 0} \sin \dfrac{1}{x}$ 的存在性.

解　令函数 $f(x) = \sin \dfrac{1}{x}$, 取 $x_n = \dfrac{1}{2n\pi + \dfrac{\pi}{2}}$, 则 $x_n \to 0 (n \to \infty)$, 且

$$f(x_n) = \sin\left(2\pi n + \frac{\pi}{2}\right) = 1,$$

此时有

$$\lim_{n \to \infty} f(x_n) = 1.$$

取 $y_n = \dfrac{1}{2n\pi}$, 则 $y_n \to 0 \ (n \to \infty)$, 且 $f(y_n) = \sin(2\pi n) = 0$, 此时有

$$\lim_{n \to \infty} f(y_n) = 0.$$

所以由归结原理知极限 $\lim\limits_{x \to 0} \sin \dfrac{1}{x}$ 不存在.

例 13　讨论极限 $\lim\limits_{x \to \infty} \left(\dfrac{x+1}{x} \arctan x\right)$ 的存在性.

解　设函数 $f(x) = \dfrac{x+1}{x} \arctan x$, 取 $x_n = n\pi$, 则 $x_n \to +\infty(n \to \infty)$, 且

$$f(x_n) = \frac{\pi n + 1}{\pi n} \arctan \pi n,$$

则

$$\lim_{n \to \infty} f(x_n) = \frac{\pi}{2};$$

取 $y_n = -n\pi$, 则 $x_n \to -\infty(n \to \infty)$, 且 $f(y_n) = \dfrac{-\pi n + 1}{-\pi n} \arctan(-\pi n)$, 则

$$\lim_{n \to \infty} f(y_n) = -\frac{\pi}{2}.$$

所以由归结原理知极限 $\lim\limits_{x \to \infty} \left(\dfrac{x+1}{x} \arctan x\right)$ 不存在.

习　题　1-5

1. 计算下列极限.

(1) $\lim\limits_{x \to 0} \dfrac{\tan 3x}{\sin x}$;

(2) $\lim\limits_{x \to 0} \dfrac{\sin 2x}{\arctan x}$;

(3) $\lim\limits_{x \to 0} \dfrac{\sin ax}{\sin bx}$;

(4) $\lim\limits_{x \to 0} \dfrac{1 - \cos 2x}{x \tan x}$;

(5) $\lim\limits_{x \to \infty} x \arcsin \dfrac{2}{x}$;

(6) $\lim\limits_{x \to 1} \dfrac{\sin(x^2 - 1)}{x - 1}$;

(7) $\lim\limits_{x \to 0^-} \dfrac{x}{\sqrt{1 - \cos x}}$;

(8) $\lim\limits_{x \to 0} \dfrac{\tan 2x}{\arctan x}$;

(9) $\lim\limits_{x \to 0} \dfrac{\sqrt{1 + x} - \sqrt{1 - x}}{\sin x}$;

(10) $\lim\limits_{x \to x_0} \dfrac{\sin x - \sin x_0}{x - x_0}$.

2. 计算下列极限.

(1) $\lim\limits_{x \to 0}(1 + x)^{-\frac{1}{x}}$;

(2) $\lim\limits_{x \to 0}(1 - x)^{\frac{2}{x}}$;

(3) $\lim\limits_{x \to \infty}\left(\dfrac{x^2 - 1}{x^2 + 1}\right)^{x^2}$;

(4) $\lim\limits_{x \to \infty}\left(\dfrac{n - a}{n + a}\right)^n$;

(5) $\lim\limits_{x \to 1} x^{\frac{1}{1 - x}}$;

(6) $\lim\limits_{x \to 0}(1 - x)^{\frac{1}{\sin x}}$;

(7) $\lim\limits_{n \to \infty}\left(1 + \dfrac{1}{n} - \dfrac{3}{n^2}\right)^{\frac{n}{2}}$;

(8) $\lim\limits_{n \to \infty}\left(\sin \dfrac{1}{n} + \cos \dfrac{1}{n}\right)^n$.

3. 设 $x_1 = 10$, $x_{n+1} = \sqrt{6 + x_n}$ $(n = 1, 2, \cdots)$, 求 $\lim\limits_{n \to \infty} x_n$.

4. 设 $x_1 > 0$, $a > 0$, $x_{n+1} = \dfrac{1}{2}\left(x_n + \dfrac{a}{x_n}\right)$ $(n = 1, 2, \cdots)$, 求极限 $\lim\limits_{n \to \infty} x_n$.

*5. 证明下列极限不存在.

(1) $\lim\limits_{x \to 0} \cos \dfrac{1}{x}$;

(2) $\lim\limits_{x \to 0}\left(\dfrac{1}{x} - \left[\dfrac{1}{x}\right]\right)$.

第六节　无穷小量与无穷大量

在第二节, 我们简单的介绍了无穷小量数列与无穷大量数列. 无穷小量在极限理论与极限计算中都具有非常重要的意义. 本节将进一步介绍无穷小量与无穷大量的有关概念和一些常用的基本性质, 无穷小量与无穷大量的比较等问题, 重点是函数的无穷小、无穷大问题.

一、无穷小量

定义 1　设函数 $f(x)$ 在 x_0 的去心邻域 $\overset{\circ}{U}(x_0)$ 内有定义, 若 $\lim\limits_{x \to x_0} f(x) = 0$, 则称 $f(x)$ 为 $x \to x_0$ 的无穷小量, 简称为无穷小.

类似地, 我们还可以定义 $x \to x_0^+$、$x \to x_0^-$、$x \to \infty$、$x \to +\infty$、$x \to -\infty$ 的无穷小量. 例如,

由于 $\lim\limits_{x \to \infty} \dfrac{1}{x} = 0$, 所以函数 $\dfrac{1}{x}$ 是 $x \to \infty$ 时的无穷小量;

由于 $\lim\limits_{x \to -\infty} \mathrm{e}^x = 0$, 所以 e^x 是 $x \to -\infty$ 时的无穷小量.

必须指出无穷小量是对自变量特殊变化过程而言的变量或函数, 如 $x^2 - 1$ 在 $x \to 1$ 或 $x \to -1$ 时为无穷小量, 但在 $x \to x_0(x_0 \neq \pm 1)$ 时不是无穷小量; 无穷小量不是很小的数, 而是极限为零的函数或数列, 任何非零常数无论其绝对值多么小, 都不是无穷小; 函数值为零的常值函数是特殊的无穷小量.

1. 极限与无穷小量的关系

由函数极限的定义可知: $\lim\limits_{x \to x_0} f(x) = A \Leftrightarrow \forall \varepsilon > 0, \exists$ 正数 δ, 使得当 x 满足 $0 < |x - x_0| < \delta$ 时, 不等式

$$|f(x) - A| < \varepsilon$$

恒成立, 即

$$\lim_{x \to x_0} (f(x) - A) = 0.$$

因此

$$\lim_{x \to x_0} f(x) = A \Leftrightarrow \lim_{x \to x_0} (f(x) - A) = 0.$$

定理 1　$\lim\limits_{x \to \Delta} f(x) = A$ 的充要条件为 $\lim\limits_{x \to \Delta} (f(x) - A) = 0$.

由定理 1 可知, 如果 $\lim\limits_{x \to x_0} f(x) = A$, 则 $f(x) - A$ 就是 $x \to x_0$ 时的无穷小, 进一步分析可得极限的另一个充要条件如定理 2 所述.

定理 2　$\lim\limits_{x \to x_0} f(x) = A$ 的充要条件为 $f(x) = A + \alpha(x)$, 其中 $\lim\limits_{x \to x_0} \alpha(x) = 0$.

证　设 $\lim\limits_{x \to x_0} f(x) = A$, 由定理 1 可知其充要条件为 $\lim\limits_{x \to x_0} (f(x) - A) = 0$, 令

$$f(x) - A = \alpha(x),$$

显然

$$\lim_{x \to x_0} \alpha(x) = 0,$$

则

$$f(x) = A + \alpha(x) (\lim_{x \to x_0} \alpha(x) = 0).$$

因此, $\lim\limits_{x \to x_0} f(x) = A$ 的充要条件为 $f(x) = A + \alpha(x)$ (其中 $\lim\limits_{x \to x_0} \alpha(x) = 0$).

如果把 $x \to x_0$ 改为 $x \to x_0^+$, $x \to x_0^-$, $x \to +\infty$, $x \to -\infty$, $x \to \infty$ 等情形, 定理 1 和定理 2 的结果仍成立. 定理 2 对数列也成立, 即如定理 2′ 所述.

定理 2′　$\lim\limits_{n \to \infty} x_n = A$ 的充要条件为 $x_n = A + \alpha_n$, 其中 $\lim\limits_{n \to \infty} \alpha_n = 0$.

例 1　在 $x \to \infty$ 的变化过程中, 将函数 $y = \dfrac{1 - 2x^2}{1 + x^2}$ 表示为常数与无穷小量之和的形式.

解　因为

$$\lim_{x \to \infty} \frac{1 - 2x^2}{1 + x^2} = -2,$$

而

$$\frac{1 - 2x^2}{1 + x^2} - (-2) = \frac{3}{1 + x^2}, \quad \text{且} \quad \lim_{x \to \infty} \frac{3}{1 + x^2} = 0.$$

所以

$$y = \frac{1 - 2x^2}{1 + x^2} = -2 + \frac{3}{1 + x^2},$$

其中, $\dfrac{3}{1 + x^2}$ 在 $x \to \infty$ 时为无穷小量.

例 2　函数 $f(x) = \dfrac{x-1}{x^2}$ 在自变量如何变化时为无穷小量?

解　因为

$$\lim_{x \to \infty} \frac{x-1}{x^2} = 0, \quad \lim_{x \to 1} \frac{x-1}{x^2} = 0,$$

所以在 $x \to \infty$ 或 $x \to 1$ 时, 函数 $f(x) = \dfrac{x-1}{x^2}$ 是无穷小量.

2. 无穷小量的性质

关于函数的无穷小量的性质和结论, 对无穷小量的数列也成立, 因此关于无穷小量的描述也自然包括数列的情形, 下面就不再一一叙述了.

定理 3　两个无穷小量的和仍为无穷小量.

证　不妨考虑 $x \to x_0$ 的情形, 设 $\alpha(x), \beta(x)$ 都是变化过程 $x \to x_0$ 时的无穷小量, 由极限定义可知, 对 $\forall \varepsilon, \exists \delta > 0$, 当 x 满足 $0 < |x - x_0| < \delta$ 时, 不等式

$$|\alpha(x)| < \frac{\varepsilon}{2}, \quad |\beta(x)| < \frac{\varepsilon}{2}$$

都成立. 所以

$$|\alpha(x) + \beta(x)| \leqslant |\alpha(x)| + |\beta(x)| < \frac{\varepsilon}{2} + \frac{\varepsilon}{2} = \varepsilon,$$

故当 $x \to x_0$ 时 $\alpha(x) + \beta(x)$ 是的无穷小量.

推论 1　有限个无穷小量的和仍是无穷小量.

定理 4　有界函数与无穷小量的乘积仍是无穷小量.

证　以 $x \to x_0$ 的情形为例, 设 $u(x)$ 在 x_0 点的某去心邻域内为有界函数, 即 $\exists \delta_1 > 0$ 及 $M > 0$, 当 $x \in \overset{\circ}{U}(x_0, \delta_1)$ 时, 有

$$|u(x)| \leqslant M,$$

并设 $\alpha(x)$ 是 $x \to x_0$ 时的无穷小量, 则 $\forall \varepsilon > 0, \exists \delta_2 > 0$, 当 $x \in \overset{\circ}{U}(x_0, \delta_2)$ 时, 有

$$|\alpha(x)| < \frac{\varepsilon}{M}.$$

取 $\delta = \min\{\delta_1, \delta_2\}$, 则当 $x \in \overset{\circ}{U}(x_0, \delta)$ 时, 上面两个不等式同时成立, 因此

$$|\alpha(x) \cdot u(x)| = |\alpha(x)| \cdot |u(x)| < \frac{\varepsilon}{M} \cdot M = \varepsilon.$$

所以 $\alpha(x) \cdot u(x)$ 为 $x \to x_0$ 时的无穷小量.

推论 2　常量与无穷小量的乘积仍为无穷小量.

推论 3　有限个无穷小量的乘积仍为无穷小量.

例 3　求 $\lim\limits_{x \to \infty} \dfrac{\arctan x}{x+1}$.

解　因为 $\lim\limits_{x \to \infty} \dfrac{1}{x+1} = 0$, 而 $|\arctan x| \leqslant \dfrac{\pi}{2}$, 即 $\arctan x$ 是有界函数, 所以由定理 4 可知, $\dfrac{1}{x+1} \arctan x$ 是当 $x \to \infty$ 时的无穷小量, 故

$$\lim_{x \to \infty} \frac{\arctan x}{x+1} = 0.$$

例 4　求 $\lim\limits_{x \to -1}(x+1)\sin[\ln(x^2+x+1)]$.

解　因为 $\lim\limits_{x \to -1}(x+1)=0$, 又 $\left|\sin[\ln(x^2+x+1)]\right| \leqslant 1$, 即 $\sin[\ln(x^2+x+1)]$ 有界, 所以

$$\lim\limits_{x \to -1}(x+1)\sin[\ln(x^2+x+1)]=0.$$

二、无穷大量

在 $x \to 1$ 时, 函数 $f(x)=\dfrac{1}{x-1}$ 的极限不存在, 但绝对值 $\left|\dfrac{1}{x-1}\right|$ 无限增大, 则称函数 $f(x)=\dfrac{1}{x-1}$ 为当 $x \to 1$ 时的无穷大量.

定义 2　设函数 $f(x)$ 在 x_0 的某去心邻域内有定义, 若对 $\forall M > 0, \exists \delta > 0$, 当 x 适合不等式 $0 < |x-x_0| < \delta$ 时, 不等式

$$|f(x)| > M$$

都成立, 则称函数 $f(x)$ 为 $x \to x_0$ 时的无穷大量, 记为

$$\lim\limits_{x \to x_0} f(x) = \infty.$$

另外, 若定义 2 中的 $|f(x)| > M$ 改为 $f(x) > M$ (或 $f(x) < -M$), 称函数 $f(x)$ 为 $x \to x_0$ 时的正无穷大量 (或负无穷大量). 记为

$$\lim\limits_{x \to x_0} f(x) = +\infty \ (\text{或} \ \lim\limits_{x \to x_0} f(x) = -\infty).$$

类似地, 我们还有 $x \to x_0^+$, $x \to x_0^-$, $x \to \infty$, $x \to +\infty$, $x \to -\infty$ 等情形的无穷大量、正无穷大量、负无穷大量, 以及数列的无穷大量、正无穷大量、负无穷大量, 其记法等在此略述. 正无穷大量和负无穷大量是无穷大量的特殊情形.

当函数 $f(x)$ 在 $x \to x_0$ 时为无穷大量, 即函数的绝对值 $|f(x)|$ 无限大, 因此无穷大量一定是无界函数, 但无界函数不一定是无穷大. 作为归结原理, 我们有下列结论:

定理 5　函数 $f(x)$ 在 x_0 的某去心邻域 $\overset{\circ}{U}(x_0,\delta)$ 内为无界的, 当且仅当在 $\overset{\circ}{U}(x_0,\delta)$ 中存在趋于 x_0 的数列 $\{x_n\}$, 使得 $\{f(x_n)\}$ 为无穷大量.

证　若 $f(x)$ 在 x_0 的某去心邻域 $\overset{\circ}{U}(x_0,\delta)$ 内为无界函数, 由无界函数的定义, 对任意正整数 n, 存在 $x_n \in \overset{\circ}{U}(x_0,\delta)$, 使得

$$0 < |x_n - x_0| < \frac{1}{n} < \delta, \ \text{且} \ |f(x_n)| > n,$$

于是在 $\overset{\circ}{U}(x_0,\delta)$ 内存在趋于 x_0 的数列 $\{x_n\}$, 使得 $\{f(x_n)\}$ 为无穷大量.

反过来, 若在 $\overset{\circ}{U}(x_0,\delta)$ 中存在趋于 x_0 的数列 $\{x_n\}$, 使得 $\{f(x_n)\}$ 为无穷大量, 则由无穷大量的定义, 对 $\forall M > 0, \exists N > 0$, 当 $n > N$ 时, 有

$$|f(x_n)| > M.$$

又 $x_n \in \overset{\circ}{U}(x_0,\delta)$, 所以 $f(x)$ 在 x_0 的某去心邻域 $\overset{\circ}{U}(x_0,\delta)$ 内为无界函数.

定理 6　函数 $f(x)$ 在 $x \to x_0$ 时不是无穷大量, 当且仅当在 $\overset{\circ}{U}(x_0, \delta)$ 中存在趋于 x_0 的数列 $\{x_n\}$, 使得 $\{f(x_n)\}$ 为有界数列.

类似地, 还有其他情形, 在此不再一一叙述.

对于数列, 我们有下列结果:

定理 7　数列 $\{x_n\}$ 是无界的, 当且仅当存在 $\{x_n\}$ 的某子列 $\{x_{n_k}\}$, 使得 $\{x_{n_k}\}$ 是无穷大量.

另外, 还要指出的是无穷大不是数, 而是对应特定变化过程时的函数或变量, 不能与很大的常数混为一谈.

例 5　证明 $\lim\limits_{x \to 1} \dfrac{1}{x-1} = \infty$.

证　对 $\forall M > 0$, 要使 $\left| \dfrac{1}{x-1} \right| = \dfrac{1}{|x-1|} > M$ 成立, 只要

$$|x - 1| < \frac{1}{M}$$

成立, 即可取 $\delta = \dfrac{1}{M}$, 则当 x 满足 $0 < |x - 1| < \delta = \dfrac{1}{M}$ 时, 就有

$$\left| \frac{1}{x-1} \right| > M,$$

所以

$$\lim_{x \to 1} \frac{1}{x-1} = \infty.$$

例 6　证明函数 $f(x) = \dfrac{1}{x} \sin \dfrac{1}{x}$ 在 0 的任意邻域内是无界函数, 但 $x \to 0$ 时 $f(x) = \dfrac{1}{x} \sin \dfrac{1}{x}$ 不是无穷大量.

证　取 $x_n = \dfrac{1}{2n\pi + \dfrac{\pi}{2}}$, 则 $\lim\limits_{n \to \infty} x_n = 0$, 且

$$\lim_{n \to \infty} f(x_n) = \lim_{n \to \infty} \left(2n + \frac{1}{2} \right) \pi = \infty.$$

所以由定理 5 知 $f(x) = \dfrac{1}{x} \sin \dfrac{1}{x}$ 在 0 的任意邻域内是无界函数.

再取 $y_n = \dfrac{1}{n\pi}$, 则 $\lim\limits_{n \to \infty} y_n = 0$, 且 $f(y_n) = 0$, 即 $\{f(y_n)\}$ 为有界数列. 于是由定理 6 知函数 $f(x) = \dfrac{1}{x} \sin \dfrac{1}{x}$ 在 $x \to 0$ 时不是无穷大量.

三、无穷大量与无穷小量之间的关系

定理 8　在自变量的某一变化过程中, 若 $f(x)$ 为无穷大量, 则 $\dfrac{1}{f(x)}$ 为无穷小量; 若 $f(x)$ 为无穷小量且 $f(x) \neq 0$, 则 $\dfrac{1}{f(x)}$ 为无穷大量.

证　以 $x \to x_0$ 为例, 如 $\lim\limits_{x \to x_0} f(x) = \infty$, 由定义 2 可知, $\forall \varepsilon > 0$, 取 $M = \dfrac{1}{\varepsilon}$, 对 M, $\exists \delta > 0$, 当 x 满足 $0 < |x - x_0| < \delta$ 时, 恒有

$$|f(x)| > M = \frac{1}{\varepsilon}, \quad \text{即} \quad \left| \frac{1}{f(x)} \right| < \varepsilon,$$

所以

$$\lim_{x \to x_0} \frac{1}{f(x)} = 0.$$

若 $\lim\limits_{x \to x_0} f(x) = 0$, 且 $f(x) \neq 0$, 则 $\forall M > 0$, 取 $\varepsilon = \dfrac{1}{M}$, 对应 ε, $\exists \delta > 0$, 当 x 满足 $0 < |x - x_0| < \delta$ 时, 都有不等式

$$|f(x)| < \varepsilon = \frac{1}{M}$$

成立, 故有

$$\left| \frac{1}{f(x)} \right| > M,$$

所以

$$\lim_{x \to x_0} f(x) = \infty.$$

例 7 求极限 $\lim\limits_{x \to \infty} \dfrac{2x^3 - x^2 - 9}{x^2 + 3x + 5}$.

解 因为

$$\lim_{x \to \infty} \frac{x^2 + 3x + 5}{2x^3 - x^2 - 9} = \lim_{x \to \infty} \frac{\dfrac{1}{x} + 3\dfrac{1}{x^2} + \dfrac{5}{x^3}}{2 - \dfrac{1}{x} - \dfrac{9}{x^3}} = 0,$$

所以, 由定理 8

$$\lim_{x \to \infty} \frac{2x^3 - x^2 - 9}{x^2 + 3x + 5} = \infty.$$

一般地, 对于下列分式函数, 我们有下列结果, 该结果要熟记.

$$\lim_{x \to \infty} \frac{a_0 x^n + a_1 x^{n-1} + \cdots + a_{n-1} x + a_n}{b_0 x^m + b_1 x^{m-1} + \cdots + b_{m-1} x + b_m} = \begin{cases} 0, & n < m, \\ \dfrac{a_0}{b_0}, & n = m, \\ \infty, & n > m. \end{cases}$$

例 8 已知极限 $\lim\limits_{n \to \infty} \dfrac{an^2 + bn + 2}{2n + 5} = 3$, 求常数 a, b.

解 若 $a \neq 0$, 则

$$\lim_{n \to \infty} \frac{an^2 + bn + 2}{2n + 5} = \infty,$$

与已知条件矛盾, 故 $a = 0$. 于是由

$$\lim_{n \to \infty} \frac{an^2 + bn + 2}{2n + 5} = \lim_{n \to \infty} \frac{bn + 2}{2n + 5} = \frac{b}{2} = 3,$$

得 $b = 6$. 所以, $a = 0$, $b = 6$.

四、 无穷小的比较

前面我们介绍了无穷小量, 且两个无穷小量的和、差、积仍为无穷小量, 那么两个无穷小量的商是否仍是无穷小量呢? 观察下面几个简单的极限:

$$\lim_{x \to 0} \frac{\sin x^3}{x^2} = \lim_{x \to 0} x \frac{\sin x^3}{x^3} = 0,$$

$$\lim_{x \to 0} \frac{\tan x}{x^2} = \lim_{x \to 0} \frac{1}{x} \frac{\tan x}{x} = \infty,$$

$$\lim_{x \to 0} \frac{1 - \cos x}{x^2} = \frac{1}{2}.$$

在上列各式中, 虽然当 $x \to 0$ 时, $\sin x^3$, $\tan x$, x^2, $1 - \cos x^2$ 都是无穷小, 但它们比值的极限却有着各种不同的情形, 事实上, 这些情形都是由于无穷小趋于零的快慢程度不同而造成的. 就上面的例子来说, 在 $x \to 0$ 的过程中, $\sin x^3 \to 0$ 的速度比 $x^2 \to 0$ 要快; $\tan x \to 0$ 的速度比 $x^2 \to 0$ 要慢; 而 $1 - \cos x \to 0$ 的速度与 $x^2 \to 0$ 相当. 由此, 两个无穷小的商的极限反映了两个无穷小趋于零时的相对快慢程度.

以 $x \to x_0$ 为例, 我们有下面的无穷小量比较的相关概念.

定义 3   设 α, β 是在 $x \to x_0$ 时的两个无穷小量, 即

$$\lim_{x \to x_0} \alpha = 0, \ \lim_{x \to x_0} \beta = 0,$$

(1) 若 $\lim\limits_{x \to x_0} \dfrac{\alpha}{\beta} = 0$, 则称在 $x \to x_0$ 时, α 是比 β 高阶的无穷小量, 记作 $\alpha = o(\beta)$ $(x \to x_0)$.

(2) 若 $\lim\limits_{x \to x_0} \dfrac{\alpha}{\beta} = \infty$, 则称在 $x \to x_0$ 时, α 是比 β 低阶的无穷小量.

(3) 若 $\lim\limits_{x \to x_0} \dfrac{\alpha}{\beta} = c$ (c 为常数且 $c \neq 0$), 则称在 $x \to x_0$ 时, α 与 β 是同阶无穷小量; 特别地, 当 $c = 1$ 时, 则称在 $x \to x_0$ 时, α 与 β 是等价无穷小量, 记作 $\alpha \sim \beta$ $(x \to x_0)$.

(4) 若存在 $k > 0$, 使得 $\lim\limits_{x \to x_0} \dfrac{\alpha}{\beta^k} = c$ ($c \neq 0$), 则称在 $x \to x_0$ 时, α 是 β 的 k 阶无穷小量.

类似地, 我们还可以给出 $x \to x_0^+$, $x \to x_0^-$, $x \to \infty$, $x \to +\infty$, $x \to -\infty$ 等情形的无穷小量的比较, 以及数列的无穷小量比较, 在此就不一一叙述了.

一般地, 在讨论无穷小 α 的阶数时, 当 $x \to 0$ 时常取 $\beta = x$; $x \to \infty$ 时常取 $\beta = \dfrac{1}{x}$; $x \to x_0$ 时常取 $\beta = x - x_0$. 例如, 因为

$$\lim_{x \to 0} \frac{\sin^2 x}{x} = \lim_{x \to 0} \left(\frac{\sin x}{x} \right)^2 x = 1 \times 0 = 0,$$

所以当 $x \to 0$ 时, $\sin^2 x$ 是比 x 高阶的无穷小, 即 $\sin^2 x = o(x)$ $(x \to 0)$; 因为

$$\lim_{n \to \infty} \frac{\dfrac{1}{n^2}}{\dfrac{1}{n^3}} = \lim_{n \to \infty} n = \infty,$$

所以当 $n \to \infty$ 时, $\dfrac{1}{n^2}$ 是比 $\dfrac{1}{n^3}$ 低阶的无穷小;

因为 $\lim\limits_{x\to 0}\dfrac{1-\cos x}{x^2}=\dfrac{1}{2}$, 所以当 $x\to 0$ 时, $1-\cos x$ 与 x^2 是同阶的无穷小;

因为 $\lim\limits_{x\to 0}\dfrac{\sin x}{x}=1$, 所以当 $x\to 0$ 时, $\sin x$ 与 x 是等价无穷小, 即 $\sin x\sim x(x\to 0)$.

例 9　在指定的变化过程中, 求下列无穷小的阶.

(1) $x\to 0$ 时, $\sqrt{1+x}-\sqrt{1-x}$;

(2) $x\to 4$ 时, $\dfrac{x^2-16}{x+4}$;

(3) $x\to\infty$ 时, $\dfrac{2x-1}{x^3+3x+1}$.

解　(1) 由于

$$\lim\limits_{x\to 0}\frac{\sqrt{1+x}-\sqrt{1-x}}{x}=\lim\limits_{x\to 0}\frac{2x}{x\left(\sqrt{1+x}+\sqrt{1-x}\right)}=\lim\limits_{x\to 0}\frac{2}{\left(\sqrt{1+x}+\sqrt{1-x}\right)}=1,$$

所以 $x\to 0$ 时, 函数 $\sqrt{1+x}-\sqrt{1-x}$ 是关于 x 的一阶无穷小.

(2) 由于 $\lim\limits_{x\to 4}\dfrac{\dfrac{x^2-16}{(x+4)}}{x-4}=1$, 所以 $x\to 4$ 时, 函数 $\dfrac{x^2-16}{x+4}$ 是关于 $x-4$ 的一阶无穷小.

(3) 由于

$$\lim\limits_{x\to\infty}\frac{\dfrac{2x-1}{x^3+3x+1}}{\left(\dfrac{1}{x}\right)^2}=\lim\limits_{x\to\infty}\frac{2x^3-x^2}{x^3+3x+1}=2,$$

所以 $x\to\infty$ 时, $\dfrac{2x-1}{x^3+3x+1}$ 是关于 $\dfrac{1}{x}$ 的二阶无穷小.

下面着重讨论等价无穷小在求极限过程中的几个重要性质, 且以 $x\to x_0$ 的情形为例.

性质 1　在 $x\to x_0$ 时, α 与 β 是等价无穷小的充分必要条件为

$$\alpha=\beta+o(\beta)(x\to x_0).$$

证　必要性　设 $\alpha\sim\beta(x\to x_0)$, 即 $\lim\limits_{x\to x_0}\dfrac{\alpha}{\beta}=1$,

则有

$$\lim\limits_{x\to x_0}\frac{\alpha-\beta}{\beta}=\lim\limits_{x\to x_0}\left(\frac{\alpha}{\beta}-1\right)=1-1=0,$$

即

$$\alpha-\beta=o(\beta)(x\to x_0).$$

因此

$$\alpha=\beta+o(\beta)(x\to x_0).$$

充分性　设 $\alpha=\beta+o(\beta)(x\to x_0)$,

则

$$\lim\limits_{x\to x_0}\frac{\alpha}{\beta}=\lim\limits_{x\to x_0}\frac{\beta+o(\beta)}{\beta}=\lim\limits_{x\to x_0}\left(1+\frac{o(\beta)}{\beta}\right)=1+0=1,$$

则

$$\alpha\sim\beta(x\to x_0).$$

综上讨论可知

$$\alpha \sim \beta(x \to x_0) \Leftrightarrow \alpha = \beta + o(\beta)(x \to x_0).$$

例如, 由 $\lim\limits_{x \to 0} \dfrac{\sin x^3}{x^2} = 0$, 当 $x \to 0$ 时, $\sin x^3 = o(x^2)$, 则

$$x^2 + \sin x^3 = x^2 + o(x^2), \quad 即 \quad x^2 + \sin x^3 \sim x^2(x \to 0).$$

下面是常用的等价无穷小量, 要牢记:

$$\sin x \sim x \ (x \to 0), \quad \tan x \sim x(x \to 0), \quad \arcsin x \sim x \ (x \to 0),$$
$$\arctan x \sim x \ (x \to 0), \quad \ln(1+x) \sim x \ (x \to 0), \quad \mathrm{e}^x - 1 \sim x \ (x \to 0),$$
$$1 - \cos x \sim \dfrac{x^2}{2} \ (x \to 0), \quad a^x - 1 \sim x \ln a \ (x \to 0), \quad (1+x)^\alpha - 1 \sim \alpha x \ (x \to 0).$$

注　当 $x \to 0^+$ 或 $x \to 0^-$ 时仍有上述的等价无穷小量.

性质 2　在 $x \to x_0$ 时, $\alpha(x) \sim \bar{\alpha}(x), \beta(x) \sim \bar{\beta}(x), f(x)$ 为已知函数, 且极限 $\lim\limits_{x \to x_0} \dfrac{\bar{\alpha}(x)}{\bar{\beta}(x)} f(x)$ 存在 (或为 ∞), 则有

$$\lim_{x \to x_0} \frac{\alpha(x)}{\beta(x)} f(x) = \lim_{x \to x_0} \frac{\bar{\alpha}(x)}{\bar{\beta}(x)} f(x).$$

证　$\lim\limits_{x \to x_0} \dfrac{\alpha(x)}{\beta(x)} f(x) = \lim\limits_{x \to x_0} \left[\dfrac{\alpha(x)}{\bar{\alpha}(x)} \cdot \dfrac{\bar{\beta}(x)}{\beta(x)} \cdot \dfrac{\bar{\alpha}(x)}{\bar{\beta}(x)} f(x) \right] = \lim\limits_{x \to x_0} \dfrac{\bar{\alpha}(x)}{\bar{\beta}(x)} f(x).$

性质 2′　在 $x \to x_0$ 时, $\alpha(x) \sim \bar{\alpha}(x), f(x)$ 为已知函数, 且极限 $\lim\limits_{x \to x_0} \bar{\alpha}(x) f(x)$ 存在 (或为 ∞), 则有

$$\lim_{x \to x_0} \alpha(x) f(x) = \lim_{x \to x_0} \bar{\alpha}(x) f(x).$$

证　$\lim\limits_{x \to x_0} \alpha(x) f(x) = \lim\limits_{x \to x_0} \left[\dfrac{\alpha(x)}{\bar{\alpha}(x)} \cdot \bar{\alpha}(x) f(x) \right] = \lim\limits_{x \to x_0} \bar{\alpha}(x) f(x).$

类似地, 我们还可以给出 $x \to x_0^+, x \to x_0^-, x \to \infty, x \to +\infty, x \to -\infty$ 等情形的等价无穷小量在求极限过程中的几个重要性质, 在此就不再一一叙述了.

例 10　计算 $\lim\limits_{x \to 0} \dfrac{\tan 2x}{\sin 5x}$.

解　因为 $x \to 0$ 时, $\tan 2x \sim 2x, \sin 5x \sim 5x$, 因此

$$\lim_{x \to 0} \frac{\tan 2x}{\sin 5x} = \lim_{x \to 0} \frac{2x}{5x} = \frac{2}{5}.$$

例 11　计算 $\lim\limits_{x \to 0} \dfrac{\sin x}{x^3 + 3x}$.

解　因为 $x \to 0$ 时, $\sin x \sim x, x^3 + 3x \sim 3x$, 因此

$$\lim_{x \to 0} \frac{\sin x}{x^3 + 3x} = \lim_{x \to 0} \frac{x}{3x} = \frac{1}{3}.$$

例 12　计算 $\lim\limits_{x \to 0} \dfrac{\sin \alpha x - \sin \beta x}{x}$.

解　**解法一**　$\displaystyle\lim_{x\to 0}\frac{\sin\alpha x-\sin\beta x}{x}=\lim_{x\to 0}\frac{\sin\alpha x}{x}-\lim_{x\to 0}\frac{\sin\beta x}{x}$

$$=\lim_{x\to 0}\frac{\alpha x}{x}-\lim_{x\to 0}\frac{\beta x}{x}$$

$$=\alpha-\beta.$$

解法二

$$\lim_{x\to 0}\frac{\sin\alpha x-\sin\beta x}{x}=\lim_{x\to 0}\frac{2\cos\dfrac{\alpha+\beta}{2}x\cdot\sin\dfrac{\alpha-\beta}{2}x}{x}$$

$$=\lim_{x\to 0}\frac{2\cos\left(\dfrac{\alpha+\beta}{2}x\right)\cdot\dfrac{\alpha-\beta}{2}x}{x}\quad=\alpha-\beta.$$

例 13　计算 $\displaystyle\lim_{x\to 0}\frac{\mathrm{e}-\mathrm{e}^{\cos x}}{x\sin x}$.

解　$\displaystyle\lim_{x\to 0}\frac{\mathrm{e}-\mathrm{e}^{\cos x}}{x\sin x}=\lim_{x\to 0}\frac{\mathrm{e}^{\cos x}(\mathrm{e}^{1-\cos x}-1)}{x^2}$

$$=\lim_{x\to 0}\frac{\mathrm{e}^{\cos x}(1-\cos x)}{x^2}=\lim_{x\to 0}\frac{\mathrm{e}^{\cos x}\cdot\dfrac{x^2}{2}}{x^2}\quad=\frac{\mathrm{e}}{2}.$$

例 14　计算 $\displaystyle\lim_{x\to 0}(\cos x)^{\frac{1}{\ln(1+x^2)}}$.

解　$\displaystyle\lim_{x\to 0}(\cos x)^{\frac{1}{\ln(1+x^2)}}=\lim_{x\to 0}(1+\cos x-1)^{\frac{1}{\cos x-1}\cdot\frac{\cos x-1}{\ln(1+x^2)}}$

$$=\lim_{x\to 0}\left[(1+\cos x-1)^{\frac{1}{\cos x-1}}\right]^{\frac{\cos x-1}{\ln(1+x^2)}}$$

$$=\mathrm{e}^{\lim\limits_{x\to 0}\frac{\cos x-1}{\ln(1+x^2)}}=\mathrm{e}^{\lim\limits_{x\to 0}\frac{-\frac{1}{2}x^2}{x^2}}=\mathrm{e}^{-\frac{1}{2}}.$$

例 15　已知当 $x\to 0$ 时，$(1+ax^2)^{\frac{1}{3}}-1$ 与 $1-\cos x$ 是等价无穷小，求常数 a 的值.

解　由于 $x\to 0$ 时，$(1+ax^2)^{\frac{1}{3}}-1\sim\dfrac{1}{3}ax^2$，$1-\cos x\sim\dfrac{1}{2}x^2$，因此，

$$\lim_{x\to 0}\frac{(1+ax^2)^{\frac{1}{3}}-1}{1-\cos x}=\lim_{x\to 0}\frac{\dfrac{1}{3}ax^2}{\dfrac{1}{2}x^2}=\frac{2a}{3},$$

由题设得 $\dfrac{2a}{3}=1$，解得 $a=\dfrac{3}{2}$.

注　若 $\lim f(x)=0$，且极限 $\lim\dfrac{g(x)}{f(x)}$ 存在，则 $\lim g(x)=0$；

若 $\lim f(x)=\infty$，且极限 $\lim f(x)g(x)$ 存在，则 $\lim g(x)=0$.

例 16　已知极限 $\displaystyle\lim_{x\to 1}\frac{x^3+ax^2-x+4}{x-1}=b$，求常数 a,b 的值.

解　由已知条件可得

$$\lim_{x\to 1}(x^3+ax^2-x+4)=0,\quad\text{即}\quad 1+a-1+4=0,$$

所以 $a = -4$. 于是

$$b = \lim_{x \to 1} \frac{x^3 - 4x^2 - x + 4}{x - 1} = -7.$$

例 17 已知极限 $\lim\limits_{x \to \infty} [f(x) - 3x + b] = a$ (a, b 为常数), 求极限 $\lim\limits_{x \to \infty} \dfrac{f(x)}{x}$.

解 因为

$$\lim_{x \to \infty} [f(x) - 3x + b] = \lim_{x \to \infty} x \left[\frac{f(x)}{x} - 3 + \frac{b}{x} \right],$$

由 $\lim\limits_{x \to \infty} x = \infty$ 及已知条件 $\lim\limits_{x \to \infty} [f(x) - 3x + b] = a$ 可得

$$\lim_{x \to \infty} \left[\frac{f(x)}{x} - 3 + \frac{b}{x} \right] = 0,$$

即

$$\lim_{x \to \infty} \frac{f(x)}{x} = \lim_{x \to \infty} \left(3 - \frac{b}{x} \right) = 3.$$

例 18 已知极限 $\lim\limits_{x \to \infty} \left(\dfrac{x^2 + 2}{x - 1} - ax - b \right) = 0$, 求常数 a, b.

解 因为

$$\lim_{x \to \infty} \left(\frac{x^2 + 2}{x - 1} - ax - b \right) = \lim_{x \to \infty} x \left[\frac{x^2 + 2}{x(x - 1)} - a - \frac{b}{x} \right],$$

由 $\lim\limits_{x \to \infty} x = \infty$ 及已知条件 $\lim\limits_{x \to \infty} \left(\dfrac{x^2 + 2}{x - 1} - ax - b \right) = 0$ 可得

$$\lim_{x \to \infty} \left[\frac{x^2 + 2}{x(x - 1)} - a - \frac{b}{x} \right] = 0,$$

于是

$$a = \lim_{x \to \infty} \left[\frac{x^2 + 2}{x(x - 1)} - \frac{b}{x} \right] = 1.$$

代入已知条件 $\lim\limits_{x \to \infty} \left(\dfrac{x^2 + 2}{x - 1} - ax - b \right) = 0$ 得

$$b = \lim_{x \to \infty} \left(\frac{x^2 + 2}{x - 1} - ax \right) = \lim_{x \to \infty} \left(\frac{x^2 + 2}{x - 1} - x \right)$$
$$= \lim_{x \to \infty} \frac{x^2 + 2 - x(x - 1)}{x - 1} = \lim_{x \to \infty} \frac{2 + x}{x - 1} = 1,$$

所以 $a = 1, b = 1$.

*五、 无穷大的比较

前面我们介绍了无穷小的比较, 类似地我们也有无穷大的比较. 下面, 我们以 $\lim\limits_{x \to x_0} f(x) = \infty$ 为例, 介绍无穷大量比较的相关概念.

定义 4 设 $\lim\limits_{x \to x_0} f(x) = \infty$, $\lim\limits_{x \to x_0} g(x) = \infty$,

(1) 若 $\lim\limits_{x \to x_0} \dfrac{f(x)}{g(x)} = 0$, 则称在 $x \to x_0$ 时, $f(x)$ 是比 $g(x)$ 低阶的无穷大量.

(2) 若 $\lim\limits_{x\to x_0}\dfrac{f(x)}{g(x)}=\infty$, 则称在 $x\to x_0$ 时, $f(x)$ 是比 $g(x)$ 高阶的无穷大量.

(3) 若 $\lim\limits_{x\to x_0}\dfrac{f(x)}{g(x)}=c$ (c 为常数且 $c\neq 0$), 则称在 $x\to x_0$ 时, $f(x)$ 与 $g(x)$ 是同阶无穷大量; 特别地, 当 $c=1$ 时, 则称在 $x\to x_0$ 时, $f(x)$ 与 $g(x)$ 是等价无穷大量.

(4) 若存在 $k>0$, 使得 $\lim\limits_{x\to x_0}\dfrac{f(x)}{[g(x)]^k}=c$ ($c\neq 0$), 则称在 $x\to x_0$ 时, $f(x)$ 是 $g(x)$ 的 k 阶无穷大量.

类似地, 我们还可以给出 $x\to x_0^+$, $x\to x_0^-$, $x\to\infty$, $x\to+\infty$, $x\to-\infty$ 等情形的无穷大量的比较, 正无穷大量、负无穷大量的比较, 以及数列的无穷大量比较, 在此就不一一叙述了.

例 19　当 $x\to 1$ 时, $\dfrac{x^2+2x-3}{(x^2-1)^3}$ 与 $\dfrac{k}{(x-1)^\alpha}$ 是等价无穷大量, 试求常数 k 与 α.

解　因为 $\dfrac{x^2+2x-3}{(x^2-1)^3}=\dfrac{1}{(x-1)^2}\dfrac{x+3}{(x+1)^3}$, 由

$$\lim_{x\to 1}\left[\frac{x^2+2x-3}{(x^2-1)^3}\bigg/\frac{k}{(x-1)^\alpha}\right]=\frac{1}{k}\lim_{x\to 1}\left[\frac{(x-1)^\alpha}{(x-1)^2}\frac{x+3}{(x+1)^3}\right]$$
$$=\frac{1}{2k}\lim_{x\to 1}\frac{(x-1)^\alpha}{(x-1)^2}=1,$$

得 $k=\dfrac{1}{2}$, $\alpha=2$.

例 20　当 $x\to\infty$ 时, 试比较无穷大量 $x^n+a_1x^{n-1}+\cdots+a_{n-1}x+a_n$ 与 x^m, 其中 n,m 为正整数.

解　因为

$$\lim_{x\to\infty}\frac{x^n+a_1x^{n-1}+\cdots+a_{n-1}x+a_n}{x^m}=\begin{cases}0, & n<m,\\ 1, & n=m,\\ \infty, & n>m,\end{cases}$$

所以, 当 $n<m$ 时, $x^n+a_1x^{n-1}+\cdots+a_{n-1}x+a_n$ 是比 x^m 低阶的无穷大量;

当 $n=m$ 时, $x^n+a_1x^{n-1}+\cdots+a_{n-1}x+a_n$ 与 x^m 等阶无穷大量;

当 $n>m$ 时, $x^n+a_1x^{n-1}+\cdots+a_{n-1}x+a_n$ 是比 x^m 高阶的无穷大量.

例 21　证明: 当 $x\to+\infty$ 时, $x^\alpha(\alpha>0)$ 是比 $\ln x$ 高阶的无穷大量; $a^x(a>1)$ 是比 x^α 高阶的无穷大量.

证　对 $\forall x>0$, 不妨认为 $x\geqslant 1$, 存在正整数 n, 使得 $n\leqslant x<n+1$. 因为 $\lim\limits_{n\to\infty}\sqrt[n]{n}=1$, 所以

$$\lim_{n\to\infty}\ln\sqrt[n]{n}=\lim_{n\to\infty}\frac{\ln n}{n}=0.$$

又

$$0\leqslant\frac{\ln x}{x}\leqslant\frac{\ln(n+1)}{n}=\frac{\ln(n+1)}{n+1}\frac{n+1}{n},$$

由夹逼定理可知 $\lim\limits_{x\to+\infty}\dfrac{\ln x}{x}=0$, 故有

$$\lim_{x\to+\infty}\frac{x^\alpha}{\ln x}=\alpha\lim_{x\to+\infty}\frac{x^\alpha}{\ln x^\alpha}=+\infty,$$

即当 $x \to +\infty$ 时, x^α 是比 $\ln x$ 高阶的无穷大量.

令 $a^x = t$, 则 $x = \dfrac{\ln t}{\ln a}$, 由此得

$$\lim_{x \to +\infty} \frac{a^x}{x^\alpha} = \ln_a^\alpha \lim_{t \to +\infty} \frac{t}{\ln^\alpha t} = \ln_a^\alpha \lim_{t \to +\infty} \left(\frac{t^{\frac{1}{\alpha}}}{\ln t} \right)^\alpha = +\infty,$$

所以, 当 $x \to +\infty$ 时, a^x 是比 x^α 高阶的无穷大量.

习　题　1-6

1. 自变量 x 在怎样的变化过程中, 下列函数为无穷小量?

(1) $y = \dfrac{1}{x^2}$;　　　　　　　　　　　　　　　(2) $y = x^2 - 1$;

(3) $y = 3^x$;　　　　　　　　　　　　　　　　(4) $y = 3^{\frac{1}{x}}$.

2. 自变量 x 在怎样的变化过程中, 下列函数为无穷大量?

(1) $y = \dfrac{1}{x^2}$;　　　　　　　　　　　　　　　(2) $y = 3x - 1$;

(3) $y = 2^x$;　　　　　　　　　　　　　　　　(4) $y = 3^{\frac{1}{x}}$.

3. 利用无穷小的性质求下列极限.

(1) $\lim\limits_{x \to 0} \left(x^2 \cdot \sqrt{\left| \sin \dfrac{1}{x} \right|} \right)$;　　　　　　　　(2) $\lim\limits_{n \to \infty} \dfrac{\cos \pi n}{n^2}$;

(3) $\lim\limits_{x \to 0} \left(x \arctan \dfrac{1}{x} \right)$;　　　　　　　　(4) $\lim\limits_{n \to \infty} \left[\arctan(n!) \cdot (\sqrt{n+1} - \sqrt{n}) \right]$.

4. 在指定的变化过程中, 求下列无穷小量的阶.

(1) $x \to 0$ 时, $\sin x^3$;　　　　　　　　　　　(2) $x \to 1$ 时, $x^3 - 3x + 2$;

(3) $x \to +\infty$ 时, $\dfrac{1}{\sqrt[3]{2x^2 + x} + \sqrt{x}}$;　　　　(4) $x \to 1^-$ 时, $\sqrt{1-x} + \sqrt[3]{1-x}$.

5. 计算下列极限.

(1) $\lim\limits_{x \to 0} \dfrac{\sin mx}{\sin nx}$;　　　　　　　　　　　(2) $\lim\limits_{x \to 0} \dfrac{\ln(1 - \sin x)}{\mathrm{e}^{2x} - 1}$;

(3) $\lim\limits_{x \to 0} \dfrac{\sin(\sin 2x)}{x}$;　　　　　　　　　(4) $\lim\limits_{x \to 0} \dfrac{\sqrt{1 + x \sin x} - 1}{\mathrm{e}^{x^2} - 1}$;

(5) $\lim\limits_{x \to 0} \dfrac{1 - \cos 2x}{x \sin x}$;　　　　　　　　　(6) $\lim\limits_{x \to 0} \dfrac{\cos 2x - \cos x}{\sin^2 x}$;

(7) $\lim\limits_{x \to 0} \dfrac{\arctan 4x}{\ln(1 + \sin 2x)}$;　　　　　　　(8) $\lim\limits_{x \to 0} \dfrac{\tan x - \sin x}{\ln(1 + x^3)}$;

(9) $\lim\limits_{x \to 0^+} \dfrac{1 - \sqrt{\cos x}}{1 - \cos \sqrt{x}}$;　　　　　　　(10) $\lim\limits_{x \to 0} \dfrac{\sqrt{1 + x^2} - 1}{\ln(1 + x^2)}$.

6. 已知极限 $\lim\limits_{x \to 1} \dfrac{ax^2 + x - 2}{x - 1} = b$, 求常数 a, b 的值.

7. 已知极限 $\lim\limits_{x \to \infty} \dfrac{ax^2 + bx + 2}{3x + 5} = 2$, 求常数 a, b 的值.

8. 已知极限 $\lim\limits_{x \to \infty} \left(\dfrac{x^2 + 3}{3x + 5} - ax - b \right) = 0$, 求常数 a, b 的值.

9. 当 $x \to \infty$ 时, $(1+x)(1+x^3)(1-x^5)(2-x)^4$ 与 kx^α 是等价无穷大量, 求常数 k, α.

10. 求下列极限.

(1) $\lim\limits_{n \to \infty} \dfrac{n + 3\ln^2 n}{n + \sqrt{n}}$;　　　　　　　　　(2) $\lim\limits_{x \to \infty} \dfrac{2x^2 + 3x \ln(1 + x^2)}{x^2 + x \arctan x + 2}$;

(3) $\lim\limits_{n \to \infty} \dfrac{n^5 + 3n^2 + 10}{2^n - n^2 \sqrt{n}}$;　　　　　　　(4) $\lim\limits_{x \to +\infty} \dfrac{2^x + 3^x + x^5}{\mathrm{e}^x + x^7 + 2}$.

第七节　函数的连续性

自然界的许多现象, 如气温的变化, 河水的流动, 植物的生长等, 都是连续变化的. 这些现象反映在数学关系上, 就是函数的连续性. 连续函数是高等数学研究的主要对象. 本节将利用极限来研究函数的连续与间断问题, 并基于极限的运算性质来分析初等函数、分段函数的连续性.

一、函数连续性的概念

我们观察到许多曲线的图像是连续不断开的, 自然界中的许多现象如空气、水的流动, 气温的高低等也都是连续变化着的, 称这些现象具有连续变化性. 它们反映在函数关系上, 就是函数的连续性, 下面讨论一元函数的连续变化性.

变量 u 从始点 u_1 变化到终点 u_2, 终值与初值的差 $u_2 - u_1$ 称为**变量**u 的增量 (或改变量), 记为 Δu, 即

$$\Delta u = u_2 - u_1 (\text{或 } u_2 = u_1 + \Delta u).$$

当 u 的值变大、变小或不变时, 对应 Δu 的符号分别为 $+$、$-$、0.

例如设函数 $y = f(x)$ 在 $U(x_0)$ 内有意义, 当自变量 x 的始点为 x_0, 并在 x_0 处有增量 Δx 时, 则 x 从 x_0 变到了 $x_0 + \Delta x$, 相应地, 函数 y 从 $f(x_0)$ 变到了 $f(x_0 + \Delta x)$, 这时函数值的增量为

$$\Delta y = f(x_0 + \Delta x) - f(x_0).$$

前面我们介绍了函数 $y = f(x)$ 在 $x \to x_0$ 时的极限问题, 如果极限 $\lim\limits_{x \to x_0} f(x)$ 存在, 该极限可能恰好等于函数值 $f(x_0)$, 这就是我们下面将讨论的函数连续性问题.

定义 1　设 $f(x)$ 在点 x_0 的某邻域 $U(x_0)$ 内有定义, 且

$$\lim\limits_{x \to x_0} f(x) = f(x_0),$$

则称函数 $y = f(x)$ 在 x_0 处连续, x_0 称为函数的连续点.

其 "ε-δ" 定义为: 数 $f(x)$ 在 x_0 处连续 $\Leftrightarrow \forall \varepsilon > 0, \exists \delta > 0$, 当 $|x - x_0| < \delta$ 时, 不等式

$$|f(x) - f(x_0)| < \varepsilon$$

都成立.

由定义 1 可知

$$\text{函数 } y = f(x) \text{ 在 } x_0 \text{ 处连续 } \Leftrightarrow \begin{cases} f(x) \text{ 在} x_0 \text{ 处有定义,} \\ \lim\limits_{x \to x_0} f(x) \text{ 存在,} \\ \lim\limits_{x \to x_0} f(x) = f(x_0). \end{cases}$$

例如, $y = (x+2)^2$ 在任意的 x_0 点处都有 $\lim\limits_{x \to x_0} (x+2)^2 = (x_0+2)^2$, 所以函数 $y = (x+2)^2$ 是处处连续的, 其曲线是连续不断的. 而 $y = \dfrac{1}{x}$ 在 $x = 0$ 处没有定义, 所以函数 $y = \dfrac{1}{x}$ 在 $x = 0$ 处不连续, 曲线 $y = \dfrac{1}{x}$ 在 $x = 0$ 处是断开不连续的.

因为 $\lim\limits_{x \to x_0} f(x) = f(x_0)$ 相当于 $\lim\limits_{x \to x_0} [f(x) - f(x_0)] = 0$, 其中 $f(x) - f(x_0)$ 是函数在 x_0 点处的增量, 记 $\Delta x = x - x_0$, $\Delta y = f(x_0 + \Delta x) - f(x_0)$, 则函数在 x_0 点处连续的等价定义如下.

定义 1′　设 $f(x)$ 在点 x_0 的某邻域 $U(x_0)$ 内有定义, 若当自变量 x 的增量 $\Delta x = x - x_0$ 趋向于零时, 对应函数的增量 $\Delta y = f(x_0 + \Delta x) - f(x_0)$ 也趋向于零, 即

$$\lim_{\Delta x \to 0} \Delta y = 0,$$

则称函数 $y = f(x)$ 在点 x_0 处连续.

根据前面第三节函数左、右极限的定义, 相应地我们有左连续、右连续的概念.

定义 2　设函数 $y = f(x)$ 在区间 $(x_0 - \delta, x_0]$ 上有定义, 若有 $\lim\limits_{x \to x_0^-} f(x) = f(x_0)$, 则称 $f(x)$ 在点 x_0 处左连续; 设函数 $y = f(x)$ 在区间 $[x_0, x_0 + \delta)$ 上有定义, 若有 $\lim\limits_{x \to x_0^+} f(x) = f(x_0)$, 则称 $f(x)$ 在点 x_0 处右连续.

由极限存在的等价条件可知

定理 1　函数 $f(x)$ 在点 x_0 处连续的充要条件为 $f(x)$ 在点 x_0 处右连续且左连续, 即

$$\lim_{x \to x_0^+} f(x) = \lim_{x \to x_0^-} f(x) = f(x_0)$$

或

$$f(x_0^+) = f(x_0^-) = f(x_0).$$

例 1　讨论函数 $f(x) = \begin{cases} x^2, & x \leqslant 1, \\ x+1, & x > 1 \end{cases}$ 在 $x = 1$ 处的连续性.

解　由于

$$\lim_{x \to 1^-} f(x) = \lim_{x \to 1^-} x^2 = 1 = f(1),$$
$$\lim_{x \to 1^+} f(x) = \lim_{x \to 1^+} (x+1) = 2 \neq f(1),$$

所以 $f(x)$ 在 $x = 1$ 处左连续但不右连续. 因而 $f(x)$ 在 $x = 1$ 处不连续.

例 2　若函数 $f(x) = \begin{cases} ax + \sin \dfrac{\pi}{2}x, & x < 1, \\ b, & x = 1, \\ x+1, & x > 1 \end{cases}$ 在 $x = 1$ 处连续, 求常数 a, b.

解　因为

$$f(1^-) = \lim_{x \to 1^-} \left(ax + \sin \frac{\pi}{2}x \right) = a + 1,$$
$$f(1^+) = \lim_{x \to 1^-} (x+1) = 2,$$

由于 $f(x)$ 在 $x = 1$ 处连续, 根据定理 1, 由

$$f(1^+) = f(1) \Rightarrow b = 2,$$

$$f(1^-) = f(1) \Rightarrow a = 1,$$

所以, $a = 1$, $b = 2$.

定义 3　若函数 $y = f(x)$ 在区间 I 上每一点都连续, 则称函数 $y = f(x)$ 在该区间上连续. 如果区间包括端点, 那么函数在右端点处的连续是指左连续, 在左端点处的连续是指右连续.

若函数 $f(x)$ 在其定义域上的每一点处都连续, 则称 $f(x)$ 为定义域上的**连续函数**, 简称**连续函数**.

例如多项式函数

$$p_n(x) = a_n x^n + a_{n-1} x^{n-1} + \cdots + a_0,$$

由于 $\forall x_0 \in \mathbf{R}$ 时, 都有 $\lim\limits_{x \to x_0} p_n(x) = p_n(x_0)$, 故多项式函数在 $\mathbf{R}$ 内连续.

又如三角函数 $y = \sin x$, $y = \cos x$, 由于 $\forall x_0 \in \mathbf{R}$ 时, 都有

$$\lim_{x \to x_0} \sin x = \sin x_0, \quad \lim_{x \to x_0} \cos x = \cos x_0,$$

所以它们在 $\mathbf{R}$ 内均连续.

在几何上, 连续函数的图像是一条连续不断的曲线. 如多项式函数 $p_n(x)$ 和三角函数 $y = \sin x$, $\cos x$ 的图像均在 $(-\infty, +\infty)$ 内是一条连续不断的曲线.

根据极限性质, 我们有:

定理 2　若函数 $f(x)$ 在区间 I 上连续, 则 $|f(x)|$ 在区间 I 上也连续.

二、 连续函数的运算法则

1. 连续函数的四则运算法则

由函数在点 x_0 处连续的定义和极限的四则运算法则, 可得下面的连续函数的四则运算法则:

定理 3　若函数 $f(x)$ 与 $g(x)$ 都在点 x_0 处连续, 则函数 $f(x) \pm g(x)$、$f(x) \cdot g(x)$ 都在点 x_0 处连续, 若再增加条件 $g(x_0) \neq 0$, 则 $\dfrac{f(x)}{g(x)}$ 也在点 x_0 处连续.

证　由于函数 $f(x)$, $g(x)$ 都在点 x_0 处连续, 所以

$$\lim_{x \to x_0} f(x) = f(x_0), \quad \lim_{x \to x_0} g(x) = g(x_0),$$

由加、减、乘的极限运算法则得

$$\lim_{x \to x_0} [f(x) \pm g(x)] = f(x_0) \pm g(x_0);$$

$$\lim_{x \to x_0} [f(x) \cdot g(x)] = f(x_0) \cdot g(x_0).$$

即 $f(x) \pm g(x)$ 和 $f(x) \cdot g(x)$ 都在点 x_0 处连续.

又当 $g(x_0) \neq 0$, 由商的极限运算法则, 可得

$$\lim_{x \to x_0} \frac{f(x)}{g(x)} = \frac{\lim\limits_{x \to x_0} f(x)}{\lim\limits_{x \to x_0} g(x)} = \frac{f(x_0)}{g(x_0)},$$

从而 $\dfrac{f(x)}{g(x)}$ 在 x_0 处连续.

由于函数 $y = \sin x$, $y = \cos x$ 均在 **R** 内连续, 而

$$\tan x = \frac{\sin x}{\cos x}, \cot x = \frac{\cos x}{\sin x},$$

$$\sec x = \frac{1}{\cos x}, \csc x = \frac{1}{\sin x},$$

根据定理 2 可知, 三角函数 $\tan x$, $\cot x$, $\sec x$, $\csc x$ 在它们各自的定义区间上都是连续的.

综上, 三角函数 $\sin x$, $\cos x$, $\tan x$, $\cot x$, $\sec x$, $\csc x$ 均在它们各自的定义区间上处处连续.

注   这里的定义区间是指包含在定义域内的区间.

2. 反函数的连续性

关于反函数的连续性, 我们只给出结论, 不给出证明.

定理 4   若函数 $y = f(x)$ 在区间 I_x 上单调增加 (或单调减少) 且连续, 则其反函数 $x = f^{-1}(y)$ 也在对应的区间 $I_y = \{y \mid y = f(x), x \in I_x\}$ 上单调增加 (或单调减少) 且连续.

例如, 由于 $\sin x$ 在 $\left[-\dfrac{\pi}{2}, \dfrac{\pi}{2}\right]$ 上单调增加且连续, 由定理 3, 反正弦函数 $\arcsin x$ 在闭区间 $[-1, 1]$ 上也是单调增加且连续的. 同理可知, 反余弦函数 $\arccos x$ 在闭区间 $[-1, 1]$ 上是单调减少且连续的; 反正切函数 $\arctan x$ 在区间 $(-\infty, +\infty)$ 内单调增加且连续; 反余切函数 $\mathrm{arc}\cot x$ 在区间 $(-\infty, +\infty)$ 内单调减少且连续.

综上, 反三角函数 $\arcsin x$, $\arccos x$, $\arctan x$, $\mathrm{arc}\cot x$ 都在它们各自的定义区间上处处连续.

3. 复合函数的连续性

定理 5   设函数 $y = f[\varphi(x)]$ (也记为 $f \circ \varphi(x)$) 是由函数 $y = f(u)$ 与 $u = \varphi(x)$ 复合而成, 如果 $\lim\limits_{x \to x_0} \varphi(x) = u_0$, 而函数 $y = f(u)$ 在 $u = u_0$ 处连续, 则

$$\lim_{x \to x_0} f[\varphi(x)] = f(u_0) \left(= \lim_{u \to u_0} f(u) \right).$$

证   因函数 $y = f(u)$ 在点 u_0 处连续, 故 $\forall \varepsilon > 0, \exists \eta > 0$, 使得当 $|u - u_0| < \eta$ 时, 恒有

$$|f(u) - f(u_0)| < \varepsilon.$$

又因 $\lim\limits_{x \to x_0} \varphi(x) = u_0$, 故对上述 $\eta > 0, \exists \delta > 0$, 使得当 $0 < |x - x_0| < \delta$ 时, 有

$$|u - u_0| = |\varphi(x) - \varphi(x_0)| < \eta.$$

由此, $\forall \varepsilon > 0, \exists \delta > 0$, 使得当 $0 < |x - x_0| < \delta$ 时, 有 $|u - u_0| < \eta$, 因而有

$$|f(u) - f(u_0)| = |f[\varphi(x)] - f(u_0)| < \varepsilon,$$

即
$$\lim_{x \to x_0} f\left[\varphi\left(x\right)\right] = f\left(u_0\right) \left(= f\left[\lim_{x \to x_0} \varphi\left(x\right)\right]\right).$$

利用定理 4 可求某些复合函数的极限.

例 3　求 $\displaystyle\lim_{x \to 1} \sqrt{\dfrac{x^3 - 1}{x - 1}}$.

解　$y = \sqrt{\dfrac{x^3 - 1}{x - 1}}$ 可看成由 $y = \sqrt{u}, u = \dfrac{x^3 - 1}{x - 1}$ 复合而成. 因为

$$\lim_{x \to 1} \frac{x^3 - 1}{x - 1} = \lim_{x \to 1}(x^2 + x + 1) = 3,$$

而函数 $y = \sqrt{u}$ 在 $u = 3$ 处连续, 因此

$$\lim_{x \to 1} \sqrt{\frac{x^3 - 1}{x - 1}} = \sqrt{\lim_{x \to 1} \frac{x^3 - 1}{x - 1}} = \sqrt{3}.$$

在定理 4 中若将条件 $\displaystyle\lim_{x \to x_0} \varphi\left(x\right) = u_0$ **换成** $\displaystyle\lim_{x \to x_0} \varphi\left(x\right) = \varphi\left(x_0\right) = u_0$, 则

$$\lim_{x \to x_0} f\left[\varphi\left(x\right)\right] = f\left[\lim_{x \to x_0} \varphi\left(x\right)\right] = f\left(u_0\right) = f\left[\varphi\left(x_0\right)\right].$$

由此得复合函数的连续性定理.

定理 6　设函数 $y = f\left[\varphi\left(x\right)\right]$ 由函数 $y = f\left(u\right)$ 与 $u = \varphi\left(x\right)$ 复合而成, 如果 $u = \varphi\left(x\right)$ 在点 x_0 处连续, $u_0 = \varphi\left(x_0\right)$, $y = f\left(u\right)$ 在 u_0 处连续, 则复合函数 $y = f\left[\varphi\left(x\right)\right]$ 在点 x_0 处连续.

证明与定理 4 的证明相仿, 请读者自证.

例 4　讨论函数 $y = \mathrm{e}^{\frac{1}{x}}$ 的连续性.

解　函数 $y = \mathrm{e}^{\frac{1}{x}}$ 可看成是由 $y = \mathrm{e}^{u}$ 及 $u = \dfrac{1}{x}$ 复合而成, $y = \mathrm{e}^{u}$ 在 $(-\infty, +\infty)$ 内连续, $u = \dfrac{1}{x}$ 在 $(-\infty, 0)$ 及 $(0, +\infty)$ 内均连续, 根据定理 5, 函数 $y = \mathrm{e}^{\frac{1}{x}}$ 在 $(-\infty, 0)$ 及 $(0, +\infty)$ 内连续.

例 5　设 $f(x) = \displaystyle\lim_{n \to \infty} \dfrac{x^{2n-1} + ax^2 + bx}{x^{2n} + 1}$ 是连续函数, 试求 a, b 的值.

解　当 $|x| < 1$ 时,

$$f(x) = \lim_{n \to \infty} \frac{x^{2n-1} + ax^2 + bx}{x^{2n} + 1} = ax^2 + bx;$$

当 $|x| > 1$ 时,

$$f(x) = \lim_{n \to \infty} \frac{x^{2n-1} + ax^2 + bx}{x^{2n} + 1} = \frac{1}{x}.$$

所以

$$f(x) = \begin{cases} ax^2 + bx, & |x| < 1, \\ \dfrac{1}{x}, & |x| > 1, \\ \dfrac{1 + a + b}{2}, & x = 1, \\ \dfrac{a - 1 - b}{2}, & x = -1. \end{cases}$$

由于

$$f(1^-) = a + b, \quad f(1^+) = 1, \quad f(-1^-) = -1, \quad f(-1^+) = a - b,$$

根据函数 $f(x)$ 的连续性, 我们有: $f(1^+) = f(1^-)$, $f(-1^+) = f(-1^-)$, 即

$$\begin{cases} a + b = 1, \\ a - b = -1, \end{cases}$$

由此解得 $a = 0, b = 1$.

三、 初等函数的连续性

我们把幂函数 $y = x^\mu$, 指数函数 $y = a^x (a > 0$ 且 $a \neq 1)$, 对数函数 $y = \log_a x (a > 0$ 且 $a \neq 1)$, 正弦函数 $y = \sin x$ 和余弦函数 $y = \cos x$, 反三角函数 $y = \arcsin x$ 和 $y = \arctan x$, 以及常值函数统称为基本初等函数. 基本初等函数在其定义区间内都是连续的.

基本初等函数经过有限次的四则运算及复合运算法则所得到的函数称为初等函数, 且有下列重要的结论:

一切初等函数在其定义区间上处处连续.

利用这一结论, 对已知连续性的函数, 求极限就变得很简单: 若 $f(x)$ 在 x_0 处连续, 则

$$\lim_{x \to x_0} f(x) = f(x_0).$$

特别地, 当 $f(x)$ 为初等函数, x_0 是 $f(x)$ 在其定义区间内的点时, 有

$$\lim_{x \to x_0} f(x) = f(x_0).$$

例 6　求下列极限.

(1) $\lim\limits_{x \to \frac{\pi}{4}} \ln \tan x$;　　　　　　(2) $\lim\limits_{x \to 2} \left(-1 + \dfrac{4}{x} \right)^x$.

解　(1) 由于函数 $\ln \tan x$ 在 $x = \dfrac{\pi}{4}$ 处连续, 所以

$$\lim_{x \to \frac{\pi}{4}} \ln \tan x = \ln \tan \frac{\pi}{4} = 0.$$

(2) 由于函数 $\left(-1 + \dfrac{4}{x} \right)^x = \mathrm{e}^{x \ln \left(-1 + \frac{4}{x} \right)}$ 在 $x = 2$ 处连续, 所以

$$\lim_{x \to 2} \left(-1 + \frac{4}{x} \right)^x = 1^2 = 1.$$

例 7　设函数 $f(x) = \begin{cases} \mathrm{e}^x, & x \geqslant 0, \\ a + x, & x < 0, \end{cases}$ 当 a 为何值时, $f(x)$ 在 **R** 内连续?

解　由初等函数的连续性可知, 当 $x \neq 0$ 时, 显然 $f(x)$ 在 x 处连续. 当 $x = 0$ 时, 由

$$\lim_{x \to 0^+} f(x) = \lim_{x \to 0^+} \mathrm{e}^x = \mathrm{e}^0 = 1 = f(0),$$
$$\lim_{x \to 0^-} f(x) = \lim_{x \to 0^-} (a + x) = a,$$

根据 $f(x)$ 在 $x=0$ 处连续的充要条件, 得

$$\lim_{x\to 0} f(x) = 1 = f(0) = a,$$

因此, $a=1$ 时, $f(x)$ 在 $x=0$ 处连续. 综上, 当 $a=1$ 时, $f(x)$ 在 $\mathbf{R}$ 内连续.

例 8 讨论函数 $f(x) = \begin{cases} 1 - 3^{\frac{1}{x-2}}, & x < 2, \\ \cos(x-2), & x \geqslant 2 \end{cases}$ 在其定义域内的连续性.

解 函数 $f(x)$ 的定义域是 $(-\infty, +\infty)$. 由初等函数的连续性可知: $f(x)$ 在 $x \neq 2$ 时是连续的.

在 $x = 2$ 处, $f(2) = 1$, 且

$$\lim_{x\to 2^+} f(x) = \lim_{x\to 2^+} \cos(x-2) = \cos 0 = 1 = f(2),$$

$$\lim_{x\to 2^-} f(x) = \lim_{x\to 2^-} \left(1 - 3^{\frac{1}{x-2}}\right) = 1 = f(2),$$

则有

$$\lim_{x\to 2} f(x) = 1 = f(2).$$

所以, $f(x)$ 在 $x = 2$ 处连续, 从而 $f(x)$ 在 $(-\infty, +\infty)$ 内连续.

四、函数的间断点

从函数的图像上看, 有的曲线在定义域上不是处处连续的, 而会在某些点处断开, 例如函数 $y = \dfrac{1}{x}$, 它在 $x = 0$ 时无定义, 其图像在该点处断开; 又如函数 $y = \tan x$, 它在 $x = k\pi + \dfrac{\pi}{2} (k = \pm 1, \pm 2, \cdots)$ 时无定义, 其图像在这些点处断开; 又如取整函数 $y = [x]$, 其图像在整数点处都是断开的. 观察曲线上断开的这些点, 它们都具有这样的特征: 函数在该点的邻近有定义, 但在该点处不连续, 将这类点称为函数的间断点.

定义 4 若函数 $y = f(x)$ 在点 x_0 的某去心邻域 $\overset{\circ}{U}(x_0)$ 内有定义, 但在点 x_0 处不连续, 则称 x_0 为函数 $y = f(x)$ 的不连续点或间断点.

根据函数的连续定义可知, 若 x_0 是函数 $y = f(x)$ 的间断点, 则函数 $y = f(x)$ 在 x_0 点处为如下三种情形之一:

(1) $y = f(x)$ 在 x_0 点处的邻近有定义, 但在 x_0 处无定义;

(2) $y = f(x)$ 在 x_0 点处有定义, 但极限 $\lim_{x\to x_0} f(x)$ 不存在;

(3) $y = f(x)$ 在 x_0 点处有定义, 且 $\lim_{x\to x_0} f(x)$ 存在, 但该极限不等于 $f(x_0)$.

为了了解函数在间断点两侧的情况, 需要对函数 $f(x)$ 的间断点进行分类, 其分类的方法是根据函数在间断点处的左、右极限的存在性来进行分类的. 通常可以将函数的间断点分成如下两种类型.

类型一 如果函数 $f(x)$ 在间断点 x_0 处的左、右极限均存在, 则称 x_0 为函数 $f(x)$ 的第一类间断点. $f(x)$ 的第一类间断点又分为**跳跃间断点**与**可去间断点**两种情形:

(1) $\lim_{x\to x_0^+} f(x)$ 与 $\lim_{x\to x_0^-} f(x)$ 都存在, 但 $\lim_{x\to x_0^+} f(x) \neq \lim_{x\to x_0^-} f(x)$, 则称 x_0 为 $f(x)$ 的**跳跃间断点**.

(2) $\lim\limits_{x \to x_0^+} f(x)$ 与 $\lim\limits_{x \to x_0^-} f(x)$ 都存在, 且 $\lim\limits_{x \to x_0^+} f(x) = \lim\limits_{x \to x_0^-} f(x)$, 则称 x_0 为 $f(x)$ 的**可去间断点**.

类型二　如果函数 $f(x)$ 在间断点 x_0 处的左、右极限至少有一个不存在, 则称 x_0 为函数 $f(x)$ 的**第二类间断点**. $f(x)$ 的第二类间断点又分为**无穷间断点**与**振荡间断点**两种情形:

(1) $\lim\limits_{x \to x_0^+} f(x)$ 与 $\lim\limits_{x \to x_0^-} f(x)$ 至少有一个是无穷大, 则称 x_0 为 $f(x)$ 的**无穷间断点**.

(2) $\lim\limits_{x \to x_0^+} f(x)$ 与 $\lim\limits_{x \to x_0^-} f(x)$ 至少有一个不存在且不是无穷大, 则称 x_0 为 $f(x)$ 的**振荡间断点**.

注　x_0 为函数 $f(x)$ 的间断点, 那么 x_0 或为函数 $f(x)$ 的第一类间断点, 或为函数 $f(x)$ 的第二类间断点, 两种必居其一.

例 9　讨论函数 $f(x) = \begin{cases} x-1, & x \leqslant 0, \\ x+1, & x > 0 \end{cases}$ 在 $x = 0$ 处的连续性. 若不连续, 对 $x = 0$ 进行分类.

解　由于

$$\lim\limits_{x \to 0^-} f(x) = \lim\limits_{x \to 0^-} (x-1) = -1,$$

$$\lim\limits_{x \to 0^+} f(x) = \lim\limits_{x \to 0^+} (x+1) = 1,$$

即

$$\lim\limits_{x \to x_0^+} f(x) \neq \lim\limits_{x \to x_0^-} f(x),$$

因此 $\lim\limits_{x \to 0} f(x)$ 不存在, 即 $f(x)$ 在 $x = 0$ 处不连续, 由间断点的分类可知: $x = 0$ 是 $f(x)$ 的第一类间断点, 即为跳跃间断点.

例 10　求函数 $f(x) = \dfrac{x^2 + 5x + 6}{(x+2)(x^2-1)}$ 的间断点, 并判别其类型.

解　$f(x)$ 在 $x = -2$, $x = \pm 1$ 处无定义, 故 $x = -2$, $x = \pm 1$ 为 $f(x)$ 的间断点. 因为

$$\lim\limits_{x \to -2} f(x) = \lim\limits_{x \to -2} \frac{x^2 + 5x + 6}{(x+2)(x^2-1)} = \lim\limits_{x \to -2} \frac{x+3}{x^2-1} = \frac{1}{3},$$

所以 $x = -2$ 是 $f(x)$ 的第一类间断点, 即为可去间断点. 又

$$\lim\limits_{x \to 1} \frac{x^2 + 5x + 6}{(x+2)(x^2-1)} = \infty,$$

$$\lim\limits_{x \to -1} \frac{x^2 + 5x + 6}{(x+2)(x^2-1)} = \infty,$$

所以 $x = \pm 1$ 是 $f(x)$ 的第二类间断点, 即是无穷间断点.

例 11　求函数 $f(x) = \dfrac{1}{x} \sin\dfrac{1}{x}$ 的间断点, 并判别其类型.

解　$f(x)$ 在 $x = 0$ 处无定义, 故 $x = 0$ 为 $f(x)$ 的间断点. 因为

$$f(x) = \frac{1}{x} \sin\frac{1}{x}$$

在 $x = 0$ 点的任意邻域无界, 且 $x \to 0$ 时, $f(x) = \dfrac{1}{x}\sin\dfrac{1}{x}$ 不是无穷大量, 故 $x = 0$ 是函数的第二类间断点, 既是振荡间断点.

例 12　求函数 $f(x) = \dfrac{x}{\sin x}$ 的间断点, 并判别其类型.

解　当 $\sin x = 0$, 即 $x = k\pi\ (k = 0, \pm 1, \pm 2, \cdots\cdots)$ 时 $f(x)$ 无定义, 所以 $x = k\pi\ (k = 0, \pm 1, \pm 2, \cdots)$ 均为 $f(x) = \dfrac{x}{\sin x}$ 的间断点.

当 $x = 0$ 时, 因

$$\lim_{x \to 0} \frac{x}{\sin x} = 1,$$

故 $x = 0$ 为 $f(x) = \dfrac{x}{\sin x}$ 的第一类可去型间断点;

当 $x = k\pi\ (k = \pm 1, \pm 2, \cdots)$ 时, 因

$$\lim_{x \to k\pi} \frac{x}{\sin k\pi} = \infty,$$

故 $x = k\pi\ (k = \pm 1, \pm 2, \cdots)$ 为 $f(x)$ 的第二类无穷型间断点.

例 13　求函数 $f(x) = \begin{cases} \cos\dfrac{\pi x}{2}, & |x| \leqslant 1, \\ |x - 1|, & |x| > 1 \end{cases}$ 的间断点, 并判别其类型.

解　由题设可知, $f(x)$ 在 $x \neq \pm 1$ 时处处连续, 下面讨论函数 $f(x)$ 在 $x = \pm 1$ 处的连续性.

当 $x = 1$ 时, 由于

$$\lim_{x \to 1^+} f(x) = \lim_{x \to 1^+} |x - 1| = \lim_{x \to 1^+} (x - 1) = 0,$$
$$\lim_{x \to 1^-} f(x) = \lim_{x \to 1^-} \cos\frac{\pi x}{2} = 0,$$

得 $\lim\limits_{x \to 1} f(x) = 0$, 又 $f(1) = 0$, 因此

$$\lim_{x \to 1} f(x) = f(1),$$

所以 $f(x)$ 在 $x = 1$ 处连续.

当 $x = -1$ 时, 由于

$$\lim_{x \to -1^+} f(x) = \lim_{x \to -1^+} \cos\frac{\pi x}{2} = 0,$$
$$\lim_{x \to -1^-} f(x) = \lim_{x \to -1^-} |x - 1| = \lim_{x \to -1^-} (1 - x) = 2,$$

可知 $\lim\limits_{x \to -1^+} f(x) \neq \lim\limits_{x \to -1^-} f(x)$, 因此 $x = -1$ 是 $f(x)$ 的第一类跳跃型间断点.

例 14　求函数 $f(x) = \dfrac{1}{\mathrm{e} - \mathrm{e}^{\frac{1}{x}}}$ 的间断点, 并判别其类型.

解　由于当 $x = 0$ 和 $x = 1$ 时, $f(x) = \dfrac{1}{\mathrm{e} - \mathrm{e}^{\frac{1}{x}}}$ 无定义, 但在其余点处都连续, 所以 $x = 0$ 和 $x = 1$ 是 $f(x)$ 的间断点.

当 $x = 0$ 时, 因为

$$\lim_{x \to 0^-} \mathrm{e}^{\frac{1}{x}} = 0,$$

所以
$$\lim_{x\to 0^-}\frac{1}{e-e^{\frac{1}{x}}}=\frac{1}{e};$$

因为
$$\lim_{x\to 0^+}e^{\frac{1}{x}}=+\infty,$$

所以
$$\lim_{x\to 0^+}\frac{1}{e-e^{\frac{1}{x}}}=0.$$

由此, $x=0$ 是 $f(x)$ 的第一类跳跃型间断点.

当 $x=1$ 时, 因为
$$\lim_{x\to 1}\frac{1}{e-e^{\frac{1}{x}}}=\infty,$$

故 $x=1$ 是 $f(x)$ 的第二类无穷型间断点.

习　题　1-7

1. 利用函数的连续性求下列极限.

(1) $\displaystyle\lim_{x\to 1}\frac{x}{(1+x)^2}$;

(2) $\displaystyle\lim_{x\to 1}\sin\left(\pi x-\frac{\pi}{2}\right)$;

(3) $\displaystyle\lim_{x\to 1}\left[\frac{x}{x+1}+(x-1)\cos x-\ln(3x-1)\right]$;

(4) $\displaystyle\lim_{x\to 1}\left(\frac{1}{2-x}+e^{\frac{x+1}{x}}\right)$.

2. 讨论下列函数在指定点处的连续性, 若为间断点, 则指出间断点的类型.

(1) $f(x)=\begin{cases} x^2-1, & x\leqslant 1, \\ 2+x, & x>1 \end{cases}$　在 $x=1$ 处;

(2) $f(x)=\begin{cases} \sin x, & x\neq\pi, \\ 2, & x=\pi \end{cases}$　在 $x=\pi$ 处;

(3) $y=\dfrac{\sin x}{x}$ 在 $x=0$ 处;

(4) $y=e^{\frac{1}{x-1}}+2$ 在 $x=1$ 处;

(5) $y=\sin\dfrac{1}{x}$ 在 $x=0$ 处.

3. 求下列函数的间断点, 并判别其类型.

(1) $f(x)=\dfrac{x+3}{x^2+4x+3}$;

(2) $f(x)=\dfrac{\sqrt{1+x}-\sqrt{1-x}}{x(x-1)}$;

(3) $f(x)=\dfrac{x}{\tan x}$;

(4) $f(x)=\sin\dfrac{1}{x-1}$;

(5) $f(x)=\dfrac{(x+1)|x-1|\sin x}{x(x^2-1)}$;

(6) $f(x)=\dfrac{e^{\frac{1}{x}}-1}{e^{-\frac{1}{x}}+1}$.

4. 讨论函数 $f(x)=\begin{cases} 1-2^{\frac{1}{x-1}}, & x<1, \\ \sin\dfrac{\pi}{2}x, & x\geqslant 1 \end{cases}$　在其定义域内的连续性.

5. 设 $f(x)=\begin{cases} a+bx^2, & x<0, \\ 1, & x=0, \\ \dfrac{\sin bx}{2x}, & x>0, \end{cases}$　求 a,b 的值, 使 $f(x)$ 在 $x=0$ 处连续.

6. 设 $f(x)=\begin{cases} 2x+a, & x<0, \\ e^x(\sin x+\cos x), & x\geqslant 0 \end{cases}$　在 $(-\infty,\infty)$ 内连续, 求 a 的值.

7. 设 $f(x) = \begin{cases} \dfrac{\cos x - \cos 2x}{x^2}, & x \neq 0, \\ k, & x = 0, \end{cases}$ 当 k 取何值时, $f(x)$ 在 $x = 0$ 处连续.

8. 设 $f(x) = \begin{cases} (\cos x)^{\frac{1}{x^2}}, & x \neq 0, \\ a, & x = 0 \end{cases}$ 在 $x = 0$ 处连续, 求 a 的值.

9. 若函数 $f(x) = \begin{cases} |x|^k \arctan \dfrac{1}{x}, & x \neq 0, \\ 0, & x = 0 \end{cases}$ 在 $x = 0$ 处连续, 求 k 的取值范围.

10. 若函数 $f(x) = \begin{cases} \dfrac{\sin 2x + \mathrm{e}^{2ax} - 1}{x}, & x \neq 0, \\ a, & x = 0 \end{cases}$ 在 $x = 0$ 处连续, 求常数 a 的值.

第八节 闭区间上连续函数的性质

在第七节我们介绍了区间上连续函数的概念, 以及连续函数的性质. 闭区间上连续的函数有一些重要性质, 这些性质常作为分析和论证某些问题时的理论根据, 下面以定理形式分别叙述它们.

一、最值存在定理与有界性定理

先介绍函数的最大值与最小值的概念.

定义 1 设函数 $f(x)$ 在区间 I 上有定义, 若 $\exists x_0 \in I$, 对 $\forall x \in I$ 都有

$$f(x) \leqslant f(x_0),$$

则称 $f(x_0)$ 为函数 $f(x)$ 在 I 上的最大值, 记作 $f(x_0) = \max\limits_{x \in I} f(x)$, x_0 称为 $f(x)$ 在 I 上的最大值点.

若 $\exists x_0 \in I$, 对 $\forall x \in I$ 都有

$$f(x) \geqslant f(x_0),$$

则称 $f(x_0)$ 为函数 $f(x)$ 在 I 上的最小值, 记作 $f(x_0) = \min\limits_{x \in I} f(x)$, x_0 称为 $f(x)$ 在 I 上的最小值点.

函数的最大值, 最小值统称为**最值**; 最大值点, 最小值点统称为**最值点**.

例 1 函数 $y = 1 + \cos x$ 在闭区间 $[0, 2\pi]$ 上有

$$\text{最大值:} \quad y_{\max} = f(0) = f(2\pi) = 2;$$

$$\text{最小值:} \quad y_{\min} = f(\pi) = 0.$$

例 2 函数 $y = x^2$ 在区间 $(1, 3]$ 上有最大值 9 但无最小值; 在区间 $[1, 3)$ 无最大值但有最小值 1; 在区间 $[1, 3]$ 有最大值 9 又有最小值 1; 在区间在区间 $(1, 3)$ 内既无最大值又无最小值.

例 3 函数 $y = \begin{cases} |x|, & 0 < |x| \leqslant 1, \\ 2, & x = 0 \end{cases}$ 在区间 $[-1, 1]$ 上有最大值 2 但无最小值.

例 2 与例 3 说明函数的最值与函数的连续性以及区间是否为闭区间有关.

定理 1 闭区间上的连续函数一定有最大值与最小值.

定理 1 是指, 对于在闭区间 $[a,b]$ 上连续的函数 $f(x)$, 在 $[a,b]$ 上必存在两点 x_1 和 x_2, 使得对 $\forall x \in [a,b]$, 恒有:

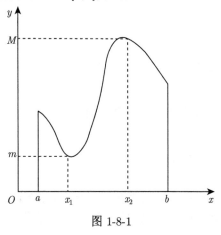

图 1-8-1

$$f(x_1) \leqslant f(x) \leqslant f(x_2).$$

由于涉及实数理论, 故略证.

设 $f(x_1)$ 与 $f(x_2)$ 分别是 $f(x)$ 在 $[a,b]$ 上的最小值与最大值 (图 1-8-1). 最值点 x_1, x_2 可能在 (a,b) 内, 也可能是闭区间的端点, 如例 1 的最大值点为闭区间的端点, 最小值点为区间的内点.

必须注意:

(1) 在开区间内连续的函数不一定有此性质. 如例 2 的函数定义在区间 $(1,3)$ 内无最值.

(2) 若函数在闭区间上有间断点时, 也不一定有此性质. 如例 3 没有最小值.

例 4   函数 $f(x) = \begin{cases} -x+1, & 0 \leqslant x < 1, \\ 1, & x = 1, \\ -x+3, & 1 < x \leqslant 2 \end{cases}$ 在闭区间 $[0,2]$ 上有定义. 由于

$$\lim_{x \to 1^+} f(x) = 2, \qquad \lim_{x \to 1^-} f(x) = 0,$$

故 $f(x)$ 在 $x=1$ 处间断, 但函数 $f(x)$ 在闭区间 $[0,2]$ 上取不到最大值与最小值 (图 1-8-2).

由定理 1 可推得下面的有界性定理.

定理 2   闭区间上的连续函数在该区间上必有界.

证   设 $f(x)$ 在 $[a,b]$ 上连续, 由定理 1 可知, $f(x)$ 在 $[a,b]$ 上一定能取到最大值 M 与最小值 m, 即 $\forall x \in [a,b]$, 有

$$m \leqslant f(x) \leqslant M,$$

故 $f(x)$ 在 $[a,b]$ 上有界.

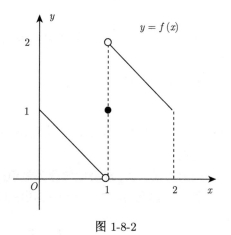

图 1-8-2

推论 1   若设函数 $f(x)$ 在开区间 (a,b) 上连续, 且 $f(a^+) = \lim_{x \to a^+} f(x)$ 与 $f(b^-) = \lim_{x \to b^-} f(x)$ 均存在, 则 $f(x)$ 在开区间 (a,b) 上有界.

证   构造辅助函数

$$F(x) = \begin{cases} f(a^+), & x = a, \\ f(x), & a < x < b, \\ f(b^-), & x = b, \end{cases}$$

显然 $F(x)$ 在 $[a,b]$ 上连续, 由定理 2 知 $F(x)$ 在 $[a,b]$ 上有界. 由此可推得 $f(x)$ 在开区间 (a,b) 上有界.

推论 2 若设函数 $f(x)$ 在区间 $[a,+\infty)$ 上连续, 且 $\lim\limits_{x\to+\infty} f(x)$ 存在, 则 $f(x)$ 在区间 $[a,+\infty)$ 上有界.

证 由于极限 $\lim\limits_{x\to+\infty} f(x)$ 存在, 设 $\lim\limits_{x\to+\infty} f(x) = A$, 则有 $\lim\limits_{x\to+\infty} |f(x)| = |A| < |A| + 1$. 由局部有界性知: 存在 $X > a$, 当 $x > X$ 时, 都有

$$|f(x)| \leqslant |A| + 1.$$

即 $f(x)$ 在 $(X,+\infty)$ 上是有界的.

又函数 $f(x)$ 在区间 $[a,+\infty)$ 上连续, 则函数 $f(x)$ 在闭区间 $[a,X+1]$ 上连续, 故 $f(x)$ 在闭区间 $[a,X+1]$ 上有界. 所以 $f(x)$ 在区间 $[a,+\infty)$ 上有界.

另外, 若设函数 $f(x)$ 在区间 $(a,+\infty)$ 上连续, 且 $\lim\limits_{x\to a^+} f(x)$ 与 $\lim\limits_{x\to+\infty} f(x)$ 均存在, 则 $f(x)$ 在区间 $(a,+\infty)$ 上有界.

类似地, 我们有

推论 3 若设函数 $f(x)$ 在区间 $(-\infty,b]$ 上连续, 且 $\lim\limits_{x\to-\infty} f(x)$ 存在, 则 $f(x)$ 在区间 $(-\infty,b]$ 上有界; 若设函数 $f(x)$ 在区间 $(-\infty,b)$ 上连续, 且 $\lim\limits_{x\to b^-} f(x)$ 与 $\lim\limits_{x\to-\infty} f(x)$ 均存在, 则 $f(x)$ 在区间 $(-\infty,b)$ 上有界.

推论 4 若设函数 $f(x)$ 在区间 $(-\infty,+\infty)$ 上连续, 且 $\lim\limits_{x\to-\infty} f(x)$, $\lim\limits_{x\to+\infty} f(x)$ 均存在, 则 $f(x)$ 在区间 $(-\infty,+\infty)$ 上有界.

例 5 证明函数 $f(x) = x^3 \mathrm{e}^{-x^2} + \dfrac{2x^2 + x - 3}{x^2 + \ln(1+x^2)}$ 在 $(-\infty,+\infty)$ 上是有界的.

证 因为

$$\lim_{x\to\infty} f(x) = \lim_{x\to\infty} \left[x^3 \mathrm{e}^{-x^2} + \frac{2x^2 + x - 3}{x^2 + \ln(1+x^2)} \right] = \lim_{x\to\infty} \left[\frac{x^3}{\mathrm{e}^{x^2}} + \frac{2x^2 + x - 3}{x^2 + \ln(1+x^2)} \right] = 2,$$

所以, 由推论 4 知 $f(x) = x^3 \mathrm{e}^{-x^2} + \dfrac{2x^2 + x - 3}{x^2 + \ln(1+x^2)}$ 在 $(-\infty,+\infty)$ 上是有界函数.

二、零点存在性定理与介值定理

设 $f(x)$ 是定义在某区间 I 上的函数, 若点 x_0 使 $f(x_0) = 0$, 则称 x_0 为函数 $f(x)$ 的**零点**.

定理 3(零点存在定理) 设函数 $f(x)$ 在闭区间 $[a,b]$ 上连续, 且 $f(a)$ 与 $f(b)$ 异号 (即 $f(a) \cdot f(b) < 0$), 则在 (a,b) 内至少存在一点 ξ, 使

$$f(\xi) = 0.$$

在几何上, 定理 3 表明, 如果连续曲线 $y = f(x)$ 的两个端点分别位于 x 轴的上、下两侧, 则这段曲线与 x 轴至少有一个交点 (图 1-8-3).

一般地, 函数 $f(x)$ 在区间 I 内连续, 若存在 $x_1, x_2 \in I$, 使得 $f(x_1) \cdot f(x_2) < 0$, 则 $f(x)$ 在区间 I 内至少存在一点 ξ, 使 $f(\xi) = 0$.

设 $f(x)$ 为 $(-\infty,+\infty)$ 上的连续函数, 且

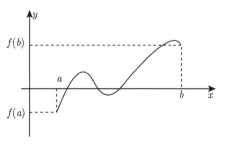

图 1-8-3

$$\lim_{x \to -\infty} f(x) = A \text{（包括 } \pm\infty\text{）},$$

$$\lim_{x \to +\infty} f(x) = B \text{（包括 } \pm\infty\text{）},$$

若 $AB < 0$（包括 $AB = -\infty$），则至少存在点 ξ, 使 $f(\xi) = 0$.

在方程方面, 如果 $f(x)$ 在闭区间 $[a,b]$ 上连续, 且 $f(a) \cdot f(b) < 0$, 则方程 $f(x) = 0$ 在开区间 (a,b) 内至少有一个根, 利用这一定理可研究方程根的存在范围.

例 6　讨论方程 $e^x = 3x$ 至少有两个实根.

解　设 $f(x) = e^x - 3x$, 由于 $f(x)$ 在 $(-\infty, +\infty)$ 内连续, 且 $x < 0$ 时 $f(x) > 0$, 故方程的根不在 $(-\infty, 0)$ 内. 因为

$$f(0) = 1 - 0 = 1 > 0, \quad f(1) = e - 3 < 0, \quad f(2) = e^2 - 6 > 0,$$

所以 $f(x)$ 分别在 $[0,1]$ 与 $[1,2]$ 上应用零点存在定理, 可知 $f(x)$ 分别在 $(0,1)$ 与 $(1,2)$ 内各至少有一个点 ξ_1 与 ξ_2, 使 $f(\xi_1) = 0, f(\xi_2) = 0$. 即方程 $e^x = 3x$ 至少有两个根, 它们分别在 0 与 1 和 1 与 2 之间.

例 7　试证方程 $x = \cos x + 2$ 至少有一个小于 3 的正根.

解　设 $f(x) = x - \cos x - 2$, 由于

$$f(0) = -3 < 0, \quad f(3) = 1 - \cos 3 > 0,$$

又 $f(x)$ 在 $[0,3]$ 上连续, 由零点存在定理可知, $f(x)$ 在 $(0,3)$ 内至少有一个零点, 即方程 $x = \sin x + 2$ 至少有一个小于 3 的正根.

例 8　证明方程 $x^3 - 3x^2 - 9x + 1 = 0$ 在 $(0,1)$ 内存在唯一的根.

解　设 $f(x) = x^3 - 3x^2 - 9x + 1$, 显然 $f(x)$ 在 $[0,1]$ 上连续, 且

$$f(0) = 1 > 0, \quad f(0) = -10 < 0,$$

由零点存在定理可知, $f(x)$ 在 $(0,1)$ 内至少有一个零点, 即方程 $x^3 - 3x^2 - 9x + 1 = 0$ 在 $(0,1)$ 内至少有一个根.

假设另有一个 $x_2 \in (0,1)$, 使得 $f(x_2) = 0$, 则

$$f(x_2) - f(x_1) = 0,$$

即

$$(x_1 - x_2)\left[(x_1^2 + x_1 x_2 + x_2^2) - 3(x_1 + x_2) - 9\right] = 0,$$

而

$$(x_1^2 + x_1 x_2 + x_2^2) - 3(x_1 + x_2) - 9 < (x_1 + x_2)^2 - 3(x_1 + x_2) - 9$$
$$< 2^2 - 3 \times 0 - 9 = -5,$$

即

$$(x_1^2 + x_1 x_2 + x_2^2) - 3(x_1 + x_2) - 9 \neq 0,$$

故 $x_1 - x_2 = 0$, 即 $x_1 = x_2$.

综上所述, 原方程在 $(0,1)$ 内有唯一的实根.

一般地, 奇次方程 $x^{2n+1} + a_{2n}x^{2n} + a_{2n-1}x^{2n-1} + \cdots + a_1x + a_0 = 0$ (其中 $a_0, a_1, \cdots, a_{2n}$ 均为常实数) 在 $(-\infty, +\infty)$ 内至少有一个的实根.

事实上, 令 $f(x) = x^{2n+1} + a_{2n}x^{2n} + a_{2n-1}x^{2n-1} + \cdots + a_1x + a_0$, 且

$$\lim_{x \to -\infty} f(x) = -\infty, \quad \lim_{x \to +\infty} f(x) = +\infty,$$

所以 $f(x)$ 至少有一个的实根.

例 9　证明方程 $\dfrac{1}{x-a} + \dfrac{1}{x-b} = 0$ $(a < b)$ 在 (a, b) 内至少有一个根.

证　令 $f(x) = \dfrac{1}{x-a} + \dfrac{1}{x-b}$, 显然 $f(x)$ 在 (a, b) 内连续, 且

$$\lim_{x \to a^+} f(x) = \lim_{x \to a^+} \left[\frac{1}{x-a} + \frac{1}{x-b} \right] = +\infty,$$

$$\lim_{x \to b^-} f(x) = \lim_{x \to b^-} \left[\frac{1}{x-a} + \frac{1}{x-b} \right] = -\infty,$$

由局部保号性, 存在 $x_1, x_2 \in (a, b)$, 使得 $x_1 < x_2$, 且 $f(x_1) > 0$, $f(x_2) < 0$. 由零点存在定理, 函数 $f(x)$ 在 (a, b) 内至少有一个根.

例 10　设 $f(x)$ 在区间 $[0,1]$ 上连续, 且 $f(0) = 0$, $f(1) = 1$, 求证: 存在 $\xi \in (0,1)$, 使得

$$f\left(\xi - \frac{1}{3} \right) = f(\xi) - \frac{1}{3}.$$

证　令

$$g(x) = f(x) - f\left(x - \frac{1}{3} \right) - \frac{1}{3},$$

则 $g(x)$ 在 $\left[\dfrac{1}{3}, 1 \right]$ 上连续.

若 $g\left(\dfrac{2}{3} \right) = 0$, 即得 $\xi = \dfrac{2}{3} \in (0,1)$, 使得 $f\left(\xi - \dfrac{1}{3} \right) = f(\xi) - \dfrac{1}{3}$, 原命题成立.

若 $g\left(\dfrac{2}{3} \right) \neq 0$, 因为

$$g\left(\frac{1}{3} \right) + g\left(\frac{2}{3} \right) + g(1) = f(1) - f(0) - 1 = 0,$$

则必有: $g\left(\dfrac{1}{3} \right) g\left(\dfrac{2}{3} \right) < 0$ 或 $g\left(\dfrac{2}{3} \right) g(1) < 0$. 有零点存在定理, 存在 $\xi \in \left(\dfrac{1}{3}, 1 \right) \subset (0,1)$, 使得 $g(\xi) = 0$, 即

$$f\left(\xi - \frac{1}{3} \right) = f(\xi) - \frac{1}{3}.$$

定理 4(介值定理)　设函数 $f(x)$ 在闭区间 $[a,b]$ 上连续, 且在这区间的两端点处取不同的函数值 $f(a) = A$ 及 $f(b) = B$, C 为介于 A 与 B 之间的任意一个实数, 则在 (a, b) 内至少存在一点 ξ, 使得 $f(\xi) = C$.

证　令 $F(x) = f(x) - C$，$F(x)$ 在 $[a,b]$ 上连续. 因为 C 介于 A, B 之间, 不妨设 $A < B$, 则

$$A < C < B,$$

故

$$F(a) = A - C < 0, \quad F(b) = B - C > 0,$$

由零点存在定理, $\exists \xi \in (a,b)$, 使得 $F(\xi) = 0$, 即

$$f(\xi) = C.$$

定理 4 的几何意义如图 1-8-4 所示.

推论 5　设函数 $f(x)$ 在闭区间 $[a,b]$ 上连续, M 与 m 分别为 $f(x)$ 在闭区间 $[a,b]$ 的最大值与最小值, 则对任意介于 M 与 m 间的任何数 C, 至少存在一点 ξ, 使得 $f(\xi) = C$ (图 1-8-5).

证　设函数 $f(x)$ 在闭区间 $[a,b]$ 上的最大值、最小值分别为

$$M = \max_{x \in [a,b]} f(x), \quad m = \min_{x \in [a,b]} f(x),$$

则 $\exists x_1, x_2 \in [a,b]$, 使得

$$f(x_1) = M, f(x_2) = m,$$

在 $[x_1, x_2]$ 或 $[x_2, x_1]$ 上应用介值定理即可证得结论成立.

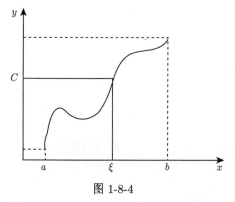
图 1-8-4

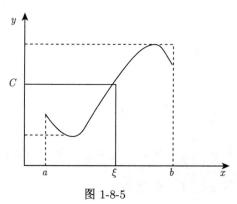
图 1-8-5

例 11　设 $f(x)$ 在区间 $[a,b]$ 上连续, $x_1, x_2, \cdots, x_n$ 是 (a,b) 内任意 n 个点, 求证: $\exists \xi \in [a,b]$, 使得

$$f(\xi) = \frac{f(x_1) + f(x_2) + + f(x_n)}{n}.$$

证　因为 $f(x)$ 在 $[a,b]$ 上连续, 且 $f(x) > 0$, 故 $f(x)$ 在 $[a,b]$ 上存在最大值 M 与最小值 m, 且 M, m 均大于 0, 则

$$m \leqslant \frac{f(x_1) + f(x_2) + + f(x_n)}{n} \leqslant M,$$

由介值定理, $\exists \xi \in [a,b]$, 使得

$$f(\xi) = \frac{f(x_1) + f(x_2) + \cdots + f(x_n)}{n}.$$

习 题 1-8

1. 证明方程 $xe^x - 1 = 0$ 在开区间 $(0, 1)$ 内至少有一个实根.

2. 证明方程 $\sin x + x + 1 = 0$ 在开区间 $\left(-\dfrac{\pi}{2}, \dfrac{\pi}{2}\right)$ 内至少有一个实根.

3. 证明方程 $x = \sin x + 2$ 至少有一个正根.

4. 证明方程 $x \ln x = 2$ 在 $(1, e)$ 至少有一个正根.

5. 设 $a > 0, b > 0$, 求证: 方程 $(x + a)^2 (x - b) + x^2 = 0$ 有一个正根, 两个负根.

6. 设 $f(x)$ 在 $[a, b]$ 上连续, $a \leqslant x_1 < x_2 < \cdots < x_n \leqslant b$, 且 $f(x_i) > 0$ $(i = 1, 2, \cdots, n)$, 证明: $f(x)$ 在 $[a, b]$ 上必有 ξ, 使得 $f(\xi) = [f(x_1) f(x_2) \cdots f(x_n)]^{\frac{1}{n}}$.

7. 证明方程 $x^5 - ax - 1 = 0$ 在 $(-\infty, +\infty)$ 内至少有一个实根.

总复习题一

1. 填空题

(1) 函数 $f(x) = \arcsin(\sqrt{x} - 1)$ 的定义域是_____.

(2) $\lim\limits_{x \to 0} \dfrac{\ln(1 + \arcsin x)}{\tan x} = $ _____.

(3) $\lim\limits_{x \to +\infty} \dfrac{\cos \sqrt{x}}{\sqrt{x}} = $ _____.

(4) 已知 $\lim\limits_{x \to \infty} \left(\dfrac{x + 2a}{x - a}\right)^x = 8$, 则 $a = $ _____.

(5) 函数 $f(x) = \dfrac{\sin(x - 1)}{x^2 - 1}$ 的无穷间断点是_____.

(6) 已知极限 $\lim\limits_{x \to 2} \dfrac{x^2 - 3x + a}{x - 2} = b$, 则 $a = $ _____, $b = $ _____.

(7) 当 $x \to 0$ 时, $(1 + ax^2)^{\frac{1}{2}} - 1$ 与 $\cos x - 1$ 是等价无穷小量, 则 $a = $ _____.

(8) 若函数 $f(x) = \begin{cases} x + 1, & x \leqslant a, \\ \dfrac{x + 1}{x}, & x > a \end{cases}$ 在 $(-\infty, +\infty)$ 内连续, 则 $a = $ _____.

(9) 若函数 $f(x) = \begin{cases} \dfrac{e^{2x} - \cos x}{x}, & x \neq 0, \\ a, & x = 0 \end{cases}$ 在 $(-\infty, +\infty)$ 内连续, 则 $a = $ _____.

(10) 函数 $f(x) = \dfrac{x^2 - x - 2}{(x^2 - 1)(e^{x+2} - 1)}$ 的无穷间断点是_____.

2. 选择题

(1) 设函数 $f(x) = \begin{cases} 1, & |x| \leqslant 1, \\ 0, & |x| > 1, \end{cases}$ 则 $f[f(x)] = $ (   ).

A. 1;   B. 0;   C. 2;   D. 3.

(2) 若极限 $\lim\limits_{x \to x_0} f(x)$ 与 $\lim\limits_{x \to x_0} f(x) g(x)$ 都存在, 则 $\lim\limits_{x \to x_0} g(x)$ (   ).

A. 必定存在;   B. 不存在;   C. 可能存在也可能不存在;   D. 与 $\lim\limits_{x \to x_0} f(x)$ 无关.

(3) 若函数 $f(x) = \begin{cases} \dfrac{\ln(1 - x)}{x}, & x \neq 0, \\ a, & x = 0 \end{cases}$ 在 $x = 0$ 点处连续, 则 $a = $ (   ).

A. 1;   B. 0;   C. 2;   D. -1.

(4) 设 $x \to 0$ 时, $\tan x - \sin x$ 与 x^n 是同阶无穷小, 则 n 等于 (   ).

A. 1;   B. 2;   C. 3;   D. 4.

(5) 函数 $f(x) = \dfrac{\ln(1+2x)}{(x-1)\arcsin x}$ 的可去间断点为 (　　).

A. 0, 1;　　B. 1;　　C. 0;　　D. 2.

(6) 当 $x \to 0$ 时, $1 - \cos x$ 与 $x\sin\alpha(x)$ 是等价无穷小, 则 $\lim\limits_{x\to 0}\dfrac{\alpha(x)}{x} = (\quad)$.

A. $-\dfrac{1}{2}$;　　B. 1;　　C. -1;　　D. $\dfrac{1}{2}$.

(7) 设函数 $f(x) = \dfrac{1 - \sqrt{x}}{1 - x}$, 要使 $f(x)$ 在 $x = 1$ 处连续, 则补充定义 $f(1) = (\quad)$.

A. 1;　　B. $\dfrac{1}{2}$;　　C. -1;　　D. $-\dfrac{1}{2}$.

(8) 设函数 $f(x) = \dfrac{1}{a + \mathrm{e}^{bx}}$ 在 $(-\infty, +\infty)$ 内连续, 且 $\lim\limits_{x\to+\infty} f(x) = 0$, 则常数 a, b 满足 (　　).

A. $a \geqslant 0, b > 0$;　　B. $a < 0, b < 0$;　　C. $a > 0, b < 0$;　　D. $a < 0, b > 0$.

(9) 当 $x \to 0^+$ 时, 与 $\sqrt{x}$ 等价的无穷小量是 (　　).

A. $1 - \mathrm{e}^{\sqrt{x}}$;　　B. $\ln\dfrac{1+x}{1-\sqrt{x}}$;　　C. $\sqrt{1+\sqrt{x}} - 1$;　　D. $1 - \cos\sqrt{x}$.

(10) 设函数 $f(x) = \dfrac{\left(\mathrm{e}^{\frac{1}{x}} + \mathrm{e}\right)\tan x}{x\left(\mathrm{e}^{\frac{1}{x}} - \mathrm{e}\right)}$ 在 $[-\pi, \pi]$ 上的第一类间断点是 $x = (\quad)$.

A. 0;　　B. 1;　　C. $-\dfrac{\pi}{2}$;　　D. $\dfrac{\pi}{2}$.

3. 讨论当 $x \to 0$ 时, 函数 $f(x) = \dfrac{|x|}{\sin x}$ 的极限是否存在?

4. 设 $f(x) = \begin{cases} \cos x + 1, & x \leqslant 0, \\ 2 - \sin x, & x > 0, \end{cases}$ 讨论函数 $f(x)$ 的连续性.

5. 求下列极限.

(1) $\lim\limits_{x\to 2}(x^2 - x - 2)$;

(2) $\lim\limits_{x\to 1}\dfrac{2x^2 - x + 1}{x^2 + x - 1}$;

(3) $\lim\limits_{n\to\infty}\left(\dfrac{n-2}{n+1}\right)^n$;

(4) $\lim\limits_{x\to 1}\dfrac{x^n - 1}{x - 1}$;

(5) $\lim\limits_{x\to\frac{1}{2}}[x]\sin\dfrac{\pi}{2}x$;

(6) $\lim\limits_{x\to+\infty}\dfrac{\mathrm{e}^x + \mathrm{e}^{-x}}{\mathrm{e}^x - \mathrm{e}^{-x}}$;

(7) $\lim\limits_{x\to 0}\dfrac{2x(\sqrt{1+x-x^2}-1)}{\ln(x+1)(\mathrm{e}^{\sin x}-1)}$;

(8) $\lim\limits_{x\to+\infty}\ln(1+2^x)\ln\left(1+\dfrac{3}{x}\right)$;

(9) $\lim\limits_{x\to 0}\left(\dfrac{2^x + 3^x}{2}\right)^{\frac{1}{x}}$;

(10) $\lim\limits_{n\to\infty}\dfrac{n+1}{\sqrt{n^2+n}}$;

(11) $\lim\limits_{x\to+\infty} x[\ln(x+1) - \ln x]$;

(12) $\lim\limits_{x\to 1}(2-x)^{\frac{1}{x-1}}$;

(13) $\lim\limits_{x\to\infty}\left(\cos\dfrac{1}{x}\right)^{x^2}$;

(14) $\lim\limits_{x\to 0}\left(\dfrac{2+\mathrm{e}^{\frac{1}{x}}}{1+\mathrm{e}^{\frac{4}{x}}} + \dfrac{\sin x}{|x|}\right)$;

(15) $\lim\limits_{n\to\infty}\left(1-\dfrac{1}{2^2}\right)\left(1-\dfrac{1}{3^2}\right)\cdots\left(1-\dfrac{1}{n^2}\right)$;

(16) $\lim\limits_{x\to-\infty}\dfrac{\ln(1+3^x)}{\ln(1+2^x)}$;

(17) $\lim\limits_{x\to 0}(\sin x + \mathrm{e}^x)^{\frac{1}{x}}$;

(18) $\lim\limits_{x\to 0}(\cos x)^{\frac{1}{x\sin x}}$;

(19) $\lim\limits_{x\to 0}\dfrac{1}{x^3}\left[\left(\dfrac{2+\cos x}{3}\right)^x - 1\right]$;

(20) $\lim\limits_{n\to\infty}\left(\dfrac{1}{n^2+n+1} + \dfrac{2}{n^2+n+2} + \cdots + \dfrac{n}{n^2+n+n}\right)$.

6. 已知 $f(x) = \begin{cases} \arctan\dfrac{1}{x}, & x > 0, \\ k + e^{\frac{1}{x}}, & x < 0, \end{cases}$ 求 k 的值, 使得 $\lim\limits_{x \to 0} f(x)$ 存在.

7. 设 $\lim\limits_{x \to 0} \dfrac{\sqrt{1 + a\sin 2x} - 1}{e^{3x} - 1} = 2$, 求常数 a 的值.

8. 设 $x_n \leqslant a \leqslant y_n (n = 1, 2, \cdots)$, 且 $\lim\limits_{n \to \infty}(x_n - y_n) = 0$, 证明: $\lim\limits_{n \to \infty} x_n = \lim\limits_{n \to \infty} y_n = a$.

9. 设 $f(x) = \begin{cases} \dfrac{x^2 - 1}{x^2 - 3x + 2}, & x > 1, \\ (1 - \sqrt{x})^{\frac{1}{\sqrt{x}}}, & 0 < x \leqslant 1, \\ \sin x - 1, & x \leqslant 0, \end{cases}$ 求 $f(x)$ 的间断点并说明其类型.

10. 设 $f(x) = \begin{cases} e^{\frac{1}{x-1}}, & x > 0, \\ \ln(1 - x), & -1 < x \leqslant 0, \end{cases}$ 求 $f(x)$ 的间断点并说明其类型.

11. 设 $f(x) = \dfrac{e^x - b}{(x - a)(x - 1)}$, 问 a 与 b 取何值时, 可使 $x = 0$ 为 $f(x)$ 的第二类无穷型间断点, $x = 1$ 为 $f(x)$ 的第一类可去型间断点.

12. 设 $f(x)$ 在 $[0, 1]$ 上连续, $0 \leqslant f(x) \leqslant 1$, 证明: $\exists \xi \in [0, 1]$, 使 $f(\xi) = \xi$.

13. 已知 $\lim\limits_{x \to \infty}\left(\dfrac{x^2 + 1}{x + 3} - ax - b\right) = 0$, 求常数 a, b.

14. 讨论函数 $f(x) = \lim\limits_{n \to \infty} \dfrac{x + 1}{x^{2n} + 1}$ 的连续性.

15. 设函数 $f(x)$ 满足条件: $a \leqslant f(x) \leqslant b, x \in [a, b]$; 且对 $\forall x, y \in [a, b]$, 都有

$$|f(x) - f(y)| \leqslant k|x - y| \, (\text{其中常数 } k \text{ 满足 } 0 \leqslant k < 1).$$

证明: (1) 存在唯一的 $\xi \in [a, b]$, 使 $f(\xi) = \xi$;

(2) 任意取定 $x_1 \in [a, b]$, 定义数列 $\{x_n\}$, $x_{n+1} = f(x_n)$, $n = 1, 2, 3, \cdots$, 则 $\lim\limits_{n \to \infty} x_n = \xi$, 其中 ξ 即为 (1) 中的 ξ.

16. 设 $x \to 0^+$ 时, $f(x)$ 与 x 为等价无穷小, 且 $f(x) \neq x$, 求证:

(1) $\lim\limits_{x \to 0^+}(f(x))^x = 1$;

(2) $\lim\limits_{x \to 0^+} \dfrac{(f(x))^x - x^x}{f(x) - x} = 1$.

17. 设 $f(x) = \lim\limits_{n \to \infty} \dfrac{x(1 + \sin \pi x)^n + \sin \pi x}{(1 + \sin \pi x)^n + 1}$ (n 为正整数), 试求出函数 $f(x)$ 在 $[-1, 1]$ 的表达式.

18. 设 $x_1 > y_1 > 0$, 且 $x_{n+1} = \dfrac{x_n + y_n}{2}$, $y_{n+1} = \sqrt{x_n y_n}$, $n = 1, 2, 3, \cdots$, 证明数列 $\{x_n\}$, $\{y_n\}$ 收敛且 $\lim\limits_{n \to \infty} x_n = \lim\limits_{n \to \infty} y_n$.

第一章参考答案

习题 1-1

1. (1) $[-2, 1]$; (2) $\left[0, \dfrac{1}{2}\right]$; (3) $(1, +\infty)$; (4) $(0, 2]$.

2. (1) $y = u^3, u = \text{arccot}\,v, v = \sqrt{x}$; (2) $y = 3^u, u = \tan v, v = \ln s, s = x^2 + x + 2$.

3. (1) 偶函数; (2) 非奇非偶; (3) 奇函数; (4) 偶函数.

4. $y = \ln \dfrac{1 - x}{1 + x}, x \in (-1, 1)$.

5. (1) $f(x) = \dfrac{1}{x} - \dfrac{\sqrt{1 + x^2}}{|x|}$; (2) $f(x) = \dfrac{x + 1}{4x - 1}$.

6. 提示: 利用积化和差证明即可.

习题 1-2

1. (1) 0;　(2) 0;　(3) 1;　(4) 2;　(5) ∞.

2. 略.

3. 略.

4. (1) 0;　(2) 0;　(3) $\dfrac{1}{2}$;　(4) $-\dfrac{3}{2}$;　(5) 1;　(6) 2;　(7) $\dfrac{3}{2}$;　(8) $\dfrac{4}{3}$;　(9) $-\dfrac{1}{2}$;　(10) $\dfrac{1}{2}$.

5. 略.

6. 略.

习题 1-3

1. 略.

2. 略.

3. 略.

4. 略.

5. 略.

6. 略.

习题 1-4

1. (1) 9;　(2) 2;　(3) $\dfrac{3}{2}$;　(4) $-\dfrac{1}{3}$;　(5) $-\dfrac{3}{2}$;　(6) 5;　(7) $2a$;　(8) -1;　(9) $\dfrac{2}{5}$;　(10) 2.

2. (1) 2;　(2) 1;　(3) 27;　(4) $\dfrac{1}{6}$;　(5) 2;　(6) 5;　(7) $\dfrac{2}{3}$;　(8) 0;　(9) 0;　(10) $\dfrac{m}{n}$.

3. 存在, 且极限为 2.

习题 1-5

1. (1) 3;　(2) 2;　(3) $\dfrac{a}{b}$;　(4) 2;　(5) 2;　(6) 2;　(7) $-\sqrt{2}$;　(8) 2;　(9) 1;　(10) $\cos x_0$.

2. (1) e^{-1};　(2) e^{-2};　(3) e^{-2};　(4) e^{-2a};　(5) e^{-1};　(6) e^{-1};　(7) $\sqrt{\mathrm{e}}$;　(8) e.

3. 3.

4. $\sqrt{a}$. (提示: 先证明数列是单调有界的, 然后利用单调有界定理求极限.)

5. 略.

习题 1-6

1. (1) $x \to \infty$;　(2) $x \to \pm 1$;　(3) $x \to -\infty$;　(4) $x \to 0^{-}$.

2. (1) $x \to 0$;　(2) $x \to \infty$;　(3) $x \to +\infty$;　(4) $x \to 0^{+}$.

3. (1) 0;　(2) 0;　(3) 0;　(4) 0.

4. (1) 是 x 的 3 阶;　(2) 是 $x-1$ 的 2 阶;　(3) 是 $\dfrac{1}{x}$ 的 $\dfrac{2}{3}$ 阶;　(4) 是 $x-1$ 的 $\dfrac{1}{3}$ 阶.

5. (1) $\dfrac{m}{n}$;　(2) $-\dfrac{1}{2}$;　(3) 2;　(4) $\dfrac{1}{2}$;　(5) 2;　(6) $-\dfrac{3}{2}$;　(7) 2;　(8) $\dfrac{1}{2}$;　(9) 0;　(10) $\dfrac{1}{2}$.

6. $a = 1, b = 3$.

7. $a = 0, b = 6$.

8. $a = \dfrac{1}{3}, b = -\dfrac{5}{3}$.

9. $k = -1, \alpha = 13$.

10. (1) 1;　(2) 2;　(3) 0;　(4) $+\infty$.

习题 1-7

1. (1) $\dfrac{1}{4}$;　(1) 1;　(3) $\dfrac{1}{2} - \ln 2$;　(4) $1 + \mathrm{e}^2$.

2. (1) 第一类间断点或跳跃间断点;　(2) 第一类间断点或可去间断点;　(3) 第一类间断点或可去间断点;　(4) 第二类间断点或无穷间断点;　(5) 第二类间断点或振荡间断点.

3. (1) $x = -1$ 是无穷间断点, $x = -3$ 是可去间断点;　(2) $x = 1$ 是无穷间断点, $x = 0$ 是可去间断点;　(3) $x = k\pi(k = \pm1, \pm2, \cdots)$ 是无穷间断点, $x = 0$ 与 $x = k\pi + \dfrac{\pi}{2}\ (k = \pm1, \pm2, \cdots)$ 是可去间断点;　(4) $x = 1$ 是振荡间断点;　(5) $x = 0$ 与 $x = -1$ 是可去间断点, $x = 1$ 是跳跃间断点;　(6) $x = 0$ 是无穷间断点.

4. $f(x)$ 在 $(-\infty, +\infty)$ 内连续.

5. $a = 1, b = 2$.

6. $a = 1$.

7. $k = \dfrac{3}{2}$.

8. $a = \mathrm{e}^{-\frac{1}{2}}$.

9. $k > 0$.

10. $a = -2$.

习题 1-8

1. 略.

2. 略.

3. 略.

4. 略.

5. 略.

6. 略.

7. 略.

总复习题一

1. (1) $[0, 4]$;　(2) 1;　(3) 0;　(4) $\ln 2$;　(5) $x = -1$;　(6) $a = 2; b = 1$;　(7) $a = -1$;　(8) $a = \pm 1$;　(9) $a = 2$;　(10) $x = 1, -2$.

2. (1)A;　(2) C;　(3) D;　(4) C;　(5) C;　(6) D;　(7) B;　(8) A;　(9) B;　(10) A.

3. 不存在.

4. $f(x)$ 在 $(-\infty, +\infty)$ 内连续.

5. (1) 0;　(2) 2;　(3) e^{-3};　(4) n;　(5) 0;　(6) 1;　(7) 1;　(8) $3\ln 2$;　(9) $\sqrt{6}$;　(10) 1;　(11) 1;　(12) e^{-1};　(13) $\mathrm{e}^{-\frac{1}{2}}$;　(14) 1;　(15) $\dfrac{1}{2}$;　(16) 0;　(17) e^2;　(18) $\mathrm{e}^{-\frac{1}{2}}$;　(19) $-\dfrac{1}{6}$;　(20) $\dfrac{1}{2}$.

6. $\dfrac{\pi}{2}$.

7. $a = 6$.

8. 略.

9. $x = 0, 1$ 为第一类间断点; $x = 2$ 为第二类间断点.

10. $x = 0$ 为第一类间断点; $x = 1$ 为第二类间断点.

11. $a = 0, b = \mathrm{e}$.

12. 略.

13. $a = 1, b = -3$.

14. $x = 1$ 为第一类间断点, $x \neq 1$ 时连续.

15. (1) 略;　(2) 提示: 注意递推关系式 $|x_n - \xi| = |f(x_{n-1}) - f(\xi)| \leqslant k\,|x_{n-1} - \xi|$.

16. 提示: 当 $x \to 0^+$ 时 $f(x) = x + o(x)$, 注意 $\lim\limits_{x \to 0^+} x^x = 1$.

17. $f(x) = \begin{cases} -\dfrac{1}{2}, & x = -1, \\ \sin \pi x, & -1 < x < 0, \\ 0, & x = 0, \\ x, & 0 < x < 1, \\ \dfrac{1}{2}, & x = 1. \end{cases}$

18. 提示 $x_{n+1} = \dfrac{x_n + y_n}{2} \geqslant \sqrt{x_n y_n} = y_{n+1}$, $x_{n+1} = \dfrac{x_n + y_n}{2} \leqslant x_n$, $y_{n+1} = \sqrt{x_n y_n} \geqslant y_n$, 利用单调有界定理即可证得.

第二章　导数与微分

微分学是微积分的重要组成部分, 它的基本概念是导数与微分. 由第一章的极限讨论可知, 客观实际中事物的变化趋势可以通过函数极限来描述. 但在大多数情况下, 仅仅了解相关函数值的变化是不够的, 需用进一步分析函数值相对于自变量变化的变化率或快慢程度. 导数揭示了函数在瞬间变化的快慢程度, 而微分是一个与导数密切相关的概念, 是用来表示函数在一点或局部性质的重要数学工具. 利用它们可以解决几何、工程技术、物理等许多学科领域的相关问题. 本章研究的内容是一元函数导数的有关概念、导数的求导法则、高阶导数、隐函数与参数式函数的导数, 以及微分及其应用等.

第一节　导数的概念

在自然科学、工程技术、物理学等许多学科领域中, 建立了变量之间的变化规律即建立了数学模型后, 还需了解其变化的变化率等问题. 下面给出几个常见的例子.

一、几个引例

引例 1　平面曲线的切线问题

现就曲线 $C: y = f(x)$ 的切线问题进行讨论. 设点 $M(x_0, y_0)$ 为曲线 C 上的定点, 即 $y_0 = f(x_0)$; $N(x, y)$ 为曲线 C 上的动点, 即 $y = f(x)$, 则割线 NM 的斜率为

$$k_{NM} = \frac{y - y_0}{x - x_0} = \frac{\Delta y}{\Delta x},$$

如图 2-1-1 所示, 根据切线的定义可知, 当 $N \to M$, 即 $\Delta x \to 0$ 时, 若 $\lim\limits_{\Delta x \to 0} \dfrac{\Delta y}{\Delta x}$ 存在, 则它就等于切线的斜率, 即

$$k = \lim\limits_{\Delta x \to 0} \frac{\Delta y}{\Delta x},$$

因此曲线 $y = f(x)$ 在点 $M_0(x_0, y_0)$ 处的切线方程为

$$y - y_0 = k (x - x_0).$$

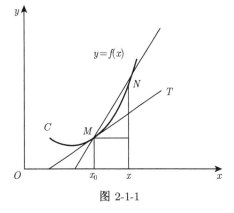

图 2-1-1

引例 2　变速直线运动的瞬时速度问题

设质点 M 沿某直线做 $s = s(t)$ 的直线运动, $s(t)$ 为 t 时刻质点 M 所走的路程, 在时间段 $[t_0, t]$ 内, 质点运动的平均速度为

$$\bar{v}(t) = \frac{\Delta s}{\Delta t} = \frac{s(t_0 + \Delta t) - s(t_0)}{\Delta t} \quad (\Delta t = t - t_0),$$

当 Δt 越小, $\bar{v}(t)$ 就越接近 t_0 时刻的瞬时速度 $v(t_0)$, 所以平均速度的极限就是 t_0 时刻的瞬时速度 $v(t_0)$, 即

$$v(t_0) = \lim_{\Delta t \to 0} \frac{\Delta s}{\Delta t} = \lim_{\Delta t \to 0} \frac{s(t_0 + \Delta t) - s(t_0)}{\Delta t}.$$

引例 3　非均匀直杆的线密度

对于质量分布均匀的直杆, 所谓线密度就是单位长度的直杆内所含的质量. 若直杆的质量分布不是均匀的, 从直杆一端开始, 距该端 x 处的一段其质量为 $m = m(x)$. 则从 x_0 到 $x_0 + \Delta x$ 一段的平均线密度为

$$\frac{\Delta m}{\Delta x} = \frac{m(x_0 + \Delta x) - m(x_0)}{\Delta x}.$$

若极限

$$\lim_{\Delta x \to 0} \frac{\Delta m}{\Delta x} = \lim_{\Delta x \to 0} \frac{m(x_0 + \Delta x) - m(x_0)}{\Delta x}$$

存在, 设其极限值为 $\rho(x_0)$, 那么 $\rho(x_0)$ 就是直杆在 x_0 点的线密度, 即

$$\lim_{\Delta x \to 0} \frac{\Delta m}{\Delta x} = \lim_{\Delta x \to 0} \frac{m(x_0 + \Delta x) - m(x_0)}{\Delta x} = \rho(x_0).$$

引例 4　非稳定电流的电流强度

电流强度是度量电流强弱的物理量. 对于稳定电流, 电流强度就是单位时间内通过导体的某固定截面的电量. 对于不稳定电流, 用函数 $q = q(t)$ 表示时刻 t 通过导体该截面的电量, 则从时刻 t 到时刻 $t + \Delta t$ 的平均电流强度为

$$\frac{\Delta q}{\Delta t} = \frac{q(t + \Delta t) - q(t)}{\Delta t}.$$

若极限

$$\lim_{\Delta t \to 0} \frac{\Delta q}{\Delta t} = \lim_{\Delta t \to 0} \frac{q(t + \Delta t) - q(t)}{\Delta t}$$

存在, 设其极限为 $I(t)$, 那么 $I(t)$ 就是时刻 t 的瞬时电流强度, 即

$$\lim_{\Delta t \to 0} \frac{\Delta q}{\Delta t} = \lim_{\Delta t \to 0} \frac{q(t + \Delta t) - q(t)}{\Delta t} = I(t).$$

二、 导数的概念

以上几类问题的实际意义各不相同, 当然在其他学科领域都有类似的变化率问题. 若不考虑实际含义, 只考虑它们在函数关系上的共性, 即求已知函数关于自变量在某一点处函数增量与自变量增量的比值的极限问题, 在数学上, 我们称这类极限为函数的导数. 其定义如下:

定义 1　设函数 $y = f(x)$ 在 x_0 的某邻域 $U(x_0, \delta)$ 内有定义, 当自变量在该邻域内从 x_0 变到 $x_0 + \Delta x$ 时 $(\Delta x \neq 0)$, 相应地函数有增量 $\Delta y = f(x_0 + \Delta x) - f(x_0)$, 如果极限 $\lim\limits_{\Delta x \to 0} \frac{\Delta y}{\Delta x}$ 存在, 则称 $y = f(x)$ 在点 x_0 处可导, 并称该极限为函数 $f(x)$ 在 x_0 处的导数, 记作 $y'|_{x=x_0}$, $f'(x_0)$ 或 $\left. \dfrac{\mathrm{d}y}{\mathrm{d}x} \right|_{x=x_0}$, 即

$$f'(x_0) = \lim_{\Delta x \to 0} \frac{\Delta y}{\Delta x} = \lim_{\Delta x \to 0} \frac{f(x_0 + \Delta x) - f(x_0)}{\Delta x}. \tag{2-1-1}$$

在定义 1 中, 若记 $x = x_0 + \Delta x$, 则式 (2-1-1) 可写成

$$f'(x_0) = \lim_{x \to x_0} \frac{f(x) - f(x_0)}{x - x_0}. \tag{2-1-2}$$

当极限 (2-1-1) 或 (2-1-2) 不存在时, 则称函数 $f(x)$ 在 x_0 处不可导. 若函数 $f(x)$ 在 x_0 处不可导, 且

$$\lim_{\Delta x \to 0} \frac{\Delta y}{\Delta x} = \lim_{\Delta x \to 0} \frac{f(x_0 + \Delta x) - f(x_0)}{\Delta x} = \infty$$

在这种情形下也称 $f(x)$ 在 x_0 处的导数为无穷大, 记作 $f'(x_0) = \infty$.

例 1　设 $f'(0) = 2$, 求下列极限.

(1) $\lim\limits_{n \to \infty} n \left[f\left(\dfrac{1}{n}\right) - f(0) \right]$;

(2) $\lim\limits_{x \to 0} \dfrac{f[2\ln(1+x)] - f(\sin x)}{x}$.

解　由题设可知,

$$f'(0) = \lim_{\Delta x \to 0} \frac{f(\Delta x) - f(0)}{\Delta x} = 2,$$

(1) 视 Δx 为 $\dfrac{1}{n}$, 则 $n \to \infty$ 时, $\dfrac{1}{n} \to 0$. 于是

$$\lim_{n \to \infty} n \left[f\left(\frac{1}{n}\right) - f(0) \right] = \lim_{n \to \infty} \frac{f\left(\dfrac{1}{n}\right) - f(0)}{\dfrac{1}{n}} = f'(0) = 2.$$

(2) 视 Δx 为 $2\ln(1+x), \sin x$, 则当 $x \to 0$ 时, 有 $2\ln(1+x) \to 0, \sin x \to 0$. 于是

$$\begin{aligned}
&\lim_{x \to 0} \frac{f(2\ln(1+x)) - f(\sin x)}{x} \\
&= \lim_{x \to 0} \frac{[f(2\ln(1+x)) - f(0)] - [f(\sin x) - f(0)]}{x} \\
&= \lim_{x \to 0} \frac{f(2\ln(1+x)) - f(0)}{x} - \lim_{x \to 0} \frac{f(\sin x) - f(0)}{x} \\
&= \lim_{x \to 0} \frac{f(2\ln(1+x)) - f(0)}{2\ln(1+x)} \frac{2\ln(1+x)}{x} - \lim_{x \to 0} \frac{f(\sin x) - f(0)}{\sin x} \frac{\sin x}{x} \\
&= 2f'(0) - f'(0) = f'(0) = 2.
\end{aligned}$$

根据函数左、右极限的定义, 我们可以定义函数的左、右导数.

定义 2　如果右极限

$$\lim_{\Delta x \to 0^+} \frac{\Delta y}{\Delta x} = \lim_{\Delta x \to 0^+} \frac{f(x_0 + \Delta x) - f(x_0)}{\Delta x}$$

存在, 则称此极限为函数 $y = f(x)$ 在 x_0 处的右导数, 记作 $f'_+(x_0)$, 即

$$f'_+(x_0) = \lim_{\Delta x \to 0^+} \frac{\Delta y}{\Delta x};$$

类似地, 如果左极限

$$\lim_{\Delta x \to 0^-} \frac{\Delta y}{\Delta x} = \lim_{\Delta x \to 0^-} \frac{f(x_0 + \Delta x) - f(x_0)}{\Delta x}$$

存在, 则称此极限为函数 $y = f(x)$ 在 x_0 处的左导数, 记作 $f'_-(x_0)$, 即

$$f'_-(x_0) = \lim_{\Delta x \to 0^-} \frac{\Delta y}{\Delta x}.$$

定理 1　函数 $y = f(x)$ 在 x_0 处可导的充要条件为 $f(x)$ 在 x_0 处的左、右导数存在且相等.

利用定理 1 我们可以讨论分段函数在分段点处的可导性问题.

例 2　讨论

$$f(x) = \begin{cases} \dfrac{1}{2}x^2, & x \leqslant 2, \\ x^2 - 2x + 2, & 2 < x < +\infty \end{cases}$$

在 $x = 2$ 处导数性.

解　在 $x = 2$ 处, $f(2) = 2$, 由

$$f'_-(2) = \lim_{x \to 2^-} \frac{f(x) - f(2)}{x - 2} = \lim_{x \to 2^-} \frac{\frac{1}{2}x^2 - 2}{x - 2}$$
$$= \lim_{x \to 2^-} \frac{1}{2}(x + 2) = 2,$$

$$f'_+(2) = \lim_{x \to 2^+} \frac{f(x) - f(2)}{x - 2} = \lim_{x \to 2^+} \frac{x^2 - 2x + 2 - 2}{x - 2}$$
$$= \lim_{x \to 2^+} x = 2,$$

所以 $f(x)$ 在 $x = 2$ 处可导, 且 $f'(2) = 2$.

例 3　若函数

$$f(x) = \begin{cases} \mathrm{e}^x - 1, & x > 0, \\ a\sin x, & x \leqslant 0 \end{cases}$$

在 $x = 0$ 处可导, 求常数 a.

解　因为

$$f'_+(0) = \lim_{x \to 0^+} \frac{f(x) - f(0)}{x - 0} = \lim_{x \to 0^+} \frac{\mathrm{e}^x - 1}{x} = 1,$$
$$f'_-(0) = \lim_{x \to 0^-} \frac{f(x) - f(0)}{x - 0} = \lim_{x \to 0^-} \frac{a\sin x}{x} = a,$$

于是, 由于 $f(x)$ 在 $x = 0$ 处可导, 根据定理 1 可知 $f'_-(0) = f'_+(0)$, 即得 $a = 1$.

例 4　设函数 $f(x)$ 在 $x = 0$ 点可导, 且 $f(0) = 0$. 证明: $|f(x)|$ 可导的充要条件是 $f'(0) = 0$.

证　令 $F(x) = |f(x)|$, 则 $F(x)$ 在 $x = 0$ 点可导的充要条件是 $F'_-(0) = F'_+(0)$. 由于 $f(x)$ 在 $x = 0$ 点可导, 则有 $f'_-(0) = f'_+(0) = f'(0)$, 于是

$$F'_-(0) = \lim_{x \to 0^-} \frac{F(x) - F(0)}{x} = \lim_{x \to 0^-} \frac{|f(x)|}{x}$$

$$= - \lim_{x \to 0^-} \left| \frac{f(x) - f(0)}{x} \right| = - \left| f'(0) \right|$$

$$F'_+(0) = \lim_{x \to 0^+} \frac{F(x) - F(0)}{x} = \lim_{x \to 0^+} \frac{|f(x)|}{x}$$

$$= \lim_{x \to 0^-} \left| \frac{f(x) - f(0)}{x} \right| = \left| f'(0) \right|$$

所以, 由 $F(x)$ 在 $x = 0$ 点可导等价于 $|f'(0)| = -|f'(0)|$, 即 $f'(0) = 0$.

例 5 设函数 $f(x)$ 在 $x = 0$ 点可导, $F(x) = f(x)(1 + |\sin x|)$. 证明: 若 $F(x)$ 在 $x = 0$ 可导, 则有 $f(0) = 0$.

证 由于 $F(x)$ 在 $x = 0$ 点可导的充要条件是 $F'_-(0) = F'_+(0)$. 而

$$F'_-(0) = \lim_{x \to 0^-} \frac{F(x) - F(0)}{x} = \lim_{x \to 0^-} \frac{f(x)(1 + |\sin x|) - f(0)}{x}$$

$$= \lim_{x \to 0^-} \frac{f(x) - f(0)}{x} + \lim_{x \to 0^-} \frac{f(x) |\sin x|}{x} = f'(0) - f(0)$$

$$F'_+(0) = \lim_{x \to 0^+} \frac{F(x) - F(0)}{x} = \lim_{x \to 0^+} \frac{f(x)(1 + |\sin x|) - f(0)}{x}$$

$$= \lim_{x \to 0^+} \frac{f(x) - f(0)}{x} + \lim_{x \to 0^+} \frac{f(x) |\sin x|}{x} = f'(0) + f(0),$$

故由 $F'_-(0) = F'_+(0)$ 可推得 $f(0) = 0$.

下面给出函数在区间上可导的定义:

定义 3 (1) 如果函数 $f(x)$ 在开区间 (a, b) 内每一点处都可导, 则称 $f(x)$ 在 (a, b) 内可导;

(2) 如果 $f(x)$ 在 (a, b) 内可导, 且 $f'_+(a)$ 与 $f'_-(b)$ 均存在, 则称 $f(x)$ 在闭区间 $[a, b]$ 上可导.

设函数 $f(x)$ 在区间 I 内可导, 则对 I 内的每一点 x, 都有一个确定的导数 $f'(x)$ 与之对应, 由此构成了一个新的函数 $f'(x)$, 称该新函数为函数 $f(x)$ 在集合 I 内的**导函数**, 简称为**导数**, 记作 $f'(x)$, $\dfrac{\mathrm{d}y}{\mathrm{d}x}$, $\dfrac{\mathrm{d}f}{\mathrm{d}x}$, 或 y'. 导函数的定义域是函数定义域的子集.

将式 (2-1-1) 中的 x_0 换成 x, 便可得导函数的表达式:

$$f'(x) = \lim_{\Delta x \to 0} \frac{\Delta y}{\Delta x} = \lim_{\Delta x \to 0} \frac{f(x + \Delta x) - f(x)}{\Delta x}.$$

其中 Δx 是求极限时的变量, x 为求该极限时的常数.

由定义 1 与定义 3 可知, 函数 $f(x)$ 在 x_0 处的导数 $f'(x_0)$ 就是导函数 $f'(x)$ 在 $x = x_0$ 处的函数值, 即

$$f'(x_0) = f'(x)|_{x = x_0}.$$

必须指出 $[f(x_0)]' = 0$, 不能将 $f'(x_0)$ 与 $[f(x_0)]'$ 相混淆.

一般地, 利用导数定义求函数 $y = f(x)$ 的导数时, 可按下列步骤进行:

第一步: 求增量比 $\dfrac{\Delta y}{\Delta x} = \dfrac{f(x + \Delta x) - f(x)}{\Delta x}$;

第二步: 求增量比的极限 $\lim\limits_{\Delta x \to 0} \dfrac{\Delta y}{\Delta x}$.

若该极限存在, 则函数 $y = f(x)$ 在 x 处可导, 且 $f'(x) = \lim\limits_{\Delta x \to 0} \dfrac{\Delta y}{\Delta x}$; 若该极限不存在, 则函数 $y = f(x)$ 在 x 处不可导.

例 6　求 $f(x) = C$ (C 为常数) 的导数.

解　对 $\forall x \in (-\infty, +\infty)$, 有

$$f'(x) = \lim_{\Delta x \to 0} \frac{f(x + \Delta x) - f(x)}{\Delta x} = \lim_{\Delta x \to 0} \frac{C - C}{\Delta x} = 0,$$

所以

$$(C)' = 0.$$

即常值函数的导数为零.

例 7　求幂函数 $y = x^\mu$ ($x > 0, \mu$ 为常数) 的导数.

解　对 $\forall x > 0$, 有

$$\begin{aligned}
(x^\mu)' &= \lim_{\Delta x \to 0} \frac{(x + \Delta x)^\mu - x^\mu}{\Delta x} \\
&= \lim_{\Delta x \to 0} \frac{x^\mu \left[\left(1 + \dfrac{\Delta x}{x}\right)^\mu - 1 \right]}{\Delta x} \\
&= \lim_{\Delta x \to 0} \frac{x^\mu \cdot \mu \cdot \dfrac{\Delta x}{x}}{\Delta x} = \mu x^{\mu - 1},
\end{aligned}$$

即幂函数的导数

$$(x^\mu)' = \mu x^{\mu - 1} \ (x > 0),$$

特别地,

$$(x^n)' = n x^{n-1} (n \text{ 为整数})$$

称为**幂函数的求导公式**, 利用幂函数导数的求导公式可以直接计算特殊幂函数的导数, 例如

$$\left(\frac{1}{x}\right)' = (x^{-1})' = -x^{-2} = -\frac{1}{x^2};$$

$$\left(\frac{\sqrt{x}}{\sqrt[3]{x}}\right)' = (x^{\frac{1}{6}})' = \frac{1}{6} x^{\frac{1}{6} - 1} = \frac{1}{6} x^{-\frac{5}{6}}.$$

例 8　求 $y = \sin x$ 的导数, 并求 $y'(0)$.

解　对 $\forall x \in (-\infty, +\infty)$, 由

$$\Delta y = \sin(x + \Delta x) - \sin x = 2 \cos \frac{2x + \Delta x}{2} \sin \frac{\Delta x}{2},$$

则

$$(\sin x)' = \lim_{\Delta x \to 0} \frac{\Delta y}{\Delta x} = \lim_{\Delta x \to 0} \frac{2\cos\left(x + \dfrac{\Delta x}{2}\right)\sin\dfrac{\Delta x}{2}}{\Delta x}$$

$$= \lim_{\Delta x \to 0} \cos\left(x + \frac{\Delta x}{2}\right)\frac{\sin\dfrac{\Delta x}{2}}{\dfrac{\Delta x}{2}} = \cos x.$$

即

$$(\sin x)' = \cos x.$$

因此

$$y'(0) = \cos 0 = 1.$$

同理可证:

$$(\cos x)' = -\sin x.$$

例 9　求对数函数 $y = \log_a x (a > 0 \text{ 且 } a \neq 1)$ 的导数.

解　对 $\forall x > 0$, 有

$$\lim_{\Delta x \to 0} \frac{\Delta y}{\Delta x} = \lim_{\Delta x \to 0} \frac{\log_a(x + \Delta x) - \log_a x}{\Delta x} = \lim_{\Delta x \to 0} \frac{\log_a \dfrac{x + \Delta x}{x}}{\Delta x}$$

$$= \lim_{\Delta x \to 0} \frac{1}{\Delta x}\log_a\left(1 + \frac{\Delta x}{x}\right) = \lim_{\Delta x \to 0} \frac{\dfrac{\Delta x}{x}}{\Delta x \ln a} = \frac{1}{x \ln a},$$

即

$$(\log_a x)' = \frac{1}{x \ln a}.$$

特别地, 取 $a = \mathrm{e}$, 得

$$(\ln x)' = \frac{1}{x}.$$

例 10　求指数函数 $y = a^x (a > 0 \text{ 且 } a \neq 1)$ 的导数.

解　对 $\forall x \in (-\infty, +\infty)$, 由

$$\lim_{\Delta x \to 0} \frac{\Delta y}{\Delta x} = \lim_{\Delta x \to 0} \frac{a^{x + \Delta x} - a^x}{\Delta x}$$

$$= \lim_{\Delta x \to 0} \frac{a^x(a^{\Delta x} - 1)}{\Delta x} = \lim_{\Delta x \to 0} \frac{a^x(\mathrm{e}^{\Delta x \ln a} - 1)}{\Delta x}$$

$$= a^x \lim_{\Delta x \to 0} \frac{\mathrm{e}^{\Delta x \ln a} - 1}{\Delta x} = a^x \lim_{\Delta x \to 0} \frac{\Delta x \ln a}{\Delta x} = a^x \ln a,$$

即

$$(a^x)' = a^x \ln a.$$

特别地, $a = \mathrm{e}$ 时,

$$(\mathrm{e}^x)' = \mathrm{e}^x.$$

例 11　讨论函数 $y = \sqrt[3]{x^2}$ 在 $x = 0$ 处的可导性.

解　在 $x = 0$ 处, 由于

$$\lim_{\Delta x \to 0} \frac{\Delta y}{\Delta x} = \lim_{\Delta x \to 0} \frac{\sqrt[3]{(\Delta x)^2}}{\Delta x} = \lim_{\Delta x \to 0} \frac{1}{\sqrt[3]{\Delta x}} = \infty,$$

所以

$$\left. \frac{\mathrm{d}y}{\mathrm{d}x} \right|_{x=0} = \infty,$$

即该函数在 $x = 0$ 处不可导.

例 12　讨论函数 $f(x) = |x|$ 在 $x = 0$ 的可导性.

证　在 $x = 0$ 处,

$$\Delta f = f(\Delta x) - f(0) = |\Delta x|,$$

由于

$$f'_+(0) = \lim_{\Delta x \to 0^+} \frac{\Delta f}{\Delta x} = \lim_{\Delta x \to 0^+} \frac{|\Delta x|}{\Delta x} = \lim_{\Delta x \to 0^+} \frac{\Delta x}{\Delta x} = 1,$$

$$f'_-(0) = \lim_{\Delta x \to 0^-} \frac{\Delta f}{\Delta x} = \lim_{\Delta x \to 0^-} \frac{|\Delta x|}{\Delta x} = \lim_{\Delta x \to 0^-} \frac{-\Delta x}{\Delta x} = -1,$$

$$f'_+(0) \neq f'_-(0),$$

所以 $f(x)$ 在 $x = 0$ 处不可导.

三、 函数的可导性与连续性之间的关系

由例 11、例 12 可知, 函数 $y = \sqrt[3]{x^2}$ 与 $f(x) = |x|$ 在 $x = 0$ 处均连续但都不可导, 因此当函数 $f(x)$ 在 x 处连续时未必可导. 反过来, 函数可导是否连续呢? 为此我们有下列结论:

定理 2　若函数 $f(x)$ 在 x 处可导, 则 $f(x)$ 在 x 处连续.

证　因为函数 $f(x)$ 在 x 处可导, 所以

$$\lim_{\Delta x \to 0} \Delta y = \lim_{\Delta x \to 0} \left(\frac{\Delta y}{\Delta x} \cdot \Delta x \right) = (\lim_{\Delta x \to 0} \frac{\Delta y}{\Delta x}) \cdot (\lim_{\Delta x \to 0} \Delta x)$$

$$= f'(x_0) \cdot 0 = 0,$$

由此 $f(x)$ 在 x 处连续.

由定理 2 可知, 若函数 $f(x)$ 在 x_0 点不连续, 那么 $f(x)$ 在 x_0 点一定不可导.

例 13　求 a、b 的值, 使

$$f(x) = \begin{cases} \sin a(x-1), & x \leqslant 1, \\ \ln x + b, & x > 1 \end{cases}$$

在 $x = 1$ 处可导, 并求 $f'(1)$.

解　由已知条件 $f(x)$ 在 $x = 1$ 处可导, 则 $f(x)$ 在 $x = 1$ 处连续, 又 $f(1) = 0$, 因此由

$$f(1) = f(1^+) = \lim_{x \to 1^+} f(x) = \lim_{x \to 1^+} (\ln x + b) = b,$$

则可得

$$b = 0,$$

又

$$f'_-(1) = \lim_{x \to 1^-} \frac{f(x) - f(1)}{x - 1} = \lim_{x \to 1^-} \frac{\sin a(x-1) - 0}{x - 1} = a,$$

$$f'_+(1) = \lim_{x \to 1^+} \frac{f(x) - f(1)}{x - 1} = \lim_{x \to 1^+} \frac{\ln x - 0}{x - 1} = \lim_{x \to 1^+} \frac{\ln [1 + (x-1)]}{x - 1} = 1,$$

由 $f(x)$ 在 $x = 1$ 处可导, 则有 $f'_-(1) = f'_+(1)$. 于是

$$a = 1,$$

从而当 $a = 1, b = 0$ 时 $f(x)$ 在 $x = 1$ 处可导. 且

$$f'(1) = f'_-(1) = f'_+(1) = 1.$$

例 14　讨论函数

$$f(x) = \begin{cases} 2x, & x \geqslant 0, \\ x^2, & x < 0 \end{cases}$$

在 $x = 0$ 点处的连续性与可导性.

解　先讨论 $f(x)$ 在 $x = 0$ 点处的连续性. 因为

$$f(0^-) = \lim_{x \to 0^-} f(x) = \lim_{x \to 0^-} x^2 = 0,$$

$$f(0^+) = \lim_{x \to 0^+} f(x) = \lim_{x \to 0^+} 2x = 0,$$

所以 $f(0^-) = f(0^+) = 0$, 故 $f(x)$ 在 $x = 0$ 点处的连续.

再讨论 $f(x)$ 在 $x = 0$ 点处的可导性. 因为

$$f'_-(0) = \lim_{x \to 0^-} \frac{f(x) - f(0)}{x} = \lim_{x \to 0^-} \frac{x^2}{x} = 0,$$

$$f'_+(0) = \lim_{x \to 0^+} \frac{f(x) - f(0)}{x} = \lim_{x \to 0^+} \frac{2x}{x} = 2,$$

所以 $f'_-(0) \neq f'_+(0)$, 故 $f(x)$ 在 $x = 0$ 点处的导数不存在.

四、导数的几何意义与物理意义

1. 导数的几何意义

由引例 1 及导数的定义可知, 在几何上, 函数 $f(x)$ 的导数 $f'(x)$ 即为曲线 $y = f(x)$ 在点 $M(x, y)$ 处的**切线斜率**.

另外, 过曲线上一点 $(x_0, f(x_0))$ 且垂直于该点切线的直线, 称为曲线在该点处的**法线**. 因此**法线的斜率**为 $-\dfrac{1}{f'(x_0)}$ $(f'(x_0) \neq 0)$.

因而当函数 $f(x)$ 在点 x_0 处可导时, 曲线 $y = f(x)$ 在点 $M_0(x_0, f(x_0))$ 处的切线与法线方程分别为

切线方程

$$y - f(x_0) = f'(x_0)(x - x_0),$$

法线方程

$$y - f(x_0) = -\frac{1}{f'(x_0)}(x - x_0)(f'(x_0) \neq 0).$$

必须指出, 当函数 $f(x)$ 在点 x_0 处连续且 $f'(x_0) = \infty$ 时, 曲线 $y = f(x)$ 在 x_0 处有一垂直于 x 轴的切线 $x = x_0$ 与水平的法线 $y = y_0$; 当函数 $f(x)$ 在点 x_0 处连续但不可导, 且 $f'(x_0) \neq \infty$ 时, 它在 x_0 处没有切线.

如函数 $y = \sqrt[3]{x}$ 在 $x = 0$ 处不可导, 但

$$y'|_{x=0} = \infty,$$

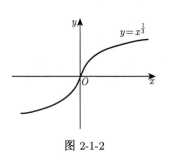

图 2-1-2

所以曲线 $y = \sqrt[3]{x}$ 在 $x = 0$ 处有一条垂直于 x 轴的切线, 一条水平的法线 $y = 0$ (图 2-1-2).

例 15   已知曲线 $f(x) = x^n$ 在点 $(1,1)$ 处的切线与 x 轴的交点为 $(\varphi_n, 0)$, 求 $\lim\limits_{n \to \infty} f(\varphi_n)$.

解   曲线在点 $(1,1)$ 处的切线斜率为

$$k = f'(1) = nx^{n-1}|_{x=1} = n,$$

则所求的切线方程为

$$y - 1 = n(x - 1).$$

令 $y = 0$ 得

$$\varphi_n = 1 - \frac{1}{n},$$

所以

$$\lim_{n \to \infty} f(\varphi_n) = \lim_{n \to \infty} \left(1 - \frac{1}{n}\right)^n = \lim_{n \to \infty} \left(1 + \frac{1}{-n}\right)^{-n \cdot (-1)} = \mathrm{e}^{-1}.$$

例 16   求曲线 $y = (x-1)^3$ 在点 $(2,1)$ 处的切线方程和法线方程.

解   因为

$$y'|_{x=2} = \lim_{x \to 2} \frac{(x-1)^3 - 1}{x - 2} = 3,$$

则曲线在点 $(2,1)$ 处的切线方程

$$y - 1 = 3(x - 2), \text{ 即 } y - 3x + 5 = 0;$$

法线方程

$$y - 1 = -\frac{1}{3}(x - 2), \text{ 即 } 3y + x - 5 = 0.$$

2. 导数的物理意义

根据函数不同的物理意义, 其导数也有不同的物理意义, 举例说明如下.

运动学中, 由引例 2 可知在变速直线运动 $s = s(t)$ 中, 其导数就是物体的瞬时速度, 即 $v(t) = \dfrac{\mathrm{d}s}{\mathrm{d}t}$.

在力学中, 设质量非均匀分布的直杆的质量为 $m = m(x)$, 这里 x 为直杆上质点的位置, 则 $\dfrac{\Delta m}{\Delta x}$ 为直杆位于区间 $[x, x + \Delta x]$ 上的平均线密度, 质量函数的导数就是直杆位于 x 处的线密度 $\mu(x)$, 即 $\mu(x) = \dfrac{\mathrm{d}m}{\mathrm{d}x}$.

在电学中, 设通过导体横截面的电量 q 与时间 t 的关系为 $q = q(t)$, 时间增量为 Δt 时, 流过截面的电量增量为 Δq, 对于稳恒电流, $I = \dfrac{\Delta q}{\Delta t}$ 就是各个时刻的电流强度; 对非稳恒电流, 电量 q 的导数就是通过导体的瞬时电流强度 $I(t)$, 即 $I(t) = \dfrac{\mathrm{d}q}{\mathrm{d}t}$.

习　题　2-1

1. 用导数的定义求下列函数在指定点处的导数.

(1) 设 $f(x) = x^2 + 3x + 5$, 求 $f'(1)$;

(2) 设 $f(x) = x(x+1)(x+2)\cdots(x+n)$, 求 $f'(0)$.

2. 求曲线 $y = \mathrm{e}^x$ 在点 $(0, 1)$ 处的切线方程与法线方程.

3. 若 $f'(x_0) = 2$, 试求下列极限.

(1) $\lim\limits_{h \to 0} \dfrac{[f(x_0 + 3h) - f(x_0)]}{h}$; 　　　　　　(2) $\lim\limits_{x \to x_0} \dfrac{f(x) - f(x_0)}{x^2 - x_0^2}$ $(x_0 \neq 0)$.

4. 设 $f(x)$ 在在 $x = 0$ 处可导, 且 $f(0) = 0$, 求 $\lim\limits_{x \to 0} \dfrac{f(x)}{x}$.

5. 证明: (1) 可导的奇函数的导函数是偶函数; (2) 可导的偶函数的导函数是奇函数.

6. 设函数

$$f(x) = \begin{cases} 2^x, & x \leqslant 0, \\ \sqrt{x}, & x > 0, \end{cases}$$

求 $f'(x)$.

7. 设函数

$$f(x) = \begin{cases} x^2, & x \leqslant 1, \\ ax + b, & x > 1 \end{cases}$$

在 $x = 1$ 处可导, 求 a, b 的值.

8. 讨论下列函数在 $x = 0$ 处的连续性与可导性.

(1) $f(x) = \begin{cases} 0, & x \geqslant 0, \\ \dfrac{\sin x}{x}, & x < 0; \end{cases}$ 　　　　　　(2) $f(x) = \begin{cases} x^2 \sin \dfrac{1}{x}, & x \neq 0, \\ 0, & x = 0. \end{cases}$

9. 已知函数 $f(x)$ 在 $x = 1$ 处连续, 且 $\lim\limits_{x \to 1} \dfrac{f(x)}{x - 1} = 2$, 求 $f'(1)$.

10. 讨论函数

$$f(x) = \begin{cases} \dfrac{|x^2 - 1|}{x - 1}, & x \neq 1, \\ 2, & x = 1 \end{cases}$$

在 $x = 1$ 处的连续性与可导性.

11. 设函数 $f(x) = |x| \sin x$, 证明: $f(x)$ 在 $x = 0$ 处可导.

12. 设函数 $f(x) = |x - x_0| \varphi(x)$, 其中 $\varphi(x)$ 为连续函数, x_0 称为函数 $f(x)$ 的尖点. 证明: 函数 $f(x)$ 在 x_0 点处可导的充要条件是 $\varphi(x_0) = 0$.

13. 已知函数 $f(x)$ 是以 5 为周期的连续函数, 在 $x = 0$ 点的某邻域内满足关系式

$$f(1 + \sin x) - 3f(1 - \sin x) = 8x + o(x),$$

且 $f(x)$ 在 $x = 1$ 点处可导, 求曲线 $y = f(x)$ 在点 $(6, f(6))$ 处的切线方程.

第二节   导数的求导法则

在上一节, 我们以实际问题为背景引入了导数概念, 并利用导数的定义求出了部分基本初等函数的导数. 对于一般的函数, 若用定义求导数是非常困难的. 为了解决导数的计算问题, 本节及下一节将讨论各类基本初等函数的导数公式, 以及一般函数的求导法则和方法. 借助于这些基本初等函数的导数公式和函数的求导法则, 我们就能比较方便的求出函数的导数. 下面先建立导数的运算法则, 并在此基础上得到基本初等函数的求导公式.

一、函数求导的四则运算法则

定理 1   设函数 $u(x), v(x)$ 在 x 处可导, 则 $u(x) \pm v(x)$ 及 $u(x) \cdot v(x)$ 也在 x 处可导, 且

(1) $[u(x) \pm v(x)]' = u'(x) \pm v'(x)$;

(2) $[u(x)v(x)]' = u'(x)v(x) + u(x)v'(x)$.

若再增加条件 $v(x) \neq 0$, 则函数 $\dfrac{u(x)}{v(x)}$ 在 x 处也可导, 且

(3) $\left[\dfrac{u(x)}{v(x)}\right]' = \dfrac{u'(x)v(x) - u(x)v'(x)}{v^2(x)}$.

证   令 $f(x) = u(x) \pm v(x)$, $g(x) = u(x) \cdot v(x)$, 由导数定义以及极限的运算法则, 得

$$\begin{aligned}
f'(x) &= \lim_{\Delta x \to 0} \frac{f(x + \Delta x) - f(x)}{\Delta x} \\
&= \lim_{\Delta x \to 0} \frac{[u(x + \Delta x) \pm v(x + \Delta x)] - [u(x) \pm v(x)]}{\Delta x} \\
&= \lim_{\Delta x \to 0} \left[\frac{u(x + \Delta x) - u(x)}{\Delta x} \pm \frac{v(x + \Delta x) - v(x)}{\Delta x}\right] \\
&= \lim_{\Delta x \to 0} \frac{u(x + \Delta x) - u(x)}{\Delta x} \pm \lim_{\Delta x \to 0} \frac{v(x + \Delta x) - v(x)}{\Delta x} \\
&= u'(x) \pm v'(x);
\end{aligned}$$

$$\begin{aligned}
g'(x) &= \lim_{\Delta x \to 0} \frac{u(x + \Delta x)v(x + \Delta x) - u(x)v(x)}{\Delta x} \\
&= \lim_{\Delta x \to 0} \frac{u(x + \Delta x)v(x + \Delta x) - u(x)v(x + \Delta x) + u(x)v(x + \Delta x) - u(x)v(x)}{\Delta x} \\
&= \lim_{\Delta x \to 0} \left[\frac{u(x + \Delta x) - u(x)}{\Delta x}v(x + \Delta x)\right] + \lim_{\Delta x \to 0} \left[u(x)\frac{v(x + \Delta x) - v(x)}{\Delta x}\right],
\end{aligned}$$

由于 $v(x)$ 在 x 处可导, 则 $v(x)$ 在 x 处必连续, 则

$$\lim_{\Delta x \to 0} v(x + \Delta x) = v(x),$$

再由极限运算法则得

$$g'(x) = u'(x)v(x) + u(x)v'(x);$$

当 $v(x) \neq 0$ 时,

$$
\begin{aligned}
\left[\frac{u(x)}{v(x)}\right]' &= \lim_{\Delta x \to 0} \frac{\dfrac{u(x+\Delta x)}{v(x+\Delta x)} - \dfrac{u(x)}{v(x)}}{\Delta x} \\
&= \lim_{\Delta x \to 0} \frac{u(x+\Delta x)v(x) - v(x+\Delta x)u(x)}{v(x+\Delta x)v(x)\Delta x} \\
&= \lim_{\Delta x \to 0} \frac{u(x+\Delta x)v(x) - u(x)v(x) + u(x)v(x) - v(x+\Delta x)u(x)}{v(x+\Delta x)v(x)\Delta x} \\
&= \lim_{\Delta x \to 0} \left[\frac{u(x+\Delta x) - u(x)}{\Delta x} \cdot \frac{v(x)}{v(x+\Delta x)v(x)}\right] \\
&\quad - \lim_{\Delta x \to 0} \left[\frac{v(x+\Delta x) - v(x)}{\Delta x} \cdot \frac{u(x)}{v(x+\Delta x)v(x)}\right] \\
&= \frac{u'(x)v(x)}{v^2(x)} - \frac{v'(x)u(x)}{v^2(x)} = \frac{u'(x)v(x) - v'(x)u(x)}{v^2(x)}.
\end{aligned}
$$

由此得两个函数的商的求导法则:

$$\left[\frac{u(x)}{v(x)}\right]' = \frac{u'(x)v(x) - u(x)v'(x)}{v^2(x)} \quad (v(x) \neq 0).$$

利用常值函数的导数为零, 再由定理 1 中的公式 (2) 可得

推论 1 设 $u(x)$ 在 x 处可导, c 为常数, 则 $cu(x)$ 在 x 处也可导, 且

$$[cu(x)]' = cu'(x).$$

另外定理 1 中的公式 (1)、(2) 可推广到有限个可导函数的情形, 如:

推论 2 设 $u(x), v(x), w(x)$ 均在 x 处可导, 则 $u(x) + v(x) + w(x)$ 与 $u(x)v(x)w(x)$ 在 x 处也可导, 且

$$[u(x) + v(x) + w(x)]' = u'(x) + v'(x) + w'(x),$$

$$[u(x)v(x)w(x)]' = u'(x)v(x)w(x) + u(x)v'(x)w(x) + u(x)v(x)w'(x).$$

例 1 求函数 $y = 2x^4 + \ln x^3 + 2^x + \cos\dfrac{\pi}{3}$ 的导数.

解
$$
\begin{aligned}
y' &= 2\left(x^4\right)' + (3\ln x)' + (2^x)' + \left(\cos\frac{\pi}{3}\right)' \\
&= 8x^3 + \frac{3}{x} + 2^x \ln 2.
\end{aligned}
$$

例 2 求 $f(x) = e^x \sin x$ 的导数.

解
$$
\begin{aligned}
f'(x) &= (e^x)' \sin x + e^x (\sin x)' \\
&= e^x \sin x + e^x \cos x = e^x (\sin x + \cos x).
\end{aligned}
$$

例 3   求 $y = (x + 4)(1 - 2x)(3x + 2)$ 的导数.

解 $y' = (x + 4)'(1 - 2x)(3x + 2) + (x + 4)(1 - 2x)'(3x + 2) + (x + 4)(1 - 2x)(3x + 2)'$

$$= (1 - 2x)(3x + 2) - 2(x + 4)(3x + 2) + 3(x + 4)(1 - 2x)$$

$$= -18x^2 - 50x - 2.$$

例 4   求 $y = \tan x$ 的导数.

解   由商的求导法则 (定理 1(3)), 有

$$(\tan x)' = \left(\frac{\sin x}{\cos x} \right)' = \frac{(\sin x)' \cos x - \sin x (\cos x)'}{\cos^2 x}$$

$$= \frac{\cos^2 x + \sin^2 x}{\cos^2 x} = \frac{1}{\cos^2 x} = \sec^2 x.$$

即

$$(\tan x)' = \sec^2 x,$$

同理可得

$$(\cot x)' = -\csc^2 x,$$

$$(\sec x)' = \tan x \sec x,$$

$$(\csc x)' = -\cot x \csc x.$$

例 5   求 $y = \dfrac{2 - 3 \cot x}{\cot x} + 5 \log_2 x - \sec x$ 的导数.

解
$$y = 2 \tan x - 3 + 5 \log_2 x - \sec x,$$

$$y' = 2 \sec^2 x + \frac{5}{x \ln 2} - \sec x \tan x.$$

二、 反函数与复合函数的求导法则

1. 反函数的求导法则

定理 2   设 $y = f(x)$ 在区间 I_x 内单调并可导, 且 $f'(x) \neq 0$, 则其反函数 $x = f^{-1}(y)$ 在相应的区间 I_y 内也单调、可导, 且 $\left(f^{-1} \right)'(y) = \dfrac{1}{f'(x)}$.

证   设反函数 $x = f^{-1}(y)$ 的自变量 y 的增量为 Δy, 它相应反函数 x 的增量为 Δx. 由反函数的连续性可知, $x = f^{-1}(y)$ 在区间 I_y 内单调、连续, 即当 $\Delta y \to 0$ 时, 有 $\Delta x \to 0$. 且当 $\Delta y \neq 0$ 时, 有 $\Delta x \neq 0$, 因此, $\forall y, y + \Delta y \in I_y$, 设 $\Delta y \neq 0$, 有

$$\left(f^{-1} \right)'(y) = \lim_{\Delta y \to 0} \frac{\Delta x}{\Delta y} = \lim_{\Delta y \to 0} \frac{1}{\dfrac{\Delta y}{\Delta x}} = \frac{1}{\lim\limits_{\Delta y \to 0} \dfrac{\Delta y}{\Delta x}}$$

$$= \frac{1}{\lim\limits_{\Delta x \to 0} \dfrac{\Delta y}{\Delta x}} = \frac{1}{f'(x)}.$$

例 6   利用反函数的求导法则求函数 $y = a^x (a > 0, a \neq 1)$ 的导数.

解 由于 $x = \log_a y \, (a > 0, a \neq 1)$ 在区间 $(0, +\infty)$ 内单调、可导, 且其导数 $\dfrac{\mathrm{d}x}{\mathrm{d}y} = \dfrac{1}{y \ln a} \neq 0$. 因此, 其反函数 $y = a^x \, (a > 0, a \neq 1)$ 在相应的区间 $(-\infty, +\infty)$ 内单调、可导, 且

$$(a^x)' = \frac{1}{(\log_a y)'} = \frac{1}{\dfrac{1}{y \ln a}} = y \ln a = a^x \ln a.$$

即

$$(a^x)' = a^x \ln a.$$

特殊地, 取 $a = \mathrm{e}$, 得 $(\mathrm{e}^x)' = \mathrm{e}^x$.

例 7 利用反函数的求导法则求函数 $y = \arcsin x (|x| < 1)$ 的导数.

解 由于 $x = \sin y$ 在区间 $\left(-\dfrac{\pi}{2}, \dfrac{\pi}{2}\right)$ 内单调、可导, 且其导数 $\cos y \neq 0$. 因此, 其反函数 $y = \arcsin x$ 在相应的区间 $(-1, 1)$ 内单调、可导, 且

$$(\arcsin x)' = \frac{1}{(\sin y)'} = \frac{1}{\cos y} = \frac{1}{\sqrt{1 - \sin^2 y}} = \frac{1}{\sqrt{1 - x^2}} (x \in (-1, 1)).$$

即

$$(\arcsin x)' = \frac{1}{\sqrt{1 - x^2}} (x \in (-1, 1)).$$

同理可得

$$(\arccos x)' = \frac{-1}{\sqrt{1 - x^2}} (x \in (-1, 1));$$

$$(\arctan x)' = \frac{1}{1 + x^2} (x \in \mathbf{R});$$

$$(\mathrm{arc}\cot x)' = -\frac{1}{1 + x^2} (x \in \mathbf{R}).$$

2. 求导的基本公式

利用导数定义及求导法则 I、II, 已经得到了所有基本初等函数的导数公式, 习惯上称之为**求导基本公式** (简称求导公式), 归纳如下:

(1) $(c)' = 0$.

(2) $(x^\mu)' = \mu x^{\mu - 1}$.

(3) $(a^x)' = a^x \ln a$. 特别地, $(\mathrm{e}^x)' = \mathrm{e}^x$.

(4) $(\log_a x)' = \dfrac{1}{x \ln a}$. 特别地, $(\ln x)' = \dfrac{1}{x}$.

(5) $(\sin x)' = \cos x$.

(6) $(\cos x)' = -\sin x$.

(7) $(\tan x)' = \sec^2 x$.

(8) $(\cot x)' = -\csc^2 x$.

(9) $(\sec x)' = \sec x \tan x$.

(10) $(\csc x)' = -\csc x \cot x$.

(11) $(\arcsin x)' = \dfrac{1}{\sqrt{1 - x^2}} (-1 < x < 1)$.

(12) $(\arccos x)' = -\dfrac{1}{\sqrt{1 - x^2}} (-1 < x < 1)$.

(13) $(\arctan x)' = \dfrac{1}{1 + x^2}$.

(14) $(\mathrm{arc}\cot x)' = -\dfrac{1}{1 + x^2}$.

3. 复合函数的求导法则

有时常常会遇到复合函数的求导问题, 下面给出复合函数可导的条件与求导公式.

引理   函数 $f(x)$ 在 x_0 点可导的充分必要条件是在 x_0 点的某邻域 $U(x_0)$ 内存在函数 $H(x)$, 使得 $H(x)$ 在 x_0 点连续, 且 $f(x) - f(x_0) = H(x)(x - x_0)$, 此时必有 $f'(x_0) = H(x_0)$.

证   必要性   设函数 $f(x)$ 在 x_0 点可导, 令

$$H(x) = \begin{cases} \dfrac{f(x) - f(x_0)}{x - x_0}, & x \in \overset{\circ}{U}(x_0) \\ f'(x_0), & x = x_0 \end{cases}$$

则当 $x \in U(x_0)$ 时, 有

$$f(x) - f(x_0) = H(x)(x - x_0),$$

且

$$\lim_{x \to x_0} H(x) = \lim_{x \to x_0} \frac{f(x) - f(x_0)}{x - x_0} = f'(x_0) = H(x_0),$$

即 $H(x)$ 在 x_0 点连续.

充分性   设在 x_0 点的某邻域 $U(x_0)$ 内存在函数 $H(x)$, 使得 $H(x)$ 在 x_0 点连续, 且

$$f(x) - f(x_0) = H(x)(x - x_0)$$

则必有

$$\lim_{x \to x_0} \frac{f(x) - f(x_0)}{x - x_0} = \lim_{x \to x_0} H(x) = H(x_0),$$

即 $f'(x_0) = H(x_0)$, 故 $f(x)$ 在 x_0 点可导.

定理 3(复合函数求导法则)   设函数 $u = \varphi(x)$ 在 x 处可导, 函数 $y = f(u)$ 在相应的点 u 处可导, 则复合函数 $y = f[\varphi(x)]$ 在 x 处也可导, 且

$$(f[\varphi(x)])' = f'(u)\,\varphi'(x),$$

或

$$\frac{\mathrm{d}y}{\mathrm{d}x} = \frac{\mathrm{d}y}{\mathrm{d}u} \cdot \frac{\mathrm{d}u}{\mathrm{d}x}.$$

证   固定 $x = x_0$, 相应地, $u_0 = \varphi(x_0)$, 由于函数 $y = f(u)$ 在点 u_0 处可导, 则由引理, 存在一个在 u_0 点连续的函数 $F(u)$ 及点 u_0 的邻域 $U(u_0)$, 使得 $f'(u_0) = F(u_0)$, 且当 $u \in U(u_0)$ 时有

$$f(u) - f(u_0) = F(u)(u - u_0).$$

同样地, 由于函数 $u = \varphi(x)$ 在点 x_0 处可导, 则由引理, 存在一个在 x_0 点连续的函数 $G(x)$ 及点 x_0 的某邻域 $U(x_0)$, 使得 $\varphi'(x_0) = G(x_0)$, 且当 $x \in U(x_0)$ 时有

$$\varphi(x) - \varphi(x_0) = G(x)(x - x_0).$$

于是, 我们有

$$f[\varphi(x)] - f[\varphi(x_0)] = F[\varphi(x)](\varphi(x) - \varphi(x_0))$$

$$=F[\varphi(x)]G(x)(x-x_0).$$

因为 $u = \varphi(x)$ 在点 x_0 处可导, 则必有 $u = \varphi(x)$ 在点 x_0 连续. 又 $F(u)$ 在 $u_0 = \varphi(x_0)$ 点连续, $G(x)$ 在点 x_0 的连续, 所以 $H(x) = F(\varphi(x))G(x)$ 在点 x_0 的连续. 再根据引理可知 $y = f[\varphi(x)]$ 在 x_0 可导, 且

$$(f[\varphi(x)])'|_{x=x_0} = H(x_0) = F(u_0)G(x_0) = f'(u_0)\varphi'(x_0).$$

由此证得该定理成立.

在定理 3 中, $(f[\varphi(x)])'$ 表示复合后的函数 $y = f[\varphi(x)]$ 对自变量 x 的导数, $f'[\varphi(x)]$ 表示函数 $f(u)$ 对 u 的导数, 其中 $u = \varphi(x)$.

推论 3 设函数 $y = f(u), u = \varphi(v), v = \psi(x)$ 复合成函数 $y = f\{\varphi[\psi(x)]\}$, 若 $f(u), \varphi(v), \psi(x)$ 均可导, 则复合函数 $f\{\varphi[\psi(x)]\}$ 也可导, 且有

$$(f\{\varphi[\psi(x)]\})' = f'(u) \cdot \varphi'(v) \cdot \psi'(x),$$

或

$$\frac{\mathrm{d}y}{\mathrm{d}x} = \frac{\mathrm{d}y}{\mathrm{d}u} \cdot \frac{\mathrm{d}u}{\mathrm{d}v} \cdot \frac{\mathrm{d}v}{\mathrm{d}x}.$$

上式右端的求导法则, 按 $y \to u \to v \to x$ 的顺序, 就像一条链子一样, 因此通常将复合函数的求导法则的定理 3 及推论 3 称为**链式法则**.

例 8 求函数 $y = \ln|x|$ 的导数.

解 函数去掉绝对值符号可表示为

$$y = \ln|x| = \begin{cases} \ln x, & x > 0, \\ \ln(-x), & x < 0, \end{cases}$$

当 $x > 0$ 时,

$$y' = (\ln x)' = \frac{1}{x},$$

当 $x < 0$ 时,

$$y' = [\ln(-x)]' = \frac{1}{-x}(-x)' = \frac{1}{x},$$

因此

$$(\ln|x|)' = \frac{1}{x}.$$

例 9 求下列函数的导数.

(1) $y = \sin nx \cdot \sin^n x$;

(2) $y = \arctan\dfrac{1+x}{1-x}$;

(3) $y = \ln\dfrac{\sqrt{x^2+1}}{\sqrt[3]{3+x}}$;

(4) $y = \lim\limits_{x\to\infty} t\left(1+\dfrac{1}{x}\right)^{2xt}$;

(5) $y = x^k \sin\dfrac{1}{x}$;

(6) $y = x^{\sin x}\,(x > 0)$;

(7) $y = \cos x^2 \sin^2 \ln(1+x)$;

(8) $y = \log_x \mathrm{e} + x^{\frac{1}{x}}$.

解 (1) $\quad y' = \cos nx \cdot n \cdot \sin^n x + \sin nx \cdot n \sin^{n-1} x \cdot \cos x$

$$= n\sin^{n-1} x(\sin x \cos nx + \cos x \sin nx)$$

$$= n \sin^{n-1} x \cdot \sin(n+1)x.$$

(2)
$$y' = \frac{1}{1 + \left(\dfrac{1+x}{1-x}\right)^2} \cdot \frac{(1-x)+(1+x)}{(1-x)^2} = \frac{1}{1+x^2}.$$

(3) 由对数的运算法则:

$$y = \frac{1}{2}\ln(x^2+1) - \frac{1}{3}\ln(3+x),$$
$$y' = \frac{1}{2} \cdot \frac{2x}{(x^2+1)} - \frac{1}{3} \cdot \frac{1}{(3+x)}$$
$$= \frac{2x^2 + 9x - 1}{3(x+3)(x^2+1)}.$$

(4) 因为

$$y = t \cdot \lim_{x \to \infty}\left[\left(1+\frac{1}{x}\right)^x\right]^{2t} = t\mathrm{e}^{2t},$$

所以

$$y' = \mathrm{e}^{2t} + t \cdot 2\mathrm{e}^{2t} = (1+2t)\mathrm{e}^{2t}.$$

(5)
$$y' = (x^k)' \sin\frac{1}{x} + x^k \left(\sin\frac{1}{x}\right)'$$
$$= kx^{k-1}\sin\frac{1}{x} + x^k \cos\frac{1}{x}\left(\frac{1}{x}\right)'$$
$$= kx^{k-1}\sin\frac{1}{x} - x^{k-2}\cos\frac{1}{x}.$$

(6) 因为

$$y = x^{\sin x} = \mathrm{e}^{\sin x \cdot \ln x}$$

所以

$$y' = (x^{\sin x})' = (\mathrm{e}^{\sin x \cdot \ln x})' = \mathrm{e}^{\sin x \cdot \ln x}(\sin x \cdot \ln x)'$$
$$= \mathrm{e}^{\sin x \cdot \ln x}\left(\cos x \cdot \ln x + \frac{\sin x}{x}\right)$$
$$= x^{\sin x}\left(\cos x \cdot \ln x + \frac{\sin x}{x}\right).$$

(7) $y' = -2x\sin x^2 \sin^2[\ln(1+x)] + 2\cos x^2 \sin[\ln(1+x)]\cos[\ln(1+x)]\dfrac{1}{1+x}$

$\qquad = -2x\sin x^2 \sin^2[\ln(1+x)] + \dfrac{\cos x^2 \sin[2\ln(1+x)]}{1+x}$

(8) 因为

$$y = \frac{1}{\ln x} + \mathrm{e}^{\frac{\ln x}{x}},$$

所以

$$y' = -\frac{1}{x\ln^2 x} + \mathrm{e}^{\frac{\ln x}{x}}\left(\frac{\ln x}{x}\right)' = -\frac{1}{x\ln^2 x} + x^{\frac{1}{x}}\left(\frac{1-\ln x}{x^2}\right)$$

$$= -\frac{1}{x\ln^2 x} + x^{\frac{1}{x}-2}(1-\ln x).$$

例 10 设 $f(x) = \max\{x, x^2\}, 0 < x < 2$, 求 $f'(x)$.

解 由题设条件可知

$$f(x) = \begin{cases} x, & 0 < x \leqslant 1, \\ x^2, & 1 < x < 2, \end{cases}$$

则 $x \neq 1$ 时, 有

$$f'(x) = \begin{cases} 1, & 0 < x < 1, \\ 2x, & 1 < x < 2, \end{cases}$$

当 $x = 1$ 时, 由

$$f'_+(1) = \lim_{\Delta x \to 0^+} \frac{(1+\Delta x)^2 - 1}{\Delta x} = \lim_{\Delta x \to 0^+}(2+\Delta x) = 2;$$

$$f'_-(1) = \lim_{\Delta x \to 0^-} \frac{(1+\Delta x) - 1}{\Delta x} = 1.$$

显然 $f'_+(1) \neq f'_-(1)$, 故 $f'(1)$ 不存在. 综上所述函数的导数为

$$f'(x) = \begin{cases} 1, & 0 < x < 1, \\ 2x, & 1 < x < 2. \end{cases}$$

例 11 设 $f(x)$ 可导, 且 $f^2(x) + f(x^2) \neq 0$, 求函数 $y = \sqrt{f^2(x) + f(x^2)}$ 的导数.

解 由题设可得

$$y' = \frac{1}{2\sqrt{f^2(x) + f(x^2)}} \left[2f(x) \cdot f'(x) + f'(x^2) \cdot 2x\right]$$

$$= \frac{f(x)f'(x) + xf'(x^2)}{\sqrt{f^2(x) + f(x^2)}}.$$

例 12 求函数

$$f(x) = \begin{cases} x^2 \sin\frac{1}{x}, & x \neq 0 \\ 0, & x = 0 \end{cases}$$

导数, 并讨论导数的连续性.

解 函数的定义域为 $(-\infty, +\infty)$, 当 $x \neq 0$ 时, 有

$$f'(x) = \left(x^2\sin\frac{1}{x}\right)' = 2x\sin\frac{1}{x} - \cos\frac{1}{x};$$

当 $x = 0$ 时, 由定义有

$$f'(0) = \lim_{x \to 0} \frac{f(x) - f(0)}{x - 0} = \lim_{x \to 0} \frac{x^2\sin\frac{1}{x}}{x}$$

$$= \lim_{x \to 0} x\sin\frac{1}{x} = 0,$$

所以

$$f'(x) = \begin{cases} 2x\sin\dfrac{1}{x} - \cos\dfrac{1}{x}, & x \neq 0 \\ 0, & x = 0 \end{cases}.$$

显然, $f'(x)$ 在 $x \neq 0$ 时连续. 因为极限 $\lim\limits_{x\to 0} 2x\sin\dfrac{1}{x} = 0$, 而 $\lim\limits_{x\to 0}\cos\dfrac{1}{x}$ 不存在, 所以

$$\lim_{x\to 0} f'(x) = \lim_{x\to 0}\left(2x\sin\dfrac{1}{x} - \cos\dfrac{1}{x}\right)$$

不存在, 故 $f'(x)$ 在 $x = 0$ 点不连续.

例 13 设函数

$$f(x) = \begin{cases} \dfrac{xe^{\frac{1}{x}}}{1 + e^{\frac{1}{x}}}, & x \neq 0, \\ 0, & x = 0, \end{cases}$$

求 $f'(0^-)$, $f'(0^+)$.

解 函数的定义域为 $(-\infty, +\infty)$, 当 $x \neq 0$ 时, 有

$$f'(x) = \dfrac{e^{\frac{1}{x}}\left(1 - \dfrac{1}{x}\right)(1 + e^{\frac{1}{x}}) + \dfrac{1}{x}e^{\frac{2}{x}}}{(1 + e^{\frac{1}{x}})^2} = \dfrac{e^{\frac{1}{x}}\left(1 + e^{\frac{1}{x}} - \dfrac{1}{x}\right)}{(1 + e^{\frac{1}{x}})^2}.$$

令 $u = \dfrac{1}{x}$, 当 $x \to 0^-$ 时有 $u \to -\infty$; 当 $x \to 0^+$ 时有 $u \to +\infty$. 于是有

$$f'(0^-) = \lim_{x\to 0^-} f'(x) = \lim_{x\to 0^-} \dfrac{e^{\frac{1}{x}}\left(1 + e^{\frac{1}{x}} - \dfrac{1}{x}\right)}{(1 + e^{\frac{1}{x}})^2}$$

$$= \lim_{u\to -\infty}\dfrac{e^u(1 + e^u - u)}{(1 + e^u)^2} = \lim_{u\to -\infty}(-ue^u)\lim_{u\to -\infty}\dfrac{1}{(1 + e^u)^2} + \lim_{u\to -\infty}\dfrac{e^u}{(1 + e^u)^2} = 0,$$

注意: $\lim\limits_{u\to -\infty} ue^u = \lim\limits_{u\to -\infty}\dfrac{u}{e^{-u}} = 0$.

$$f'(0^+) = \lim_{x\to 0^+} f'(x) = \lim_{x\to 0^+} \dfrac{e^{\frac{1}{x}}\left(1 + e^{\frac{1}{x}} - \dfrac{1}{x}\right)}{(1 + e^{\frac{1}{x}})^2}$$

$$= \lim_{u\to +\infty}\dfrac{e^u(1 + e^u - u)}{(1 + e^u)^2} = \lim_{u\to +\infty}\dfrac{-ue^u}{(1 + e^u)^2} + \lim_{u\to -\infty}\dfrac{e^{2u}}{(1 + e^u)^2} = 1.$$

习　题　2-2

1. 求下列函数的导数.

(1) $y = 2\sqrt{x} + 3^x - \cos x^2$;　　　　　　(2) $y = x^3 + 2^x - e^x$;

(3) $y = 2\tan x + \sec x + 10$;　　　　　　(4) $y = x^2\ln x$;

(5) $y = \dfrac{\sin x}{x}$;　　　　　　　　　　　(6) $y = \dfrac{2x}{1 + x^2} - 2\arctan x$;

(7) $y = \ln|\cos 2x|$;　　　　　　　　　(8) $y = \ln|\sec x + \tan x|$;

(9) $y = \ln \dfrac{x+2}{x+3} \sqrt{\dfrac{1+x}{1-x}}$;

(10) $y = \ln\left(x + \sqrt{x^2 + a^2}\right)$;

(11) $y = \dfrac{\sin^2 x}{\sin x^2}$;

(12) $y = (1 - \sqrt{x})^5$;

(13) $y = \mathrm{e}^{\sin^2 \frac{1}{x}}$;

(14) $y = \dfrac{x}{2}\sqrt{a^2 + x^2} + \dfrac{a^2}{2}\ln(x + \sqrt{x^2 + a^2})$;

(15) $y = x^{\frac{1}{x}}$;

(16) $y = (\sin x)^{\arctan x}$.

2. 求下列函数在指定点处的导数.

(1) $y = (2 - x^2)^{100}$, $x = -1$;

(2) $y = \dfrac{1}{\sqrt{2\pi}\sigma}\mathrm{e}^{-\frac{(x-\mu)^2}{2\sigma^2}}$ (μ, σ 是常数, $\sigma > 0$), $x = \mu$.

3. 设函数 $f(x)$ 可导, 求下列导数.

(1) $y = f^2(\mathrm{e}^x)$;

(2) $y = \ln\left|f(x^2)\right|$;

(3) $y = f(\sin^2 x) + f(\cos^2 x)$;

(4) $y = \mathrm{e}^{f(\mathrm{e}^x)}$.

4. 已知 $f\left(\dfrac{1}{x}\right) = \dfrac{x}{x+1}$, 且 $f(x)$ 可导, 求 $f'(x)$.

5. 设函数 $\varphi(t) = f(x_0 + at)$, 又 $f'(x_0) = a$, 求 $\varphi'(0)$.

6. 曲线 $y = x\ln x$ 上哪一点处的切线平行于直线 $2x - y + 3 = 0$, 并求该切线方程.

7. 设 $f(x) = 3^{|1-x|}$, 求 $f'(x)$.

8. 设函数

$$f(x) = \begin{cases} \mathrm{e}^{ax}, & x \leqslant 0, \\ b\left(1 - x^2\right), & x > 0 \end{cases}$$

处处可导, 求 a, b 的值.

第三节 隐函数与参数式函数的导数

函数的表达方式除了初等函数的显化形式之外, 还有由方程表示的隐函数、参数方程表示的函数等. 隐函数未必能显化, 参数方程也未必能消去参数. 因此仅用上一节介绍的求导的运算法则和基本公式不一定能求出它们的导数. 下面我们给出由方程表示的隐函数、参数方程表示的函数的导数等问题.

一、隐函数的导数

1. 隐函数求导法

如果方程 $F(x, y) = 0$ 在一定条件下, 当 x 在某区间内任取一值时, 相应地总有满足这个方程的唯一的 y 值存在, 那么, 就称方程 $F(x, y) = 0$ 在该区间上确定了一个隐函数 $y = y(x)$.

把一个隐函数化为显函数, 称为**隐函数的显化**. 例如方程 $x^3 + y^3 = 4$ 确定的函数可显化为 $y = \sqrt[3]{4 - x^3}$. 但隐函数的显化有时是非常困难的, 甚至是不可能的. 而在实际问题中, 有时需要计算隐函数的导数, 那么能否对隐函数不显化, 而直接从方程计算它所确定的隐函数的导数呢?

设方程 $F(x, y) = 0$ 确定了可导函数 $y = y(x)$, 把它代回方程中就得到恒等式 $F[x, y(x)] = 0$, 因此将方程 $F(x, y) = 0$ 中的 y 看作是 x 的函数, 方程两边对 x 求导后仍然相等, 由此就得到一个含有 $\dfrac{\mathrm{d}y}{\mathrm{d}x}$ 的等式, 从中可以解出 $\dfrac{\mathrm{d}y}{\mathrm{d}x}$.

例 1   求由方程 $\sin(x+y) + y^2 - x^2 = 0$ 所确定的隐函数 $y = y(x)$ 的导数 $\dfrac{\mathrm{d}y}{\mathrm{d}x}$.

解   将方程中的 y 看作是 x 的函数 $y = y(x)$, 利用复合函数求导的链式法则, 将方程两边对 x 求导, 得

$$\cos(x+y)(1+y') + 2yy' - 2x = 0,$$

解得

$$y' = \frac{2x - \cos(x+y)}{2y + \cos(x+y)}.$$

例 2   求由方程 $y^5 + 2y - x - 3x^7 = 0$ 所确定的隐函数 $y = y(x)$ 在 $x = 0$ 处的导数 $\dfrac{\mathrm{d}y}{\mathrm{d}x}\big|_{x=0}$.

解   将方程中的 y 看作是 x 的函数 $y = y(x)$, 利用复合函数求导的链式法则, 将方程两边对 x 求导, 得

$$5y^4\frac{\mathrm{d}y}{\mathrm{d}x} + 2\frac{\mathrm{d}y}{\mathrm{d}x} - 1 - 21x^6 = 0,$$

解得

$$\frac{\mathrm{d}y}{\mathrm{d}x} = \frac{1 + 21x^6}{5y^4 + 2}.$$

当 $x = 0$ 时, 代入原方程得 $y = 0$, 所以

$$\frac{\mathrm{d}y}{\mathrm{d}x}\big|_{x=0} = \frac{1 + 21x^6}{5y^4 + 2}\big|_{x=0} = \frac{1}{2}.$$

例 3   求曲线 $xy + \mathrm{e}^y - \mathrm{e}^x = 0$ 在点 $(0,0)$ 处的切线方程.

解   方程两边分别对 x 求导, 得

$$y + xy' + \mathrm{e}^y \cdot y' - \mathrm{e}^x = 0,$$

将 $x = 0, y = 0$ 代入上式, 得

$$k = y'\big|_{(0,0)} = 1,$$

则曲线在 $(0,0)$ 点处的切线方程是

$$y = x.$$

2. 对数求导法

对于形如

$$y = [f(x)]^{g(x)} \,(\text{其中 } f(x) > 0 \text{ 且 } f(x) \neq 1)$$

的函数称为**幂指函数**, 求这类函数的导数常用以下的简便方法: 两边取对数, 得

$$\ln|y(x)| = g(x) \cdot \ln[f(x)],$$

然后按隐函数的求导方法求导;

对于形如

$$y = [f_1(x)]^{\alpha_1}[f_2(x)]^{\alpha_2} \cdots [f_k(x)]^{\alpha_k}$$

的函数, 求这类函数的导数常用以下的简便方法: 两边先取绝对值, 然后再取对数, 得

$$\ln |y(x)| = \alpha_1 \ln |f_1(x)| + \alpha_2 \ln |f_2(x)| + \cdots \alpha_k \ln |f_k(x)|,$$

然后按隐函数的求导方法求导.

上述求导方法称为**对数求导法**.

例 4　求 $y = x^{\cos x}(x > 0)$ 的导数.

解　在等式两边取对数得

$$\ln y = \cos x \ln x,$$

在上式两边求 x 的导数, 得

$$\frac{1}{y} \cdot y' = -\sin x \ln x + \frac{\cos x}{x},$$

解得

$$y' = x^{\cos x} \left(\frac{\cos x}{x} - \sin x \ln x \right).$$

例 5　求 $y = \sqrt[3]{\dfrac{(x^3 + 1)(x^2 - 1)}{(x + 3)^2}}$ 的导数.

解　在等式两边先取绝对值, 再取对数, 得

$$\ln |y| = \frac{1}{3} \left[\ln |x^3 + 1| + \ln |x^2 - 1| - 2 \ln |x + 3| \right],$$

上式两边对 x 求导, 得

$$\frac{1}{y} y' = \frac{1}{3} \left(\frac{3x^2}{x^3 + 1} + \frac{2x}{x^2 - 1} - \frac{2}{x + 3} \right),$$

解得

$$y' = \frac{1}{3} \sqrt[5]{\frac{(x^3 + 1)(x^2 - 1)}{(x + 3)^2}} \left(\frac{3x^2}{x^3 + 1} + \frac{2x}{x^2 - 1} - \frac{2}{x + 3} \right).$$

注　当函数是由多个函数乘积表示的, 常用对数求导法则进行求导. 在对数求导法则中, 根据对数函数的求导公式, 每个函数因子不妨认为是正值函数 (若为负值就取绝对值), 这样计算起来比较方便, 且不影响计算结果.

二、 参数式函数的导数

在一定条件下, 函数 $y = y(x)$ 可由参数方程

$$\begin{cases} x = x(t), \\ y = y(t) \end{cases}$$

来表示, 如 $\begin{cases} x = R\cos t, \\ y = R\sin t \end{cases} (0 \leqslant t \leqslant \pi)$ 表示以 R 为半径、原点为圆心的上半圆周曲线 $y = \sqrt{R^2 - x^2}$, 或下半圆周曲线 $y = -\sqrt{R^2 - X^2}$.

一般地, 对于参数方程

$$\begin{cases} x = x(t), \\ y = y(t), \end{cases} \quad t \in I, \text{ 其中 } I \text{ 为区间}.$$

若 $t \in I$ 时, $x = x(t), y = y(t)$ 都有连续的导数, 且 $x'(t) \neq 0$, 则 $x = x(t)$ 必有单值反函数 $t = t(x)$(以后证明), 代入 $y = y(t)$ 中, 得 $y = y[t(x)]$, 因此在所给条件下, 参数方程

$$\begin{cases} x = x(t), \\ y = y(t), \end{cases} \quad t \in I$$

确定了可导函数 $y = y[t(x)]$, 由复合函数与反函数的求导法则, 可得其导数

$$\frac{\mathrm{d}y}{\mathrm{d}x} = \frac{\mathrm{d}y}{\mathrm{d}t} \cdot \frac{\mathrm{d}t}{\mathrm{d}x} = \frac{y'(t)}{x'(t)}.$$

称上式为**参数式函数的求导公式**.

例 6　求由参数方程为

$$\begin{cases} x = 4t + 5, \\ y = \dfrac{t^2}{2} + \sin t \end{cases}$$

所确定的函数 $y = y(x)$ 的导数 $\dfrac{\mathrm{d}y}{\mathrm{d}x}$.

解　由参数式函数的求导公式可得

$$\frac{\mathrm{d}y}{\mathrm{d}x} = \frac{y'(t)}{x'(t)} = \frac{t + \cos t}{4}.$$

例 7　求摆线

$$\begin{cases} x = a(t - \sin t), \\ y = a(1 - \cos t) \end{cases}$$

在 $t = \pi$ 处的切线方程.

解　$t = \pi$ 时, $x = a\pi, y = 2a$, 又

$$\frac{\mathrm{d}y}{\mathrm{d}x} = \frac{y'(t)}{x'(t)} = \frac{a \sin t}{a(1 - \cos t)} = \cot \frac{t}{2},$$

则

$$k = \frac{\mathrm{d}y}{\mathrm{d}x}\Big|_{t=\pi} = \cot \frac{\pi}{2} = 0,$$

因此摆线在 $t = \pi$ 时的切线方程为

$$y = 2a.$$

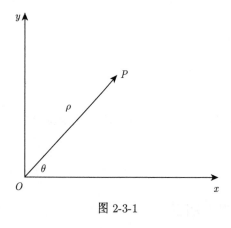

图 2-3-1

中学数学教材介绍了极坐标, 下面我们来回顾一下极坐标的有关概念. 取原点为起点, 沿着 x 轴的正方向所在的射线为坐标轴, 则由该起点及坐标轴构成的坐标系称为**极坐标系**, 起点称为**极点**, 坐标轴称为**极轴**.

设 P 为平面上任一点, 其直角坐标为 (x, y), 令点 P 到极点 O 的距离 $|OP|$ 为 ρ, 从 x 轴正向开始按逆时针方向转到向量 $\overrightarrow{OP}$ 时所转过的角度记为 θ, 则称二元数组 (ρ, θ) 为点 P 的极坐标, 如图 2-3-1.

显然, 点 P 的直角坐标 (x, y) 与极坐标 (ρ, θ) 有如下的关系:

$$\begin{cases} x = \rho \cos \theta, \\ y = \rho \sin \theta, \end{cases}$$

在极坐标系下, 曲线上的动点 $P(\rho, \theta)$ 满足的方程 $f(\rho, \theta) = 0$, 该方程称为**曲线的极坐标方程**. 设曲线的极坐标方程为 $\rho = \rho(\theta)$, 则该曲线的参数方程为

$$\begin{cases} x = \rho(\theta) \cos \theta, \\ y = \rho(\theta) \sin \theta, \end{cases}$$

设由此参数方程所确定的函数的导数为

$$\frac{\mathrm{d}y}{\mathrm{d}x} = \frac{y'(\theta)}{x'(\theta)} = \frac{\rho'(\theta) \sin \theta + \rho(\theta) \cos \theta}{\rho'(\theta) \cos \theta - \rho(\theta) \sin \theta}.$$

此导数也表示曲线在极坐标系下的切线斜率.

例 8　求心脏线 $\rho = a(1 + \cos \theta)$ 在 $\theta = \dfrac{\pi}{2}$ 处的切线方程.

解　曲线的参数方程为

$$\begin{cases} x = a(1 + \cos \theta) \cos \theta, \\ y = a(1 + \cos \theta) \sin \theta, \end{cases}$$

当 $\theta = \dfrac{\pi}{2}$ 时, 对应点的直角坐标为 $x = 0, y = a$, 又

$$y'_x = \frac{\cos \theta + \cos 2\theta}{-\sin \theta - 2\cos \theta \sin \theta},$$

$$k = y'_x \big|_{\theta = \frac{\pi}{2}} = \frac{-1}{-1} = 1,$$

故 $\theta = \dfrac{\pi}{2}$ 处的切线方程为

$$y - a = x, \quad 即 \quad x - y + a = 0.$$

* 三、相关变化率

设 $x = x(t), y = y(t)$ 都是可微函数, 而变量 x 与 y 间存在某种关系, 从而变化率 $\dfrac{\mathrm{d}x}{\mathrm{d}t}$ 与 $\dfrac{\mathrm{d}y}{\mathrm{d}t}$ 间也存在一定关系, 这两个相互依赖的变化率称为相关变化率. 相关变化率问题就是研究这两个变化率之间的关系, 以便从其中一个变化率求出另一个变化率.

例 9　一气球从距观看者 50 米处离地面垂直上升, 其速度为 14 米/分, 当气球高度为 50 米时, 观看者视线的仰角增加率是多少?

解　设气球上升 t 分钟后, 其高度为 h, 观看者视线的仰角为 α, 则

$$\tan \alpha = \frac{h}{50}$$

其中 α 及 h 都为 t 的函数, 上式对 t 求导:

$$\sec^2 \alpha \cdot \frac{\mathrm{d}\alpha}{\mathrm{d}t} = \frac{1}{50} \cdot \frac{\mathrm{d}h}{\mathrm{d}t}$$

已知

$$\frac{\mathrm{d}h}{\mathrm{d}t} = 14 \text{ 米/分},$$

又当 $h = 50$ 米时，$\tan \alpha = 1, \sec^2 \alpha = 2$. 代入上式得

$$2\frac{\mathrm{d}\alpha}{\mathrm{d}t} = \frac{1}{50} \cdot 14 \Rightarrow \frac{\mathrm{d}\alpha}{\mathrm{d}t} = \frac{7}{50} = 0.14 \text{ (弧度/分)}$$

即观看者视线的仰角增加率是 0.14 弧度/分.

习 题 2-3

1. 求下列方程所确定的隐函数 $y = y(x)$ 的导数 y'.

(1) $\cos y + \mathrm{e}^{y+x} = 0$;

(2) $y^2 + x = \mathrm{e}^{xy}$;

(3) $x^3 + y^3 - 3axy = 0$;

(4) $y = \tan(x + y)$;

(5) $y = \ln(x^2 + y^2)$;

(6) $xy - \sec(x + y) = 0$.

2. 求下列函数的导数.

(1) $y = \sqrt[3]{\dfrac{(x-2)^2}{x-3}}$;

(2) $y = \dfrac{\mathrm{e}^{2x}(x+3)}{\sqrt{x+5}}$;

(3) $y = x^{\sin x} (x > 0)$;

(4) $y = (x^2 + 3x - 1)^x$.

3. 求下列参数方程所确定的函数的导数 $\dfrac{\mathrm{d}y}{\mathrm{d}x}$.

(1) $\begin{cases} x = t^3 + t + 5, \\ y = (t+1)^3 + t; \end{cases}$

(2) $\begin{cases} x = 2t - t^2, \\ y = 3t - t^3; \end{cases}$

(3) $\begin{cases} x = \mathrm{e}^t \sin t, \\ y = \mathrm{e}^t \cos t; \end{cases}$

(4) $\begin{cases} x = t - \arctan t, \\ y = \ln(1 + t^2). \end{cases}$

4. 求对数螺线 $\rho = \mathrm{e}^\theta$ 在 $\theta = \dfrac{\pi}{2}$ 处的切线方程.

5. 已知曲线 $y = y(x)$ 由参数方程

$$\begin{cases} x = t^2 + at + b, \\ y = c\mathrm{e}^t - \mathrm{e} \end{cases}$$

所确定, 在 $t = 1$ 时曲线过原点, 且曲线在原点的切线平行于直线 $2x - y + 1 = 0$, 求 a, b, c 的值.

6. 设函数 $y = y(x)$ 由方程 $x\mathrm{e}^{f(y)} = \mathrm{e}^y$ 所确定, 其中 f 可导, 且 $f' \neq 1$, 求 $\dfrac{\mathrm{d}y}{\mathrm{d}x}$.

7. 设函数 $y = y(x)$ 由参数方程

$$\begin{cases} x = \arctan t \\ 2y - ty^2 + \mathrm{e}^t = 5 \end{cases}$$

所确定, 求 $\dfrac{\mathrm{d}y}{\mathrm{d}x}$.

8. 设 $x^y = y^x$, 求 y'.

第四节   高 阶 导 数

一、高阶导数

1. 高阶导数的概念

当质点作变速直线运动时, 用 $S = S(t)$ 表示位移与时间的函数关系. 用 $V(t)$ 表示速度

函数, 用 $a = a(t)$ 表示加速度函数 (即 $V(t)$ 关于时间的变化率), 则

$$a = a(t) = V'(t) = [s'(t)]'$$

即加速度是 $S(t)$ 的导函数的导数, 这就产生了高阶导数的概念.

定义 1 如果函数 $y = f(x)$ 的导函数 $y' = f'(x)$ 在 x 处可导, 则称此导数 $[f'(x)]'$ **为函数 $y = f(x)$ 的二阶导数, 记作 $f''(x)$, 即**

$$f''(x) = [f'(x)]'$$

按导数的定义写, 即为

$$f''(x) = \lim_{\Delta x \to 0} \frac{f'(x + \Delta x) - f'(x)}{\Delta x}.$$

函数 $y = f(x)$ 的二阶导数也可记为

$$y'', \frac{\mathrm{d}^2 y}{\mathrm{d} x^2}, \frac{\mathrm{d}^2 f}{\mathrm{d} x^2},$$

其中, $\dfrac{\mathrm{d}^2 y}{\mathrm{d} x^2} = \dfrac{\mathrm{d}}{\mathrm{d} x} \left(\dfrac{\mathrm{d} y}{\mathrm{d} x} \right)$.

同样, 如果 $f''(x)$ 的导数存在, 就称这个二阶导数的导数为函数 $y = f(x)$ **的三阶导数, 记作 y''', $f'''(x)$, 或 $\dfrac{\mathrm{d}^3 y}{\mathrm{d} x^3}$ 等**, 其中 $\dfrac{\mathrm{d}^3 y}{\mathrm{d} x^3} = \dfrac{\mathrm{d}}{\mathrm{d} x} \left(\dfrac{\mathrm{d}^2 y}{\mathrm{d} x^2} \right)$.

按导数的定义写, 即为

$$f'''(x) = \lim_{\Delta x \to 0} \frac{f''(x + \Delta x) - f''(x)}{\Delta x}.$$

四阶及四阶以上的导数, 因不便在右上角写更多的 "'", 记成 $y^{(4)}$ 或 $f^{(4)}(x)$ 或 $\dfrac{\mathrm{d}^4 y}{\mathrm{d} x^4}$ 等.

一般地, 如果函数 $y = f(x)$ 的 $(n - 1)$ 阶导数的导数存在, 就称这个导数为**函数 $y = f(x)$ 的 n 阶导数, 记作 $y^{(n)}$, $f^{(n)}(x)$ 或 $\dfrac{\mathrm{d}^n y}{\mathrm{d} x^n}$.** 即

$$f^{(n)}(x) = \frac{\mathrm{d} f^{(n-1)}(x)}{\mathrm{d} x} = \lim_{\Delta x \to 0} \frac{f^{(n-1)}(x + \Delta x) - f^{(n-1)}(x)}{\Delta x}.$$

另外,

$$\frac{\mathrm{d}^n y}{\mathrm{d} x^n} = \frac{\mathrm{d}}{\mathrm{d} x} \left(\frac{\mathrm{d}^{n-1} y}{\mathrm{d} x^{n-1}} \right).$$

二阶及二阶以上的导数统称为**高阶导数**.

显然, 求高阶导数就是对一个函数进行连续多次的求导运算.

例 1 求 n 次多项式函数 $y = a_0 + a_1 x + a_2 x^2 + \cdots + a_n x^n$ 的各阶导数.

解

$$y' = a_1 + 2a_2 x + \cdots + na_n x^{n-1},$$

$$y'' = 2a_2 + 6a_3 x + \cdots + n(n-1)a_n x^{n-2},$$

$$\cdots\cdots,$$

每求一次导, 多项式的次数就降一次, 易知

$$y^{(n)} = n!a_n,$$

显然 $y^{(n)}$ 是一个常数, 因此

$$y^{(n+1)} = y^{(n+2)} = \cdots = 0.$$

即 n 次多项式的一切高过 n 阶的导数都等于零.

例 2　求 $y = a^{bx}$ 的 n 阶导数.

解

$$y' = a^{bx}b\ln a,$$

$$y'' = a^{bx}b\ln a \cdot b\ln a = a^{bx}(b\ln a)^2,$$

$$\cdots\cdots,$$

$$y^{(n)} = a^{bx}(b\ln a)^n,$$

即

$$\left(a^{bx}\right)^{(n)} = a^{bx}(b\ln a)^n,$$

特别地取 $a = \mathrm{e}$, 有

$$(\mathrm{e}^{bx})^{(n)} = b^n\mathrm{e}^{bx},$$

再取 $b = 1$, 有

$$(\mathrm{e}^x)^{(n)} = \mathrm{e}^x.$$

例 3　求 $y = (1+x)^\mu \, (\mu \in R)$ 的 n 阶导数.

解　当 $\mu \notin \mathbf{N}^+$, 则

$$y' = \mu(1+x)^{\mu-1},$$

$$y'' = \mu\,(\mu-1)\,(1+x)^{\mu-2},$$

$$\cdots\cdots,$$

$$y^{(n)} = \mu\,(\mu-1)\cdots(\mu-n+1)\,(1+x)^{\mu-n}.$$

特别地, 当 $\mu = -1$ 时, 有

$$\left(\frac{1}{1+x}\right)^{(n)} = \frac{(-1)^n n!}{(1+x)^{n+1}}.$$

当 $\mu \in \mathbf{N}^+$, 则分为下列三种情况:

当 $n < \mu$ 时,

$$y^{(n)} = \mu\,(\mu-1)\cdots(\mu-n+1)\,(1+x)^{\mu-n};$$

当 $n = \mu$ 时,

$$y^{(n)} = n!;$$

当 $n > \mu$ 时,

$$y^{(n)} = 0.$$

例 4　求 $y = \ln(1 + x)$ 的 n 阶导数.

解　$y' = \dfrac{1}{1+x}$,再由例 3,

$$y^{(n)} = \left(\frac{1}{1+x}\right)^{(n-1)} = \frac{(-1)^{n-1}(n-1)!}{(1+x)^n}.$$

例 5　求 $y = \cos x$ 的 n 阶导数.

解

$$y' = -\sin x = \cos\left(x + \frac{\pi}{2}\right),$$

$$y'' = -\sin\left(x + \frac{\pi}{2}\right) = \cos\left(x + 2 \cdot \frac{\pi}{2}\right),$$

$$y''' = -\sin\left(x + 2 \cdot \frac{\pi}{2}\right) = \cos\left(x + 3 \cdot \frac{\pi}{2}\right),$$

$$\cdots\cdots,$$

一般地,

$$\cos^{(n)} x = \cos\left(x + n \cdot \frac{\pi}{2}\right),$$

类似可得

$$\sin^{(n)} x = \sin\left(x + n \cdot \frac{\pi}{2}\right).$$

利用上述例题中的结论可求一些简单函数的高阶导数.

例 6　设 $y = \sin^2 x$,求 $y^{(n)}$.

解　$y' = 2\cos x \sin x = \sin 2x,$

故

$$\begin{aligned}
y^{(n)} &= (y')^{(n-1)} = (\sin 2x)^{(n-1)} \\
&= 2^{n-1} \sin\left[2x + \frac{(n-1)\pi}{2}\right].
\end{aligned}$$

一般函数的高阶导数的表达式是相当繁琐的, 为了便于计算高阶导数, 下面介绍高阶导数的两个常用的运算法则.

2. 高阶导数的运算法则

定理 1　设 $u(x)$ 与 $v(x)$ 都在 x 处具有 n 阶导数, 则

$$[u(x) \pm v(x)]^{(n)} = u^{(n)}(x) \pm v^{(n)}(x). \tag{2-4-1}$$

公式 (2-4-1) 的结论可推广到有限个函数的代数和的情形;

$$(u \cdot v)^{(n)} = \sum_{k=0}^{n} C_n^k u^{(n-k)} v^{(k)}. \tag{2-4-2}$$

公式 (2-4-2) 是两个函数乘积的高阶导数公式, 也称为**莱布尼茨 (Leibniz) 公式**.

证　由于设 $u(x)$ 与 $v(x)$ 都在 x 处具有 n 阶导数, 则

(1) 根据两个函数和差的求导公式

$$[u(x) \pm v(x)]' = u'(x) \pm v'(x),$$

$$[u(x) \pm v(x)]'' = [u'(x) \pm v'(x)]' = u''(x) \pm v''(x),$$

$$\cdots\cdots,$$

利用数学归纳法, 可得公式 (2-4-1), 即

$$[u(x) \pm v(x)]^{(n)} = u^{(n)}(x) \pm v^{(n)}(x).$$

(2) 根据两个函数和差的求导公式

$$
\begin{aligned}
[u(x)v(x)]' =& u'(x)v(x) + u(x)v'(x), \\
[u(x)v(x)]'' =& [u'(x)v(x)]' + [u(x)v'(x)]' \\
=& u''(x)v(x) + u'(x)v'(x) + u'(x)v'(x) + u(x)v''(x) \\
=& u''(x)v(x) + 2u'(x)v'(x) + u(x)v''(x), \\
[u(x) \cdot v(x)]''' =& [u''(x)v(x)]' + 2[u'(x)v'(x)]' + [u(x)v''(x)]' \\
=& u'''(x)v(x) + u''(x)v'(x) + 2u''(x)v'(x) \\
& + 2u'(x)v''(x) + u'(x)v''(x) + u(x)v'''(x) \\
=& u'''(x)v(x) + 3u''(x)v'(x) + 3u'(x)v''(x) + u(x)v'''(x), \\
& \cdots\cdots,
\end{aligned}
$$

用数学归纳法可以证明公式 (2-4-2), 即

$$
\begin{aligned}
(u \cdot v)^{(n)} =& u^{(n)}v + nu^{(n-1)}v' + \frac{n(n-1)}{2}u^{(n-2)}v'' + \cdots \\
& + \frac{n(n-1)\cdots(n-k+1)}{k!}u^{(n-k)}v^{(k)} + \cdots + nu'v^{(n-1)} + uv^{(n)} \\
=& \sum_{k=0}^{n} C_n^k u^{(n-k)}v^{(k)}.
\end{aligned}
$$

例 7　设 $y = \dfrac{1}{x^2 - 3x + 2}$, 求 $y^{(n)}$.

解　因为

$$y = \frac{1}{x^2 - 3x + 2} = \frac{1}{(x-1)(x-2)} = \frac{1}{x-2} - \frac{1}{x-1},$$

所以

$$y^{(n)} = \left(\frac{1}{x-2}\right)^{(n)} - \left(\frac{1}{x-1}\right)^{(n)}$$

$$= \frac{(-1)^n n!}{(x-2)^{n+1}} - \frac{(-1)^n n!}{(x-1)^{n+1}}$$

$$= (-1)^n n! \left[\frac{1}{(x-2)^{n+1}} - \frac{1}{(x-1)^{n+1}} \right].$$

例 8 设 $f(x) = x^2 \mathrm{e}^{-x}$, 求 $f^{(10)}(x)$, $f^{(10)}(0)$.

解 设 $u = \mathrm{e}^{-x}$, $v = x^2$, 则

$$u^{(k)} = (-1)^k \mathrm{e}^x, (k = 1, 2, \cdots 10),$$

$$v' = 2x, v'' = 2, v^{(k)} = 0, (k = 3, 4, 5, \cdots 10),$$

由莱布尼茨 (Leibniz) 公式得

$$(x^2 \mathrm{e}^{-x})^{(n)} = \left(x^2 \right) \left(\mathrm{e}^{-x} \right)^{(n)} + n \left(x^2 \right)' \left(\mathrm{e}^{-x} \right)^{(n-1)} + \frac{n(n-1)}{2} \left(x^2 \right)'' \left(\mathrm{e}^{-x} \right)^{(n-2)}$$

$$= (-1)^n x^2 \mathrm{e}^{-x} + (-1)^{n-1} \cdot 2nx\mathrm{e}^{-x} + (-1)^{n-2} n(n-1)\mathrm{e}^{-x}$$

$$= (-1)^n [x^2 \mathrm{e}^{-x} - 2nx\mathrm{e}^{-x} + n(n-1)\mathrm{e}^{-x}].$$

$$f^{(10)}(x) = (x^2 \mathrm{e}^{-x})^{(10)} = (x^2 - 20x + 90)\mathrm{e}^{-x}$$

令 $x = 0$, 则有 $f^{(10)}(0) = 90$.

一般地, 若 $g(x)$ 具有任意阶导数, 则由两类常见的高阶导数:

(1) $f(x) = xg(x)$ 的 n 阶导数

$$f^{(n)}(x) = [xg(x)]^{(n)} = xg^{(n)}(x) + ng^{(n-1)}(x),$$

此时

$$f^{(n)}(0) = ng^{(n-1)}(0);$$

(2) $f(x) = x^2 g(x)$ 的 n 阶导数

$$f^{(n)}(x) = [x^2 g(x)]^{(n)} = x^2 g^{(n)}(x) + 2nxg^{(n-1)}(x) + n(n-1)g^{(n-2)}(x),$$

此时

$$f^{(n)}(0) = n(n-1)g^{(n-2)}(0).$$

例如, $f(x) = x \sin x$, 由例 5 可知

$$f^{(10)}(x) = x \sin \left(x + \frac{10}{2}\pi \right) + 10 \sin \left(x + \frac{9}{2}\pi \right)$$

$$= -x \sin x + 10 \sin \left(x + \frac{1}{2}\pi \right),$$

此时

$$f^{(10)}(0) = 10.$$

二、 隐函数的二阶导数

设 $y = y(x)$ 是由方程 $F(x, y) = 0$ 所确定的隐函数. 为了求隐函数的二阶导数 $\dfrac{\mathrm{d}^2 y}{\mathrm{d} x^2}$, 只要将 y 看作是 x 的函数, 对含有一阶导数的式子再对 x 求导, 就可得到一个含有隐函数的二阶导数的方程, 从中解出 $\dfrac{\mathrm{d}^2 y}{\mathrm{d} x^2}$.

例 9　设由方程 $y = 1 + xe^y$ 确定函数 $y = y(x)$, 求 y'', $y''(0)$.

解　将方程两边对 x 求导, 得

$$y' = e^y + xe^y y', \tag{$*$}$$

解得

$$y' = \frac{e^y}{1 - xe^y} = \frac{e^y}{2 - y}.$$

$(*)$ 式两边再对 x 求导数, 得

$$y'' = e^y y' + e^y y' + xe^y (y')^2 + xe^y y'',$$

解得

$$
\begin{aligned}
y'' &= \frac{e^y(2y' + x(y')^2)}{1 - xe^y} \\
&= \frac{e^y\left(\dfrac{2e^y}{2-y} + x\left(\dfrac{e^y}{2-y}\right)^2\right)}{2 - y} = \frac{(3 - y)e^{2y}}{(2 - y)^3}.
\end{aligned}
$$

由题设可知, 当 $x = 0$ 时, $y = 1$, 将 $x = 0$, $y = 1$ 代入上式得

$$y''(0) = 2e^2.$$

三、 参数式函数的二阶导数

设参数方程 $\begin{cases} x = x(t), \\ y = y(t) \end{cases}$ 确定函数 $y = y(x)$, 则 $y'(x) = \dfrac{y'(t)}{x'(t)}$, 由于 $y'(x)$ 仍然是参数 t 的函数, 所以 $y'(x)$ 仍可看作是由参数方程

$$
\begin{cases}
x = x(t), \\
y'(x) = \dfrac{y'(t)}{x'(t)}
\end{cases}
$$

确定的函数, 因此由参数方程求导法得

$$
\frac{\mathrm{d}^2 y}{\mathrm{d} x^2} = \frac{\dfrac{\mathrm{d}}{\mathrm{d} t}\left(\dfrac{\mathrm{d} y}{\mathrm{d} x}\right)}{\dfrac{\mathrm{d} x}{\mathrm{d} t}} = \frac{\dfrac{\mathrm{d}}{\mathrm{d} t}\left(\dfrac{y'(t)}{x'(t)}\right)}{x'(t)} = \frac{y''(t)x'(t) - y'(t)x''(t)}{[x'(t)]^2} \cdot \frac{1}{x'(t)}
$$

$$=\frac{y''(t)x'(t)-y'(t)x''(t)}{\left[x'(t)\right]^3}.$$

例 10 设参数方程 $\begin{cases} x=t\sin t, \\ y=\cos t, \end{cases}$ 求 $\dfrac{\mathrm{d}^2y}{\mathrm{d}x^2}\Big|_{t=\frac{\pi}{2}}.$

解 因为

$$\frac{\mathrm{d}y}{\mathrm{d}x}=\frac{y'(t)}{x'(t)}=\frac{-\sin t}{\sin t+t\cos t},$$

$$\frac{\mathrm{d}^2y}{\mathrm{d}x^2}=\frac{\mathrm{d}}{\mathrm{d}t}\left(\frac{-\sin t}{\sin t+t\cos t}\right)\cdot\frac{1}{\dfrac{\mathrm{d}x}{\mathrm{d}t}}=\frac{\sin t\cos t-t}{\left(\sin t+t\cos t\right)^2}\cdot\frac{1}{\left(\sin t+t\cos t\right)}$$

$$=\frac{\sin t\cos t-t}{\left(\sin t+t\cos t\right)^3},$$

所以

$$\frac{\mathrm{d}^2y}{\mathrm{d}x^2}\bigg|_{t=\frac{\pi}{2}}=-\frac{\pi}{2}.$$

例 11 设参数方程 $\begin{cases} x=te^t, \\ e^y+e^t=2, \end{cases}$ 求 $\dfrac{\mathrm{d}^2y}{\mathrm{d}x^2}\big|_{t=0}.$

解 **解法一** 先求 $\dfrac{\mathrm{d}y}{\mathrm{d}x}$,

由 $x=te^t$ 得 $\dfrac{\mathrm{d}x}{\mathrm{d}t}=(1+t)e^t$,

由 $e^y+e^t=2$ 得 $\dfrac{\mathrm{d}y}{\mathrm{d}t}=-\dfrac{e^t}{e^y}=\dfrac{e^t}{e^t-2}$,

所以

$$\frac{\mathrm{d}y}{\mathrm{d}x}=\frac{y'(t)}{x'(t)}=\frac{1}{(e^t-2)(1+t)},$$

再求 $\dfrac{\mathrm{d}^2y}{\mathrm{d}x^2}$,

$$\frac{\mathrm{d}^2y}{\mathrm{d}x^2}=\frac{\mathrm{d}}{\mathrm{d}t}\left(\frac{1}{(e^t-2)(1+t)}\right)\cdot\frac{1}{\dfrac{\mathrm{d}x}{\mathrm{d}t}}=\frac{4+4t-4e^t-3te^t}{(1+t)^3(e^t-2)^2e^{2t}},$$

故 $\dfrac{\mathrm{d}^2y}{\mathrm{d}x^2}\big|_{t=0}=0.$

解法二 直接代入公式计算.

由 $x=te^t$ 得

$$\frac{\mathrm{d}x}{\mathrm{d}t}=(1+t)e^t,\frac{\mathrm{d}^2x}{\mathrm{d}t^2}=(2+t)e^t,$$

由 $e^y+e^t=2$ 得

$$\frac{\mathrm{d}y}{\mathrm{d}t}=-\frac{e^t}{e^y}=\frac{e^t}{e^t-2},\frac{\mathrm{d}^2y}{\mathrm{d}t^2}=-\frac{2}{(e^t-2)^2},$$

所以

$$\frac{\mathrm{d}^2 y}{\mathrm{d} x^2} = \frac{\dfrac{\mathrm{d}^2 y}{\mathrm{d} t^2}\dfrac{\mathrm{d} x}{\mathrm{d} t} - \dfrac{\mathrm{d} y}{\mathrm{d} t}\dfrac{\mathrm{d}^2 x}{\mathrm{d} t^2}}{\left(\dfrac{\mathrm{d} x}{\mathrm{d} t}\right)^3} = \frac{-\dfrac{2(1+t)\mathrm{e}^t}{(\mathrm{e}^t-2)^2} - \dfrac{\mathrm{e}^{2t}(2+t)}{\mathrm{e}^t-2}}{(1+t)^3 \mathrm{e}^{3t}}$$

$$= \frac{4+4t-4\mathrm{e}^t-3t\mathrm{e}^t}{(1+t)^3(\mathrm{e}^t-2)^2\mathrm{e}^{2t}},$$

故 $\dfrac{\mathrm{d}^2 y}{\mathrm{d} x^2}\big|_{t=0} = 0$.

习　题　2-4

1. 求下列函数的二阶导数.

(1) $y = 2^{x+1}$;　　　　　　　　　　　　　　(2) $y = \sin(2x+1)$;

(3) $y = \mathrm{e}^{-x}\cos x$;　　　　　　　　　　　(4) $y = \ln(x+\sqrt{1+x^2})$;

(5) $y = (1+x^2)\arctan x$;　　　　　　　(6) $y = x\mathrm{e}^{x^2}$.

2. 设 $f(x) = \ln(1-x^2)$, 求 $f''(0)$.

3. 设 $f(x) = x^2 \mathrm{e}^{2x}$, 求 $f^{(n)}(0)$.

4. 求下列函数的 n 阶导数.

(1) $y = \dfrac{1}{x^2+3x+2}$;　　　　　　　　(2) $y = \cos^2 x$;

(3) $y = x^2 \ln x$;　　　　　　　　　　　　(4) $y = (x^2-2x-1)\mathrm{e}^x$.

5. 方程 $\mathrm{e}^y - \mathrm{e}^{-x} + xy = 0$ 确定 $y = y(x)$, 求 $y'(0)$ 及 $y''(0)$.

6. 求下列隐函数的二阶导数 $\dfrac{\mathrm{d}^2 y}{\mathrm{d} x^2}$.

(1) $y = \tan(x+y)$;　　　　　　　　　　　$(2) y^2 x = \mathrm{e}^{\frac{y}{x}}$.

7. 求由下列参数方程所确定的函数的二阶导数 $\dfrac{\mathrm{d}^2 y}{\mathrm{d} x^2}$.

(1) $\begin{cases} x = 2\ln(\cot t), \\ y = \tan t; \end{cases}$　　　　　　　　　(2) $\begin{cases} x = \ln(1+t^2), \\ y = t - \arctan t. \end{cases}$

第五节　一元函数的微分及其应用

微分是微分学中重要的基本概念之一, 某些实际问题中, 有时需要考察或研究自变量发生微小改变时所产生的函数增量问题, 微分提供了函数增量的一种简便的近似算法.

一、微分的概念

例 1　边长为 x 的正方形面积为

$$A = x^2,$$

如图 2-5-1 所示. 如果边长在 x_0 处改变了 Δx 时, 对应面积的改变量为

$$\Delta A = (x_0 + \Delta x)^2 - x_0^2 = 2x_0\Delta x + (\Delta x)^2.$$

从上式可看出, ΔA 由两部分组成, 一部分是 Δx 的线性函数 $2x_0\Delta x$, 即图 2-5-1 中带有斜阴影线的两个矩形面积之和; 另一个是 $(\Delta x)^2$, 即图 2-5-1 中带有交叉斜线的小正方形的面积. 当 $|\Delta x|$ 很小时, $2x_0\Delta x$ 是 ΔA 的主要部分, 而当 $\Delta x \to 0$ 时, $(\Delta x)^2$ 是比 Δx 高阶的无穷小. 可见, 用 $2x_0\Delta x$ 作为 ΔA 的近似值时其误差为 $o(\Delta x)$, 即

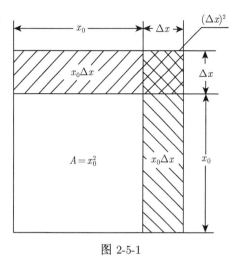

$$\Delta A \approx 2x_0\Delta x.$$

由此给出如下函数的微分的定义:

定义 1　设 $y = f(x)$ 在 x_0 的某邻域 $U(x_0)$ 内有定义, Δx 为自变量 x 的增量, 且 $x_0 + \Delta x \in U(x_0)$, 若相应函数的增量 $\Delta y = f(x_0 + \Delta x) - f(x_0)$ 可表示为

图 2-5-1

$$\Delta y = A(x_0)\Delta x + o(\Delta x),$$

其中 $A(x_0)$ 是与 Δx 无关的常量, 则称函数 $y = f(x)$ 在点 x_0 可微, 称 $A\Delta x$ 为函数 $y = f(x)$ 在 x_0 处相应于自变量增量 Δx 的微分, 记作 $\mathrm{d}y|_{x=x_0}$. 即

$$\mathrm{d}y|_{x=x_0} = A(x_0)\Delta x.$$

利用函数在点 x_0 处可微及可导的定义可以得到函数可微的充要条件及微分公式.

定理 1　*函数 $y = f(x)$ 在 x_0 处可微的充要条件是 $y = f(x)$ 在 x_0 处可导, 且*

$$\mathrm{d}y|_{x=x_0} = f'(x_0)\Delta x.$$

证　充分性　设函数 $y = f(x)$ 在点 x_0 处可导, 即

$$\lim_{\Delta x \to 0} \frac{f(x_0 + \Delta x) - f(x_0)}{\Delta x} = f'(x_0),$$

则

$$\frac{f(x_0 + \Delta x) - f(x_0)}{\Delta x} = f'(x_0) + \alpha(\Delta x)(\lim_{\Delta x \to 0}\alpha(\Delta x) = 0),$$

由此

$$\Delta y = f(x_0 + \Delta x) - f(x_0) = f'(x_0)\Delta x + \Delta x \cdot \alpha(\Delta x),$$

上式中 $f'(x_0)$ 是与 Δx 无关的一个量, 且 $\Delta x \cdot \alpha(\Delta x) = o(\Delta x)$, 故 $y = f(x)$ 在点 x_0 处可微, 且

$$\mathrm{d}y|_{x=x_0} = f'(x_0)\Delta x.$$

必要性　设函数 $y = f(x)$ 在 x_0 点可微, 则存在与 Δx 无关的量 A, 使

$$\Delta y = A\Delta x + o(\Delta x).$$

故
$$\frac{\Delta y}{\Delta x} = A + \frac{o(\Delta x)}{\Delta x},$$

则有
$$\lim_{\Delta x \to 0} \frac{\Delta y}{\Delta x} = A.$$

即 $y = f(x)$ 在点 x_0 处可导, 且 $f'(x_0) = A$. 因而有

$$dy|_{x=x_0} = f'(x_0)\Delta x.$$

对于函数 $y = x$, 由于 $y' = 1$, 则其微分为 $dx = \Delta x$, 因此常把 dx 称为**自变量x的微分**, 函数 $y = f(x)$ 在 x 处的**微分公式**常写为

$$dy = f'(x)dx.$$

例如, 函数 $y = \arctan x$ 在 x 处的微分为 $dy = \dfrac{1}{1+x^2}dx$.

在微分公式中, $dy, f'(x), dx$ 是三个具有独立意义的量, 由微分公式可得

$$f'(x) = \frac{dy}{dx},$$

这就表示可以将导数 $f'(x)$ 看作是微分 dy 与 dx 的商, 所以导数也称为**微商**, 由此可以体会到导数与微分的内在的、本质的联系.

设 $y = f(x)$ 在 x 的区间 I 中每一点都可微, 利用微分与导数的关系, 只要把导数基本公式与求导法则稍加变换, 就可得到求微分的基本公式与运算法则. 由微分公式及基本初等函数的导数公式, 便得到基本初等函数的微分公式, 为了便于对照, 列表如下:

导数公式	微分公式
$(x^\mu)' = \mu x^{\mu-1}$	$d(x^\mu) = \mu x^{\mu-1}dx$
$(\sin x)' = \cos x$	$d(\sin x) = \cos x dx$
$(\cos x)' = -\sin x$	$d(\cos x) = -\sin x dx$
$(\tan x)' = \sec^2 x$	$d(\tan x) = \sec^2 x dx$
$(\cot x)' = -\csc^2 x$	$d(\cot x) = -\csc^2 x dx$
$(\sec x)' = \sec x \tan x$	$d(\sec x) = \sec x \tan x dx$
$(\csc x)' = -\csc x \cot x$	$d(\csc x) = -\csc x \cot x dx$
$(a^x)' = a^x \ln a$	$d(a^x) = a^x \ln a dx$
$(e^x)' = e^x$	$d(e^x) = e^x dx$
$(\log_a x)' = \dfrac{1}{x \ln a}$	$d(\log_a x) = \dfrac{1}{x \ln a}dx$
$(\ln|x|)' = \dfrac{1}{x}$	$d(\ln|x|) = \dfrac{1}{x}dx$
$(\arcsin x)' = \dfrac{1}{\sqrt{1-x^2}}$	$d(\arcsin x) = \dfrac{1}{\sqrt{1-x^2}}dx$
$(\arccos x)' = -\dfrac{1}{\sqrt{1-x^2}}$	$d(\arccos x) = -\dfrac{1}{\sqrt{1-x^2}}dx$
$(\arctan x)' = \dfrac{1}{1+x^2}$	$d(\arctan x) = \dfrac{1}{1+x^2}dx$
$(\text{arc}\cot x)' = -\dfrac{1}{1+x^2}$	$d(\text{arc}\cot x) = -\dfrac{1}{1+x^2}dx$

例 2　求 $y = x^3$, 当 $x = 2, \Delta x = 0.02$ 时的微分.

解　因为

$$y' = 3x^2,$$

所以

$$\mathrm{d}y = 3x^2 \cdot \Delta x,$$

将 $x = 2, \Delta x = 0.02$ 代入上式得

$$\mathrm{d}y\big|_{\substack{x=2 \\ \Delta x = 0.02}} = 3 \times 2^2 \times 0.02 = 0.24.$$

例 3　求函数 $y = \ln \cos \sqrt{x}$ 的微分.

解　因为

$$y' = \frac{-\sin \sqrt{x}}{\cos \sqrt{x}} \cdot \frac{1}{2\sqrt{x}} = -\frac{\tan \sqrt{x}}{2\sqrt{x}},$$

所以

$$\mathrm{d}y = -\frac{\tan \sqrt{x}}{2\sqrt{x}}\mathrm{d}x.$$

例 4　求由方程 $y = x \ln y$ 所确定的隐函数 $y = y(x)$ 的微分.

解　对方程两边求 x 的导数, 得

$$y' = \ln y + \frac{x}{y}y',$$

解得

$$y' = \frac{y \ln y}{y - x},$$

于是, 当 $x \neq y$ 时, 有

$$\mathrm{d}y = \frac{y \ln y}{y - x}\mathrm{d}x.$$

二、微分的几何意义

在曲线 $y = f(x)$ 上取相邻两点 $M_0(x_0, y_0)$、$N(x_0 + \Delta x, y_0 + \Delta y)$, 如图 2-5-2, 则 $M_0Q = \Delta x$, $QN = \Delta y$. 过点 M_0 作曲线的切线 M_0T, 设切线 M_0T 的倾角为 α, 则在 $M_0(x_0, y_0)$ 处有

$$\tan \alpha = f'(x_0),$$

因此,

$$QP = M_0Q \cdot \tan \alpha = \Delta x \cdot \tan \alpha = f'(x_0)\Delta x, \ \text{即} \ QP = \mathrm{d}y.$$

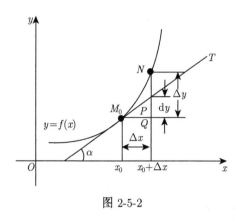

图 2-5-2

从图 2-5-2 中可知, 微分的几何意义是: 微分 $\mathrm{d}y$ 表示曲线 $y = f(x)$ 在点 M_0 处的切线上点的纵坐标相应于 Δx 的增量.

对于可微函数 $y = f(x)$, Δy 是曲线上纵坐标的增量, $\mathrm{d}y$ 是切线上纵坐标的增量, 当 $|\Delta x|$ 很小时, $|\Delta y - \mathrm{d}y|$ 也很小. 则 $\Delta y \approx \mathrm{d}y$, 即 $QN \approx QP$. 因此, 微分的意义在于在 M_0 点邻近, 可用切线段上纵坐标的增量, 来近似代替曲线段上纵坐标的增量, 简单地说就是用切线段来近似代替曲线段, 即局部线性化.

三、 微分的运算法则

设 $u = u(x)$, $v = v(x)$ 都是可导函数, 由函数的和、差、积、商的求导法则, 可推得相应的微分四则运算法则, 为了便于对照, 列表如下:

函数和、差、积、商的求导法则	函数和、差、积、商的微分法则
$(u \pm v)' = u' \pm v'$	$\mathrm{d}(u \pm v) = \mathrm{d}u \pm \mathrm{d}v$
$(uv)' = u'v + uv'$	$\mathrm{d}(uv) = v\mathrm{d}u + u\mathrm{d}v$
$(Cu)' = Cu'$	$\mathrm{d}(Cu) = C\mathrm{d}u$
$\left(\dfrac{u}{v}\right)' = \dfrac{u'v - uv'}{v^2} \quad (v \neq 0)$	$\mathrm{d}\left(\dfrac{u}{v}\right) = \dfrac{v\mathrm{d}u - u\mathrm{d}v}{v^2} (v \neq 0)$

下面仅对其中乘积的微分法则加以证明:

由函数微分的公式 (2-5-1), 有

$$\begin{aligned}
\mathrm{d}(uv) &= (uv)'\mathrm{d}x = (u'v + uv')\mathrm{d}x \\
&= u'\mathrm{d}x \cdot v + u \cdot v'\mathrm{d}x = v\mathrm{d}u + u\mathrm{d}v.
\end{aligned}$$

因此

$$\mathrm{d}(uv) = v\mathrm{d}u + u\mathrm{d}v.$$

其他法则都可以类似证明. 请读者自证.

下面讨论复合函数的微分.

设函数 $y = f(u)$ 可微, 则

$$\mathrm{d}y = f'(u)\mathrm{d}u.$$

若在上面函数中, u 是中间变量, 函数 $u = \phi(x)$ 可微, 则由它们复合成的函数 $y = f[\phi(x)]$ 也可微, 其微分

$$\begin{aligned}
\mathrm{d}y &= (f[\varphi(x)])'\,\mathrm{d}x = f'[\varphi(x)] \cdot \varphi'(x) \cdot \mathrm{d}x \\
&= f'(u)\mathrm{d}u,
\end{aligned}$$

可见, 当 u 是中间变量时, $\mathrm{d}y$ 也可表达为 $f'(u)\mathrm{d}u$, 与 u 是自变量时, 在形式上是相同的. 这个性质称为**微分形式的不变性**. 微分形式的不变性可应用于后面要讨论的积分计算. 它对

微分的计算也很有用, 例如在计算复合函数的微分时, 可以把复合函数 $f[\varphi(x)]$ 中的 $\varphi(x)$ 当作一个整体变量直接对它求导, 然后再求出 $\varphi(x)$ 的微分即可. 例如,

$$d(\sin 2x) = (\cos 2x)\, d(2x)$$
$$= 2\cos 2x dx.$$

例 5 求 $y = \arctan \dfrac{1+x}{1-x}$ 的微分.

解 解法一

$$dy = \left(\arctan \frac{1+x}{1-x}\right)' dx$$
$$= \frac{1}{1 + \left(\dfrac{1+x}{1-x}\right)^2} \left(\frac{1+x}{1-x}\right)' dx$$
$$= \frac{1}{1 + \left(\dfrac{1+x}{1-x}\right)^2} \frac{x(1-x) - (1+x)(-1)}{(1-x)^2} dx = \frac{1}{1+x^2} dx.$$

解法二

$$dy = d\left(\arctan \frac{1+x}{1-x}\right)$$
$$= \frac{1}{1 + \left(\dfrac{1+x}{1-x}\right)^2} d\left(\frac{1+x}{1-x}\right) = \frac{1}{1 + \left(\dfrac{1+x}{1-x}\right)^2} \left(\frac{1+x}{1-x}\right)' dx = \frac{1}{1+x^2} dx.$$

例 6 求 $y = \cos^2 x \ln x$ 的微分.

解 解法一

$$dy = (\cos^2 x \ln x)' dx$$
$$= \left(-\sin 2x \ln x + \frac{\cos^2 x}{x}\right) dx.$$

解法二

$$dy = d(\cos^2 x \ln x)$$
$$= d(\cos^2 x) \cdot \ln x + \cos^2 x \cdot d(\ln x)$$
$$= \left(-\sin 2x \ln x + \frac{\cos^2 x}{x}\right) dx.$$

例 7 设 $y = y(x)$ 是有方程 $e^{-x} + e^y - xy = 0$ 所确定的隐函数, 求隐函数 $y = y(x)$ 的微分 dy.

解 方程 $e^{-x} + e^y - xy = 0$ 微分得

$$-e^{-x} dx + e^y dy - y dx - x dy = 0.$$

由此得

$$dy = \frac{e^{-x} + y}{e^y - x} dx.$$

四、微分在近似计算中的应用

微分在函数的近似计算中有重要作用. 从微分定义中已经知道当 $\Delta x \to 0$ 时, $\Delta y - dy$ 是比 Δx 高阶的无穷小量. 另一方面,

$$\lim_{\Delta x \to 0} \frac{\Delta y - dy}{\Delta y} = \lim_{\Delta x \to 0} \left(1 - \frac{f'(x)\Delta x}{\Delta y} \right)$$

$$= \lim_{\Delta x \to 0} \left(1 - f'(x) \cdot \frac{1}{\frac{\Delta y}{\Delta x}} \right) = 1 - 1 = 0.$$

这说明用微分 dy 近似替代 Δy 时的误差 $\Delta y - dy$ 也是比 Δy 高阶的无穷小量.

设 $y = f(x)$ 在 x_0 处可微, 当 $|\Delta x|$ 很小时, 则 $\Delta y \approx dy$, 即

$$\Delta y = f(x_0 + \Delta x) - f(x_0) \approx f'(x_0) \Delta x,$$

记 $x = x_0 + \Delta x$, 则

$$f(x) \approx f(x_0) + f'(x_0) \Delta x.$$

在实际应用中, 常用上面近似公式计算函数的增量与函数值.

例 8   求 $\sqrt{122}$ 的近似值.

解   由于近似公式中, 要求 $|\Delta x|$ 很小, 故先对 $\sqrt{122}$ 进行恒等变形, 再利用近似计算公式. 因为

$$\sqrt{122} = \sqrt{121 + 1} = 11\sqrt{1 + \frac{1}{121}},$$

取

$$f(x) = \sqrt{1 + x}, \quad x_0 = 0, \Delta x = \frac{1}{121},$$

则

$$f(0) = 1, f'(x) = \frac{1}{2}(1 + x)^{-\frac{1}{2}}, f'(0) = \frac{1}{2}.$$

故

$$\sqrt{122} = 11\sqrt{1 + \frac{1}{121}} \approx 11\left(1 + \frac{1}{2}\frac{1}{121} \right) = 11 + \frac{1}{22} \approx 11.05.$$

特殊地, 在公式 $f(x_0 + \Delta x) \approx f(x_0) + f'(x_0)\Delta x$ 中取 $x_0 = 0, \Delta x = x$, 有

$$f(x) \approx f(0) + f'(0)x.$$

上式用到许多常见函数上, 可得到一系列常用的近似计算公式, 例如, 当 $|x|$ 较小时有

$$\sqrt[n]{1+x} \approx 1 + \frac{1}{n}x, \quad \ln(1+x) \approx x,$$

$$e^x \approx 1+x, \quad \sin x \approx x, \tan x \approx x$$

等, 且 x 既可以是自变量也可以是无穷小量. 例如, 当 $x \to 0$ 时, $\sin^2 x$ 是无穷小量, 此时

$$\ln(1 + \sin^2 x) \approx \sin^2 x \approx x^2.$$

习　题　2-5

1. 计算下列函数的微分 dy.

(1) $y = \ln^2(1+\sin x)$;

(2) $y = \arctan\sqrt{1-x^2}$;

(3) $y = \tan(1+2x^2)$;

(4) $y = x^{\sin x}$;

(5) $y = e^{2x}\cos 3x$;

(6) $y = \ln(\sec x + \tan x)$;

(7) $y = e^x(\cos x + \sin x)$;

(8) $y = e^{\sin\frac{1}{x}}$;

(9) 由方程 $\sin(x+y) + y^2 - x^2 = 0$ 确定的隐函数 $y = y(x)$;

(10) 由方程 $e^x = \dfrac{y}{2} + \sin(xy)$ 确定的隐函数 $y = y(x)$;

(11) 由参数方程 $\begin{cases} x = a(t - \sin t), \\ y = a(1 - \cos t) \end{cases}$ (a 为常数) 确定的函数 $y = y(x)$;

(12) 由参数方程 $\begin{cases} x = t^3 + t + 2, \\ y = t^2 + \sin t \end{cases}$ 确定的函数 $y = y(x)$.

2. 填空.

(1) $d(\quad) = 3x^2 dx$;

(2) $d(\quad) = \dfrac{1}{2\sqrt{x}}dx$;

(3) $d(\quad) = -\dfrac{1}{x^2}dx$;

(4) $d(\quad) = e^{-x}dx$;

(5) $d(\quad) = \sin 2x\, dx$;

(6) $d(\quad) = (1 + e^{4x})dx$;

(7) $d(\quad) = \dfrac{\ln^2 x}{x}dx$;

(8) $d(\quad) = \left(\dfrac{\sin x}{x} + \cos x \ln x\right)dx$.

3. 求下列微商.

(1) $\dfrac{d\left(\dfrac{\sin x}{x}\right)}{d(x^2)}$;

(2) $\dfrac{d}{dx^3}(x^3 - 5x^6 - x^9)$;

(3) $\dfrac{d(x + \arctan x)}{d\ln x}$;

(4) $\dfrac{d(e^{\cos x} - \cos x^2)}{d(x + \sin x)}$.

4. 利用微分计算下列数值的近似值.

(1) $\ln 1.01$;　(2) $\arctan 0.97$;　(3) $\sin 29^0$;　(4)$e^{1.01}$.

5. 设方程 $x = y^y$ 确定隐函数 $y = y(x)$, 求 dy.

6. 设 $y = e^{f(x)}f(\arctan x)$, 其中 f 可微, 求 dy.

总复习题二

1. 填空题

(1) 已知 $f(0) = 0, f'(0) = 2$, 则极限 $\lim\limits_{x \to 0}\dfrac{f(x)}{\sin 2x} = $ _____.

(2) 已知 $f(a) = 0, f'(a) = 1$, 则极限 $\lim\limits_{n \to \infty} nf\left(a - \dfrac{1}{n}\right) = $_____.

(3) 已知 $f'(1) = 2$, 则极限 $\lim\limits_{x \to 0} \dfrac{f(1-x) - f(1+2x)}{x} = $_____.

(4) 已知 $g(x)$ 在 $x = x_0$ 处连续, $f(x) = (x^2 - x_0^2)g(x)$, 则 $f'(x_0) = $_____.

(5) 设 $f\left(\dfrac{1}{x}\right) = x^2 + \dfrac{1}{x} + 1$, 则 $f''(1) = $_____.

(6) 设 $\begin{cases} x = \ln\sqrt{1 + t^2}, \\ y = \arctan t, \end{cases}$ 则 $\dfrac{\mathrm{d}y}{\mathrm{d}x}\bigg|_{t=1} = $_____.

(7) 设方程 $\mathrm{e}^{xy} + y^2 = \cos x$ 确定 y 为 x 的函数, 则 $\dfrac{\mathrm{d}y}{\mathrm{d}x} = $_____.

(8) 若 $y = \dfrac{x}{2 - x}$, 则 $y^{(100)}(0) = $_____.

(9) 方程 $y - x\mathrm{e}^y = 1$ 所确定的隐函数为 $y = y(x)$, 则 $\mathrm{d}y = $_____.

(10) 已知 $f(x)$ 是可导的偶函数, 且 $f'(-1) = 2$, 则 $f'(1) = $_____.

2. 选择题

(1) 设函数 $f(x)$ 可导, 且 $\lim\limits_{x \to 0} \dfrac{f(1-x) - f(1)}{2x} = 1$, 则 $f'(1) = ($　　$)$.

A. -2;　　B. $\dfrac{1}{2}$;　　C. -1;　　D. 2.

(2) 设函数 $f(x)$ 在点 $x = 1$ 处可导, 且 $\lim\limits_{\Delta x \to 0} \dfrac{f(1 + 2\Delta x) - f(1)}{\Delta x} = \dfrac{1}{2}$, 则 $f'(1) = ($　　$)$.

A. $\dfrac{1}{2}$;　　B. $\dfrac{1}{4}$;　　C. $\dfrac{-1}{4}$;　　D. $\dfrac{-1}{2}$.

(3) 若 $f(x)$ 在点 x_0 可导, 则 $|f(x)|$ 在点 x_0 处 ($　　$).

A. 必可导;　　B. 连续但不一定可导;　　C. 一定不可导;　　D. 不连续.

(4) 下列函数中在点 $x = 0$ 处可导的是 ($　　$).

A. $\sqrt[3]{x}$;　　B. $\mathrm{e}^{-x}\sqrt{x^2}$;　　C. $|x|$;　　D. $\mathrm{e}^{\sqrt[3]{x^2}}\ln(1 + x)$.

(5) 设函数 $y = f(x)$ 是 $x = \varphi(y)$ 的反函数且 $f(2) = 4, f'(2) = 3$, 则 $\varphi'(4) = ($　　$)$.

A. 1;　　B. $\dfrac{1}{4}$;　　C. $\dfrac{1}{3}$;　　D. $\dfrac{1}{2}$.

(6) 若函数 $y = f(x)$ 有 $f'(x_0) = \dfrac{1}{2}$, 则当 $\Delta x \to 0$ 时, 该函数在 $x = x_0$ 处的微分 $\mathrm{d}y$ 是 ($　　$).

A. 与 Δx 等价的无穷小量;　　B. 比 Δx 低阶的无穷小量;

C. 与 Δx 同价的无穷小量;　　D. 比 Δx 高价的无穷小量.

(7) 设函数 $f(x) = \begin{cases} \ln(a + x^2), & x > 1, \\ x + b, & x \leqslant 1 \end{cases}$ 在 $x = 1$ 处可导, 则 ($　　$).

A. $a = 0, b = -1$;　　B. $a = 3, b = \ln 4 - 1$;

C. $a = 2, b = \ln 3 - 1$;　　D. $a = 1, b = \ln 2 - 1$.

(8) 设函数 $y = f(x)$ 可导, $F(x) = f(x)(1 + |x|)$, 则 $f(0) = 0$ 是 $F(x)$ 在 $x = 0$ 处可导的 ($　　$).

A. 充要条件;　　B. 充分但非必要条件;

C. 必要但非充分条件;　　D. 既非充分又非必要条件.

(9) 曲线 $y = ax^2$ 与 $y = \ln x$ 相切, 则 $a = ($　　$)$.

A. $\dfrac{1}{2}$;　　B. 2;　　C. $\dfrac{1}{2\mathrm{e}}$;　　D. $\dfrac{\mathrm{e}}{2}$.

(10) 设直线 $y = 3x + b$ 是曲线 $y = x^2 + 1$ 上某点的切线, 则 $b = ($　　$)$.

A. $\dfrac{3}{2}$;　　B. $-\dfrac{5}{4}$;　　C. $-\dfrac{5}{2}$;　　D. $-\dfrac{9}{4}$.

3. 求下列函数的导数.

(1) $y = 2\sqrt{x} - \mathrm{e}^x - 3\cos x$;

(2) $y = x^2 \tan x$;

(3) $y = x\mathrm{e}^x \sin x$;

(4) $y = (1 - 2x^2)^5$;

(5) $y = \ln \arctan x$;

(6) $y = (x^2 + 1)\arctan x + \ln \cos x$.

4. 求下列函数的微分 $\mathrm{d}y$.

(1) $y = \mathrm{e}^{2x}(x^2 + 3x + 1)$;

(2) $y = \mathrm{e}^{\arctan\sqrt{x}}$;

(3) $y = x^2 \ln(1 - x^2)$;

(4) $y = \sqrt{1 + \mathrm{e}^{-x}}$.

5. 求下列隐函数的导数 $\dfrac{\mathrm{d}y}{\mathrm{d}x}$.

(1) $xy - 2^x + 2^y = 0$;

(2) $y = xy^3 + f(y)$, 其中 $f(u)$ 可导;

(3) $y\mathrm{e}^x + \ln y - 1 = 0$;

(4) $x^{\frac{3}{2}} + y^{\frac{3}{2}} = 1$.

6. 求下列函数的二阶或三阶导数.

(1) $\mathrm{e}^{x+y} - xy = 1$, 求 $y''(0)$;

(2) 设 $\begin{cases} x = f'(t), \\ y = tf'(t) - f(t), \end{cases}$ 其中 $f(t)$ 三阶可导, $f''(t) \neq 0$, 求 $\dfrac{\mathrm{d}^2 y}{\mathrm{d}x^2}, \dfrac{\mathrm{d}^3 y}{\mathrm{d}x^3}$;

(3) $xy - \sin(\pi y^2) = 0, y(0) = 1$, 求 $y''(0)$.

7. 已知 $f'(\mathrm{e}^x) = x, x > 0$, 求 $f''(x)$.

8. 求下列曲线的切线方程.

(1) 求螺线 $\rho = \theta$ 上的点 $M_0 \left(\dfrac{\pi}{2}, \dfrac{\pi}{2} \right)$ 处的切线方程;

(2) 函数 $f(x)$ 在 $x = 0$ 点连续, 且 $\lim\limits_{x \to 0} \dfrac{f(2x)}{3x} = 1$, 则曲线 $y = f(x)$ 在点 $(0, f(0))$ 处的切线方程.

9. 已知函数 $y = y(x)(x > 0)$ 满足方程 $x^2 \dfrac{\mathrm{d}^2 y}{\mathrm{d}x^2} + 2x \dfrac{\mathrm{d}y}{\mathrm{d}x} = 0$, 证明: 当 $t = \ln x$ 时, 该方程可化为

$$\frac{\mathrm{d}^2 y}{\mathrm{d}t^2} + \frac{\mathrm{d}y}{\mathrm{d}t} = 0.$$

10. 求下列函数的 $n(n \geqslant 2)$ 阶导数.

(1) $y = \dfrac{x^2}{1 - x}$;

(2) $y = x^2 \sin x$;

(3) $y = a^x$;

(4) $y = x\mathrm{e}^{-x}$;

(5) $y = \sin^2 x$;

(6) $y = \dfrac{1}{1 - x^2}$.

11. 设函数 $f(x)$ 具有连续的导数, 且函数 $F(x) = \begin{cases} \dfrac{f(x) + 2\ln(1 + x)}{x}, & x \neq 0, \\ 1, & x = 0 \end{cases}$ 在 $x = 0$ 处连续, 求 $f'(0)$.

12. 讨论下列函数在 $x = 0$ 处的连续性与可导性; 若可导, 求 $f'(0)$.

(1) $f(x) = |\sin x|$;

(2) $f(x) = \begin{cases} \mathrm{e}^x - 1, & x \leqslant 0, \\ \dfrac{x^2}{\ln(1 + x)}, & x > 0. \end{cases}$

13. 设函数 $f(x) = \begin{cases} \mathrm{e}^{2x}, & x \leqslant 0 \\ ax + b, & x > 0 \end{cases}$ 在 $x = 0$ 处可导, 求 a, b.

14. 设曲线 $y = f(x)$ 与 $y = x^2 - x$ 在 $x = 1$ 处有公共切线, 求 $\lim\limits_{n \to \infty} nf \left(\dfrac{n}{n + 2} \right)$.

第二章参考答案

习题 2-1

1. (1) 5;　(2) $n!$.

2. 切线 $y - x - 1 = 0$, 法线 $y + x - 1 = 0$,

3. (1) 6;　(2) $\dfrac{1}{x_0}$.

4. $f'(0)$.

5. 略.

6. $f'(x) = \begin{cases} 2^x \ln 2, & x \leqslant 0, \\ \dfrac{1}{2\sqrt{x}}, & x > 0. \end{cases}$

7. $a = 2,\ b = -1$.

8. (1) 不连续也不可导;　(2) 连续且可导.

9. 2.

10. 不连续也不可导.

11. 略.

12. 略.

13. $y = 2(x - 6)$.

习题 2-2

1. (1) $y' = \dfrac{1}{\sqrt{x}} + 3^x \ln 3 + 2x \sin x^2$;　(2) $y' = 3x^2 + 2^x \ln 2 - \mathrm{e}^x$;　(3) $y' = 2\sec^2 x + \sec x \tan x$;

(4) $y' = x(2\ln x + 1)$;　(5) $y' = \dfrac{x\cos x - \sin x}{x^2}$;　(6) $y' = -\dfrac{4x^2}{(x^2+1)^2}$;　(7) $y' = -2\tan 2x$;

(8) $y' = \sec x$;　(9) $y' = \dfrac{1}{x+2} + \dfrac{1}{x+3} + \dfrac{1}{1-x^2}$;　(10) $y' = \dfrac{1}{\sqrt{x^2+a^2}}$;

(11) $y' = \dfrac{\sin 2x \sin^2 x - 2x \cos x^2 \sin^2 x}{(\sin x^2)^2}$;　(12) $y' = -\dfrac{5}{2\sqrt{x}}(1 - \sqrt{x})^4$;

(13) $y' = -\dfrac{1}{x^2}\mathrm{e}^{\sin^2 \frac{1}{x}} \sin \dfrac{2}{x}$;　(14) $y' = \sqrt{x^2 + a^2}$;　(15) $y' = x^{\frac{1}{x}} \dfrac{1 - \ln x}{x^2}$;

(16) $y' = (\sin x)^{\arctan x} \left(\dfrac{\ln \sin x}{1 + x^2} + \arctan x \cot x \right)$.

2. (1) 200;　(2) 0.

3. (1) $y' = 2f(\mathrm{e}^x) f'(\mathrm{e}^x) \mathrm{e}^x$;　(2) $y' = \dfrac{2x f'(x^2)}{f(x^2)}$;

(3) $y' = [f'(\sin^2 x) - f'(\cos^2 x)] \sin 2x$;　(4) $y' = \mathrm{e}^{f(\mathrm{e}^x) + x} f'(\mathrm{e}^x)$.

4. $f'(x) = -\dfrac{1}{(1+x)^2}$.

5. $\varphi'(0) = a^2$.

6. $(\mathrm{e}, \mathrm{e}),\ y - 2x + \mathrm{e} = 0$.

7. $f'(x) = \begin{cases} -3^{1-x} \ln 3, & x < 1, \\ 3^{x-1} \ln 3, & x > 1. \end{cases}$

8. $a = 0,\ b = 1$.

习题 2-3

1. (1) $y' = \dfrac{e^{x+y}}{\sin y - e^{x+y}}$;　(2) $y' = \dfrac{ye^{xy} - 1}{2y - xe^{xy}}$;　(3) $y' = \dfrac{ay - x^2}{y^2 - ax}$;　(4) $y' = -\csc^2(x+y)$;

(5) $y' = \dfrac{2x}{x^2 + y^2 - 2y}$;　(6) $y' = \dfrac{\sec(x+y)\tan(x+y) - y}{x - \sec(x+y)\tan(x+y)}$.

2. (1) $y' = \dfrac{1}{3}\sqrt[3]{\dfrac{(x-2)^2}{x-3}}\left(\dfrac{2}{x-2} - \dfrac{1}{x-3}\right)$;　(2) $y' = \dfrac{(x+3)e^{2x}}{\sqrt{x+5}}\left(2 + \dfrac{1}{x+3} - \dfrac{1}{2x+10}\right)$;

(3) $y' = x^{\sin x}(\cos x \ln x + x^{-1}\sin x)$;　(4) $y' = (x^2 + 3x - 1)^x\left[\ln(x^2 + 3x - 1) + \dfrac{2x^2 + 3x}{x^2 + 3x - 1}\right]$.

3. (1) $\dfrac{dy}{dx} = \dfrac{3(t+1)^2 + 1}{3t^2 + 1}$;　(2) $\dfrac{dy}{dx} = \dfrac{3(t+1)}{2}$;　(3) $\dfrac{dy}{dx} = \dfrac{\cos t - \sin t}{\cos t + \sin t}$);　(4) $\dfrac{dy}{dx} = \dfrac{2}{t}$.

4. $x + y - e^{\frac{\pi}{2}} = 0$.

5. $a = \dfrac{e}{2} - 2, b = 1 - \dfrac{e}{2}, c = 1$.

6. $\dfrac{dy}{dx} = \dfrac{1}{x(1 - f'(y))}$.

7. $\dfrac{dy}{dx} = \dfrac{(y^2 - e^t)(1 + t^2)}{2(1 - ty)}$.

8. $y' = \dfrac{xy \ln y - y^2}{xy \ln x - x^2}$.

习题 2-4

1. (1) $y'' = 2^{x+1}(\ln 2)^2$;　(2) $y'' = -4\sin(2x+1)$;　(3) $y'' = 2\sin x \cdot e^{-x}$;　(4) $y'' = -\dfrac{x}{(1+x^2)^{\frac{3}{2}}}$;

(5) $y'' = 2\arctan x + \dfrac{2x}{1+x^2}$;　(6) $y'' = 2x(3 + 2x^2)e^{x^2}$.

2. $f''(0) = -2$.

3. $f^{(n)}(0) = 2^{n-2}n(n-1)(n \geqslant 2)$, $f'(0) = 0$.

4. (1) $y^{(n)} = (-1)^n n!\left[\dfrac{1}{(x+1)^{n+1}} - \dfrac{1}{(x+2)^{n+1}}\right]$;　(2) $y^{(n)} = 2^{n-1}\cos\left(2x + \dfrac{n\pi}{2}\right)$;

(3) $y' = x(2\ln x + 1)$, $y'' = 2\ln x + 3$, $y^{(n)} = \dfrac{(-1)^{n-3}2(n-3)!}{x^{n-2}}$ $(n \geqslant 3)$;

(4) $y^{(n)} = e^x[x^2 + 2(n-1)x + n^2 - 3n - 1]$.

5. $y'(0) = -1, y''(0) = 2$.

6. (1) $\dfrac{d^2y}{dx^2} = -\dfrac{2(y^2 + 1)}{y^5}$);　(2) $\dfrac{d^2y}{dx^2} = \dfrac{3y(y^2 - 4xy - 2x^2)}{x(y - 2x)^3}$.

7. (1) $\dfrac{d^2y}{dx^2} = \dfrac{\tan t}{4}$;　(2) $\dfrac{d^2y}{dx^2} = \dfrac{t^2 + 1}{4t}$.

习题 2-5

1. (1) $dy = \dfrac{2\ln(1 + \sin x) \cdot \cos x}{1 + \sin x}dx$;　(2) $dy = \dfrac{x}{(x^2 - 2)\sqrt{1 - x^2}}dx$;　(3) $dy = 4x\sec^2(1 + 2x^2)dx$;

(4) $dy = x^{\sin x}\left(\cos x \ln x + \dfrac{\sin x}{x}\right)dx$;　(5) $dy = e^{2x}(2\cos 3x - 3\sin 3x)dx$;　(6) $dy = \sec x\, dx$;

(7) $dy = 2e^x \cos x\, dx$;　(8) $dy = -\dfrac{1}{x^2}e^{\sin\frac{1}{x}}\cos\dfrac{1}{x}dx$;　(9) $dy = \dfrac{2x - \cos(x+y)}{2y + \cos(x+y)}dx$;

(10) $\mathrm{d}y = \dfrac{2(\mathrm{e}^x - y\cos xy)}{1 + 2x\cos xy}\mathrm{d}x$;　(11) $\mathrm{d}y = \cot\dfrac{t}{2}\mathrm{d}x$;　(12) $\mathrm{d}y = \dfrac{2t + \cos t}{3t^2 + 1}\mathrm{d}x$.

2. (1) x^3;　(2) $\sqrt{x}$;　(3) x^{-1};　(4) $-\mathrm{e}^{-x}$;　(5) $-\dfrac{1}{2}\cos 2x$;　(6) $x + \dfrac{1}{4}\mathrm{e}^{4x}$;　(7) $\dfrac{\ln^3 x}{3}$;

(8) $\sin x\ln x$.

3. (1) $\dfrac{x\cos x - \sin x}{2x^3}$;　(2) $1 - 10x^3 - 3x^6$;　(3) $\dfrac{x(2 + x^2)}{1 + x^2}$;　(4) $\dfrac{2x\sin x^2 - \mathrm{e}^{\cos x}\sin x}{1 + \cos x}$.

4. (1) 0.01;　(2) 0.7703;　(3) 0.4849;　(4) 2.7455.

5. $\mathrm{d}y = \dfrac{1}{x(1 + \ln y)}\mathrm{d}x$.

6. $\mathrm{d}y = \mathrm{e}^{f(x)}\left[\dfrac{1}{1 + x^2}f'(\arctan x) + f'(x)f(\arctan x)\right]\mathrm{d}x$.

总复习题二

1. (1) 1;　(2) -1;　(3) -6;　(4) $2x_0 g(x_0)$;　(5) 6;　(6) 1;　(7) $-\dfrac{y\mathrm{e}^{xy} + \sin x}{x\mathrm{e}^{xy} + 2y}$;

(8) $\dfrac{100!}{2^{100}}$;　(9) $\dfrac{\mathrm{e}^y}{1 - x\mathrm{e}^y}$;　(10) -2.

2. (1) A;　(2) B;　(3) B;　(4) D;　(5) C;　(6) C;　(7) D;　(8) A;　(9) C;　(10) B.

3. (1) $y' = \dfrac{1}{\sqrt{x}} - \mathrm{e}^x + 3\sin x$;　(2) $y' = 2x\tan x + x^2\sec^2 x$;　(3) $y' = \mathrm{e}^x(\sin x + x\sin x - x\cos x)$;

(4) $y' = -20x(1 - 2x^2)^4$;　(5) $y' = \dfrac{1}{(1 + x^2)\arctan x}$;　(6) $y' = 1 + 2x\arctan x - \tan x$.

4. (1) $\mathrm{d}y = \mathrm{e}^{2x}(2x^2 + 8x + 5)\mathrm{d}x$;　(2) $y' = \dfrac{\mathrm{e}^{\arctan\sqrt{x}}}{2\sqrt{x}(1 + x)}\mathrm{d}x$;　(3) $y' = \left[2x\ln(1 - x^2) - \dfrac{2x^3}{1 - x^2}\right]\mathrm{d}x$;

(4) $y' = -\dfrac{\mathrm{e}^{-x}}{2\sqrt{1 + \mathrm{e}^{-x}}}\mathrm{d}x$.

5. (1) $\dfrac{\mathrm{d}y}{\mathrm{d}x} = \dfrac{2^x\ln 2 - y}{x + 2^y\ln 2}$;　(2) $\dfrac{\mathrm{d}y}{\mathrm{d}x} = \dfrac{y^3}{1 - 3xy^2 - f'(y)}$;　(3) $\dfrac{\mathrm{d}y}{\mathrm{d}x} = -\dfrac{y^2\mathrm{e}^x}{y\mathrm{e}^x + 1}$;　(4) $\dfrac{\mathrm{d}y}{\mathrm{d}x} = -\sqrt{\dfrac{x}{y}}$.

6. (1) -2;　(2) $\dfrac{1}{f''(t)}$, $-\dfrac{f'''(t)}{[f''(t)]^3}$;　(3) $\dfrac{1}{4\pi^2}$.

7. $f''(x) = \dfrac{1}{x}$.

8. (1) $\dfrac{2}{\pi}x + y - \dfrac{\pi}{2} = 0$;　(2) $y = \dfrac{3}{2}x$.

9. 略.

10. (1) $y^{(n)} = \dfrac{n!}{(1 - x)^{n+1}}$;

(2) $y^{(n)} = x^2\sin\left(x + \dfrac{n\pi}{2}\right) + 2nx\sin\left(x + \dfrac{n-1}{2}\pi\right) + n(n-1)\sin\left(x + \dfrac{n-2}{2}\pi\right)$;

(3) $y^{(n)} = a^x(\ln a)^n$;　(4) $y^{(n)} = (-1)^{n-1}(n - x)\mathrm{e}^{-x}$;　(5) $y^{(n)} = 2^{n-1}\sin\left(2x + \dfrac{n-1}{2}\pi\right)$;

(6) $y^{(n)} = \dfrac{n!}{2}\left[\dfrac{(-1)^n}{(1 + x)^{n+1}} + \dfrac{1}{(1 - x)^{n+1}}\right]$.

11. $f'(0) = -1$.

12. (1) 连续但不可导;　(2) 连续、可导, 且 $f'(0) = 1$.

13. $a = 2, b = 1$.

14. -2.

第三章 微分中值定理与导数的应用

微分中值定理是微分学的理论基础, 是研究函数性态的重要工具. 上一章已经建立了导数概念, 并讨论了导数的求法, 本章将利用导数与微分中值定理进一步研究函数的一些重要性态. 为此, 先介绍微分学的基本理论——微分中值定理, 然后利用微分中值定理介绍洛必达法则, 洛必达法则是解决未定式极限的重要方法. 在微分中值定理的基础上将重点讨论函数的单调性、凹凸性、极值以及曲线的其他一些性质.

第一节 微分中值定理

一、费马引理

极值问题是高等数学研究的基本内容之一, 在微分学的早期发展中, 费马 (Feimat) 在切线与极值问题的研究过程中起到关键作用. 函数的极值不仅具有重要的几何特征, 而且在实际问题中有着重要的应用. 这里我们主要介绍极值的一些概念和简单结果, 以及罗尔定理证明过程中的应用, 后面将通过导数的应用进一步讨论极值问题.

定义 1 设 $f(x)$ 在点 x_0 的某邻域 $U(x_0)$ 内有定义, 若 $\forall x \in U(x_0)$, 都有 $f(x) \leqslant f(x_0)$(或 $f(x) \geqslant f(x_0)$), 则称 $f(x_0)$ 为 $f(x)$ 的一个极大值 (或极小值).

函数 $f(x)$ 的极大值与极小值统称为函数 $f(x)$ 的**极值**, 使函数 $f(x)$ 取得极值的点 x_0 称为函数 $f(x)$ 的**极值点.**

如图 3-1-1 所示, x_1, x_2, x_3 为函数 $f(x)$ 在区间 $[a, b]$ 上的极大值点,x_1', x_2', x_3' 为 $f(x)$ 在区间 $[a, b]$ 上的极小值点. 从图 3-1-1 中可知, 函数在一个区间内可能有几个极大值与极小值, 函数在点 x_2 处的极大值 $f(x_2)$ 比在 x_3' 处的极小值 $f(x_3')$ 要小. 这是可能的, 因为我们讨论的函数极值是局部概念, 它只与该点左、右侧邻近的函数值进行比较, 所以函数的极值未必是指定区间上的最值. 如图 3-1-1 所示, $f(b)$ 是函数 $f(x)$ 的最大值但不是极大值

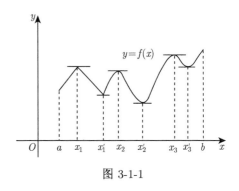

图 3-1-1

(函数 $f(x)$ 在 b 点的右侧没有定义); $f(x_2')$ 是极小值也是最小值.

什么样的点一定是极值点呢? 观察图 3-1-1 中的 6 个极值点可以看到: 在极值点处或者函数的导数为零 (如 x_2, x_2', x_3, x_3') 或者其导数不存在 (如 x_1, x_1'). 因此函数在导数为零与导数不存在的点处都可能取得极值. 当函数 $f(x)$ 在极值点可导, 下面的费马引理给出了极值点的必要条件.

定理 1 (费马引理, 也称为极值点的必要条件)　若 x_0 为函数 $f(x)$ 的极值点, 且在 x_0 处可导, 则函数 $f(x)$ 在 x_0 处的导数为零, 即 $f'(x_0) = 0$.

证　不妨设 x_0 为函数 $f(x)$ 的极大值点, 则对 $\forall x \in U(x_0)$, 都有 $f(x) \leqslant f(x_0)$. 于是, 当 $x \in U(x_0)$ 且 $x < x_0$ 时有

$$\frac{f(x) - f(x_0)}{x - x_0} \geqslant 0;$$

当 $x \in U(x_0)$ 且 $x > x_0$ 时有

$$\frac{f(x) - f(x_0)}{x - x_0} \leqslant 0.$$

由于 $f(x)$ 在 x_0 处可导, 根据极限的局部保号性, 有

$$f'(x_0) = f'_-(x_0) = \lim_{x \to x_0^-} \frac{f(x) - f(x_0)}{x - x_0} \geqslant 0,$$

$$f'(x_0) = f'_+(x_0) = \lim_{x \to x_0^+} \frac{f(x) - f(x_0)}{x - x_0} \leqslant 0.$$

所以, $f'(x_0) = 0$.

反过来, 使得 $f'(x_0) = 0$ 的点 $x = x_0$ 不一定是极值点. 例如函数 $y = x^3$, $y' = 3x^2$, $y'(0) = 0$, 显然 $x = 0$ 不是该函数 $y = x^3$ 的极值点.

定义 2　函数 $f(x)$ 的导数为零的点, 即满足 $f'(x_0) = 0$ 的点 x_0 称为函数 $f(x)$ 的驻点 (或稳定点).

由定理 1 可知, 若函数在极值点可导, 那么该极值点一定是驻点, 但驻点不一定是极值点. 另外, 使 $f'(x)$ 不存在的点也可能是极值点, 例如函数 $f(x) = |x|$, 其导数

$$f'(x) = \begin{cases} 1, & x > 0, \\ -1, & x < 0 \end{cases}$$

在 $x = 0$ 处不存在, 但 $x = 0$ 是函数 $f(x) = |x|$ 的极小值. 因此连续函数的极值只可能在其驻点与不可导点处取得, 我们把连续函数在定义区间内的驻点和不可导点统称为**函数的可能极值点**.

二、罗尔定理

定理 2 (罗尔定理)　若函数 $y = f(x)$ 满足如下三个条件:
(1) $f(x)$ 在闭区间 $[a, b]$ 上连续,
(2) $f(x)$ 在开区间 (a, b) 内可导,
(3) $f(a) = f(b)$.
则在 (a, b) 内至少存在一点 ξ, 使得

$$f'(\xi) = 0.$$

证　因为 $f(x)$ 在 $[a, b]$ 上连续, 由闭区间上连续函数的性质, $f(x)$ 在 $[a, b]$ 上存在最大值 M、最小值 m, 即存在 $x_1, x_2 \in [a, b]$, 使得

$$m = f(x_1) = \min_{x \in [a, b]} f(x), \quad M = f(x_2) = \max_{x \in [a, b]} f(x).$$

若 x_1, x_2 恰为区间 $[a, b]$ 的两个端点, 则由 $f(a) = f(b)$ 可知函数 $f(x)$ 为常值函数, 此时对 $\forall \xi \in (a, b)$, 都有 $f'(\xi) = 0$.

若 x_1, x_2 至少有一个不是区间 $[a, b]$ 的端点, 则该点为开区间 (a, b) 内的点, 记为 ξ, 于是 ξ 为函数 $f(x)$ 的极值点, 由费马引理可得 $f'(\xi) = 0$.

罗尔定理仅给出了 ξ 的存在性, 指出了 ξ 的一个大概范围: $\xi \in (a, b)$, 并没有给出 ξ 的具体位置.

罗尔定理的几何意义 (图 3-1-2) 为: 若连续光滑的曲线 $y = f(x)$ 弧 $\overparen{AB}$ 上, 两端点的纵坐标相等, 则曲线弧上除端点外至少有一点的切线平行于 x 轴, 即弧上至少有一条水平切线.

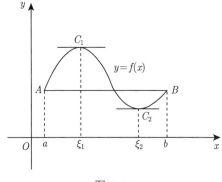

图 3-1-2

注　罗尔定理的三个条件缺一不可, 即三个条件是充分的, 不是必要的. 例如,

函数 $f(x) = |x|$ 在区间 $[-1, 1]$ 满足罗尔定理的条件 (1) 和 (3), 不满足条件 (2), 显然没有罗尔定理的结果;

函数 $f(x) = x$ 在区间 $[-1, 1]$ 满足罗尔定理的条件 (1) 和 (2), 不满足条件 (3), 显然没有罗尔定理的结果;

函数 $f(x) = \begin{cases} x, & 0 < x \leqslant 1, \\ 1, & x = 0 \end{cases}$ 在区间 $[0, 1]$ 满足罗尔定理的条件 (2) 和 (3), 不满足条件 (1), 显然没有罗尔定理的结果.

函数 $f(x) = \begin{cases} 1, & 0 < x \leqslant 1, \\ 2, & 1 < x \leqslant 2 \end{cases}$ 在区间 $[0, 2]$ 不满足罗尔定理的三个条件, 但对 $\forall \xi \in (0, 1)$ 或 $\forall \xi \in (1, 2)$, 都有 $f'(\xi) = 0$. 由此说明罗尔定理的条件是充分的不是必要的.

例 1　对函数 $y = x^2 - 2x$ 在闭区间 $[0, 2]$ 上验证罗尔定理.

解　由于函数 $y = x^2 - 2x$ 在闭区间 $[0, 2]$ 上连续, 可导, 又

$$y(0) = y(2) = 0,$$

因此函数 y 在闭区间 $[0, 2]$ 上满足罗尔定理的三个条件.

事实上, $y' = 2x - 2$, 当 $\xi = 1$ 时, 有

$$f'(\xi) = 0.$$

显然 $\xi \in (0, 2)$, 因此, 罗尔定理对函数 $y = x^2 - 2x$ 在闭区间 $[0, 2]$ 上成立.

利用罗尔定理可以证明形如 "$f'(\xi) = 0$" 的命题, 它也是一类常见的关于 ξ 的存在性命题.

例 2　设函数 $f(x)$ 在 $[0, 1]$ 上连续, 在 $(0, 1)$ 内可导, 且 $f(1) = 0$, 试证: 在 $(0, 1)$ 内至少存在一点 ξ, 使得

$$f'(\xi) = -\frac{2f(\xi)}{\xi}.$$

分析　等式 $f'(\xi) = -\dfrac{2f(\xi)}{\xi}$ 等价于

$$2f(\xi) + \xi f'(\xi) = 0, \quad 即 \quad 2\xi f(\xi) + \xi^2 f'(\xi) = 0$$

又等价于 $\dfrac{\mathrm{d}}{\mathrm{d}x}[x^2 f(x)]\big|_{x=\xi} = 0$.

证　令 $F(x) = x^2 f(x)$, 由题意可知, $F(x)$ 在 $[0,1]$ 上连续, 在 $(0,1)$ 内可导, 且 $F(0) = F(1) = 0$,

由罗尔定理, $\exists \xi \in (0,1)$, 使得 $F'(\xi) = 0$ 成立, 即

$$f'(\xi) = -\frac{2f(\xi)}{\xi}.$$

例 3　设函数 $f(x)$ 在 $[0,1]$ 上连续, 在 $(0,1)$ 内可导, 且 $f(0) = f(1) = 0$, 试证: 方程 $(x^2 + 1)f'(x) - 2xf(x) = 0$ 在 $(0,1)$ 内有一个根.

分析　方程 $(x^2 + 1)f'(x) - 2xf(x) = 0$ 等价于

$$\frac{(x^2 + 1)f'(x) - 2xf(x)}{x^2 + 1} = 0,$$

又等价于 $\exists \xi \in (0,1)$, 使得函数 $F(x) = \dfrac{f(x)}{x^2 + 1}$ 在点 ξ 处的导数为零, 即

$$\frac{\mathrm{d}}{\mathrm{d}x}\left[\frac{f(x)}{x^2 + 1}\right]\bigg|_{x=\xi} = 0.$$

证　令

$$F(x) = \frac{f(x)}{x^2 + 1},$$

由已知条件知 $F(x)$ 在 $[0,1]$ 上连续, 在 $(0,1)$ 内可导, 且

$$F(0) = f(0) = 0, F(1) = \frac{1}{2}f(1) = 0,$$

由罗尔定理, 至少存在一个 $\xi \in (0,1)$, 使得 $F'(\xi) = 0$. 又

$$F'(x) = \frac{(x^2 + 1)f'(x) - 2xf(x)}{x^2 + 1},$$

由 $F'(\xi) = 0$ 可得

$$(\xi^2 + 1)f'(\xi) - 2\xi f(\xi) = 0,$$

即方程

$$(x^2 + 1)f'(x) - 2xf(x) = 0$$

在 $(0,1)$ 内有一个根.

例 4　设奇函数 $f(x)$ 在 $[-1,1]$ 上具有二阶导数, 且 $f(1) = 1$. 证明:

(1) 存在 $\xi \in (0,1)$, 使得 $f'(\xi) = 1$;

(2) 存在 $\eta \in (-1,1)$, 使得 $f''(\eta) + f'(\eta) = 1$.

证　因为 $f(x)$ 在 $[-1,1]$ 上为奇函数, 且具有二阶导数, 故 $f(0)=0$, 且 $f'(x)$ 在 $[-1,1]$ 上为偶函数.

(1) 令 $F(x)=f(x)-x$, 则 $F(x)$ 在 $[0,1]$ 上连续, 在 $(0,1)$ 内可导, 且

$$F(0)=f(0)-0=0,\quad F(1)=f(1)-1=0,$$

由罗尔定理: 存在 $\xi\in(0,1)$, 使得 $F'(\xi)=0$, 即 $f'(\xi)=1$.

(2) 令 $G(x)=e^x[f'(x)-1]$, 则 $G(x)$ 在 $[-1,1]$ 上连续, 在 $(-1,1)$ 内可导. $f'(x)$ 在 $[-1,1]$ 上为偶函数可知:

$$f'(-\xi)=f'(\xi)=1,$$

于是

$$G(\xi)=G(-\xi)=0,$$

由罗尔定理: 存在 $\eta\in(-\xi,\xi)\subset(-1,1)$, 使得 $G'(\eta)=0$. 又

$$G'(x)=e^x[f''(x)+f'(x)-1],$$

由此可得: 存在 $\eta\in(-1,1)$, 使得 $f''(\eta)+f'(\eta)=1$.

三、拉格朗日中值定理

罗尔定理要求函数在两端点处的函数值必须相等, 这使罗尔定理的应用受到限制, 下面将它推广到一般的情形, 即两端点的函数值不一定相等, 但其余两个条件仍然满足, 即为下面的拉格朗日中值定理.

定理 3 (拉格朗日中值定理)　若函数 $y=f(x)$ 满足下列条件:

(1) $f(x)$ 在 $[a,b]$ 上连续,

(2) $f(x)$ 在 (a,b) 内可导,

则 $\exists\xi\in(a,b)$, 使得

$$f'(\xi)=\frac{f(b)-f(a)}{b-a}.$$

分析　拉格朗日中值定理的右边

$$\frac{f(b)-f(a)}{b-a}$$

表示过曲线 $y=f(x)$ 两端点 $A(a,f(a))$ 和 $B(b,f(b))$ 的直线斜率, 所以拉格朗日中值定理就是在 (a,b) 内找一点 ξ, 使得曲线 $y=f(x)$ 在点 $C(\xi,f(\xi))$ 处的切线斜率

$$f'(\xi)=\frac{f(b)-f(a)}{b-a},$$

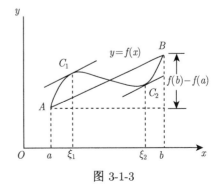

图 3-1-3

如图 3-1-3 所示.

证　作辅助函数

$$F(x) = f(x) - \frac{f(b) - f(a)}{b - a} x,$$

由于 $f(x)$ 在 $[a, b]$ 上连续, 在 (a, b) 内可导, 故 $F(x)$ 在 $[a, b]$ 上连续, 在 (a, b) 内可导. 又

$$F(a) = f(a) - \frac{f(b) - f(a)}{b - a} \cdot a = \frac{bf(a) - af(b)}{b - a},$$

$$F(b) = f(b) - \frac{f(b) - f(a)}{b - a} \cdot b = \frac{bf(a) - af(b)}{b - a},$$

即

$$F(a) = F(b),$$

所以 $F(x)$ 在 $[a, b]$ 上满足罗尔定理的三个条件. 因此, $\exists \xi \in (a, b)$, 使得 $F'(\xi) = 0$. 即

$$f'(\xi) = \frac{f(b) - f(a)}{b - a}.$$

由于等式 $f'(\xi) = \dfrac{f(b) - f(a)}{b - a}$ 等价于

$$f(b) - f(a) = f'(\xi)(b - a).$$

拉格朗日中值定理实际上是罗尔定理的推广情形, 也是微分学中十分重要的定理, 有时也称拉格朗日中值定理为**微分中值定理**.

若函数 $f(x)$ 在区间 I 上可导, $x_1, x_2 \in I$, 则由拉格朗日中值定理: 存在介于 x_1 与 x_2 中间的 ξ, 使得

$$f(x_2) - f(x_1) = f'(\xi)(x_2 - x_1)$$

或

$$f(x_2) - f(x_1) = f'[x_1 + \theta(x_2 - x_1)](x_2 - x_1)(0 < \theta < 1).$$

例 5　证明: 当 $0 < a < b$ 时, 有 $1 - \dfrac{a}{b} < \ln \dfrac{b}{a} < \dfrac{b}{a} - 1$.

证　令 $f(x) = \ln x, x \in [a, b]$, 则

$$f'(x) = \frac{1}{x},$$

在 $[a, b]$ 上, 对函数 $f(x)$ 应用拉格朗日中值定理, 得

$$\ln \frac{b}{a} = \ln b - \ln a = \frac{1}{\xi}(b - a),$$

其中 $a < \xi < b$, 于是

$$\frac{1}{b} < \frac{1}{\xi} < \frac{1}{a},$$

所以

$$1 - \frac{a}{b} < \ln \frac{b}{a} < \frac{b}{a} - 1.$$

推论 1　若函数 $f(x)$ 在区间 I 上的导数恒为 0, 则 $f(x)$ 在 I 上是一个常数函数.

证 设 $\forall x_1, x_2 \in I$, 且 $x_1 < x_2$, 由题设可知, $f(x)$ 在 $[x_1, x_2]$ 上连续, 在 (x_1, x_2) 内可导, 则 $f(x)$ 在 $[x_1, x_2]$ 上可应用拉格朗日中值定理, 即 $\exists \xi \in (x_1, x_2)$, 使得

$$f(x_2) - f(x_1) = f'(\xi)(x_2 - x_1),$$

由题设可知 $f'(\xi) = 0$, 故

$$f(x_2) - f(x_1) = 0,$$

再由 x_1, x_2 的任意性可知, $f(x)$ 在 I 上的函数值总是相等的, 即为常数.

推论 2 设 $f(x)$, $g(x)$ 在区间 (a, b) 内可导, 且 $f'(x) = g'(x)$, 则 $x \in (a, b)$ 时, $f(x) = g(x) + C$ 其中 C 为常数.

* **推论 3** (导数的极限定理) 若函数 $f(x)$ 在 x_0 点的某邻域 $U(x_0)$ 内连续, 在某去心邻域 $\overset{\circ}{U}(x_0)$ 内可导.

(1) 若导数 $f'(x)$ 在 x_0 点的右极限存在, 设 $f'(x_0^+) = \lim\limits_{x \to x_0^+} f'(x) = A$, 则 $f(x)$ 在 x_0 点的右导数 $f'_+(x_0)$ 存在, 且 $f'_+(x_0) = f'(x_0^+) = A$;

(2) 若导数 $f'(x)$ 在 x_0 点的左极限存在, 设 $f'(x_0^-) = \lim\limits_{x \to x_0^-} f'(x) = A$, 则 $f(x)$ 在 x_0 点的左导数 $f'_-(x_0)$ 存在, 且 $f'_-(x_0) = f'(x_0^-) = A$;

(3) 若导数 $f'(x)$ 在 x_0 点的极限存在, 设 $\lim\limits_{x \to x_0} f'(x) = A$, 则 $f(x)$ 在 x_0 点的导数 $f'(x_0)$ 存在, 且 $f'(x_0) = \lim\limits_{x \to x_0} f'(x) = A$.

证 (1) 对任意点 $x \in \overset{\circ}{U}(x_0)$, 且 $x_0 < x$, 则函数 $f(t)$ 在 $[x_0, x]$ 上连续, 在 (x_0, x) 内可导, 由拉格朗日中值定理, $\exists \xi \in (x_0, x)$, 使得

$$\frac{f(x) - f(x_0)}{x - x_0} = f'(\xi)$$

于是由已知条件可得

$$\lim_{x \to x_0^+} \frac{f(x) - f(x_0)}{x - x_0} = \lim_{x \to x_0^+} f'(\xi) = f'(x_0^+) = A,$$

即

$$f'_+(x_0) = f'(x_0^+) = A.$$

(2) 与 (1) 的证明相同, 证明略.

(3) 因为 $\lim\limits_{x \to x_0} f'(x) = A$ 等价于 $f'(x_0^-) = f'(x_0^+) = A$, 所以由 (1) 与 (2) 可得 $f'(x_0) = \lim\limits_{x \to x_0} f'(x) = A$.

推论 3 说明: 如果函数 $f(x)$ 的导函数 $f'(x)$ 在 x_0 点的极限 $\lim\limits_{x \to x_0} f'(x)$ 存在 (或 $f'(x)$ 在 x_0 点的右极限 $f'(x_0^+) = \lim\limits_{x \to x_0^+} f'(x)$ 存在, 或 $f'(x)$ 在 x_0 点的左极限 $f'(x_0^-) = \lim\limits_{x \to x_0^-} f'(x)$ 存在), 则 $f(x)$ 在 x_0 点可导 (或右导数, 或左导数存在), 且 $f'(x_0) = \lim\limits_{x \to x_0} f'(x)$(或 $f'_+(x_0) =$

$f'(x_0^+)$, 或 $f'_-(x_0) = f'(x_0^-)$). 反过来, 如果 $f(x)$ 在 x_0 点可导 (或右导数存在, 或左导数存在), 不能推出极限 $\lim\limits_{x \to x_0} f'(x)$ 存在.

一般来说, 函数在某点的极限 (右极限或左极限) 存在并不一定说明函数在该点连续 (右连续, 或左连续). 但推论 3 说明导数在某点的极限 (右极限, 或左极限) 存在, 则导数在该点连续 (右连续, 或左连续). 由此得到导数的又一个重要特性. 若函数 $f(x)$ 在区间 I 上可导, 则导数 $f'(x)$ 在区间 I 上不存在第一类间断点.

例 6 求函数

$$f(x) = \begin{cases} x^2 \cos \dfrac{1}{x}, & x \neq 0, \\ 0, & x = 0 \end{cases}$$

的导数, 并说明 $\lim\limits_{x \to 0} f'(x)$ 不存在.

解 当 $x \neq 0$ 时,

$$f'(x) = 2x \cos \frac{1}{x} + \sin \frac{1}{x};$$

当 $x = 0$ 时

$$f'(0) = \lim_{x \to 0} \frac{f(x) - f(0)}{x} = \lim_{x \to 0} \frac{x^2 \cos \dfrac{1}{x}}{x} = 0.$$

所以

$$f'(x) = \begin{cases} 2x \cos \dfrac{1}{x} + \sin \dfrac{1}{x}, & x \neq 0, \\ 0, & x = 0, \end{cases}$$

显然, 极限

$$\lim_{x \to 0} f'(x) = \lim_{x \to 0} \left[x^2 \cos \frac{1}{x} + \sin \frac{1}{x} \right]$$

不存在.

例 6 说明函数的导数 $f'(x)$ 在 $x = 0$ 处不连续, 且 $x = 0$ 显然是 $f'(x)$ 的第二类间端点 (振荡间断点).

例 7 求函数 $f(x) = \begin{cases} x^3, & x \leqslant 0, \\ x^2, & x > 0 \end{cases}$ 的导数.

解 当 $x < 0$ 时,

$$f'(x) = 3x^2,$$

当 $x > 0$ 时,

$$f'(x) = 2x,$$

且

$$f'_-(0) = \lim_{x \to 0^-} f'(x) = \lim_{x \to 0^-} 3x^2 = 0,$$

$$f'_+(0) = \lim_{x \to 0^+} f'(x) = \lim_{x \to 0^+} 2x = 0,$$

于是有

$$f'(0) = 0,$$

所以

$$f'(x) = \begin{cases} 3x^2, & x \leqslant 0, \\ 2x, & x > 0. \end{cases}$$

四、柯西中值定理

定理 4 (柯西中值定理)　如果函数 $f(x), g(x)$ 满足条件:

(1) $f(x), g(x)$ 都在 $[a, b]$ 上连续,

(2) $f(x), g(x)$ 在 (a, b) 内都可导, 且 $g'(x) \neq 0$,

则 $\exists \xi \in (a, b)$, 使

$$\frac{f'(\xi)}{g'(\xi)} = \frac{f(b) - f(a)}{g(b) - g(a)}.$$

如果 $g(x) = x$, 此时的柯西中值定理就是拉格朗日中值定理. 所以拉格朗日中值定理是柯西中值定理的特殊形式, 也为我们证明柯西中值定理提供了思路.

证　作辅助函数

$$F(x) = f(x) - \frac{f(b) - f(a)}{g(b) - g(a)}[g(x) - g(a)],$$

则 $F(x)$ 在 $[a, b]$ 上连续, 在 (a, b) 内可导, 且

$$F(a) = F(b) = f(a),$$

由罗尔定理, $\exists \xi \in (a, b)$, 使得 $F'(\xi) = 0$, 即可推得

$$\frac{f'(\xi)}{g'(\xi)} = \frac{f(b) - f(a)}{g(b) - g(a)}.$$

例 8　设函数 $f(x)$ 在 $[a, b]$ 上连续, 在 (a, b) 内可导, 且 $0 < a < b$, 证明: $\exists \xi \in (a, b)$, 使得

$$f(b) - f(a) = \xi f'(\xi) \ln \frac{b}{a}$$

成立.

证　设 $g(x) = \ln x$, 则 $f(x)$ 与 $g(x)$ 都在 $[a, b]$ 上连续, 在 (a, b) 内可导, 且 $g'(x) = \dfrac{1}{x} \neq 0$, 由柯西中值定理可知, $\exists \xi \in (a, b)$, 使得

$$\frac{f(b) - f(a)}{\ln b - \ln a} = \frac{f'(\xi)}{\dfrac{1}{\xi}},$$

即

$$f(b) - f(a) = \xi f'(\xi) \ln \frac{b}{a}.$$

习 题 3-1

1. 对函数 $y = \ln(1 + \sin x)$ 在区间 $[0, \pi]$ 上验证罗尔定理.

2. 设函数 $f(x)$ 在 $[a, b]$ 上连续, 在 (a, b) 内可导, 证明: $\exists \xi \in (a, b)$, 使

$$\frac{bf(b) - af(a)}{b - a} = f(\xi) + \xi f'(\xi).$$

3. 设 $f(x)$ 在 $[0, \pi]$ 上可导, 试证: 在 $(0, \pi)$ 内至少存在一点 ξ, 使

$$f'(\xi) \sin \xi + f(\xi) \cos \xi = 0.$$

4. 设 $f(x)$ 在 $[0, 1]$ 上连续, 在 $(0, 1)$ 内可导, 且 $f(1) - f(0) = 1$, 求证: $\exists \xi \in (0, 1)$, 使

$$f'(\xi) = 2\xi.$$

5. 设函数 $f(x)$ 在 $[a, b]$ 上连续, 在 (a, b) 内可导, 且 $f'(x) \neq 0$, 则 $\exists \xi, \eta \in (a, b)$, 使得

$$\frac{f'(\xi)}{f'(\eta)} = \frac{\mathrm{e}^b - \mathrm{e}^a}{b - a} \mathrm{e}^{-\eta}.$$

6. 证明: $x \in [0, 1]$ 时, 恒有 $\arcsin x + \arcsin \sqrt{1 - x^2} = \dfrac{\pi}{2}$.

7. 设 $f(x), g(x)$ 在区间 (a, b) 内可导, 且 $f'(x) = g'(x)$, 证明 $x \in (a, b)$ 时, 存在常数 C 使得

$$f(x) = g(x) + C.$$

8. 设 $a > b > 0, n > 1$, 证明:

$$nb^{n-1}(a - b) < a^n - b^n < na^{n-1}(a - b).$$

9. 当 $x > 0$ 时, 证明:

$$\frac{x}{1 + x} < \ln(1 + x) < x.$$

10. 当 $x > 1$ 时, 证明: $\mathrm{e}^x > \mathrm{e}x$.

11. 设 $f(x)$ 在 $[a, b]$ 上连续, 在 (a, b) 内可导, 且 $b > a > 0$. 求证: $\exists \xi \in (a, b)$, 使

$$2\xi[f(b) - f(a)] = (b^2 - a^2) f'(\xi).$$

12. 设 $f(x)$ 在 $[a, b]$ 上连续, 在 (a, b) 内 $f(x)$ 可导且 $f(x) \neq 0$, $f(b) = f(a) = 0$, 且 $b > a > 0$. 试证: 对任意的实数 α, $\exists \xi \in (a, b)$, 使 $f'(\xi) + \alpha f(\xi) = 0$.

13. 设不恒为常数的函数 $f(x)$ 在 $[a, b]$ 上连续, 在 (a, b) 内可导, 且 $f(b) = f(a)$, 证明: $\exists \xi \in (a, b)$, 使得 $f'(\xi) > 0$.

14. 用拉格朗日中值定理的推论讨论函数

$$f(x) = \begin{cases} 3 - x^2, & x \leqslant 1, \\ \dfrac{2}{x}, & x > 1 \end{cases}$$

在 $x = 1$ 处的可导性. 若可导, 求 $f'(1)$.

15. 设 $f(x), g(x)$ 在 $[a, b]$ 上连续, 在 (a, b) 内二阶可导, $f(a) = g(a), f(b) = g(b)$, 且 $f(x), g(x)$ 在 (a, b) 内存在相同的最大值, 证明:

(1) 存在 $\eta \in [a, b]$ 时, 使得 $f(\eta) = g(\eta)$;　　　　(2) 存在 $\xi \in (a, b)$ 时, 使得 $f''(\xi) = g''(\xi)$.

第二节 洛必达法则

在第一章, 我们介绍了极限的概念, 以及求极限的方法. 如果当 $x \to x_0$(或 $x \to x_0^\pm$, $x \to \infty, x \to \pm\infty$) 时, 两个函数 $f(x)$、$g(x)$ 都趋于零或都趋于无穷大, 这时极限

$$\lim_{x \to x_0} \frac{f(x)}{g(x)} \left(\text{或} \lim_{x \to x_0^\pm} \frac{f(x)}{g(x)}, \lim_{x \to \infty} \frac{f(x)}{g(x)}, \lim_{x \to \pm\infty} \frac{f(x)}{g(x)} \right)$$

可能存在, 也可能不存在. 通常称这样的极限

$$\lim_{x \to x_0} \frac{f(x)}{g(x)} \left(\text{或} \lim_{x \to x_0^\pm} \frac{f(x)}{g(x)}, \lim_{x \to \infty} \frac{f(x)}{g(x)}, \lim_{x \to \pm\infty} \frac{f(x)}{g(x)} \right)$$

为 $\dfrac{0}{0}$ 型或 $\dfrac{\infty}{\infty}$ 型的未定式. 由于这两种未定式的极限都不能直接用商的极限运算法则求, 本节在柯西中值定理的基础上, 推出一种利用导数求这类极限的简便方法, 并利用 $\dfrac{0}{0}$ 型或 $\dfrac{\infty}{\infty}$ 型未定式求极限方法导出其他未定式的极限.

一、$\dfrac{0}{0}$ 型未定式

定理 1 (洛必达 (L'Hôspital) 法则) 设

(1) $\lim\limits_{x \to x_0} f(x) = \lim\limits_{x \to x_0} g(x) = 0$;

(2) 在 x_0 的某个去心邻域内, $f'(x), g'(x)$ 都存在, 且 $g'(x) \neq 0$;

(3) $\lim\limits_{x \to x_0} \dfrac{f'(x)}{g'(x)}$ 存在 (或为无穷大),

则

$$\lim_{x \to x_0} \frac{f(x)}{g(x)} = \lim_{x \to x_0} \frac{f'(x)}{g'(x)}.$$

证 因为极限 $\lim\limits_{x \to \infty} \dfrac{f(x)}{g(x)}$ 与函数 $f(x),(x)$ 在 $x = x_0$ 处的值无关, 所以不妨重新定义 $f(x_0) = g(x_0) = 0$, 设 x 是 x_0 的去心邻域内的任一点, 再由条件 (1)、(2) 可知, 在以 x_0、x 为端点的闭区间上, 对在 $x = x_0$ 处重新定义后的函数 $f(x), g(x)$, 满足柯西中值定理的条件, 故

$$\frac{f(x)}{g(x)} = \frac{f(x) - f(x_0)}{g(x) - g(x_0)} = \frac{f'(\xi)}{g'(\xi)},$$

其中 ξ 介于 x_0 与 x 之间. 对上式求 $x \to x_0$ 时的极限, 由于当 $x \to x_0$ 时, 必有 $\xi \to x_0$. 再由条件 (3), 得

$$\lim_{x \to x_0} \frac{f(x)}{g(x)} = \lim_{\xi \to x_0} \frac{f'(\xi)}{g'(\xi)} = \lim_{x \to x_0} \frac{f'(x)}{g'(x)}.$$

定理 1 说明, 当 $\lim\limits_{x \to x_0} \dfrac{f'(x)}{g'(x)}$ 存在时, $\lim\limits_{x \to x_0} \dfrac{f(x)}{g(x)}$ 也存在, 且等于 $\lim\limits_{x \to x_0} \dfrac{f'(x)}{g'(x)}$; 当 $\lim\limits_{x \to x_0} \dfrac{f'(x)}{g'(x)}$ 为无穷大量时, $\lim\limits_{x \to x_0} \dfrac{f(x)}{g(x)}$ 也为无穷大量.

必须指出, 若 $\lim\limits_{x \to x_0} \dfrac{f'(\xi)}{g'(\xi)}$ 仍为 $\dfrac{0}{0}$ 型, 且 $f'(x), g'(x)$ 仍能满足定理 1 中的条件 (1)、(2)、(3),

则对 $f'(x), g'(x)$ 可继续用洛必达法则, 得

$$\lim\limits_{x \to x_0} \frac{f(x)}{g(x)} = \lim\limits_{x \to x_0} \frac{f'(x)}{g'(x)} = \lim\limits_{x \to x_0} \frac{f''(x)}{g''(x)}.$$

且可以此类推下去, 直到求出极限为止.

另外, 定理 1 中的 $x \to x_0$ 改为: $x \to x_0^-$、$x \to x_0^+$ 等时, 其结论仍成立, 在此就不一一论述了.

例 1　计算 $\lim\limits_{x \to 0} \dfrac{x - \sin x}{x^3}$.

解　这是 $\dfrac{0}{0}$ 型未定式, 于是由洛必达法则

$$\lim\limits_{x \to 0} \frac{x - \sin x}{x^3} = \lim\limits_{x \to 0} \frac{1 - \cos x}{3x^2} = \lim\limits_{x \to 0} \frac{\sin x}{6x} = \frac{1}{6}.$$

必须指出, 不是未定式的极限不能用洛必达法则求解. 从定理 1 可看出, 洛必达法则的条件是充分的而不是必要的, 因此当 $\lim\limits_{x \to x_0} \dfrac{f'(x)}{g'(x)}$ 不存在 (不包括 ∞) 时, 虽不能应用洛必达法则求解, 但这时极限 $\lim\limits_{x \to x_0} \dfrac{f(x)}{g(x)}$ 仍可能存在.

例 2　计算 $\lim\limits_{x \to 0} \dfrac{x^2 \sin \dfrac{1}{x}}{\sin x}$.

解　这是 $\dfrac{0}{0}$ 型未定式,

$$\lim\limits_{x \to 0} \frac{x^2 \sin \dfrac{1}{x}}{\sin x} = \lim\limits_{x \to 0} \frac{x}{\sin x} \cdot \lim\limits_{x \to 0} x \sin \frac{1}{x} = 1 \times 0 = 0.$$

注　该题不能用洛必达法则求解, 因为用洛必达法则计算时,

$$\begin{aligned}
\lim\limits_{x \to 0} \frac{x^2 \sin \dfrac{1}{x}}{\sin x} &= \lim\limits_{x \to 0} \frac{2x \sin \dfrac{1}{x} + x^2 \cos \dfrac{1}{x} \left(-\dfrac{1}{x^2}\right)}{\cos x} \\
&= \lim\limits_{x \to 0} \frac{2x \sin \dfrac{1}{x} - \cos \dfrac{1}{x}}{\cos x},
\end{aligned}$$

而上式中 $\lim\limits_{x \to 0} \dfrac{2x \sin \dfrac{1}{x} - \cos \dfrac{1}{x}}{\cos x}$ 不存在.

例 3　计算 $\lim\limits_{x \to 0} \dfrac{\cos x - \sqrt{1-x}}{x^3}$.

解　这是 $\dfrac{0}{0}$ 型未定式, 于是由洛必达法则

$$\lim\limits_{x \to 0} \frac{\cos x - \sqrt{1-x}}{x^3} = \lim\limits_{x \to 0} \frac{-\sin x - \dfrac{-1}{2\sqrt{1-x}}}{3x^2} = \infty.$$

例 4 计算 $\displaystyle\lim_{x\to 1}\frac{x^3-3x+2}{x^3-x^2-x+1}$.

解 这是 $\dfrac{0}{0}$ 型未定式, 于是由洛必达法则

$$\lim_{x\to 1}\frac{x^3-3x+2}{x^3-x^2-x+1}=\lim_{x\to 1}\frac{3x^2-3}{3x^2-2x-1}$$
$$=\lim_{x\to 1}\frac{6x}{6x-2}=\frac{6}{6-2}=\frac{3}{2}.$$

例 5 计算 $\displaystyle\lim_{x\to 0}\frac{\mathrm{e}^{x^2}-\mathrm{e}^{2-2\cos x}}{x^4}$.

解 这是 $\dfrac{0}{0}$ 型未定式, 于是由洛必达法则

$$\lim_{x\to 0}\frac{\mathrm{e}^{x^2}-\mathrm{e}^{2-2\cos x}}{x^4}=\lim_{x\to 0}\frac{\mathrm{e}^{x^2-2+2\cos x}-1}{x^4}\mathrm{e}^{2-2\cos x}$$
$$=\lim_{x\to 0}\frac{\mathrm{e}^{x^2-2+2\cos x}-1}{x^4}=\lim_{x\to 0}\frac{x^2-2+2\cos x}{x^4}$$
$$=\lim_{x\to 0}\frac{2x-2\sin x}{4x^3}=\frac{1}{2}\lim_{x\to 0}\frac{x-\sin x}{x^3}$$
$$=\frac{1}{2}\lim_{x\to 0}\frac{1-\cos x}{3x^2}=\frac{1}{12}.$$

例 6 计算 $\displaystyle\lim_{x\to 0}\frac{\mathrm{e}-\mathrm{e}^{\cos x}}{\sqrt{1+x^2}-1}$.

解 这是 $\dfrac{0}{0}$ 型未定式, 于是由洛必达法则

$$\lim_{x\to 0}\frac{\mathrm{e}-\mathrm{e}^{\cos x}}{\sqrt{1+x^2}-1}=\lim_{x\to 0}\frac{\mathrm{e}-\mathrm{e}^{\cos x}}{x^2}(\sqrt{1+x^2}+1)$$
$$=2\lim_{x\to 0}\frac{\mathrm{e}-\mathrm{e}^{\cos x}}{x^2}=2\lim_{x\to 0}\frac{\mathrm{e}^{\cos x}\sin x}{2x}=\mathrm{e}.$$

例 7 已知函数 $g(x)$ 满足 $g(0)=g'(0)=0,\ g''(0)=6$, 设

$$f(x)=\begin{cases}\dfrac{g(x)}{x}, & x\neq 0,\\[2mm]0, & x=0,\end{cases}$$

试求 $f'(0)$.

解 因为当 $x\neq 0$ 时,
$$\frac{f(x)-f(0)}{x-0}=\frac{g(x)}{x^2},$$

且当 $x\to 0$ 时, 这是 $\dfrac{0}{0}$ 型未定式, 于是由导数定义及洛必达法则

$$f'(0)=\lim_{x\to 0}\frac{f(x)-f(0)}{x-0}=\lim_{x\to 0}\frac{g(x)}{x^2}=\lim_{x\to 0}\frac{g'(x)}{2x}$$
$$=\frac{1}{2}\lim_{x\to 0}\frac{g'(x)-g'(0)}{x-0}=\frac{1}{2}g''(0)=3.$$

关于当 $x \to \infty$ 时的 $\dfrac{0}{0}$ 型未定式, 也有类似的洛必达法则. 只要令 $x = \dfrac{1}{t}$, 则当 $x \to \infty$ 时, $t \to 0$, 这时

$$\lim_{x \to \infty} \frac{f(x)}{g(x)} = \lim_{t \to 0} \frac{f\left(\dfrac{1}{t}\right)}{g\left(\dfrac{1}{t}\right)} = \lim_{t \to 0} \frac{f'\left(\dfrac{1}{t}\right)\left(-\dfrac{1}{t^2}\right)}{g'\left(\dfrac{1}{t}\right)\left(-\dfrac{1}{t^2}\right)}$$

$$= \lim_{t \to 0} \frac{f'\left(\dfrac{1}{t}\right)}{g'\left(\dfrac{1}{t}\right)} = \lim_{x \to \infty} \frac{f'(x)}{g'(x)}.$$

由此可得

定理 2 (洛必达 (L'Hôspital) 法则)　设

(1) $\lim\limits_{x \to \infty} f(x) = \lim\limits_{x \to \infty} g(x) = 0$;

(2) $\exists X,$ 当 $|x| > X$ 时, $f'(x),\ g'(x)$ 都存在, 且 $g'(x) \neq 0$;

(3) $\lim\limits_{x \to \infty} \dfrac{f'(x)}{g'(x)}$ 存在 (或为无穷大),

则

$$\lim_{x \to \infty} \frac{f(x)}{g(x)} = \lim_{x \to \infty} \frac{f'(x)}{g'(x)}.$$

定理 2 称为 $x \to \infty$ 时 $\dfrac{0}{0}$ 型的洛必达法则. 另外, 定理 2 中的 $x \to \infty$ 改为 $x \to +\infty$、$x \to -\infty$ 等情形是仍有相同的结论, 在此也不再一一叙述了.

例 8　计算 $\lim\limits_{x \to +\infty} \dfrac{\dfrac{\pi}{2} - \arctan x}{x^{-1}}$.

解　这是 $\dfrac{0}{0}$ 型未定式, 于是由洛必达法则

$$\lim_{x \to +\infty} \frac{\dfrac{\pi}{2} - \arctan x}{x^{-1}} = \lim_{x \to +\infty} \frac{\dfrac{\pi}{2} - \arctan x}{\dfrac{1}{x}} = \lim_{x \to +\infty} \frac{-\dfrac{1}{1+x^2}}{-\dfrac{1}{x^2}} = \lim_{x \to +\infty} \frac{x^2}{1+x^2} = 1.$$

二、$\dfrac{\infty}{\infty}$ 型未定式

对于 $x \to x_0$ (或 $x \to \infty$) 时 $\dfrac{\infty}{\infty}$ 型的未定型, 也有类似的洛必达法则, 但证明方法不能套用 $\dfrac{0}{0}$ 的证明方法与思路.

定理 3 (洛必达 (L'Hôspital) 法则)　设

(1) $\lim\limits_{x \to x_0} f(x) = \lim\limits_{x \to x_0} g(x) = \infty$;

(2) $f'(x)$、$g'(x)$ 在 x_0 点的某去心邻域 $\overset{\circ}{U}(x_0)$ 内都存在, 且 $g'(x) \neq 0$;

(3) $\lim\limits_{x \to x_0} \dfrac{f'(x)}{g'(x)}$ 存在 (或为无穷大),

则

$$\lim_{x \to x_0} \frac{f(x)}{g(x)} = \lim_{x \to x_0} \frac{f'(x)}{g'(x)}$$

*证　因为 $\lim\limits_{x \to x_0} \dfrac{f'(x)}{g'(x)}$ 存在, 设 $\lim\limits_{x \to x_0} \dfrac{f'(x)}{g'(x)} = A$, 只考虑 $A \neq \infty$ 的情形; 若 $A = \infty$ 时, 可以利用无穷大与无穷小的关系即可转化为 $A = 0$ 的特殊情况.

对 $\forall \varepsilon > 0$, 由极限的定义, $\exists \sigma > 0$, 当 $0 < |x - x_0| < \sigma$ 时, 都有

$$\left| \frac{f'(x)}{g'(x)} - A \right| < \frac{\varepsilon}{2}.$$

任意固定 b, 并满足 $0 < |b - x_0| < \sigma$, 不妨设 $b > x_0$, 此时仍有: $\left| \dfrac{f'(b)}{g'(b)} - A \right| < \dfrac{\varepsilon}{2}$. 因为

$$\begin{aligned} \left| \frac{f(x)}{g(x)} - A \right| &= \left| \frac{f(x)}{g(x)} - \frac{f(b) - f(x)}{g(b) - g(x)} + \frac{f(b) - f(x)}{g(b) - g(x)} - A \right| \\ &\leqslant \left| \frac{f(x)}{g(x)} - \frac{f(b) - f(x)}{g(b) - g(x)} \right| + \left| \frac{f(b) - f(x)}{g(b) - g(x)} - A \right|. \end{aligned}$$

对 $\forall x \in (-b, x_0) \cup (x_0, b)$, 由柯西中值定理, 存在介于 x 与 b 之间的 ξ, 使得

$$\frac{f(b) - f(x)}{g(b) - g(x)} = \frac{f'(\xi)}{g'(\xi)},$$

于是有

$$\left| \frac{f(b) - f(x)}{g(b) - g(x)} - A \right| = \left| \frac{f'(\xi)}{g'(\xi)} - A \right| < \frac{\varepsilon}{2}.$$

由此说明 $\dfrac{f(b) - f(x)}{g(b) - g(x)}$ 在 $(-b, x_0) \cup (x_0, b)$ 上是有界的, 即存在 $M > 0$, 当 $x \in (-b, x_0) \cup (x_0, b)$ 时有

$$\left| \frac{f(b) - f(x)}{g(b) - g(x)} \right| \leqslant M.$$

注意到

$$\frac{f(x)}{g(x)} - \frac{f(b) - f(x)}{g(b) - g(x)} = \frac{f(b) - f(x)}{g(b) - g(x)} \left(\frac{\dfrac{g(b)}{g(x)} - 1}{\dfrac{f(b)}{f(x)} - 1} - 1 \right).$$

又因为

$$\lim_{x \to x_0} \left(\frac{\dfrac{g(b)}{g(x)} - 1}{\dfrac{f(b)}{f(x)} - 1} - 1 \right) = 0,$$

则对上述的 $\varepsilon > 0$, $\exists \delta \in (0, \sigma)$, 当 $0 < |x - x_0| < \delta$ 时, 都有

$$\left| \frac{\dfrac{g(b)}{g(x)} - 1}{\dfrac{f(b)}{f(x)} - 1} - 1 \right| < \frac{\varepsilon}{2M}.$$

于是有

$$\left| \frac{f(x)}{g(x)} - \frac{f(b) - f(x)}{g(b) - g(x)} \right| < \frac{\varepsilon}{2}.$$

综合上述讨论可知: 对 $\forall \varepsilon > 0, \exists \delta \in (0, \sigma)$, 当 $0 < |x - x_0| < \delta$ 时, 都有

$$\left| \frac{f(x)}{g(x)} - A \right| < \varepsilon,$$

即 $\lim\limits_{x \to x_0} \dfrac{f(x)}{g(x)} = A$. 所以有 $\lim\limits_{x \to x_0} \dfrac{f(x)}{g(x)} = \lim\limits_{x \to x_0} \dfrac{f'(x)}{g'(x)}$.

把定理 3 中的 $x \to x_0$ 改为: $x \to x_0^{\pm}$、$x \to \infty$、$x \to \pm\infty$ 等情形时, 其结论仍成立.

例 9　计算 $\lim\limits_{x \to 0^+} \dfrac{\ln \sin x}{\ln(x - \sin x)}$.

解　这是 $\dfrac{\infty}{\infty}$ 型未定式, 并注意到等价无穷小的应用, 于是由洛必达法则

$$\lim\limits_{x \to 0^+} \frac{\ln \sin x}{\ln(x - \sin x)} = \lim\limits_{x \to 0^+} \frac{\cos x(x - \sin x)}{\sin x(1 - \cos x)}$$
$$= 2 \lim\limits_{x \to 0^+} \frac{x - \sin x}{x^3} = 2 \lim\limits_{x \to 0^+} \frac{1 - \cos x}{3x^2} = \frac{1}{3}.$$

例 10　计算 $\lim\limits_{x \to +\infty} \dfrac{x^\beta}{\mathrm{e}^{\lambda x}} (\beta > 0, \lambda > 0)$.

解　因为 $\beta > 0$, 则存在非负正数 n, 使得: $n < \beta \leqslant n + 1$. 于是由 $\dfrac{\infty}{\infty}$ 型的洛必达法则, 并进行 $n + 1$ 次:

$$\lim\limits_{x \to +\infty} \frac{x^\beta}{\mathrm{e}^{\lambda x}} = \lim\limits_{x \to +\infty} \frac{\beta x^{\beta-1}}{\lambda \mathrm{e}^{\lambda x}}$$
$$= \lim\limits_{x \to +\infty} \frac{\beta(\beta - 1)x^{\beta-2}}{\lambda^2 \mathrm{e}^{\lambda x}} = \cdots = \lim\limits_{x \to +\infty} \frac{\beta(\beta - 1) \cdots (\beta - n)x^{\beta-n-1}}{\lambda^{n+1} \mathrm{e}^{\lambda x}} = 0.$$

注　一般地, 当 $\beta > 0, \lambda > 0, a > 1$ 时, 有 $\lim\limits_{x \to +\infty} \dfrac{x^\beta}{a^{\lambda x}} = 0$, 并可以作为结果来应用, 例如 $\lim\limits_{x \to +\infty} \dfrac{x^{10}}{2^{\frac{x}{20}}} = 0$.

例 11　计算 $\lim\limits_{x \to +\infty} \dfrac{(\ln x)^\beta}{x^\alpha} (\beta > 0, \alpha > 0)$.

解　因为 $\beta > 0$, 则存在非负正数 n, 使得 $n < \beta \leqslant n + 1$. 于是由 $\dfrac{\infty}{\infty}$ 型的洛必达法则, 并进行 $n + 1$ 次:

$$\lim\limits_{x \to +\infty} \frac{(\ln x)^\beta}{x^\alpha} = \lim\limits_{x \to +\infty} \frac{\beta(\ln x)^{\beta-1}\dfrac{1}{x}}{\alpha x^{\alpha-1}} = \lim\limits_{x \to +\infty} \frac{\beta(\ln x)^{\beta-1}}{\alpha x^\alpha}$$
$$= \lim\limits_{x \to +\infty} \frac{\beta(\beta - 1)(\ln x)^{\beta-2}}{\alpha^2 x^\alpha} = \cdots = \lim\limits_{x \to +\infty} \frac{\beta(\beta - 1) \cdots (\beta - n)(\ln x)^{\beta-n-1}}{\alpha^{n+1} x^\alpha} = 0.$$

注　该题可以作为结果来应用, 例如 $\lim\limits_{x \to +\infty} \dfrac{(\ln x)^{10}}{\sqrt[6]{x}} = 0$.

例 12　计算 $\lim\limits_{x \to \infty} \dfrac{x + \sin x}{x + \cos x}$.

解 这是 $\dfrac{\infty}{\infty}$ 型未定式, 于是

$$\lim_{x \to \infty} \frac{x + \sin x}{x + \cos x} = \lim_{x \to \infty} \frac{1 + \dfrac{\sin x}{x}}{1 + \dfrac{\cos x}{x}} = 1.$$

该题不能用洛必达法则求解, 因为用洛必达法则计算时,

$$\lim_{x \to \infty} \frac{x + \sin x}{x + \cos x} = \lim_{x \to \infty} \frac{1 + \cos x}{1 - \sin x}$$

而上式中不存在.

注 定理 3 中, 若 $\lim\limits_{x \to \infty} \dfrac{f'(x)}{g'(x)}$ 不存在时, 极限 $\lim\limits_{x \to \infty} \dfrac{f(x)}{g(x)}$ 有可能存在.

三、 其他类型未定式

关于 $0 \cdot \infty$, $\infty - \infty$, 0^0, 1^∞, ∞^0 这些未定式的极限, 一般可以用代数的方法, 即恒等变形, 先将他们化归为 $\dfrac{0}{0}$ 型或 $\dfrac{\infty}{\infty}$ 型的基本未定式, 再用洛必达法则求解. 下文以 $x \to x_0$ 这一自变量变化过程为例, 作恒等变形.

若 $f(x) \to 0$, $g(x) \to \infty$, 则 $\lim\limits_{x \to x_0} f(x) \cdot g(x)$ 为 $0 \cdot \infty$ 型未定式, 可利用

$$f(x) \cdot g(x) = \frac{f(x)}{\dfrac{1}{g(x)}} \left(\text{或} \frac{g(x)}{\dfrac{1}{f(x)}} \ (f(x) \neq 0) \right),$$

从而化为 $\dfrac{0}{0}$ 型 $\left(\text{或} \dfrac{\infty}{\infty} \text{型} \right)$.

若 $\lim\limits_{x \to x_0} [f(x) - g(x)]$ 为 $\infty - \infty$ 型未定式, 则可利用通分, 将它们化为 $\dfrac{0}{0}$ 型或 $\dfrac{\infty}{\infty}$ 型.

若 $\lim\limits_{x \to x_0} f(x)^{g(x)}$ 为 0^0 型, 或 1^∞ 型, 或 ∞^0 型的未定式, 可设 $y = f(x)^{g(x)}$, 对 $y = f(x)^{g(x)}$ 进行恒等变形为

$$y = f(x)^{g(x)} = e^{[g(x) \ln f(x)]}.$$

于是, 0^0 型, 或 1^∞ 型, 或 ∞^0 型转化为 $0 \cdot \infty$ 型的未定式极限问题. 假设其极限

$$\lim_{x \to x_0} \ln y = \lim_{x \to x_0} [g(x) \cdot \ln f(x)] = A(\text{或} + \infty \text{或} - \infty),$$

则

$$\lim_{x \to x_0} f(x)^{g(x)} = \lim_{x \to x_0} y = \lim_{x \to x_0} e^{\ln y} = e^A(\text{或} + \infty \text{或} 0).$$

例 13 计算 $\lim\limits_{x \to 0^+} x^a (\ln x)^n (a > 0, n$ 为自然数$)$.

解 这是 $0 \cdot \infty$ 型未定式, 于是

$$\lim_{x \to 0^+} x^a (\ln x)^n = \lim_{x \to 0^+} \frac{(\ln x)^n}{x^{-a}} = \lim_{x \to 0^+} \frac{n(\ln x)^{n-1} \dfrac{1}{x}}{-a x^{-a-1}}$$

$$= \lim_{x \to 0^+} \frac{n(\ln x)^{n-1}}{-ax^{-a}} = \lim_{x \to 0^+} \frac{n(n-1)(\ln x)^{n-2}\frac{1}{x}}{a^2 x^{-a-1}}$$

$$= \lim_{x \to 0^+} \frac{n(n-1)(\ln x)^{n-2}}{a^2 x^{-a}} = \cdots = \lim_{x \to 0^+} \frac{n!}{(-1)^n a^n x^{-a}} = \lim_{x \to 0^+} \frac{n! x^a}{(-1)^n a^n} = 0.$$

注   该题可以作为结果来应用, 例如 $\lim\limits_{x \to 0^+} \sqrt{x}(\ln x)^{10} = 0$.

例 14   计算 $\lim\limits_{x \to 1} \left(\dfrac{m}{1 - x^m} - \dfrac{n}{1 - x^n} \right) (m \neq n)$.

解   这是 $\infty - \infty$ 型未定式, 于是

$$\lim_{x \to 1} \left(\frac{m}{1 - x^m} - \frac{n}{1 - x^n} \right) = \lim_{x \to 1} \frac{m\left(1 - x^n\right) - n\left(1 - x^m\right)}{\left(1 - x^n\right)\left(1 - x^m\right)}$$

$$= \lim_{x \to 1} \frac{m\left(1 - x^n\right) - n\left(1 - x^m\right)}{\left(1 - x\right)^2}$$

$$\cdot \lim_{x \to 1} \frac{1}{\left(1 + x + \cdots + x^{m-1}\right)\left(1 + x + \cdots + x^{n-1}\right)}$$

$$= \frac{1}{mn} \lim_{x \to 1} \frac{-mnx^{n-1} + mnx^{m-1}}{-2\left(1 - x\right)} = \lim_{x \to 1} \frac{x^{m-1} - x^{n-1}}{2\left(x - 1\right)}$$

$$= \lim_{x \to 1} \frac{(m-1)x^{m-2} - (n-1)x^{n-2}}{2} = \frac{m - n}{2}.$$

例 15   计算 $\lim\limits_{x \to 0^+} x^{\frac{1}{1 + \ln x}}$.

解   这是 0^0 型未定式, 于是

$$\lim_{x \to 0^+} x^{\frac{1}{1 + \ln x}} = \lim_{x \to 0^+} \mathrm{e}^{\frac{\ln x}{1 + \ln x}} = \mathrm{e}.$$

例 16   计算 $\lim\limits_{x \to 0^+} x^{2x}$.

解   这是 0^0 型未定式. 令 $y = x^{2x}$, 两边取对数得

$$\ln y = 2x \cdot \ln x,$$

由于

$$\lim_{x \to 0^+} \ln y = \lim_{x \to 0^+} (2x \cdot \ln x) = \lim_{x \to 0^+} \frac{\ln x}{\frac{1}{2x}} = \lim_{x \to 0^+} \frac{\frac{1}{x}}{-\frac{1}{2x^2}} = \lim_{x \to 0^+} (-2x) = 0,$$

所以

$$\lim_{x \to 0^+} x^{2x} = \lim_{x \to 0^+} y = \lim_{x \to 0^+} \mathrm{e}^{\ln y} = \mathrm{e}^0 = 1.$$

在计算未定式极限时, 经常与等价无穷小量、两个重要极限相结合, 可以简化未定式.

例 17   计算 $\lim\limits_{x \to 0} \left(\dfrac{\sin x}{x} \right)^{\frac{1}{\arctan x}}$.

解 这是 1^∞ 型未定式, 于是

$$\lim_{x \to 0} \left(\frac{\sin x}{x} \right)^{\frac{1}{\arctan x}} = \lim_{x \to 0} \left(1 + \frac{\sin x}{x} - 1 \right)^{\frac{1}{\arctan x}} = \lim_{x \to 0} \left(1 + \frac{\sin x - x}{x} \right)^{\frac{1}{\arctan x}}$$

$$= \lim_{x \to 0} \left(1 + \frac{\sin x - x}{x} \right)^{\frac{x}{\sin x - x} \cdot \frac{\sin x - x}{x \arctan x}} = \lim_{x \to 0} \mathrm{e}^{\frac{\sin x - x}{x \arctan x}}$$

因为

$$\lim_{x \to 0} \frac{\sin x - x}{x \arctan x} = \lim_{x \to 0} \frac{\sin x - x}{x^2} = \lim_{x \to 0} \frac{\cos x - 1}{2x} = 0,$$

所以

$$\lim_{x \to 0} \left(\frac{\sin x}{x} \right)^{\frac{1}{\arctan x}} = \mathrm{e}^0 = 1.$$

习　题　3-2

1. 用洛必达法则求下列极限.

(1) $\lim\limits_{x \to a} \dfrac{x^m - a^m}{x^n - a^n} (a > 0, m > 0, n > 0)$;

(2) $\lim\limits_{x \to a} \dfrac{\sin x - \sin a}{x^2 - a^2} (a \neq 0)$;

(3) $\lim\limits_{x \to 0} \dfrac{\mathrm{e}^x - 2^x}{x}$;

(4) $\lim\limits_{x \to 0} \dfrac{\cos \alpha x - \cos \beta x}{x^2} (\alpha\beta \neq 0)$;

(5) $\lim\limits_{x \to 0} \dfrac{\mathrm{e}^x - 1}{x\mathrm{e}^x + \mathrm{e}^x - 1}$;

(6) $\lim\limits_{x \to 0} \dfrac{x - \sin x}{x^3}$;

(7) $\lim\limits_{x \to 0} \dfrac{\arctan x - \sin x}{x^3}$;

(8) $\lim\limits_{x \to 0} \dfrac{\ln\left(1 + x^2\right)}{\sec x - \cos x}$;

(9) $\lim\limits_{x \to 0} \left(\dfrac{1}{x} - \dfrac{1}{\mathrm{e}^x - 1} \right)$;

(10) $\lim\limits_{x \to 0^+} x^{\sin x}$;

(11) $\lim\limits_{x \to \infty} \left(1 + x^2\right)^{\frac{1}{x}}$;

(12) $\lim\limits_{x \to 0} \dfrac{\mathrm{e}^x \sin x - x\left(1 + x\right)}{x^3}$;

(13) $\lim\limits_{x \to \frac{\pi}{4}} \left(\tan x\right)^{\frac{1}{\cos x - \sin x}}$;

(14) $\lim\limits_{x \to 0} \dfrac{\left[\sin x - \sin(\sin x)\right]\sin x}{x^4}$.

2. 求下列极限.

(1) $\lim\limits_{x \to 0} \left[\dfrac{1}{x} - \dfrac{\ln(1 + x)}{x^2} \right]$;

(2) $\lim\limits_{x \to 0^+} \left(\dfrac{1}{x} \right)^{\tan x}$;

(3) $\lim\limits_{x \to +\infty} x^{\arcsin \frac{1}{x}}$;

(4) $\lim\limits_{x \to 0} \dfrac{(1 - \cos x)[x - \ln(1 + \tan x)]}{\sin^4 x}$.

3. 已知函数 $f(x) = \dfrac{1 + x}{\sin x} - \dfrac{1}{x}$, 记 $a = \lim\limits_{x \to 0} f(x)$,

(1) 求 a 的值;

(2) 若当 $x \to 0$ 时, $f(x) - a$ 是 x^k 的同阶无穷小量, 求 k.

第三节　泰　勒　公　式

一、泰勒多项式

对于一些复杂的函数, 我们希望用简单的函数来近似表达. 多项式函数是比较简单的函数, 它只包含加、减、乘三种算术运算, 且计算函数值也比较方便. 因此, 用多项式函数来近似表示一些较复杂的函数, 不仅可以近似的描述函数, 还可以近似计算其函数值.

由微分在近似计算中的应用可知, 当函数 $f(x)$ 在 x_0 处可导, 且 $f'(x_0) \neq 0$, $|x - x_0|$ 很小时, 有

$$f(x) \approx f(x_0) + f'(x_0)(x - x_0). \tag{3-3-1}$$

式 (3-3-1) 右端是一个一次多项式函数, 将它记作 $P_1(x)$, 即 $P_1(x) = f(x_0) + f'(x_0)(x - x_0)$, 易知 $P_1(x)$ 满足:

$$P_1(x_0) = f(x_0), \quad P_1'(x_0) = f'(x_0),$$

且 $f(x) - P_1(x) = o(x - x_0)$, 即用一次多项式 $P_1(x)$ 来近似代替 $f(x)$ 时, 其误差是比 $(x - x_0)$ 高阶的无穷小量.

显然, 这样的近似有两点不足: 其一, 精度不高, 如果 $|x - x_0|$ 不是很小, 由 (1) 式算得的近似值, 误差会比较大; 其二, 无法具体估计其误差. 这使得在实际应用中受到很大的限制. 那么是否可以用 $(x - x_0)$ 的 n 次多项式 $P_n(x)$ 来更精确地近似代替 $f(x)$, 使其误差是比 $(x - x_0)^n$ 高阶的无穷小量呢?

设 n 次多项式

$$P_n(x) = a_0 + a_1(x - x_0) + a_2(x - x_0)^2 + \cdots + a_n(x - x_0)^n, \tag{3-3-2}$$

它满足

$$P_n(x_0) = f(x_0), \quad \text{且} \quad P_n^{(k)}(x_0) = f^{(k)}(x_0)\,(k = 1, 2, \cdots, n), \tag{3-3-3}$$

从几何上看, 条件式 (3-3-3) 表示多项式函数 $y = P_n(x)$ 的图像与曲线 $y = f(x)$ 不仅有公共点 $M_0(x_0, f(x_0))$, 且在 M_0 处有相同的切线、相同的弯曲程度等等. 这样的 $P_n(x)$ 逼近 $f(x)$ 的效果应该比 $P_1(x)$ 要好得多.

要确定满足条件式 (3-3-3) 的 $P_n(x)$, 只要确定其系数 $a_k(k = 0, 1, 2, \cdots, n)$. 因此, 对式 (3-3-2) 连续求一阶、二阶直至 n 阶导数, 有

$$
\begin{aligned}
P_n'(x) &= a_1 + 2a_2(x - x_0) + \cdots + na_n(x - x_0)^{n-1}, \\
P_n''(x) &= 2!a_2 + 3 \cdot 2a_3(x - x_0) + \cdots + n(n-1)a_n(x - x_0)^{n-2}, \\
&\cdots\cdots \\
P_n^{(n)}(x) &= n!a_n.
\end{aligned}
\tag{3-3-4}
$$

在式 (3-3-2) 与式 (3-3-3) 中, 令 $x = x_0$, 得

$$P_n(x_0) = a_0, P_n'(x_0) = a_1, P''_n(x_0) = 2!a_2, \cdots, \quad P_n^{(n)}(x_0) = n!a_n.$$

根据式 (3-3-3), 得

$$a_0 = f(x_0), a_1 = f'(x_0), a_2 = \frac{1}{2!}f''(x_0), \cdots, a_n = \frac{1}{n!}f^{(n)}(x_0). \tag{3-3-5}$$

因此, 当函数 $f(x)$ 在 x_0 处有 n 阶导数时, 满足条件式 (3-3-3) 的 n 次多项式 $P_n(x)$ 是存在的, 其系数由式 (3-3-5) 确定, 即

$$P_n(x) = f(x_0) + f'(x_0)(x - x_0) + \frac{f''(x_0)}{2!}(x - x_0)^2 + \cdots + \frac{f^{(n)}(x_0)}{n!}(x - x_0)^n. \tag{3-3-6}$$

称 $P_n(x)$ 为**函数** $f(x)$**在** x_0 **处的** n **阶泰勒 (Taylor) 多项式**.

二、泰勒公式

假设用泰勒多项式 $P_n(x)$ 近似表达 $f(x)$ 时的误差为 $R_n(x)$, 则 $R_n(x) = f(x) - P_n(x)$, 即

$$
\begin{aligned}
f(x) =& P_n(x) + R_n(x) \\
=& f(x_0) + f'(x_0)(x - x_0) + \frac{f''(x_0)}{2!}(x - x_0)^2 + \cdots \\
& + \frac{f^{(n)}(x_0)}{n!}(x - x_0)^n + R_n(x),
\end{aligned} \tag{3-3-7}
$$

式 (3-3-7) 称为**函数 $f(x)$ 按 $x - x_0$ 的幂展开的 n 阶泰勒公式, 其中的 $R_n(x)$ 称为余项.**

下面给出余项 $R_n(x)$ 的具体形式.

定理 (泰勒中值定理)　设函数 $f(x)$ 在含有 x_0 的某个开区间 (a,b) 内具有直到 $n+1$ 阶的导数, 则 $\forall x \in (a,b)$, 有

$$
f(x) = f(x_0) + f'(x_0)(x - x_0) + \frac{f''(x_0)}{2!}(x - x_0)^2 + \cdots + \frac{f^{(n)}(x_0)}{n!}(x - x_0)^n + R_n(x), \tag{3-3-8}
$$

其中

$$
R_n(x) = \frac{f^{(n+1)}(\xi)}{(n+1)!}(x - x_0)^{n+1}, \tag{3-3-9}
$$

这里 ξ 是介于 x_0 与 x 之间的某个数.

证　设

$$
R_n(x) = f(x) - P_n(x), \tag{$*$}
$$

因此只需证

$$
R_n(x) = \frac{f^{(n+1)}(\xi)}{(n+1)!}(x - x_0)^{n+1} (\xi \text{介于} x_0 \text{和} x \text{之间}).
$$

由题设及多项式函数的性质可知, $R_n(x)$ 在 (a,b) 内具有直到 $(n+1)$ 阶导数, 由于

$$
P_n^{(k)}(x_0) = f^{(k)}(x_0)(k = 0, 1, 2, \cdots n),
$$

将上式代入 $(*)$ 式, 得

$$
R_n(x_0) = R'_n(x_0) = R''_n(x_0) = \cdots = R_n^{(n)}(x_0) = 0,
$$

下面对函数 $R_n(x)$ 及 $(x - x_0)^{n+1}$ 在以 x_0, x 为端点的区间上, 连续应用柯西中值定理 $(n+1)$ 次, 得

$$
\begin{aligned}
\frac{R_n(x)}{(x - x_0)^{n+1}} =& \frac{R_n(x) - R_n(x_0)}{(x - x_0)^{n+1} - 0} = \frac{R'_n(\xi_1)}{(n+1) \cdot (\xi_1 - x_0)^n} (\xi_1 \text{ 介于} x_0 \text{ 与} x \text{之间}) \\
=& \frac{R'_n(\xi_1) - R'_n(x_0)}{(n+1) \cdot [(\xi_1 - x_0)^n - 0]} = \frac{R''_n(\xi_2)}{(n+1) \cdot n(\xi_2 - x_0)^{n-1}} (\xi_2 \text{ 介于} x_0 \text{ 与} x \text{之间}) \\
& \cdots\cdots \\
=& \frac{R_n^{(n)}(\xi_n) - R_n^{(n)}(x_0)}{(n+1)n \cdots 2[(\xi_n - x_0) - 0]} = \frac{R_n^{(n+1)}(\xi)}{(n+1)!},
\end{aligned}
$$

其中 ξ 介于 x_0 与 ξ_n 之间, 因而也介于 x_0 与 x 之间, 所以

$$R_n(x) = \frac{R_n^{(n+1)}(\xi)}{(n+1)!}(x - x_0)^{n+1},$$

又

$$R_n^{(n+1)}(\xi) = f^{(n+1)}(\xi) - P_n^{(n+1)}(\xi) = f^{(n+1)}(\xi)(\text{因为 } P_n^{(n+1)}(\xi) = 0),$$

所以

$$R_n(x) = \frac{f^{(n+1)}(\xi)}{(n+1)!}(x - x_0)^{n+1},$$

式 (3-3-8) 称为**函数 $f(x)$ 按 $x - x_0$ 的幂展开的 n 阶泰勒公式**, 式 (3-3-9) 称为 $R_n(x)$ **的拉格朗日型余项**. 由于 ξ 介于 x 与 x_0 之间, 所以 ξ 也可表示为

$$\xi = x_0 + \theta(x - x_0) \quad (0 < \theta < 1).$$

特殊地, 取 $x_0 = 0$, 可得 $f(x)$ 按 x 的幂展开的 n 阶泰勒公式:

$$f(x) = f(0) + f'(0)x + \frac{f''(0)}{2!}x^2 + \cdots + \frac{f^{(n)}(0)}{n!}x^n + \frac{f^{(n+1)}(\theta x)}{(n+1)!}x^{n+1}(0 < \theta < 1). \quad (3\text{-}3\text{-}10)$$

式 (3-3-10) 称为**函数 $f(x)$ 的带拉格朗日型余项的 n 阶麦克劳林 (Maclaurin) 公式**.

若取 $n = 0$, 泰勒公式 (3-3-8) 成为拉格朗日中值公式:

$$f(x) = f(x_0) + f'(\xi)(x - x_0)(\xi \text{ 介于 } x_0 \text{ 与 } x \text{ 之间}),$$

因此泰勒中值定理是拉格朗日中值定理的推广.

利用泰勒中值定理, 对任意的 $x \in (a, b)$, 可以用 n 次泰勒多项式函数 $P_n(x)$ 逼近函数 $f(x)$, 产生的误差是 $|R_n(x)|$, 如果对取定的 n, 都有 $\left|f^{(n+1)}(x)\right| \leqslant M$, 则有误差估计式:

$$|R_n(x)| \leqslant \frac{M}{(n+1)!}|x - x_0|^{n+1},$$

故这时有

$$\lim_{x \to x_0} \frac{R_n(x)}{(x - x_0)^n} = 0,$$

由此可知, 当 $x \to x_0$ 时, 误差 $|R_n(x)|$ 是比 $(x - x_0)^n$ 高阶的无穷小, 即

$$|R_n(x)| = o[(x - x_0)^n].$$

当不需要精确表达余项时, n 阶泰勒公式可写成

$$\begin{aligned} f(x) = {} & f(x_0) + f'(x_0)(x - x_0) + \frac{f''(x_0)}{2!}(x - x_0)^2 + \cdots \\ & + \frac{f^{(n)}(x_0)}{n!}(x - x_0)^n + o[(x - x_0)^n], \end{aligned} \quad (3\text{-}3\text{-}11)$$

式 (3-3-11) 称为**函数 $f(x)$ 在 x_0 处的带佩亚诺 (Peano) 型余项的 n 阶泰勒公式**.

特殊地, 在式 (3-3-11) 中, 取 $x_0 = 0$ 时, 得

$$f(x) = f(0) + f'(0) x + \frac{f''(0)}{2!} x^2 + \cdots + \frac{f^{(n)}(0)}{n!} x^n + o(x^n). \tag{3-3-12}$$

式 (3-3-12) 称为**函数 $f(x)$ 的带佩亚诺型余项的 n 阶麦克劳林 (Maclaurin) 公式**.

在讨论 $x \to 0$ 时的无穷小的阶数以及计算 $\frac{0}{0}$ 的极限等方面, 带佩亚诺型余项的 n 阶麦克劳林公式则有重要应用.

例 1　将 $f(x) = \tan x$ 在 $x_0 = \dfrac{\pi}{4}$ 处展开成三阶泰勒公式, 求出余项的表达式, 并指明展开式成立的范围.

解　$f(x) = \tan x$,　　　　　　　　　　$f\left(\dfrac{\pi}{4}\right) = 1$,

$f'(x) = \sec^2 x$,　　　　　　　　　　$f'\left(\dfrac{\pi}{4}\right) = 2$,

$f''(x) = 2\sec^2 x \cdot \tan x$,　　　　　　$f''\left(\dfrac{\pi}{4}\right) = 4$,

$f'''(x) = 2\sec^2 x \cdot (3\tan^2 x + 1)$,　　　$f'''\left(\dfrac{\pi}{4}\right) = 16$,

$f^{(4)}(x) = 8\tan x \cdot \sec^2 x \cdot (3\sec^2 x - 1)$,

所以

$$\tan x = 1 + 2\left(x - \frac{\pi}{4}\right) + 2\left(x - \frac{\pi}{4}\right)^2 + \frac{8}{3}\left(x - \frac{\pi}{4}\right)^3 + R_3(x),$$

其中余项:

$$R_3(x) = \frac{f^{(4)}(\xi)}{4!}\left(x - \frac{\pi}{4}\right)^4 = \frac{1}{3}\tan\xi \cdot \sec^2\xi \cdot (3\sec^2\xi - 1)\left(x - \frac{\pi}{4}\right)^4 \left(\xi \text{ 在 } x \text{ 与 } \frac{\pi}{4} \text{ 之间}\right).$$

因为 $\tan x$ 在 $\left(-\dfrac{\pi}{2} + k\pi, \dfrac{\pi}{2} + k\pi\right)$ 内任意阶可导 (k 为整数), 其中含 $x_0 = \dfrac{\pi}{4}$ 的区间是 $\left(-\dfrac{\pi}{2}, \dfrac{\pi}{2}\right)$, 故上述展开式中 x 的取值范围为 $\left(-\dfrac{\pi}{2}, \dfrac{\pi}{2}\right)$.

作为泰勒中值定理的一个直接应用, 可以按照预先给定的精度计算函数 $f(x)$ 在某点函数值的近似值.

例 2　写出函数 $f(x) = \mathrm{e}^x$ 带拉格朗日型余项的 n 阶麦克劳林公式, 并计算 e 的近似值, 使误差小于 10^{-7}.

解　因为

$$f(x) = f^{(k)}(x) = \mathrm{e}^x (k = 0, 1, 2, \cdots, n+1),$$

所以

$$f(0) = f'(0) = \cdots = f^{(n)}(0) = 1,$$

代入式 (3-3-10), 得 e^x 带拉格朗日型余项的麦克劳林公式

$$\mathrm{e}^x = 1 + x + \frac{x^2}{2!} + \cdots + \frac{x^n}{n!} + \frac{\mathrm{e}^{\theta x}}{(n+1)!} x^{n+1} (0 < \theta < 1),$$

令 $x = 1$, 得

$$\mathrm{e} = 1 + 1 + \frac{1}{2!} + \cdots + \frac{1}{n!} + \frac{\mathrm{e}^{\theta}}{(n+1)!} (0 < \theta < 1),$$

误差

$$R_n = \frac{e^\theta}{(n+1)!} < \frac{e}{(n+1)!} < \frac{3}{(n+1)!}(因为 e^\theta < e < 3),$$

由于当 $n = 9$ 时,

$$\frac{3}{(n+1)!} = 0.0000008 > 10^{-7},$$

$n = 10$ 时,

$$\frac{3}{(n+1)!} = 0.000000075 < 10^{-7},$$

因此取 $n = 10$, 得

$$e \approx 1 + 1 + \frac{1}{2!} + \frac{1}{3!} + \cdots + \frac{1}{10!} = 2.7182818,$$

误差

$$R_n(x) \leqslant \frac{3}{11!} < 10^{-7}.$$

例 3　求 $f(x) = \sin x$ 的麦克劳林展开式.

解　在 $x \in (-\infty, +\infty)$ 时, $f(x) = \sin x, f^{(n)}(x) = \sin\left(x + \frac{n\pi}{2}\right)(n = 1, 2\cdots)$, 即

$$f^{(n)}(0) = \sin\frac{n\pi}{2} = \begin{cases} 0, & n = 2k, \\ (-1)^k, & n = 2k+1, \end{cases} (k = 0, 1, 2\cdots),$$

所以

$$\sin x = x - \frac{1}{3!}x^3 + \frac{1}{5!}x^5 - \cdots + \frac{(-1)^k}{(2k+1)!}x^{2k+1} + \frac{\sin\left(\theta x + \frac{2k+2}{2}\pi\right)}{(2k+2)!}x^{2k+2} \quad (0 < \theta < 1).$$

当取 $k = 0$ 时, 得 $\sin x$ 的一次近似式为

$$\sin x \approx x,$$

此时误差为

$$|R_1(x)| = \left|\frac{\sin(\theta x + \pi)}{2!}x^2\right| \leqslant \frac{x^2}{2}(0 < \theta < 1),$$

当取 $k = 1$ 时, 得 $\sin x$ 的三次近似式为

$$\sin x \approx x - \frac{1}{6}x^3,$$

此时误差为

$$|R_3(x)| = \left|\frac{\sin\left(\theta x + \frac{4}{2}\pi\right)}{4!}x^4\right| \leqslant \frac{x^4}{24} \quad (0 < \theta < 1),$$

当取 $k = 2$ 时, 得 $\sin x$ 的五次近似式为

$$\sin x \approx x - \frac{1}{6}x^3 + \frac{1}{120}x^5,$$

此时误差为

$$|R_5(x)| = \left| \frac{\sin\left(\theta x + \dfrac{6}{2}\pi\right)}{6!} x^6 \right| \leqslant \frac{x^6}{720} \quad (0 < \theta < 1).$$

类似地, 还可得到

$$\cos x = 1 - \frac{x^2}{2!} + \frac{x^4}{4!} - \cdots + (-1)^m \frac{1}{(2m)!} x^{2m} + \frac{\cos[\theta x + (m+1)\pi]}{(2m+2)!} x^{2m+2} \quad (0 < \theta < 1);$$

$$\ln(1+x) = x - \frac{1}{2}x^2 + \frac{1}{3}x^3 - \cdots + \frac{(-1)^{n-1}}{n}x^n + \frac{(-1)^n}{n+1} \frac{1}{(1+\theta x)^{n+1}} x^{n+1} \quad (0 < \theta < 1);$$

$$(1+x)^\alpha = 1 + \alpha x + \frac{\alpha(\alpha-1)}{2!}x^2 + \cdots + \frac{\alpha(\alpha-1)\cdots(\alpha-n+1)}{n!}x^n + R_n(x),$$

其中

$$R_n(x) = \frac{\alpha(\alpha-1)\cdots(\alpha-n+1)(\alpha-n)}{(n+1)!}(1+\theta x)^{\alpha-n-1} x^{n+1} \quad (0 < \theta < 1).$$

利用以上的麦克劳林公式, 可间接求得其它某些函数的带佩亚诺型余项的麦克劳林公式或泰勒公式.

例 4 求函数 $f(x) = \ln(1+x)$ 在 $x = 1$ 处带佩亚诺型余项的 3 阶泰勒公式.

解 令 $x - 1 = t$, 则

$$f(x) = \ln(2+t) = \ln 2 + \ln\left(1 + \frac{t}{2}\right) = \ln 2 + \frac{t}{2} - \frac{1}{2}\left(\frac{t}{2}\right)^2 + \frac{1}{3}\left(\frac{t}{2}\right)^3 + o(t^3),$$

所以

$$\ln(1+x) = \ln 2 + \frac{1}{2}(x-1) - \frac{1}{8}(x-1)^2 + \frac{1}{24}(x-1)^3 + o\left((x-1)^3\right).$$

例 5 当 $x \to 0$ 时, 求无穷小 $x - \sin x$ 关于 x 的阶数.

解 要求 $x - \sin x$ 在 $x \to 0$ 时关于 x 的阶数, 可利用 $\sin x$ 的带佩亚诺型余项的麦克劳林公式, 并且只要保留到与 x 不同的第一项, 即取 $\sin x = x - \dfrac{x^3}{3!} + o(x^3)$, 则

$$x - \sin x = \frac{x^3}{6} + o(x^3),$$

故当 $x \to 0$ 时, $x - \sin x$ 是关于 x 的 3 阶无穷小.

例 6 计算 $\lim\limits_{x \to 0} \dfrac{1 - \dfrac{x^2}{2} - \cos x}{\ln(1+x^4)}$.

解 由 $\cos x = 1 - \dfrac{x^2}{2!} + \dfrac{x^4}{4!} + o(x^4)$,

$$\lim_{x \to 0} \frac{1 - \dfrac{x^2}{2} - \cos x}{\ln(1+x^4)} = \lim_{x \to 0} \frac{1 - \dfrac{x^2}{2} - \left[1 - \dfrac{x^2}{2} + \dfrac{x^4}{24} + o(x^4)\right]}{x^4} = \lim_{x \to 0} -\frac{x^4 + o(x^4)}{24x^4} = -\frac{1}{24}.$$

例 7　设 $f(x)$ 在 $[0,1]$ 上具有二阶导数, 且满足条件 $|f(x)| \leqslant a, |f''(x)| \leqslant b$, 其中 a, b 是非负常数, c 是 $(0,1)$ 内任意点, 证明 $|f'(c)| \leqslant 2a + \dfrac{b}{2}$.

证　对 $\forall x \in [0,1]$, $f(x)$ 在点 c 的一阶泰勒公式

$$f(x) = f(c) + f'(c)(x-c) + \frac{1}{2}f''(\xi)(x-c)^2,$$

其中 ξ 介于 c 与 x 之间.

当 $x = 0$ 时,

$$f(0) = f(c) - cf'(c) + \frac{c^2}{2}f''(\xi_1) \quad (\xi_1 介于 0 与 c 之间),$$

当 $x = 1$ 时,

$$f(1) = f(c) + f'(c)(1-c) + \frac{1}{2}f''(\xi_2)(1-c)^2 \quad (\xi_2 介于 c 与 1 之间),$$

两式相减得

$$f(1) - f(0) = f'(c) + \frac{1}{2}[f''(\xi_2)(1-c)^2 - c^2 f''(\xi_1)],$$

于是由所给的条件得

$$
\begin{aligned}
|f'(c)| &= \left| [f(1) - f(0)] - \frac{1}{2}[f''(\xi_2)(1-c)^2 - c^2 f''(\xi_1)] \right| \\
&\leqslant |f(1)| + |f(0)| + \frac{1}{2}[|f''(\xi_2)|(1-c)^2 + |f''(\xi_1)|c^2] \\
&\leqslant 2a + \frac{b}{2}[(1-c)^2 + c^2] \leqslant 2a + \frac{b}{2}.
\end{aligned}
$$

注　函数 $f(x) = (1-x)^2 + x^2$ 在 $[0,1]$ 上的最大值为 1, 将在本章第五节给出.

例 8　已知 $\mathrm{e}^x - \dfrac{1+ax}{1+bx}$ 关于 x 为 3 阶无穷小, 求常数 a, b.

解　根据 3 阶的带佩亚诺型余项的麦克劳林公式:

$$\mathrm{e}^x = 1 + x + \frac{1}{2}x^2 + \frac{1}{6}x^3 + o(x^3),$$

$$
\begin{aligned}
\frac{1+ax}{1+bx} &= (1+ax)[1 - bx + b^2x^2 - b^3x^3 + o(x^3)] \\
&= 1 + (a-b)x + b(b-a)x^2 - b^2(b-a)x^3 + o(x^3).
\end{aligned}
$$

于是有

$$\mathrm{e}^x - \frac{1+ax}{1+bx} = (1-a+b)x + \left(\frac{1}{2} + ab - b^2\right)x^2 + \left(\frac{1}{6} - ab^2 + b^3\right)x^3 + o(x^3).$$

由题意得

$$(1-a+b) = 0, \quad \frac{1}{2} + ab - b^2 = 0, \quad \frac{1}{6} - ab^2 + b^3 \neq 0.$$

并解得

$$a = \frac{1}{2}, \quad b = -\frac{1}{2}.$$

习　题　3-3

1. 写出 $f(x) = \dfrac{1}{3-x}$ 在 $x_0 = 1$ 处的三阶带佩亚诺型余项的泰勒公式.

2. 求 $f(x) = xe^x$ 的 n 阶带拉格朗日型余项的麦克劳林公式.

3. 求 $f(x) = \dfrac{1}{1+x}$ 的 n 阶带拉格朗日型余项麦克劳林公式.

4. 写出 $f(x) = \ln(2 - 3x + x^2)$ 的三阶带佩亚诺型余项的麦克劳林公式.

5. $x \to 0$ 时, 求无穷小 $\sin(x^2) + \ln(1 - x^2)$ 关于 x 的阶数.

6. 利用麦克劳林公式求下列极限.

(1) $\lim\limits_{x \to 0} \dfrac{x - \sin x}{x^2(e^x - 1)}$;

(2) $\lim\limits_{x \to 0} \dfrac{1 - x^2 - e^{-x^2}}{\sin^4 2x}$;

(3) $\lim\limits_{x \to 0} \dfrac{\tan x - \sin x}{x^2 \ln(1 + x)}$;

(4) $\lim\limits_{x \to 0} \dfrac{e^x - x - 1}{x(\sqrt{1 + x} - 1)}$.

第四节　函数的单调性与曲线的凹凸性

一、函数的单调性

第一章第一节我们介绍了函数的单调性, 下面利用导数来研究函数的单调性.

从图 3-4-1 中可看出: 当沿着单调增加的可导函数的曲线从左向右移动时, 曲线逐渐上升, 它的切线的倾斜角 α 总是锐角, 即这时斜率 $f'(x) > 0$;

从图 3-4-2 中可看出: 当沿着单调减少的可导函数的曲线从左向右移动时, 曲线逐渐下降, 其切线的倾斜角 α 总是钝角, 即这时斜率 $f'(x) < 0$.

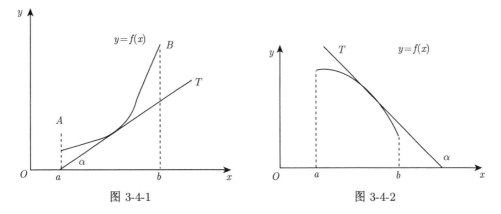

图 3-4-1　　　　　　　　　　　　　　图 3-4-2

从上面的几何直观中可得出: 函数在某一区间内的导数恒为正时, 函数在区间内是单调增函数; 导数恒为负时, 函数在区间内是单调减函数. 为此, 我们有下列结论.

定理 1　设函数 $f(x)$ 在闭区间 $[a,b]$ 上连续, 在开区间 (a,b) 内可导.

(1) 若在 (a,b) 内恒有 $f'(x) > 0$, 则函数 $f(x)$ 在闭区间 $[a,b]$ 上为严格单调增加;

(2) 若在 (a,b) 内恒有 $f'(x) < 0$, 则函数 $f(x)$ 在闭区间 $[a,b]$ 上为严格单调减少.

证　(1) $\forall x_1, x_2 \in (a,b)$, 且 $x_1 < x_2$, 由题设可知 $y = f(x)$ 在 $[x_1, x_2]$ 上满足拉格朗日中值定理的条件, 因此, $\exists \xi \in (x_1, x_2) \subset (a,b)$, 使

$$f(x_2) - f(x_1) = f'(\xi)(x_2 - x_1) \quad (x_1 < \xi < x_2).$$

由题设中条件 (1) 可知, $f'(\xi) > 0$, 故

$$f(x_2) - f(x_1) > 0,$$

所以函数 $f(x)$ 在 $[a,b]$ 上为严格单调增加.

(2) 同理可证, 当 $f'(x) < 0$ 时, $f(x)$ 在 $[a,b]$ 上为严格单调减少.

从证明过程中可看出: 如果定理 1 中的闭区间换成了其他各种区间 (包括无穷区间), 那么结论也成立;

利用定理 1 可判定函数的单调性并确定单调区间.

例 1　讨论函数 $f(x) = x^3 - 3x + 1$ 的单调性.

解　$f(x)$ 在 $(-\infty, +\infty)$ 内连续且可导, 对 $f(x)$ 求导, 得

$$f'(x) = 3x^2 - 3 = 3(x+1)(x-1),$$

令 $f'(x) = 0$, 得 $x_1 = -1$, $x_2 = 1$.

当 $x \in (-\infty, -1)$ 时, $f'(x) > 0$, 这时 $f(x)$ 单调增加;

当 $x \in (-1, 1)$ 时, $f'(x) < 0$, 这时 $f(x)$ 单调减少;

当 $x \in (1, +\infty)$ 时, $f'(x) > 0$, 这时 $f(x)$ 单调增加.

综上所述, $f(x)$ 在 $(-\infty, -1]$ 及 $[1, +\infty)$ 上分别单调增加, 在 $(-1, 1)$ 内单调减少.

一般地, 若函数 $f(x)$ 在闭区间上连续, 除去有限个导数不存在的点外, $f(x)$ 的导数均存在, 这时可用导数为零的点和导数不存在的点将函数的定义域划分成若干个部分区间, 在各部分区间内 $f'(x)$ 保持固定的符号, 因而根据这些符号, 就可确定 $f(x)$ 在每个部分区间上的单调性.

例 2　讨论函数 $y = 2\sqrt[3]{x^2} - \cos x$ 在区间 $\left[-\dfrac{\pi}{2}, \dfrac{\pi}{2}\right]$ 的单调性.

解　对 $\forall x \in \left[-\dfrac{\pi}{2}, \dfrac{\pi}{2}\right]$, 且 $x \neq 0$ 时,

$$y' = \frac{4}{3\sqrt[3]{x}} + \sin x,$$

当 $-\dfrac{\pi}{2} \leqslant x < 0$ 时, $y' < 0$, 故函数在 $\left[-\dfrac{\pi}{2}, 0\right]$ 上单调减少; 当 $0 < x \leqslant \dfrac{\pi}{2}$ 时, $y' > 0$, 故函数在 $\left[0, \dfrac{\pi}{2}\right]$ 上单调增加.

利用函数的单调性还可证明一些不等式. 例如当 $f(x)$ 在 (a,b) 上恒有 $f'(x) \geqslant 0$ 时, 由定理 1, 可判定 $f(x)$ 在 $[a,b]$ 上单调增加, 则当 $f(a) \geqslant 0$ 时, 就有 $f(x) > f(a) \geqslant 0 (x \in (a,b))$, 从而可证得不等式 $f(x) > 0$ 成立.

例 3　证明当 $x \in (0,1)$ 时, 有

$$\ln^2(1+x) + 2\ln(1+x) < 2x.$$

证　设函数 $f(x) = \ln^2(1+x) + 2\ln(1+x) - 2x$,

则 $f(x)$ 在 $[0,1]$ 内连续、可导, 且 $f(0) = 0$, 又

$$f'(x) = \frac{2\ln(1+x)}{1+x} + \frac{2}{1+x} - 2$$

$$=\frac{2}{1+x}[\ln(1+x)-x],$$

当 $0 < x < 1$ 时, 不易直接判别 $f'(x)$ 是否大于零或小于零. 为此, 令

$$g(x)=\ln(1+x)-x,$$

则 $g'(x)=\dfrac{1}{1+x}-1=-\dfrac{x}{1+x}$.

当 $0 < x < 1$ 时, $g'(x) < 0$, 则 $g(x)$ 在 $(0,1)$ 内单调递减. 因此, 当 $0 < x < 1$ 时

$$g(x) < g(0)=0.$$

于是有

$$f'(x)=\frac{x}{1+x}g(x) < 0$$

因此 $f(x)$ 在 $[0,1]$ 上单调减少. 当 $0 < x < 1$ 时,

$$f(x) < f(0)=0,$$

即

$$\ln^2(1+x)+2\ln(1+x) < 2x.$$

例 4　证明: 当 $x > 1$ 时, $2\sqrt{x} > 3-\dfrac{1}{x}$.

证　设函数 $f(x)=2\sqrt{x}+\dfrac{1}{x}-3$, 则

$$f'(x)=\frac{1}{\sqrt{x}}-\frac{1}{x^2}=\frac{1}{x^2}(x\sqrt{x}-1),$$

于是, 当 $x > 1$ 时 $f'(x) > 0$. 又 $f(x)$ 在 $[0,+\infty)$ 上连续, 故 $f(x)$ 在 $[1,+\infty)$ 上单调增加, 所以当 $x > 1$ 时,

$$f(x) > f(1)=0,$$

即当 $x > 1$ 时,

$$2\sqrt{x} > 3-\frac{1}{x}.$$

例 5　证明: $x\ln\dfrac{1+x}{1-x}+\cos x \geqslant 1+\dfrac{x^2}{2}$, $-1 < x < 1$.

证　设函数

$$f(x)=x\ln\frac{1+x}{1-x}+\cos x-\frac{x^2}{2}-1, \quad -1 < x < 1,$$

因为

$$f'(x)=\ln\frac{1+x}{1-x}+\frac{2x}{1-x^2}-\sin x-x=\ln\frac{1+x}{1-x}+\frac{x(1+x^2)}{1-x^2}-\sin x$$

当 $0 < x < 1$ 时, 则

$$\ln\frac{1+x}{1-x} > 0, \quad \frac{x(1+x^2)}{1-x^2}-\sin x > 0,$$

故
$$f'(x) = \ln\frac{1+x}{1-x} + \frac{x(1+x^2)}{1-x^2} - \sin x > 0.$$

所以 $f(x)$ 在 $[0,1)$ 上单调增加, 于是对 $\forall x \in (0,1)$, 有 $f(x) \geqslant f(0) = 0$, 即

$$x\ln\frac{1+x}{1-x} + \cos x - \frac{x^2}{2} - 1 > 0;$$

当 $-1 < x < 0$ 时, 则

$$\ln\frac{1+x}{1-x} < 0, \quad \text{且} \quad \frac{1+x^2}{1-x^2} > 1,$$

于是

$$\frac{x(1+x^2)}{1-x^2} - \sin x < x - \sin x = x\left(1 - \frac{\sin x}{x}\right) < 0,$$

故

$$f'(x) = \ln\frac{1+x}{1-x} + \frac{x(1+x^2)}{1-x^2} - \sin x \leqslant 0.$$

所以 $f(x)$ 在 $(-1,0]$ 上单调减少, 于是对 $\forall x \in (-1,0)$, 有 $f(x) \geqslant f(0) = 0$, 即

$$x\ln\frac{1+x}{1-x} + \cos x - \frac{x^2}{2} - 1 > 0,$$

综上所述, 当 $-1 < x < 1$ 时, 都有

$$x\ln\frac{1+x}{1-x} + \cos x - \frac{x^2}{2} - 1 \geqslant 0, \quad \text{即} \quad x\ln\frac{1+x}{1-x} + \cos x \geqslant 1 + \frac{x^2}{2}.$$

例 6　证明: 方程 $\sin x = x$ 有唯一实根.

证　设 $f(x) = x - \sin x$, 则 $f(x)$ 在 $(-\infty, +\infty)$ 内可导, 由于 $f(0) = 0$, 因此 $x = 0$ 是方程 $f(x) = 0$ 的一个根, 又

$$f'(x) = 1 - \cos x,$$

因此在 $(-\infty, +\infty)$ 内 $f'(x) \geqslant 0$, 且仅 $f'(2n\pi) = 0 \,(n = 0, \pm1, \pm2, \cdots)$. 所以 $f(x)$ 严格单调增加. 因此 $f(x)$ 在 $(-\infty, +\infty)$ 内至多有一个零点.

综上, 方程 $\sin x = x$ 只有唯一实根.

二、　曲线的凹凸性与拐点

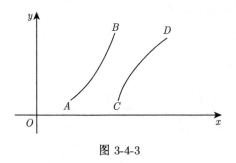

图 3-4-3

上面研究了函数的单调性, 这对于了解函数的特性以及描述函数的图形很有帮助, 但仅仅知道这一点还是不够的. 例如在图 3-4-3 中有两条曲线弧 $\overgroup{AB}$ 与 $\overgroup{CD}$, 他们都是单调上升的曲线, 但图形却有着显著的不同, $\overgroup{AB}$ 是向下凹陷的, $\overgroup{CD}$ 是向上凸起的, 它们的凹凸性不同. 那么图形的凹凸性有什么本质属性, 又如何来判定呢?

1. 曲线的凹凸性

从几何上看到, 在凹陷的弧上 (图 3-4-4), 任意两点的连线段总位于这两点间的弧段的上方, 若每一点处的切线总存在且都位于曲线的下方; 而在向上凸起的曲线上, 其情形正好相反 (图 3-4-5). 曲线的这种凹陷、凸起的图像性质, 称之为**曲线的凹凸性**.

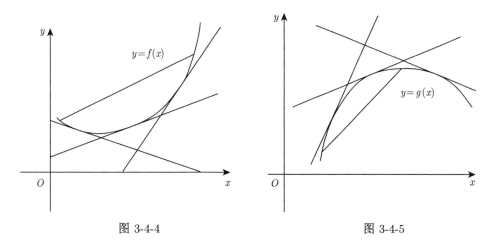

图 3-4-4   图 3-4-5

定义 1   设 $f(x)$ 在区间 (a,b) 内连续, 对 (a,b) 内的任意两点 x_1、x_2, 如果

(1) 恒有$f\left(\dfrac{x_1+x_2}{2}\right) < \dfrac{f(x_1)+f(x_2)}{2}$, 则称 $f(x)$ 在 (a,b) 内的图形是 (向上) 凹的 (或凹弧);

(2) 恒有$f\left(\dfrac{x_1+x_2}{2}\right) > \dfrac{f(x_1)+f(x_2)}{2}$, 则称 $f(x)$ 在 (a,b) 内的图形是 (向上) 凸的 (或凸弧).

从图 3-4-4 与图 3-4-5 可看出, 当曲线处处有切线时, 凹 (凸) 弧的切线的斜率随着自变量 x 的逐渐增大而变大 (小), 如果函数 $y = f(x)$ 是二阶可导的, 这一特性 (导数 $f'(x)$ 的单调性) 可由 $f''(x)$ 的符号来判别, 由此可得判断曲线凹凸性的一个常用的方法.

定理 2   设 $f(x)$ 在 $[a,b]$ 内连续, 在 (a,b) 内具有二阶导数, 那么

(1) 若在 (a,b) 内恒有 $f''(x) > 0$, 则 $f(x)$ 在 $[a,b]$ 上的图形是凹的;

(2) 若在 (a,b) 内恒有 $f''(x) < 0$, 则 $f(x)$ 在 $[a,b]$ 上的图形是凸的.

证   (1) 设 $\forall x_1, x_2 \in (a,b)$, 且 $x_1 < x_2$, 记 $x_0 = \dfrac{x_1+x_2}{2}$, $h = \dfrac{x_2-x_1}{2}$. 则

$$x_1 = x_0 - h, \quad x_2 = x_0 + h.$$

由拉格朗日中值定理, 得

$$f(x_0) - f(x_0 - h) = f'(x_0 - \theta_1 h) \cdot h(0 < \theta_1 < 1),$$

$$f(x_0 + h) - f(x_0) = f'(x_0 + \theta_2 h) \cdot h \quad (0 < \theta_2 < 1),$$

将上面两式相减得

$$f(x_0 + h) + f(x_0 - h) - 2f(x_0) = [f'(x_0 + \theta_2 h) - f'(x_0 - \theta_1 h)] \cdot h,$$

再对 $f'(x)$ 在区间 $[x_0 - \theta_1 h, x_0 + \theta_2 h]$ 上应用拉格朗日中值定理, 得

$$f'(x_0 + \theta_2 h) - f'(x_0 - \theta_1 h) = f''(\xi)(\theta_1 + \theta_2)h,$$

其中 $x_0 - \theta_1 h < \xi < x_0 + \theta_2 h$. 由 $f''(\xi) > 0$, 得

$$f(x_0 + h) + f(x_0 - h) - 2f(x_0) = f''(\xi) \cdot (\theta_1 + \theta_2)h^2 > 0$$

即

$$f(x_2) + f(x_1) - 2f\left(\frac{x_1 + x_2}{2}\right) > 0,$$

即

$$\frac{f(x_1) + f(x_2)}{2} > f\left(\frac{x_1 + x_2}{2}\right).$$

从而 $f(x)$ 的图形在 $[a, b]$ 上是凹的.

(2) 同理可证: 当 $f''(x) < 0$ 时, $f(x)$ 的图形在 $[a, b]$ 上是凸的.

此定理也适用于其它任意区间上的情形.

例 7 判定曲线 $y = x^3 + 3x^2 + 1$ 的凹凸性.

解 函数的定义域为 $(-\infty, +\infty)$, 又

$$y' = 3x^2 + 6x, \quad y'' = 6x + 6 = 6(x + 1),$$

令

$$y'' = 0, \quad 得 x = -1.$$

当 $x < -1$ 时, $y'' = 6(x+1) < 0$, 曲线在 $(-\infty, -1]$ 上是凸的; 当 $x > -1$ 时, $y'' = 6(x+1) > 0$ 故曲线在 $[-1, +\infty)$ 上是凹的.

例 8 判定曲线 $y = \ln(x^2 + 1)$ 的凹凸性.

解 函数的定义域为 $(-\infty, +\infty)$. 在区间 $(-\infty, +\infty)$ 内,

$$y' = \frac{2x}{x^2 + 1}, \quad y'' = \frac{2(x^2 + 1) - (2x)^2}{(x^2 + 1)^2} = \frac{2(1 - x^2)}{(x^2 + 1)^2},$$

由 $y'' = 0$, 求得 $x_1 = -1, x_2 = 1$, 它们将函数的定义域分成三个部分区间, 在每个部分区间上函数 y 的特性列表如下:

x	$(-\infty, -1)$	-1	$(-1, 1)$	1	$(1, +\infty)$
y''	$-$	0	$+$	0	$-$
y	凸	$\ln 2$	凹	$\ln 2$	凸

从表中可知, 该曲线在 $(-1, 1)$ 内是凹的; 在 $[1, +\infty)$ 与 $(-\infty, -1]$ 上是凸的.

2. 拐点

从例 6、例 7 中可知, 曲线 $y = x^3 + 3x^2 + 1$ 在点 $x = -1$ 处, $y'' = 0$, 且曲线经过点 $x = -1$ 的左、右两侧时, 图形由凸变成凹; 曲线 $y = \ln(1 + x^2)$ 在点 $x_1 = -1$ 与 $x_2 = 1$ 处也有 $y'' = 0$, 且其左、右两侧的凹凸性也都不同.

定义 2 设函数 $y = f(x)$ 在 $U(x_0)$ 内连续, 若 x 由小于 x_0 变为大于 x_0 时, 曲线由凹弧变为凸弧或由凸弧变为凹弧, 这样的点 $(x_0 f(x_0))$ 称为该曲线的拐点.

如果函数 $y = f(x)$ 在 $\overset{\circ}{U}(x_0)$ 内具有二阶导数, 且 $f''(x_0) = 0$ 或 $f''(x_0)$ 不存在, 但 $f''(x)$ 在 x_0 的左、右两侧邻内的符号相反, 则说明函数 $f(x)$ 在点 $(x_0, f(x_0))$ 的左、右两侧邻内的凹凸性不同, 故点 $(x_0, f(x_0))$ 就是曲线 $y = f(x)$ 的一个拐点.

因此, 当函数 $f(x)$ 在其连续的定义区间内 (除个别点外) 具有二阶导数时, 可按如下步骤求函数的凹凸区间与其拐点:

(1) 确定函数的定义区间;

(2) 求 $f''(x)$, 并在该区间内求出使 $f''(x) = 0$ 与 $f''(x)$ 不存在的点;

(3) 用上面的点将定义区间分成若干个部分区间, 考察函数在这些部分区间上 $f''(x)$ 的符号;

(4) 利用 $f''(x)$ 的符号, 再根据定理 2 及定义 2 可以求得曲线的凹凸区间与拐点.

例 9 求曲线 $y = (x-2)^{5/3} - \dfrac{5}{9}x^2$ 的凹凸区间和拐点.

解 函数的定义域为 $(-\infty, +\infty)$, 由

$$y' = \frac{5}{3}(x-2)^{2/3} - \frac{10}{9}x, \quad y'' = \frac{10\left[1 - (x-2)^{\frac{1}{3}}\right]}{9(x-2)^{1/3}},$$

令 $y'' = 0$, 得 $x_1 = 3$; 又 $x_2 = 2$ 时 y'' 不存在. 把区间 $(-\infty, +\infty)$ 分为三部分, 列表如下:

x	$(-\infty, 2)$	2	$(2,3)$	3	$(3, +\infty)$
y''	$-$	不存在	$+$	0	$-$
y	凸	拐点	凹	拐点	凸

由表可知, 区间 $(-\infty, 2]$, $[3, +\infty)$ 是曲线的凸区间, 区间 $[2,3]$ 是曲线的凹区间; 点 $\left(2, -\dfrac{20}{9}\right)$ 与 $(3, -4)$ 是曲线的两个拐点.

例 10 问 a, b 为何值时, 点 $(1,3)$ 是曲线 $y = ax^4 + bx^3$ 的拐点?

解 $y' = 4ax^3 + 3bx^2$, $y'' = 12ax^2 + 6bx$,

由于点 $(1,3)$ 在该曲线上, 则 $y(1) = 3$, 即

$$a + b = 3.$$

又点 $(1,3)$ 为曲线的拐点, 故 $y''(1) = 0$, 即

$$12a + 6b = 0,$$

由上面两式解得

$$a = -3, b = 6.$$

所以当 $a = -3, b = 6$ 时, 点 $(1,3)$ 是曲线 $y = ax^4 + bx^3$ 的拐点.

利用凹凸性可以证明一些不等式.

例 11　设函数 $y = y(x)$ 由方程 $y \ln y - x + y = 0$ 所确定, 试判别曲线 $y = y(x)$ 在点 $(1,1)$ 附近的凸凹性.

解　由隐函数的求导法则, 将方程两边对 x 求导得

$$y' \ln y + 2y' - 1 = 0$$

将 $x = 1$, $y = 1$ 代入上式得

$$y'(1) = \frac{1}{2},$$

将求导后的方程再对 x 求导得

$$y''(2 + y) + \frac{(y')^2}{y} = 0, \quad 即 \quad y'' = -\frac{(y')^2}{y(2 + \ln y)}.$$

将 $x = 1$, $y = 1$, $y'(1) = \frac{1}{2}$ 代入上式得

$$y''(1) = -\frac{1}{8} < 0.$$

由二阶导函数 $y''(x)$ 的连续性, 以及局部保号性, 存在 $\delta > 0$, 使得 $y''(x)$ 在 $x = 1$ 的邻域 $U(1, \delta)$ 内有 $y''(x) < 0$, 即曲线 $y = y(x)$ 在点 $(1, 1)$ 附近为凸的.

例 12　求曲线 $y = \sqrt[3]{x}$ 的凹凸区间和拐点.

解　函数的定义域为 $(-\infty, +\infty)$. 当 $x \neq 0$ 时,

$$y' = \frac{1}{3}x^{-\frac{2}{3}}, \quad y'' = -\frac{2}{9}x^{-\frac{5}{3}},$$

当 $x = 0$ 时 $y''(0)$ 不存在; 当 $x \neq 0$ 时 $y''(x) \neq 0$. 于是当 $x < 0$ 时 $y''(x) > 0$; 当 $x > 0$ 时 $y''(x) < 0$. 所以, 曲线 $y = \sqrt[3]{x}$ 的凸区间为 $(0, +\infty)$, 凹区间为 $(-\infty, 0)$.

又 $y(0) = 0$, 所以 $(0, 0)$ 是曲线 $y = \sqrt[3]{x}$ 的拐点.

例 13　证明: 若 $f''(x)$ 在 x_0 点连续, 且 $\lim\limits_{x \to x_0} \dfrac{f''(x)}{x - x_0} = a(a \neq 0)$, 则 $(x_0, f(x_0))$ 是曲线 $y = f(x)$ 的拐点.

特别地, 若 $f''(x_0) = 0$, $f'''(x_0) \neq 0$, 则 $(x_0, f(x_0))$ 是曲线 $y = f(x)$ 的拐点.

证　由 $\lim\limits_{x \to x_0} \dfrac{f''(x)}{x - x_0} = a$ 及 $f''(x)$ 在 x_0 点的连续性, 有

$$f''(x_0) = \lim_{x \to x_0} f''(x) = 0.$$

因为 $a \neq 0$, 不妨设 $a > 0$, 即 $\lim\limits_{x \to x_0} \dfrac{f''(x)}{x - x_0} = a > 0$, 由局部保号性, $\exists \delta > 0$, 当 $x \in \overset{\circ}{U}(x_0, \delta)$ 时

$$\frac{f''(x)}{x - x_0} > 0.$$

于是, 当 $x_0 - \delta < x < x_0$ 时, 由 $\dfrac{f''(x)}{x - x_0} > 0$ 得 $f''(x) < 0$;

当 $x_0 < x < x_0 + \delta$ 时, 由 $\dfrac{f''(x)}{x - x_0} > 0$ 得 $f''(x) > 0$.

由此可知 $f''(x)$ 在 x_0 点附近两侧的符号异号, 所以 $(x_0, f(x_0))$ 是曲线 $y = f(x)$ 的拐点.

注　例 13 可以作为判别拐点的定理和求拐点的方法, 即先求满足 $f''(x) = 0$ 的点 x_0, 再根据 $f'''(x_0) \neq 0$ 得: $(x_0, f(x_0))$ 是曲线 $y = f(x)$ 的拐点.

例 14　求下列曲线的拐点.

(1) $y = \ln(1 + x^2) + x$;　　　(2) $y = \arctan x$.

解　(1) 因为

$$y' = \frac{2x}{1 + x^2} + 1, \quad y'' = \frac{2(1 - x^2)}{(1 + x^2)^2},$$

令 $y'' = \frac{2(1 - x^2)}{1 + x^2}$ 得: $x = \pm 1$. 又

$$y''' = \frac{2[-2x(1 + x^2)^2 - 4x(1 - x^2)]}{(1 + x^2)^3},$$

$$y'''(1) = -2, \quad y'''(-1) = 2$$

且 $y(1) = \ln 2 + 1, y(-1) = \ln 2 - 1$, 由例 13 知 $(1, \ln 2 + 1)$、$(-1, \ln 2 - 1)$ 是曲线 $y = \ln(1 + x^2) + x$ 的拐点.

(2) 因为

$$y' = \frac{1}{1 + x^2}, \quad y'' = -\frac{2x}{(1 + x^2)^2},$$

令 $y'' = -\frac{2x}{(1 + x^2)^2}$ 得: $x = 0$. 又

$$y''' = -\frac{2[(1 + x^2)^2 - 4x^2(1 + x^2)]}{(1 + x^2)^4} = -\frac{2(1 - 3x^2)}{(1 + x^2)^3},$$

$$y'''(0) = -\frac{1}{4} \neq 0,$$

且 $y(0) = 0$, 由例 13 知 $(0, 0)$ 是曲线 $y = \arctan x$ 的拐点.

例 15　若函数 $f(x)$ 满足关系式 $f''(x) + \sin f'(x) = x$, 且 $f'(0) = 0$. 证明: $(0, f(0))$ 是曲线 $y = f(x)$ 的拐点.

证　把 $x = 0$ 代入关系式得: $f''(0) = 0$.

由函数满足的关系式知 $\sin f'(x)$ 可导, 于是 $f''(x)$ 可导. 关系式两边对 x 求导得:

$$f'''(x) + f''(x) \cos f'(x) = 1,$$

把 $x = 0$ 代入上式得: $f'''(0) = 1 \neq 0$. 所以由例 13 知: $(0, f(0))$ 是曲线 $y = f(x)$ 的拐点.

习　题　3-4

1. 确定下列函数的单调区间.

(1) $y = 2x^3 - 6x^2 - 18x - 7$;

(2) $y = \dfrac{x}{(1 + x)^2}$;

(3) $y = \ln(x + \sqrt{1 + x^2})$;

(4) $y = 2x^2 - \ln x$;

(5) $y = x - \ln(1 + x)$;

(6) $y = e^x - x - 1$;

(7) $y = x^n \mathrm{e}^{-x} (n > 0, x \geqslant 0)$;　　　　　(8) $y = \sqrt[3]{x^2}$.

2. 利用导数证明下列不等式.

(1) $x > 1$ 时, $2\sqrt{x} > 3 - \dfrac{1}{x}$;

(2) $x > 0$ 时, $\ln(1+x) > \dfrac{\arctan x}{1+x}$;

(3) $0 < x < \dfrac{\pi}{2}$ 时, $\tan x > x + \dfrac{1}{3}x^3$;

(4) $x > 1$ 时, $\ln x > \dfrac{2(x-1)}{x+1}$;

(5) 若 $x \neq 0$ 时, $\mathrm{e}^x > 1 + x$.

3. 证明方程 $\mathrm{e}^x - x - 1 = 0$ 有唯一实根.

4. 求下列曲线的凹凸的区间及拐点.

(1) $y = x^4 - 2x^3$;　　　　　　　　　(2) $y = \ln\left(1 + x^2\right)$;

(3) $y = \mathrm{e}^{\arctan x}$;　　　　　　　　　(4) $y = a - \sqrt[3]{x-b}$.

5. 已知点 $(1,3)$ 为曲线 $y = x^3 + ax^2 + bx + 14$ 的拐点, 试求 a, b 的值.

6. 讨论曲线 $f(x) = \begin{cases} \sqrt{x}, & x \geqslant 0, \\ \sqrt{-x}, & x < 0 \end{cases}$ 的凹凸性与拐点.

7. 求曲线 $\begin{cases} x = t^2, \\ y = 3t + t^3 \end{cases}$ 的拐点.

8. 设曲线 $y = k\left(x^2 - 3\right)^2$ 的拐点处的法线通过原点, 求 k 的值.

9. 若函数 $f(x)$ 在 x_0 点满足: $f''(x_0) = 0$, $f'''(x_0) \neq 0$, 证明: $(x_0, f(x_0))$ 是曲线 $y = f(x)$ 的拐点. 并求曲线 $y = x + \arctan x$ 的拐点.

第五节　函数的极值和最值

一、函数的极值

在本章的第一节, 我们已经介绍了函数极值与极值点的有关概念和结论, 特别是极值的必要条件, 即费马引理. 本节将根据函数的导数在驻点或导数不存在点两侧附近符号, 即函数的单调性来判别函数的驻点或导数不存在点是否为极值点; 以及函数在驻点的二阶导数符号来判别函数的驻点是否为极值点.

为此, 我们先观察一个简单例子, 即第四节的例 1. 函数 $f(x) = x^3 - 3x + 1$ 单调区间的分界点是 $x = -1$ 和 $x = 1$. 下面, 我们来分析该函数在 $x = \pm 1$ 点附近两侧单调性的情况.

在点 $x = -1$ 的左侧附近函数 $f(x)$ 是单调增加, 在点 $x = -1$ 的右侧附近函数 $f(x)$ 是单调减少. 因此, 存在点 $x = -1$ 的某去心邻域 $\overset{\circ}{U}(-1, \delta)$, 使得对 $\forall x \in \overset{\circ}{U}(-1, \delta)$, 都有 $f(x) < f(-1)$, 即 $f(-1) = 3$ 是极大值.

在点 $x = 1$ 的左侧附近函数 $f(x)$ 是单调减少, 在点 $x = 1$ 的右侧附近函数 $f(x)$ 是单调增加. 因此, 存在点 $x = 1$ 的某去心邻域 $\overset{\circ}{U}(1, \delta)$, 使得对 $\forall x \in \overset{\circ}{U}(1, \delta)$, 都有 $f(x) > f(1)$, 即 $f(1) = -1$ 是极小值.

通过该例的启示, 我们有下面的结论.

定理 1 (极值存在的充分条件一)　设函数 $f(x)$ 在 x_0 的某邻域 $U(x_0, \delta)$ 内连续, 在其去心邻域 $\overset{\circ}{U}(x_0, \delta)$ 内可导, 如果

(1) 当 $x \in (x_0 - \delta, x_0)$ 时, $f'(x) > 0$; $x \in (x_0, x_0 + \delta)$ 时, $f'(x) < 0$, 那么 $f(x_0)$ 为 $f(x)$ 的一个极大值;

(2) 当 $x \in (x_0 - \delta, x_0)$ 时, $f'(x) < 0$; $x \in (x_0, x_0 + \delta)$ 时, $f'(x) > 0$, 那么 $f(x_0)$ 为 $f(x)$ 的一个极小值;

(3) 当 $x \in \overset{\circ}{U}(x_0, \delta)$ 内时, $f'(x)$ 恒为正或恒为负, 那么 $f(x_0)$ 不是 $f(x)$ 的极值点.

证　(1) 当 $x \in (x_0 - \delta, x_0)$ 时, 由于 $x < x_0$, $f'(x) > 0$, 故在 x_0 的左侧邻近, $f(x)$ 是严格单调增加的, 即有 $f(x) < f(x_0)$;

当 $x \in (x_0, x_0 + \delta)$ 时, 由于 $x > x_0$, $f'(x_0) < 0$, 则在 x_0 的右侧邻近, $f(x)$ 是严格单调减少, 所以有 $f(x) < f(x_0)$, 故 x 在 x_0 的左、右两侧邻近时, 恒有 $f(x) < f(x_0)$ 成立.

综合上述讨论可得 $f(x_0)$ 为 $f(x)$ 的一个极大值.

同理可证 (2), (3) 的结论.

利用定理 1 可以判别函数的驻点与不可导点是否为极值点.

例 1　求 $f(x) = (x^2 - 1)^3 + 1$ 的极值.

解　$f(x)$ 在 $(-\infty, +\infty)$ 内连续且可导, 由

$$f'(x) = 3(x^2 - 1)^2 \cdot 2x = 6x(x^2 - 1)^2 = 0,$$

求得 $f(x)$ 有三个驻点:

$$x_1 = 1, \quad x_2 = -1, \quad x_3 = 0,$$

它们将 $(-\infty, +\infty)$ 分成三个部分区间, $f'(x)$ 在三个部分区间上的符号如下表所示.

x	$(-\infty, -1)$	-1	$(-1, 0)$	0	$(0, 1)$	1	$(1, +\infty)$
$f'(x)$	$-$	0	$-$	0	$+$	0	$+$
$f(x)$	减少		减少	极小	增加		增加

由上表可知, 在 $x_3 = 0$ 的两侧邻近, $f'(x)$ 异号, 且 $x < 0$ 时; $f'(x) < 0$, $x > 0$ 时, $f'(x) > 0$, 故 $f(0) = 0$ 是 $f(x)$ 的极小值; 而在 $x = \pm 1$ 两侧邻近, $f'(x)$ 不变号, 故不是极值点.

例 2　求函数 $y = x^{\frac{1}{3}} (1-x)^{\frac{2}{3}}$ 的单调区间和极值.

解　函数定义域为 $(-\infty, +\infty)$. 因为

$$y' = \frac{1 - 3x}{3x^{\frac{2}{3}} (1-x)^{\frac{1}{3}}},$$

由 $y' = 0$ 得, $x_1 = \dfrac{1}{3}$; 由 y' 不存在, 解得 $x_2 = 0, x_3 = 1$. 列表如下:

x	$(-\infty, 0)$	0	$\left(0, \dfrac{1}{3}\right)$	$\dfrac{1}{3}$	$\left(\dfrac{1}{3}, 1\right)$	1	$(1, +\infty)$
y'	$+$	不存在	$+$	0	$-$	不存在	$+$
y	增加		增加	极大	减少	极小	增加

由上表可知, 函数的单独增加的区间是 $\left(-\infty, \dfrac{1}{3}\right)$ 和 $(1, +\infty)$, 单调减少区间是 $\left(\dfrac{1}{3}, 1\right)$.
在 $x = 0$ 的两侧邻近, 都有 $y' > 0$, 因此 $x = 0$ 不是 y 的极值点; 由于当 $0 < x < \dfrac{1}{3}$ 时, $y' > 0$,
且当 $\dfrac{1}{3} < x < 1$ 时, $y' < 0$, 因此 $x = \dfrac{1}{3}$ 是 y 的极大值点, 且极大值 $y\left(\dfrac{1}{3}\right) = \dfrac{\sqrt[3]{4}}{3}$; 又由于当
$x > 1$ 时, $y' > 0$, 因此 $x = 1$ 是 y 的极小值点, 且极小值 $y(1) = 0$.

当函数在其驻点处的二阶导数易于计算且不为零时, 有更简便的极值判别方法.

定理 2 (极值存在的充分条件二)   设 $f(x)$ 在 x_0 处具有二阶导数, 且 $f'(x_0) = 0, f''(x_0) \neq 0$, 则

(1)当 $f''(x_0) < 0$ 时, 函数 $f(x)$ 在 x_0 处取得极大值;

(2)当 $f''(x_0) > 0$ 时, 函数 $f(x)$ 在 x_0 处取得极小值.

证   (1) 因为 $f''(x_0) < 0$, 有二阶导数定义得

$$f''(x_0) = \lim_{x \to x_0} \frac{f'(x) - f'(x_0)}{x - x_0} = \lim_{x \to x_0} \frac{f'(x)}{x - x_0} < 0,$$

由极限的局部保号性可知, $\exists \mathring{U}(x_0, \delta)$, 使得 $\forall x \in \mathring{U}(x_0, \delta)$ 时有

$$\frac{f'(x)}{x - x_0} < 0,$$

当 x 渐渐增大经过点 x_0 时, $x - x_0$ 由负变正, 故 $f'(x)$ 相应地由正变负, 由定理 1 可知, 这时 $f(x_0)$ 为极大值.

(2) 同理可证, 当 $f''(x_0) > 0$ 时, $f(x)$ 在 x_0 处取得极小值.

需要指出的是: 在驻点 x_0 处, 若有 $f''(x_0) = 0$, 则 x_0 可能是极大值点, 也可能是极小值点, 还可能不是极值点.

例如, 函数 $f(x) = x^4$, 显然 $x = 0$ 是函数的极小值, 且 $f''(x) = 12x^2 |_{x=0} = 0$;

函数 $f(x) = -(x-1)^4$, 显然 $x = 1$ 是函数的极大值, 且 $f''(x) = -12(x-1)^2 |_{x=1} = 0$;

函数 $f(x) = (x+1)^3$, $x = -1$ 不是极值点, 但 $f''(-1) = 6(x+1) |_{x=-1} = 0$.

例 3   求函数 $f(x) = 2x^3 - 9x^2 + 12x - 3$ 的极值.

解 $f(x)$ 在 $(-\infty, +\infty)$ 内处处连续且可导, 则

$$f'(x) = 6x^2 - 18x + 12 = 6(x-1)(x-2),$$

$$f''(x) = 12x - 18 = 6(2x - 3),$$

由 $f'(x) = 0$ 解得: $x_1 = 1, x_2 = 2$. 又

$$f''(1) = -6 < 0, \quad f''(2) = 6 > 0$$

由定理 2 可知, $f(1) = 2$ 是 $f(x)$ 的极大值, $f(2) = 1$ 是 $f(x)$ 的极小值.

例 4   设函数 $y = f(x)$ 由方程 $x^3 - 3xy^2 + 2y^3 = 32$ 确定, 试求出 $f(x)$ 的极值.

解   方程两边对 x 求导, 得

$$3x^2 - 3y^2 - 6xy \cdot y' + 6y^2 y' = 0,$$

即

$$(x - y)(x + y - 2yy') = 0,$$

若 $x - y = 0$ 即 $x = y$, 将它代入原方程中, 可知它不满足方程, 因此 $x - y \neq 0$. 则

$$x + y - 2yy' = 0,$$

即

$$\frac{\mathrm{d}y}{\mathrm{d}x} = \frac{x + y}{2y},$$

由 $\dfrac{\mathrm{d}y}{\mathrm{d}x} = 0$ 解得 $y = -x$. 将 $y = -x$ 代入原方程中, 解得

$$x = -2, \quad y = 2,$$

故 $x = -2$ 为函数 $y = f(x)$ 的一个驻点, 又

$$\frac{\mathrm{d}^2 y}{\mathrm{d}x^2} = \frac{y - x \cdot y'}{2y^2},$$

则有

$$\left. \frac{\mathrm{d}^2 y}{\mathrm{d}x^2} \right|_{(-2,2)} = \frac{1}{4} > 0,$$

所以 $f(x)$ 有极小值 $f(-2) = 2$, 无极大值.

例 5　设函数 $y = f(x)$ 由参数方程 $\begin{cases} x = \arctan t, \\ y = \ln(1 + t^2) \end{cases}$ 所确定, 求出 $f(x)$ 的驻点, 并判别驻点是极大值点还是极小值点.

解　由参数方程的求导法则

$$\frac{\mathrm{d}y}{\mathrm{d}x} = \frac{y'(t)}{x'(t)} = \frac{\dfrac{2t}{1 + t^2}}{\dfrac{1}{1 + t^2}} = 2t,$$

令 $\dfrac{\mathrm{d}y}{\mathrm{d}x} = 0$ 得 $t = 0$, 此时对应的 $x(0) = 0$, $y(0) = 0$, 即 $x = 0$ 是唯一驻点. 又

$$\frac{\mathrm{d}^2 y}{\mathrm{d}x^2} = \frac{2}{\dfrac{1}{1 + t^2}} = 2(1 + t^2)$$

且

$$\left. \frac{\mathrm{d}^2 y}{\mathrm{d}x^2} \right|_{t=0} = 2(1 + t^2)|_{t=0} = 2 > 0,$$

所以, $x = 0$ 是函数 $y = f(x)$ 的极小值点, 极小值 $f(0) = 0$.

例 6　设函数 $y = f(x)$ 满足关系式

$$f'(x) + \arctan f(x) = \sin(x - x_0),$$

且 $f(x_0) = 0$, 证明 $f(x_0) = 0$ 是极小值.

证　把 $x = x_0$ 代入关系式得 $f'(x_0) = 0$, 即 $x = x_0$ 是函数 $y = f(x)$ 的驻点. 关系式对 x 求导, 得

$$f''(x) + \frac{f'(x)}{1 + [f(x)]^2} = \cos(x - x_0).$$

把 $x = x_0$ 代入上式得

$$f''(x_0) = 1 > 0.$$

所以 $f(x_0) = 0$ 是极小值.

二、 函数的最大值与最小值

由连续函数的性质可知, 闭区间上连续的函数必存在最大值与最小值. 该最大值与最小值可能出现在区间的端点, 也可能出现在区间的内部, 若出现在区间的内部, 则它必定是函数的极值. 因此, 要求函数在闭区间上的最大值、最小值, 只要把区间内的所有极值以及端点处的函数值都求出来, 则它们中的最大值、最小值, 分别就是函数在闭区间上的最大值、最小值. 因此求函数 $f(x)$ 在闭区间 $[a, b]$ 上的最大值、最小值的步骤可归纳为

第一步：求出方程 $f'(x) = 0$ 的根 $x_1, x_2, \cdots, x_n$, 以及 $f'(x)$ 不存在的点 $x_1', x_2', \cdots, x_m'$;

第二步：算出驻点 $x_1, x_2, \cdots, x_n$ 与不可导点 $x_1', x_2', \cdots, x_m'$ 处对应的函数值, 及端点处的函数值 $f(a), f(b)$;

第三步：将上述函数值进行比较, 其中的最大值、最小值分别就是函数 $f(x)$ 在闭区间上的最大值、最小值.

例 7　求 $f(x) = x^3 - 3x^2 - 9x + 5$ 在闭区间 $[-2, 4]$ 上的最大值与最小值.

解　$f(x)$ 在闭区间 $[-2, 4]$ 上连续,

$$f'(x) = 3x^2 - 6x - 9 = 3(x - 3)(x + 1),$$

由 $f'(x) = 0$ 解得: $x_1 = -1, x_2 = 3$. 又

$$f(-1) = 10, \quad f(3) = -22, \quad f(-2) = 3, f(4) = -15,$$

因此, 在区间 $[-2, 4]$ 上, 函数在 $x = -1$ 处取得最大值 $f(-1) = 10$; 在 $x = 3$ 处取得最小值 $f(3) = -22$.

例 8　求 $f(x) = |x^2 - 3x + 2|$ 在闭区间 $[-3, 4]$ 上的最大值与最小值.

解　因为

$$f(x) = |x^2 - 3x + 2| = \begin{cases} x^2 - 3x + 2, & x \in [-3, 1] \cup [2, 4], \\ 3x - x^2 - 2, & x \in (1, 2), \end{cases}$$

于是

$$f'(x) = \begin{cases} 2x - 3, & x \in (-3, 1) \cup (2, 4), \\ 3 - 2x, & x \in (1, 2), \end{cases}$$

令 $f'(x) = 0$ 得 $x = \dfrac{3}{2}$. 所以函数 $f(x)$ 在 $(-3, 4)$ 存在唯一驻点 $x = \dfrac{3}{2}$, 导数不存在的点 $x = 1$, $x = 2$. 由于

$$f(-3) = 20, \quad f(1) = 0, \quad f\left(\frac{3}{2}\right) = \frac{1}{4}, \quad f(2) = 0, \quad f(4) = 6,$$

所以, 函数在 $x = -3$ 时取得最大值 $f(-3) = 20$; 在 $x = 1$ 和 $x = 2$ 时取得最小值 $f(1) = f(2) = 0$.

注 函数 $f(x)$ 在区间内连续且只有一个极值点 x_0, 当 $f(x_0)$ 是极大值时, 那么 $f(x_0)$ 就是该区间上的最大值; 当 $f(x_0)$ 是极小值时, 那么 $f(x_0)$ 就是该区间上的最小值.

例 9 求函数 $f(x) = 2\mathrm{e}^{-x^2}$ 的最值.

解 函数的定义域为 $(-\infty, +\infty)$. 因为

$$f'(x) = -4x\mathrm{e}^{-x^2}$$

令 $f'(x) = -4x\mathrm{e}^{-x^2} = 0$ 得: $x = 0$. 又

$$f''(x) = -4\mathrm{e}^{-x^2}(1 - 2x^2)$$

$$f''(0) = -4 < 0$$

所以 $x = 0$ 是函数 $f(x) = 2\mathrm{e}^{-x^2}$ 的唯一极值点, 且是极大值. 故 $f(0) = 2$ 是最大值.

在工农业生产、工程技术等方面, 常常会遇到一类问题: 在一定条件下, 根据实际问题建立的函数有最大值或最小值问题. 如 "用料最省"、"容积最大" 等都是通过建立函数, 然后求这类正数的最大值或最小值问题. 一般情况下, 实际问题建立的函数的定义区间不一定是闭区间, 且函数在有意义的范围内只有一个驻点, 这个驻点通常就是实际问题的最值点.

例 10 制造容积为 $50m^3$ 的圆柱形密闭容器, 应取怎样的底半径与高, 使用料 (表面积) 最省?

解 设圆柱形密闭容器的底半径为 $R(m)$, 高为 $h(m)$, 则其表面积

$$S = 2\pi Rh + 2\pi R^2, \ R \in (0, +\infty),$$

由 $\pi R^2 h = 50$, 得 $h = \dfrac{50}{\pi R^2}$. 将它代入上式得

$$S = 2\pi R \cdot \frac{50}{\pi R^2} + 2\pi R^2 = \frac{100}{R} + 2\pi R^2,$$

$$\frac{\mathrm{d}S}{\mathrm{d}R} = -\frac{100}{R^2} + 4\pi R,$$

得唯一的驻点 $R_0 = \sqrt[3]{\dfrac{100}{4\pi}}$. 又由于制造固定容积的圆柱形密闭容器时, 一定存在一个底半径, 使容器的表面积最小. 因此, 当 $R_0 = \sqrt[3]{\dfrac{100}{4\pi}}$ 时, $S(R)$ 在该点取得最小值. 此时, 相应的高

$$h_0 = \frac{50}{\pi R^2} = 2\sqrt[3]{\frac{100}{4\pi}} = 2R_0.$$

即当圆柱形容器的高与底直径都等于 $2\sqrt[3]{\dfrac{100}{4\pi}}$ 时, 表面积最小, 从而使用料最省.

利用函数的极值与最值还可讨论方程的根及不等式的证明等有关命题.

例 11　问 a 为何值时, 方程 $e^x - 2x - a = 0$ 有实根?

解　设 $f(x) = e^x - 2x - a \ (x \in (-\infty, +\infty))$, 则

$$f'(x) = e^x - 2, \ f''(x) = e^x,$$

由

$$f'(x) = 0,$$

解得 $x = \ln 2$, 由

$$f''(\ln 2) = e^{\ln 2} = 2 > 0,$$

可知 $f(\ln 2)$ 为 $f(x)$ 的极小值. 又 $\lim\limits_{x \to -\infty} f(x) = +\infty$, $\lim\limits_{x \to +\infty} f(x) = +\infty$, 所以

$$\min_{x \in (-\infty, +\infty)} f(x) = f(\ln 2) = e^{\ln 2} - 2\ln 2 - a = 2 - a - 2\ln 2.$$

因此要使 $f(x)$ 有零点, 必须 $f(\ln 2) \leqslant 0$, 即

$$2 - a - 2\ln 2 \leqslant 0, \quad 得 \quad a \geqslant 2 - 2\ln 2.$$

则当 $a > 2 - 2\ln 2$ 时, $f(\ln 2) < 0$, 这时原方程有两个不同的实根; 当 $a = 2 - 2\ln 2$ 时, $f(\ln 2) = 0$, 这时原方程有唯一的实根.

例 12　设 $0 \leqslant x \leqslant 1$, $p > 1$, 证明不等式:

$$\frac{1}{2^{p-1}} \leqslant x^p + (1-x)^p \leqslant 1.$$

特别地, $p = 2$ 时

$$\frac{1}{2} \leqslant x^2 + (1-x)^2 \leqslant 1.$$

证　令 $f(x) = x^p + (1-x)^p \ (0 \leqslant x \leqslant 1)$, 则

$$f'(x) = px^{p-1} + p(1-x)^{p-1}(-1) = p[x^{p-1} - (1-x)^{p-1}]$$

由 $f'(0) = 0$, 得驻点 $x = \dfrac{1}{2}$, 又

$$f(0) = f(1) = 1, \quad f\left(\frac{1}{2}\right) = \frac{1}{2^{p-1}} (p > 1),$$

所以 $f(x)$ 在 $[0,1]$ 上的最大值为 1, 最小值为 $\dfrac{1}{2^{p-1}}$. 故

$$\frac{1}{2^{p-1}} \leqslant x^p + (1-p)^p \leqslant 1.$$

例 13　设函数 $f(x) = \ln x + \dfrac{1}{x}$,

(1) 求 $f(x)$ 的最小值;

(2) 设数列 $\{x_n\}$ 满足 $\ln x_n + \dfrac{1}{x_{n+1}} < 1$, 证明: $\lim\limits_{n \to \infty} x_n$ 存在, 并求此极限.

解 函数 $f(x) = \ln x + \dfrac{1}{x}$ 的定义域为 $(0, +\infty)$.

(1) 因为函数的导数

$$f'(x) = \frac{1}{x} - \frac{1}{x^2} = \frac{x-1}{x^2},$$

及

$$f''(x) = \frac{2}{x^3} - \frac{1}{x^2} = \frac{2x-1}{x^3}$$

令 $f'(x) = \dfrac{x-1}{x^2} = 0$, 得 $x = 1$, 且

$$f''(1) = \frac{2x-1}{x^3}\Big|_{x=1} = 1 > 0$$

所以 $x = 1$ 是函数 $f(x)$ 的唯一极小值点, 也是最小值点, 最小值 $f(1) = 1$.

(2) 由 (1) 知

$$\ln x_n + \frac{1}{x_n} \geqslant 1$$

再结合已知条件 $\ln x_n + \dfrac{1}{x_{n+1}} < 1$ 可得

$$\frac{1}{x_{n+1}} \leqslant \frac{1}{x_n}, \quad \text{即} \quad x_n < x_{n+1}$$

所以, 数列 $\{x_n\}$ 单调增加.

又由 $\ln x_n < 1$ 得 $0 < x_n < e$, 即数列 $\{x_n\}$ 有界. 于是数列 $\{x_n\}$ 单调且有界, 故极限 $\lim\limits_{n \to \infty} x_n$ 存在, 设 $\lim\limits_{n \to \infty} x_n = a$, 由

$$\ln x_n + \frac{1}{x_n} \geqslant 1 \text{ 及} \ln x_n + \frac{1}{x_{n+1}} < 1,$$

并根据数列极限的保号性, 令 $n \to \infty$ 得

$$\ln a + \frac{1}{a} \geqslant 1, \quad \ln a + \frac{1}{a} \leqslant 1$$

解得 $a = 1$. 所以

$$\lim_{n \to \infty} x_n = 1.$$

例 14 设常数 $a > 0$, 使得不等式 $\ln x \leqslant x^a$ 对任意的 $x > 0$ 都成立, 求常数 a 的最小值.

解 当 $0 < x \leqslant 1$ 时, 等式 $\ln x \leqslant x^a$ 显然成立. 当 $x > 1$ 时, 由于等式 $\ln x \leqslant x^a$ 等价于

$$\ln \ln x \leqslant a \ln x, \quad \text{即} \quad a \geqslant \frac{\ln \ln x}{\ln x},$$

于是求常数 a 的最小值等价于求函数 $f(x) = \dfrac{\ln \ln x}{\ln x}$ 的最大值. 因为

$$f'(x) = \frac{1}{x \ln^2 x}(1 - \ln \ln x),$$

由 $f'(x) = 0$ 得唯一驻点: $x = \mathrm{e}^{\mathrm{e}}$.

当 $1 < x < \mathrm{e}^{\mathrm{e}}$ 时, $f'(x) > 0$; 当 $x > \mathrm{e}^{\mathrm{e}}$ 时, $f'(x) < 0$, 所以 $f(\mathrm{e}^{\mathrm{e}}) = \mathrm{e}^{-1}$ 为 $f(x)$ 的极大值, 即最大值. 故所求 a 的最小值为 e^{-1}.

习　题　3-5

1. 求下列函数的极值.

(1) $y = x^3 - 3x^2 - 9x$;

(2) $y = \dfrac{(x-2)(x-3)}{x^2}$;

(3) $y = x^2 \mathrm{e}^{-x^2}$

(4) $y = \mathrm{e}^x \cos x$;

(5) $y = (x-5)^2 \cdot \sqrt[3]{(x+1)^2}$;

(6) $y = x^3 - 3x + 1$;

(7) $y = x^{\frac{1}{x}}$;

(8) $y = \arctan x - \dfrac{1}{2}\ln(1 + x^2)$.

2. 求下列函数在指定区间上的最大值与最小值.

(1) $f(x) = x^3 - 3x^2 + 3x + 1$, $x \in [-1, 2]$;

(2) $f(x) = x^2 \ln x$, $x \in \left[\dfrac{1}{4}, 1\right]$;

(3) $f(x) = x^{\frac{1}{x}}$, $x \in (0, +\infty)$;

(4) $f(x) = x + \sqrt{1-x}$, $x \in [-5, 1]$.

3. a 取何值时, $x = \dfrac{\pi}{3}$ 是 $f(x) = a\sin x + \dfrac{1}{3}\sin 3x$ 的极值点? 是极大值还是极小值, 并求此极值.

4. 求 a, b 的值, 使 $f(x) = a\ln x + bx^2 + x$ 在 $x = 1, x = 2$ 都有极值, 它们是极大值还是极小值? 并求出极值.

5. $y = ax^3 + bx^2 + cx + d$, 若 $y(-2) = 44$ 为极值, 点 $(1, -10)$ 是拐点, 求 a, b, c, d.

6. 设函数 $y = f(x)$ 由方程 $2y^3 - 2y^2 + 2xy - x^2 = 1$ 确定, 试求出 $f(x)$ 的驻点, 该驻点是否为极值点.

7. 对任意 $x \in (-\infty, +\infty)$, 证明: $x^4 + (1-x)^4 \geqslant \dfrac{1}{8}$.

8. 设 $\lim\limits_{x \to x_0} \dfrac{f(x) - f(x_0)}{(x - x_0)^2} = -1$, 证明 $f(x)$ 在 x_0 处取得极大值.

9. 设函数 $f(x)$ 的导数在点 $x = a$ 处连续, 且 $\lim\limits_{x \to a} \dfrac{f'(x)}{x - a} = -1$. 证明点 $x = a$ 是函数 $f(x)$ 的极大值点.

10. 求函数 $f(x) = x^2 - \dfrac{54}{x}$, $x \in (-\infty, 0)$ 的最小值.

11. 求函数 $f(x) = \dfrac{x}{x^2 + 1}$, $x \in [0, +\infty)$ 的最大值.

第六节　函数图形的描绘

一、渐近线

如果函数的定义域是一个无穷区间, 或函数表示的曲线延伸到无穷远, 这时做出函数曲线的图像是不可能的. 但我们希望无穷远的曲线图像无限接近已知特性的曲线, 无限接近的曲线最简单的是直线, 也就是说, 无穷远的图像可以近似的用直线来刻画.

定义 1 若曲线上的点沿曲线趋于无穷远时, 此点与某一直线的距离趋近于零, 则称此直线为曲线的一条渐近线.

渐近线分水平渐近线、垂直渐近线和斜渐近线. 下面依次讨论它们的求法.

1. 垂直渐近线

如果当 $x \to x_0$(或 $x \to x_0^+$ 或 $x \to x_0^-$) 时, $f(x) \to \infty$, 即

$$\lim_{x \to x_0} f(x) = \infty$$

(或 $\lim_{x \to x_0^+} f(x) = \infty$ 或 $\lim_{x \to x_0^-} f(x) = \infty$),

则直线 $x = x_0$ 是曲线 $y = f(x)$ 的一条**垂直渐近线**(图 3-6-1).

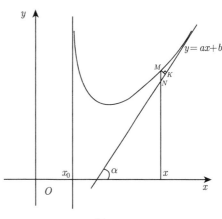

例如, 对曲线 $y = \ln x$, 当 $x \to 0^+$ 时, $\ln x \to -\infty$, 所以直线 $x = 0$ 为曲线 $y = \ln x$ 的一条垂直渐近线.

又如曲线 $y = \dfrac{1}{x-1}$, 当 $x \to 1$ 时, $y \to \infty$, 所以 $x = 1$ 为该曲线的一条垂直渐近线.

图 3-6-1

2. 斜渐近线

设直线 $y = ax + b\left(\text{其倾斜角} \alpha \neq \dfrac{\pi}{2}\right)$ 为曲线 $y = f(x)$ 的一条斜渐近线 (图 3-6-1). 曲线上的点 M 与直线 $y = ax + b$ 的距离为 $|MK|$, 由渐近线的定义可知:

$$\lim_{x \to \infty} |MK| = 0,$$

在直角三角形 $\triangle MKN$ 中, $|MN| = \dfrac{|MK|}{|\cos \alpha|}$, 因此, $\lim_{x \to \infty} |MN| = 0$, 由

$$MN = f(x) - (ax + b),$$

所以

$$\lim_{x \to \infty} [f(x) - (ax + b)] = 0, \tag{3-6-1}$$

因此曲线 $y = f(x)$ 的斜渐近线的存在及求法问题归结为确定 a, b 的值, 使它满足式 (3-6-1). 为此将式 (3-6-1) 化为

$$\lim_{x \to \infty} x \left[\frac{f(x)}{x} - a - \frac{b}{x}\right] = 0,$$

从而

$$\lim_{x \to \infty} \left[\frac{f(x)}{x} - a - \frac{b}{x}\right] = 0,$$

即

$$a = \lim_{x \to \infty} \frac{f(x)}{x}, \tag{3-6-2}$$

将式 (3-6-2) 代入式 (3-6-1) 中, 得

$$b = \lim_{x \to \infty} [f(x) - ax],\tag{3-6-3}$$

从而可求得曲线 $y = f(x)$ 的**斜渐近线**为 $y = ax + b$.

特别地, 若 $a = 0$, 且 $b = \lim\limits_{x \to \infty} f(x)$ 存在, 则 $y = b$ 为 $f(x)$ 的一条**水平渐近线**.

综上所述, 可得渐近线的求法如下:

若 $\lim\limits_{x \to x_0} f(x) = \infty$(或 $\lim\limits_{x \to x_0^+} f(x) = \infty$ 或 $\lim\limits_{x \to x_0^-} f(x) = \infty$), 则直线 $x = x_0$ 是曲线 $y = f(x)$ 的一条**垂直渐近线**;

若 $\lim\limits_{x \to \infty} f(x) = b$, 则直线 $y = b$ 是曲线 $y = f(x)$ 的一条**水平渐近线**;

若 $\lim\limits_{x \to \infty} \dfrac{f(x)}{x} = a$ 且 $\lim\limits_{x \to \infty} [f(x) - ax] = b$, 则直线 $y = ax + b$ 是曲线 $y = f(x)$ 的一条**斜渐近线**.

例 1 求曲线 $y = \dfrac{x^2}{x^2 - 4}$ 的渐近线.

解 因为

$$\lim_{x \to \infty} \frac{x^2}{x^2 - 4} = 1,$$

所以 $y = 1$ 是该曲线的一条水平渐近线. 又因为

$$\lim_{x \to 2} \frac{x^2}{x^2 - 4} = \infty,$$

$$\lim_{x \to -2} \frac{x^2}{x^2 - 4} = \infty$$

所以 $x = 2$ 和 $x = -2$ 是曲线的两条垂直渐近线.

例 2 求曲线 $y = \dfrac{x^2}{x + 1}$ 的渐近线.

解 因为

$$\lim_{x \to -1} \frac{x^2}{x + 1} = \infty,$$

所以直线 $x = -1$ 为该曲线的一条垂直渐近线; 因为

$$a = \lim_{x \to \infty} \frac{y}{x} = \lim_{x \to \infty} \frac{x}{x + 1} = 1,$$

这时

$$b = \lim_{x \to \infty} (y - ax) = \lim_{x \to \infty} \left(\frac{x^2}{x + 1} - x \right) = \lim_{x \to \infty} \frac{-x}{x + 1} = -1,$$

所以该曲线的斜渐近线为 $y = x - 1$.

例 3 试问曲线 $y = \dfrac{1}{x} + \ln(1 + e^x)$ 有几条渐近线.

解 函数 $y = \dfrac{1}{x} + \ln(1 + e^x)$ 的定义域为 $(-\infty, 0) \cup (0, +\infty)$, 且

$$\lim_{x \to 0} y = \lim_{x \to 0} \left[\frac{1}{x} + \ln(1 + e^x) \right] = \infty,$$

所以 $x = 0$ 是曲线的唯一垂直渐近线. 又

$$\lim_{x \to -\infty} y = \lim_{x \to -\infty} \left[\frac{1}{x} + \ln(1 + \mathrm{e}^x) \right] = 0,$$

所以 $y = 0$ 是曲线的唯一水平渐近线. 因为

$$\lim_{x \to +\infty} \frac{y}{x} = \lim_{x \to +\infty} \left[\frac{1}{x^2} + \frac{1}{x} \ln(1 + \mathrm{e}^x) \right]$$

$$= \lim_{x \to +\infty} \frac{\ln(1 + \mathrm{e}^x)}{x} = \lim_{x \to +\infty} \frac{x + \ln(1 + \mathrm{e}^{-x})}{x} = 1,$$

又

$$\lim_{x \to +\infty} (y - x) = \lim_{x \to +\infty} \left[\frac{1}{x} + \ln(1 + \mathrm{e}^x) - x \right]$$

$$= \lim_{x \to +\infty} [\ln(1 + \mathrm{e}^x) - x] = \lim_{x \to +\infty} [\ln \mathrm{e}^x (1 + \mathrm{e}^{-x}) - x]$$

$$= \lim_{x \to +\infty} \ln(1 + \mathrm{e}^{-x}) = 0,$$

所以 $y = x$ 为曲线的斜渐近线. 综上所述, 曲线 $y = \dfrac{1}{x} + \ln(1 + \mathrm{e}^x)$ 共有 3 条渐近线.

二、 函数图形的描绘

要比较准确地描绘出一般函数的图形, 仅用描点作图是不够的, 为了提高作图的准确性, 可将前面讨论的函数性态, 应用到曲线的作图上, 即先利用函数的一阶、二阶导数, 分析其整体性态. 并求出曲线的渐近线, 然后再描点作图, 称这种作图的方法为**分析作图法**. 函数作图大致可分为以下几步:

第一步 确定 $f(x)$ 的定义域并讨论函数的奇偶性、周期性及其连续性;

第二步 在定义域内求函数 $f(x)$ 的一、二阶导数为零或不存在的点, 并用这些点将定义域划分成若干个部分区间;

第三步 在每个部分区间内确定一、二阶导数的符号, 并由此确定函数在这些区间内的单调性和凹凸性, 并求得函数的极值点与拐点;

第四步 求出函数 $f(x)$ 的渐近线;

第五步 计算若干关键点 (与坐标轴交点、极值点、拐点等) 的函数值, 综合上面讨论的图像性质, 描绘函数的简图.

例 4 作函数 $y = \dfrac{1}{\sqrt{2\pi}} \mathrm{e}^{-\frac{x^2}{2}}$ 的图形.

解 函数 $y = \dfrac{1}{\sqrt{2\pi}} \mathrm{e}^{-\frac{x^2}{2}}$ 的定义域为 $(-\infty, +\infty)$, 且处处连续, 由于它是偶函数, 所以只需在 $[0, +\infty)$ 内讨论其性态.

$$y' = -\frac{x}{\sqrt{2\pi}} \mathrm{e}^{-\frac{x^2}{2}}, \quad y'' = \frac{x^2 - 1}{\sqrt{2\pi}} \mathrm{e}^{-\frac{x^2}{2}},$$

令 $y' = 0$, 解得 $x_1 = 0$; 令 $y'' = 0$, 解得 $x_2 = 1$. 将函数 y 的性态列表如下:

x	0	$(0,1)$	1	$(1,+\infty)$
y'	0	$-$	$-$	$-$
y''	$-$	$-$	0	$+$
y	极大值点	减少, 凸	拐点	减少, 凹

由极限 $\lim\limits_{x\to\infty}\dfrac{1}{\sqrt{2\pi}}\mathrm{e}^{-\frac{x^2}{2}}=0$, 可知, 曲线有水平渐近线 $y=0$. 又

$$y(0)=\frac{1}{\sqrt{2\pi}}=0.399,\ y(1)=\frac{1}{\sqrt{2\pi\mathrm{e}}}=0.242,\ y(2)=\frac{1}{\sqrt{2\pi\mathrm{e}^2}}=0.054,$$

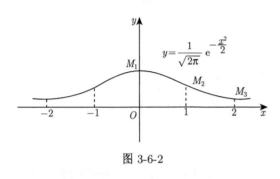

图 3-6-2

得到图上 3 个点, 结合渐近线和上表中函数的性态, 在 $[0,1)$ 和 $(1,+\infty)$ 上描出函数的图形, 最后作它的关于 y 轴的对称图形, 从而得到函数的整个图形, 如图 3-6-2 所示.

例 5　讨论函数 $y=\sqrt[3]{x(x-1)^2}$ 的性态并作图.

解　此函数是 $(-\infty,+\infty)$ 内的非奇非偶非周期的连续函数,

$$\begin{aligned}
y'&=\frac{1}{3}x^{-\frac{2}{3}}(x-1)^{\frac{2}{3}}+x^{\frac{1}{3}}\cdot\frac{2}{3}(x-1)^{-\frac{1}{3}}\\
&=\frac{x-1+2x}{3x^{\frac{2}{3}}(x-1)^{\frac{1}{3}}}=\frac{3x-1}{3x^{\frac{2}{3}}(x-1)^{\frac{1}{3}}},
\end{aligned}$$

可见, 在 $x=0$ 及 $x=1$ 时 y' 不存在; 在 $x=\dfrac{1}{3}$ 时, $y'=0$.

$$\begin{aligned}
y''&=\frac{1}{3}\left[3x^{-\frac{2}{3}}(x-1)^{-\frac{1}{3}}+(3x-1)\left(-\frac{2}{3}\right)x^{-\frac{5}{3}}(x-1)^{-\frac{1}{3}}+(3x-1)x^{-\frac{2}{3}}\left(-\frac{1}{3}\right)(x-1)^{-\frac{4}{3}}\right]\\
&=-\frac{2}{9}x^{-\frac{5}{3}}(x-1)^{-\frac{4}{3}},
\end{aligned}$$

在 $x=0$ 及 $x=1$ 时 y'' 不存在; y'' 无零点. 又

$$\begin{aligned}
a&=\lim_{x\to\infty}\frac{y(x)}{x}=\lim_{x\to\infty}\frac{\sqrt[3]{x(x-1)^2}}{x}=\lim_{x\to\infty}\sqrt[3]{\left(1-\frac{1}{x}\right)^2}=1,\\
b&=\lim_{x\to\infty}[y(x)-x]=\lim_{x\to\infty}\left[x^{\frac{1}{3}}(x-1)^{\frac{2}{3}}-x\right]\\
&=\lim_{x\to\infty}\frac{x(x-1)^2-x^3}{x^{\frac{2}{3}}(x-1)^{\frac{4}{3}}+x^{\frac{4}{3}}(x-1)^{\frac{2}{3}}+x^2}\\
&=\lim_{x\to\infty}\frac{-2x^2+x}{x^{\frac{2}{3}}(x-1)^{\frac{4}{3}}+x^{\frac{4}{3}}(x-1)^{\frac{2}{3}}+x^2}=-\frac{2}{3},
\end{aligned}$$

可知, 有斜渐近线 $y=x-\dfrac{2}{3}$. 综上, 可列表:

x	$(-\infty,0)$	0	$\left(0,\dfrac{1}{3}\right)$	$\dfrac{1}{3}$	$\left(\dfrac{1}{3},1\right)$	1	$(1,+\infty)$
y'	$+$	不存在	$+$	0	$-$	不存在	$+$
y''	$+$	不存在	$-$		$-$	不存在	$-$
y	增加, 凹	拐点	增加, 凸	极大值	减少, 凸	极小值	增加, 凸

$$y(-1)=-\sqrt[3]{4}\approx -1.6,\, y(0)=0,\, y\left(\frac{1}{3}\right)=\frac{\sqrt[3]{4}}{3}\approx 0.5,\, y(1)=0,\, y(2)=\sqrt[3]{2}\approx 1.3,$$

描绘的函数图形为图 3-6-3.

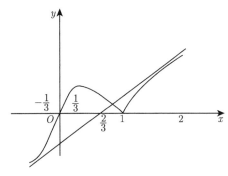

图 3-6-3

习 题 3-6

1. 求下列曲线的渐近线.

(1) $y=1+\dfrac{x}{(x-3)^2}$;

(2) $y=\dfrac{(x-1)^3}{(x+1)^2}$;

(3) $y=\dfrac{x^2}{1-x}$;

(4) $y=\dfrac{1+e^{-x}}{1-e^{-x}}$.

2. 描绘下列函数的图形.

(1) $y=x^3-x^2-x+1$;

(2) $y=1+\dfrac{36x}{(x+3)^2}$.

第七节 曲 率

在许多实际问题中, 常常需要知道曲线的弯曲程度, 如在设计铁路或公路的弯道时, 必须考虑弯道处的弯曲程度, 建筑工程中使用的弓形梁的受力强度也与弯道处的弯曲程度有关. 它们都对应同一个数学问题, 即光滑曲线 $y=f(x)$ 的弯曲程度. 为此本节先给出函数弧微分的概念, 然后再研究曲线弯曲程度的数学表达式.

一、弧微分

如果函数 $y=f(x)$ 在区间 (a,b) 内有连续的导数, 则称曲线 $y=f(x)$ 是 (a,b) 内的光滑曲线. 理论上可以证明: 光滑曲线弧是可以求长度的.

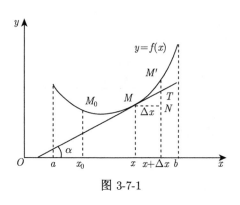

图 3-7-1

在曲线 $y = f(x)$ 上取定一点 $M_0(x_0, y_0)$ 作为度量曲线弧长的基点 (图 3-7-1), 并规定沿 x 增大的方向为曲线的正方向 (弧长增加的方向), 对曲线上任意的点 $M(x, y)$, 规定有向弧段 $\overparen{M_0M}$ 的值 $s(x)$(也称弧函数 $s(x)$) 如下: $s(x)$ 的绝对值等于弧 $\overparen{M_0M}$ 的长度, 当有向弧段 $\overparen{M_0M}$ 的方向与曲线的正向一致时 $s(x) > 0$, 相反时 $s(x) < 0$. 由此得到一个定义在区间 (a, b) 内的弧函数 $s(x)$, 若也用 $\overparen{M_0M}$ 表示弧 $\overparen{M_0M}$ 的长度, 则

$$s(x) = \begin{cases} \overparen{M_0M}, & x \geqslant x_0, \\ -\overparen{M_0M}, & x < x_0, \end{cases}$$

显然 $s(x)$ 是 x 的单调增加函数. 下面给出弧函数 $s(x)$ 的导数及微分公式.

设点 x 与 $x + \Delta x$ 在区间 (a, b) 内, 它们对应曲线 $y = f(x)$ 上相应的两点 $M(x, f(x))$ 与 $M'(x + \Delta x, f(x + \Delta x))$, 函数 $y = f(x)$ 相应的增量是 Δy, 弧函数 $s(x)$ 相应的增量 $\Delta s = \overparen{MM'}$. 由于 $s(x)$ 是 x 的单调增加函数, 因此

$$\frac{\Delta s}{\Delta x} = \left| \frac{\Delta s}{\Delta x} \right| = \left| \frac{\overparen{MM'}}{\Delta x} \right| = \left| \frac{\overparen{MM'}}{\overline{MM'}} \right| \cdot \left| \frac{\overline{MM'}}{\Delta x} \right| = \left| \frac{\overparen{MM'}}{\overline{MM'}} \right| \sqrt{1 + \left(\frac{\Delta y}{\Delta x} \right)^2}, \tag{3-7-1}$$

令 $\Delta x \to 0$, 则 $M' \to M$. 由于 $\lim\limits_{M' \to M} \left| \dfrac{\overparen{MM'}}{\overline{MM'}} \right| = 1$, $\lim\limits_{\Delta x \to 0} \dfrac{\Delta y}{\Delta x} = y'$, 因此对式 (3-7-1) 求 $\Delta x \to 0$ 时的极限, 可得

$$\frac{ds}{dx} = \lim_{\Delta x \to 0} \frac{\Delta s}{\Delta x} = \lim_{\Delta x \to 0} \sqrt{1 + \left(\frac{\Delta y}{\Delta x} \right)^2} = \sqrt{1 + y'^2},$$

则

$$ds = \sqrt{1 + y'^2} dx, \tag{3-7-2}$$

式 (3-7-2) 称为**曲线$y = f(x)$的弧微分公式**.

当曲线用参数方程 $x = x(t), y = y(t)$ 表示时, 式 (3-7-2) 可化为

$$ds = \sqrt{x'^2(t) + y'^2(t)} dt \tag{3-7-3}$$

当曲线用极坐标方程 $r = r(\theta)$ 表示时, 式 (3-7-2) 可化为

$$ds = \sqrt{r^2(\theta) + r'^2(\theta)} d\theta \tag{3-7-4}$$

又由式 (3-7-2) 可得

$$(ds)^2 = (dx)^2 + (dy)^2. \tag{3-7-5}$$

式 (3-7-5) 中的三个微分的绝对值构成了图 3-7-1 的直角三角形 MNT 的三条边, 因此称 MNT 为**微分三角形**. 弧微分是微分三角形的有向斜边 (在切线 MT 上而不是在弦 MM' 上) 的值. 若设切线 MT 的倾角为 $\alpha\left(|\alpha| < \dfrac{\pi}{2}\right)$, 由微分三角形 MNT 可得

$$\mathrm{d}x = \cos\alpha \cdot \mathrm{d}s, \quad \mathrm{d}y = \sin\alpha \cdot \mathrm{d}s.$$

例 1　求曲线 $y = \ln(1 + x^2)$ 的弧微分.

解　因为 $y' = \dfrac{2x}{1 + x^2}$, 所以

$$\mathrm{d}s = \sqrt{1 + y'^2}\mathrm{d}x = \sqrt{1 + \frac{4x^2}{(1 + x^2)^2}}\mathrm{d}x = \frac{\sqrt{1 + 6x^2 + x^4}}{1 + x^2}\mathrm{d}x.$$

例 2　求第一象限内星形线 $x = a\cos^3 t, y = a\sin^3 t\left(0 \leqslant t \leqslant \dfrac{\pi}{2}\right)$ 的弧微分.

解　因为

$$x'(t) = -3a\cos^2 t\sin t\mathrm{d}t, \quad y'(t) = 3a\sin^2 t\cos t\mathrm{d}t,$$

所以

$$\begin{aligned}
\mathrm{d}s &= \sqrt{x'^2(t) + y'^2(t)}\mathrm{d}t \\
&= \sqrt{9a^2(\cos^4 t\sin^2 t + \sin^4 t\cos^2 t)}\mathrm{d}t \\
&= 3a\sin t\cos t\mathrm{d}t.
\end{aligned}$$

二、曲率

如图 3-7-2, 设 L 与 L_1 为平面上两条连续光滑的曲线, 在 L 与 L_1 上分别取长度都等于 Δs 的弧段 $\overset{\frown}{PQ}$ 与 $\overset{\frown}{PQ_1}$(图 3-7-2(a)), 在曲线 L 上动点沿弧 $\overset{\frown}{PQ}$ 从点 P 移动到点 Q 时, 其切线也连续转动, 设其倾角的改变量 (即弧段 $\overset{\frown}{PQ}$ 两端切线正向的夹角) 为 $\Delta\alpha$, 同样设曲线 L_1 上动点沿弧 $\overset{\frown}{PQ_1}$ 从点 P 移动到点 Q_1 时, 其切线的倾角的改变量 (弧段 $\overset{\frown}{PQ_1}$ 两端切线正向的夹角) 为 $\Delta\alpha_1$, 从图 (图 3-7-2(a)) 可看出, 虽然弧 $\overset{\frown}{PQ}$ 与 $\overset{\frown}{PQ_1}$ 的长度相等, 但显然弧 $\overset{\frown}{PQ}$ 的弯曲程度比 $\overset{\frown}{PQ_1}$ 的弯曲程度小, 相应地曲线上切线的倾角的改变量 $\Delta\alpha$ 也比 $\Delta\alpha_1$ 小, 这说明曲线的弯曲程度与其切线的倾角的改变量 $\Delta\alpha$ 成正比.

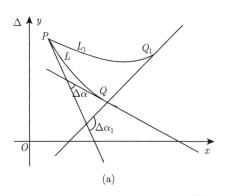

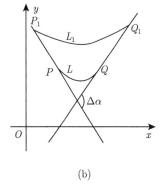

图 3-7-2

从图 3-7-2(b) 上可看出, 当 L 与 L_1 上的动点处的切线转过同样的角度 $\Delta\alpha$ 时, 弧长较短的弧 $\overparen{PQ}$ 的弯曲程度比弧长较长的 $\overparen{P_1Q_1}$ 的弯曲程度大, 这说明曲线的弯曲程度与弧段的长度 Δs 成反比.

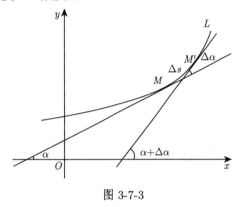

图 3-7-3

在光滑的曲线 L 上取点 M 与 M' (图 3-7-3), 过 M 与 M' 分别作曲线的切线, 设切线正向转过的角度为 $\Delta\alpha$, 弧长 $\overparen{MM'}$ 为 Δs, 用比值 $\dfrac{|\Delta\alpha|}{|\Delta s|}$ 表示弧 $\overparen{MM'}$ 的平均弯曲程度, 也称此比值为弧 $\overparen{MM'}$ **的平均曲率**, 记作

$$\overline{K} = \frac{|\Delta\alpha|}{|\Delta s|}.$$

下面给出曲线 L 在点 M 处的曲率的定义.

定义 1　　设 M、M' 为光滑曲线 L 上的两点, $\overparen{MM'} = \Delta s$, 从点 M 沿曲线 L 到 M' 时其切线转过的角度为 $\Delta\alpha$, 当 $\Delta s \to 0$时, 如果弧段 $\overparen{MM'}$ 的平均曲率的极限存在, 则称此极限为曲线 L 在点 M 处的曲率, 记作 K, 即

$$K = \lim_{\Delta s \to 0} \frac{|\Delta\alpha|}{|\Delta s|}.$$

当导数 $\dfrac{\mathrm{d}\alpha}{\mathrm{d}s}$ 存在时, 则

$$K = \left| \frac{\mathrm{d}\alpha}{\mathrm{d}s} \right|.$$

对于直线来说, 其切线与该直线本身重合, 当点沿直线移动时, 切线的倾角 α 不变, 即 $\Delta\alpha = 0$, 从而直线上任意点 M 处的曲率都等于零, 这与 "直线是不弯曲的" 这一事实相一致.

对于半径为 R 的圆周上任一点 M, 它与其邻近点 M' 构成的圆弧 $\overparen{MM'}$ 对应的中心角记作 $\Delta\alpha$, 则 $\Delta s = \overparen{MM'} = R\Delta\alpha$, 从而 $\dfrac{\Delta\alpha}{\Delta s} = \dfrac{1}{R}$. 由曲率的定义

$$K = \frac{1}{R}.$$

即圆周上各点处的曲率处处相等, 都等于 $\dfrac{1}{R}$, 与圆的几何图像相符.

下面根据曲率的定义来推导一般曲线上任意点 M 处曲率的计算公式.

设曲线的直角坐标方程是 $y = f(x)$, 函数 $f(x)$ 具有二阶导数. 由于曲线 $y = f(x)$ 在点 M 处的切线的斜率为

$$y' = \tan\alpha,$$

对上式求 x 的导数, 得

$$y'' = \sec^2\alpha \cdot \frac{\mathrm{d}\alpha}{\mathrm{d}x} = \left(1 + y'^2\right) \frac{\mathrm{d}\alpha}{\mathrm{d}x},$$

解得

$$\mathrm{d}\alpha = \frac{y''}{1+y'^2}\mathrm{d}x,$$

又弧微分

$$\mathrm{d}s = \sqrt{1+y'^2}\mathrm{d}x,$$

于是有

$$\frac{\mathrm{d}\alpha}{\mathrm{d}s} = \frac{y''}{(1+y'^2)^{\frac{3}{2}}},$$

从而得曲率的计算公式为

$$K = \frac{|y''|}{(1+y'^2)^{\frac{3}{2}}}. \tag{3-7-6}$$

例 3 求抛物线 $y^2 = 4x$ 在点 $M(1,2)$ 处的曲率.

解 由 $y^2 = 4x$, 得 $y = \pm 2\sqrt{x}$, 点 $M(1,2)$ 在曲线 $y = 2\sqrt{x}$ 上, 故取 $y = 2\sqrt{x}$, 则

$$y' = \frac{1}{\sqrt{x}}, y'' = -\frac{1}{2}x^{-\frac{3}{2}} = -\frac{1}{2x\sqrt{x}},$$

再根据曲率的计算公式, 得

$$K|_{(1,2)} = \frac{|y''|}{(1+y'^2)^{\frac{3}{2}}}\bigg|_{(1,2)} = \left|\frac{\frac{1}{2x\sqrt{x}}}{\left(1+\frac{1}{x}\right)^{\frac{3}{2}}}\right|_{(1,2)} = \left|\frac{\frac{1}{2}}{2^{\frac{3}{2}}}\right| = \frac{\sqrt{2}}{8}.$$

例 4 求椭圆 $x^2 - xy + y^2 = 3$ 在点 $(1,2)$ 处的曲率.

解 方程两边对 x 求导:

$$2x - (y + xy') + 2yy' = 0$$

将 $x = 1, y = 2$ 代入上式, 得 $y'|_{(1,2)} = 0$,

方程 $2x - (y + xy') + 2yy' = 0$ 两边再对 x 求导:

$$2 - (2y' + xy'') + 2(y')^2 + 2yy'' = 0$$

将 $x = 1, y = 2$、$y'|_{(1,2)} = 0$ 代入上式, 得 $y''|_{(1,2)} = -\frac{2}{3}$

代入曲率的计算公式 (3-7-6) 得

$$K|_{(1,2)} = \frac{|y''|}{(1+y'^2)^{\frac{3}{2}}}\bigg|_{(1,2)} = \frac{2}{3}.$$

如果曲线 L 由参数方程: $\begin{cases} x = x(t) \\ y = y(t) \end{cases}$ 给出, 则由参数式函数的求导法可得,

$$\frac{\mathrm{d}y}{\mathrm{d}x} = \frac{y'(t)}{x'(t)},$$

$$\frac{\mathrm{d}^2 y}{\mathrm{d}x^2} = \frac{y''(t)\,x'(t) - x''(t)\,y'(t)}{(x'(t))^3},$$

将它们代入式 (3-7-6), 得曲线的曲率:

$$K = \left| \frac{\dfrac{y''(t)\,x'(t) - x''(t)\,y'(t)}{(x'(t))^3}}{\left(1 + \dfrac{y'^2(t)}{x'^2(t)}\right)^{\frac{3}{2}}} \right| = \frac{|y''(t)\,x'(t) - x''(t)\,y'(t)|}{(x'^2(t) + y'^2(t))^{\frac{3}{2}}}. \tag{3-7-7}$$

如果曲线 L 由极坐标方程 $r = r(\theta)$ 给出, 则可求得曲线的曲率:

$$K = \frac{\left| r^2 + 2r'^2_\theta - rr''_\theta \right|}{\left(r^2 + r'^2_\theta\right)^{\frac{3}{2}}}. \tag{3-7-8}$$

公式 (3-7-8) 请读者自证.

例 5　求出椭圆周 $\begin{cases} x = a\cos\theta \\ y = b\sin\theta \end{cases}$ $(0 \leqslant \theta \leqslant 2\pi, 0 < b \leqslant a)$ 在任意一点 $(x(\theta), y(\theta))$ 处的曲率.

解　根据公式, 椭圆上任意一点的曲率应为

$$K = \left| \frac{(-b\sin\theta)(-a\sin\theta) - (b\cos\theta)(-a\cos\theta)}{(a^2\sin^2\theta + b^2\cos^2\theta)^{3/2}} \right| = \frac{ab}{[b^2 + (a^2 - b^2)\sin^2\theta]^{3/2}}$$

三、 曲线的曲率圆、曲率半径、曲率中心

设曲线 $y = f(x)$ 在点 $M(x, y)$ 处的曲率为 $K(> 0)$. 在点 M 处曲线的法线上, 在凹的一侧取一点 $M_0(x_0, y_0)$, 使 $|MM_0| = \dfrac{1}{K} = \rho$. 以 ρ 为半径, 点 $M_0(x_0, y_0)$ 为圆心作一个圆, 则称此圆为**曲线 $y = f(x)$ 在点 $M(x, y)$ 处的曲率圆**, ρ 称为**曲线在点 $M(x, y)$ 处的曲率半径**, $M_0(x_0, y_0)$ 称为**曲线在点 $M(x, y)$ 处的曲率中心**(图 3-7-4).

由上述定义可知, 曲线 $y = f(x)$ 在点 $M(x, y)$ 处的曲率 K 与该点处的曲率半径 ρ 互为倒数, 即

$$\rho = \frac{1}{K}.$$

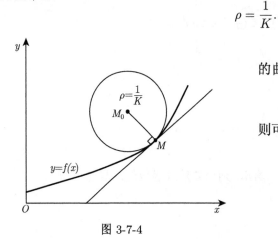

如果设曲线 $y = f(x)$ 在 $M_0(x_0, y_0)$ 处的曲率圆方程为

$$(x - \alpha)^2 + (y - \beta)^2 = R^2,$$

则可求得该曲率圆的圆心为 (推导过程略).

$$\begin{cases} \alpha = x_0 - \dfrac{y'\left(1 + y'^2\right)}{y''}, \\ \beta = y_0 + \dfrac{1 + y'^2}{y''}. \end{cases}$$

图 3-7-4

显然, 曲线 L 与其曲率圆有相同的切线、相同凹凸性与相同的曲率; 因此, 当曲线上某点处的曲率为 $K(>0)$ 时, 常常可以借助半径为 $\dfrac{1}{K}$ 的圆形象地表示曲线在该点的弯曲程度.

在实际问题中, 常用曲率圆在点 M 邻近的一段圆弧近似替代该点邻近的曲线弧使问题简单化.

例 6　求曲线 $xy=4$ 在点 $M(2,2)$ 处的曲率圆.

解　因为 $y=\dfrac{4}{x}$, 易求得在 $M(2,2)$ 处, $y'=-1, y''=1, R=2\sqrt{2}$,

$$\alpha=2-\frac{-1(1+1)}{1}=4, \beta=2+\frac{(1+1)}{1}=4,$$

所求的曲率圆方程为

$$(x-4)^2+(y-4)^2=8.$$

例 7　设有一金属工件的内表面截线为抛物线 $y=0.4x^2$, 要将其内侧表面打磨光滑, 问应该选用多大直径的砂轮比较合适?

解　根据实际问题, 如果砂轮直径过大, 将会造成加工点附近部分磨去太多, 如果砂轮直径过小势必会延长打磨时间造成浪费. 由于抛物线 $y=0.4x^2$ 的曲率半径为

$$R=\frac{1}{K}=\frac{[1+(0.8x)^2]^{3/2}}{0.8},$$

当 $x=0$ 时, 曲率半径取最小值, $R_{\min}=\dfrac{1}{0.8}=1.25$(长度单位). 因此, 选用的砂轮直径最大不能超过 $2R_{\min}=2.5$(长度单位) 比较合适.

习　题　3-7

1. 求下列曲线的弧微分.

(1) 悬链线 $y=\dfrac{a}{2}\left(\mathrm{e}^{\frac{x}{a}}+\mathrm{e}^{-\frac{x}{a}}\right)$　$(a>0)$;

(2) $y=x^3+1$;

(3) 旋轮线 $x=a(t-\sin t), y=a(1-\cos t)(a>0)$.

2. 求下列曲线在给定点处的曲率及曲率半径.

(1) $y=\cos x$ 在 $M(0,1)$ 处;

(2) $y=\ln(x+1)$ 在 $O(0,0)$ 处;

(3) 椭圆 $4x^2+y^2=4$ 在 $A(0,2)$ 处;

(4) 曲线 $x=t^2, y=t^3$ 在 $B(1,1)$ 处.

3. 求悬链线 $y=\dfrac{a}{2}\left(\mathrm{e}^{\frac{x}{a}}+\mathrm{e}^{-\frac{x}{a}}\right)(a>0)$ 的曲率半径, 并求出曲率半径的最小值.

4. 求抛物线 $y=x^2$ 在顶点 $O(0,0)$ 处的曲率圆.

5. 设曲线 $y=ax^2+bx+c$ 与 $y=\mathrm{e}^x$ 在 $x=0$ 处具有相同的切线与曲率半径, 求 a,b,c 的值.

6. 设曲线 L 的极坐标方程为 $r=r(\theta)$, 证明曲线在点 (r,θ) 处的曲率为

$$K=\frac{\left|r^2+2r_\theta'^2-rr_\theta''\right|}{\left(r^2+r_\theta'^2\right)^{\frac{3}{2}}}.$$

总复习题三

1. 填空题

(1) 函数 $y = x - x^2 + 2$ 的单调增加区间为_____.

(2) 函数 $f(x) = (x-1)\cos x - \sin x$ 在区间 $\left[0, \dfrac{\pi}{2}\right]$ 上的最大值是_____.

(3) 设函数 $f(x) = (x^2-1)(x^2-4)(x-3)$, 则方程 $f'(x) = 0$ 有_____ 个实根.

(4) 设 $(1,3)$ 为曲线 $y = ax^3 + bx^2$ 的拐点, 则 $a = $_____, $b = $_____.

(5) 曲线 $y = \dfrac{2x^2 - x + 5}{(x-1)^2}$ 的渐近线有_____几条.

(6) 曲线 $y = x + x^{\frac{5}{3}}$ 的拐点是_____.

(7) $\lim\limits_{x\to 0} \dfrac{e^x - e^{\sin x}}{x^3} = $_____.

(8) $\lim\limits_{x\to 0} \dfrac{\tan x - x}{x - \sin x} = $_____.

(9) 函数 $f(x) = \ln x$ 在 $[e^{-1}, e]$ 上满足拉格朗日中值定理的 $\xi = $_____.

(10) $\lim\limits_{x\to 0} \dfrac{\tan x - x}{x(1 - \cos x)} = $_____.

2. 选择题

(1) 设函数 $f(x)$ 在 $[a,b]$ 上有定义, 在 (a,b) 内可导, 则正确的是 (　　).

A. 当 $f(a)f(b) < 0$ 时, $\exists \xi \in (a,b)$, 使 $f(\xi) = 0$;

B. 对 $\forall x_0 \in (a,b)$, 都有 $\lim\limits_{x\to x_0}[f(x) - f(x_0)] = 0$;

C. 当 $f(a) = f(b)$ 时, $\exists \xi \in (a,b)$, 使 $f'(\xi) = 0$;

D. $\exists \xi \in (a,b)$, 使得 $f(b) - f(a) = f'(\xi)(b-a)$.

(2) 设 $y = f(x)$ 有二阶可导, 且 $f'(0) = 0, \lim\limits_{x\to 0} \dfrac{f''(x)}{|x|} = 1$, 则下列列说法正确的是 (　　).

A. $f(0)$ 是 $f(x)$ 的极大值;

B. $f(0)$ 是 $f(x)$ 的极小值;

C. $(0, f(0))$ 是曲线的拐点;

D. $f(0)$ 不是 $f(x)$ 的极值, $(0, f(0))$ 也不是曲线的拐点.

(3) 已知 $\lim\limits_{x\to 0} \dfrac{f(x)}{1 - \cos x} = 2, f(0) = 0$ 则在 $x = 0$ 点处 $f(x)$ 具有如下特性 (　　).

A. 不可导;   B. 可导, 且 $f'(0) \neq 0$;

C. 取极大值;   D. 连续、可导且取极小值.

(4) 设 $f(x)$ 在 $(-\infty, +\infty)$ 内可导, 且对 $\forall x_1, x_2 \in (-\infty, +\infty)$, 当 $x_1 < x_2$ 时, 都有 $f(x_1) < f(x_2)$, 则 (　　).

A. 对 $\forall x \in (-\infty, +\infty)$, 有 $f'(x) > 0$;   B. 对 $\forall x \in (-\infty, +\infty)$, 有 $f'(-x) > 0$;

C. 函数 $f(-x)$ 单调增加;   D. 函数 $-f(-x)$ 单调增加.

(5) 曲线 $y = \dfrac{2x - 1}{(x-1)^2}$, 则 (　　).

A. 没有水平渐近线;   B. 有垂直渐近线;

C. 有斜渐近线;   D 没有渐近线.

(6) 曲线 $y = \dfrac{x^2 + x}{x^2 - 1}$ 的渐近线有 ( ) 条.

A. 0; B. 1; C. 2; D. 3.

(7) 设函数 $f(x)$ 在 $(-\infty, +\infty)$ 上连续, 其二阶导数的图形如下所示, 则曲线 $y = f(x)$ 的拐点个数为 ( ).

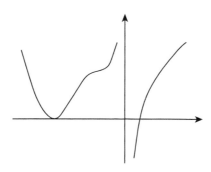

A. 0; B. 1; C. 2; D. 3.

(8) 设 $f''(0) = f'(0) = 0$ 且 $f'''(0) > 0$, 则 ( ).

A. $f'(0)$ 是 $f'(x)$ 的极大值; B. $f(0)$ 是 $f(x)$ 的极大值;

C. $f(0)$ 是 $f(x)$ 的极小值; D. $(0, f(0))$ 是曲线 $y = f(x)$ 的拐点.

(9) 下列曲线中有渐近线的是 ( ).

A. $y = x + \sin x$; B. $y = x^2 + \sin x$;

C. $y = x + \sin \dfrac{1}{x}$; D. $y = x^2 + \sin \dfrac{1}{x}$.

(10) 设函数 $f(x)$ 具有二阶导数, $g(x) = f(0)(1-x) + f(1)x$, 则在区间 $[0,1]$ 上有 ( ).

A. 当 $f'(x) \geqslant 0$ 时, $f(x) \geqslant g(x)$; B. 当 $f'(x) \geqslant 0$ 时, $f(x) \leqslant g(x)$;

C. 当 $f''(x) \geqslant 0$ 时, $f(x) \geqslant g(x)$; D 当 $f''(x) \geqslant 0$ 时, $f(x) \leqslant g(x)$.

3. 求下列极限.

(1) $\lim\limits_{x \to 0} \dfrac{x - \sin x}{x^2 \ln(1+x)}$;

(2) $\lim\limits_{x \to 0^+} (\cos \sqrt{x})^{\frac{1}{x}}$;

(3) $\lim\limits_{x \to \infty} x^2 \left(1 - x \sin \dfrac{1}{x}\right)$;

(4) $\lim\limits_{n \to \infty} n^2 \left(\arctan \dfrac{a}{n} - \arctan \dfrac{a}{n+1}\right)$;

(5) $\lim\limits_{x \to 0} \dfrac{1 - x^2 - \mathrm{e}^{-x^2}}{\sin^4(2x)}$;

(6) $\lim\limits_{x \to \infty} \left[x - x^2 \ln\left(1 + \dfrac{1}{x}\right)\right]$;

(7) $\lim\limits_{x \to 0} \dfrac{\mathrm{e} - \mathrm{e}^{\cos x}}{\ln(1+x^2)}$;

(8) $\lim\limits_{x \to 0} \left(\dfrac{1}{\sin^2 x} - \dfrac{1}{x^2}\right)$;

(9) $\lim\limits_{x \to 0^+} x^{\sin x}$;

(10) $\lim\limits_{x \to 0} \left(\dfrac{1 + 3^x + 9^x}{3}\right)^{\frac{1}{x}}$;

(11) $\lim\limits_{x \to 0} \left[\dfrac{\ln(1+x)}{x}\right]^{\frac{1}{\sin x}}$;

(12) $\lim\limits_{x \to 0} \left(2 - \dfrac{\ln(1+x)}{x}\right)^{\frac{1}{x}}$;

4. 求下列函数的单调区间与极值.

(1) $f(x) = 2x^3 - 6x^2 - 18x$;

(2) $f(x) = \dfrac{(x-3)^2}{x-1}$;

(3) $f(x) = x^2 \mathrm{e}^{-x}$.

5. 求下列曲线的凸凹区间与拐点.

(1) $y = x\mathrm{e}^{-x}$;   (2) $y = x(x-1)^{\frac{5}{3}}$;

(3) $y = \dfrac{1}{x^2 - 2x + 4}$.

6. 求下列函数的极值.

(1) $y = x^3 - 3x^2 - 45x + 1$;   (2) $y = x - \ln(1+x)$;

(3) $y = \arctan x - \dfrac{1}{2}\ln(x^2 + 1)$;   (4) $y = 2 - (x-1)^{\frac{2}{3}}$.

7. 求下列函数的最值.

(1) $y = x^3 - 3x^2, -1 \leqslant x \leqslant 2$;

(2) $y = x^2 - 4x + 2, -1 \leqslant x \leqslant 3$;

(3) $y = x + \sqrt{1-x}, -5 \leqslant x \leqslant 1$.

8. 证明下列函数的不等式.

(1) $\sin x > x - \dfrac{x^3}{6}, x > 0$;

(2) $\sin x + \tan x > 2x, 0 < x < \dfrac{\pi}{2}$;

(3) $(1-x)\mathrm{e}^{2x} < 1 + x, 0 < x < 1$;

(4) $1 + x\ln(x + \sqrt{1+x^2}) \geqslant \sqrt{1+x^2}, -\infty < x < +\infty$.

9. 设 $f(x) = \begin{cases} x^{2x}, & x > 0 \\ x + 2, & x \leqslant 0 \end{cases}$, 求 $f(x)$ 的极值.

10. 设 $a_0 + \dfrac{a_1}{2} + \cdots + \dfrac{a_n}{n+1} = 0$, 证明多项式

$$f(x) = a_0 + a_1 x + \cdots + a_n x^n$$

在 $(0,1)$ 内至少有一个零点.

11. 设函数 $f(x)$ 在区间 $\left[0, \dfrac{\pi}{2}\right]$ 上可导, 且 $f(0)f\left(\dfrac{\pi}{2}\right) < 0$, 证明: $\exists \xi \in \left(0, \dfrac{\pi}{2}\right)$, 使得 $f'(\xi) = f(\xi)\tan(\xi)$.

12. 证明: 若函数 $y = f(x)$ 在 $x = 0$ 处连续, 在 $(0, \delta)(\delta > 0)$ 内可导, 且 $\lim\limits_{x \to 0+} f'(x) = A$, 则 $f'_+(0)$ 存在, 且 $f'_+(0) = A$.

13. 设 $f(0) = 0, f'(0) = 1, f''(0) = 2$, 求 $\lim\limits_{x \to 0} \dfrac{f(x) - x}{x^2}$.

14. 设 $f(x) = \begin{cases} \dfrac{g(x) - \mathrm{e}^{-x}}{x}, & x \neq 0, \\ 0, & x = 0, \end{cases}$ 其中 $g(x)$ 有二阶连续导数, 且 $g(0) = 1, g'(0) = -1$, 求:

(1) $f'(0)$;

(2) 讨论 $f'(x)$ 在 $(-\infty, +\infty)$ 上的连续性.

15. 讨论方程 $x\mathrm{e}^x = a\,(a > 0)$ 有几个实根.

16. 求函数 $y = x^3 - 3ax + 2$ 的极值, 并问方程 $x^3 - 3ax + 2 = 0$ 何时有三个不同实根? 何时有唯一实根?

17. 函数 $f(x)$ 对于一切实数 x 满足微分方程 $xf''(x) + 3x[f'(x)]^2 = 1 - \mathrm{e}^{-x}$.

(1) 若 $f(x)$ 在点 $x = c\,(c \neq 0)$ 有极值, 试证它是极小值;

(2) 若 $f(x)$ 在点 $x = 0$ 有极值, 则它是极大值还是极小值?

18. 设函数 $f(x)$ 的导数在点 $x = a$ 处连续, 且 $\lim\limits_{x \to a} \dfrac{f'(x)}{x - a} = -1$, 证明: $x = a$ 是函数 $f(x)$ 的极大值点.

19. 设数列 $\{x_n\}$ 满足：$0 < x_1 < \pi$, $x_{n+1} = \sin x_n (n = 1, 2, \cdots)$.

(1) 证明：$\lim\limits_{n \to \infty} x_n$ 存在，并求之；   (2) 计算 $\lim\limits_{n \to \infty} \left(\dfrac{x_{n+1}}{x_n} \right)^{\frac{1}{x_n^2}}$.

20. 证明：当 $0 < a < b < \pi$ 时，$b \sin b + 2 \cos b + \pi b > a \sin a + 2 \cos a + \pi a$.

21. (1) 证明：对任意自然数 n，都有 $\dfrac{1}{n+1} < \ln \dfrac{n+1}{n} < \dfrac{1}{n}$；

(2) 设 $a_n = 1 + \dfrac{1}{2} + \cdots + \dfrac{1}{n} - \ln n (n = 1, 2, \cdots)$，证明数列 $\{a_n\}$ 收敛.

22. 设函数 $f(x)$ 在 $[0, +\infty)$ 上可导，且 $f(0) = 0$ 及 $\lim\limits_{x \to +\infty} f(x) = 2$.

(1) 证明：$\exists a > 0$，使得 $f(a) = 1$；

(2) 对 (1) 中的 a，$\exists \xi \in (0, a)$，使得 $f'(\xi) = \dfrac{1}{a}$.

23. 设函数 $f(x) = x + a \ln(1+x) + bx \sin x$, $g(x) = kx^3$，若 $f(x)$ 与 $g(x)$ 在 $x \to 0$ 时是等价无穷小，求 a, b, k.

24. 求椭圆 $x = a \cos \theta$, $y = a \sin \theta$, $\theta \in [0, 2\pi] (0 < b \leqslant a)$ 上曲率最大值与最小值.

第三章参考答案

习题 3-1

1~13. 略.

14. 可导，且 $f'(1) = -2$.

15. 略.

习题 3-2

1. (1) $\dfrac{m}{n} a^{m-n}$;   (2) $\dfrac{\cos a}{2a}$;   (3) $1 - \ln 2$;   (4) $\dfrac{\beta - \alpha}{2}$;   (5) $\dfrac{1}{2}$;   (6) $\dfrac{1}{6}$;   (7) $-\dfrac{1}{6}$;   (8) 1;

(9) $\dfrac{1}{2}$;   (10) 1;   (11) 1;   (12) $\dfrac{1}{3}$;   (13) $\mathrm{e}^{-\sqrt{2}}$;   (14) $\dfrac{1}{6}$.

2. (1) $\dfrac{1}{2}$;   (2) 1;   (3) 1;   (4) $\dfrac{1}{4}$.

3. (1) $a = 1$;   (2) $k = 1$.

习题 3-3

1. $\dfrac{1}{2} + \dfrac{1}{2^2}(x-1) + \dfrac{1}{2^3}(x-1)^2 + \dfrac{1}{2^4}(x-1)^3 + o((x-1)^3)$.

2. $x + x^2 + \dfrac{1}{2!}x^3 + \cdots + \dfrac{1}{(n-1)!}x^n + \dfrac{(\xi + n + 1)\mathrm{e}^\xi}{(n+1)!}x^n$ (ξ 介于 0 与 x 之间).

3. $1 - x + x^2 - x^3 + \cdots + (-1)^n x^n + (-1)^{n+1} \dfrac{x^{n+1}}{(1+\theta x)^{n+1}} (0 < \theta < 1)$.

4. $\ln 2 - \dfrac{3}{2}x - \dfrac{5}{8}x^2 - \dfrac{3}{8}x^3 + o(x^3)$.

5. 4.

6. (1) $\dfrac{1}{6}$;   (2) $-\dfrac{1}{32}$;   (3) $\dfrac{1}{2}$;   (4) 1.

习题 3-4

1. (1) 单调增加区间 $(-\infty, -1]$ 及 $[3, +\infty)$，减少区间 $(-1, 3)$；

(2) 单调减少区间 $(-\infty, -1]$ 及 $[1, +\infty)$，增加区间 $(-1, 1)$；

(3) 单调增加区间 $(-\infty, +\infty)$；

(4) 单调增加区间 $\left(\dfrac{1}{2},+\infty\right)$, 减少区间 $\left(0,\dfrac{1}{2}\right)$;

(5) 单调增加区间 $[0,+\infty)$, 减少区间 $(-1,0)$;

(6) 单调减少区间 $(-\infty,0)$, 增加区间 $[0,+\infty)$;

(7) 单调增加区间 $(0,n)$, 减少区间 $[n,+\infty)$;

(8) 单调减少区间 $(-\infty,0)$, 增加区间 $[0,+\infty)$.

2. 略.

3. 略.

4. (1) 凹区间 $(-\infty,0)$ 及 $(1,+\infty)$, 凸区间 $(0,1)$, 拐点: $(0,0)$, $(1,-1)$;

(2) 凹区间 $(-1,1)$, 凸区间 $(-\infty,-1)$ 及 $(1,+\infty)$, 拐点: $(-1,\ln 2)$, $(1,\ln 2)$;

(3) 凹区间 $\left(-\infty,\dfrac{1}{2}\right)$, 凸区间 $\left(\dfrac{1}{2},+\infty\right)$, 拐点: $\left(\dfrac{1}{2},\mathrm{e}^{\arctan\frac{1}{2}}\right)$;

(4) 凹区间 $(b,+\infty)$, 凸区间 $(-\infty,b)$, 拐点: (b,a).

5. $a=-3,b=-9$.

6. 凸区间 $(-\infty,0)$ 及 $(0,+\infty)$, 无拐点.

7. 拐点: $(1,4)$, $(1,-4)$.

8. $k=\pm\dfrac{\sqrt{2}}{8}$.

9. 证明略, $(0,0)$ 是曲线的拐点.

习题 3-5

1. (1) 极大值 $y(-1)=5$, 极小值 $y(3)=-27$;　　(2) 极小值 $y\left(\dfrac{12}{5}\right)=-\dfrac{1}{24}$;

(3) 极大值 $y(-1)=y(1)=\mathrm{e}^{-1}$, 极小值 $y(0)=0$;

(4) 极大值 $y\left(\dfrac{\pi}{4}+2k\pi\right)=\dfrac{\sqrt{2}}{2}\mathrm{e}^{\frac{\pi}{4}+2k\pi}$, 极小值 $y\left(\dfrac{5\pi}{4}+2k\pi\right)=-\dfrac{\sqrt{2}}{2}\mathrm{e}^{\frac{5\pi}{4}+2k\pi}$, $k=0,\pm1,\pm2,\cdots$;

(5) 极大值 $y\left(\dfrac{1}{2}\right)=\dfrac{81}{8}\sqrt[3]{18}$, 极小值 $y(-1)=y(5)=0$;

(6) 极大值 $y(-1)=3$, 极小值 $y(1)=-1$;

(7) 极大值 $y(\mathrm{e})=\mathrm{e}^{\frac{1}{\mathrm{e}}}$,　　(8) 极大值 $y(1)=\dfrac{\pi}{4}-\dfrac{1}{2}\ln 2$.

2. (1) 最大值 $f(2)=3$, 最小值 $f(-1)=-6$;　　(2) 最大值 $f(1)=0$, 最小值 $f(\mathrm{e}^{-\frac{1}{2}})=-\dfrac{1}{2\mathrm{e}}$;

(3) 最大值 $f(\mathrm{e})=\mathrm{e}^{\frac{1}{\mathrm{e}}}$;　　(4) 最大值 $f\left(\dfrac{3}{4}\right)=\dfrac{5}{4}$, 最小值 $f(-5)=\sqrt{6}-5$.

3. $a=2$, 极大值 $f\left(\dfrac{\pi}{3}\right)=\sqrt{3}$.

4. $a=-\dfrac{2}{3}$, $b=-\dfrac{1}{6}$, 极小值 $f(1)=\dfrac{5}{6}$, 极大值 $f(2)=\dfrac{4}{3}-\dfrac{2}{3}\ln 2$.

5. $a=1$, $b=-3$, $c=-24$, $d=16$.

6. $x=1$ 是驻点, 也是极小值点.

7. 略.

8. 略.

9. 略.

10. 最小值 $f(-3)=27$.

11. 最大值 $f(1)=\dfrac{1}{2}$.

习题 3-6

1. (1) 渐近线 $y = 1$, $x = 3$;　　(2) 渐近线 $y = x - 5$, $x = -1$;　　(3) 渐近线 $y = -x - 1$, $x = 1$;

(4) 渐近线 $y = 1$, $y = -1$, $x = 0$.

2. (1) 略;　(2) 略.

习题 3-7

1. (1) $\dfrac{1}{2}\left(\mathrm{e}^{\frac{x}{a}} + \mathrm{e}^{-\frac{x}{a}}\right)\mathrm{d}x$ 或 $\mathrm{ch}\dfrac{x}{a}\mathrm{d}x$;　　(2) $\sqrt{1 + 9x^4}\mathrm{d}x$;　　(3) $2a\left|\sin\dfrac{t}{2}\right|\mathrm{d}t$.

2. (1) $K = 1, \rho = 1$;　　(2) $K = \dfrac{1}{2\sqrt{2}}, \rho = 2\sqrt{2}$;　　(3) $K = 2, \rho = \dfrac{1}{2}$;　　(4) $K = \dfrac{1}{13\sqrt{13}}, \rho = 13\sqrt{13}$.

3. $R = \dfrac{a}{\sqrt{2}}\left(\mathrm{e}^{\frac{x}{a}} + \mathrm{e}^{-\frac{x}{a}}\right)^2, x \in (-\infty, +\infty); R_{\min} = 2\sqrt{2}a$

4. $x^2 + \left(y - \dfrac{1}{2}\right)^2 = \dfrac{1}{4}$.

5. $a = \dfrac{1}{2}, b = 1, c = 1$.

6. 提示: 先转化为参数方程的形式, 然后代入参数方程的曲率计算公式即可.

总复习题三

1. (1) $\left(-\infty, \dfrac{1}{2}\right]$;　　(2) $-\sin 1$;　　(3) 4;　　(4) $a = -\dfrac{3}{2}, b = \dfrac{9}{2}$;　　(5) 2;　　(6) $(0, 0)$;　　(7) $\dfrac{1}{6}$;　　(8) 2;

(9) $\xi = \dfrac{\mathrm{e} - \mathrm{e}^{-1}}{2}$;　　(10) $\dfrac{2}{3}$.

2. (1) B;　(2) B;　(3) D;　(4) D;　(5) B;　(6) C;　(7) C;　(8) D;　(9) C;　(10) D.

3. (1) $\dfrac{1}{6}$;　　(2) $\dfrac{1}{\sqrt{\mathrm{e}}}$;　　(3) $\dfrac{1}{6}$;　　(4) a;　　(5) $-\dfrac{1}{36}$;　　(6) $\dfrac{1}{2}$;　　(7) $\dfrac{1}{2}$;　　(8) $\dfrac{1}{3}$;　　(9) 1;　　(10) $\ln 3$;

(11) $\dfrac{1}{\sqrt{\mathrm{e}}}$;　　(12) $\sqrt{\mathrm{e}}$.

4. (1) 增加区间 $(-\infty, -1]$ 与 $[3, +\infty)$, 减少区间 $[-1, 3]$, 极小值 $f(3) = -54$, 极大值 $f(-1) = 10$;

(2) 增加区间 $(-\infty, -1]$ 与 $[3, +\infty)$, 减少区间 $[-1, 1)$ 与 $(1, 3]$, 极小值 $f(3) = 0$, 极大值 $f(-1) = -8$;

(3) 减少区间 $(-\infty, 0]$ 与 $[2, +\infty)$, 增加区间 $[0, 2]$; 极小值 $f(0) = 0$, 极大值 $f(2) = \dfrac{4}{\mathrm{e}^2}$.

5. (1) 凸区间 $(-\infty, 2)$, 凹区间 $(2, +\infty)$, 拐点 $(2, 2\mathrm{e}^{-2})$;

(2) 凸区间 $\left(\dfrac{3}{2}, 2\right)$, 凹区间 $\left(-\infty, \dfrac{3}{2}\right)$ 与 $(2, +\infty)$, 拐点 $\left(\dfrac{3}{2}, -\dfrac{3\sqrt[3]{2}}{8}\right)$ 与 $(2, 0)$;

(3) 凸区间 $(0, 2)$, 凹区间 $(-\infty, 0)$ 与 $(2, +\infty)$, 拐点 $\left(0, \dfrac{1}{4}\right)$ 与 $\left(2, \dfrac{1}{4}\right)$.

6. (1) 极大值 $y(-2) = 82$, 极小值 $y(5) = -174$;　　(2) 极小值 $y(0) = 0$;

(3) 极大值 $y(1) = \dfrac{\pi}{4} - \dfrac{1}{2}\ln 2$;　　(4) 极大值 $y(1) = 2$.

7. (1) 最大值 $y(0) = 0$, 最小值 $y(-1) = y(2) = -4$;

(2) 最大值 $y(-1) = 7$, 最小值 $y(2) = -2$;

(3) 最大值 $y(1) = y\left(\dfrac{3}{4}\right) = 1$, 最小值 $y(-5) = \sqrt{6} - 5$.

8. 略.

9. 极大值 $f(0) = 2$, 极小值 $f(\mathrm{e}^{-1}) = \mathrm{e}^{-\frac{2}{\mathrm{e}}}$.

10. 略.

11. 略.

12. 略.

13. $\lim\limits_{x\to 0}\dfrac{f(x)-x}{x^2}=1$.

14. (1) $f'(0)=\dfrac{g''(0)-1}{2}$;　　(2) 连续.

15. 1 个.

16. $a>0$ 时, 极大值 $y(-\sqrt{a})=2(1+a\sqrt{a})$, 极小值 $y(\sqrt{a})=2(1-a\sqrt{a})$; $a>1$ 时方程有 3 个实根; $0<a<1$ 时方程有唯一实根.

17. (1) 略;　　(2) $f(0)$ 是 $f(x)$ 的极小值.

18. 略.

19. (1) $\lim\limits_{n\to\infty}x_n=0$;　　(2) $\lim\limits_{n\to\infty}\left(\dfrac{x_{n+1}}{x_n}\right)^{\frac{1}{x_n^2}}=\mathrm{e}^{-\frac{1}{6}}$.

20. 略.

21. 略.

22. (1) 令 $F(x)=f(x)-1$, 利用局部保号性, $\exists x_0>0$, 使得 $F(x_0)>0$, 然后利用介值定理;

(2) 令 $G(x)=f(x)-\dfrac{x}{a}$, 在 $[0,a]$ 利用罗尔定理即可.

23. $a=-1, b=-\dfrac{1}{2}, k=-\dfrac{1}{3}$.

24. 当 $a=b=R$ 时, 曲率处处为 $K=\dfrac{1}{R}$; 当 $b<a$ 时, 曲率最大值为 $K=\dfrac{a}{b^2}$, 曲率最小值为 $K=\dfrac{b}{a^2}$.

第四章　不定积分

积分学是微积分学研究的另一个基本问题, 也是研究许多实际问题的重要工具. 积分不仅仅对数学学科本身贡献巨大, 也对应用科学的各个学科产生了深远影响. 前面我们讨论了已知函数的求导问题, 本章讨论与之相反的问题: 由一个函数的导数求其原来函数的形式, 也就是求原函数与不定积分的问题. 本章及下一章的内容构成了微积分学中的重要部分——一元函数积分学. 本章我们先引入不定积分的概念, 然后讨论不定积分的性质及计算方法, 最后研究有理函数或可化为有理函数的不定积分.

第一节　不定积分的概念与性质

前面我们已经学会求已知函数的导数, 如果我们已知的是函数的导数, 希望知道这个函数是什么, 那么就需要求其原函数了. 例如下面的问题我们已经会求:

若已知曲线方程为 $y = f(x)$, 则可求出该曲线上任一点 x 处的切线斜率, 即导数 $f'(x)$. 现在我们希望解决上述问题的逆问题:

若已知某曲线任一点 x 处的切线斜率 $f'(x)$, 如何求该曲线方程, 也就是 $f(x)$ 呢?

这就是本节将要讨论的核心问题—求不定积分. 从这个意义上讲, 求原函数的过程与求导数的过程正好是相反的, 这也预示着求原函数比求导数要困难.

一、原函数

定义 1　设 $f(x)$ 是定义在区间 I 上的函数, 若存在可导函数 $F(x)$, 使得对 $\forall x \in I$, 恒有

$$F'(x) = f(x) \quad 或 \quad \mathrm{d}F(x) = f(x)\,\mathrm{d}x$$

则称函数 $F(x)$ 为 $f(x)$ 在区间 I 上的一个原函数.

例如, 因 $(\sin x)' = \cos x$, 故 $\sin x$ 是 $\cos x$ 在 $\mathbf{R}$ 上的一个原函数, 又如 $(\arctan x)' = \dfrac{1}{1+x^2}$, 所以 $\arctan x$ 是 $\dfrac{1}{1+x^2}$ 在 $\mathbf{R}$ 上的一个原函数. 易验证 $\sin x + C$ 也是 $\cos x$ 在 $\mathbf{R}$ 上的原函数, $\arctan x + C$ 也是 $\dfrac{1}{1+x^2}$ 在 $\mathbf{R}$ 上的原函数, 这里 C 是任意一个常数.

关于函数的原函数的存在性, 我们有下面的结论.

定理 1　若函数 $f(x)$ 在区间 I 上连续, 则在区间 I 上存在可导函数 $F(x)$, 使对 $\forall x \in I$, 都有 $F'(x) = f(x)$.

这个定理的证明将在第五章给出.

简单地说就是: 连续函数一定有原函数. 我们知道初等函数在其定义域内都是连续的, 所以从此定理可知每个初等函数在其定义域内都有原函数.

对于函数的原函数, 有下列基本性质:

性质 1   若 $F(x)$ 是 $f(x)$ 在区间 I 上的一个原函数, 则 $F(x) + C(C$ 为任意常数) 也是 $f(x)$ 的原函数.

证   若 $F'(x) = f(x)$, 则 $(F(x) + C)' = F'(x) + C' = f(x)$, 所以 $F(x) + C$ 也是 $f(x)$ 的原函数.

性质 2   若 $F(x), G(x)$ 为 $f(x)$ 在区间 I 上的两个原函数, 则 $G(x) = F(x) + C$, 这里 C 是某个常数.

证   因为 $F'(x) = f(x), G'(x) = f(x)$, 所以 $(F(x) - G(x))' = f'(x) - f'(x) = 0$, 从而 $F(x) - G(x) = C$, 即 $G(x) = F(x) + C$.

性质 1 说明一个函数的原函数与一个任意常数的和还是这个函数的原函数. 从性质 2 可知同一个函数的任意两个原函数之间相差一个常数 C. 所以, 若我们已知 $f(x)$ 的一个原函数为 $F(x)$, 则 $f(x)$ 的全体原函数可表示为 $F(x) + C$ 的形式, 其中 C 为任意常数, 这就是我们下面要介绍的不定积分.

二、不定积分

定义 2   若 $f(x)$ 在区间 I 上的一个原函数存在, 则 $f(x)$ 在区间 I 上的全体原函数称为 $f(x)$ 在区间 I 上的不定积分. 记作

$$\int f(x)\mathrm{d}x,$$

其中, 记号 $\int$ 称为积分号, $f(x)$ 称为被积函数, $f(x)\mathrm{d}x$ 称为被积表达式, x 称为积分变量.

由此定义可知一个函数的不定积分是一个函数族, 其可以表示为 $F(x) + C$, 这里的 $F(x)$ 是 $f(x)$ 在区间 I 上的一个原函数 , C 是任意常数, 取遍一切实数值, 则有

$$\int f(x)\mathrm{d}x = F(x) + C.$$

且

$$\left[\int f(x)\,\mathrm{d}x\right]' = f(x) \quad \text{或} \quad \mathrm{d}\left[\int f(x)\mathrm{d}x\right] = f(x)\mathrm{d}x.$$

因 $F(x)$ 是 $F'(x)$ 的原函数, 所以

$$\int F'(x)\mathrm{d}x = F(x) + C,$$

或

$$\int \mathrm{d}F(x) = F(x) + C.$$

可见, 不定积分与微分运算互为逆运算.

例 1   求 $\int x^2\mathrm{d}x$.

解   因为 $\left(\dfrac{x^3}{3}\right)' = x^2$, 所以

$$\int x^2\mathrm{d}x = \frac{x^3}{3} + C.$$

例 2　求 $\int \dfrac{1}{x}\mathrm{d}x.$

解　当 $x > 0$ 时, 因为 $(\ln x)' = \dfrac{1}{x}$, 所以在 $(0,+\infty)$ 内,

$$\int \frac{1}{x}\mathrm{d}x = \ln x + C;$$

当 $x < 0$ 时, 因为 $(\ln(-x))' = \dfrac{1}{x}$, 所以在 $(-\infty,0)$ 内,

$$\int \frac{1}{x}\mathrm{d}x = \ln(-x) + C.$$

把上面的结果合起来, 可写作

$$\int \frac{1}{x}\mathrm{d}x = \ln|x| + C.$$

例 3　已知曲线 $y = f(x)$ 在任一点处的切线斜率为 $2x$, 且曲线通过点 $(1,2)$, 求此曲线的方程.

解　根据题意知 $f'(x) = 2x$, 即 $f(x)$ 是 $2x$ 的一个原函数, 从而

$$f(x) = \int 2x\mathrm{d}x = x^2 + C,$$

又曲线通过点 $(1,2)$, 故有 $2 = 1 + C$, 即 $C = 1$. 于是所求曲线方程为 $f(x) = x^2 + 1$.

称函数 $f(x)$ 的一个原函数 $F(x)$ 的图形为 $f(x)$ 的**一条积分曲线**. 称 $f(x)$ 的不定积分 $F(x) + C$ 的图像为 $f(x)$ 的积分曲线族, 显然积分曲线族有如下特点: 各积分曲线在横坐标相同点处的切线的斜率都是相等的, 都等于 $f(x)$, 任一条积分曲线可由另一条积分曲线沿 y 轴上下平移 C 个单位得到, 如图 4-1-1. 从几何角度来看, 求 $f(x)$ 一个原函数 $F(x)$ 的问题就是求 $f(x)$ 的某条积分曲线. 在实际问题中, 往往是先求出 $f(x)$ 的积分曲线族, 然后用曲线需要满足的某种条件 (称为初始条件或边界条件) 确定任意常数 C, 进而得到要求的曲线方程. 例如质点作加速度为 a 的匀加速运动, 那么 $v'(t) = a$, 则

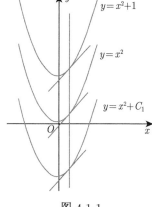

图 4-1-1

$$v(t) = \int a\mathrm{d}t = at + C.$$

又知道质点在初始时刻 t_0 时的速度是 v_0, 代入上式确定任意常数 $C = v_0 - at_0$, 从而所求质点的速度为

$$v(t) = a(t - t_0) + v_0.$$

三、不定积分的性质

性质 3　设函数 $f(x)$ 的原函数存在, k 为非零常数, 则

$$\int kf(x)\mathrm{d}x = k\int f(x)\mathrm{d}x.$$

证   因为 $\left(k \int f(x)\mathrm{d}x \right)' = k \left(\int f(x)\mathrm{d}x \right)' = kf(x)$, 所以

$$\int kf(x)\mathrm{d}x = k \int f(x)\mathrm{d}x.$$

类似可证明不定积分有下列性质.

性质 4   设函数 $f(x)$ 与 $g(x)$ 的原函数均存在, 则

$$\int [f(x) \pm g(x)]\mathrm{d}x = \int f(x)\mathrm{d}x \pm \int g(x)\mathrm{d}x.$$

性质 3 和性质 4 统称为不定积分的线性运算法则. 这种线性运算法则可以推广至任意有限个函数的情形, 也就是

$$\int \sum_{i=1}^{n} k_i f_i(x)\mathrm{d}x = \sum_{i=1}^{n} k_i \int f_i(x)\mathrm{d}x,$$

其中 $k_i, i = 1, 2, \cdots, n$ 为不全为零的任意实数.

例 4   求 $\int (1+x)^2 \mathrm{d}x$.

解 $\int (1+x)^2 \mathrm{d}x = \int (1 + 2x + x^2)\mathrm{d}x = \int 1\mathrm{d}x + \int 2x\mathrm{d}x + \int x^2 \mathrm{d}x = x + x^2 + \dfrac{1}{3}x^3 + C$.

在本例中, 虽然等式的右端的每个积分号都含有一个任意常数, 但由于这些任意常数之和仍是任意常数, 因此, 只要写出一个任意常数 C 即可. 另外验证积分结果正确与否, 只要验证等式右端的导数是否等于被积函数, 这种方法是我们验证不定积分计算正确与否的常用方法.

四、基本积分公式

由微分运算与积分运算的互逆关系及基本初等函数的求导公式, 可相应得到下列基本积分公式:

(1) $\displaystyle\int k\mathrm{d}x = kx + C$ (k 是常数);   (2) $\displaystyle\int x^{\alpha}\mathrm{d}x = \dfrac{x^{\alpha+1}}{1+\alpha} + C$ ($\alpha \neq -1$);

(3) $\displaystyle\int \dfrac{1}{x}\mathrm{d}x = \ln|x| + C$;   (4) $\displaystyle\int \mathrm{e}^x \mathrm{d}x = \mathrm{e}^x + C$;

(5) $\displaystyle\int a^x \mathrm{d}x = \dfrac{a^x}{\ln a} + C (a > 0, a \neq 1)$;   (6) $\displaystyle\int \cos x\mathrm{d}x = \sin x + C$;

(7) $\displaystyle\int \sin x\mathrm{d}x = -\cos x + C$;   (8) $\displaystyle\int \sec^2 x\mathrm{d}x = \int \dfrac{1}{\cos^2 x}\mathrm{d}x = \tan x + C$;

(9) $\displaystyle\int \csc^2 x\mathrm{d}x = \int \dfrac{1}{\sin^2 x}\mathrm{d}x = -\cot x + C$;   (10) $\displaystyle\int \sec x \tan x\mathrm{d}x = \sec x + C$;

(11) $\displaystyle\int \csc x \cot x\mathrm{d}x = -\csc x + C$;   (12) $\displaystyle\int \dfrac{\mathrm{d}x}{\sqrt{1-x^2}}\mathrm{d}x = \arcsin x + C$;

(13) $\displaystyle\int \dfrac{1}{1+x^2}\mathrm{d}x = \arctan x + C$.

这些基本积分公式是求不定积分的基础, 应当牢牢记住. 以后求不定积分最终都要归为求这些初等函数的不定积分. 利用不定积分的性质和基本积分公式可以求一些简单形式的函数的不定积分.

例 5　求 $\displaystyle\int \frac{x\mathrm{e}^x + x^3 + 3}{x}\mathrm{d}x$.

解　$\displaystyle\int \frac{x\mathrm{e}^x + x^3 + 3}{x}\mathrm{d}x = \int \mathrm{e}^x\mathrm{d}x + \int x^2\mathrm{d}x + 3\int \frac{\mathrm{d}x}{x} = \mathrm{e}^x + \frac{x^3}{3} + 3\ln|x| + C$.

例 6　求 $\displaystyle\int \frac{\sqrt{1+x^2}}{\sqrt{1-x^4}}\mathrm{d}x$.

解　$\displaystyle\int \frac{\sqrt{1+x^2}}{\sqrt{1-x^4}}\mathrm{d}x = \int \frac{\sqrt{1+x^2}}{\sqrt{1-x^2}\sqrt{1+x^2}}\mathrm{d}x$

$\displaystyle\qquad\qquad = \int \frac{1}{\sqrt{1-x^2}}\mathrm{d}x = \arcsin x + C$.

例 7　求 $\displaystyle\int \frac{\mathrm{d}x}{x^2(x^2+1)}$.

解　$\displaystyle\int \frac{\mathrm{d}x}{x^2(x^2+1)} = \int \frac{(x^2+1)-x^2}{x^2(x^2+1)}\mathrm{d}x = \int \frac{\mathrm{d}x}{x^2} - \int \frac{\mathrm{d}x}{x^2+1}$

$\displaystyle\qquad\qquad = -\frac{1}{x} - \arctan x + C$.

例 8　求 $\displaystyle\int \tan^2 x\mathrm{d}x$.

解　$\displaystyle\int \tan^2 x\mathrm{d}x = \int (\sec^2 x - 1)\mathrm{d}x = \int \sec^2 x\mathrm{d}x - \int \mathrm{d}x$

$\displaystyle\qquad\qquad = \tan x - x + C$.

例 9　求 $\displaystyle\int \frac{\mathrm{d}x}{\sin^2 x\cos^2 x}$.

解　$\displaystyle\int \frac{\mathrm{d}x}{\sin^2 x\cos^2 x} = \int \frac{\sin^2 x + \cos^2 x}{\sin^2 x\cos^2 x}\mathrm{d}x = \int \frac{\mathrm{d}x}{\cos^2 x} + \int \frac{\mathrm{d}x}{\sin^2 x}$

$\displaystyle\qquad\qquad = \tan x - \cot x + C$.

例 10　求 $\displaystyle\int \csc x(3\cot x - 4\csc x)\mathrm{d}x$.

解　$\displaystyle\int \csc x(3\cot x - 4\csc x)\mathrm{d}x = 3\int \csc x\cot x\mathrm{d}x - 4\int \csc^2 x\mathrm{d}x$

$\displaystyle\qquad\qquad\qquad\qquad = -3\csc x + 4\cot x + C$.

例 11　设 $0 \leqslant x \leqslant \dfrac{\pi}{2}$, 求 $\displaystyle\int \sqrt{1-\sin 2x}\mathrm{d}x$.

解　$\displaystyle\int \sqrt{1-\sin 2x}\mathrm{d}x = \int |\sin x - \cos x|\,\mathrm{d}x$,

当 $0 \leqslant x \leqslant \dfrac{\pi}{4}$ 时,

$$\int \sqrt{1-\sin 2x}\mathrm{d}x = \int (\cos x - \sin x)\mathrm{d}x = \sin x + \cos x + C_1;$$

当 $\dfrac{\pi}{4} \leqslant x \leqslant \dfrac{\pi}{2}$ 时,

$$\int \sqrt{1-\sin 2x}\mathrm{d}x = \int (\sin x - \cos x)\mathrm{d}x = -\cos x - \sin x + C_2.$$

由于原函数 $F(x)$ 必须在 $x = \dfrac{\pi}{4}$ 处连续, 令 $x = \dfrac{\pi}{4}$ 得

$$F\left(\frac{\pi}{4}-\right) = \sqrt{2} + C_1, \quad F\left(\frac{\pi}{4}+\right) = -\sqrt{2} + C_2.$$

可取 $C_1 = -\sqrt{2} + C$, $C_2 = \sqrt{2} + C$, 则

$$\int \sqrt{1 - \sin 2x}\,\mathrm{d}x = \begin{cases} \sin x + \cos x - \sqrt{2} + C, & 0 \leqslant x \leqslant \dfrac{\pi}{4}, \\ -\sin x - \cos x + \sqrt{2} + C, & \dfrac{\pi}{4} < x \leqslant \dfrac{\pi}{2}. \end{cases}$$

例 12　设 $a \neq b$, 试确定常数 A, B, 使得

$$\int \frac{1}{(a + b\cos x)^2}\,\mathrm{d}x = \frac{A\sin x}{a + b\cos x} + B\int \frac{1}{a + b\cos x}\,\mathrm{d}x.$$

解　原式两边求导得

$$\frac{1}{(a + b\cos x)^2} = \frac{aA\cos x + bA}{(a + b\cos x)^2} + \frac{aB + bB\cos x}{(a + b\cos x)^2}$$

比较此式两边的分子得

$$aA + bB = 0, \quad bA + aB = 1.$$

由此解得

$$A = \frac{b}{b^2 - a^2}, \quad B = \frac{-a}{b^2 - a^2}.$$

习　题　4-1

1. 填空.

(1) $\displaystyle\int \mathrm{d}\arcsin\sqrt{x} = $＿＿＿＿＿＿.

(2) $\mathrm{d}\displaystyle\int \cos x\,\mathrm{d}x = $＿＿＿＿＿＿.

(3) 设 $f(x)$ 的导函数是 $\sin x$, 则 $\displaystyle\int f(x)\,\mathrm{d}x = $＿＿＿＿＿＿.

(4) 已知 $f(x)$ 一个原函数为 e^{2x}, 则 $f'(x) = $＿＿＿＿＿＿.

2. 证明 $\cos^2 x$, $\dfrac{1}{2}\cos 2x$, $-\sin^2 x$ 是同一函数的原函数.

3. 求下列不定积分.

(1) $\displaystyle\int \left(1 - x + x^3 - \frac{1}{\sqrt[3]{x^2}}\right)\mathrm{d}x$;

(2) $\displaystyle\int \frac{x^4}{1 + x^2}\,\mathrm{d}x$;

(3) $\displaystyle\int \frac{1 + 2x^2}{x^2(1 + x^2)}\,\mathrm{d}x$;

(4) $\displaystyle\int \frac{(x - \sqrt{x})(1 + \sqrt{x})}{\sqrt[3]{x}}\,\mathrm{d}x$;

(5) $\displaystyle\int \left(\frac{3}{1 + x^2} - \frac{2}{\sqrt{1 - x^2}}\right)\mathrm{d}x$;

(6) $\displaystyle\int 2^x \mathrm{e}^x\,\mathrm{d}x$;

(7) $\displaystyle\int \frac{2^{x+1} - 5^{x-1}}{10^x}\,\mathrm{d}x$;

(8) $\displaystyle\int (2^x + 3^x)^2\,\mathrm{d}x$;

(9) $\displaystyle\int (10^x + \sec^2 x)\,\mathrm{d}x$;

(10) $\displaystyle\int (2\mathrm{e}^x + \frac{1}{x})\,\mathrm{d}x$;

(11) $\displaystyle\int \frac{\sqrt{x} - x + x^2\mathrm{e}^x}{x^2}\,\mathrm{d}x$;

(12) $\displaystyle\int \mathrm{e}^x\left(1 - \frac{\mathrm{e}^{-x}}{\sqrt{x}}\right)\mathrm{d}x$;

(13) $\displaystyle\int \frac{\mathrm{d}x}{1+\cos 2x}$;

(14) $\displaystyle\int \sec x(\sec x - \tan x)\mathrm{d}x$;

(15) $\displaystyle\int \tan^2 x\mathrm{d}x$;

(16) $\displaystyle\int \frac{\cos 2x}{\cos x - \sin x}\mathrm{d}x$;

(17) $\displaystyle\int \sin^2 \frac{x}{2}\mathrm{d}x$;

(18) $\displaystyle\int \cos^2 \frac{x}{2}\mathrm{d}x$.

4. 一曲线通过点 $(\mathrm{e}^2, 3)$, 且在任一点处的切线的斜率等于该点横坐标的倒数, 求该曲线的方程.

5. 设 $f(x) = \begin{cases} \mathrm{e}^x, & x \geqslant 0, \\ 1+x, & x < 0, \end{cases}$ 求 $f(x)$ 在 $(-\infty, +\infty)$ 上的一个原函数.

6. 以某质点所在的垂直线为 x 轴, 指向朝上, 轴与地面的交点为坐标原点, 在初始位置 x_0 处以初速度 v_0 垂直上抛该质点, 不计阻力, 求此质点的位置 x 关于时间 t 的函数关系.

第二节　换元积分法

我们不难发现, 即使像 $\ln x, \tan x, \arctan x$ 这样的基本初等函数, 都无法利用基本积分表与积分的线性性质计算它们的不定积分, 所以有必要进一步研究不定积分的求法. 本节利用复合函数的求导法则, 通过适当的变量替换, 把某些不定积分化为可利用基本积分公式的形式, 再计算出所求的不定积分, 该方法称为换元积分法. 换元积分法通常分成两类: 第一类换元积分法和第二类换元积分法.

一、第一类换元积分法

定理 1 (第一类换元积分法)　设 $F(u)$ 为 $f(u)$ 的原函数, $u = \varphi(x)$ 可导, 则有

$$\int f[\varphi(x)]\varphi'(x)\mathrm{d}x = \left[\int f(u)\mathrm{d}u\right]_{u=\varphi(x)} . \tag{4-2-1}$$

证　由复合函数的求导法则得

$$[F(\varphi(x))]' = F'[\varphi(x)] \cdot \varphi'(x),$$

即复合函数 $F[\varphi(x)]$ 是函数 $F'[\varphi(x)] \cdot \varphi'(x)$ 的一个原函数, 从而有

$$\int F'[\varphi(x)]\varphi'(x)\mathrm{d}x = F[\varphi(x)] + C.$$

结合

$$\left[\int f(u)\mathrm{d}u\right]_{u=\varphi(x)} = F(u)\,\big|_{u=\varphi(x)} + C = F(\varphi(x)) + C$$

可得式 (4-2-1).

如何利用定理 1 计算不定积分呢? 对于不定积分 $\displaystyle\int g(x)\mathrm{d}x$, 如果被积函数 $g(x)$ 可以化为 $g(x) = f(\varphi(x))\varphi'(x)$ 的形式, 那么

$$\int g(x)\,\mathrm{d}x \xlongequal{\text{恒等变形}} \int f[\varphi(x)]\varphi'(x)\mathrm{d}x \xlongequal{\text{凑微分}} \int f[\varphi(x)]\mathrm{d}\varphi(x) \xlongequal{\text{换元}u=\varphi(x)} \int f(u)\mathrm{d}u$$

$$\xlongequal{\text{积分}} F(u) + C \xlongequal{\text{回代}} F[\varphi(x)] + C.$$

将被积表达式 $g(x)\mathrm{d}x$ 恒等变形成形式 $f(\varphi(x))\varphi'(x)\mathrm{d}x$, 再令 $u = \varphi(x)$ 将 $\displaystyle\int g(x)\,\mathrm{d}x$ 写成易于可积的形式 $\displaystyle\int f(u)\,\mathrm{d}u$, 这一过程称为凑微分, 因此, 第一类换元积分法也称为 "凑微分法". 当然最终不要忘记将 u 还原为初始的变量 x.

例 1　求 $\displaystyle\int \frac{1}{3x+1}\mathrm{d}x$.

解　$\displaystyle\int \frac{1}{3x+1}\mathrm{d}x = \frac{1}{3}\int \frac{1}{3x+1}(3x+1)'\mathrm{d}x = \frac{1}{3}\int \frac{1}{3x+1}\mathrm{d}(3x+1)$,

令 $u = 3x+1$, 则

$$原式 = \frac{1}{3}\int \frac{1}{u}\mathrm{d}u = \frac{1}{3}\ln|u| + C = \frac{1}{3}\ln|3x+1| + C.$$

注　在对变量代换比较熟练后, 可省略中间变量 u.

例 2　求 $\displaystyle\int x\sqrt{4-x^2}\mathrm{d}x$.

解　$\displaystyle\int x\sqrt{4-x^2}\mathrm{d}x = \frac{1}{2}\int (4-x^2)^{\frac{1}{2}}(4-x^2)'\mathrm{d}x = -\frac{1}{2}\int (4-x^2)^{\frac{1}{2}}\mathrm{d}(4-x^2).$

$$= -\frac{1}{3}(4-x^2)^{\frac{3}{2}} + C.$$

例 3　求 $\displaystyle\int \frac{\cos\sqrt{x}}{\sqrt{x}}\mathrm{d}x$.

解　$\displaystyle\int \frac{\cos\sqrt{x}}{\sqrt{x}}\mathrm{d}x = 2\int \cos\sqrt{x}\,\mathrm{d}\sqrt{x} = 2\sin\sqrt{x} + C.$

例 4　求 $\displaystyle\int \frac{1}{\cos^2 x\sqrt{1+\tan x}}\mathrm{d}x$.

解　$\displaystyle\int \frac{1}{\cos^2 x\sqrt{1+\tan x}}\mathrm{d}x = \int \frac{1}{\sqrt{1+\tan x}}\mathrm{d}(1+\tan x) = 2\sqrt{1+\tan x} + C.$

例 5　求 $\displaystyle\int \frac{\mathrm{d}x}{x(2+3\ln x)}$.

解　$\displaystyle\int \frac{\mathrm{d}x}{x(2+3\ln x)} = \frac{1}{3}\int \frac{\mathrm{d}(2+3\ln x)}{2+3\ln x} = \frac{1}{3}\ln|2+3\ln x| + C.$

第一类换元积分法 (凑微分法) 是积分计算中用得较多的方法, 凑微分的关键在于需要能从积分表达式 $g(x)\mathrm{d}x$ 中分离出 $\varphi'(x)\mathrm{d}x = \mathrm{d}\varphi(x)$, 然后再换元 $u = \varphi(x)$. 这就需要对常用的函数的微分形式很熟悉. 下面介绍几个常用的凑微分等式, 这些公式在凑微分时被常常用到.

(1) $f(ax+b)\mathrm{d}x = \dfrac{1}{a}f(ax+b)\mathrm{d}(ax+b)(a \neq 0)$;　(2) $x\mathrm{d}x = \dfrac{1}{2}\mathrm{d}(x^2)$;

(3) $\dfrac{\mathrm{d}x}{\sqrt{x}} = 2\mathrm{d}(\sqrt{x})$;　　　　　　　　　(4) $\dfrac{\mathrm{d}x}{x} = \mathrm{d}(\ln x)$;

(5) $\dfrac{\mathrm{d}x}{x^2} = -\mathrm{d}\left(\dfrac{1}{x}\right)$;　　　　　　　　(6) $\dfrac{\mathrm{d}x}{\sqrt{1-x^2}} = \mathrm{d}(\arcsin x) = -\mathrm{d}(\arccos x)$;

(7) $\mathrm{e}^x\mathrm{d}x = \mathrm{d}(\mathrm{e}^x)$;　　　　　　　　　(8) $a^x\mathrm{d}x = \dfrac{1}{\ln a}\mathrm{d}(a^x)(a > 0, a \neq 1)$;

(9) $\cos x\mathrm{d}x = \mathrm{d}(\sin x)$;　　　　　　　(10) $\sin x\mathrm{d}x = -\mathrm{d}(\cos x)$.

(11) $\sec x \tan x \mathrm{d}x = \mathrm{d}\sec x$;
(12) $\csc x \cot x \mathrm{d}x = -\mathrm{d}\csc x$;

(13) $\sec^2 x \mathrm{d}x = \mathrm{d}(\tan x)$;
(14) $\csc^2 x \mathrm{d}x = -\mathrm{d}(\cot x)$;

(15) $\dfrac{1}{1+x^2}\mathrm{d}x = \mathrm{d}(\arctan x) = -\mathrm{d}(\operatorname{arc} \cot x)$.

例 6 求 $\displaystyle\int \dfrac{\mathrm{d}x}{1+\mathrm{e}^{-x}}$.

解 $\displaystyle\int \dfrac{\mathrm{d}x}{1+\mathrm{e}^{-x}} = \int \dfrac{\mathrm{e}^x \mathrm{d}x}{1+\mathrm{e}^x} = \int \dfrac{\mathrm{d}(1+\mathrm{e}^x)}{1+\mathrm{e}^x} = \ln(1+\mathrm{e}^x) + C.$

例 7 求 $\displaystyle\int \dfrac{1+\sin x}{x-\cos x}\mathrm{d}x$.

解 $\displaystyle\int \dfrac{1+\sin x}{x-\cos x}\mathrm{d}x = \int \dfrac{\mathrm{d}(x-\cos x)}{x-\cos x} = \ln|x-\cos x| + C.$

例 8 求 $\displaystyle\int \dfrac{\mathrm{d}x}{x^2-a^2}(a \neq 0)$.

解 $\displaystyle\int \dfrac{\mathrm{d}x}{x^2-a^2} = \dfrac{1}{2a}\int \left(\dfrac{1}{x-a} - \dfrac{1}{x+a}\right)\mathrm{d}x = \dfrac{1}{2a}\ln\left|\dfrac{x-a}{x+a}\right| + C.$

例 9 求 $\displaystyle\int \dfrac{1}{\sqrt{a^2-x^2}}\mathrm{d}x \ \ (a>0)$.

解 $\displaystyle\int \dfrac{1}{\sqrt{a^2-x^2}}\mathrm{d}x = \int \dfrac{1}{\sqrt{1-\left(\dfrac{x}{a}\right)^2}}\mathrm{d}\left(\dfrac{x}{a}\right) = \arcsin\dfrac{x}{a} + C.$

例 10 求 $\displaystyle\int \dfrac{1}{a^2+x^2}\mathrm{d}x \ \ (a>0)$.

解 $\displaystyle\int \dfrac{1}{a^2+x^2}\mathrm{d}x = \dfrac{1}{a}\int \dfrac{1}{1+\left(\dfrac{x}{a}\right)^2}\mathrm{d}\left(\dfrac{x}{a}\right) = \dfrac{1}{a}\arctan\dfrac{x}{a} + C.$

例 11 求 $\displaystyle\int \tan x \mathrm{d}x$.

解 $\displaystyle\int \tan x \mathrm{d}x = \int \dfrac{\sin x}{\cos x}\mathrm{d}x = -\int \dfrac{\mathrm{d}\cos x}{\cos x} = -\ln|\cos x| + C.$

同理有

$$\int \cot x \mathrm{d}x = \int \dfrac{\cos x}{\sin x}\mathrm{d}x = \int \dfrac{\mathrm{d}\sin x}{\sin x} = \ln|\sin x| + C.$$

例 12 求 $\displaystyle\int \sec x \mathrm{d}x$.

解 $\displaystyle\int \sec x \mathrm{d}x = \int \dfrac{\sec^2 x + \sec x \tan x}{\sec x + \tan x}\mathrm{d}x = \int \dfrac{\mathrm{d}(\sec x + \tan x)}{\sec x + \tan x}$
$$= \ln|\sec x + \tan x| + C.$$

本题另一解法:

$$\int \sec x \mathrm{d}x = \int \dfrac{\cos x}{\cos^2 x}\mathrm{d}x = \int \dfrac{\mathrm{d}\sin x}{1-\sin^2 x} = \dfrac{1}{2}\int \left(\dfrac{1}{1+\sin x} + \dfrac{1}{1-\sin x}\right)\mathrm{d}\sin x$$
$$= \dfrac{1}{2}\ln\left|\dfrac{1+\sin x}{1-\sin x}\right| + C.$$

同理可得 $\displaystyle\int \csc x \mathrm{d}x = \ln|\csc x - \cot x| + C,$

或 $\displaystyle\int \csc x \mathrm{d}x = \frac{1}{2}\ln\left|\frac{1-\cos x}{1+\cos x}\right| + C.$

例 13   求 $\displaystyle\int \cos^4 x \mathrm{d}x.$

解   因为

$$\cos^4 x = \left(\cos^2 x\right)^2 = \left(\frac{1+\cos 2x}{2}\right)^2 = \frac{1}{4}\left(1 + 2\cos 2x + \cos^2 2x\right)$$

$$= \frac{1}{4}\left(\frac{3}{2} + 2\cos 2x + \frac{\cos 4x}{2}\right),$$

所以

$$\int \cos x^4 \mathrm{d}x = \frac{1}{4}\left(\frac{3}{2}\int \mathrm{d}x + \int 2\cos 2x \mathrm{d}x + \frac{1}{2}\int \cos 4x \mathrm{d}x\right)$$

$$= \frac{1}{4}\left[\frac{3}{2}x + \int \cos 2x \mathrm{d}(2x) + \frac{1}{2}\cdot\frac{1}{4}\int \cos 4x \mathrm{d}(4x)\right]$$

$$= \frac{3}{8}x + \frac{1}{4}\sin 2x + \frac{1}{32}\sin 4x + C.$$

例 14   求 $\displaystyle\int \cos^5 x \sin^2 x \mathrm{d}x.$

解 $\displaystyle\int \cos^5 x \sin^2 x \mathrm{d}x = \int \cos^4 x \sin^2 x \mathrm{d}\sin x = \int \left(1 - \sin^2 x\right)^2 \sin^2 x \mathrm{d}\sin x$

$$= \int (\sin^2 x - 2\sin^4 x + \sin^6 x)\mathrm{d}\sin x = \frac{1}{3}\sin^3 x - \frac{2}{5}\sin^5 x + \frac{1}{7}\sin^7 x + C.$$

例 15   求 $\displaystyle\int \sin 3x \cos 2x \mathrm{d}x.$

解 $\displaystyle\int \sin 3x \cos 2x \mathrm{d}x = \frac{1}{2}\int \sin 5x \mathrm{d}x + \frac{1}{2}\int \sin x \mathrm{d}x = -\frac{1}{10}\cos 5x - \frac{1}{2}\cos x + C.$

例 16   求 $\displaystyle\int \frac{\mathrm{d}x}{\sin(x+a)\cos(x+b)}, \cos(a-b) \neq 0.$

解 $\displaystyle\int \frac{\mathrm{d}x}{\sin(x+a)\cos(x+b)} = \frac{1}{\cos(a-b)}\int \frac{\cos\left[(x+a)-(x+b)\right]}{\sin(x+a)\cos(x+b)}\mathrm{d}x$

$$= \frac{1}{\cos(a-b)}\int \left[\frac{\cos(x+a)}{\sin(x+a)} + \frac{\sin(x+b)}{\cos(x+b)}\right]\mathrm{d}x$$

$$= \frac{1}{\cos(a-b)}\left[\int \frac{\mathrm{d}\sin(x+a)}{\sin(x+a)} - \int \frac{\mathrm{d}\cos(x+b)}{\cos(x+b)}\right]$$

$$= \frac{1}{\cos(a-b)}\ln\left|\frac{\sin(x+a)}{\cos(x+b)}\right| + C.$$

涉及被积函数中含有三角函数的不定积分, 在计算不定积分时往往用到三角函数恒等式, 将被积函数分解为若干项基本积分表中的被积函数.

例 17 $\displaystyle\int \sqrt{\frac{a+x}{a-x}}\mathrm{d}x.$

解 $\displaystyle\int \sqrt{\frac{a+x}{a-x}}\mathrm{d}x = \int (a+x)\frac{1}{\sqrt{a^2-x^2}}\mathrm{d}x = a\int \frac{1}{\sqrt{a^2-x^2}}\mathrm{d}x + \int \frac{x}{\sqrt{a^2-x^2}}\mathrm{d}x$

$$= a \int \frac{1}{\sqrt{1 - \left(\frac{x}{a}\right)^2}} \mathrm{d}\left(\frac{x}{a}\right) - \frac{1}{2} \int \left(a^2 - x^2\right)^{\frac{1}{2}} \mathrm{d}\left(a^2 - x^2\right)$$

$$= a \arcsin \frac{x}{a} - \left(a^2 - x^2\right)^{\frac{1}{2}} + C.$$

应用第一类换元积分法, 解题的关键步骤是将被积表达式凑成易于积分的形式, 这需要读者熟记基本积分公式和凑微分形式, 还要熟悉一些典型例子, 通过适当的练习积累积分经验.

二、第二类换元积分法

有些不定积分 $\int f(x)\mathrm{d}x$ 难以用凑微分的方法来积分, 比如 $\int \dfrac{\mathrm{d}x}{1 + \sqrt[3]{x}}$, $\int \dfrac{\mathrm{d}x}{\sqrt{x^2 + a^2}}(a \neq 0)$ 等. 但有时若作适当的变换 $x = \varphi(t)$ 后, $\int f(\varphi(t))\varphi'(t)\mathrm{d}t$ 就变得容易积分了, 这种积分方法称为第二类换元积分法, 具体叙述如下.

定理 2 (第二类换元积分法)　设 $x = \varphi(t)$ 是单调、可导的函数且 $\varphi'(t) \neq 0$, 又设 $f(\varphi(t))\varphi'(t)$ 具有原函数 $F(t)$, 则有公式

$$\int f(x)\mathrm{d}x = \left[\int f(\varphi(t))\varphi'(t)\mathrm{d}t\right]_{t=\varphi^{-1}(x)} = F\left(\varphi^{-1}(x)\right) + C, \tag{4-2-2}$$

其中 $\varphi^{-1}(x)$ 是 $x = \varphi(t)$ 的反函数.

证　在 $\varphi'(t) \neq 0$ 的条件下, φ 存在反函数 $t = \varphi^{-1}(x)$. 因为 $F(t)$ 是 $f(\varphi(t))\varphi'(t)$ 的原函数, 记 $\varPhi(x) = F(\varphi^{-1}(x))$, 则

$$\varPhi'(x) = \frac{\mathrm{d}F}{\mathrm{d}t}\frac{\mathrm{d}t}{\mathrm{d}x} = f(\varphi(t))\varphi'(t) \cdot \frac{1}{\varphi'(t)} = f(\varphi(t)) = f(x)$$

所以 $\varPhi(x)$ 为 $f(x)$ 的一个原函数, 于是定理得证.

如何利用定理 2 计算不定积分呢? 设有不定积分 $\int f(x)\mathrm{d}x$, 那么

$$\int f(x)\,\mathrm{d}x \xrightarrow[x=\varphi(t)]{\text{换元}} \int f[\varphi(t)]\varphi'(t)\mathrm{d}t = \int g(t)\mathrm{d}t \xrightarrow{\text{积分}} G(t) + C \xrightarrow{\text{回代}} G[\varphi^{-1}(x)] + C.$$

下面介绍几种常用的第二类换元法.

1. 三角代换

当被积函数含有二次根式 $\sqrt{a^2 - x^2}, \sqrt{x^2 + a^2}, \sqrt{x^2 - a^2}(a > 0)$ 时, 常常可分别令 $x = a\sin t\left(-\dfrac{\pi}{2} < t < \dfrac{\pi}{2}\right)$ 或 $x = a\cos t(0 < t < \pi)$, $x = a\tan t\left(-\dfrac{\pi}{2} < t < \dfrac{\pi}{2}\right)$, $x = a\sec t\left(0 < t < \dfrac{\pi}{2}\right)$ 等代换去掉被积函数中的根式部分, 将无理函数的积分转化为三角函数的积分.

例 18　求 $\int \sqrt{a^2 - x^2}\mathrm{d}x(a > 0)$.

解　令 $x = a\sin t\left(-\dfrac{\pi}{2} < t < \dfrac{\pi}{2}\right)$, 则 $\sqrt{a^2 - x^2} = a\cos t$, $\mathrm{d}x = a\cos t\mathrm{d}t$, 于是

$$\int \sqrt{a^2 - x^2}\mathrm{d}x = a^2 \int \cos^2 t\mathrm{d}t = \frac{a^2}{2} \int (1 + \cos 2t)\mathrm{d}t = \frac{a^2}{2}\left(t + \frac{1}{2}\sin 2t\right) + C$$

$$=\frac{a^2}{2}(t+\sin t\cos t)+C,$$

根据 $x=a\sin t,-\frac{\pi}{2}<t<\frac{\pi}{2}$ 求得

$$t=\arcsin\frac{x}{a},\cos t=\frac{\sqrt{a^2-x^2}}{a},$$

因此

$$\int\sqrt{a^2-x^2}\mathrm{d}x=\frac{a^2}{2}\arcsin\frac{x}{a}+\frac{x}{2}\sqrt{a^2-x^2}+C.$$

例 19 求 $\int\dfrac{\mathrm{d}x}{\sqrt{x^2+a^2}}(a>0)$.

解 令 $x=a\tan t\left(-\dfrac{\pi}{2}<t<\dfrac{\pi}{2}\right)$, 则 $\sqrt{x^2+a^2}=a\sec t,\mathrm{d}x=a\sec^2 t\mathrm{d}t$, 于是

$$\int\frac{\mathrm{d}x}{\sqrt{x^2+a^2}}=\int\frac{a\sec^2 t}{a\sec t}\mathrm{d}t=\int\sec t\mathrm{d}t=\ln|\sec t+\tan t|+C_1,$$

据 $\dfrac{x}{a}=\tan t$ 得

$$\sec t=\frac{\sqrt{x^2+a^2}}{a},$$

因此

$$\int\frac{\mathrm{d}x}{\sqrt{x^2+a^2}}=\ln\frac{x+\sqrt{x^2+a^2}}{a}+C_1=\ln\left(x+\sqrt{x^2+a^2}\right)+C,$$

其中 $C=C_1-\ln a$.

注 例 18 中由 $x=a\sin t$ 计算 $\cos t$ 时, 可借助辅助三角形 (图 4-2-1).

同样, 例 19 中由 $x=a\tan t$ 计算 $\sec t$ 时, 也可借助辅助三角形 (图 4-2-2).

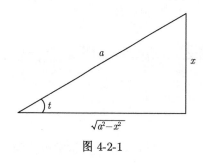

图 4-2-1

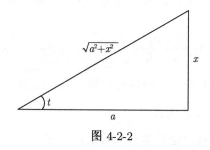

图 4-2-2

例 20 求 $\int\dfrac{\mathrm{d}x}{\sqrt{x^2-a^2}}(a>0)$.

解 被积函数的定义域为 $(-\infty,-a)\cup(a,+\infty)$,

当 $x\in(a,+\infty)$ 时, 令 $x=a\sec t\left(0<t<\dfrac{\pi}{2}\right)$, 则 $\sqrt{x^2-a^2}=a\tan t,\mathrm{d}x=a\sec t\tan t\mathrm{d}t$,

于是

$$\int\frac{\mathrm{d}x}{\sqrt{x^2-a^2}}=\int\sec t\mathrm{d}t=\ln|\sec t+\tan t|+C_1,$$

据 $\sec t = \dfrac{x}{a}$ 得 $\tan t = \dfrac{\sqrt{x^2 - a^2}}{a}$，因此

$$\int \frac{\mathrm{d}x}{\sqrt{x^2 - a^2}} = \ln \frac{\left| x + \sqrt{x^2 - a^2} \right|}{a} + C_1 = \ln(x + \sqrt{x^2 - a^2}) + C,$$

其中 $C = C_1 - \ln a$.

当 $x \in (-\infty, -a)$ 时，令 $x = -u$，于是 $u > a > 0$，且有

$$\int \frac{\mathrm{d}x}{\sqrt{x^2 - a^2}} = -\int \frac{\mathrm{d}u}{\sqrt{u^2 - a^2}} = -\ln(u + \sqrt{u^2 - a^2}) + C_2$$

$$= -\ln(-x + \sqrt{x^2 - a^2}) + C_2 = \ln(-x - \sqrt{x^2 - a^2}) + C_2 - \ln a^2$$

$$= \ln(-x - \sqrt{x^2 - a^2}) + C$$

故当 $|x| > a$ 时，总有

$$\int \frac{\mathrm{d}x}{\sqrt{x^2 - a^2}} = \ln |x + \sqrt{x^2 - a^2}| + C.$$

需要说明的是，换元积分时所用的代换常常有多种形式，具体解题时要分析被积函数的具体情况，尽可能选取简洁的代换方法.

2. 根式代换

对形如 $R(x, \sqrt[n]{ax + b})$ $(a, b$ 为常数$)$ 函数的积分，常可作变量代换 $\sqrt[n]{ax + b} = t$，把无理函数积分转化为有理函数 $R(x, t)$ 的积分，其中 $R(x, t)$ 表示 x 和 t 两个变量的有理式.

对形如 $R\left(x, \sqrt[n]{\dfrac{ax + b}{cx + d}}\right)$ $(a, b, c, d$ 为常数$)$ 型函数的积分，常可作变量代换 $\sqrt[n]{\dfrac{ax + b}{cx + d}} = t$，从而将原积分转化为函数 $R(x, t)$ 的积分，其中 $R(x, t)$ 仍表示 x 和 t 两个变量的有理式.

例 21　求 $\displaystyle\int \frac{\mathrm{d}x}{1 + \sqrt[3]{x}}$.

解　令 $\sqrt[3]{x} = t$，则 $x = t^3$，$\mathrm{d}x = 3t^2 \mathrm{d}t$，于是

$$\int \frac{\mathrm{d}x}{1 + \sqrt[3]{x}} = \int \frac{3t^2}{1 + t} \mathrm{d}t = 3 \int \left(t - 1 + \frac{1}{1 + t}\right) \mathrm{d}t = \frac{3}{2} t^2 - 3t + 3\ln(1 + t) + C$$

$$= \frac{3}{2} \sqrt[3]{x^2} - 3\sqrt[3]{x} + 3\ln |1 + \sqrt[3]{x}| + C.$$

例 22　求 $\displaystyle\int \frac{1}{x^2} \sqrt{\frac{1 + x}{x}} \mathrm{d}x$ $(x > 0)$.

解　令 $\sqrt{\dfrac{x + 1}{x}} = t$，则 $x = \dfrac{1}{t^2 - 1}$，$\mathrm{d}x = -\dfrac{2t}{(t^2 - 1)^2} \mathrm{d}t$，于是

$$\int \frac{1}{x^2} \sqrt{\frac{1 + x}{x}} \mathrm{d}x = -2 \int t^2 \mathrm{d}t = -\frac{2}{3} t^3 + C$$

$$= -\frac{2}{3} \left(\frac{1 + x}{x}\right)^{\frac{3}{2}} + C.$$

根式换元的目的仍然是去掉被积函数中的根式. 有时遇到无法处理的根式, 不管根式部分是什么形式的函数, 都可以试着用根式换元的方法求解.

例 23　求 $\int \sqrt{e^x - 1} \, dx$.

解　令 $\sqrt{e^x - 1} = t$, 则 $dx = \dfrac{2t}{e^x} dt = \dfrac{2t}{t^2 + 1} dt$, 于是

$$\int \sqrt{e^x - 1} \, dx = \int t \cdot \frac{2t}{t^2 + 1} dt = \int 2 dt - \int \frac{2}{t^2 + 1} dt = 2t - 2 \arctan t + C$$
$$= 2\sqrt{e^x - 1} - 2 \arctan \sqrt{e^x - 1} + C.$$

例 24　求 $\int \dfrac{1}{\sqrt[3]{(x+1)^2(x-1)^4}} dx$.

解　$\displaystyle\int \frac{1}{\sqrt[3]{(x+1)^2(x-1)^4}} dx = \int \frac{1}{(x+1)(x-1)\sqrt[3]{\dfrac{x-1}{x+1}}} dx$,

令 $\sqrt[3]{\dfrac{x-1}{x+1}} = u$, 则 $\dfrac{x-1}{x+1} = u^3$, $x = \dfrac{u^3 + 1}{1 - u^3}$, $dx = \dfrac{6u^2}{(1 - u^3)^2} du$, 于是

$$\int \frac{1}{\sqrt[3]{(x+1)^2(x-1)^4}} dx = \int \frac{1}{(x^2 - 1)\sqrt[3]{\dfrac{x-1}{x+1}}} dx = \frac{3}{2} \int \frac{1}{u^2} du$$
$$= -\frac{3}{2u} + C = -\frac{3}{2} \sqrt[3]{\frac{x+1}{x-1}} + C.$$

3. 倒代换

我们称 $x = \dfrac{1}{t}$ 为倒代换, 这类代换在有理分式, 特别是分母是高次的多项式时常常被用到.

例 25　求 $\int \dfrac{1}{x(x^4 + 1)} dx$.

解　令 $x = \dfrac{1}{t}$, 则

$$\int \frac{1}{x(x^4 + 1)} dx = \int \frac{1}{\dfrac{1}{t} \cdot \left(\dfrac{1}{t^4} + 1 \right)} \cdot \left(-\frac{1}{t^2} \right) dt = -\int \frac{t^3}{1 + t^4} dt$$
$$= -\frac{1}{4} \ln(1 + t^4) + C = -\frac{1}{4} \ln \left(1 + \frac{1}{x^4} \right) + C.$$

不定积分的换元非常灵活, 在具体解题时要分析被积函数的具体情况, 选取适当的代换方法. 我们需要掌握各种方法的使用. 下面我们用同一题的不同解法给大家展示这一节中的两种换元法的使用.

例 26　求 $\int \dfrac{dx}{x\sqrt{x^2 - 1}} (x > 1)$.

解法一(使用根式换元)　令 $\sqrt{x^2 - 1} = t$, 则 $x^2 = t^2 + 1$, $dx = \dfrac{t}{x} dt$, 于是

$$\int \frac{dx}{x\sqrt{x^2 - 1}} = \int \frac{dt}{t^2 + 1} = \arctan t + C = \arctan \sqrt{x^2 - 1} + C.$$

解法二(凑微分)　$\displaystyle\int \frac{\mathrm{d}x}{x\sqrt{x^2-1}} = \int \frac{\mathrm{d}x}{x^2\sqrt{1-\dfrac{1}{x^2}}} = \int \frac{-1}{\sqrt{1-\dfrac{1}{x^2}}}\mathrm{d}\frac{1}{x} = -\arcsin\frac{1}{x} + C.$

解法三(三角换元)　令 $x = \sec t$, 则

$$\int \frac{\mathrm{d}x}{x\sqrt{x^2-1}} = \int \frac{\sec t \cdot \tan t}{\sec t \cdot \tan t}\mathrm{d}t = \int 1\mathrm{d}t = t + C = \operatorname{arcsec} x + C.$$

解法四(倒代换)　令 $x = \dfrac{1}{t}$, 则 $\mathrm{d}x = -\dfrac{1}{t^2}\mathrm{d}t$, 于是

$$\int \frac{\mathrm{d}x}{x\sqrt{x^2-1}} = \int \frac{t\left(-\dfrac{1}{t^2}\right)\mathrm{d}t}{\sqrt{\dfrac{1}{t^2}-1}} = -\int \frac{1}{\sqrt{1-t^2}}\mathrm{d}t = -\arcsin t + C = -\arcsin\frac{1}{x} + C.$$

在本节的例题中, 有几个积分经常用到. 它们通常也被当作公式使用. 因此, 除了前面介绍的基本积分公式外, 再补充下面几个基本积分公式 (其中常数 $a > 0$):

(1) $\displaystyle\int \tan x\mathrm{d}x = -\ln|\cos x| + C;$

(2) $\displaystyle\int \cot x\mathrm{d}x = \ln|\sin x| + C;$

(3) $\displaystyle\int \sec x\mathrm{d}x = \ln|\sec x + \tan x| + C;$

(4) $\displaystyle\int \csc x\mathrm{d}x = \ln|\csc x - \cot x| + C;$

(5) $\displaystyle\int \frac{1}{a^2+x^2}\mathrm{d}x = \frac{1}{a}\arctan\frac{x}{a} + C\,(a > 0);$

(6) $\displaystyle\int \frac{1}{x^2-a^2}\mathrm{d}x = \frac{1}{2a}\ln\left|\frac{x-a}{x+a}\right| + C\,(a \neq 0);$

(7) $\displaystyle\int \frac{1}{\sqrt{a^2-x^2}}\mathrm{d}x = \arcsin\frac{x}{a} + C\,(a > 0);$

(8) $\displaystyle\int \sqrt{a^2-x^2}\mathrm{d}x = \frac{x}{2}\sqrt{a^2-x^2} + \frac{a^2}{2}\arcsin\frac{x}{a} + C\,(a > 0);$

(9) $\displaystyle\int \frac{1}{\sqrt{x^2+a^2}}\mathrm{d}x = \ln(x + \sqrt{x^2+a^2}) + C\,(a > 0);$

(10) $\displaystyle\int \frac{1}{\sqrt{x^2-a^2}}\mathrm{d}x = \ln\left|x + \sqrt{x^2-a^2}\right| + C\,(a > 0).$

上述公式在求不定积分时, 可以直接运用, 比如以下两例.

例 27　求 $\displaystyle\int \frac{x^2+1}{x^4+1}\mathrm{d}x.$

解　$\displaystyle\int \frac{x^2+1}{x^4+1}\mathrm{d}x = \int \frac{1+\dfrac{1}{x^2}}{x^2+\dfrac{1}{x^2}}\mathrm{d}x = \int \frac{1}{\left(x-\dfrac{1}{x}\right)^2+2}\mathrm{d}\left(x-\frac{1}{x}\right) = \frac{1}{\sqrt{2}}\arctan\frac{x-\dfrac{1}{x}}{\sqrt{2}} + C.$

例 28　求 $\displaystyle\int \frac{1}{\sqrt{x^2+4x+5}}\mathrm{d}x.$

解
$$\int \frac{1}{\sqrt{x^2 + 4x + 5}} \mathrm{d}x = \int \frac{\mathrm{d}(x + 2)}{\sqrt{(x + 2)^2 + 1}} = \ln(x + 2 + \sqrt{x^2 + 4x + 5}) + C.$$

习　题　4-2

1. 填空题.

(1) $\mathrm{d}x = ($　　$)\mathrm{d}(2x + 1)$;

(2) $x^3 \mathrm{d}x = ($　　$)\mathrm{d}(x^4 - 2)$;

(3) $x\mathrm{d}x = ($　　$)\mathrm{d}(1 - x^2)$;

(4) $\dfrac{1}{1 + 9x^2}\mathrm{d}x = ($　　$)\mathrm{d}(\arctan 3x)$;

(5) $\cos\left(2t + \dfrac{\pi}{3}\right)\mathrm{d}t = \mathrm{d}($　　$)$;

(6) $\mathrm{e}^{4x}\mathrm{d}x = \mathrm{d}($　　$)$;

(7) $\dfrac{x}{\sqrt{x^2 + a^2}}\mathrm{d}x = \mathrm{d}($　　$)$;

(8) $\sin x \cos x\mathrm{d}x = \mathrm{d}($　　$)$.

2. 求下列不定积分.

(1) $\displaystyle\int (1 - x)^{2014}\mathrm{d}x$;

(2) $\displaystyle\int \sqrt{2 + x}\mathrm{d}x$;

(3) $\displaystyle\int (1 + x^2)^{10} x\mathrm{d}x$;

(4) $\displaystyle\int \frac{x^3 \mathrm{d}x}{x^4 - x^2 + 2}$;

(5) $\displaystyle\int \cos(3x + 2)\mathrm{d}x$;

(6) $\displaystyle\int \mathrm{e}^{\mathrm{e}^x + x}\mathrm{d}x$;

(7) $\displaystyle\int 2^{2x+3}\mathrm{d}x$;

(8) $\displaystyle\int \frac{\mathrm{e}^{3\sqrt{x}}\mathrm{d}x}{\sqrt{x}}$;

(9) $\displaystyle\int \frac{1}{x \ln x \ln \ln x}\mathrm{d}x$;

(10) $\displaystyle\int \frac{\sqrt{1 - \sqrt{x}}}{\sqrt{x}}\mathrm{d}x$;

(11) $\displaystyle\int \frac{1}{\mathrm{e}^x + \mathrm{e}^{-x}}\mathrm{d}x$;

(12) $\displaystyle\int \frac{x}{x^2 - 2x \cos a + 1}\mathrm{d}x$;

(13) $\displaystyle\int \cos^2(\omega t + \varphi) \sin(\omega t + \varphi)\mathrm{d}t$;

(14) $\displaystyle\int \frac{1}{x^2 + 2x + 5}\mathrm{d}x$;

(15) $\displaystyle\int \frac{\sin x + \cos x}{\sqrt[3]{\sin x - \cos x}}\mathrm{d}x$;

(16) $\displaystyle\int \cos^3 x\mathrm{d}x$;

(17) $\displaystyle\int \cos 3x \sin 2x\mathrm{d}x$;

(18) $\displaystyle\int \frac{\sin x - \cos x}{\sin x + 2\cos x}\mathrm{d}x$;

(19) $\displaystyle\int \frac{1}{\sin x \cos x}\mathrm{d}x$;

(20) $\displaystyle\int \frac{2\sin x - \cos x}{3\sin^2 x + 4\cos^2 x}\mathrm{d}x$.

3. 求下列不定积分.

(1) $\displaystyle\int \frac{\sqrt{x - 1}}{x}\mathrm{d}x$;

(2) $\displaystyle\int \frac{1}{(1 + \sqrt[3]{x})\sqrt{x}}\mathrm{d}x$;

(3) $\displaystyle\int \frac{\mathrm{d}x}{x^2\sqrt{2x - 1}}$;

(4) $\displaystyle\int \sqrt{\frac{1 - x}{1 + x}}\mathrm{d}x$;

(5) $\displaystyle\int \frac{1}{1 + \sqrt{2x}}\mathrm{d}x$;

(6) $\displaystyle\int \frac{1}{\sqrt{1 + \mathrm{e}^x}}\mathrm{d}x$;

(7) $\displaystyle\int \frac{1}{\sqrt{x + 1} + \sqrt[3]{x + 1}}\mathrm{d}x$;

(8) $\displaystyle\int \frac{x^2}{(1 + x^2)^2}\mathrm{d}x$;

(9) $\displaystyle\int \frac{\mathrm{d}x}{(1 + x^2)^2}$;

(10) $\displaystyle\int \frac{\sqrt{x^2 - 9}}{x}\mathrm{d}x$;

(11) $\displaystyle\int \frac{x^2}{\sqrt{a^2 - x^2}}\mathrm{d}x \quad (a > 0)$;

(12) $\displaystyle\int \frac{\mathrm{d}x}{\sqrt{x + x^2}}$;

(13) $\displaystyle\int \frac{\mathrm{d}x}{x\sqrt{x^2 + x + 1}}$;

(14) $\displaystyle\int \frac{x}{1 + \sqrt{1 + x^2}}\mathrm{d}x$.

4. 设 $\int f(x)\mathrm{d}x = x^2 + C$, 求 $\int xf(1 - x^2)\mathrm{d}x$.

5. 设 $f'(\cos x + 2) = \sin^2 x + \tan^2 x$, 求 $f(x)$.

第三节　分部积分法

本节将利用函数乘积的微分公式, 推导出另一种求不定积分的重要方法——分部积分法.

设函数 $u = u(x)$, $v = v(x)$ 具有连续的导数, 由函数乘积的微分公式 $\mathrm{d}(uv) = u\mathrm{d}v + v\mathrm{d}u$, 有

$$u\mathrm{d}v = \mathrm{d}(uv) - v\mathrm{d}u,$$

对上式两边积分得

$$\int u\mathrm{d}v = uv - \int v\mathrm{d}u, \tag{4-3-1}$$

或

$$\int uv'\mathrm{d}x = uv - \int vu'\mathrm{d}x \tag{4-3-2}$$

公式 (4-3-1) 或 (4-3-2) 称为不定积分的**分部积分公式**.

使用分部积分法求不定积分, 就是把 $\int u\mathrm{d}v$ 的计算转化为求积分 $\int v\mathrm{d}u$ 的计算. 如果 $\int v\mathrm{d}u$ 易于求出, 那么分部积分公式就起到了化难为易的作用. 因此应用分部积分法的关键是恰当地选择 u 和 $\mathrm{d}v$, 使 $\int u\mathrm{d}v$ 转化为易于求解的 $\int V\mathrm{d}u$.

例 1　求 $\int x\mathrm{e}^x\mathrm{d}x$.

解　不妨设 $x = u$, $\mathrm{e}^x\mathrm{d}x = \mathrm{d}v$, 则 $\mathrm{d}u = \mathrm{d}x$, $v = \mathrm{e}^x$, 由分部积分公式得

$$\int x\mathrm{e}^x\mathrm{d}x = \int x\mathrm{d}\mathrm{e}^x = x\mathrm{e}^x - \int \mathrm{e}^x\mathrm{d}x = x\mathrm{e}^x - \mathrm{e}^x + \mathrm{C}.$$

在本例中, 若设 $\mathrm{e}^x = u$, $x\mathrm{d}x = \mathrm{d}v$, 则 $\mathrm{d}u = \mathrm{e}^x\mathrm{d}x$, $v = \dfrac{1}{2}x^2$, 于是

$$\int x\mathrm{e}^x\mathrm{d}x = \int \mathrm{e}^x\mathrm{d}\left(\frac{1}{2}x^2\right) = \frac{1}{2}x^2\mathrm{e}^x - \int \frac{1}{2}x^2\mathrm{e}^x\mathrm{d}x,$$

而积分 $\int \dfrac{1}{2}x^2\mathrm{e}^x\mathrm{d}x$ 比 $\int x\mathrm{e}^x\mathrm{d}x$ 更为复杂, 因此例 1 中 u 应取 x, 而不是 e^x.

注　解题熟练以后, u 和 v 常省略不写, 直接套用公式 (4-3-1) 计算.

例 2　求 $\int x^2 \cos x\mathrm{d}x$.

解
$$\int x^2 \cos x\mathrm{d}x = \int x^2\mathrm{d}\sin x = x^2 \sin x - \int \sin x\mathrm{d}x^2$$
$$= x^2 \sin x - 2\int x \sin x\mathrm{d}x = x^2 \sin x + 2\int x\mathrm{d}\cos x$$
$$= x^2 \sin x + 2\left(x\cos x - \int \cos x\mathrm{d}x\right)$$

$$= x^2 \sin x + 2(x \cos x - \sin x) + C$$

$$= x^2 \sin x + 2x \cos x - 2 \sin x + C.$$

例 3   求 $\int x \ln x \mathrm{d}x$.

解 $\int x \ln x \mathrm{d}x = \int \ln x \mathrm{d}\left(\dfrac{1}{2}x^2\right) = \dfrac{1}{2}x^2 \ln x - \int \dfrac{1}{2}x^2 \cdot \dfrac{1}{x}\mathrm{d}x$

$$= \dfrac{1}{2}x^2 \ln x - \dfrac{1}{2}\int x \mathrm{d}x$$

$$= \dfrac{1}{2}x^2 \ln x - \dfrac{1}{4}x^2 + C.$$

例 4   求 $\int 2x \arctan x \mathrm{d}x$.

解 $\int 2x \arctan x \mathrm{d}x = \int \arctan x \mathrm{d}(x^2) = x^2 \arctan x - \int x^2 \mathrm{d}\arctan x$

$$= x^2 \arctan x - \int \dfrac{x^2}{1+x^2}\mathrm{d}x = x^2 \arctan x - x + \arctan x + C.$$

读者试一试计算积分 $\int \arcsin x \mathrm{d}x$, $\int \arctan x \mathrm{d}x$.

通过上面的例题可以看出, 若被积函数是两种不同类型函数的乘积, 则采用分部积分法非常有效, 关键是 u, $\mathrm{d}v$ 要恰当选取. 一般地, 若被积函数是幂函数与指数函数的乘积或幂函数与三角函数的乘积, 则选择幂函数为 u; 若被积函数是幂函数与对数函数的乘积, 则选择对数函数为 u; 若被积函数是幂函数与反三角数函数的乘积, 则选择反三角函数为 u. 这样选择的原因是采用分部积分公式对 u 求导以后的被积函数比原先的要更为简单.

例 5   求 $\int \mathrm{e}^{-x} \cos 2x \mathrm{d}x$.

解   设 $I = \int \mathrm{e}^{-x} \cos 2x \mathrm{d}x$, 则

$$I = -\int \cos 2x \mathrm{d}\mathrm{e}^{-x} = -\left(\mathrm{e}^{-x}\cos 2x - \int \mathrm{e}^{-x}\mathrm{d}\cos 2x\right)$$

$$= -\mathrm{e}^{-x}\cos 2x - 2\int \mathrm{e}^{-x}\sin 2x \mathrm{d}x,$$

$$= -\mathrm{e}^{-x}\cos 2x + 2\int \sin 2x \mathrm{d}\mathrm{e}^{-x}$$

$$= -\mathrm{e}^{-x}\cos 2x + 2\left(\mathrm{e}^{-x}\sin 2x - \int \mathrm{e}^{-x}\mathrm{d}\sin 2x\right)$$

$$= -\mathrm{e}^{-x}\cos 2x + 2\mathrm{e}^{-x}\sin 2x - 4\int \mathrm{e}^{-x}\cos 2x \mathrm{d}x$$

$$= \mathrm{e}^{-x}(2\sin 2x - \cos 2x) - 4I,$$

即

$$I = \mathrm{e}^{-x}(2\sin 2x - \cos 2x) - 4I, \tag{$*$}$$

它是关于 I 的一个方程, 由于 I 包含了任意常数, 由 $(*)$ 式解得 I 时必须加上任意常数 C.

即
$$I = \frac{1}{5}\mathrm{e}^{-x}(2\sin 2x - \cos 2x) + C.$$

注 若被积函数是指数函数与正 (余) 弦函数的乘积, $u, \mathrm{d}v$ 可随意选取, 但在两次分部积分中, u 必须选择同类型的函数, 以便经过若干次分部积分后出现原积分, 从而解出原积分.

例 6 求 $I = \int \sec^3 x\mathrm{d}x.$

解 因为 $I = \int \sec x\mathrm{d}\tan x = \sec x\tan x - \int \tan x\mathrm{d}\sec x$

$$= \sec x\tan x - \int \tan^2 x\sec x\mathrm{d}x$$

$$= \sec x\tan x - \int \sec^3 x\mathrm{d}x + \int \sec x\mathrm{d}x$$

$$= \sec x\tan x - I + \ln|\sec x + \tan x|,$$

所以
$$I = \frac{1}{2}\sec x\tan x + \frac{1}{2}\ln|\sec x + \tan x| + C.$$

分部积分法还可以用于求某些被积函数中含有自然数 n 的不定积分的递推公式.

例 7 求 $I_n = \int \frac{1}{(x^2+a^2)^n}\mathrm{d}x$ 的递推公式, 其中 a 为常数, $a \neq 0$, n 为正整数.

解 当 $n = 1$ 时, $I_1 = \int \frac{1}{a^2+x^2}\mathrm{d}x = \frac{1}{a}\arctan\frac{x}{a} + C$,

当 $n > 1$ 时, 由分部积分法得

$$I_{n-1} = \int \frac{1}{(x^2+a^2)^{n-1}}\mathrm{d}x = \frac{x}{(x^2+a^2)^{n-1}} - \int x\mathrm{d}\left[(x^2+a^2)^{-n+1}\right]$$

$$= \frac{x}{(x^2+a^2)^{n-1}} - \int x\cdot(1-n)\frac{2x}{(x^2+a^2)^n}\mathrm{d}x$$

$$= \frac{x}{(x^2+a^2)^{n-1}} + 2(n-1)\int \frac{x^2\mathrm{d}x}{(x^2+a^2)^n}$$

$$= \frac{x}{(x^2+a^2)^{n-1}} + 2(n-1)\int \frac{x^2+a^2-a^2}{(x^2+a^2)^n}\mathrm{d}x$$

$$= \frac{x}{(x^2+a^2)^{n-1}} + 2(n-1)\int \frac{1}{(x^2+a^2)^{n-1}}\mathrm{d}x - 2a^2(n-1)\int \frac{1}{(x^2+a^2)^n}\mathrm{d}x$$

$$= \frac{x}{(x^2+a^2)^{n-1}} + 2(n-1)I_{n-1} - 2a^2(n-1)I_n,$$

于是解得
$$I_n = \frac{1}{2a^2(n-1)}\left[\frac{x}{(x^2+a^2)^{n-1}} + (2n-3)I_{n-1}\right].$$

有时计算不定积分需要综合利用上面的积分方法才能奏效.

例 8 求 $\int \ln(1+\sqrt{x})\mathrm{d}x.$

解　令 $t = \sqrt{x}$, 则 $x = t^2$, 于是

$$\int \ln(1+\sqrt{x})\mathrm{d}x = \int \ln(1+t)\mathrm{d}t^2 = t^2\ln(1+t) - \int t^2\mathrm{d}(\ln(1+t))$$

$$= t^2\ln(1+t) - \int \frac{t^2}{1+t}\mathrm{d}t = t^2\ln(1+t) - \int(t-1)\mathrm{d}t - \int\frac{1}{1+t}\mathrm{d}t$$

$$= t^2\ln(1+t) - \frac{t^2}{2} + t - \ln(1+t) + C = (x-1)\ln(1+\sqrt{x}) + \sqrt{x} - \frac{x}{2} + C.$$

例 9　$\displaystyle\int x\tan x\sec^4 x\mathrm{d}x.$

解　$\displaystyle\int x\tan x\sec^4 x\mathrm{d}x = \frac{1}{4}\int x\mathrm{d}\sec^4 x = \frac{1}{4}x\sec^4 x - \frac{1}{4}\int\sec^4 x\mathrm{d}x$

$$= \frac{1}{4}x\sec^4 x - \frac{1}{4}\int(1+\tan^2 x)\mathrm{d}\tan x$$

$$= \frac{1}{4}x\sec^4 x - \frac{1}{4}\tan x - \frac{1}{12}\tan^3 x + C.$$

例 10　$\displaystyle\int\frac{x^2}{1+x^2}\arctan x\mathrm{d}x.$

解　$\displaystyle\int\frac{x^2}{1+x^2}\arctan x\mathrm{d}x = \int\left(1-\frac{1}{1+x^2}\right)\arctan x\mathrm{d}x = \int\arctan x\mathrm{d}x - \int\frac{\arctan x}{1+x^2}\mathrm{d}x$

$$= x\arctan x - \int\frac{x}{1+x^2}\mathrm{d}x - \int\arctan x\mathrm{d}\arctan x$$

$$= x\arctan x - \frac{1}{2}\int\frac{1}{1+x^2}\mathrm{d}(1+x^2) - \frac{1}{2}\arctan^2 x$$

$$= x\arctan x - \frac{1}{2}\ln(1+x^2) - \frac{1}{2}\arctan^2 x + C.$$

例 11　设 k 为非零常数, 求 $\displaystyle\int\frac{\mathrm{e}^{k\arctan x}}{(1+x^2)^{3/2}}\mathrm{d}x.$

解　令 $\arctan x = t$, 则

$$\int\frac{\mathrm{e}^{k\arctan x}}{(1+x^2)^{3/2}}\mathrm{d}x = \int\mathrm{e}^{kt}\cos^3 t\sec^2 t\mathrm{d}t = \int\mathrm{e}^{kt}\cos t\mathrm{d}t = \frac{1}{k}\int\cos t\mathrm{d}\mathrm{e}^{kt}$$

$$= \frac{1}{k}\mathrm{e}^{kt}\cos t + \frac{1}{k}\int\mathrm{e}^{kt}\sin t\mathrm{d}t = \frac{1}{k^2}\mathrm{e}^{kt}(k\cos t + \sin t) - \frac{1}{k^2}\int\mathrm{e}^{kt}\cos t\mathrm{d}t$$

$$= \frac{1}{k}\mathrm{e}^{kt}\cos t + \frac{1}{k^2}\left(\mathrm{e}^{kt}\sin t - \int\mathrm{e}^{kt}\cos t\mathrm{d}t\right).$$

于是

$$\int\frac{\mathrm{e}^{k\arctan x}}{(1+x^2)^{3/2}}\mathrm{d}x = \frac{1}{1+k^2}\mathrm{e}^{kt}(k\cos t + \sin t) + C$$

$$= \frac{1}{1+k^2}\mathrm{e}^{k\arctan x}\left(\frac{k}{\sqrt{1+x^2}} + \frac{x}{\sqrt{1+x^2}}\right) + C.$$

例 12　已知 $f(x)$ 的一个原函数为 $(1+\sin x)\ln x$, 求 $\displaystyle\int xf'(x)\mathrm{d}x.$

解　利用分部积分公式可得

$$\int xf'(x)\mathrm{d}x = \int x\mathrm{d}f(x) = xf(x) - \int f(x)\mathrm{d}x.$$

又因为

$$f(x) = [(1 + \sin x)\ln x]' = \cos x\ln x + \frac{1 + \sin x}{x},$$

所以

$$\int xf'(x)\mathrm{d}x = x\left(\cos x\ln x + \frac{1 + \sin x}{x}\right) - (1 + \sin x)\ln x + C.$$

习　题　4-3

1. 求下列不定积分.

(1) $\displaystyle\int x\sin 2x\mathrm{d}x;$　　　　　　　　　　　(2) $\displaystyle\int \ln^2 x\mathrm{d}x;$

(3) $\displaystyle\int \arctan x\mathrm{d}x;$　　　　　　　　　(4) $\displaystyle\int x\cos\frac{x}{2}\mathrm{d}x;$

(5) $\displaystyle\int \csc^3 x\mathrm{d}x;$　　　　　　　　　　(6) $\displaystyle\int \frac{\ln x}{x^2}\mathrm{d}x;$

(7) $\displaystyle\int \ln(1 + x^2)\mathrm{d}x;$　　　　　　　(8) $\displaystyle\int \frac{\ln^2 x}{x^2}\mathrm{d}x;$

(9) $\displaystyle\int x\csc^2 x\mathrm{d}x;$　　　　　　　　　(10) $\displaystyle\int \mathrm{e}^{-2x}\sin\frac{x}{2}\mathrm{d}x;$

(11) $\displaystyle\int x\ln(x - 1)\mathrm{d}x;$　　　　　　　(12) $\displaystyle\int x\tan^2 x\mathrm{d}x.$

(13) $\displaystyle\int \frac{\ln(\mathrm{e}^x + 1)}{\mathrm{e}^x}\mathrm{d}x;$　　　　　　(14) $\displaystyle\int \mathrm{e}^x\sin^2 x\mathrm{d}x;$

(15) $\displaystyle\int (\arcsin x)^2\mathrm{d}x;$　　　　　　　(16) $\displaystyle\int (x^2 - 1)\sin 2x\mathrm{d}x.$

2. 求下列不定积分.

(1) $\displaystyle\int x^3\mathrm{e}^{-x^2}\mathrm{d}x;$　　　　　　　　　(2) $\displaystyle\int \mathrm{e}^{\sqrt{x}}\mathrm{d}x;$

(3) $\displaystyle\int \frac{\ln\ln x}{x}\mathrm{d}x;$　　　　　　　　　(4) $\displaystyle\int x^5\sin x^2\mathrm{d}x;$

(5) $\displaystyle\int \sin(\ln x)\mathrm{d}x;$　　　　　　　　(6) $\displaystyle\int x^2\arctan x\mathrm{d}x;$

(7) $\displaystyle\int x\sin x\cos x\mathrm{d}x;$　　　　　　(8) $\displaystyle\int \frac{\ln(1 + x)}{\sqrt{x}}\mathrm{d}x;$

(9) $\displaystyle\int x\ln\frac{1 + x}{1 - x}\mathrm{d}x;$　　　　　　(10) $\displaystyle\int \frac{\mathrm{d}x}{\sin 2x\cos x}\mathrm{d}x;$

(11) $\displaystyle\int \arcsin x\arccos x\mathrm{d}x;$　　　　(12) $\displaystyle\int \frac{\mathrm{arc\,cot}\,\mathrm{e}^x}{\mathrm{e}^x}\mathrm{d}x;$

(13) $\displaystyle\int \frac{x\cos^4\dfrac{x}{2}}{\sin^3 x}\mathrm{d}x;$　　　　　　(14) $\displaystyle\int \frac{1 - \ln x}{(x - \ln x)^2}\mathrm{d}x.$

3. 设 $f(x)$ 的一个原函数为 $\dfrac{\cos x}{x}$, 求 $\displaystyle\int xf'(x)\mathrm{d}x$ 及 $\displaystyle\int xf''(x)\mathrm{d}x.$

4. 已知 $f(x) = \dfrac{\mathrm{e}^x}{x}$, 求 $\displaystyle\int xf''(x)\mathrm{d}x.$

5. 已知 $\displaystyle\int \mathrm{e}^x f(\mathrm{e}^x)\mathrm{d}x = \frac{1}{1+\mathrm{e}^x} + C$, 求 $\displaystyle\int \mathrm{e}^{2x} f(\mathrm{e}^x)\mathrm{d}x$.

6. 证明递推公式: $I_n = \displaystyle\int x^n \mathrm{e}^x \mathrm{d}x = x^n \mathrm{e}^x - nI_{n-1}(n$ 为正整数$)$.

第四节 简单有理函数的积分

前面讨论了求不定积分的两种基本方法——换元积分法与分部积分法, 本节将要介绍一类比较简单的特殊函数的不定积分, 包括有理函数的不定积分以及可化为有理函数的不定积分.

一、 有理函数的积分

两个实系数多项式的商

$$f(x) = \frac{P_n(x)}{Q_m(x)} = \frac{a_n x^n + a_{n-1} x^{n-1} + a_{n-2} x^{n-2} + \cdots + a_1 x + a_0}{b_m x^m + b_{m-1} x^{m-1} + b_{m-2} x^{m-2} + \cdots + b_1 x + b_0} \tag{4-4-1}$$

称为**有理函数**, 其中 n 和 m 是非负整数, 且 $a_n \neq 0, b_m \neq 0$.

当 $n \geqslant m \geqslant 1$ 时, 称式 (4-4-1) 所表示的函数为**有理假分式函数**; 当 $n < m$ 时, 称式 (4-4-1) 所表示的函数为**有理真分式函数**. 当 $f(x)$ 是假分式时, 利用多项式的除法, 可将它化为一个多项式与一个有理真分式的和. 例如

$$\frac{x^4 + x + 1}{x^2 + 1} = (x^2 - 1) + \frac{x + 2}{x^2 + 1}.$$

因此有理函数的积分问题可归结为求有理真分式的积分问题. 关于有理真分式在代数中已给出如下的分解定理.

定理 1 设 (4-4-1) 为有理真分式, 若

$$Q_m(x) = b_m(x-a)^\alpha \cdots (x-b)^\beta (x^2 + px + q)^\lambda \cdots (x^2 + rx + s)^\mu$$

(其中 $\alpha, \cdots, \beta, \lambda, \cdots, \mu \in N^+$, $p^2 - 4q < 0, \cdots, r^2 - 4s < 0$), 则有理真分式 $\dfrac{P_n(x)}{Q_m(x)}$ 可表示为如下部分分式之和:

$$
\begin{aligned}
\frac{P_n(x)}{Q_m(x)} =& \frac{A_\alpha}{(x-a)^\alpha} + \frac{A_{\alpha-1}}{(x-a)^{\alpha-1}} + \cdots + \frac{A_1}{x-a} + \cdots \\
& + \frac{B_\beta}{(x-b)^\beta} + \frac{B_{\beta-1}}{(x-b)^{\beta-1}} + \cdots + \frac{B_1}{x-b} + \cdots \\
& + \frac{M_\lambda x + N_\lambda}{(x^2 + px + q)^\lambda} + \frac{M_{\lambda-1} x + N_{\lambda-1}}{(x^2 + px + q)^{\lambda-1}} + \cdots + \frac{M_1 x + N_1}{x^2 + px + q} + \cdots \\
& + \frac{R_\mu x + S_\mu}{(x^2 + rx + s)^\mu} + \frac{R_{\mu-1} x + S_{\mu-1}}{(x^2 + rx + s)^{\mu-1}} + \cdots + \frac{R_1 x + S_1}{x^2 + rx + s}.
\end{aligned}
\tag{4-4-2}
$$

其中 $A_i, B_i, M_i, N_i, R_i, S_i$ 都是待定常数, 并且在上述分解中, 这些常数都唯一确定.

由定理 1 可知, 在实数范围内, 任何有理真分式都可以分解成下列四类分式之和:

$$\frac{A}{x-a}, \quad \frac{A}{(x-a)^k}, \quad \frac{Ax+B}{x^2+px+q}, \quad \frac{Ax+B}{(x^2+px+q)^k}$$

(其中 k 是正整数, $k \geqslant 2, p^2 - 4q < 0$). 各个分式的分子中的常数可用待定系数法等方法确定.

利用上节介绍的方法我们可以求出上述四类分式函数的不定积分, 下仅给出

$$\int \frac{Ax+B}{(x^2+px+q)^k} \mathrm{d}x$$

的积分过程:

作变量代换 $u = x + \dfrac{p}{2}$, 并记 $q - \dfrac{p^2}{4} = a^2$, 于是

$$\int \frac{Ax+B}{(x^2+px+q)^k} \mathrm{d}x = \int \frac{Au}{(u^2+a^2)^k} \mathrm{d}u + \int \frac{B - \frac{Ap}{2}}{(u^2+a^2)^k} \mathrm{d}u.$$

其中等式右端第一个积分

$$\int \frac{Au}{(u^2+a^2)^k} \mathrm{d}u = \frac{A}{2} \int (u^2+a^2)^{-k} \mathrm{d}(u^2+a^2) = \frac{-A}{2(k-1)} \cdot \frac{1}{(u^2+a^2)^{k-1}} + C.$$

第二个积分可通过上节例 7 的结论求得.

回代, 综合上面的结果即可求出不定积分 $\displaystyle\int \frac{Ax+B}{(x^2+px+q)^k} \mathrm{d}x$.

总之, 有理函数分解为多项式及分式之后, 各个部分都能积出, 且原函数都是初等函数, 因此有理函数的积分问题可得到彻底解决, 由此得到结论: **有理函数的原函数都是初等函数**.

有理函数积分中的重要一步是将作为分母的多项式分解成不可约的一次因式和二次因式的乘积, 但是对于一般的多项式函数, 这种分解没有一般的方法, 所以只有当作为分母的多项式函数具有较明显的因式分解的方法时, 我们才能处理它的不定积分.

例 1　求 $\displaystyle\int \frac{1}{x(x-1)^2} \mathrm{d}x$.

解　设 $\dfrac{1}{x(x-1)^2} = \dfrac{A}{x} + \dfrac{B}{(x-1)^2} + \dfrac{C}{x-1}$. 其中 A, B, C 为待定系数.
两端去分母后, 得

$$1 = A(x-1)^2 + Bx + Cx(x-1), \tag{1}$$

即 $1 = (A+C)x^2 + (B - 2A - C)x + A$,

由待定系数法得

$$\begin{cases} A + C = 0, \\ B - 2A - C = 0, \\ A = 1, \end{cases}$$

解得 $A = 1, B = 1, C = -1$.

在恒等式 (1) 中, 亦可代入特殊的 x 值, 求出待定系数. 如令 $x = 0$, 得 $A = 1$; 令 $x = 1$, 得 $B = 1$; 把 A, B 的值代入 (1) 式, 并令 $x = 2$, 得 $1 = 1 + 2 + 2C$, 即 $C = -1$. 于是

$$\int \frac{1}{x(x-1)^2} \mathrm{d}x = \int \left(\frac{1}{x} + \frac{1}{(x-1)^2} - \frac{1}{x-1} \right) \mathrm{d}x$$

$$= \int \frac{1}{x} \mathrm{d}x + \int \frac{1}{(x-1)^2} \mathrm{d}x - \int \frac{1}{x-1} \mathrm{d}x$$

$$= \ln|x| - \frac{1}{x-1} - \ln|x-1| + C.$$

例 2 计算 $\int \dfrac{x^4 - 2x^3 + x^2 + 1}{x(x-1)^2} \mathrm{d}x$.

解 $\dfrac{x^4 - 2x^3 + x^2 + 1}{x(x-1)^2} = x + \dfrac{1}{x(x-1)^2}$;

又设

$$\frac{1}{x(x-1)^2} = \frac{A}{x} + \frac{B_1}{x-1} + \frac{B_2}{(x-1)^2},$$

两端去分母, 得

$$1 = A(x-1)^2 + B_1 x(x-1) + B_2 x, \tag{2}$$

在 (2) 式中, 令 $x = 0$, 得 $A=1$; 令 $x = 1$, 得 $B_2=1$; 把 A, B_2 的值代入 (2) 式并令 $x = 2$, 得 $B_1 = -1$. 于是

$$\frac{1}{x(x-1)^2} = \frac{1}{x} - \frac{1}{x-1} + \frac{1}{(x-1)^2};$$

$$\int \frac{x^4 - 2x^3 + x^2 + 1}{x(x-1)^2} \mathrm{d}x = \int x \mathrm{d}x + \int \frac{\mathrm{d}x}{x} - \int \frac{\mathrm{d}x}{x-1} + \int \frac{\mathrm{d}x}{(x-1)^2}$$

$$= \frac{x^2}{2} + \ln|x| - \ln|x-1| - \frac{1}{x-1} + C.$$

由定理 1 知, 有理函数 $\dfrac{P_n(x)}{Q_m(x)}$ 总能分解为多项式与上述四类分式之和, 而上述四类分式都可以积出. 但我们同时也应该注意到, 在具体使用此方法时会遇到一定困难. 如用待定系数法求待定系数时, 计算比较繁琐; 又如当分母的次数比较高时, 因式分解相当困难. 因此, 具体积分时要灵活使用各种积分方法.

例 3 求 $\int \dfrac{1}{x^4 + 1} \mathrm{d}x$.

解 $\displaystyle \int \frac{1}{x^4 + 1} \mathrm{d}x = \frac{1}{2} \int \frac{x^2 + 1}{x^4 + 1} \mathrm{d}x - \frac{1}{2} \int \frac{x^2 - 1}{x^4 + 1} \mathrm{d}x$

$$= \frac{1}{2} \int \frac{1 + \dfrac{1}{x^2}}{x^2 + \dfrac{1}{x^2}} \mathrm{d}x - \frac{1}{2} \int \frac{1 - \dfrac{1}{x^2}}{x^2 + \dfrac{1}{x^2}} \mathrm{d}x$$

$$= \frac{1}{2} \int \frac{1}{\left(x - \dfrac{1}{x}\right)^2 + 2} \mathrm{d}\left(x - \frac{1}{x}\right) - \frac{1}{2} \int \frac{1}{\left(x + \dfrac{1}{x}\right)^2 - 2} \mathrm{d}\left(x + \frac{1}{x}\right)$$

$$= \frac{1}{2\sqrt{2}} \arctan \frac{x^2 - 1}{\sqrt{2}x} - \frac{1}{4\sqrt{2}} \ln \left| \frac{x^2 - x\sqrt{2} + 1}{x^2 + x\sqrt{2} + 1} \right| + C.$$

二、 三角有理函数的积分

三角有理函数是指由三角函数和常数经过有限次四则运算所得到的函数. 由于三角有理函数都可用 $\sin x$ 和 $\cos x$ 的有理式表示, 因此三角有理函数可表示为 $R(\sin x, \cos x)$, 其中 $R(u, v)$ 表示 u, v 两个变量的有理式.

解决三角有理函数的积分的基本思想是设法通过变量代换将其化为有理函数的积分. 例如作变量代换 $\tan \dfrac{x}{2} = t$(该变量代换也称为万能代换), 则有

$$\sin x = 2 \sin \frac{x}{2} \cos \frac{x}{2} = \frac{2 \tan \dfrac{x}{2}}{\sec^2 \dfrac{x}{2}} = \frac{2 \tan \dfrac{x}{2}}{1 + \tan^2 \dfrac{x}{2}} = \frac{2t}{1 + t^2},$$

$$\cos x = \cos^2 \frac{x}{2} - \sin^2 \frac{x}{2} = \frac{1 - \tan^2 \dfrac{x}{2}}{\sec^2 \dfrac{x}{2}} = \frac{1 - \tan^2 \dfrac{x}{2}}{1 + \tan^2 \dfrac{x}{2}} = \frac{1 - t^2}{1 + t^2}.$$

又由 $x = 2 \arctan t$, 得 $\mathrm{d}x = \dfrac{2}{1 + t^2} \mathrm{d}t$, 于是

$$\int R(\sin x, \cos x) \mathrm{d}x = \int R\left(\frac{2t}{1 + t^2}, \frac{1 - t^2}{1 + t^2}\right) \frac{2}{1 + t^2} \mathrm{d}t,$$

上式右端是 t 的有理函数的积分.

例 4　求 $\displaystyle\int \frac{\mathrm{d}x}{4 + 5 \cos x}$.

解　令 $\tan \dfrac{x}{2} = t$, 则 $\cos x = \dfrac{1 - t^2}{1 + t^2}$, $x = 2 \arctan t$, $\mathrm{d}x = \dfrac{2 \mathrm{d}t}{1 + t^2}$. 于是

$$\int \frac{\mathrm{d}x}{4 + 5 \cos x} = \int \frac{1}{4 + 5 \cdot \dfrac{1 - t^2}{1 + t^2}} \cdot \frac{2 \mathrm{d}t}{1 + t^2} = -2 \int \frac{\mathrm{d}t}{(t - 3)(t + 3)}$$

$$= -\frac{1}{3}\left(\int \frac{\mathrm{d}t}{t - 3} - \int \frac{\mathrm{d}t}{t + 3}\right) = -\frac{1}{3} \ln \left|\frac{t - 3}{t + 3}\right| + C$$

$$= -\frac{1}{3} \ln \left|\frac{\tan \dfrac{x}{2} - 3}{\tan \dfrac{x}{2} + 3}\right| + C.$$

例 5　求 $\displaystyle\int \frac{1 + \sin x}{1 - \cos x} \mathrm{d}x$.

解　设 $t = \tan \dfrac{x}{2}$, 则

$$\int \frac{1 + \sin x}{1 - \cos x} \mathrm{d}x = \int \frac{1 + \dfrac{2t}{1 + t^2}}{1 - \dfrac{1 - t^2}{1 + t^2}} \cdot \frac{2}{1 + t^2} \mathrm{d}t = \int \frac{(1 + t^2) + 2t}{t^2 (1 + t^2)} \mathrm{d}t$$

$$= \int \frac{1}{t^2} \mathrm{d}t + \int \frac{2}{t(1 + t^2)} \mathrm{d}t = \int \frac{1}{t^2} \mathrm{d}t + 2 \int \frac{1}{t} \mathrm{d}t - 2 \int \frac{t}{1 + t^2} \mathrm{d}t$$

$$= -\frac{1}{t} + 2 \ln |t| - \ln(1 + t^2) + C$$

$$=2\ln\left|\tan\frac{x}{2}\right|-\cot\frac{x}{2}-\ln\left(\sec^2\frac{x}{2}\right)+C.$$

利用代换 $t=\tan\dfrac{x}{2}$ 可以把三角函数有理式的积分化为有理函数的积分, 从而求出该不定积分. 但经代换后得出的有理函数积分有时比较麻烦. 因此, 这种代换不一定是最简捷的代换. 比如例 5 又有如下简便解法:

$$\int\frac{1+\sin x}{1-\cos x}\mathrm{d}x=\int\frac{1}{1-\cos x}\mathrm{d}x+\int\frac{\sin x}{1-\cos x}\mathrm{d}x$$

$$=\int\frac{1}{2\sin^2\dfrac{x}{2}}\mathrm{d}x+\int\frac{-1}{1-\cos x}\mathrm{d}\cos x=\int\csc^2\frac{x}{2}\mathrm{d}\left(\frac{x}{2}\right)+\int\frac{1}{1-\cos x}\mathrm{d}(1-\cos x)$$

$$=-\cot\frac{x}{2}+\ln|1-\cos x|+C.$$

至此本章已介绍了积分计算的两种主要方法——换元法和分部积分法, 以及一些特殊函数的积分方法. 必须指出, 尽管区间上的连续函数一定有原函数, 但有些连续函数的原函数不是初等函数, 也就是它们的不定积分无法用初等函数表示, 习惯上, 把这种情况称为**积不出**, 如

$$\int\mathrm{e}^{-x^2}\mathrm{d}x,\int\frac{\sin x}{x}\mathrm{d}x,\int\sin x^2\mathrm{d}x,\int\frac{\mathrm{d}x}{\ln x},\int\frac{\mathrm{d}x}{\sqrt{1+x^4}}$$ 等就是一些常见的积不出的积分.

习　题　4-4

求下列不定积分.

(1) $\displaystyle\int\frac{x^3}{x+1}\mathrm{d}x$;

(2) $\displaystyle\int\frac{x^5+x^4-8}{x^3-x}\mathrm{d}x$;

(3) $\displaystyle\int\frac{x+1}{(x-1)^3}\mathrm{d}x$;

(4) $\displaystyle\int\frac{x^2+1}{(x+1)^2(x-1)}\mathrm{d}x$;

(5) $\displaystyle\int\frac{1}{(x^2+1)(x^2+x+1)}\mathrm{d}x$;

(6) $\displaystyle\int\frac{x^4}{x^2+x-2}\mathrm{d}x$;

(7) $\displaystyle\int\frac{1}{(u^2+4)^3}\mathrm{d}u$;

(8) $\displaystyle\int\frac{x^2-5x+9}{x^2-5x+6}\mathrm{d}x$;

(9) $\displaystyle\int\frac{1+\sin x}{\sin x(1+\cos x)}\mathrm{d}x$;

(10) $\displaystyle\int\frac{1}{\sin x(1+\sin^2 x)}\mathrm{d}x$;

(11) $\displaystyle\int\frac{\sin x\cos x}{\sin x+\cos x}\mathrm{d}x$;

(12) $\displaystyle\int\frac{1}{1+2\tan x}\mathrm{d}x$;

(13) $\displaystyle\int\frac{\mathrm{d}x}{1+\varepsilon\cos x}\quad(\varepsilon>1)$;

(14) $\displaystyle\int\frac{\sec x\mathrm{d}x}{(1+\sec x)^2}$.

第五节　积分表的使用

为了实际应用的方便, 人们把常用的一些函数的积分的结果汇集成表, 这种表称为积分表. 在本书的附录里也汇集了一些简单常用的函数的积分, 按被积函数的类型分类编排 (见附录 2). 查积分表时, 要根据被积函数的类型直接或经过简单变形后进行查找.

先举两个可以直接从积分表中查表的积分例子.

例 1　查表求 $\displaystyle\int\frac{\mathrm{d}x}{x^2(1-x)}$.

解 被积函数的分母含有 $1-x$, 查表 (一) 含有 $ax+b$ 的积分, 由表 (一) 公式 (6)

$$\int \frac{\mathrm{d}x}{x^2(ax+b)} = -\frac{1}{bx} + \frac{a}{b^2} \ln \left| \frac{ax+b}{x} \right| + C.$$

这里 $a=-1, b=1$, 于是

$$\int \frac{\mathrm{d}x}{x^2(1-x)} = -\frac{1}{x} - \ln \left| \frac{1-x}{x} \right| + C.$$

例 2 查表求 $\displaystyle\int \frac{\mathrm{d}x}{5-3\sin x}$.

解 被积函数含有三角函数, 查表 (十一), 有公式 (103) 和公式 (104) 同为 $\displaystyle\int \frac{\mathrm{d}x}{a+b\sin x}$, 这里 $a=5, b=-3, a^2 > b^2$, 因此用式 (103)

$$\int \frac{\mathrm{d}x}{a+b\sin x} = \frac{2}{\sqrt{a^2-b^2}} \arctan \frac{a\tan\dfrac{x}{2}+b}{\sqrt{a^2-b^2}} + C.$$

于是 $\displaystyle\int \frac{\mathrm{d}x}{5-3\sin x} = \frac{1}{2} \arctan \frac{5\tan\dfrac{x}{2}-3}{4} + C.$

有时要对原积分先进行恒等变形或变量代换, 再查表才能求出积分.

例 3 查表求 $\displaystyle\int \frac{2x}{\sqrt{1+2x-x^2}}\mathrm{d}x$.

解 被积函数中含有根式 $\sqrt{1+2x-x^2}$, 但表中不含这种根式的栏目, 仅含根式 $\sqrt{x^2 \pm a^2}$, $\sqrt{a^2-x^2}$ 的栏目, 因此首先要将被开方式配方, 有 $\sqrt{1+2x-x^2} = \sqrt{2-(x-1)^2}$, 并对积分式进行变形

$$\int \frac{2x\mathrm{d}x}{\sqrt{1+2x-x^2}} = 2\int \frac{(x-1)\mathrm{d}(x-1)}{\sqrt{2-(x-1)^2}} + 2\int \frac{\mathrm{d}(x-1)}{\sqrt{2-(x-1)^2}},$$

由公式 (59) 和公式 (61), $\displaystyle\int \frac{\mathrm{d}t}{\sqrt{a^2-t^2}} = \arcsin \frac{t}{a} + C$,

$$\int \frac{t\mathrm{d}t}{\sqrt{a^2-t^2}} = -\sqrt{a^2-t^2} + C,$$

这里 $a=\sqrt{2}, t=x-1$, 因此

$$\begin{aligned}
\int \frac{2x}{\sqrt{1+2x-x^2}}\mathrm{d}x &= 2(-\sqrt{2-(x-1)^2}) + 2\arcsin \frac{x-1}{\sqrt{2}} + C \\
&= -2\sqrt{1+2x-x^2} + 2\arcsin \frac{x-1}{\sqrt{2}} + C.
\end{aligned}$$

有时可先用递推公式, 再查表求积分.

例 4 查表求 $\displaystyle\int \sin^4 x\mathrm{d}x$.

解 被积函数中含三角函数, 由表 (十一) 公式 (95), 有

$$\int \sin^n x \mathrm{d}x = -\frac{1}{n} \sin^{n-1} x \cos x + \frac{n-1}{n} \int \sin^{n-2} x \mathrm{d}x,$$

现在 $n = 4$, 于是

$$\int \sin^4 x \mathrm{d}x = -\frac{1}{4} \sin^3 x \cos x + \frac{3}{4} \int \sin^2 x \mathrm{d}x,$$

对积分 $\int \sin^2 x \mathrm{d}x$ 利用公式 (93)

$$\int \sin^2 x \mathrm{d}x = \frac{x}{2} - \frac{1}{4} \sin 2x + C,$$

从而得

$$\int \sin^4 x \mathrm{d}x = -\frac{1}{4} \sin^3 x \cos x + \frac{3}{8} \left(x - \frac{1}{2} \sin 2x \right) + C.$$

习 题 4-5

利用积分表计算下列不定积分.

(1) $\displaystyle\int \frac{\mathrm{d}x}{\sqrt{4x^2 - 9}}$;

(2) $\displaystyle\int \frac{\mathrm{d}x}{x^2 + 2x + 5}$;

(3) $\displaystyle\int \frac{\mathrm{d}x}{\sqrt{5 - 4x + x^2}}$;

(4) $\displaystyle\int \frac{1}{(1 + x^2)^2} \mathrm{d}x$;

(5) $\displaystyle\int x \arcsin \frac{x}{2} \mathrm{d}x$;

(6) $\displaystyle\int \frac{x \mathrm{d}x}{\sqrt{1 + x - x^2}}$;

(7) $\displaystyle\int \cos^6 x \mathrm{d}x$;

(8) $\displaystyle\int \frac{\mathrm{d}x}{2 + 5 \cos x}$;

(9) $\displaystyle\int \mathrm{e}^{2x} \cos x \mathrm{d}x$;

(10) $\displaystyle\int \frac{x + 5}{x^2 - 2x - 1} \mathrm{d}x$;

(11) $\displaystyle\int \frac{x^4}{4x^2 + 25} \mathrm{d}x$;

(12) $\displaystyle\int (\ln x)^3 \mathrm{d}x$.

总复习题四

1. 填空题

(1) $\displaystyle\frac{\mathrm{d}}{\mathrm{d}x} \int \sqrt{1 + x^2} \mathrm{d}x =$ _____.

(2) $\displaystyle\int \mathrm{d} \arcsin x =$ _____.

(3) $\displaystyle\int (\sin \sqrt{x})' \mathrm{d}x =$ _____.

(4) $\displaystyle\int x \cos x^2 \mathrm{d}x =$ _____.

(5) $\displaystyle\int \frac{1}{x \ln x} \mathrm{d}x =$ _____.

(6) $\displaystyle\int \frac{1}{2 - 3x} \mathrm{d}x =$ _____.

(7) 若 $\displaystyle\int f(x)\mathrm{d}x = x^2\mathrm{e}^{2x} + C$, 则 $f(x) =$ _____.

(8) 若 $\displaystyle\int f(x)\mathrm{d}x = F(x) + C$, 则 $\displaystyle\int \frac{1}{x}f(\ln x)\mathrm{d}x =$ _____.

(9) 设 $f(x) = k\tan 2x$ 的一个原函数是 $\dfrac{2}{3}\ln(\cos 2x)$, 则 $k =$ _____.

(10) 已知 $f'(\sin^2 x) = \cos 2x + \tan^2 x$, 则当 $0 < x < 1$ 时, $f(x) =$ _____.

2. 选择题

(1) 在开区间 (a, b) 内, 如果 $f'(x) = \varphi'(x)$, 则一定有 (   ).

A. $f(x) = \varphi(x)$;　　　　　　　　　　　B. $f(x) = \varphi(x) + C$;

C. $\left[\displaystyle\int f(x)\mathrm{d}x\right]' = \left[\displaystyle\int \varphi(x)\mathrm{d}x\right]'$;　　　　D. A, B, C 均不正确.

(2) $\left[\displaystyle\int f(x)\mathrm{d}x\right]' = ($ $)$.

A. $f'(x)$;　　　B. $\displaystyle\int f'(x)\mathrm{d}x$;　　　C. $f(x) + C$;　　　D. $f(x)$.

(3) $\displaystyle\int f'(x)\mathrm{d}x = ($ $)$.

A. $f(x)$;　　　B. $\displaystyle\int f(x)\mathrm{d}x + C$;　　　C. $f(x) + C$;　　　D. $f'(x) + C$.

(4) $f(x) = \sec^2 x$ 的不定积分是 (   ).

A. $-\tan x + C$;　　　B. $\cot x + C$;　　　C. $\tan x + C$;　　　D. $-\cot x + C$.

(5) 函数 $f(x)$ 的一个原函数是 $\dfrac{1}{x}$, 则 $f'(x) = ($ $)$.

A. $\dfrac{1}{x}$;　　　B. $\ln|x|$;　　　C. $\dfrac{-1}{x^2}$;　　　D. $\dfrac{2}{x^3}$.

(6) 若 $\displaystyle\int f(x)\mathrm{d}x = 3\mathrm{e}^{\frac{x}{3}} + c$, 则 $f(x) = ($ $)$.

A. $3\mathrm{e}^{\frac{x}{3}}$;　　　B. $9\mathrm{e}^{\frac{x}{3}}$;　　　C. $\mathrm{e}^{\frac{x}{3}}$;　　　D. $\dfrac{1}{3}\mathrm{e}^{\frac{x}{3}}$.

(7) 设 $I = \displaystyle\int \frac{\sin\sqrt{x}}{\sqrt{x}}\mathrm{d}x$, 则 $I = ($ $)$.

A. $-2\cos\sqrt{x} + C$;　　　　　　　　　B. $-\dfrac{1}{2}\cos\sqrt{x} + C$;

C. $2\cos\sqrt{x} + C$;　　　　　　　　　　D. $\dfrac{1}{2}\cos\sqrt{x} + C$.

(8) 设 $f(x)$ 有原函数 $x\ln x$, 则 $\displaystyle\int xf(x)\mathrm{d}x = ($ $)$.

A. $x^2\left(\dfrac{1}{2} + \dfrac{1}{4}\ln x\right) + C$;　　　　　　B. $x^2\left(\dfrac{1}{4} + \dfrac{1}{2}\ln x\right) + C$;

C. $x^2\left(\dfrac{1}{4} - \dfrac{1}{2}\ln x\right) + C$;　　　　　　D. $x^2\left(\dfrac{1}{2} - \dfrac{1}{4}\ln x\right) + C$.

(9) 已知 $f(x)$ 的一个原函数是 e^{-x^2}, 则 $\displaystyle\int xf'(x)\mathrm{d}x = ($ $)$.

A. $-2x^2\mathrm{e}^{-x^2} + C$;　　　　　　　　B. $-2x^2\mathrm{e}^{-x^2}$;

C. $(-2x^2 - 1)\mathrm{e}^{-x^2} + C$;　　　　　　D. $xf(x) + \displaystyle\int f(x)\mathrm{d}x$.

(10) 设 $\ln f(t) = \sin t$, 则 $\displaystyle\int \frac{tf'(t)}{f(t)}\mathrm{d}t = ($ $)$.

A. $t\sin t + \cos t + C$;　　　　　　　　　　B. $t\sin t - \cos t + C$;

C. $t\sin t + t\cos t + C$;　　　　　　　　　D. $t\sin t + C$.

3. 计算下列不定积分.

(1) $\displaystyle\int e^x\left(1 + \frac{e^{-x}}{\cos^2 x}\right)dx$;

(2) $\displaystyle\int \frac{1}{1 + \sqrt{x}}dx$;

(3) $\displaystyle\int \frac{1}{\sqrt{x(1+x)}}dx$;

(4) $\displaystyle\int \frac{2^x}{\sqrt{1 - 4^x}}dx$;

(5) $\displaystyle\int \frac{x}{4 - x^2 + \sqrt{4 - x^2}}dx$;

(6) $\displaystyle\int \frac{1}{x(2 + x^{10})}dx$;

(7) $\displaystyle\int \frac{x^3 + x - 1}{(x^2 + 2)^2}dx$;

(8) $\displaystyle\int \frac{x^3}{x^8 - 1}dx$;

(9) $\displaystyle\int \frac{1}{(\sin x + \cos x)^2}dx$;

(10) $\displaystyle\int \frac{\cos x - \sin x}{(\sin x + \cos x)^8}dx$;

(11) $\displaystyle\int (x\ln x)^{\frac{3}{2}}(\ln x + 1)dx$;

(12) $\displaystyle\int \sqrt{e^x - 1}dx$;

(13) $\displaystyle\int \frac{x}{1 + \cos x}dx$;

(14) $\displaystyle\int \frac{\arcsin\sqrt{x}}{\sqrt{1 - x}}dx, (0 < x < 1)$;

(15) $\displaystyle\int \arctan\sqrt{x}dx$;

(16) $\displaystyle\int x\sec^2 xdx$;

(17) $\displaystyle\int \frac{1}{e^x + 2e^{-x} + 3}dx$;

(18) $\displaystyle\int \sin x\ln\tan xdx$;

(19) $\displaystyle\int \frac{\sin x\cos x}{1 + \sin^4 x}dx$;

(20) $\displaystyle\int \frac{1}{\sin^3 x\cos x}dx$;

(21) $\displaystyle\int \sin x\sin 2xdx$;

(22) $\displaystyle\int \frac{1 - \sin x}{1 + \cos x}dx$;

(23) $\displaystyle\int \frac{\sin x\cos x}{\sin^4 x + \cos^4 x}dx$;

(24) $\displaystyle\int \frac{x + \cos^2 x}{1 + \cos 2x}dx$;

(25) $\displaystyle\int \sqrt{\tan^2 x + 2}dx$;

(26) $\displaystyle\int \frac{dx}{\sin^{\frac{1}{2}} x\cos^{\frac{7}{2}} x}$;

(27) $\displaystyle\int x\sqrt{x^2 + x + 1}dx$;

(28) $\displaystyle\int \frac{dx}{1 + \sqrt{1 - 2x - x^2}}$.

4. 求 $I_n = \displaystyle\int (\ln x)^n dx$ 的递推公式 (n 为正整数).

5. 求 $\displaystyle\int \max(1, x^2)dx$.

6. 已知当 $x \neq 0$ 时, $f'(x)$ 连续, 求 $\displaystyle\int \frac{xf'(x) - (1+x)f(x)}{x^2 e^x}dx$.

7. 设 $f(\sin^2 x) = \dfrac{x}{\sin x}$, 求 $\displaystyle\int \frac{\sqrt{x}}{\sqrt{1-x}}f(x)dx$.

8. 设函数 $x = x(y)$ 由方程 $x(y - x)^2 = y$ 所确定, 试求不定积分 $\displaystyle\int \frac{1}{y - x}dy$.

第四章参考答案

习题 4-1

1. (1) $\arcsin\sqrt{x} + C$;　　(2) $\cos xdx$;　　(3) $-\sin x + C_1 x + C_2$;　　(4) $4e^{2x}$.

2. 略.

3. (1) $x - \frac{1}{2}x^2 + \frac{1}{4}x^4 - 3x^{\frac{1}{3}} + C$;　(2) $\frac{x^3}{3} - x + \arctan x + C$;　(3) $\arctan x - \frac{1}{x} + C$;

(4) $\frac{6}{13}x^{\frac{13}{6}} - \frac{6}{7}x^{\frac{7}{6}} + C$;　(5) $3\arctan x - 2\arcsin x + C$;　(6) $\frac{2^x \mathrm{e}^x}{\ln 2 + 1} + C$;

(7) $\frac{-2}{\ln 5}\left(\frac{1}{5}\right)^x + \frac{1}{5\ln 2}\left(\frac{1}{2}\right)^x + C$;　(8) $\frac{4^x}{\ln 4} + \frac{2 \times 6^x}{\ln 6} + \frac{9^x}{\ln 9} + C$;　(9) $\frac{10^x}{\ln 10} + \tan x + C$;

(10) $2\mathrm{e}^x + \ln|x| + C$;　(11) $-\frac{2}{\sqrt{x}} - \ln|x| + \mathrm{e}^x + C$;　(12) $\mathrm{e}^x - 2\sqrt{x} + C$;　(13) $\frac{1}{2}\tan x + C$;

(14) $\tan x - \sec x + C$;　(15) $\tan x - x + C$;　(16) $\sin x - \cos x + C$;　(17) $\frac{1}{2}x - \frac{1}{2}\sin x + C$;

(18) $\frac{1}{2}x + \frac{1}{2}\sin x + C$.

4. $y = \ln|x| + 1$.

5. $F(x) = \begin{cases} \mathrm{e}^x, & x \geqslant 0, \\ x + \frac{1}{2}x^2 + 1, & x < 0. \end{cases}$

6. $x = -\frac{1}{2}gt^2 + v_0 t + x_0$, 其中 g 为重力加速度.

习题 4-2

1. (1) $\frac{1}{2}$;　(2) $\frac{1}{4}$;　(3) $-\frac{1}{2}$;　(4) $\frac{1}{3}$;　(5) $\frac{\sin\left(2t + \frac{\pi}{3}\right)}{2}$;　(6) $\frac{1}{4}\mathrm{e}^{4x}$;　(7) $\sqrt{x^2 + a^2}$;

(8) $\frac{1}{2}\sin^2 x$.

2. (1) $-\frac{1}{2015}(1-x)^{2015} + C$;　(2) $\frac{2}{3}(2+x)^{\frac{3}{2}} + C$;　(3) $\frac{1}{22}(1+x^2)^{11} + C$;

(4) $\frac{1}{4}\ln(x^4 - x^2 + 2) + \frac{1}{2\sqrt{7}}\arctan\left(\frac{2x^2 - 1}{\sqrt{7}}\right) + C$;　(5) $\frac{1}{3}\sin(3x+2) + C$;　(6) $\mathrm{e}^{\mathrm{e}^x} + C$;

(7) $\frac{2^{2x+3}}{2\ln 2} + C$;　(8) $\frac{2}{3}\mathrm{e}^{3\sqrt{x}} + C$;　(9) $\ln\ln\ln x + C$;　(10) $-\frac{4}{3}(1-\sqrt{x})^{\frac{3}{2}} + C$;　(11) $\arctan \mathrm{e}^x + C$;

(12) $\frac{1}{2}\ln(x^2 - 2x\cos a + 1) + \cot a \cdot \arctan\left(\frac{x - \cos a}{\sin a}\right) + C$;　(13) $-\frac{1}{3\omega}\cos^3(\omega t + \varphi) + C$;

(14) $\frac{1}{2}\arctan\frac{x+1}{2} + C$;　(15) $\frac{3}{2}\sqrt[3]{(\sin x - \cos x)^2} + C$;　(16) $\sin x - \frac{1}{3}\sin^3 x$;

(17) $-\frac{1}{10}\cos 5x + \frac{1}{2}\cos x + C$;　(18) $-\frac{x}{5} - \frac{3}{5}\ln|\sin x + 2\cos x| + C$;　(19) $\ln|\tan x| + C$;

(20) $-\frac{2}{\sqrt{3}}\arctan\left(\frac{\cos x}{\sqrt{3}}\right) - \frac{1}{4}\ln\frac{2 + \sin x}{2 - \sin x} + C$.

3. (1) $2(\sqrt{x-1} - \arctan\sqrt{x-1}) + C$;　(2) $6(\sqrt[6]{x} - \arctan\sqrt[6]{x}) + C$;　(3) $\frac{\sqrt{2x-1}}{x} + 2\arctan\sqrt{2x-1} + C$;

(4) $\arcsin x + \sqrt{1-x^2} + C$;　(5) $\sqrt{2x} - \ln(1 + \sqrt{2x}) + C$;　(6) $\ln\frac{\sqrt{1+\mathrm{e}^x} - 1}{\sqrt{1+\mathrm{e}^x} + 1} + C$;

(7) $2\sqrt{x+1} - 3\sqrt[3]{x+1} + 6\sqrt[6]{x+1} + 6\ln(\sqrt[6]{x+1} + 1) + C$;　(8) $\frac{1}{2}\arctan x - \frac{x}{2(1+x^2)} + C$;

(9) $\frac{x}{2(1+x^2)} + \frac{1}{2}\arctan x + C$;　(10) $\sqrt{x^2 - 9} - 3\arccos\frac{3}{x} + C$;　(11) $\frac{a^2}{2}\left(\arcsin\frac{x}{a} - \frac{x}{a^2}\sqrt{a^2 - x^2}\right) + C$;

(12) $\ln\left|x + \frac{1}{2} + \sqrt{x + x^2}\right|$;　(13) $-\ln\left|\frac{x + 2 + 2\sqrt{x^2 + x + 1}}{x}\right| + C$;　(14) $\sqrt{1+x^2} - \ln(1 + \sqrt{1+x^2}) + C$.

4. $-\dfrac{1}{2}(1-x^2)^2+C$.

5. $-\dfrac{1}{x-2}-\dfrac{1}{3}(x-2)^3+C$.

习题 4-3

1. (1) $-\dfrac{1}{2}x\cos 2x+\dfrac{1}{4}\sin 2x+C$;　(2) $x\ln^2 x-2x\ln x+2x+C$;　(3) $x\arctan x-\dfrac{1}{2}\ln(1+x^2)+C$;

(4) $2x\sin\dfrac{x}{2}+4\cos\dfrac{x}{2}+C$;　(5) $-\dfrac{1}{2}\cot x\csc x+\dfrac{1}{2}\ln|\csc x-\cot x|+C$;　(6) $-\dfrac{1}{x}(\ln x+1)+C$;

(7) $x\ln(1+x^2)-2x+2\arctan x+C$;　(8) $-\dfrac{1}{x}(\ln^2 x+2\ln x+2)+C$;　(9) $-x\cot x+\ln|\sin x|+C$;

(10) $-\dfrac{2}{17}e^{-2x}\left(\cos\dfrac{x}{2}+4\sin\dfrac{x}{2}\right)+C$;　(11) $\dfrac{1}{2}(x^2-1)\ln(x-1)-\dfrac{1}{4}x^2-\dfrac{1}{2}x+C$;

(12) $-\dfrac{1}{2}x^2+x\tan x+\ln|\cos x|+C$;　(13) $-e^{-x}\ln(e^x+1)-\ln(e^{-x}+1)+C$;

(14) $\dfrac{1}{2}e^x-\dfrac{1}{5}e^x\sin 2x-\dfrac{1}{10}e^x\cos 2x+C$;　(15) $x(\arcsin x)^2+2\sqrt{1-x^2}\arcsin x-2x+C$;

(16) $-\dfrac{1}{2}\left(x^2-\dfrac{3}{2}\right)\cos 2x+\dfrac{x}{2}\sin 2x+C$.

2. (1) $-\dfrac{1}{2}x^2e^{-x^2}-\dfrac{1}{2}e^{-x^2}+C$;　(2) $2\sqrt{x}e^{\sqrt{x}}-2e^{\sqrt{x}}+C$;　(3) $\ln x(\ln\ln x-1)+C$;

(4) $-\dfrac{1}{2}x^4\cos x^2+x^2\sin x^2+\cos x^2+C$;　(5) $\dfrac{x}{2}[\sin(\ln x)-\cos(\ln x)]+C$;

(6) $\dfrac{1}{3}x^3\arctan x-\dfrac{1}{6}x^2+\dfrac{1}{6}\ln(1+x^2)+C$;　(7) $-\dfrac{1}{4}x\cos 2x+\dfrac{1}{8}\sin 2x+C$;

(8) $2\sqrt{x}\ln(1+x)-4\sqrt{x}+4\arctan\sqrt{x}+C$;　(9) $\dfrac{1}{2}(x^2-1)\ln\dfrac{1+x}{1-x}+x+C$;

(10) $\dfrac{1}{2\cos x}+\dfrac{1}{2}\ln|\csc x-\cot x|+C$;

(11) $x\arcsin x\arccos x+\sqrt{1-x^2}(\arccos x-\arcsin x)+2x+C$;

(12) $-\dfrac{\arctan e^x}{e^x}-x+\dfrac{1}{2}\ln(1+e^{2x})+C$;　(13) $-\dfrac{1}{8}x\csc^2\dfrac{x}{2}-\dfrac{1}{4}\cot\dfrac{x}{2}+C$;　(14) $\dfrac{\ln x}{x-\ln x}+C$.

3. $\displaystyle\int xf'(x)\,\mathrm{d}x=-\dfrac{x\sin x+\cos x}{x}-\dfrac{\cos x}{x}+C$,

$\displaystyle\int xf''(x)\,\mathrm{d}x=\dfrac{-x^2\cos x+2x\sin x+2\cos x}{x^2}+\dfrac{x\sin x+\cos x}{x^2}+C$.

4. $\displaystyle\int xf''(x)\mathrm{d}x=\left(1-\dfrac{2}{x}\right)e^x+C$.

5. $-\ln(e^x+1)-\dfrac{1}{e^x+1}+C$.

6. 略.

习题 4-4

(1) $\dfrac{1}{3}x^3-\dfrac{3}{2}x^2+9x-27\ln|x+3|+C$;　(2) $\dfrac{1}{3}x^3+\dfrac{1}{2}x^2+x+8\ln|x|-4\ln|x+1|-3\ln|x-1|+C$;

(3) $-\dfrac{1}{x-1}-\dfrac{1}{(x-1)^2}+C$;　(4) $\dfrac{1}{x+1}+\dfrac{1}{2}\ln|x^2-1|+C$;

(5) $-\dfrac{1}{2}\ln\dfrac{x^2+1}{x^2+x+1}+\dfrac{\sqrt{3}}{3}\arctan\dfrac{2x+1}{\sqrt{3}}+C$;

(6) $\dfrac{x^3}{3}-\dfrac{x^2}{2}+3x-\dfrac{16}{3}\ln(x+2)+\dfrac{1}{3}\ln|x-1|+C$;

(7) $\dfrac{u}{16(u^2+4)^2}+\dfrac{3u}{128(u^2+4)}+\dfrac{3}{256}\arctan\dfrac{u}{2}+C$; (8) $x+3\ln|x-3|-3\ln|x-2|+C$;

(9) $\dfrac{1}{4}\tan^2\dfrac{x}{2}+\tan\dfrac{x}{2}+\dfrac{1}{2}\ln\left|\tan\dfrac{x}{2}\right|+C$; (10) $-\dfrac{1}{2}\ln\dfrac{1+\cos x}{1-\cos x}+\dfrac{1}{2\sqrt{2}}\ln\dfrac{\sqrt{2}+\cos x}{\sqrt{2}-\cos x}+C$;

(11) $\dfrac{1}{2}(\sin x-\cos x)-\dfrac{1}{2\sqrt{2}}\ln\left|\csc(x+\dfrac{\pi}{4})-\cot\left(x+\dfrac{\pi}{4}\right)\right|+C$;

(12) $\dfrac{1}{5}x+\dfrac{2}{5}\ln|\cos x+2\sin x|+C$; (13) $\dfrac{1}{\sqrt{\varepsilon^2-1}}\ln\left|\dfrac{\sqrt{\varepsilon+1}+\sqrt{\varepsilon-\tan\dfrac{x}{2}}}{\sqrt{\varepsilon+1}-\sqrt{\varepsilon-\tan\dfrac{x}{2}}}\right|+C$;

(14) $\dfrac{\sqrt{2}}{4}\arctan\dfrac{x^2-1}{\sqrt{2}x}-\dfrac{\sqrt{2}}{8}\ln\left|\dfrac{x^2-\sqrt{2}x+1}{x^2+\sqrt{2}x+1}\right|+C$.

习题 4-5

(1) $\dfrac{1}{2}\ln|2x+\sqrt{4x^2-9}|+C$; (2) $\dfrac{1}{2}\arctan\dfrac{x+1}{2}+C$; (3) $\ln[(x-2)+\sqrt{5-4x+x^2}]+C$;

(4) $\dfrac{x}{2(1+x^2)}+\dfrac{1}{2}\arctan x+C$; (5) $\left(\dfrac{x^2}{2}-1\right)\arcsin\dfrac{x}{2}+\dfrac{x}{4}\sqrt{4-x^2}+C$;

(6) $-\sqrt{1+x-x^2}+\dfrac{1}{2}\arcsin\dfrac{2x-1}{\sqrt{5}}+C$; (7) $\dfrac{\cos^5 x\sin x}{6}+\dfrac{5\cos^3 x\sin x}{24}+\dfrac{15}{24}\left(\dfrac{x}{2}+\dfrac{\sin 2x}{4}\right)+C$;

(8) $\dfrac{1}{\sqrt{21}}\ln\left|\dfrac{\sqrt{3}\tan\dfrac{x}{2}+\sqrt{7}}{\sqrt{3}\tan\dfrac{x}{2}-\sqrt{7}}\right|+C$; (9) $\dfrac{e^{2x}}{5}(\sin x+2\cos x)+C$;

(10) $\dfrac{1}{2}\ln|x^2-2x-1|+\dfrac{3}{\sqrt{2}}\ln\left|\dfrac{x-(\sqrt{2}+1)}{x+(\sqrt{2}+1)}\right|+C$; (11) $\dfrac{1}{12}x^3-\dfrac{25}{16}x+\dfrac{125}{32}\arctan\dfrac{2x}{5}+C$;

(12) $x\ln^3 x-3x\ln^2 x+6x\ln x-6x+C$.

总复习题四

1. (1) $\sqrt{1+x^2}$; (2) $\arcsin x+C$; (3) $\sin\sqrt{x}+C$; (4) $\dfrac{1}{2}\sin x^2+C$; (5) $\ln|\ln x|+C$;

(6) $-\dfrac{1}{3}\ln|2-3x|+C$; (7) $2xe^{2x}(1+x)$; (8) $F(\ln x)+C$; (9) $-\dfrac{4}{3}$; (10) $-\ln(1-x)-x^2+C$.

2. (1) B; (2) D; (3) C; (4) C; (5) D; (6) C; (7) A; (8) B; (9) C; (10) A.

3. (1) $e^x+\tan x+C$; (2) $2(\sqrt{x}-\ln(1+\sqrt{x}))+C$; (3) $\ln\left|x+\dfrac{1}{2}+\sqrt{x(1+x)}\right|+C$;

(4) $\dfrac{1}{\ln 2}\arcsin 2^x+C$; (5) $-\ln(1+\sqrt{4-x^2})+C$; (6) $\dfrac{1}{20}\ln\dfrac{x^{10}}{2+x^{10}}+C$;

(7) $\dfrac{2-x}{4(x^2+2)}+\ln\sqrt{x^2+2}-\dfrac{\sqrt{2}}{8}\arctan\dfrac{x}{\sqrt{2}}+C$; (8) $\dfrac{1}{2}\ln\dfrac{x^4-1}{x^4+1}+C$; (9) $-\dfrac{1}{1+\tan x}+C$;

(10) $-\dfrac{1}{7(\sin x+\cos x)^7}+C$; (11) $\dfrac{2}{5}(x\ln x)^{\frac{5}{2}}+C$; (12) $2\sqrt{e^x-1}-2\arctan\sqrt{e^x-1}+C$;

(13) $x\tan\dfrac{x}{2}+2\ln|\cos x|+C$; (14) $-2\sqrt{1-x}\arccos\sqrt{x}+2\sqrt{x}+C$;

(15) $(x+1)\arctan\sqrt{x} - \sqrt{x} + C$;　　(16) $x\tan x + \ln|\cos x| + C$;　　(17) $\ln\left|\dfrac{e^x+1}{e^x+2}\right| + C$;

(18) $\ln\left|\tan\dfrac{x}{2}\right| - \cos x\ln\tan x + C$;　　(19) $\dfrac{1}{2}\arctan(\sin^2 x) + C$;　　(20) $\ln|\csc 2x - \cot 2x| - \dfrac{1}{2}\csc 2x + C$;

(21) $-\dfrac{1}{6}\sin 3x + \dfrac{1}{2}\sin x + C$;　　(22) $2\ln\left|\cos\dfrac{x}{2}\right| + \tan\dfrac{x}{2} + C$;　　(23) $\dfrac{1}{2}\arctan(2\sin^2 x - 1) + C$;

(24) $\dfrac{1}{2}(x + \ln|\cos x| + x\tan x) + C$;　　(25) $-\arctan\sqrt{1 + 2\cot^2 x} + \ln\left|\tan x + \sqrt{\tan^2 x + 2}\right| + C$;

(26) $2(\tan x)^{\frac{1}{2}} + \dfrac{2}{5}(\tan x)^{\frac{5}{2}} + C$;

(27) $\dfrac{1}{3}\left(x^2 + x + 1\right)^{\frac{3}{2}} - \dfrac{1}{4}\left[\left(x + \dfrac{1}{2}\right)\sqrt{x^2 + x + 1} + \dfrac{3}{4}\ln\left|x + \dfrac{1}{2} + \sqrt{x^2 + x + 1}\right|\right] + C$;

(28) $\ln\left|\dfrac{z-1}{z}\right| - 2\arctan z + C$, 其中 $z = \dfrac{1 + \sqrt{1 - 2x - x^2}}{x}$.

4. $I_n = x(\ln x)^n - nI_{n-1},\ (n \geqslant 1)$.

5. $\displaystyle\int \max(1, x^2)\mathrm{d}x = \begin{cases} \dfrac{1}{3}(x^3 - 2) + C, & x \leqslant -1, \\[2mm] x + C, & -1 < x < 1, \\[2mm] \dfrac{1}{3}(x^3 + 2) + C, & x \geqslant 1. \end{cases}$

6. $\dfrac{f(x)}{xe^x} + C$.

7. $-2\sqrt{1-x}\arcsin\sqrt{x} + 2\sqrt{x} + C$.

8. $\dfrac{1}{2}\ln\left|(y-x)^2 - 1\right| + \dfrac{1}{(y-x)^2 - 1} + C$.

第五章 定积分及其应用

前一章我们讨论了不定积分及其计算, 但将积分学应用于实际问题, 还需要讨论定积分问题. 本章首先以几何与物理中的典型问题抽象出定积分的概念, 并讨论定积分的性质及其计算方法, 然后介绍反常积分的概念及其审敛法, 最后给出定积分在几何和物理上的一些应用.

第一节 定积分的概念与性质

一、引例

引例 1 曲边梯形的面积

设 $y = f(x)$ 是区间 $[a, b]$ 上的非负连续函数, 由直线 $x = a$, $x = b$, $y = 0$ 及曲线 $y = f(x)$ 所围成的图形称为**曲边梯形**(如图 5-1-1), 曲线 $y = f(x)$ 称为曲边. 下面讨论曲边梯形面积的求法.

我们知道, 矩形的高是不变的, 它的面积可按公式

$$矩形面积 = 高 \times 底$$

来计算. 而曲边梯形在底边各点处的高 $f(x)$ 在区间 $[a, b]$ 上是变动的, 故无法直接用上述公式来计算. 但曲边梯形的高 $f(x)$ 在区间 $[a, b]$ 上是连续变化的, 当区间很小时, 高 $f(x)$ 的变化也很小. 因此, 如果把区间 $[a, b]$ 分成许多小区间, 在每个小区间上用某一点处的高度近似代替该区间上的小曲边梯形的高. 那么, 每个小曲边梯形就可近似看成小矩形, 从而所有小矩形面积之和就可作为曲边梯形面积的近似值. 如果将区间 $[a, b]$ 无限细分下去. 即让每个小区间的长度都趋于零, 这时所有小矩形面积之和的极限就是曲边梯形的面积. 其具体做法如下:

第一步: 分割 在区间 $[a, b]$ 内任意插入 $n - 1$ 个分点,

$$a = x_0 < x_1 < x_2 < \cdots < x_{n-1} < x_n = b,$$

得到 n 个小区间 $[x_{i-1}, x_i]$ $(i = 1, 2, \cdots, n)$, 记 $\Delta x_i = x_i - x_{i-1}$ 为第 $i(i = 1, 2, \cdots, n)$ 个小区间的长度. 过各个分点作垂直于 x 轴的直线, 将该曲边梯形分成 n 个小曲边梯形 (如图 5-1-1), 小曲边梯形的面积记为 ΔA_i $(i = 1, 2, \cdots, n)$;

第二步: 取近似 在每个小区间 $[x_{i-1}, x_i]$ 上任意取一点 $\xi_i(x_{i-1} \leqslant \xi_i \leqslant x_i)$, 作以 $f(\xi_i)$ 为高, 底边为 $[x_{i-1}, x_i]$ 的小矩形, 其面积为 $f(\xi_i)\Delta x_i$, 它可作为同底的小曲边梯形面积的近似值, 即

$$\Delta A_i \approx f(\xi_i)\Delta x_i \quad (i = 1, 2, \cdots, n);$$

第三步: 求和　将 n 个小矩形面积加起来, 得到曲边梯形面积的近似值, 即

$$A = \sum_{i=1}^{n} \Delta A_i \approx \sum_{i=1}^{n} f(\xi_i) \Delta x_i;$$

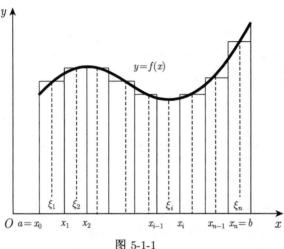

图 5-1-1

第四步: 取极限　让每个小区间的长度都无限缩小. 我们用 λ 表示 n 个小区间长度中的最大值, 即 $\lambda = \max\{\Delta x_1, \Delta x_2, \cdots, \Delta x_n\}$. 则当 $\lambda \to 0$ 时, 若和式 $\sum_{i=1}^{n} f(\xi_i) \Delta x_i$ 的极限存在, 则该极限便是所求曲边梯形的面积 A, 即

$$A = \lim_{\lambda \to 0} \sum_{i=1}^{n} f(\xi_i) \Delta x_i. \tag{5-1-1}$$

引例 2　变速直线运动的路程

设质点做变速直线运动, 已知质点运动速度 $v(t)$ 是时间间隔 $[T_1, T_2]$ 上的一个连续函数, 求这段时间内质点走过的路程 s.

我们知道, 对于匀速直线运动, 计算路程有公式:

$$路程 = 速度 \times 时间.$$

但现在质点作的是变速运动, 因此其路程不能直接按上述公式来计算. 由于速度函数是连续的, 在很短一段时间内, 速度变化很小, 近似于匀速. 下面采用类似于上例中的方法来处理.

第一步: 分割　在时间区间 $[T_1, T_2]$ 内插入 $n-1$ 个分点

$$T_1 = t_0 < t_1 < t_2 < \cdots < t_{n-1} < t_n = T_2,$$

将区间 $[T_1, T_2]$ 分成 n 个小区间 $[t_{i-1}, t_i]$ $(i = 1, 2, \cdots, n)$, 小区间长记为 $\Delta t_i = t_i - t_{i-1}$ $(i = 1, 2, \cdots, n)$, 这时路程 s 相应地被分为 n 段小路程 Δs_i $(i = 1, 2, \cdots, n)$;

第二步: 取近似　在时间间隔 $[t_{i-1}, t_i]$ 上任取一个时刻 τ_i, 用时刻 τ_i 的速度 $v(\tau_i)$ 近似代替在 $[t_{i-1}, t_i]$ 上各时刻的速度, 于是在这段时间内所走的路程的近似值为

$$\Delta s_i \approx v(\tau_i) \Delta t_i (i = 1, 2, \cdots, n);$$

第三步: 求和　将这些近似值累加起来, 就得到总路程 s 的近似值

$$s = \sum_{i=1}^{n} \Delta s_i \approx \sum_{i=1}^{n} v(\tau_i)\Delta t_i;$$

第四步: 取极限　设 $\lambda = \max\{\Delta t_1, \Delta t_2, \cdots, \Delta t_n\}$. 令 $\lambda \to 0$, 得到

$$s = \lim_{\lambda \to 0} \sum_{i=1}^{n} v(\tau_i)\Delta t_i. \tag{5-1-2}$$

以上两例虽然研究对象不同, 但解决问题的思路均是通过 "分割、取近似、求和、取极限" 的步骤, 转化为形如 $\lim\limits_{\lambda \to 0} \sum\limits_{i=1}^{n} f(\xi_i)\Delta x_i$ 的极限问题, 在实际中还存在许多类似问题, 都可以用上面的方法来处理, 把这一方法加以概括抽象, 就形成了定积分的概念.

二、 定积分的概念

定义 1　设函数 $f(x)$ 在闭区间 $[a, b]$ 上有界, 在 $[a, b]$ 内任意插入 $n-1$ 个分点

$$a = x_0 < x_1 < x_2 < \cdots < x_n = b,$$

把 $[a, b]$ 分成 n 个小区间 $[x_{i-1}, x_i]$, 其长度记作 $x_i - x_{i-1} = \Delta x_i (i = 1, 2, \cdots, n)$. 在每个小区间 $[x_{i-1}, x_i]$ 上任取一点 ξ_i, 作积 $f(\xi_i)\Delta x_i (i = 1, 2, \cdots, n)$, 并作和 $\sum\limits_{i=1}^{n} f(\xi_i)\Delta x_i$, 记 $\lambda = \max\{\Delta x_i | i = 1, 2, \cdots, n\}$. 如果不论对 $[a, b]$ 怎样分法, 也不论在小区间 $[x_{i-1}, x_i]$ 上点 ξ_i 怎样取法, 极限 $\lim\limits_{\lambda \to 0} \sum\limits_{i=1}^{n} f(\xi_i)\Delta x_i$ 总存在, 则称该极限为函数 $f(x)$ 在 $[a, b]$ 上的定积分, 记作 $\int_a^b f(x)\mathrm{d}x$, 即

$$\int_a^b f(x)\mathrm{d}x = \lim_{\lambda \to 0} \sum_{i=1}^{n} f(\xi_i)\Delta x_i,$$

并称 $f(x)$ 为被积函数, $f(x)\mathrm{d}x$ 为被积表达式, x 为积分变量, $[a, b]$ 为积分区间, a 为积分下限, b 为积分上限, $\int$ 为积分号, $\sum\limits_{i=1}^{n} f(\xi_i)\Delta x_i$ 称为积分和或黎曼和.

此时, 称函数 $f(x)$ 在 $[a, b]$ 上可积.

由定积分的定义可以看出: 引例中的曲边梯形的面积 $A = \int_a^b f(x)\mathrm{d}x$, 质点在时间间隔 $[T_1, T_2]$ 内通过的路程 $s = \int_{T_1}^{T_2} v(t)\mathrm{d}t$.

需要指出的是: 定积分 $\int_a^b f(x)\mathrm{d}x$ 是积分和的极限, 是一个数, 其大小仅与函数 $f(x)$、积分区间 $[a, b]$有关, 而与积分变量的选择无关, 因此

$$\int_a^b f(x)\mathrm{d}x = \int_a^b f(t)\mathrm{d}t = \int_a^b f(u)\mathrm{d}u.$$

　　$\lambda \to 0$ 表示分割越来越细, 这时分点的个数 n 也会越来越多, 即 $n \to \infty$; 但是反过来 $n \to \infty$ 并不能代表 $\lambda \to 0$, 所以定积分定义中的 $\lambda \to 0$ 不能随意改成 $n \to \infty$.

　　另外如果 $b < a$, 我们规定

$$\int_a^b f(x)\mathrm{d}x = -\int_b^a f(x)\mathrm{d}x,$$

由此可得 $\displaystyle\int_a^a f(x)\mathrm{d}x = 0$.

　　由定义 1 易知, 在 $[a, b]$ 上, 若 $f(x) = 1$, 则 $\displaystyle\int_a^b f(x)\mathrm{d}x = \int_a^b 1\mathrm{d}x = b - a$.

　　给出定积分定义后, 首先面临的问题是: 函数 $f(x)$ 在 $[a, b]$ 上满足什么条件一定可积? 这个问题我们不做深入讨论, 仅给出以下两个充分条件.

　　定理 1　若函数 $f(x)$ 在区间 $[a, b]$ 上连续, 则函数 $f(x)$ 在 $[a, b]$ 上可积.

　　定理 2　若函数 $f(x)$ 在区间 $[a, b]$ 上有界, 且至多存在有限个第一类间断点, 则函数 $f(x)$ 在 $[a, b]$ 上可积.

　　例 1　利用定积分定义计算定积分 $\displaystyle\int_0^1 x^2\mathrm{d}x$.

　　解　因为函数 $f(x) = x^2$ 在积分区间 $[0, 1]$ 上连续, 所以定积分 $\displaystyle\int_0^1 x^2\mathrm{d}x$ 存在, 由定义 1 知该积分与区间 $[0, 1]$ 的分割方式及点 ξ_i 的取法无关. 因此, 为了便于计算, 不妨把区间 $[0,1]$ 分成 n 等份, 分点为 $x_i = \dfrac{i}{n}$ $(i = 1, 2, \cdots, n)$. 这样每个小区间 $[x_{i-1}, x_i]$ 的长度 $\Delta x_i = \dfrac{1}{n}$ $(i = 1, 2, \cdots, n)$. 取 $\xi_i = x_i = \dfrac{i}{n}$ $(i = 1, 2, \cdots, n)$, 于是得和式

$$\sum_{i=1}^n f(\xi_i)\Delta x_i = \sum_{i=1}^n \xi_i^2 \Delta x_i = \sum_{i=1}^n \left(\frac{i}{n}\right)^2 \frac{1}{n} = \frac{1}{n^3}\sum_{i=1}^n i^2$$
$$= \frac{1}{n^3}\frac{n(n+1)(2n+1)}{6} = \frac{1}{6}\left(1 + \frac{1}{n}\right)\left(2 + \frac{1}{n}\right),$$

当 $\lambda \to 0$, 即 $n \to \infty$ 时, 由定积分的定义得

$$\int_0^1 x^2\mathrm{d}x = \lim_{n\to\infty}\sum_{i=1}^n f(\xi_i)\Delta x_i = \lim_{n\to\infty}\frac{1}{6}\left(1 + \frac{1}{n}\right)\left(2 + \frac{1}{n}\right) = \frac{1}{3}.$$

三、定积分的性质

　　下面讨论定积分的一些基本性质, 这些性质对于定积分的计算及进一步研究定积分的理论都有重要意义. 假设函数 $f(x)$、$g(x)$ 在给定区间上都是可积的, 则有如下性质:

　　性质 1　函数和 (差) 的定积分等于定积分的和 (差), 即

$$\int_a^b [f(x) \pm g(x)]\mathrm{d}x = \int_a^b f(x)\mathrm{d}x \pm \int_a^b g(x)\mathrm{d}x.$$

证

$$\int_a^b [f(x) \pm g(x)]\mathrm{d}x = \lim_{\lambda \to 0} \sum_{i=1}^n [f(\xi_i) \pm g(\xi_i)]\Delta x_i$$

$$= \lim_{\lambda \to 0} \sum_{i=1}^n f(\xi_i)\Delta x_i \pm \lim_{\lambda \to 0} \sum_{i=1}^n g(\xi_i)\Delta x_i$$

$$= \int_a^b f(x)\mathrm{d}x \pm \int_a^b g(x)\mathrm{d}x.$$

性质 1 对有限多个函数的代数和的情形也成立. 类似可证性质 2.

性质 2　被积函数的常数因子可以提到积分号外面, 即

$$\int_a^b kf(x)\mathrm{d}x = k \int_a^b f(x)\mathrm{d}x \quad (k \text{ 为常数}).$$

性质 3 (对区间的可加性)　如果将积分区间分成两部分, 则在整个区间上的定积分等于这两部分区间上的定积分之和, 即设 $a < c < b$, 则有

$$\int_a^b f(x)\mathrm{d}x = \int_a^c f(x)\mathrm{d}x + \int_c^b f(x)\mathrm{d}x.$$

证　因为函数 $f(x)$ 在 $[a,b]$ 上可积, 所以无论对 $[a,b]$ 怎样划分, 和式的极限总是不变的. 因此在划分区间时, 可以使 c 是其中一个分点, 即第 k 个分点, 则有

$$\sum_{i=1}^n f(\xi_i)\Delta x_i = \sum_{i=1}^k f(\xi_i)\Delta x_i + \sum_{i=k+1}^n f(\xi_i)\Delta x_i (i = 1, 2, \cdots, n).$$

令 $\lambda \to 0$, 上式两端取极限得

$$\int_a^b f(x)\mathrm{d}x = \int_a^c f(x)\mathrm{d}x + \int_c^b f(x)\mathrm{d}x.$$

事实上, 不论 a, b, c 的相对位置如何, 只要式中的积分都存在, 则该式总成立. 例如, 当 $c < a < b$ 时, 由上面所证可知

$$\int_c^b f(x)\mathrm{d}x = \int_c^a f(x)\mathrm{d}x + \int_a^b f(x)\mathrm{d}x,$$

所以 $\int_a^b f(x)\mathrm{d}x = \int_c^b f(x)\mathrm{d}x - \int_c^a f(x)\mathrm{d}x = \int_a^c f(x)\mathrm{d}x + \int_c^b f(x)\mathrm{d}x.$

性质 4　如果在区间 $[a,b]$ 上 $f(x) \geqslant 0$, 则 $\int_a^b f(x)\mathrm{d}x \geqslant 0 (a < b)$.

证　因为 $f(x) \geqslant 0$, 所以 $f(\xi_i) \geqslant 0 (i = 1, 2, \cdots, n)$.

又由于 $\Delta x_i \geqslant 0 (i = 1, 2, \cdots, n)$, 因此 $\sum_{i=1}^n f(\xi_i)\Delta x_i \geqslant 0$, 记 $\lambda = \max\{\Delta x_1, \Delta x_2, \cdots, \Delta x_n\}$, 则

$$\int_a^b f(x)\mathrm{d}x = \lim_{\lambda \to 0} \sum_{i=1}^n f(\xi_i)\Delta x_i \geqslant 0.$$

推论 1　如果在区间 $[a,b]$ 上 $f(x) \leqslant g(x)$, 则 $\int_a^b f(x)\mathrm{d}x \leqslant \int_a^b g(x)\mathrm{d}x (a < b)$.

推论 2　$\left| \int_a^b f(x)\mathrm{d}x \right| \leqslant \int_a^b |f(x)|\mathrm{d}x (a < b)$.

请读者自证推论 1、推论 2.

性质 5 (估值定理)　设 M, m 是函数 $f(x)$ 在区间 $[a,b]$ 上的最大值与最小值, 则

$$m(b-a) \leqslant \int_a^b f(x)\mathrm{d}x \leqslant M(b-a) \quad (a < b).$$

证　因为 $m \leqslant f(x) \leqslant M$, 由性质 4 推论 1, 得

$$\int_a^b m\mathrm{d}x \leqslant \int_a^b f(x)\mathrm{d}x \leqslant \int_a^b M\mathrm{d}x,$$

所以

$$m(b-a) \leqslant \int_a^b f(x)\mathrm{d}x \leqslant M(b-a).$$

性质 6 (积分中值定理)　设函数 $f(x)$ 在区间 $[a,b]$ 上连续, 则在 $[a,b]$ 上至少存在一点 ξ 使得

$$\int_a^b f(x)\mathrm{d}x = f(\xi)(b-a) \quad (a \leqslant \xi \leqslant b).$$

该公式称为积分中值公式.

证　因为 $f(x)$ 在 $[a,b]$ 上连续, 所以 $f(x)$ 在 $[a,b]$ 上有最小值 m 和最大值 M, 由性质 5 得

$$m(b-a) \leqslant \int_a^b f(x)\mathrm{d}x \leqslant M(b-a),$$

即

$$m \leqslant \frac{1}{b-a} \int_a^b f(x)\mathrm{d}x \leqslant M.$$

$\dfrac{1}{b-a} \int_a^b f(x)\mathrm{d}x$ 是介于 $f(x)$ 的最小值与最大值之间的一个数, 根据闭区间上连续函数的介值定理, 至少存在一点 $\xi \in [a,b]$, 使得 $f(\xi) = \dfrac{1}{b-a} \int_a^b f(x)\mathrm{d}x$, 即

$$\int_a^b f(x)\mathrm{d}x = f(\xi)(b-a).$$

积分中值公式有以下几何解释: 设 $f(x)$ 为闭区间 $[a,b]$ 上的连续函数, 则以区间 $[a,b]$ 为底边、曲线 $y = f(x)$ 为曲边的曲边梯形的面积等于相同底边、高为 $f(\xi)$ 的一个矩形的面积 (图 5-1-2).

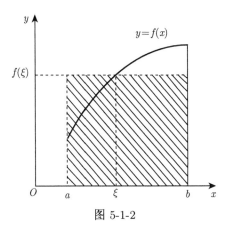

图 5-1-2

称 $f(\xi) = \dfrac{1}{b-a} \displaystyle\int_a^b f(x)\mathrm{d}x$ 为函数 $f(x)$ 在区间 $[a, b]$ 上的平均值.

例 2 比较下列各对积分值的大小.

(1) $\displaystyle\int_0^1 \sqrt{x}\mathrm{d}x$ 与 $\displaystyle\int_0^1 x^2\mathrm{d}x$;　　(2) $\displaystyle\int_0^{\frac{\pi}{2}} \sin x\mathrm{d}x$ 与 $\displaystyle\int_{\frac{\pi}{2}}^{\pi} \sin 2x\mathrm{d}x$.

解　(1) 因为 $x \in [0, 1]$ 时, $\sqrt{x} \geqslant x^2$, 所以由性质 4 推论 1 得

$$\int_0^1 \sqrt{x}\mathrm{d}x \geqslant \int_0^1 x^2\mathrm{d}x.$$

(2) 因为 $x \in \left[0, \dfrac{\pi}{2}\right]$ 时, $\sin x \geqslant 0$; $x \in \left[\dfrac{\pi}{2}, \pi\right]$ 时, $\sin 2x \leqslant 0$, 所以由性质 4 推论 1 得

$$\int_0^{\frac{\pi}{2}} \sin x\mathrm{d}x \geqslant 0, \quad \int_{\frac{\pi}{2}}^{\pi} \sin 2x\mathrm{d}x \leqslant 0,$$

因此

$$\int_0^{\frac{\pi}{2}} \sin x\mathrm{d}x \geqslant \int_{\frac{\pi}{2}}^{\pi} \sin 2x\mathrm{d}x.$$

例 3　求极限 $\displaystyle\lim_{n\to\infty} \int_n^{n+2} \dfrac{x^2}{\mathrm{e}^{x^2}}\mathrm{d}x$.

解　因为函数 $\dfrac{x^2}{\mathrm{e}^{x^2}}$ 在区间 $[n, n+2]$ 上连续, 则在 $[n, n+2]$ 上至少存在一点 ξ 使得

$$\int_n^{n+2} \frac{x^2}{\mathrm{e}^{x^2}}\mathrm{d}x = \frac{2\xi^2}{\mathrm{e}^{\xi^2}} \quad (n \leqslant \xi \leqslant n+2),$$

从而

$$\lim_{n\to\infty} \int_n^{n+2} \frac{x^2}{\mathrm{e}^{x^2}}\mathrm{d}x = \lim_{n\to\infty} \frac{2\xi^2}{\mathrm{e}^{\xi^2}} = \lim_{\xi\to\infty} \frac{2\xi^2}{\mathrm{e}^{\xi^2}} = \lim_{\xi\to\infty} \frac{2}{\mathrm{e}^{\xi^2}} = 0.$$

四、定积分的几何意义

由引例我们已经知道, 若函数 $f(x) \geqslant 0$, 则 $\displaystyle\int_a^b f(x)\mathrm{d}x$ 在几何上表示由曲线 $y = f(x)$、直线 $x = a$、$x = b$ 和 x 轴围成的曲边梯形的面积.

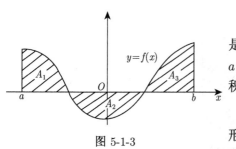

图 5-1-3

当函数 $f(x) \leqslant 0$ 时, 由定积分定义知 $\displaystyle\int_a^b f(x)\mathrm{d}x$ 是一个负数, 其大小等于由曲线 $y = f(x)$、直线 $x = a$、$x = b$ 和 x 轴围成的曲边梯形 (在 x 轴下方) 的面积的相反数.

一般地, $\displaystyle\int_a^b f(x)\mathrm{d}x$ 在几何上表示在 x 轴上方图形的面积和减去 x 轴下方图形的面积和. 如图 5-1-3 所示, 有

$$\int_a^b f(x)\mathrm{d}x = A_1 - A_2 + A_3$$

习　题　5-1

1. 利用定积分定义计算下列定积分.

(1) $\displaystyle\int_0^1 x\mathrm{d}x$;

(2) $\displaystyle\int_0^1 \mathrm{e}^x\mathrm{d}x$.

2. 利用定积分的几何意义计算下列定积分.

(1) $\displaystyle\int_0^1 \sqrt{1-x^2}\mathrm{d}x$;

(2) $\displaystyle\int_{-\frac{\pi}{2}}^{\frac{\pi}{2}} \sin x\mathrm{d}x$.

3. 试用定积分表示由曲线 $y = x^2$ 与 $y = 2 - x^2$ 围成的平面图形面积.

4. 利用定积分性质, 比较下列定积分的大小.

(1) $\displaystyle\int_0^1 x^2\mathrm{d}x$, $\displaystyle\int_0^1 x^3\mathrm{d}x$;

(2) $\displaystyle\int_3^4 \ln^2 x\mathrm{d}x$, $\displaystyle\int_3^4 \ln^3 x\mathrm{d}x$;

(3) $\displaystyle\int_0^1 \mathrm{e}^x\mathrm{d}x$, $\displaystyle\int_0^1 (1+x)\mathrm{d}x$;

(4) $\displaystyle\int_0^1 \ln(1+x)\mathrm{d}x$, $\displaystyle\int_0^1 x\mathrm{d}x$.

5. 估计下列定积分的值.

(1) $I = \displaystyle\int_1^4 (x^2 + 1)\mathrm{d}x$;

(2) $I = \displaystyle\int_0^1 \mathrm{e}^{x^2}\mathrm{d}x$;

(3) $I = \displaystyle\int_{\frac{\sqrt{3}}{3}}^{\sqrt{3}} x\arctan x\mathrm{d}x$;

(4) $I = \displaystyle\int_2^0 \mathrm{e}^{x^2-x}\mathrm{d}x$.

6. 证明不等式: $3\mathrm{e}^{-4} < \displaystyle\int_{-1}^2 \mathrm{e}^{-x^2}\mathrm{d}x < 3$.

7. 设 $f(x), g(x)$ 在 $[a,b]$ 连续, 且 $g(x)$ 在 $[a,b]$ 不变号, 证明: 存在一点 $\xi \in [a,b]$, 使

$$\int_a^b f(x)g(x)\mathrm{d}x = f(\xi)\int_a^b g(x)\mathrm{d}x.$$

第二节　微积分基本定理

由上一节例 1 知道, 即便被积函数很简单, 若直接根据定义来计算定积分也不是一件简单的事, 因此有必要对定积分的计算作进一步研究. 本节将要讨论微积分基本定理, 得出计算定积分的简便方法.

由第一节的引例 2, 知物体以速度 $v(t)$ 作变速直线运动, 在时刻 t 的位移函数为 $s(t)$, 则在时间间隔 $[T_1, T_2]$ 内物体通过的路程

$$s = \int_{T_1}^{T_2} v(t)\mathrm{d}t,$$

另一方面 s 也可用位移函数 $s(t)$ 的增量 $s = s(T_2) - s(T_1)$ 来表示, 从而有关系式

$$\int_{T_1}^{T_2} v(t)\mathrm{d}t = s(T_2) - s(T_1)$$

由于 $s'(t) = v(t)$, 即位移函数 $s(t)$ 是速度函数 $v(t)$ 的原函数, 所以上式表明速度函数 $v(t)$ 在区间 $[T_1, T_2]$ 上的定积分等于 $v(t)$ 的一个原函数 $s(t)$ 在区间 $[T_1, T_2]$ 上的增量.

上述由特殊问题得出的等式是否具有普遍性呢? 也就是说函数 $f(x)$ 在区间 $[a, b]$ 上的定积分是否等于 $f(x)$ 的原函数 $F(x)$ 在 $[a, b]$ 上的增量呢? 如果等式成立, 那么函数 $f(x)$ 需要满足什么条件呢? 我们先引入一个特殊的函数——积分变限函数.

一、积分变限函数及其导数

定义 1　设函数 $f(x)$ 在 $[a, b]$ 上可积, x 是 $[a, b]$ 上的一点, 则由

$$\Phi(x) = \int_a^x f(t)\mathrm{d}t$$

所定义的函数称为积分上限函数.

必须指出, 积分上限函数 $\int_a^x f(t)\mathrm{d}t$ 是关于上限 x 的函数. 对取定的 x, 它有确定的值 (定积分的值), 与积分变量 t 无关. 在几何上, 积分上限函数 $\Phi(x)$ 表示区间 $[a, x]$ 上以 $y = f(x)$ 为曲边的曲边梯形的面积代数和 (即 x 轴上方图形的面积和减去 x 轴下方图形的面积和)(如图 5-2-1). 它具有如下的重要性质.

类似地, 我们可以定义积分下限函数

$$F(x) = \int_x^b f(t)\mathrm{d}t.$$

积分上限函数与积分下限函数统称为积分变限函数.

由于 $\int_x^b f(t)\mathrm{d}t = -\int_b^x f(t)\mathrm{d}t$. 所以我们下面重点讨论积分上限函数, 积分下限函数可类似讨论.

定理 1　设函数 $f(x)$ 在区间 $[a, b]$ 上连续, 则积分上限的函数

$$\Phi(x) = \int_a^x f(t)\mathrm{d}t$$

在 $[a, b]$ 上可导, 且

$$\Phi'(x) = f(x). \tag{5-2-1}$$

证 设 $x \in (a,b)$, 且有增量 $\Delta x(x + \Delta x \in [a,b])$, 函数 $\Phi(x)$ 相应的增量 $\Delta\Phi$(图 5-2-2) 为

$$\Delta\Phi = \Phi(x + \Delta x) - \Phi(x) = \int_a^{x+\Delta x} f(t)\mathrm{d}t - \int_a^x f(t)\mathrm{d}t = \int_x^{x+\Delta x} f(t)\mathrm{d}t.$$

由积分中值定理, $\Delta\Phi = f(\xi)\Delta x(\xi$ 介于 x 与 $x + \Delta x$ 之间), 于是

$$\frac{\Delta\Phi}{\Delta x} = f(\xi),$$

令 $\Delta x \to 0$, 则 $\xi \to x$, 由于函数 $f(x)$ 在 x 处连续, 则

$$\lim_{\Delta x \to 0} \frac{\Delta\Phi}{\Delta x} = \lim_{\xi \to x} f(\xi) = f(x),$$

即 $\Phi'(x) = f(x)$.

若 $x = a$, 取 $\Delta x > 0$, 则同理可证 $\Phi'_+(a) = f(a)$; 若 $x = b$, 取 $\Delta x < 0$, 则同理可证 $\Phi'_-(b) = f(b)$.

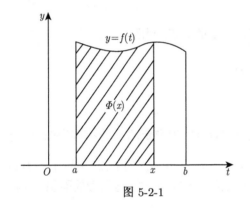

图 5-2-1

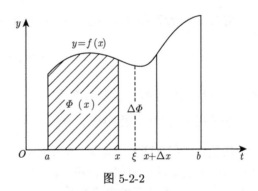

图 5-2-2

由定理 1 即得如下定理:

定理 2 设函数 $f(x)$ 在区间 $[a, b]$ 上连续, 则函数 $\Phi(x) = \int_a^x f(t)\mathrm{d}t$ 就是 $f(x)$ 在 $[a, b]$ 上的一个原函数.

定理 2 的重要意义在于: 一方面肯定了连续函数的原函数是存在的, 另一方面初步揭示了积分学中的定积分与原函数之间的联系, 因此我们可以通过原函数来计算定积分.

例 1 已知 $y = \int_0^x \mathrm{e}^{t^2}\mathrm{d}t$, 求 $\dfrac{\mathrm{d}y}{\mathrm{d}x}$.

解 由定理 1 得, $\dfrac{\mathrm{d}y}{\mathrm{d}x} = \mathrm{e}^{x^2}$.

一般地, 对于积分上、下限均为中间变量的函数 $F(x) = \int_{v(x)}^{u(x)} f(t)\mathrm{d}t$, 利用复合函数的求导法则, 可得如下结果:

设函数 $f(x)$ 在 $[a,b]$ 上连续, $u(x)$, $v(x)$ 在 $[a,b]$ 上可导, 且

$$a \leqslant u(x), \quad v(x) \leqslant b, \quad x \in [a,b].$$

则函数 $F(x) = \int_{v(x)}^{u(x)} f(t)\mathrm{d}t$ 在 $[a,b]$ 上可导, 且

$$F'(x) = f[u(x)]u'(x) - f[v(x)]v'(x). \tag{5-2-2}$$

请读者自证.

例 2 已知 $y = \int_{\sqrt{x}}^{x^3} \sin t^2 \mathrm{d}t$, 求 $\dfrac{\mathrm{d}y}{\mathrm{d}x}$.

解 $\dfrac{\mathrm{d}y}{\mathrm{d}x} = (x^3)' \sin x^6 - (\sqrt{x})' \sin x = 3x^2 \sin x^6 - \dfrac{1}{2\sqrt{x}} \sin x$.

例 3 求 $\lim\limits_{x \to 0} \dfrac{\displaystyle\int_{\cos x}^{1} \mathrm{e}^{-t^2}\mathrm{d}t}{x^2}$.

解 这是一个 "$\dfrac{0}{0}$" 型的未定式, 应用洛必达法则,

$$\lim_{x \to 0} \frac{\displaystyle\int_{\cos x}^{1} \mathrm{e}^{-t^2}\mathrm{d}t}{x^2} = \lim_{x \to 0} \frac{-\mathrm{e}^{-\cos^2 x}(\cos x)'}{2x} = \lim_{x \to 0} \frac{\mathrm{e}^{-\cos^2 x} \sin x}{2x} = \frac{1}{2\mathrm{e}}.$$

例 4 设 $f(x)$ 在 $[a,b]$ 上连续, 且 $f(x) > 0$, $F(x) = \int_a^x f(t)\mathrm{d}t + \int_b^x \dfrac{1}{f(t)}\mathrm{d}t$, 求证: (1) $F'(x) \geqslant 2$; (2)$F(x)$ 在 (a,b) 内仅有一个实根.

证 (1) 因为 $f(x)$ 在 $[a,b]$ 上连续, 且 $f(x) > 0$, 所以 $\dfrac{1}{f(x)}$ 在 $[a,b]$ 上连续, 所以

$$F'(x) = f(x) + \frac{1}{f(x)} \geqslant 2;$$

(2) $F(x)$ 在 $[a,b]$ 上连续, 由 $f(x) > 0$ 得

$$F(a) = \int_b^a \frac{1}{f(t)}\mathrm{d}t = -\int_a^b \frac{1}{f(t)}\mathrm{d}t < 0, \quad F(b) = \int_a^b f(t)\mathrm{d}t > 0,$$

根据零点定理, 存在 $\xi \in (a,b)$, 使得 $F(\xi) = 0$.

由 (1) 知 $F'(x) > 0$, 所以 $F(x)$ 在 $[a,b]$ 内单调递增, 故 $F(x)$ 在 (a,b) 内仅有一个实根.

例 5 设 $f(x)$, $g(x)$ 在 $[0,1]$ 上有连续的导数, 且 $f(0) = 0$, $f'(x) \geqslant 0$, $g'(x) \geqslant 0$, 证明: 对任何 $a \in [0,1]$, 有

$$\int_0^a g(x)f'(x)\mathrm{d}x + \int_0^1 f(x)g'(x)\mathrm{d}x \geqslant f(a)g(1).$$

证 令 $F(a) = \int_0^a g(x)f'(x)\mathrm{d}x + \int_0^1 f(x)g'(x)\mathrm{d}x - f(a)g(1)$, $a \in [0,1]$, 则

$$F'(a) = g(a)f'(a) - f'(a)g(1) = f'(a)[g(a) - g(1)].$$

因为 $x \in [0,1]$ 时, $f'(x) \geqslant 0$, $g'(x) \geqslant 0$, 即函数 $f(x)$, $g(x)$ 在 $[0,1]$ 上单调增加, 因此 $F(x)$ 在 $[0,1]$ 上单调递减又 $a \leqslant 1$, 且

$$F(1) = \int_0^1 g(x)f'(x)\mathrm{d}x + \int_0^1 f(x)g'(x) - f(1)g(1)$$

$$= \int_0^1 [g(x)f(x)]' \,\mathrm{d}x - f(1)g(1)$$

$$= g(1)f(1) - g(0)f(0) - f(1)g(1) = -f(0)g(0) = 0,$$

所以 $F(a) \geqslant F(1) = 0$, 也就是

$$\int_0^a g(x)f'(x)\mathrm{d}x + \int_0^1 f(x)g'(x)\mathrm{d}x - f(a)g(1) \geqslant 0,$$

即

$$\int_0^a g(x)f'(x)\mathrm{d}x + \int_0^1 f(x)g'(x)\mathrm{d}x \geqslant f(a)g(1).$$

二、 牛顿–莱布尼茨公式

定理 3   设 $f(x)$ 在区间 $[a,b]$ 上连续, $F(x)$ 是 $f(x)$ 在 $[a,b]$ 上的一个原函数, 则

$$\int_a^b f(x)\mathrm{d}x = F(b) - F(a). \tag{5-2-3}$$

证   由题设, $F(x)$ 是 $f(x)$ 在 $[a,b]$ 上的原函数, 由定理 1 知, $\int_a^x f(t)\mathrm{d}t$ 也是 $f(x)$ 在 $[a,b]$ 上的一个原函数, 由原函数的性质,

$$\int_a^x f(t)\mathrm{d}t = F(x) + C \quad (a \leqslant x \leqslant b).$$

在上式中, 令 $x = a$ 得 $C = -F(a)$, 再将之代入上式得

$$\int_a^x f(t)\mathrm{d}t = F(x) - F(a).$$

令 $x = b$, 并把积分变量 t 换成 x, 便得到

$$\int_a^b f(x)\mathrm{d}x = F(b) - F(a).$$

为了方便, 通常把 $F(b) - F(a)$ 记为 $[F(x)]_a^b$, 于是 (5-2-3) 式可写成

$$\int_a^b f(x)\mathrm{d}x = [F(x)]_a^b$$

公式 (5-2-3) 称为牛顿–莱布尼茨公式, 该公式揭示了定积分与被积函数的原函数之间的关系. 它表明一个连续函数在区间 $[a,b]$ 上的定积分等于其任一个原函数在区间 $[a,b]$ 上的增量. 这就给定积分提供了一个简便的计算方法, 定理 3 也称为**微积分基本定理**.

例 6   计算 $\int_{-1}^1 \dfrac{\mathrm{d}x}{1+x^2}$.

解 由于 $\arctan x$ 是连续函数 $\dfrac{1}{1+x^2}$ 的一个原函数, 所以有

$$\int_{-1}^{1} \frac{\mathrm{d}x}{1+x^2} = [\arctan x]_{-1}^{1} = \frac{\pi}{4} - \left(-\frac{\pi}{4}\right) = \frac{\pi}{2}.$$

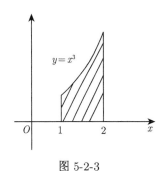

例 7 求由 $y = x^3$, $x = 1$, $x = 2$ 及 x 轴所围图形的面积 (图 5-2-3).

解 由定积分定义知, 所围图形面积

图 5-2-3

$$S = \int_{1}^{2} x^3 \mathrm{d}x = \left[\frac{x^4}{4}\right]_{1}^{2} = \frac{15}{4}.$$

例 8 函数 $f(x) = \begin{cases} x-1, & x \leqslant 0, \\ x+1, & x > 0. \end{cases}$ 计算 $\displaystyle\int_{-1}^{2} f(x)\mathrm{d}x$.

解 $f(x)$ 在 $[-1, 2]$ 上除 $x = 0$ 是它的第一类间断点外处处连续, 因此 $f(x)$ 在 $[-1, 2]$ 上可积, 且

$$\int_{-1}^{2} f(x)\mathrm{d}x = \int_{-1}^{0} f(x)\mathrm{d}x + \int_{0}^{2} f(x)\mathrm{d}x$$

$$= \int_{-1}^{0} (x-1)\mathrm{d}x + \int_{0}^{2} (x+1)\mathrm{d}x = \left[\frac{x^2}{2} - x\right]_{-1}^{0} + \left[\frac{x^2}{2} + x\right]_{0}^{2} = \frac{5}{2}.$$

例 9 计算定积分 $\displaystyle\int_{0}^{\pi} \sqrt{1 - \sin x}\,\mathrm{d}x$.

解 $\displaystyle\int_{0}^{\pi} \sqrt{1 - \sin x}\,\mathrm{d}x = \int_{0}^{\pi} \left|\cos\frac{x}{2} - \sin\frac{x}{2}\right|\mathrm{d}x$

$$= \int_{0}^{\frac{\pi}{2}} \left(\cos\frac{x}{2} - \sin\frac{x}{2}\right)\mathrm{d}x + \int_{\frac{\pi}{2}}^{\pi} \left(\sin\frac{x}{2} - \cos\frac{x}{2}\right)\mathrm{d}x = 4(\sqrt{2} - 1).$$

例 10 设函数 $f(x)$ 在 $[0,3]$ 上连续, 在 $(0,3)$ 内存在二阶导数, 且

$$2f(0) = \int_{0}^{2} f(x)\mathrm{d}x = f(2) + f(3),$$

证明: (1) 存在 $\xi \in (0,2)$, 使 $f(\xi) = f(0)$; (2) 存在 $\zeta \in (0,3)$, 使 $f''(\zeta) = 0$.

证 (1) 令 $F(x) = \displaystyle\int_{0}^{x} f(t)\mathrm{d}t$ $(0 \leqslant x \leqslant 2)$, 则

$$\int_{0}^{2} f(x)\mathrm{d}x = F(2) - F(0).$$

根据拉格朗日中值定理, 存在 $\xi \in (0,2)$, 使 $F(2) - F(0) = 2F'(\xi)$, 即 $\displaystyle\int_{0}^{2} f(x)\mathrm{d}x = 2f(\xi)$, 所以 $f(\xi) = f(0)$.

(2) 由于 $\dfrac{f(2)+f(3)}{2}$ 介于 $f(x)$ 在 $[0,3]$ 上的最大值和最小值之间, 根据介值定理, 存在 $\eta \in [2,3]$, 使得

$$f(\eta) = \frac{f(2)+f(3)}{2}.$$

于是

$$f(0) = f(\xi) = f(\eta), \quad 0 < \xi < 2 < \eta < 3.$$

根据罗尔定理, 分别存在 $\zeta_1 \in (0,\xi)$, $\zeta_2 \in (\xi,\eta)$, 使 $f'(\zeta_1) = 0$, $f'(\zeta_2) = 0$. 再在 (ζ_1, ζ_2) 上应用罗尔定理, 存在 $\zeta \in (\zeta_1, \zeta_2) \subset (0,3)$, 使 $f''(\zeta) = 0$.

习 题 5-2

1. 求下列函数的导数.

(1) $y = \displaystyle\int_0^x \sqrt{1+t^2}\mathrm{d}t$, 求 $\dfrac{\mathrm{d}y}{\mathrm{d}x}\big|_{x=1}$;

(2) $y = \displaystyle\int_{-x}^1 \sin t^2 \mathrm{d}t$, 求 $\dfrac{\mathrm{d}y}{\mathrm{d}x}$;

(3) $x = \displaystyle\int_0^t \sqrt{s}\sin s\,\mathrm{d}s$, $y = \sin^2 t (t > 0)$, 求 $\dfrac{\mathrm{d}y}{\mathrm{d}x}$;

(4) $y = \displaystyle\int_x^{2x} \ln(1+t^2)\mathrm{d}t$, 求 $\dfrac{\mathrm{d}y}{\mathrm{d}x}$.

2. 求下列极限.

(1) $\displaystyle\lim_{x\to 0} \frac{\displaystyle\int_0^x \ln(1+t^2)\mathrm{d}t}{1-\cos x}$;

(2) $\displaystyle\lim_{x\to 0} \frac{\displaystyle\int_x^{2x} \sin t^2 \mathrm{d}t}{x^3}$.

3. 计算下列定积分.

(1) $\displaystyle\int_1^2 \left(x+\frac{1}{x}\right)^2 \mathrm{d}x$;

(2) $\displaystyle\int_0^{\frac{\pi}{4}} \frac{\sin x}{\cos^2 x}\mathrm{d}x$;

(3) $\displaystyle\int_0^{\frac{1}{2}} \frac{\mathrm{d}x}{\sqrt{1-x^2}}$;

(4) $\displaystyle\int_1^e \frac{1+\ln x}{x}\mathrm{d}x$;

(5) $\displaystyle\int_{-1}^0 \frac{3x^4 + 3x^2 + 1}{x^2 + 1}\mathrm{d}x$;

(6) $\displaystyle\int_0^{\frac{\pi}{4}} \tan^2\theta\,\mathrm{d}\theta$;

(7) $\displaystyle\int_0^{\frac{\pi}{2}} \cos^2\frac{x}{2}\mathrm{d}x$;

(8) $\displaystyle\int_0^2 \frac{\mathrm{d}x}{x^2+4}$;

(9) $\displaystyle\int_0^1 \frac{\mathrm{d}x}{\sqrt{4-x^2}}$;

(10) $\displaystyle\int_0^4 \sqrt{x}(1-\sqrt{x})\mathrm{d}x$;

(11) $\displaystyle\int_1^{\sqrt{3}} \frac{2x^2+1}{x^2(1+x^2)}\mathrm{d}x$;

(12) $\displaystyle\int_0^{\pi} \sqrt{1-\cos 2x}\,\mathrm{d}x$.

4. 计算下列定积分.

(1) $\displaystyle\int_0^{\pi} \sqrt{\sin^3 x - \sin^5 x}\,\mathrm{d}x$;

(2) $\displaystyle\int_0^{\frac{\pi}{2}} |\sin x - \cos x|\mathrm{d}x$;

(3) $\displaystyle\int_0^2 \max\{1, x^2\}\mathrm{d}x$;

(4) $f(x) = \begin{cases} x-1, & x \leqslant 2 \\ x^2 - 3, & x > 2, \end{cases}$ 求 $\displaystyle\int_1^3 f(x)\mathrm{d}x$.

5. 设 $f(x) = \begin{cases} \dfrac{1}{2}\sin x, & 0 \leqslant x \leqslant \pi, \\ 0, & x < 0 或 > \pi. \end{cases}$ 求 $\Phi(x) = \displaystyle\int_0^x f(t)\mathrm{d}t$ 在 $(-\infty, +\infty)$ 内的表达式.

6. 设 $f(x)$ 在闭区间 $[a,b]$ 上连续, 在开区间 (a, b) 内可导, 且 $f'(x) \leqslant 0$,

证明: 函数 $F(x) = \dfrac{1}{x-a}\displaystyle\int_a^x f(t)\mathrm{d}t$ 在 (a, b) 内单调递减.

7. 讨论函数 $y = \displaystyle\int_0^x te^{-t^2}\mathrm{d}t$ 的极值点.

8. 设 $f(x)$ 在 $[a,b]$ 上连续且严格单调增加, 证明:

$$(a + b)\int_a^b f(x)\mathrm{d}x < 2\int_a^b xf(x)\mathrm{d}x.$$

第三节 定积分的换元积分法与分部积分法

牛顿–莱布尼茨公式将定积分的计算转化为求被积函数的一个原函数的增量, 在不定积分的计算中已经介绍过利用换元积分法和分部积分法求一些函数的原函数, 本节将结合牛顿–莱布尼茨公式具体讨论定积分的换元积分法与分部积分法.

一、定积分的换元积分法

定理 1 设函数 $f(x)$ 在 $[a,b]$ 上连续, 函数 $x = \varphi(t)$ 满足:

(1) $\varphi(\alpha) = a, \varphi(\beta) = b$, 且 $a \leqslant \varphi(t) \leqslant b$;

(2) $\varphi(t)$ 在 $[\alpha,\beta]$(或 $[\beta,\alpha]$) 上具有连续导数,

则有

$$\int_a^b f(x)\mathrm{d}x = \int_\alpha^\beta f[\varphi(t)]\varphi'(t)\mathrm{d}t. \tag{5-3-1}$$

公式 (5-3-1) 称为定积分的换元公式.

证 由于 $f(x)$ 在 $[a,b]$ 上连续, 则存在原函数. 设 $F(x)$ 是 $f(x)$ 的一个原函数, 由牛顿–莱布尼茨公式, 得

$$\int_a^b f(x)\mathrm{d}x = F(b) - F(a).$$

设 $\Phi(t) = F[\varphi(t)]$, 则 $\Phi'(t) = F'[\varphi(t)]\varphi'(t) = f[\varphi(t)]\varphi'(t)$, 因此 $\Phi(t)$ 是 $f[\varphi(t)]\varphi'(t)$ 的一个原函数, 于是

$$\int_\alpha^\beta f[\varphi(t)]\varphi'(t)\mathrm{d}t = \Phi(\beta) - \Phi(\alpha) = F[\varphi(\beta)] - F[\varphi(\alpha)] = F(b) - F(a)$$

从而

$$\int_a^b f(x)\mathrm{d}x = \int_\alpha^\beta f[\varphi(t)]\varphi'(t)\mathrm{d}t.$$

在应用定积分的换元积分公式时应注意以下两点:

(1) 用 $x = \varphi(t)$ 把原来变量 x 代换成新变量 t 时, 积分限也要换成相应于新变量 t 的积分限, 即 "换元必换限";

(2) 求出 $f[\varphi(t)]\varphi'(t)$ 的一个原函数 $\Phi(t)$ 后, 只要把相应于新变量 t 的积分上、下限分别代入 $\Phi(t)$, 然后相减即可.

例 1 计算 $\int_0^a \sqrt{a^2 - x^2}dx(a > 0)$.

解 令 $x = a\sin t\left(0 \leqslant t \leqslant \dfrac{\pi}{2}\right)$, 则 $dx = a\cos tdt$. 当 $x = 0$ 时, $t = 0$; 当 $x = a$ 时, $t = \dfrac{\pi}{2}$. 于是

$$\int_0^a \sqrt{a^2 - x^2}dx = a^2 \int_0^{\frac{\pi}{2}} \cos^2 tdt = \frac{a^2}{2} \int_0^{\frac{\pi}{2}} (1 + \cos 2t)dt$$
$$= \frac{a^2}{2}\left[t + \frac{1}{2}\sin 2t\right]_0^{\frac{\pi}{2}} = \frac{\pi}{4}a^2.$$

例 2 计算 $\int_0^4 \dfrac{x + 2}{\sqrt{2x + 1}}dx$.

解 令 $\sqrt{2x + 1} = t$, 则 $x = \dfrac{t^2 - 1}{2}, dx = tdt$, 当 $x = 0$ 时, $t = 1$; 当 $x = 4$ 时, $t = 3$. 于是

$$\int_0^4 \frac{x + 2}{\sqrt{2x + 1}}dx = \int_1^3 \frac{\dfrac{t^2 - 1}{2} + 2}{t}tdt = \frac{1}{2}\int_1^3 (t^2 + 3)dt = \frac{1}{2}\left[\frac{1}{3}t^3 + 3t\right]_1^3 = \frac{22}{3}.$$

应用定积分的换元积分法时, 可以不引进新变量而利用 "凑微分" 积分, 这时积分上、下限就不需要改变. 例如,

$$\int_0^{\frac{\pi}{2}} \cos^3 t\sin tdt = -\int_0^{\frac{\pi}{2}} \cos^3 td\cos t = -\left[\frac{\cos^4 t}{4}\right]_0^{\frac{\pi}{2}} = \frac{1}{4}.$$

例 3 计算 $\int_1^{e^2} \dfrac{1}{x(1 + 3\ln x)}dx$.

解

$$\int_1^{e^2} \frac{1}{x(1 + 3\ln x)}dx = \frac{1}{3}\int_1^{e^2} \frac{1}{(1 + 3\ln x)}d(1 + 3\ln x)$$
$$= \frac{1}{3}[\ln|1 + 3\ln x|]_1^{e^2} = \frac{1}{3}\ln 7.$$

例 4 设函数 $f(x) = \begin{cases} xe^{-x^2}, & x \geqslant 0, \\ 1 - x, & x < 0, \end{cases}$ 求 $\int_1^3 f(x - 2)dx$.

解 令 $x - 2 = t$, 则 $dx = dt$, 当 $x = 1$ 时, $t = -1$; 当 $x = 3$ 时, $t = 1$. 于是

$$\int_1^3 f(x - 2)dx = \int_{-1}^1 f(t)dt = \int_{-1}^0 (1 - t)dt + \int_0^1 te^{-t^2}dt$$
$$= \left[t - \frac{t^2}{2}\right]_{-1}^0 - \frac{1}{2}[e^{-t^2}]_0^1 = 2 - \frac{1}{2e}.$$

例 5 设 $f(x)$ 在 $[-a, a]$ 上连续, 证明:

(1) 如果 $f(x)$ 是 $[-a, a]$ 上的偶函数, 则 $\int_{-a}^a f(x)dx = 2\int_0^a f(x)dx$;

(2) 如果 $f(x)$ 是 $[-a, a]$ 上的奇函数, 则 $\int_{-a}^{a} f(x)\mathrm{d}x = 0$.

证　因为 $\int_{-a}^{a} f(x)\mathrm{d}x = \int_{-a}^{0} f(x)\mathrm{d}x + \int_{0}^{a} f(x)\mathrm{d}x$,

对积分 $\int_{-a}^{0} f(x)\mathrm{d}x$ 作变量代换 $x = -t$, 则

$$\int_{-a}^{0} f(x)\mathrm{d}x = -\int_{a}^{0} f(-t)\mathrm{d}t = \int_{0}^{a} f(-t)\mathrm{d}t = \int_{0}^{a} f(-x)\mathrm{d}x.$$

于是

$$\int_{-a}^{a} f(x)\mathrm{d}x = \int_{0}^{a} f(-x)\mathrm{d}x + \int_{0}^{a} f(x)\mathrm{d}x = \int_{0}^{a} [f(-x) + f(x)]\mathrm{d}x.$$

(1) 当 $f(x)$ 为偶函数时, 即 $f(-x) = f(x)$, 则 $f(x) + f(-x) = 2f(x)$, 所以

$$\int_{-a}^{a} f(x)\mathrm{d}x = 2\int_{0}^{a} f(x)\mathrm{d}x;$$

(2) 当 $f(x)$ 为奇函数, 即 $f(-x) = -f(x)$, 则 $f(x) + f(-x) = 0$, 所以

$$\int_{-a}^{a} f(x)\mathrm{d}x = 0.$$

该题的几何意义如图 5-3-1 和图 5-3-2 所示.

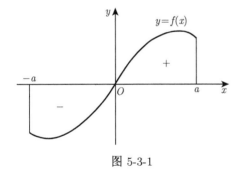

图 5-3-1

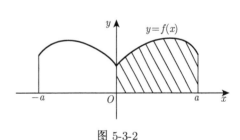

图 5-3-2

利用例 5 结论可简化奇、偶函数在对称区间 $[-a, a]$ 上的积分计算. 如,

$$\int_{-\frac{\pi}{4}}^{\frac{\pi}{4}} \frac{x^3}{\cos^2 x}\mathrm{d}x = 0;$$

$$\int_{-1}^{1} x^2 |x|\, \mathrm{d}x = 2\int_{0}^{1} x^3 \mathrm{d}x = 2 \cdot \frac{1}{4}[x^4]_0^1 = \frac{1}{2}.$$

例 6　设函数 $f(x)$ 在 $[0, 1]$ 上连续, 证明:

(1) $\int_{0}^{\frac{\pi}{2}} f(\sin x)\mathrm{d}x = \int_{0}^{\frac{\pi}{2}} f(\cos x)\mathrm{d}x$, 并计算 $I = \int_{0}^{\frac{\pi}{2}} \frac{\sin x \mathrm{d}x}{\sin x + \cos x}$;

(2) $\int_{0}^{\pi} x f(\sin x)\mathrm{d}x = \frac{\pi}{2} \int_{0}^{\pi} f(\sin x)\mathrm{d}x$.

证　(1) 令 $x = \dfrac{\pi}{2} - t$, 则 $\mathrm{d}x = -\mathrm{d}t$, 当 $x = 0$ 时, $t = \dfrac{\pi}{2}$; 当 $x = \dfrac{\pi}{2}$ 时, $t = 0$. 于是

$$\int_0^{\frac{\pi}{2}} f(\sin x)\mathrm{d}x = \int_{\frac{\pi}{2}}^0 f\left[\sin\left(\frac{\pi}{2} - t\right)\right](-\mathrm{d}t) = \int_0^{\frac{\pi}{2}} f(\cos t)\mathrm{d}t.$$

由此可见, $I = \displaystyle\int_0^{\frac{\pi}{2}} \dfrac{\sin x\mathrm{d}x}{\sin x + \cos x} = \int_0^{\frac{\pi}{2}} \dfrac{\cos x\mathrm{d}x}{\cos x + \sin x}$. 所以有

$$2I = \int_0^{\frac{\pi}{2}} \frac{\sin x\mathrm{d}x}{\sin x + \cos x} + \int_0^{\frac{\pi}{2}} \frac{\cos x\mathrm{d}x}{\cos x + \sin x} = \frac{\pi}{2},$$

从而 $I = \dfrac{\pi}{4}$.

(2) 令 $x = \pi - t$, 则 $\mathrm{d}x = -\mathrm{d}t$, 且当 $x = 0$ 时, $t = \pi$; 当 $x = \pi$ 时, $t = 0$. 于是

$$\int_0^{\pi} xf(\sin x)\mathrm{d}x = -\int_{\pi}^0 (\pi - t)f[\sin(\pi - t)]\mathrm{d}t = \int_0^{\pi} (\pi - t)f(\sin t)\mathrm{d}t$$

$$= \pi \int_0^{\pi} f(\sin t)\mathrm{d}t - \int_0^{\pi} tf(\sin t)\mathrm{d}t$$

$$= \pi \int_0^{\pi} f(\sin x)\mathrm{d}x - \int_0^{\pi} xf(\sin x)\mathrm{d}x,$$

故

$$\int_0^{\pi} xf(\sin x)\mathrm{d}x = \frac{\pi}{2} \int_0^{\pi} f(\sin x)\mathrm{d}x.$$

请读者利用结论 (2) 计算 $I = \displaystyle\int_0^{\pi} \dfrac{x\sin x\mathrm{d}x}{1 + \cos^2 x}$.

例 7　设 $f(x)$ 连续, 求证: $\displaystyle\int_0^{2a} f(x)\mathrm{d}x = \int_0^a [f(x) + f(2a - x)]\mathrm{d}x$, 并利用此式计算 $\displaystyle\int_0^{\pi} \dfrac{x\sin x}{1 + \cos^2 x}\mathrm{d}x$.

解　$\displaystyle\int_0^{2a} f(x)\mathrm{d}x = \int_0^a f(x)\mathrm{d}x + \int_a^{2a} f(x)\mathrm{d}x$, 又令 $2a - t = x$, 则

$$\int_a^{2a} f(x)\mathrm{d}x = \int_a^0 f(2a - t)\mathrm{d}(-t) = \int_0^a f(2a - x)\mathrm{d}x.$$

于是, 有

$$\int_0^{2a} f(x)\mathrm{d}x = \int_0^a [f(x) + f(2a - x)]\mathrm{d}x.$$

令 $a = \dfrac{\pi}{2}$, $f(x) = \dfrac{x\sin x}{1 + \cos^2 x}$, 有

$$\int_0^{\pi} \frac{x\sin x}{1 + \cos^2 x}\mathrm{d}x = \int_0^{\frac{\pi}{2}} \left[\frac{x\sin x}{1 + \cos^2 x} + \frac{(\pi - x)\sin(\pi - x)}{1 + \cos^2 x}\right]\mathrm{d}x = \int_0^{\frac{\pi}{2}} \frac{\pi\sin x}{1 + \cos^2 x}\mathrm{d}x$$

$$= -\pi \int_0^{\frac{\pi}{2}} \frac{\mathrm{d}\cos x}{1 + \cos^2 x} = -\pi \left[\arctan(\cos x)\right]_0^{\frac{\pi}{2}} = \frac{\pi^2}{4}.$$

二、 定积分的分部积分法

由不定积分的分部积分公式 $\int u\mathrm{d}v = uv - \int v\mathrm{d}u$, 得

$$\int_a^b u\mathrm{d}v = \left[\int u\mathrm{d}v\right]_a^b = \left[uv - \int v\mathrm{d}u\right]_a^b = [uv]_a^b - \int_a^b v\mathrm{d}u,$$

即

$$\int_a^b u\mathrm{d}v = [uv]_a^b - \int_a^b v\mathrm{d}u.$$

该公式成立条件具体如下:

定理 2 若 $u = u(x), v = v(x)$ 在 $[a,b]$ 上具有连续导数, 则有

$$\int_a^b u\mathrm{d}v = [uv]\,_a^b - \int_a^b v\mathrm{d}u. \tag{5-3-2}$$

公式 (5-3-2) 称为**定积分的分部积分公式**.

例 8 计算 $\int_0^\pi x\cos x\mathrm{d}x$.

解 令 $u = x,$ $\mathrm{d}v = \cos x\mathrm{d}x,$ 则 $\mathrm{d}u = \mathrm{d}x, v = \sin x,$
于是,

$$\int_0^\pi x\cos x\mathrm{d}x = [x\sin x]_0^\pi - \int_0^\pi \sin x\mathrm{d}x = -\int_0^\pi \sin x\mathrm{d}x = [\cos x]_0^\pi = -2.$$

例 9 计算 $\int_0^1 \mathrm{e}^{\sqrt{x}}\mathrm{d}x$.

解 令 $t = \sqrt{x}$ $(t > 0)$, 则 $x = t^2, \mathrm{d}x = 2t\mathrm{d}t$, 且当 $x = 0$ 时, $t = 0$; 当 $x = 1$ 时, $t = 1$.
于是

$$\int_0^1 \mathrm{e}^{\sqrt{x}}\mathrm{d}x = 2\int_0^1 t\mathrm{e}^t\mathrm{d}t = \left[2t\mathrm{e}^t\right]_0^1 - 2\int_0^1 \mathrm{e}^t\mathrm{d}t = 2\mathrm{e} - [2\mathrm{e}^t]_0^1 = 2.$$

例 10 设 $f(x) = \int_0^x \dfrac{\sin t}{\pi - t}\mathrm{d}t$, 计算 $\int_0^\pi f(x)\mathrm{d}x$

解 由题设知 $f(0) = 0, f'(x) = \dfrac{\sin x}{\pi - x}$, 利用定积分的分部积分公式, 则有

$$\int_0^\pi f(x)\mathrm{d}x = [xf(x)]_0^\pi - \int_0^\pi xf'(x)\mathrm{d}x = \pi\int_0^\pi \frac{\sin x}{\pi - x}\mathrm{d}x - \int_0^\pi \frac{x\sin x}{\pi - x}\mathrm{d}x$$

$$= \int_0^\pi \frac{(\pi - x)\sin x}{\pi - x}\mathrm{d}x = \int_0^\pi \sin x\mathrm{d}x = 2.$$

例 11 证明:

$$\int_0^{\frac{\pi}{2}} \cos^n x\mathrm{d}x = \int_0^{\frac{\pi}{2}} \sin^n x\mathrm{d}x = \begin{cases} \dfrac{n-1}{n} \cdot \dfrac{n-3}{n-2} \cdot \dfrac{n-5}{n-4} \cdots \dfrac{4}{5} \cdot \dfrac{2}{3}, & (n\text{为大于 1 的正奇数}), \\[3mm] \dfrac{n-1}{n} \cdot \dfrac{n-3}{n-2} \cdot \dfrac{n-5}{n-4} \cdots \dfrac{3}{4} \cdot \dfrac{1}{2} \cdot \dfrac{\pi}{2}, & (n\text{为正偶数}). \end{cases} \tag{5-3-3}$$

证　$I_n = -\int_0^{\frac{\pi}{2}} \sin^{n-1} x \, \mathrm{d}\cos x = -\left([\sin^{n-1} x \cos x]_0^{\frac{\pi}{2}} - \int_0^{\frac{\pi}{2}} \cos x \, \mathrm{d}\sin^{n-1} x\right)$

$$= (n-1)\int_0^{\frac{\pi}{2}} \sin^{n-2} x \cos^2 x \, \mathrm{d}x = (n-1)\left(\int_0^{\frac{\pi}{2}} \sin^{n-2} x \, \mathrm{d}x - \int_0^{\frac{\pi}{2}} \sin^n x \, \mathrm{d}x\right)$$

$$= (n-1)I_{n-2} - (n-1)I_n,$$

解得 I_n 的递推公式

$$I_n = \frac{n-1}{n} I_{n-2}(n \geqslant 2, n \in N),$$

连续使用递推公式直到 I_1 或 I_0, 得

$$I_{2m-1} = \frac{2m-2}{2m-1} \cdot \frac{2m-4}{2m-3} \cdots \frac{4}{5} \cdot \frac{2}{3} \cdot I_1,$$

$$I_{2m} = \frac{2m-1}{2m} \cdot \frac{2m-3}{2m-2} \cdots \frac{3}{4} \cdot \frac{1}{2} I_0,$$

又

$$I_1 = \int_0^{\frac{\pi}{2}} \sin x \, \mathrm{d}x = -[\cos x]_0^{\frac{\pi}{2}} = 1, \quad I_0 = \int_0^{\frac{\pi}{2}} \mathrm{d}x = \frac{\pi}{2}.$$

由例 6 已经证明 $\int_0^{\frac{\pi}{2}} \cos^n x \, \mathrm{d}x = \int_0^{\frac{\pi}{2}} \sin^n x \, \mathrm{d}x$, 从而,

$$\int_0^{\frac{\pi}{2}} \cos^n x \, \mathrm{d}x I_n = \int_0^{\frac{\pi}{2}} \sin^n x \, \mathrm{d}x = \begin{cases} \dfrac{n-1}{n} \cdot \dfrac{n-3}{n-2} \cdot \dfrac{n-5}{n-4} \cdots \dfrac{4}{5} \cdot \dfrac{2}{3}, & (n \text{为大于 1 的正奇数}), \\ \dfrac{n-1}{n} \cdot \dfrac{n-3}{n-2} \cdot \dfrac{n-5}{n-4} \cdots \dfrac{3}{4} \cdot \dfrac{1}{2} \cdot \dfrac{\pi}{2}, & (n \text{为正偶数}). \end{cases}$$

例 12　设 $f(0) = 1$, $f(2) = 3$, $f'(2) = 5$, 求 $\int_0^1 x f''(2x) \, \mathrm{d}x$.

解　$\int_0^1 x f''(2x) \, \mathrm{d}x = \dfrac{1}{2}\int_0^1 x \, \mathrm{d}f'(2x) = \left[\dfrac{1}{2} x f'(2x)\right]_0^1 - \dfrac{1}{2}\int_0^1 f'(2x) \, \mathrm{d}x$

$$= \frac{1}{2} f'(2) - \frac{1}{4}\int_0^1 \mathrm{d}f(2x) = \frac{1}{2} f'(2) - \frac{1}{4}[f(2x)]_0^1$$

$$= \frac{1}{2} f'(2) - \frac{1}{4}[f(2) - f(0)] = 2.$$

习　题　5-3

1. 计算下列定积分.

(1) $\int_{-2}^{-1} \dfrac{\mathrm{d}x}{(11+5x)^3}$;

(2) $\int_{-2}^0 \dfrac{\mathrm{d}x}{x^2 + 2x + 2}$;

(3) $\int_1^{\sqrt{3}} \dfrac{\mathrm{d}x}{x\sqrt{x^2+1}}$;

(4) $\int_0^1 \dfrac{x^{\frac{3}{2}}}{1+x} \mathrm{d}x$;

(5) $\int_0^{16} \dfrac{\mathrm{d}x}{\sqrt{x+9} - \sqrt{x}}$;

(6) $\int_0^1 \dfrac{\mathrm{d}x}{\mathrm{e}^x + \mathrm{e}^{-x}}$;

(7) $\int_1^{e^2} \dfrac{\mathrm{d}x}{x\sqrt{1+\ln x}}$;

(8) $\int_{-\frac{\pi}{2}}^{\frac{\pi}{2}} \dfrac{\mathrm{d}x}{1+\cos x}$;

(9) $\int_{\frac{1}{\pi}}^{\frac{2}{\pi}} \dfrac{1}{x^2}\sin\dfrac{1}{x}\mathrm{d}x$;

(10) $\int_0^{\frac{\pi}{2}} \cos^5 x\sin 2x\mathrm{d}x$;

(11) $\int_1^2 \dfrac{1}{x^2}\mathrm{e}^{-\frac{1}{x}}\mathrm{d}x$;

(12) $\int_{-\frac{\pi}{2}}^{\frac{\pi}{2}} \sqrt{\cos^3 x - \cos^5 x}\,\mathrm{d}x$;

(13) $\int_{-1}^1 \dfrac{x}{\sqrt{5-4x}}\mathrm{d}x$;

(14) $\int_0^{\pi} \sqrt{1+\sin 2x}\,\mathrm{d}x$;

(15) $\int_{\frac{\pi}{4}}^{\frac{\pi}{2}} \cot^3 x\mathrm{d}x$;

(16) $\int_0^{\frac{\pi}{4}} \tan^4 x\mathrm{d}x$;

(17) $\int_0^3 \dfrac{x}{1+\sqrt{1+x}}\mathrm{d}x$;

(18) $\int_4^9 \dfrac{\sqrt{x}}{\sqrt{x}-1}\mathrm{d}x$;

(19) $\int_{\ln 3}^{\ln 8} \sqrt{1+\mathrm{e}^x}\,\mathrm{d}x$;

(20) $\int_0^1 \dfrac{\mathrm{d}x}{(\mathrm{e}^x + \mathrm{e}^{-x})^2}$.

2. 计算下列定积分.

(1) $\int_0^1 x\mathrm{e}^{-x}\mathrm{d}x$;

(2) $\int_0^1 x\arctan x\mathrm{d}x$;

(3) $\int_1^e \sin(\ln x)\mathrm{d}x$;

(4) $\int_0^{\pi} (x\sin x)^2\mathrm{d}x$;

(5) $\int_1^4 \dfrac{\ln x}{\sqrt{x}}\mathrm{d}x$;

(6) $\int_{\frac{\pi}{4}}^{\frac{\pi}{3}} \dfrac{x}{\sin^2 x}\mathrm{d}x$;

(7) $\int_{\frac{1}{e}}^e |\ln x|\mathrm{d}x$;

(8) $\int_0^{\frac{\pi}{2}} \mathrm{e}^{2x}\cos x\mathrm{d}x$;

(9) $\int_0^2 \dfrac{\mathrm{d}x}{\sqrt{x+1}+\sqrt{(x+1)^3}}$;

(10) $\int_0^1 (1+x^2)^{-\frac{3}{2}}\mathrm{d}x$;

(11) $\int_{-3}^0 \dfrac{x+1}{\sqrt{x+4}}\mathrm{d}x$;

(12) $\int_0^1 \dfrac{\ln(1+x)}{(2-x)^2}\mathrm{d}x$.

3. 利用函数的奇偶性计算下列定积分.

(1) $\int_{-\pi}^{\pi} x\sin^6 x\mathrm{d}x$;

(2) $\int_{-\pi}^{\pi} (\sqrt{1+\cos 2x} + |x|\sin x)\mathrm{d}x$;

(3) $\int_{-2}^2 \dfrac{x+|x|}{2+x^2}\mathrm{d}x$;

(4) $\int_{-\frac{\pi}{2}}^{\frac{\pi}{2}} (x+\cos^2 x)\sin^4 x\mathrm{d}x$.

4. 函数

$$f(x) = \begin{cases} 1+x, & 0 \leqslant x \leqslant 2, \\ x^2 - 1, & 2 < x \leqslant 4, \end{cases} \quad 求 \quad \int_2^6 f(x-2)\mathrm{d}x.$$

5. $f(x)$ 定义在 $(-\infty, +\infty)$ 上, 是以 T 为周期的连续函数,

(1) 证明对任意的常数 a, 恒有 $\int_a^{a+T} f(x)\mathrm{d}x = \int_0^T f(x)\mathrm{d}x$;

(2) 求 $\int_0^{10\pi} |\sin x|\,\mathrm{d}x$.

6. 设函数 $f(x)$ 在 $[a, b]$ 上连续, 证明:

$$\int_a^b f(a+b-x)\mathrm{d}x = \int_a^b f(x)\mathrm{d}x.$$

7. 设 $x > 0$, 证明: $\displaystyle\int_x^1 \frac{\mathrm{d}t}{1+t^2} = \int_1^{\frac{1}{x}} \frac{\mathrm{d}t}{1+t^2}$.

8. 已知 $f(x)$ 的一个原函数是 $(\sin x)\ln x$, 求 $\displaystyle\int_1^\pi xf'(x)\mathrm{d}x$.

9. 设 $f(x) = \displaystyle\int_1^{x^2} \sin t^2 \mathrm{d}t$, 求 $\displaystyle\int_0^1 xf(x)\mathrm{d}x$.

10. 已知 $f(x)$ 连续, $\displaystyle\int_0^x tf(x-t)\mathrm{d}t = 1 - \cos x$, 求 $\displaystyle\int_0^{\frac{\pi}{2}} f(x)\mathrm{d}x$ 的值.

第四节　反　常　积　分

前面讨论的定积分, 其积分区间是有限区间且被积函数是有界函数. 但无论是数学理论或实际应用中都需要突破这两条限制, 因此需要将定积分概念作两种推广, 这就是本节要讨论的反常积分, 也称广义积分.

一、无穷限的反常积分

定义 1　设函数 $f(x)$ 在 $[a, +\infty)$ 上连续, 取 $t > a$, 如果极限 $\displaystyle\lim_{t \to +\infty} \int_a^t f(x)\mathrm{d}x$ 存在, 则称此极限为函数 $f(x)$ 在无穷区间 $[a, +\infty)$ 上的反常积分, 记作 $\displaystyle\int_a^{+\infty} f(x)\mathrm{d}x$, 即

$$\int_a^{+\infty} f(x)\mathrm{d}x = \lim_{t \to +\infty} \int_a^t f(x)\mathrm{d}x,$$

这时也称反常积分 $\displaystyle\int_a^{+\infty} f(x)\mathrm{d}x$ 收敛; 如果上述极限不存在, 则称反常积分 $\displaystyle\int_a^{+\infty} f(x)\mathrm{d}x$ 发散, 或称反常积分不存在.

类似地, 可定义函数 $f(x)$ 在无穷区间 $(-\infty, b]$ 上的反常积分

$$\int_{-\infty}^b f(x)\mathrm{d}x = \lim_{t \to -\infty} \int_t^b f(x)\mathrm{d}x,$$

以及反常积分 $\displaystyle\int_{-\infty}^b f(x)\mathrm{d}x$ 收敛与发散的概念.

设函数 $f(x)$ 在 $(-\infty, +\infty)$ 上连续, c 为 $(-\infty, +\infty)$ 中的任意取定的常数, 如果反常积分

$$\int_{-\infty}^c f(x)\mathrm{d}x \quad \text{和} \quad \int_c^{+\infty} f(x)\mathrm{d}x$$

同时收敛, 则称上述反常积分之和为函数 $f(x)$ 在 $(-\infty, +\infty)$ 上的反常积分, 记作 $\displaystyle\int_{-\infty}^{+\infty} f(x)\mathrm{d}x$, 即

$$\int_{-\infty}^{+\infty} f(x)\mathrm{d}x = \int_{-\infty}^c f(x)\mathrm{d}x + \int_c^{+\infty} f(x)\mathrm{d}x$$

$$= \lim_{t \to -\infty} \int_t^c f(x)\mathrm{d}x + \lim_{t \to +\infty} \int_c^t f(x)\mathrm{d}x,$$

这时也称反常积分 $\int_{-\infty}^{+\infty} f(x)\mathrm{d}x$ 收敛, 否则称反常积分 $\int_{-\infty}^{+\infty} f(x)\mathrm{d}x$ 发散, 因此只要上式中有一个积分发散, 则反常积分 $\int_{-\infty}^{+\infty} f(x)\mathrm{d}x$ 就发散.

上述反常积分统称为**无穷限的反常积分**.

例 1 讨论反常积分 $\int_0^{+\infty} \mathrm{e}^{-x}\mathrm{d}x$ 的收敛性.

解 因为 $\int_0^{+\infty} \mathrm{e}^{-x}\mathrm{d}x = \lim\limits_{t\to+\infty} \int_0^t \mathrm{e}^{-x}\mathrm{d}x =$ $\lim\limits_{t\to+\infty} -[\mathrm{e}^{-x}]_0^t = \lim\limits_{t\to+\infty} (1-\mathrm{e}^{-t})=1$. 因此 $\int_0^{+\infty} \mathrm{e}^{-x}\mathrm{d}x$ 收敛.

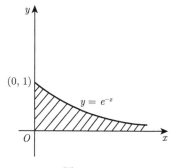

图 5-4-1

在几何上, $\int_0^{+\infty} \mathrm{e}^{-x}\mathrm{d}x$ 表示由曲线 $y=\mathrm{e}^{-x}$, x 轴, y 轴围成的无界区域的面积为有限值 1(图 5-4-1).

在计算无穷限的反常积分时, 形式上仍可沿用牛顿–莱布尼茨公式的计算形式.

设 $F(x)$ 为 $f(x)$ 的一个原函数, 若 $\lim\limits_{x\to+\infty} F(x)$ 与 $\lim\limits_{x\to-\infty} F(x)$ 均存在, 记 $F(+\infty) = \lim\limits_{x\to+\infty} F(x)$, $F(-\infty) = \lim\limits_{x\to-\infty} F(x)$, $[F(x)]_a^{+\infty} = F(+\infty) - F(a)$, $[F(x)]_{-\infty}^b = F(b) - F(-\infty)$, 则反常积分

$$\int_a^{+\infty} f(x)\mathrm{d}x = [F(x)]_a^{+\infty};$$

$$\int_{-\infty}^b f(x)\mathrm{d}x = [F(x)]_{-\infty}^b;$$

$$\int_{-\infty}^{+\infty} f(x)\mathrm{d}x = [F(x)]_{-\infty}^{+\infty}.$$

例 2 计算反常积分 $\int_{-\infty}^{+\infty} \dfrac{\mathrm{d}x}{1+x^2}$.

解 $\int_{-\infty}^{+\infty} \dfrac{\mathrm{d}x}{1+x^2} = [\arctan x]_{-\infty}^{+\infty} = \lim\limits_{x\to+\infty} \arctan x - \lim\limits_{x\to-\infty} \arctan x = \dfrac{\pi}{2} - \left(-\dfrac{\pi}{2}\right) = \pi$.

例 3 证明反常积分 $\int_1^{+\infty} \dfrac{1}{x^p}\mathrm{d}x$ 当 $p>1$ 时收敛, 当 $p\leqslant 1$ 时发散.

证 当 $p=1$ 时, $\int_1^{+\infty} \dfrac{\mathrm{d}x}{x} = [\ln x]_1^{+\infty}=+\infty$;

当 $p\neq 1$ 时, $\int_1^{+\infty} \dfrac{\mathrm{d}x}{x^p} = \left[\dfrac{x^{1-p}}{1-p}\right]_1^{+\infty} = \begin{cases} +\infty, & p<1, \\ \dfrac{1}{p-1}, & p>1. \end{cases}$

因此, 当 $p>1$ 时, 反常积分收敛, 其值等于 $\dfrac{1}{p-1}$; 当 $p\leqslant 1$ 时, 反常积分发散.

二、 无界函数的反常积分

如果函数 $f(x)$ 在点 a 的任意邻域内都无界, 那么点 a 称为函数 $f(x)$ 的**瑕点**. 无界函数的反常积分又称为**瑕积分**.

定义 2   设函数 $f(x)$ 在 $(a, b]$ 上连续, 点 a 为 $f(x)$ 的瑕点, 取 $t > a$, 如果极限

$$\lim_{t \to a^+} \int_t^b f(x)\mathrm{d}x$$

存在, 则称此极限为无界函数 $f(x)$ 在 $(a, b]$ 上的反常积分, 仍然记作 $\int_a^b f(x)\mathrm{d}x$, 即

$$\int_a^b f(x)\mathrm{d}x = \lim_{t \to a^+} \int_t^b f(x)\mathrm{d}x,$$

这时也称反常积分 $\int_a^b f(x)\mathrm{d}x$ 收敛; 如果上述极限不存在, 就称反常积分 $\int_a^b f(x)\mathrm{d}x$ 发散.

类似地, 设函数 $f(x)$ 在 $[a, b)$ 上连续, 点 b 为 $f(x)$ 的瑕点, 取 $t < b$, 如果极限

$$\lim_{t \to b^-} \int_a^t f(x)\mathrm{d}x$$

存在, 则称此极限为 $f(x)$ 在 $[a, b]$ 上的反常积分, 并记为 $\int_a^b f(x)\mathrm{d}x$, 即

$$\int_a^b f(x)\mathrm{d}x = \lim_{t \to b^-} \int_a^t f(x)\mathrm{d}x,$$

这时也称反常积分 $\int_a^b f(x)\mathrm{d}x$ 收敛, 否则就称反常积分 $\int_a^b f(x)\mathrm{d}x$ 发散.

设函数 $f(x)$ 在 $[a, b]$ 上除点 $c(a < c < b)$ 外连续, c 为 $f(x)$ 的瑕点, 如果反常积分

$$\int_a^c f(x)\mathrm{d}x \ \text{和} \ \int_c^b f(x)\mathrm{d}x$$

都收敛, 则称上述反常积分之和为函数 $f(x)$ 在 $[a, b]$ 上的反常积分, 记作 $\int_a^b f(x)\mathrm{d}x$, 即

$$\int_a^b f(x)\mathrm{d}x = \int_a^c f(x)\mathrm{d}x + \int_c^b f(x)\mathrm{d}x$$

$$= \lim_{t \to c^-} \int_a^t f(x)\mathrm{d}x + \lim_{t \to c^+} \int_t^b f(x)\mathrm{d}x,$$

这时也称反常积分 $\int_a^b f(x)\mathrm{d}x$ 收敛, 否则称反常积分 $\int_a^b f(x)\mathrm{d}x$ 发散.

计算无界函数的反常积分, 仍可沿用牛顿–莱布尼茨公式的计算形式.

设 $F(x)$ 为 $f(x)$ 在 $[a, b)$ 的一个原函数, $x = b$ 为瑕点, 若 $\lim\limits_{x \to b^-} F(x)$ 存在, 记 $F(b^-) = \lim\limits_{x \to b^-} F(x)$, $[F(x)]_a^b = F(b^-) - F(a)$, 则瑕积分

$$\int_a^b f(x)\mathrm{d}x = [F(x)]_a^b$$

对于函数 $f(x)$ 在 $(a, b]$ 上连续, 点 a 为 $f(x)$ 的瑕点的反常积分, 也有类似计算公式, 这里不再赘述.

例 4 计算 $\displaystyle\int_0^1 \frac{\mathrm{d}x}{\sqrt{1-x^2}}$.

解 函数 $\dfrac{1}{\sqrt{1-x^2}}$ 在 $[0,1)$ 上连续, 由于

$$\lim_{x\to 1^-}\frac{1}{\sqrt{1-x^2}}=\infty,$$

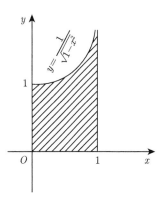

所以 $x=1$ 是它的一个瑕点.

$$\int_0^1 \frac{\mathrm{d}x}{\sqrt{1-x^2}}=[\arcsin x]_0^1=\lim_{x\to 1^-}\arcsin x-\arcsin 0=\frac{\pi}{2}.$$

在几何上, $\displaystyle\int_0^1 \frac{\mathrm{d}x}{\sqrt{1-x^2}}$ 的值表示由曲线 $y=\dfrac{1}{\sqrt{1-x^2}}$, x 轴, 直线 $x=1$ 与及 y 轴所围图形的面积 (图 5-4-2).

图 5-4-2

例 5 证明反常积分 $\displaystyle\int_0^1 \frac{1}{x^p}\mathrm{d}x$ 当 $p<1$ 时收敛, 当 $p\geqslant 1$ 时发散.

证 当 $p=1$ 时, $\displaystyle\int_0^1 \frac{1}{x}\mathrm{d}x=\lim_{t\to 0^+}\int_t^1 \frac{1}{x}\mathrm{d}x=\lim_{t\to 0^+}[\ln x]_t^1=\lim_{t\to 0^+}[-\ln t]=+\infty;$

当 $p\neq 1$ 时, $\displaystyle\int_0^1 \frac{1}{x^p}\mathrm{d}x=\lim_{t\to 0^+}\int_t^1 \frac{\mathrm{d}x}{x^p}=\lim_{t\to 0^+}\left[\frac{x^{1-p}}{1-p}\right]_t^1=\begin{cases}+\infty, & p>1,\\ \dfrac{1}{1-p}, & p<1.\end{cases}$ 综上可知,

该反常积分当 $p<1$ 时收敛, 当 $p\geqslant 1$ 时发散.

一般地, 瑕积分 $\displaystyle\int_a^b \frac{1}{(x-a)^p}\mathrm{d}x$ 当 $p<1$ 时收敛, 当 $p\geqslant 1$ 时发散.

反常积分的计算也有与定积分相类似的分部积分法与换元积分法.

例 6 计算反常积分 $\displaystyle\int_0^{+\infty} t\mathrm{e}^{-t}\mathrm{d}t$.

解 $\displaystyle\int_0^{+\infty} t\mathrm{e}^{-t}\mathrm{d}t=\int_0^{+\infty}(-t)\mathrm{d}\mathrm{e}^{-t}=[-t\mathrm{e}^{-t}]_0^{+\infty}+\int_0^{+\infty}\mathrm{e}^{-t}\mathrm{d}t=[-\mathrm{e}^{-t}]_0^{+\infty}=1.$

例 7 计算反常积分 $\displaystyle\int_0^{+\infty} \frac{\ln x}{1+x^2}\mathrm{d}x$.

解 $x=0$ 为瑕点, 于是

$$\int_0^{+\infty} \frac{\ln x}{1+x^2}\mathrm{d}x=\int_0^1 \frac{\ln x}{1+x^2}\mathrm{d}x+\int_1^{+\infty} \frac{\ln x}{1+x^2}\mathrm{d}x,$$

而

$$\int_1^{+\infty} \frac{\ln x}{1+x^2}\mathrm{d}x=\int_1^{+\infty} \frac{\ln\dfrac{1}{x}}{1+\left(\dfrac{1}{x}\right)^2}\mathrm{d}\left(\frac{1}{x}\right)\xlongequal{\text{令 } x=\frac{1}{t}}\int_1^0 \frac{\ln t}{1+t^2}\mathrm{d}t=-\int_0^1 \frac{\ln t}{1+t^2}\mathrm{d}t,$$

所以

$$\int_0^{+\infty} \frac{\ln x}{1+x^2}\mathrm{d}x = \int_0^1 \frac{\ln x}{1+x^2}\mathrm{d}x - \int_0^1 \frac{\ln x}{1+x^2}\mathrm{d}x = 0.$$

习　题　5-4

1. 计算下列反常积分.

(1) $\displaystyle\int_1^{+\infty} \frac{1}{x^4}\mathrm{d}x$;

(2) $\displaystyle\int_1^{+\infty} \frac{\arctan x}{x^2}\mathrm{d}x$;

(3) $\displaystyle\int_1^{+\infty} \frac{1}{x^2(1+x)}\mathrm{d}x$;

(4) $\displaystyle\int_{-\infty}^{+\infty} \frac{1}{x^2+2x+2}\mathrm{d}x$;

(5) $\displaystyle\int_0^{+\infty} \mathrm{e}^{-t}\cos 2t\,\mathrm{d}t$;

(6) $\displaystyle\int_0^1 \frac{1}{1-x^2}\mathrm{d}x$;

(7) $\displaystyle\int_0^2 \frac{1}{x^2-4x+3}\mathrm{d}x$;

(8) $\displaystyle\int_1^{\mathrm{e}} \frac{1}{x\sqrt{1-(\ln x)^2}}\mathrm{d}x$;

(9) $\displaystyle\int_{\frac{-\pi}{4}}^{\frac{3\pi}{4}} \frac{1}{\cos^2 x}\mathrm{d}x$;

(10) $\displaystyle\int_0^{+\infty} x\mathrm{e}^{-2x^2}\mathrm{d}x$.

2. 已知 $\displaystyle\int_{-\infty}^{+\infty} \mathrm{e}^{-x^2}\mathrm{d}x = \sqrt{\pi}$, 且 $\displaystyle\int_{-\infty}^{+\infty} A\mathrm{e}^{-x^2-x}\mathrm{d}x = 1$, 其中 A 是常数, 求 A.

3. 当 k 为何值时, 反常积分 $\displaystyle\int_2^{+\infty} \frac{1}{x(\ln x)^k}\mathrm{d}x$ 收敛? 当 k 为何值时, 反常积分发散? 又当 k 为何值时, 这反常积分取最小值?

*第五节　反常积分的敛散法

上节我们介绍了反常积分的概念及其计算. 反常积分的收敛性也是反常积分的一个重要数学特征, 其可以通过求被积函数的原函数, 按定义求极限, 然后推知反常积分是否收敛. 但是当被积函数的原函数不能或不便求出时, 我们就没法直接从定义出发判定其收敛性. 本节我们将建立不通过原函数来判定反常积分收敛性的方法. 本节内容不拘泥于数学的理论推导, 我们只列出反常积分的敛散性的判别方法, 并通过一些例子让读者了解如何应用这些方法.

一、无穷限反常积分的敛散法

定理 1 (比较审敛法)　设定义在 $[a,+\infty)$ 上的非负函数 f 与 g 在任何有限区间 $[a,A]$ 都可积. 若在 $x \geqslant a$ 时 $f(x) \leqslant g(x)$, 则当 $\displaystyle\int_a^{+\infty} g(x)\mathrm{d}x$ 收敛时, $\displaystyle\int_a^{+\infty} f(x)\mathrm{d}x$ 也收敛; 当 $\displaystyle\int_a^{+\infty} f(x)\mathrm{d}x$ 发散时, $\displaystyle\int_a^{+\infty} g(x)\mathrm{d}x$ 也发散.

应用比较审敛法判定 $\displaystyle\int_a^{+\infty} f(x)\mathrm{d}x$ 收敛时, 需要将被积函数 $f(x)$ 放大至一个收敛的反常积分的被积函数 $g(x)$; 判定 $\displaystyle\int_a^{+\infty} f(x)\mathrm{d}x$ 发散时, 需要将被积函数 $f(x)$ 放小至一个发散的反常积分的被积函数 $g(x)$. 实际应用时, 需要事先估测 $\displaystyle\int_a^{+\infty} f(x)\mathrm{d}x$ 是收敛还是发散, 这样才知道应该将 $f(x)$ 放大还是放小.

例 1　判别反常积分 $\displaystyle\int_1^{+\infty}\dfrac{\sin^2 x}{1+x^2}\mathrm{d}x$ 的敛散性.

解　因为当 $1\leqslant x<+\infty$ 时,

$$0<\frac{\sin^2 x}{1+x^2}<\frac{1}{x^2},$$

又 $\displaystyle\int_1^{+\infty}\dfrac{1}{x^2}\mathrm{d}x$ 是收敛的, 根据比较原则, 该反常积分是收敛的.

上述比较审敛法的极限形式如下

定理 2　若 $g(x)>0,\ f(x)\geqslant 0$, 且 $\displaystyle\lim_{x\to+\infty}\dfrac{f(x)}{g(x)}=c$, 则

(1) 当 $0<c<+\infty$ 时, $\displaystyle\int_a^{+\infty}f(x)\mathrm{d}x$ 与 $\displaystyle\int_a^{+\infty}g(x)\mathrm{d}x$ 同敛散;

(2) 当 $c=0$, 且 $\displaystyle\int_a^{+\infty}g(x)\mathrm{d}x$ 收敛时, $\displaystyle\int_a^{+\infty}f(x)\mathrm{d}x$ 收敛;

(3) 当 $c=+\infty$, 且 $\displaystyle\int_a^{+\infty}g(x)\mathrm{d}x$ 发散时, $\displaystyle\int_a^{+\infty}f(x)\mathrm{d}x$ 发散.

应用比较审敛法及其极限形式判定无穷限反常积分的敛散性时, 需要找一个已知敛散性的反常积分与其比较, 实际应用时不太方便. 下面的极限审敛法就不需要寻找已知敛散性的反常积分来比较, 其本质就是在定理 2 中取 $\displaystyle\int_1^{+\infty}\dfrac{1}{x^p}\mathrm{d}x$ 作为比较对象.

定理 3　设函数在区间 $[a,+\infty)(a>0)$ 上连续, f 非负, 且 $\displaystyle\lim_{x\to+\infty}x^p f(x)=l$, 则

(1) 当 $p>1,\ 0\leqslant l<+\infty$ 时, $\displaystyle\int_a^{+\infty}f(x)\mathrm{d}x$ 收敛;

(2) 当 $p\leqslant 1,\ 0<l\leqslant+\infty$ 时, $\displaystyle\int_a^{+\infty}f(x)\mathrm{d}x$ 发散.

例 2　判定反常积分 $\displaystyle\int_1^{+\infty}\dfrac{1}{x\sqrt{1+x^2}}\mathrm{d}x$ 的敛散性.

解　因为

$$\lim_{x\to+\infty}x^2\cdot\frac{1}{x\sqrt{1+x^2}}=1,$$

所以该反常积分收敛.

例 3　判定反常积分 $\displaystyle\int_1^{+\infty}\dfrac{x^{\frac{3}{2}}}{1+2x^2}\mathrm{d}x$ 的敛散性.

解　因为

$$\lim_{x\to+\infty}x^{\frac{1}{2}}\cdot\frac{x^{\frac{3}{2}}}{1+2x^2}=\frac{1}{2},$$

所以该反常积分发散.

例 4　判定反常积分 $\displaystyle\int_1^{+\infty}x^\alpha\mathrm{e}^{-x}\mathrm{d}x(\alpha>0)$ 的敛散性.

解　因为

$$\lim_{x\to+\infty}x^2\cdot x^\alpha\mathrm{e}^{-x}=\lim_{x\to\infty}\frac{x^{2+\alpha}}{\mathrm{e}^x}=0,$$

所以该反常积分收敛.

例 5　判别反常积分 $\displaystyle\int_1^{+\infty}\frac{\ln(1+x)}{x^n}\mathrm{d}x$ 的敛散性.

解　因为

$$\lim_{x\to+\infty}x^n\cdot\frac{\ln(1+x)}{x^n}=\lim_{x\to+\infty}\ln(1+x)=+\infty,$$

所以当 $n\leqslant 1$ 时, $\displaystyle\int_1^{+\infty}\frac{\ln(1+x)}{x^n}\mathrm{d}x$ 是发散的;

当 $n>1$ 时, 令 $k=\dfrac{n-1}{2}>0$, 则 $p=n-k>1$, 且

$$\lim_{x\to+\infty}x^p\cdot\frac{\ln(1+x)}{x^n}=\lim_{x\to+\infty}x^{n-k}\cdot\frac{\ln(1+x)}{x^n}=\lim_{x\to+\infty}\frac{\ln(1+x)}{x^k}=0.$$

所以当 $n>1$ 时, $\displaystyle\int_1^{+\infty}\frac{\ln(1+x)}{x^n}\mathrm{d}x$ 是收敛的.

可以证明: 若反常积分 $\displaystyle\int_a^{+\infty}|f(x)|\mathrm{d}x$ 收敛, 则 $\displaystyle\int_a^{+\infty}f(x)\mathrm{d}x$ 收敛. 反之, 若 $\displaystyle\int_a^{+\infty}f(x)\mathrm{d}x$ 收敛, 但 $\displaystyle\int_a^{+\infty}|f(x)|\mathrm{d}x$ 不一定收敛. 这样我们就引入了条件收敛与绝对收敛的概念.

定义 1　对于反常积分 $\displaystyle\int_a^{+\infty}f(x)\mathrm{d}x$, 若 $\displaystyle\int_a^{+\infty}|f(x)|\mathrm{d}x$ 收敛, 则称 $\displaystyle\int_a^{+\infty}f(x)\mathrm{d}x$ 绝对收敛; 若 $\displaystyle\int_a^{+\infty}|f(x)|\mathrm{d}x$ 发散, 而 $\displaystyle\int_a^{+\infty}f(x)\mathrm{d}x$ 收敛, 则称 $\displaystyle\int_a^{+\infty}f(x)\mathrm{d}x$ 条件收敛.

类似地, 可以定义其他两种情况的条件与绝对收敛. 略叙.

上面的定理都是应用于被积函数非负的情形, 当被积函数不满足非负的条件时, 可以由被积函数取绝对值后的收敛 (绝对收敛) 来推知原积分的收敛, 即如下的定理.

定理 4　设函数 $f(x)$ 在区间 $[a,+\infty)$ 上连续, 如果反常积分 $\displaystyle\int_a^{+\infty}|f(x)|\mathrm{d}x$ 收敛, 则反常积分 $\displaystyle\int_a^{+\infty}f(x)\mathrm{d}x$ 也收敛.

例 6　判断反常积分 $\displaystyle\int_0^{+\infty}\mathrm{e}^{-ax}\sin bx\,\mathrm{d}x\,(a,b$ 为常数, $a>0)$ 的敛散性, 若收敛, 是绝对收敛还是条件收敛?

解　因为 $|\mathrm{e}^{-ax}\sin bx|\leqslant\mathrm{e}^{-ax}$, 而 $\displaystyle\int_0^{+\infty}\mathrm{e}^{-ax}\mathrm{d}x$ 是收敛的, 所以由比较敛散法知 $\displaystyle\int_0^{+\infty}|\mathrm{e}^{-ax}\sin bx|\mathrm{d}x$ 收敛, 也就是 $\displaystyle\int_0^{+\infty}\mathrm{e}^{-ax}\sin bx\,\mathrm{d}x$ 是绝对收敛的.

二、瑕积分的敛散法

类似于无穷限反常积分的审敛法, 无界函数的反常积分也有同样的结论. 类似于定理 1 可得瑕积分的比较审敛法.

定理 5　设函数 f 和 g 在 $(a,b]$ 上连续, a 是它们的瑕点. 如果在 $(a,b]$ 上恒有 $0\leqslant f(x)\leqslant g(x)$, 则当 $\displaystyle\int_a^b g(x)\mathrm{d}x$ 收敛时, $\displaystyle\int_a^b f(x)\mathrm{d}x$ 也收敛; 当 $\displaystyle\int_a^b f(x)\mathrm{d}x$ 发散时, $\displaystyle\int_a^b g(x)\mathrm{d}x$ 也发散.

我们已知瑕积分 $\displaystyle\int_a^b\frac{1}{(x-a)^p}\mathrm{d}x$ 当 $p<1$ 时收敛, 当 $p\geqslant 1$ 时发散. 取 $\displaystyle\int_a^b\frac{1}{(x-a)^p}\mathrm{d}x$ 作为比较对象, 我们可得类似于定理 3 的瑕积分的极限收敛法.

定理 6 设函数 f 在区间 $(a,b]$ 上连续, a 是 f 的瑕点, f 非负, 且 $\lim\limits_{x\to a+}(x-a)^p f(x)=\lambda$, 则

(1) 当 $0<p<1, 0\leqslant\lambda<+\infty$ 时, 瑕积分 $\int_a^b f(x)\mathrm{d}x$ 收敛;

(2) 当 $p\geqslant 1, 0<\lambda\leqslant+\infty$ 时, 瑕积分 $\int_a^b f(x)\mathrm{d}x$ 发散.

与无穷限反常积分一样, 我们也有条件收敛与绝对收敛的概念. 设函数 $f(x)$ 在 $(a,b]$ 上连续, a 为瑕点, 若 $\int_a^b |f(x)|\mathrm{d}x$ 收敛, 则 $\int_a^b f(x)\mathrm{d}x$ 收敛, 此时称 $\int_a^b f(x)$ 为绝对收敛; 若 $\int_a^b f(x)\mathrm{d}x$ 收敛, 但 $\int_a^b |f(x)|\mathrm{d}x$ 发散, 则称 $\int_a^b f(x)\mathrm{d}x$ 为发散. 类似地, 可以定义其他两种情况的条件与绝对收敛.

例 7 判断反常积分 $\int_1^3 \dfrac{\mathrm{d}x}{\ln x}$ 的敛散性.

解 $x=1$ 是瑕点, 又

$$\lim_{x\to 1+}(x-1)\frac{1}{\ln x}=\lim_{x\to 1+}\frac{1}{\dfrac{1}{x}}=1,$$

由极限收敛法知该反常积分发散.

例 8 判断反常积分 $\int_0^1 \dfrac{\ln x\,\mathrm{d}x}{\sqrt{x}}$ 的敛散性.

解 $x=0$ 是瑕点, 因为 $\lim\limits_{x\to 0+}x^{\frac{1}{4}}\ln x=0$, 所以对充分小的 $x>0$, 有

$$\left|\frac{\ln x}{\sqrt{x}}\right|=\left|\frac{x^{\frac{1}{4}}\ln x}{x^{\frac{3}{4}}}\right|<\frac{1}{x^{\frac{3}{4}}}.$$

又 $\int_0^1 \dfrac{1}{x^{\frac{3}{4}}}\mathrm{d}x$ 是收敛的, 因此 $\int_0^1 \dfrac{\ln x\,\mathrm{d}x}{\sqrt{x}}$ 是绝对收敛的.

习 题 5-5

1. 判定下列反常积分的敛散性.

(1) $\int_0^{+\infty} \dfrac{\sin x}{1+x^2}\mathrm{d}x$;

(2) $\int_1^{+\infty} x^2\mathrm{e}^{-x}\mathrm{d}x$;

(3) $\int_0^{+\infty} \dfrac{x^2}{\sqrt{1+x^5}}\mathrm{d}x$;

(4) $\int_1^{+\infty} \dfrac{\ln(1+x)}{x^2}\mathrm{d}x$;

(5) $\int_1^{+\infty} \dfrac{x\arctan x}{1+x^3}\mathrm{d}x$;

(6) $\int_0^1 \dfrac{\ln x}{\sqrt{x}}\mathrm{d}x$;

(7) $\int_1^2 \dfrac{\sqrt{x}}{\ln x}\mathrm{d}x$;

(8) $\int_0^2 \dfrac{1}{(x-1)^2}\mathrm{d}x$;

(9) $\int_0^{\pi} \dfrac{\sin x}{x^{\frac{3}{2}}}\mathrm{d}x$;

(10) $\int_0^{\frac{\pi}{2}} \dfrac{1-\cos x}{x^m}\mathrm{d}x$.

2. 设反常积分 $\int_1^{+\infty} f^2(x)\mathrm{d}x$ 收敛, 证明反常积分 $\int_1^{+\infty} \dfrac{f(x)}{x}\mathrm{d}x$ 绝对收敛.

3. 讨论下列积分是绝对收敛还是条件收敛.

(1) $\displaystyle\int_1^{+\infty}\frac{\sin\sqrt{x}}{x}\mathrm{d}x$;   (2) $\displaystyle\int_0^{+\infty}\frac{\mathrm{sgn}(\sin x)}{1+x^2}\mathrm{d}x$;

4. 讨论反常积分 $F(\alpha)=\displaystyle\int_0^{+\infty}\frac{x^{\alpha-1}}{1+x}\mathrm{d}x(\alpha>0)$ 的敛散性.

*第六节　Γ　函　数

一、Γ 函数

Γ 函数在科学领域中有着广泛的应用, 下面简要介绍其定义与性质.

形如 $\Gamma(\alpha)=\displaystyle\int_0^{+\infty}x^{\alpha-1}\mathrm{e}^{-x}\mathrm{d}x\ (\alpha>0)$ 称为 **Γ(伽玛, Gamma) 函数**.

此积分有双重反常性, 一方面积分区间是无穷的, 另一方面, 当 $\alpha-1<0$ 时, $x=0$ 是被积函数的瑕点, 可以证明当 $\alpha>0$ 时, 反常积分 $\displaystyle\int_0^{+\infty}x^{\alpha-1}\mathrm{e}^{-x}\mathrm{d}x$ 收敛.

二、Γ 函数的性质

(1) 递推公式 $\Gamma(\alpha+1)=\alpha\Gamma(\alpha)$.

证

$$\Gamma(\alpha+1)=\int_0^{+\infty}x^{\alpha}\mathrm{e}^{-x}\mathrm{d}x=\int_0^{+\infty}x^{\alpha}\mathrm{d}(-\mathrm{e}^{-x})=[-x^{\alpha}\mathrm{e}^{-x}]_0^{+\infty}+\alpha\int_0^{+\infty}x^{\alpha-1}\mathrm{e}^{-x}\mathrm{d}x$$

$$=\alpha\int_0^{+\infty}x^{\alpha-1}\mathrm{e}^{-x}\mathrm{d}x=\alpha\Gamma(\alpha).$$

即

$$\Gamma(\alpha+1)=\alpha\Gamma(\alpha).$$

特别地, 当 α 为正整数 n 时, 有

$$\Gamma(n+1)=n\Gamma(n)=n(n-1)\Gamma(n-2)=\cdots=n!\Gamma(1).$$

而

$$\Gamma(1)=\int_0^{+\infty}\mathrm{e}^{-x}\mathrm{d}x=-\left.\mathrm{e}^{-x}\right|_0^{+\infty}=1,$$

所以

$$\Gamma(n+1)=n!.$$

(2) 当 $\alpha\to 0^+$ 时, $\Gamma(\alpha)\to+\infty$.

证　因为

$$\Gamma(\alpha)=\frac{\Gamma(\alpha+1)}{\alpha},\Gamma(1)=1,$$

所以当 $\alpha\to 0^+$ 时,

$$\Gamma(\alpha)\to+\infty.$$

(3) $\Gamma(\alpha)\Gamma(1-\alpha)=\dfrac{\pi}{\sin\alpha\pi},(0<\alpha<1)$.

这个公式称为**余元公式**, 在此我们不作证明.

当 $\alpha = \dfrac{1}{2}$ 时, 由余元公式可得

$$\Gamma\left(\frac{1}{2}\right) = \sqrt{\pi}.$$

(4) Γ 函数的另一种形式 $\Gamma(\alpha) = 2\displaystyle\int_0^{+\infty} t^{2\alpha-1}\mathrm{e}^{-t^2}\mathrm{d}t$.

在 $\Gamma(\alpha) = \displaystyle\int_0^{+\infty} x^{\alpha-1}\mathrm{e}^{-x}\mathrm{d}x$ 中, 令 $x = t^2\ (t > 0)$, 可得 $\Gamma(\alpha) = 2\displaystyle\int_0^{+\infty} t^{2\alpha-1}\mathrm{e}^{-t^2}\mathrm{d}t$, 再令 $2\alpha - 1 = u$ 或 $\alpha = \dfrac{1+u}{2}$, 则有

$$\int_0^{+\infty} t^u \mathrm{e}^{-t^2}\mathrm{d}t = \frac{1}{2}\Gamma\left(\frac{1+u}{2}\right)\ (u > -1).$$

若在 $\Gamma(\alpha) = 2\displaystyle\int_0^{+\infty} t^{2\alpha-1}\mathrm{e}^{-t^2}\mathrm{d}t$ 中, 令 $\alpha = \dfrac{1}{2}$, 则得 $\Gamma\left(\dfrac{1}{2}\right) = 2\displaystyle\int_0^{+\infty}\mathrm{e}^{-t^2}\mathrm{d}t = \sqrt{\pi}$. 从而

$$\int_0^{+\infty} \mathrm{e}^{-x^2}\mathrm{d}x = \frac{\sqrt{\pi}}{2}.$$

上式左端的积分是概率论中常用的积分.

习　题　5-6

用 Γ 函数表示下列积分, 并指出这些积分的收敛范围.

(1) $\displaystyle\int_0^{+\infty} \mathrm{e}^{-x^n}\mathrm{d}x\,(n > 0)$;　　　　　　　　(2) $\displaystyle\int_0^{+\infty}\left(\ln\frac{1}{x}\right)^p\mathrm{d}x$.

第七节　定积分的应用

一、微元法

在利用定积分解决实际问题时, 一般总可按 "分割、近似求和、取极限" 三个步骤把所求量表示为定积分形式, 即采用**微元法**. 为了说明这种方法, 我们先回顾一下用定积分求解曲边梯形面积问题的方法和步骤.

设 $f(x)$ 在区间 $[a, b]$ 上连续, 且 $f(x) \geqslant 0$, 求以曲线 $y = f(x)$ 为曲边的 $[a, b]$ 上的曲边梯形的面积 A. 把这个面积 A 表示为定积分 $\displaystyle\int_a^b f(x)\mathrm{d}x$ 的具体步骤是:

第一步: 分割　将 $[a, b]$ 分成 n 个小区间, 相应地把曲边梯形分成 n 个小曲边梯形, 其面积记作 $\Delta A_i(i = 1, 2, \cdots, n)$;

第二步: 取近似　计算每个小区间上面积 ΔA_i 的近似值

$$\Delta A_i \approx f(\xi_i)\Delta x_i \quad (x_{i-1} \leqslant \xi_i \leqslant x_n);$$

第三步: 求和　计算面积 A 的近似值

$$A \approx \sum_{i=1}^n f(\xi_i)\Delta x_i;$$

第四步: 取极限　面积 A 的精确值

$$A = \lim_{\lambda \to 0} \sum_{i=1}^{n} f(\xi_i)\Delta x_i = \int_a^b f(x)\mathrm{d}x.$$

由以上分析可见, 定积分能解决的实际问题有如下特征:

(1) 所求量 (即面积 A) 与区间 $[a,b]$ 有关, 如果把区间 $[a,b]$ 分成许多部分区间, 则所求量相应地分成许多部分量 (ΔA_i), 而所求量等于所有部分量之和, $\left(\text{如 } A = \sum_{i=1}^{n} \Delta A_i\right)$, 这一性质称为所求量对于区间 $[a,b]$ 具有可加性.

(2) 计算部分量 ΔA_i 时, 以 $f(\xi_i)\Delta x_i$ 近似表示 ΔA_i, 其误差仅是一个比 Δx_i 高阶的无穷小量, 即 $f(\xi_i)\Delta x_i$ 本质上是 ΔA_i 的微分 $(\Delta x_i \to 0)$, 因此和式 $\sum_{i=1}^{n} f(\xi_i)\Delta x_i$ 的极限才是 A 的精确值.

一般地, 如果某一实际问题中所求量 U 符合下列条件:

(1) U 是与一个变量 x 的变化区间 $[a,b]$ 有关的量;

(2) 总量 U 对于区间 $[a,b]$ 上每个小区间上相应的部分量 ΔU_i 具有可加性, 即 $U = \sum_{i=1}^{n} \Delta U_i$;

(3) 对每个部分量 ΔU_i, 有近似式 $f(\xi_i)\Delta x_i(\Delta x \to 0$ 时, $f(\xi_i)\Delta x_i$ 是 ΔU_i 的线性主部).

那么就可以考虑用定积分来表达这个量 U. 一般步骤如下:

第一步:　据问题选取一个变量例如 x, 并确定其变化区间 $[a,b]$;

第二步:　取一微元区间 $[x, x+\mathrm{d}x]$, 并求出相应于这个小区间的部分量 ΔU 的近似值, 如果 ΔU 能近似地表示为 $f(x)$ 在 $[x, x+\mathrm{d}x]$ 左端点 x 处的值与 $\mathrm{d}x$ 的乘积 $f(x)\mathrm{d}x$, 就把 $f(x)\mathrm{d}x$ 称为所求量 U 的微元, 记作 $\mathrm{d}U$, 即 $\mathrm{d}U = f(x)\mathrm{d}x$;

第三步:　以所求量 U 的微元 $\mathrm{d}U = f(x)\mathrm{d}x$ 为被积表达式, 在 $[a,b]$ 上作定积分, 得

$$U = \int_a^b f(x)\mathrm{d}x,$$

这就是所求量 U 的积分表达式.

这个方法称为微元法 (或元素法). 该方法在几何学、物理学、经济学、社会学等领域有着广泛的应用.

二、 定积分在几何上的应用

1. 直角坐标系下的面积计算

本节我们介绍利用定积分计算平面图形的面积, 主要讨论两种情形: 直角坐标系和极坐标系下的面积计算. 先看直角坐标系的情形: 设平面图形由连续曲线 $y = f(x)$ 与直线 $x = a$, $x = b$　$(a < b)$ 以及 x 轴所围成, 由定积分的几何意义, 我们知道此平面图形的面积为

$$A = \int_a^b |y|\mathrm{d}x = \int_a^b |f(x)|\,\mathrm{d}x.$$

一般地, 由两条连续曲线 $y = f(x)$、$y = g(x)$ 与直线 $x = a$, $x = b\,(a < b)$ 所围平面图形 (图 5-7-1) 的面积为

$$A = \int_a^b |f(x) - g(x)|\,\mathrm{d}x. \tag{5-7-1}$$

利用微元法推导公式 (5-7-1) 如下:

取 x 为积分变量, 其变化区间为 $[a, b]$, 对 $[a, b]$ 上的微元区间 $[x, x + \mathrm{d}x]$, 相应区间 $[x, x + \mathrm{d}x]$ 上的窄条面积近似于高为 $|f(x) - g(x)|$、底为 $\mathrm{d}x$ 的矩形面积, 从而得到面积微元

$$\mathrm{d}A = |f(x) - g(x)|\,\mathrm{d}x,$$

以面积微元为被积表达式, 在 $[a, b]$ 上作定积分得所求面积

$$A = \int_a^b |f(x) - g(x)|\,\mathrm{d}x.$$

同理, 如果平面图形是由连续曲线 $x = \varphi(y)$, $x = \psi(y)$ 和直线 $y = c, y = d\,(c < d)$ 围成 (图 5-7-2), 那么这平面图形的面积为

$$A = \int_c^d |\varphi(y) - \psi(y)|\,\mathrm{d}y. \tag{5-7-2}$$

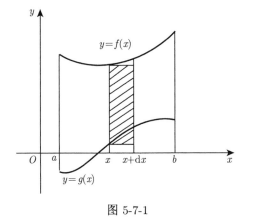

图 5-7-1

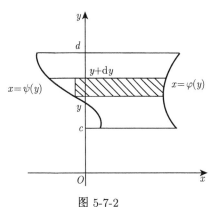

图 5-7-2

例 1　求在区间 $\left[\dfrac{1}{2}, 2\right]$ 上连续曲线 $y = \ln x$, x 轴及二直线 $x = \dfrac{1}{2}$ 与 $x = 2$ 所围成平面区域 (如图 5-7-3) 的面积.

解　已知在 $\left[\dfrac{1}{2}, 1\right]$ 上, $\ln x \leqslant 0$, 在 $[1, 2]$ 上, $\ln x \geqslant 0$, 则此区域的面积

$$A = \int_{\frac{1}{2}}^2 |\ln x|\,\mathrm{d}x = -\int_{\frac{1}{2}}^1 \ln x\,\mathrm{d}x + \int_1^2 \ln x\,\mathrm{d}x = -[x\ln x - x]_{\frac{1}{2}}^1 + [x\ln x - x]_1^2 = \frac{3}{2}\ln 2 - \frac{1}{2}.$$

例 2　求抛物线 $y^2 = 2x$ 与直线 $y = x - 4$ 围成的图形 (如图 5-7-4) 的面积.

解 解方程组

$$\begin{cases} y^2 = 2x, \\ y = x - 4 \end{cases}$$

得两曲线的交点 $(2, -2), (8, 4)$, 取 y 为积分变量, 应用公式 (5-7-2) 得

$$A = \int_{-2}^{4} (y + 4 - \frac{1}{2}y^2)\mathrm{d}y = \left[\frac{y^2}{2} + 4y - \frac{y^3}{6} \right]_{-2}^{4} = 18.$$

另外若选 x 作积分变量, 则必须过点 $(2, -2)$ 作直线 $x = 2$ 将图形分成两部分, 分别应用公式 (5-7-1), 可得

$$A = \int_{0}^{2} \left[\sqrt{2x} - \left(-\sqrt{2x}\right) \right]\mathrm{d}x + \int_{2}^{8} \left[\sqrt{2x} - (x - 4) \right]\mathrm{d}x = \frac{16}{3} + \frac{38}{3} = 18.$$

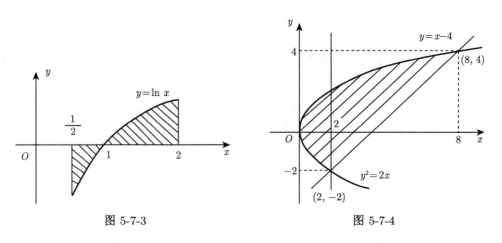

图 5-7-3   图 5-7-4

显然这样的计算量比较大, 因此要注意积分变量的恰当选择. 一般积分变量的选择要尽量使图形不分块, 或分块较少.

当曲线由参数方程表示:

$$x = x(t), \quad y = y(t), \quad \alpha \leqslant t \leqslant \beta,$$

且 $x(t), y(t)$ 在 $[\alpha, \beta]$ 上有连续的导函数, 可利用定积分的换元法将参数方程表达式代入积分表达式, 并转化为新的积分限, 即选变量参数为积分变量.

例 3 求椭圆 $\dfrac{x^2}{a^2} + \dfrac{y^2}{b^2} = 1$ 所围平面图形的面积.

解 由对称性可知 $A = 4\displaystyle\int_{0}^{a} y\mathrm{d}x$, 将椭圆的参数方程 $\begin{cases} x = a\cos t, \\ y = b\sin t \end{cases}$ 代入积分, 得

$$A = 4\int_{\frac{\pi}{2}}^{0} b\sin t \,\mathrm{d}(a\cos t) = 4ab\int_{0}^{\frac{\pi}{2}} \sin^2 t \,\mathrm{d}t$$

$$= 2ab\int_{0}^{\frac{\pi}{2}} (1 - \cos 2t)\mathrm{d}t = 2ab\left[t - \frac{1}{2}\sin 2t \right]_{0}^{\frac{\pi}{2}} = \pi ab.$$

2. 极坐标系下的面积计算

有些曲线方程在直角坐标系下极为复杂, 而化为极坐标系下却很简单. 这时, 我们就需要在极坐标系下将面积转化为定积分.

设曲线的极坐标方程是:

$$\rho = \rho(\theta), \quad \alpha \leqslant \theta \leqslant \beta,$$

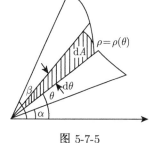

图 5-7-5

其中 $\rho(\theta)$ 在 $[\alpha, \beta]$ 上连续. 求曲线 $\rho = \rho(\theta)$ 及两射线 $\theta = \alpha, \theta = \beta$ 围成的区域 (简称曲边扇形)(图 5-7-5) 的面积.

现用微元法计算它的面积. 取 θ 为积分变量, 它的变化范围为 $[\alpha, \beta]$, 相应于任意区间 $[\theta, \theta + \mathrm{d}\theta] \subset [\alpha, \beta]$ 的窄曲边扇形的面积, 可以用半径为 $\rho(\theta)$, 中心角为 $\mathrm{d}\theta$ 的圆扇形面积来近似代替, 得到面积微元

$$\mathrm{d}A = \frac{1}{2} [\rho(\theta)]^2 \, \mathrm{d}\theta,$$

从而所求面积

$$A = \frac{1}{2} \int_\alpha^\beta [\rho(\theta)]^2 \mathrm{d}\theta. \tag{5-7-3}$$

例 4　计算阿基米德螺线 $\rho = a\theta(a > 0)$ 上相应于 θ 从 0 到 2π 的一段弧与极轴围成的图形面积 (图 5-7-6).

解　取 θ 作积分变量, 它的变化区间为 $[0, 2\pi]$, 由公式 (5-7-3) 得

$$A = \frac{1}{2} \int_0^{2\pi} (a\theta)^2 \mathrm{d}\theta = \frac{a^2}{2} \left[\frac{\theta^3}{3} \right]_0^{2\pi} = \frac{4}{3} a^2 \pi^3.$$

例 5　求双纽线 $\rho^2 = a^2 \cos 2\theta(a > 0)$ 围成区域 (图 5-7-7) 的面积.

解　双纽线关于两个坐标轴对称, 双纽线围成区域的面积是第一象限那部分区域面积的 4 倍. 双纽线

$$\rho = a\sqrt{\cos 2\theta}$$

在第一象限中, θ 的变化范围是由 0 到 $\frac{\pi}{4}$. 于是双纽线围成区域的面积

$$A = 4 \int_0^{\frac{\pi}{4}} \frac{1}{2} \rho^2 \mathrm{d}\theta = 2 \int_0^{\frac{\pi}{4}} a^2 \cos 2\theta \mathrm{d}\theta = a^2 [\sin 2\theta]_0^{\frac{\pi}{4}} = a^2.$$

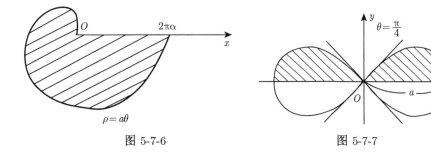

图 5-7-6　　　　　　　　　　　　　　　　图 5-7-7

3. 旋转体的体积

设一旋转体是由连续曲线 $y = f(x)$, 直线 $x = a, x = b$ 及 x 轴围成的曲边梯形绕 x 轴旋转一周而成, 如图 5-7-8 所示. 下面计算它的体积.

取横坐标 x 为积分变量, 积分区间为 $[a, b]$, 在 $[a, b]$ 内任意取点 x, 用过点 x 且垂直于旋转轴的平面截旋转体, 所得的截面是半径为 $|f(x)|$ 的圆盘, 则截面面积为 $A(x) = \pi [f(x)]^2$, 于是旋转体的体积

$$V = \pi \int_a^b [f(x)]^2 \mathrm{d}x \tag{5-7-4}$$

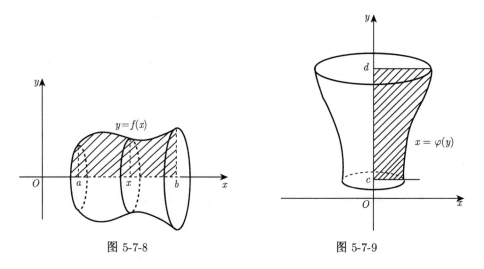

图 5-7-8　　　　　　　　　　　　　　　　图 5-7-9

同理, 由连续曲线 $x = \varphi(y)$ 与直线 $y = c, y = d$ 及 y 轴围成的曲边梯形绕 y 轴旋转而成的旋转体的体积 (图 5-7-9)

$$V = \pi \int_c^d [\varphi(y)]^2 \mathrm{d}y. \tag{5-7-5}$$

若平面图形是由连续曲线 $y = f_1(x)$, $y = f_2(x)$(不妨设 $0 \leqslant f_1(x) \leqslant f_2(x)$) 及 $x = a, x = b(a < b)$ 所围成的平面图形, 则该图形绕 x 轴旋转一周所形成的立体体积

$$V = \pi \int_a^b [f_2^2(x) - f_1^2(x)] \mathrm{d}x. \tag{5-7-6}$$

同理, 由连续曲线 $x = g_1(y), x = g_2(y)$(不妨设 $0 \leqslant g_1(y) \leqslant g_2(y)$) 及直线 $y = c, y = d(c < d)$ 所围成的图形绕 y 轴旋转一周而生成的旋转体的体积

$$V = \pi \int_c^d [g_2^2(y) - g_1^2(y)] \mathrm{d}y. \tag{5-7-7}$$

例 6　将抛物线 $y = x^2, x$ 轴及直线 $x = 0, x = 2$ 所围成的平面图形绕 x 轴旋转, 求所形成的旋转体的体积.

解　根据公式 (5-7-4) 得

$$V = \pi \int_0^2 y^2 \mathrm{d}x = \pi \int_0^2 x^4 \mathrm{d}x = \frac{32}{5}\pi.$$

例 7 求圆 $x^2 + (y-b)^2 = a^2(0 < a < b)$ 绕 x 轴旋转所形成的立体体积 (如图 5-7-10).

解 由图 5-7-10 知, 该立体是由 $y_1 = b + \sqrt{a^2 - x^2}$, $y_2 = b - \sqrt{a^2 - x^2}$ 以及 $x = a, x = -a$ 围成的平面图形绕 x 轴旋转所生成的立体. 故

$$
\begin{aligned}
V &= \pi \int_{-a}^{a} [(b + \sqrt{a^2 - x^2})^2 - (b - \sqrt{a^2 - x^2})^2] \mathrm{d}x \\
&= \pi \int_{-a}^{a} 4b\sqrt{a^2 - x^2} \mathrm{d}x \\
&= 4b\pi \left[\frac{a^2}{2} \arcsin \frac{x}{a} + \frac{x}{2}\sqrt{a^2 - x^2} \right]_{-a}^{a} = 2\pi^2 a^2 b.
\end{aligned}
$$

4. 平行截面面积为已知的立体的体积

设有一立体 (图 5-7-11), 在分别过点 $x = a$、$x = b$ 且垂直于 x 轴的两平面之间, 它被垂直于 x 轴的平面所截的截面面积为已知的连续函数 $A(x)$.

取 x 为积分变量, 积分区间为 $[a, b]$, 对 $[a, b]$ 的任意区间 $[x, x + \mathrm{d}x]$, 相应薄片的体积近似于底面积为 $A(x)$、高为 $\mathrm{d}x$ 的柱体体积, 即体积微元

$$
\mathrm{d}V = A(x)\mathrm{d}x,
$$

从而, 所求立体的体积

$$
V = \int_a^b A(x)\mathrm{d}x. \tag{5-7-8}
$$

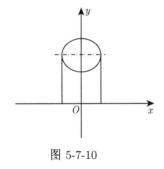

图 5-7-10

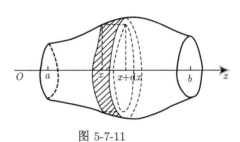

图 5-7-11

例 8 一平面经过半径为 R 的圆柱体的底圆中心, 并与底面成角 α, 计算这平面截圆柱体所得立体的体积.

解 如图 5-7-12, 取圆柱底面圆直径所在的直线为 x 轴, 底面中心为原点, 垂直于 x 轴的各个截面都是直角三角形, 它的一个锐角为 α, 它的两条直角边的边长分别为 $\sqrt{R^2 - x^2}$ 及 $\sqrt{R^2 - x^2}\tan\alpha$, 于是截面面积为

$$
A(x) = \frac{1}{2}(R^2 - x^2)\tan\alpha,
$$

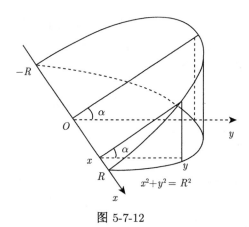

图 5-7-12

据公式 (5-7-8) 得

$$V = \int_{-R}^{R} \frac{1}{2}(R^2 - x^2)\tan\alpha\,\mathrm{d}x = \frac{1}{2}\tan\alpha\left[R^2 x - \frac{x^3}{3}\right]_{-R}^{R} = \frac{2}{3}R^3\tan\alpha.$$

5. 平面曲线的弧长

设光滑曲线 L 的参数方程为 $\begin{cases} x = \varphi(t), \\ y = \psi(t), \end{cases}$ $t \in [\alpha, \beta]$, 其中 $\varphi(t), \psi(t)$ 都是连续可导函数, 当参数 t 从 t 变化到 $t + \mathrm{d}t$ 时, 对应两点的小弧段长 Δs 近似等于对应的弦的长度 $\sqrt{(\Delta x)^2 + (\Delta y)^2}$, 此时弧长微元为

$$\mathrm{d}s = \sqrt{(\varphi'(t))^2 + (\psi'(t))^2}\,\mathrm{d}t,$$

所以所求弧长为

$$s = \int_{\alpha}^{\beta} \sqrt{(\varphi'(t))^2 + (\psi'(t))^2}\,\mathrm{d}t. \tag{5-7-9}$$

如果曲线是由直角坐标方程 $y = f(x)(a \leqslant x \leqslant b)$ 给出, 其中 $f(x)$ 在 $[a,b]$ 上具有一阶连续导数, 这时曲线有参数方程

$$\begin{cases} x = x, \\ y = f(x), \end{cases} (a \leqslant x \leqslant b),$$

从而所求弧长为

$$s = \int_{a}^{b} \sqrt{1 + y'^2(x)}\,\mathrm{d}x. \tag{5-7-10}$$

如果曲线由极坐标方程 $\rho = \rho(\theta)(\alpha \leqslant \theta \leqslant \beta)$ 给出, 由直角坐标与极坐标的关系:

$$x = \rho(\theta)\cos\theta, \quad y = \rho(\theta)\sin\theta,$$

易求得弧长微元为

$$\mathrm{d}s = \sqrt{(x'(\theta))^2 + (y'(\theta))^2}\,\mathrm{d}\theta = \sqrt{\rho^2(\theta) + (\rho'(\theta))^2}\,\mathrm{d}\theta.$$

从而所求弧长为

$$s = \int_\alpha^\beta \sqrt{\rho^2(\theta) + (\rho'(\theta))^2} \mathrm{d}\theta. \tag{5-7-11}$$

例 9　计算星形线 $\begin{cases} x = a\cos^3 t, \\ y = a\sin^3 t, \end{cases}$ $(a > 0, 0 \leqslant t \leqslant 2\pi)$(图 5-7-13) 的全长.

解　设 $\left[0, \dfrac{\pi}{2}\right]$ 内的弧长为 s_1, 则由曲线的对称性可知星形线的全长为 $4s_1$. 由公式 (5-7-9) 得

$$\begin{aligned} s = 4s_1 &= 4\int_0^{\frac{\pi}{2}} \sqrt{(x')^2 + (y')^2} \mathrm{d}t \\ &= 4\int_0^{\frac{\pi}{2}} \sqrt{9a^2 \sin^2 t \cos^4 t + 9a^2 \sin^4 t \cos^2 t} \mathrm{d}t \\ &= 12a \int_0^{\frac{\pi}{2}} \sin t \cos t \mathrm{d}t = 6a \left[\sin^2 t\right]_0^{\frac{\pi}{2}} = 6a. \end{aligned}$$

例 10　求阿基米德螺线 $\rho = a\theta(a > 0)$ 相应于 θ 从 0 到 2π 一段的弧长 (图 5-7-14).

解　弧长微元为 $\mathrm{d}s = \sqrt{a^2\theta^2 + a^2} \mathrm{d}\theta = a\sqrt{1 + \theta^2} \mathrm{d}\theta$, 所求弧长为

$$\begin{aligned} s &= a \int_0^{2\pi} \sqrt{1 + \theta^2} \mathrm{d}\theta \\ &= \frac{a}{2} \left[2\pi\sqrt{1 + 4\pi^2} + \ln(2\pi + \sqrt{1 + 4\pi^2})\right]. \end{aligned}$$

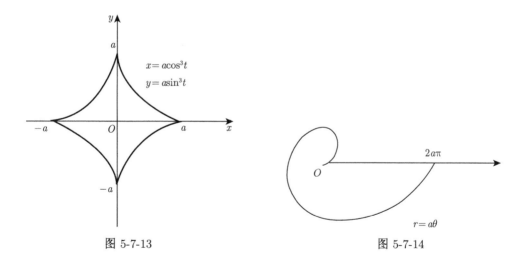

图 5-7-13　　　　　　　　　　　　　　　图 5-7-14

6. 旋转曲面的面积

设光滑曲线 L 的参数方程为 $\begin{cases} x = \varphi(t), \\ y = \psi(t), \end{cases}$ $(\alpha \leqslant t \leqslant \beta)$, 其中 $x = \varphi(t), y = \psi(t)$ 都是连续可导的函数, 当曲线 L 绕 x 轴旋转一周时所得曲面为旋转曲面. 下面我们来计算该旋转曲面的面积.

由于区间 $[t, t+dt]$ 上对应于曲线 L 上的弧长微元为

$$ds = \sqrt{(dx)^2 + (dy)^2} = \sqrt{(\varphi'(t))^2 + (\psi'(t))^2}dt,$$

该弧长微分绕 x 轴旋转一周得到对于旋转曲面带的面积元素为

$$dA = 2\pi |\psi(t)| \sqrt{(\varphi'(t))^2 + (\psi'(t))^2}dt,$$

于是曲线 L 绕 x 轴旋转一周的旋转曲面面积为

$$A = 2\pi \int_\alpha^\beta |\psi(t)| \sqrt{(\varphi'(t))^2 + (\psi'(t))^2}dt, \tag{5-7-12}$$

如果曲线 L 是由直角坐标方程 $y = f(x)(a \leqslant x \leqslant b)$ 给出, 其中 $f(x)$ 在 $[a, b]$ 上具有一阶连续导数, 则曲线 L 绕 x 轴旋转一周的旋转曲面面积为

$$A = 2\pi \int_a^b |f(x)| \sqrt{1 + (f'(x))^2}dx. \tag{5-7-13}$$

如果曲线 L 由极坐标方程 $\rho = \rho(\theta)(\alpha \leqslant \theta \leqslant \beta)$ 给出, 由直角坐标与极坐标的关系:

$$x = \rho(\theta)\cos\theta, \quad y = \rho(\theta)\sin\theta,$$

则曲线 L 绕 x 轴旋转一周的旋转曲面面积为

$$A = 2\pi \int_\alpha^\beta |\rho(\theta)\sin\theta| \sqrt{\rho^2(\theta) + (\rho'(\theta))^2}d\theta. \tag{5-7-14}$$

例 11　求星形线 $\begin{cases} x = a\cos^3 t, \\ y = a\sin^3 t, \end{cases}$ $(a > 0, 0 \leqslant \theta \leqslant 2\pi)$ 绕 x 轴旋转一周的旋转曲面面积.

解　由曲线的对称性可知: 星形线绕 x 轴旋转一周的旋转曲面面积为第一象限对应曲线绕 x 轴旋转一周的旋转曲面面积的二倍. 由公式 (5-7-12) 得

$$\begin{aligned} A &= 2 \times 2\pi \int_0^{\frac{\pi}{2}} |y(t)| \sqrt{(x'(t))^2 + (y'(t))^2}dt \\ &= 4\pi a \int_0^{\frac{\pi}{2}} \sin^3 t \sqrt{9a^2\sin^2 t\cos^4 t + 9a^2\sin^4 t\cos^2 t}dt \\ &= 12\pi a^2 \int_0^{\frac{\pi}{2}} \sin^4 t\cos t \, dt = \frac{12}{5}\pi a^2 \left[\sin^5 t\right]_0^{\frac{\pi}{2}} = \frac{12}{5}\pi a^2. \end{aligned}$$

三、 定积分在物理上的应用

定积分在物理上的应用极其广泛, 下面我们通过几个物理量的计算展示定积分及微元法在物理上的应用.

1. 变力做功

例 12　在 r 轴的原点处放置一个带 $+q$ 电量的点电荷, 它产生一个电场, 现将一个单位正电荷在此电场中从 $r = a$ 沿 r 轴移动到 $r = b(a < b)$ 处, 计算电场力 F 所做的功.

解　取 r 为积分变量, 其变化范围为 $[a,b]$. 任取 $[a,b]$ 上的一点 r, 由库仑力和功的计算公式知, 区间 $[r, r + dr]$ 上的电场力所做的功 W 的微元为

$$dW = \frac{kq}{r^2}dr$$

其中 k 为静电力常量. 于是单位正电荷从 $r = a$ 沿 r 轴移动到 $r = b$ 的过程中, 电场力所做的功为

$$W = \int_a^b \frac{kq}{r^2}dr = \left[kq \left(-\frac{1}{r} \right) \right]_{r=a}^{r=b} = kq \left(\frac{1}{a} - \frac{1}{b} \right).$$

例 13　设空气压缩机的活塞面积是 A, 在等温的压缩过程中, 活塞由 x_1 处 (此时气体体积 $V_1 = Ax_1$) 压缩到 x_2($x_2 < x_1$ 此时气体体积 $V_2 = Ax_2$), 求空压机在这段压缩过程中消耗的功.

解　取 x 为积分变量, 变化范围是 $[x_2, x_1]$, 已知单位面积上的压强 p 与体积 V 成反比, 即 $p = \dfrac{c}{V}$, 其中 c 是比例常数. 任取 $x \in [a, b]$, 气体体积 $V = Ax$, 活塞面上的总压力为

$$F(x) = A \cdot \frac{c}{Ax} = \frac{c}{x}.$$

于是, 活塞从 x 移动到 $x + dx$ 的过程中空压机消耗的功 W 的微元为

$$dW = -\frac{c}{x}dx,$$

式中符号表示活塞运动的方向与 x 轴相反. 因此活塞在整个压缩过程中消耗的功

$$W = \int_{x_1}^{x_2} dW = -c \int_{x_1}^{x_2} \frac{dx}{x} = c \ln \frac{x_1}{x_2}.$$

2. 液体压力

由物理学的知识, 面积为 S 的薄板水平放置深度为 h 的地方, 薄板在各点处的压强都是 $P = \rho g h$, 这里 ρ 是水的密度. 那么薄板所受的压力可以表示为 $F = \rho g h S$. 但是如果薄板各处的压强随着水深变化时, 上面的计算就无法进行了. 这时薄板所受的压力的计算就需要应用定积分了.

例 14　一个横放着的圆柱形水桶, 桶内盛有半桶水, 设桶的半径为 R, 水的比重为 γ, 计算桶的一个端面上所受的压力.

解　建立如图 5-7-15 所示的直角坐标系, 取水深 x 为积分变量, 当 dx 很小时, 桶的端面深度 x 到 $x + dx$ 处的压强近似为 $p(x) = \gamma x$. 深度 x 到 $x + dx$ 桶的端面面积为

$$dS = 2\sqrt{R^2 - x^2}dx,$$

于是压力 F 的微元为

$$dF = 2\gamma x \sqrt{R^2 - x^2}dx.$$

对 x 从 0 到 R 积分, 得

$$F = \int_0^R 2\gamma x \sqrt{R^2 - x^2}\,\mathrm{d}x = -\gamma \int_0^R (R^2 - x^2)^{\frac{1}{2}}\,\mathrm{d}(R^2 - x^2)$$

$$= -\gamma \left[\frac{2}{3}(R^2 - x^2)^{\frac{3}{2}}\right]_0^R = \frac{2}{3}\gamma R^3.$$

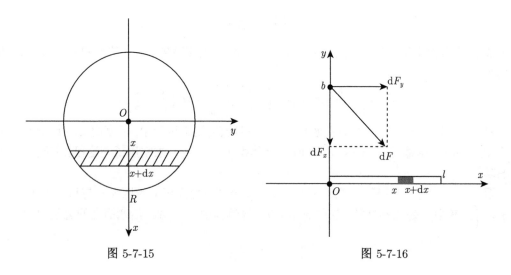

图 5-7-15　　　　　　　　　　　　　　　图 5-7-16

3. 引力

例 15　设均匀细杆的长度为 l, 在杆的左端垂线上距杆左端为 b 处有一质量为 m 的质点, 求杆对这个质点的引力.

解　以杆左端为原点, 杆为 x 轴建立坐标系, 如图 5-7-16. 在杆上取 x 到 $x + \mathrm{d}x$ 的微小一段, 计算这一小段杆对质点的引力大小为

$$|\mathrm{d}F| = k\frac{\mu m}{b^2 + x^2}\mathrm{d}x,$$

其中 μ 为细杆的线密度. 于是引力微元 $\mathrm{d}F$ 在 x 轴和 y 轴上的分解 $\mathrm{d}F_x$, $\mathrm{d}F_y$ 分别为

$$\mathrm{d}F_x = k\frac{\mu m}{b^2 + x^2}\frac{x}{\sqrt{b^2 + x^2}}\mathrm{d}x = k\mu m \frac{x}{(b^2 + x^2)^{\frac{3}{2}}}\mathrm{d}x,$$

$$\mathrm{d}F_y = -k\frac{\mu m}{b^2 + x^2}\frac{b}{\sqrt{b^2 + x^2}}\mathrm{d}x = -k\mu m \frac{b}{(b^2 + x^2)^{\frac{3}{2}}}\mathrm{d}x.$$

对 x 在 0 到 l 积分, 得

$$F_x = k\mu m \int_0^l \frac{x}{(b^2 + x^2)^{\frac{3}{2}}}\mathrm{d}x = k\mu m \left(\frac{1}{b} - \frac{1}{\sqrt{b^2 + l^2}}\right),$$

$$F_y = -k\mu m \int_0^l \frac{b}{(b^2 + x^2)^{\frac{3}{2}}}\mathrm{d}x = -k\mu m \frac{l}{b\sqrt{b^2 + l^2}}.$$

从而所求的引力 F 为

$$F = (F_x, F_y) = \left(k\mu m \left(\frac{1}{b} - \frac{1}{\sqrt{b^2 + l^2}} \right), -k\mu m \frac{l}{\sqrt{b^2 + l^2}} \right).$$

应当指出, 如果所求的物理量是向量形式时, 一般需要将物理量分解为坐标方向的分量来求. 如本题中的引力, 我们将所求引力在水平方向和垂直方向上分解来求相应的微元, 然后积分得引力在这两个方向上的分力合成为所求的值, 而不是直接对引力微元积分. 这是由于向量值的累加 (数学上表现为积分) 需要顾及向量的方向, 应当遵循平行四边形法则, 这与数量的累加不同.

从上面几个例子可以看出, 在应用定积分计算物理量时, 关键是选择适当的积分变量, 在一个微元区间上计算物理量的微元, 然后积分即可. 在计算物理量的微元时, 必要的物理知识是不可缺少的.

习 题 5-7

1. 求由下列各曲线所围成的图形的面积.

(1) 曲线 $y = \dfrac{1}{x}$ 与直线 $y = x$ 及 $x = 2$;　　　　(2) 曲线 $y = e^x, y = e^{-x}$ 与直线 $x = 1$.

2. 求抛物线 $y^2 = 2px$ 及其在点 $\left(\dfrac{p}{2}, p \right)$ 处的法线所围成的图形面积.

3. 求星形线 $\begin{cases} x = a\cos^3 t, \\ y = a\sin^3 t \end{cases}$ 所围成的图形的面积 $(a > 0)$.

4. 求心形线 $\rho = a(1 + \cos\theta)(a > 0)$ 所围成的图形的面积.

5. 如下图所示, 求摆线 $\begin{cases} x = a(t - \sin t), \\ y = a(1 - \cos t), \end{cases}$ $(a > 0)$ 的一拱与 x 轴围成的图形的面积.

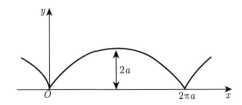

6. 求圆 $\rho = \sqrt{2}\sin\theta$ 与双纽线 $\rho^2 = \cos 2\theta$ 所围图形的公共部分的面积.

7. 求由曲线 $y = x^3$ 及直线 $x = 2, y = 0$ 所围成的平面图形分别绕 x 轴及 y 轴旋转所得旋转体的体积.

8. 求摆线 $\begin{cases} x = a(t - \sin t), \\ y = a(1 - \cos t), \end{cases}$ $(a > 0, 0 \leqslant t \leqslant 2\pi)$ 与 $y = 0$ 所围图形分别绕 x 轴、y 轴旋转所得旋转体的体积.

9. 求下列曲线的弧长.

(1) $y = \dfrac{\sqrt{x}}{3}(3 - x), 1 \leqslant x \leqslant 3$;　　　　(2) $y = \displaystyle\int_0^x \sqrt{\sin t}\, \mathrm{d}t, 0 \leqslant x \leqslant \pi$;

(3) $\begin{cases} x = \arctan t, \\ y = \dfrac{1}{2}\ln(1 + t^2), \end{cases}$ $0 \leqslant t \leqslant 1$.

10. 求摆线 $\begin{cases} x = a(t - \sin t), \\ y = a(1 - \cos t), \end{cases}$ $(a > 0)$ 的 $(0 \leqslant \theta \leqslant 2\pi)$ 一拱的长度.

11. 求心形线 $\rho = a(1 + \cos\theta)(a > 0)$ 的全长.

12. 求星形线 $\begin{cases} x = a\cos^3 t, \\ y = a\sin^3 t \end{cases}$ 绕 y 轴旋转一周的旋转曲面面积.

13. 一锥形水池, 池口直径 20 米, 深 15 米, 池中盛满了水. 求将全部池水抽到池口外所作的功.

14. 一正方形薄板垂直地沉没于水中, 正方形的一个顶点位于水面, 而一对角线平行于水面, 设正方形的边长为 a, 求薄板每侧所受的压力.

15. 洒水车上的水箱是一个横放的椭柱体, 已知端面椭圆的长轴处于水平位置, 长轴为 2 米, 短轴为 1.5 米, 当水箱装满水时, 求水箱一个端面所受的水压力.

16. 设有一半径为 R, 中心角为 φ 的圆弧形细棒, 其线密度为常数 μ, 在圆心处有一质量为 m 的质点 M, 求这细棒对质点 M 的引力.

总复习题五

1. 填空题

(1) $\displaystyle\int_{-1}^{1} (x + \sqrt{1 - x^2})^2 \mathrm{d}x = $ _____.

(2) $\displaystyle\int_{0}^{2} \sqrt{x^2 - 2x + 1}\,\mathrm{d}x = $ _____.

(3) $\displaystyle\int_{0}^{2} x\sqrt{2x - x^2}\,\mathrm{d}x = $ _____.

(4) 已知 $\displaystyle\int_{0}^{x} \ln t\,\mathrm{d}t = x\ln(\theta x)$, 则 $\theta = $ _____.

(5) $\displaystyle\int_{0}^{+\infty} te^{-t}\mathrm{d}t = $ _____.

(6) 曲线 $y = \displaystyle\int_{0}^{x} \tan t\,\mathrm{d}t, \left(0 < x < \dfrac{\pi}{4}\right)$ 的弧长 $s = $ _____.

(7) 曲线 $y = \sqrt{x^2 - 1}$, 直线 $x = 2$ 及 x 轴所围成的平面图形绕 x 轴旋转所成的旋转体的体积 _____.

(8) 设 $f\left(x + \dfrac{1}{x}\right) = \dfrac{x + x^3}{1 + x^4}$, 则 $\displaystyle\int_{2}^{2\sqrt{2}} f(x)\mathrm{d}x = $ _____.

(9) 设 $f(5) = 2, \displaystyle\int_{0}^{5} f(x)\mathrm{d}x = 3$, 则 $\displaystyle\int_{0}^{5} xf'(x)\mathrm{d}x = $ _____.

(10) 已知 $\displaystyle\int_{0}^{+\infty} \dfrac{\sin x}{x}\mathrm{d}x = \dfrac{\pi}{2}$, 则 $\displaystyle\int_{0}^{+\infty} \dfrac{\sin^2 x}{x^2}\mathrm{d}x = $ _____.

2. 选择题

(1) 设定积分 $I_1 = \displaystyle\int_{1}^{e} \ln x\,\mathrm{d}x, I_2 = \displaystyle\int_{1}^{e} \ln^2 x\,\mathrm{d}x$, 则 (   ).

A. $I_2 - I_1^2 = 0$;   B. $I_2 - 2I_1 = 0$;   C. $I_2 + 2I_1 = e$;   D. $I_2 - 2I_1 = e$.

(2) 积分中值定理 $\displaystyle\int_{a}^{b} f(x)\mathrm{d}x = f(\xi)(b - a)$, 其中 (   ).

A. ξ 是 $[a, b]$ 上任一点;   B. ξ 是 $[a, b]$ 上必定存在的某一点;

C. ξ 是 $[a,b]$ 上唯一的某点;　　　　　　　　　D. ξ 是 $[a,b]$ 的中点.

(3) 若 $f(x) = \begin{cases} \mathrm{e}^x & x \geqslant 0 \\ 1 + x^2 & x < 0 \end{cases}$ 则 $\int_{-1}^{1} f(x)\mathrm{d}x = ($　　$)$.

A. $\mathrm{e} + \dfrac{4}{3}$;　　　　B. $\mathrm{e} + \dfrac{2}{3}$;　　　　C. $\mathrm{e} + \dfrac{1}{3}$;　　　　D. e.

(4) 设 $f(x)$ 连续, 则 $\dfrac{\mathrm{d}}{\mathrm{d}x}\int_0^x xf(t)\mathrm{d}t = ($　　$)$.

A. $xf(x)$; B. $xf(x) + \displaystyle\int_0^x f(t)\mathrm{d}t$; C. $xf(t)$; D. $\displaystyle\int_0^x f(t)\mathrm{d}t$.

(5) 设 $F(x) = \displaystyle\int_0^x \dfrac{\mathrm{d}t}{1+t^2} + \int_0^{\frac{1}{x}} \dfrac{\mathrm{d}t}{1+t^2}\ (x > 0)$, 则 $F(x) = ($　　$)$.

A. 0;　　　B. $\dfrac{\pi}{2}$;　　　　C. $\arctan x$;　　　　D. $2\arctan x$.

(6) 设 $I = \displaystyle\int_0^{\frac{\pi}{4}} \ln\sin x\,\mathrm{d}x$, $J = \displaystyle\int_0^{\frac{\pi}{4}} \ln\cot x\,\mathrm{d}x$, $K = \displaystyle\int_0^{\frac{\pi}{4}} \ln\cos x\,\mathrm{d}x$, 则 I, J, K 的大小关系是 $($　　$)$.

A. $I < J < K$; B. $I < K < J$; C. $J < I < K$; D. $K < J < I$.

(7) 曲线 $y = x(x-1)(2-x)$ 与 x 轴所围图形的面积可表示为 $($　　$)$.

A. $-\displaystyle\int_0^2 x(x-1)(2-x)\mathrm{d}x$;　　　B. $\displaystyle\int_0^1 x(x-1)(2-x)\mathrm{d}x - \int_1^2 x(x-1)(2-x)\mathrm{d}x$;

C. $-\displaystyle\int_0^1 x(x-1)(2-x)\mathrm{d}x + \int_1^2 x(x-1)(2-x)\mathrm{d}x$;　　　D. $\displaystyle\int_0^2 x(x-1)(2-x)\mathrm{d}x$.

(8) 设函数 $f(x)$ 与 $g(x)$ 在 $[a,b]$ 上连续且都大于零, 则在区间 $[a,b]$ 上由曲线 $y = f(x)$, $y = g(x)$ 所围成的平面图形绕 x 轴旋转一周所成的旋转体的体积为 $($　　$)$.

A. $\pi\displaystyle\int_a^b [f^2(x) - g^2(x)]\mathrm{d}x$;　　　B. $\pi\left|\displaystyle\int_a^b [f^2(x) - g^2(x)]\mathrm{d}x\right|$;

C. $\pi\displaystyle\int_a^b |f(x) - g(x)|^2\mathrm{d}x$;　　　D. $\pi\displaystyle\int_a^b \left|f^2(x) - g^2(x)\right|\mathrm{d}x$.

(9) 如下图所示, 曲线段方程为 $y = f(x)$, 函数 $f(x)$ 在区间 $[0,a]$ 上有连续导数, 则定积分 $\displaystyle\int_0^a xf'(x)\mathrm{d}x = $ $($　　$)$.

A. 曲边梯形 $ABCD$ 面积;　　　B. 梯形 $ABCD$ 面积;

C. 曲边三角形 ACD 面积;　　　D. 三角形 ACD 面积.

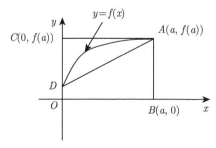

(10) 如下图所示, 连续函数 $y = f(x)$ 在区间 $[-3,-2]$, $[2,3]$ 上的图像分别是直径为 1 的上、下半圆周, 在区间 $[0,2]$, $[-2,0]$ 上图像分别是直径为 2 的上、下半圆周, 设 $F(x) = \displaystyle\int_0^x f(t)\mathrm{d}t$, 则下列结论正确的是 $($　　$)$.

A. $F(3) = -\dfrac{3}{4}F(-2)$;　　B. $F(3) = \dfrac{5}{4}F(2)$;　　C. $F(-3) = \dfrac{3}{4}F(2)$;　　D. $F(-3) = -\dfrac{5}{4}F(-2)$.

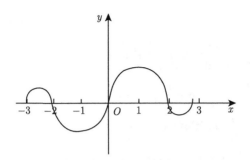

3. 计算下列极限.

(1) $\lim\limits_{x\to\infty}\dfrac{1}{x^3}\displaystyle\int_0^x \sqrt{1+t^4}\mathrm{d}t$;

(2) $\lim\limits_{x\to0}\dfrac{\displaystyle\int_0^x (x-t)f(t)\mathrm{d}t}{x^2}$, 其中 f 在 $(-\infty,+\infty)$ 上连续, 且 $f(0)=2$;

(3) $\lim\limits_{n\to\infty}\displaystyle\int_n^{n+p}\dfrac{\sin x}{x}\mathrm{d}x$.

4. 计算下列定积分.

(1) $\displaystyle\int_0^{\frac{\pi}{2}}\dfrac{x+\sin x}{1+\cos x}\mathrm{d}x$;

(2) $\displaystyle\int_0^{\frac{\pi}{4}}\ln(1+\tan x)\mathrm{d}x$

(3) $\displaystyle\int_0^{\frac{\pi}{2}}\sqrt{1-\sin 2x}\mathrm{d}x$;

(4) $\displaystyle\int_0^1 x(1-x^4)^{\frac{5}{2}}\mathrm{d}x$;

(5) $\displaystyle\int_0^{\frac{\pi}{2}}\dfrac{1}{1+\cos^2 x}\mathrm{d}x$;

(6) $\displaystyle\int_1^3\dfrac{1}{\sqrt{|x(2-x)|}}\mathrm{d}x$;

(7) $\displaystyle\int_1^{+\infty}\dfrac{1}{e^{x-1}+e^{1-x}}\mathrm{d}x$;

(8) $\displaystyle\int_0^{10\pi}\dfrac{\sin^3 x}{2\sin^2 x+\cos^4 x}\mathrm{d}x$.

5. 设 $f(x)$ 是以 2 为周期的周期函数, 且 $f(x)=\begin{cases}x, & -1\leqslant x\leqslant 0,\\ 1, & 0<x\leqslant 1,\end{cases}$　求 $\displaystyle\int_{-1}^4 f(x)\mathrm{d}x$.

6. 已知 $f(2)=\dfrac{1}{2}$, $f'(2)=0$ 及 $\displaystyle\int_0^2 f(x)\mathrm{d}x=1$, 求 $\displaystyle\int_0^1 x^2 f''(2x)\mathrm{d}x$.

7. 设 $f(x)$ 是连续函数, 且 $f(x)=x+2\displaystyle\int_0^1 f(t)\mathrm{d}t$, 求 $f(x)$.

8. 设 $f(x),g(x)$ 在 $[-a,a](a>0)$ 上连续, $g(x)$ 为偶函数, $f(x)$ 满足 $f(x)+f(-x)=A$ 其中 A 为常数,

(1) 证明: $\displaystyle\int_{-a}^a f(x)g(x)\mathrm{d}x=A\displaystyle\int_0^a g(x)\mathrm{d}x$;

(2) 利用 (1) 的结论, 计算 $\displaystyle\int_{-\frac{\pi}{2}}^{\frac{\pi}{2}}|\sin x|\arctan e^x\mathrm{d}x$.

9. 设函数 $f(x)$ 在 $[a,b]$ 上连续, 且 $f(x)>0$, 证明: 在 (a,b) 内存在一个 ξ, 使得

$$\int_a^\xi f(x)\mathrm{d}x=\int_\xi^b f(x)\mathrm{d}x=\frac{1}{2}\int_a^b f(x)\mathrm{d}x.$$

10. 设 $\varphi(x)$ 为可微函数 $y=f(x)$ 的反函数, 且 $f(1)=0$, 证明:

$$\int_0^1\left[\int_0^{f(x)}\varphi(t)\mathrm{d}t\right]\mathrm{d}x=2\int_0^1 xf(x)\mathrm{d}x.$$

11. 求证方程 $\int_0^x \sqrt{1+t^4}\mathrm{d}t + \int_{\cos x}^0 \mathrm{e}^{-t^2}\mathrm{d}t = 0$ 有且只有一个实根.

12. 设函数 $f(x)$ 连续, 且 $\int_0^x tf(2x-t)\mathrm{d}t = \frac{1}{2}\arctan x^2$. 已知 $f(1)=1$, 求 $\int_1^2 f(x)\mathrm{d}x$.

13. 设函数 $f(x)$ 在 $(-\infty, +\infty)$ 内连续, 且 $F(x) = \int_0^x (x-2t)f(t)\mathrm{d}t$, 证明:

(1) 若 $f(x)$ 为偶函数, 则 $F(x)$ 也是偶函数;

(2) 若 $f(x)$ 为非增函数, 则 $F(x)$ 为非减函数.

14. 求连续函数 $f(x)$, 使得满足 $\int_0^1 f(tx)\mathrm{d}t = f(x) + x\sin x$.

15. 设函数 $f(x)$ 在闭区间 $[0,1]$ 上可微, 且满足 $f(1) - 2\int_0^{\frac{1}{2}} xf(x)\mathrm{d}x = 0$, 求证在 $(0,1)$ 上至少存在一点 ξ, 使得 $f'(\xi) = -\dfrac{f(\xi)}{\xi}$.

16. 求由曲线 $\rho^2 = 2\cos 2\theta$ 所围成的图形在 $\rho = 1$ 内的面积.

17. 如下图所示, 设 $y = x^2$ 定义在 $[0,1]$ 上, t 为 $(0,1)$ 内的一点, 问当 t 为何值时下图中两阴影部分的面积 A_1 与 A_2 之和具有最小值.

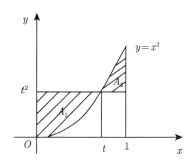

18. 在曲线 $y = x^2 (x \geqslant 0)$ 上某一点 A 处作切线, 使它与曲线及 x 轴所围图形的面积为 $\dfrac{1}{12}$. 试求:

(1) 切点 A 的坐标;

(2) 求上述平面所围图形绕 x 轴旋转一周所成旋转体的体积.

19. 由曲线 $x = a\cos t,\ y = a\sin 2t\ \left(0 \leqslant t \leqslant \dfrac{\pi}{2}, a > 0\right)$ 和 x 轴围成的平面图形绕 y 轴旋转, 求所得旋转体的体积.

20. 设 $y = ax^2 + bx + c$ 过原点, 当 $0 \leqslant x \leqslant 1$ 时, $y \geqslant 0$, 又与 x 轴及 $x = 1$ 所围图形的面积为 $\dfrac{1}{3}$, 试确定 a, b, c, 使此图形绕 x 轴旋转一周的体积最小.

第五章参考答案

习题 5-1

1. (1) $\dfrac{1}{2}$;　(2) $e-1$.

2. (1) $\dfrac{\pi}{4}$;　(2) 0.

3. $\displaystyle\int_{-1}^{1}(2-2x^2)\mathrm{d}x$.

4. (1) $\displaystyle\int_{0}^{1}x^2\geqslant\int_{0}^{1}x^3\mathrm{d}x$;　(2) $\displaystyle\int_{3}^{4}\ln^2 x\mathrm{d}x\leqslant\int_{3}^{4}\ln^3 x\mathrm{d}x$;　(3) $\displaystyle\int_{0}^{1}e^x\mathrm{d}x\geqslant\int_{0}^{1}(1+x)\mathrm{d}x$;

(4) $\displaystyle\int_{0}^{1}\ln(1+x)\mathrm{d}x\leqslant\int_{0}^{1}x\mathrm{d}x$.

5. (1) $6\leqslant I\leqslant 51$;　(2) $1\leqslant I\leqslant e$;　(3) $\dfrac{\pi}{9}\leqslant I\leqslant\dfrac{2\pi}{3}$;　(4) $-2e^2\leqslant I\leqslant -2e^{-\frac{1}{4}}$.

6. 略.

7. 略.

习题 5-2

1. (1) $\sqrt{2}$;　(2) $\sin x^2$;　(3) $\dfrac{2\cos t}{\sqrt{t}}$;　(4) $2\ln(1+4x^2)-\ln(1+x^2)$.

2. (1) 0;　(2) $\dfrac{7}{3}$.

3. (1) $\dfrac{29}{6}$;　(2) $\sqrt{2}-1$;　(3) $\dfrac{\pi}{6}$;　(4) $\dfrac{3}{2}$;　(5) $1+\dfrac{\pi}{4}$, (6) $1-\dfrac{\pi}{4}$;　(7) $\dfrac{\pi}{4}+\dfrac{1}{2}$;　(8) $\dfrac{\pi}{8}$;

(9) $\dfrac{\pi}{6}$;　(10) $\dfrac{10}{3}$;　(11) $1-\dfrac{1}{\sqrt{3}}+\dfrac{\pi}{12}$;　(12) $2\sqrt{2}$.

4. (1) $\dfrac{4}{5}$;　(2) $2(\sqrt{2}-1)$;　(3) $\dfrac{10}{3}$;　(4) $\dfrac{23}{6}$.

5. $\varPhi(x)=\begin{cases}0, & x<0,\\ \dfrac{1}{2}(1-\cos x), & 0\leqslant x\leqslant\pi,\\ 1, & x>\pi.\end{cases}$

6. 略.

7. $x=0$ 时, 取极小值 $y=0$.

8. 略.

习题 5-3

1. (1) $\dfrac{7}{72}$;　(2) $\dfrac{\pi}{2}$;　(3) $-\ln\sqrt{3}(\sqrt{2}-1)$;　(4) $\dfrac{\pi}{2}-\dfrac{4}{3}$;　(5) 12;　(6) $\arctan e-\dfrac{\pi}{4}$;　(7) $2(\sqrt{3}-1)$;

(8) 2;　(9) 1;　(10) $\dfrac{2}{7}$;　(11) $e^{-\frac{1}{2}}-e^{-1}$;　(12) $\dfrac{4}{5}$;　(13) $\dfrac{2}{3}$;　(14) $2\sqrt{2}$;　(15) $\dfrac{1}{2}-\ln\sqrt{2}$;

(16) $\dfrac{\pi}{4}-\dfrac{2}{3}$;　(17) $\dfrac{5}{3}$;　(18) $7+2\ln 2$;　(19) $2+\ln\dfrac{3}{2}$;　(20) $\dfrac{1}{4}-\dfrac{1}{2(e^2+1)}$.

2. (1) $1-\dfrac{2}{e}$;　(2) $\dfrac{\pi}{4}-\dfrac{1}{2}$;　(3) $\dfrac{e}{2}(\sin 1-\cos 1)+\dfrac{1}{2}$;　(4) $\dfrac{\pi^3}{6}-\dfrac{\pi}{4}$;　(5) $8\ln 2-4$;　(6) $\dfrac{\pi}{4}-\dfrac{\sqrt{3}}{9}\pi+\ln\dfrac{\sqrt{6}}{2}$;

(7) $2-\dfrac{2}{e}$;　(8) $\dfrac{1}{5}(e^{\pi}-2)$;　(9) $2\arctan\sqrt{3}-\dfrac{3}{2}$;　(10) $\dfrac{\sqrt{2}}{2}$;　(11) $-\dfrac{4}{3}$;　(12) $\dfrac{\ln 2}{3}$.

3. (1) 0;　(2) $4\sqrt{2}$;　(3) $\ln 3$;　(4) $\dfrac{\pi}{16}$.

4. $\dfrac{62}{3}$.

5. (1) 提示: $\displaystyle\int_a^{a+T} f(x)\mathrm{d}x = \int_a^0 f(x)\mathrm{d}x + \int_0^T f(x)\mathrm{d}x + \int_T^{a+T} f(x)\mathrm{d}x$;　(2) 20.

6. 提示: 令 $t = a + b - x$.

7. 提示: 令 $t = \dfrac{1}{u}$.　8. $-\pi\ln\pi - \sin 1$.　9. $\dfrac{1}{4}(\cos 1 - 1)$.

10. 1.

习题 5-4

1. (1) $\dfrac{1}{3}$;　(2) $\dfrac{\pi}{4} + \dfrac{1}{2}\ln 2$;　(3) $1 - \ln 2$;　(4) π;　(5) $\dfrac{1}{5}$;　(6) 发散;　(7) 发散;　(8) $\dfrac{\pi}{2}$,　(9) 发散;

(10) $\dfrac{1}{4}$.

2. $\mathrm{e}^{-\frac{1}{4}}\pi^{-\frac{1}{2}}$.

3. 当 $k > 1$ 时, 收敛于 $\dfrac{1}{(k-1)(\ln 2)^{k-1}}$; 当 $k \leqslant 1$ 时, 发散; 当 $k = 1 - \dfrac{1}{\ln\ln 2}$ 时取最小值.

习题 5-5

1. (1) 收敛;　(2) 收敛;　(3) 发散;　(4) 收敛;　(5) 收敛;　(6) 收敛;　(7) 发散;　(8) 发散;

(9) 收敛;　(10) $m < 3$ 时收敛, $m \geqslant 3$ 时发散.

2. 略.

3. (1) 条件收敛;　(2) 绝对收敛.

4. 当 $0 < \alpha < 1$ 时, 收敛; 当 $\alpha \geqslant 1$ 时, 发散.

习题 5-6

(1) $\dfrac{1}{n}\Gamma\left(\dfrac{1}{n}\right), n > 0$　(2) $\Gamma(p+1), p > -1$

习题 5-7

1. (1) $\dfrac{3}{2} - \ln 2$;　(2) $\mathrm{e} + \dfrac{1}{\mathrm{e}} - 2$.

2. $\dfrac{16}{3}p^2$.

3. $\dfrac{3}{8}\pi a^2$.

4. $\dfrac{3}{2}\pi a^2$.

5. $3\pi a^2$.

6. $\dfrac{\pi}{6} + \dfrac{1 - \sqrt{3}}{2}$.

7. $\dfrac{128\pi}{7}, \dfrac{64}{5}\pi$.

8. $5\pi^2 a^3$, $6\pi^3 a^3$.

9. (1) $2\sqrt{3} - \dfrac{4}{3}$;　(2) 4;　(3) $\ln(1 + \sqrt{2})$.

10. $8a$.

11. $8a$.

12. $\dfrac{12}{5}\pi a^2$.

13. 5 890 000 千克米.

14. $500\sqrt{2}a^3$.

15. 17.3×10^3 牛顿.

16. 大小为 $\dfrac{2Gm\mu}{R}\sin\dfrac{\varphi}{2}$, 方向为 M 指向圆弧的中心.

总复习题五

1. (1) 2;　(2) 1;　(3) $\dfrac{\pi}{2}$;　(4) e^{-1};　(5) 1;　(6) $1-\dfrac{\pi}{4}$;　(7) $\dfrac{4\pi}{3}$;　(8) $\ln\sqrt{3}$;　(9) 7;

(10) $\dfrac{\pi}{2}$.

2. (1) C;　(2) B;　(3) C;　(4) B;　(5) B;　(6) B;　(7) C;　(8) D;　(9) C;　(10) C.

3. (1) $\dfrac{1}{3}$;　(2) 1;　(3) 0.

4. (1) $\dfrac{\pi}{2}$;　(2) 提示: 令 $x=\dfrac{\pi}{4}-t$, $\dfrac{\pi}{8}\ln 2$;　(3) $2(\sqrt{2}-1)$;　(4) $\dfrac{5\pi}{64}$;　(5) $\dfrac{\pi}{2\sqrt{2}}$;

(6) $\dfrac{\pi}{2}+\ln(2+\sqrt{3})$;　(7) $\dfrac{\pi}{4}$;　(8) 0.

5. $\dfrac{1}{2}$.

6. 0.

7. $f(x)=x-1$.

8. (1) 略;　(2) $\dfrac{\pi}{2}$.

9. 提示: 令 $F(x)=\displaystyle\int_a^x f(t)\mathrm{d}t-\int_x^b f(t)\mathrm{d}t$, 利用连续函数的零点定理.

10. 提示: 左端利用分部积分法.

11. 提示: 令 $F(x)=\displaystyle\int_0^x \sqrt{1+t^4}\mathrm{d}t+\int_{\cos x}^0 e^{-t^2}\mathrm{d}t$.

12. $\dfrac{3}{4}$.

13. 提示: (1) 利用变量代换;　(2) 利用积分中值定理.

14. $f(x)=\cos x-x\sin x+C$.

15. 提示: 利用罗尔定理.

16. $\dfrac{\pi}{3}+2-\sqrt{3}$.

17. $t=\dfrac{1}{2}$.

18. (1) $A(1,1)$;　(2) $\dfrac{\pi}{30}$.

19. $\dfrac{\pi^2}{4}a^3$.

20. $a=-\dfrac{5}{4}$, $b=\dfrac{3}{2}$, $c=0$.

第六章　向量代数与空间解析几何

平面解析几何的研究, 在代数与几何之间架起了一座桥梁, 使平面上的点 p 与有序数组 (x, y) 之间建立了一一对应关系, 从而把平面图形 (几何) 与方程 (代数) 联系在一起. 要研究多元函数, 以二元函数 $z = f(x, y)$ 为例, 需要用到三个变量, 因而可以建立空间曲面与三维有序数组 (x, y, z) 构成的三元方程之间的对应关系, 将平面解析几何知识推广到空间上去. 本章首先建立空间直角坐标系, 然后以向量为工具, 讨论空间中平面、直线、曲面和曲线的方程及其相关内容.

第一节　空间直角坐标系

一、　空间点的直角坐标

过空间某一定点 O, 作三条互相垂直的数轴, 它们以 O 为原点且一般具有相同的长度单位. 这三条轴分别称为 x **轴**(横轴)、y **轴**(纵轴)、z **轴**(竖轴), 统称**坐标轴**. 通常把 x 轴和 y 轴置于水平面上, z 轴是铅垂线. 它们的正方向符合右手规则, 即以右手握住 z 轴, 当右手的四指从 x 轴正向以 $\frac{\pi}{2}$ 角度转向 y 轴正向时, 大拇指的指向就是 z 轴的正向. 这样的三条坐标轴就组成了一个**空间直角坐标系**, O 点称为**坐标原点**(图 6-1-1).

三条坐标轴中的任意两条可以确定一个平面, 这样定出的三个平面统称**坐标面**. x 轴及 y 轴所确定的坐标面叫做 xOy 面, 另两个坐标面分别为 yOz 面和 zOx 面.

三个坐标面把空间分成八个部分, 每一部分叫做一个**卦限**. 含有三个正半轴的卦限叫做第一卦限, 它位于 xOy 面的上方. 在 xOy 面的上方, 按逆时针方向排列着第二卦限、第三卦限和第四卦限. 在 xOy 面的下方, 与第一卦限对应的是第五卦限, 按逆时针方向依次排列着是第六卦限、第七卦限和第八卦限. 八个卦限分别用字母 I、II、III、IV、V、VI、VII、VIII 表示 (图 6-1-2).

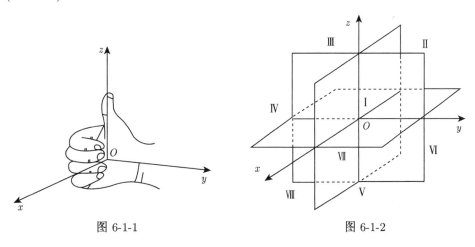

图 6-1-1　　　　　　　　　　　　　　　　图 6-1-2

取定了空间直角坐标系后, 就可以用坐标来确定点的位置了.

任给空间一点 M, 过 M 作三个平面分别垂直于 x 轴、y 轴、z 轴, 垂足为 P、Q、R, 它们在 x 轴、y 轴、z 轴上的坐标依次为 x、y、z (图 6-1-3), 则点 M 确定了一个有序实数组 (x, y, z).

反之, 对任意给定的有序实数组 (x, y, z), 依次在 x 轴、y 轴、z 轴上取与 x, y, z 相对应的点 P、Q、R, 然后过点 P、Q、R 作三个平面, 分别垂直于 x 轴、y 轴和 z 轴, 则这三个平面交于一点 M.

因此, 有序实数组 (x, y, z) 与空间一点 M 之间一一对应. 称这组数 (x, y, z) 为点 M 的坐标, x, y 和 z 依次称为点 M 的横坐标、纵坐标和竖坐标. 坐标为 (x, y, z) 的点 M 通常记为 $M(x, y, z)$.

显然, 原点的坐标 $O(0, 0, 0)$; x 轴、y 轴和 z 轴上的点的坐标分别是 $(x, 0, 0)$、$(0, y, 0)$、$(0, 0, z)$.

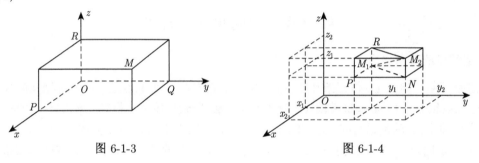

图 6-1-3   图 6-1-4

二、 空间两点间的距离

设 $M_1(x_1, y_1, z_1)$、$M_2(x_2, y_2, z_2)$ 为空间任意两点, 过 M_1, M_2 分别作平行于各坐标面的平面, 组成一个长方体, 它的棱与坐标轴平行 (如图 6-1-4). 由于

$$|M_1P| = |x_2 - x_1|,$$
$$|PN| = |y_2 - y_1|,$$
$$|NM_2| = |z_2 - z_1|,$$

所以**空间任意两点间的距离公式**为

$$\begin{aligned}|M_1M_2| &= \sqrt{|M_1N|^2 + |NM_2|^2}\\ &= \sqrt{|M_1P|^2 + |PN|^2 + |NM_2|^2}\\ &= \sqrt{(x_2 - x_1)^2 + (y_2 - y_1)^2 + (z_2 - z_1)^2}.\end{aligned}$$

特别地, 点 $M(x, y, z)$ 到原点 $O(0, 0, 0)$ 之间的距离为 $|OM| = \sqrt{x^2 + y^2 + z^2}$.

例 1   求证以 $A(4, 3, 1)$、$B(3, 1, 2)$、$C(5, 2, 3)$ 三点为顶点的三角形 $\triangle ABC$ 是一个等边三角形.

证   由空间两点间的距离公式得

$$|AB|^2 = (4 - 3)^2 + (3 - 1)^2 + (1 - 2)^2 = 6,$$

$$|BC|^2 = (5-3)^2 + (2-1)^2 + (3-2)^2 = 6,$$

$$|AC|^2 = (5-4)^2 + (2-3)^2 + (3-1)^2 = 6,$$

由于 $|AB| = |AC| = |BC|$，所以 $\triangle ABC$ 是一个等边三角形.

例 2　设点 P 在 x 轴上，它到点 $P_1(0, \sqrt{2}, 3)$ 的距离为到点 $P_2(0, 1, -1)$ 的距离的两倍，求点 P 的坐标.

解　由题意，可设 P 点坐标为 $(x, 0, 0)$，有

$$|PP_1| = 2\,|PP_2|,$$

而

$$|PP_1| = \sqrt{x^2 + \left(\sqrt{2}\right)^2 + 3^2} = \sqrt{x^2 + 11},$$

$$|PP_2| = \sqrt{x^2 + (-1)^2 + 1^2} = \sqrt{x^2 + 2},$$

故

$$\sqrt{x^2 + 11} = 2\sqrt{x^2 + 2},$$

解方程，得

$$x = \pm 1,$$

所求点的坐标为 $(1, 0, 0)$ 和 $(-1, 0, 0)$.

习　题　6-1

1. 在空间直角坐标系中画出下列各点.

   $A(2, 0, 0)$;　　$B(0, -1, 2)$;　　$C(-1, 0, -2)$;　　$D(1, 2, 3)$;　　$E(-2, -3, -2)$;　　$F(2, 3, 4)$.

2. 自点 $P_0(x_0, y_0, z_0)$ 分别作各坐标面和各坐标轴的垂线，写出各垂足的坐标.

3. 求点 (a, b, c) 关于 (1) 各坐标面; (2) 各坐标轴; (3) 坐标原点的对称点的坐标.

4. 一边长为 a 的立方体放置在 xOy 面上，其底面的中心在坐标原点，底面的顶点在 x 轴和 y 轴上，求它各顶点的坐标.

5. 证明以 $A(4, 5, 3)$, $B(1, 7, 4)$, $C(2, 4, 6)$ 为顶点的三角形是等边三角形.

6. 在 y 轴上，求与 $A(1, 2, 3)$、$B(0, 1, -1)$ 两点等距离的点的坐标.

7. 在 yOz 面上，求与 $A(3, 1, 2)$、$B(4, -2, -2)$ 和 $C(0, 5, 1)$ 三点等距离的点.

8. 求点 $M(4, -3, 5)$ 到原点与各坐标轴的距离.

第二节　向量及其线性运算

一、向量的概念

在自然科学中存在一类既有大小，又有方向的量，如力、力矩、加速度等，我们称这类量为**向量**(或**矢量**). 常用一条有向线段来表示向量. 有向线段的长度和方向分别表示向量的大小和方向. 图 6-2-1 表示以 A 为起点，B 为终点的向量，记为 $\overrightarrow{AB}$. 此外，有时也用一个黑体字母或字母上方加箭头来表示向量，如 $\boldsymbol{a}$、$\boldsymbol{i}$、$\boldsymbol{v}$、$\boldsymbol{F}$ 或 $\vec{a}$、$\vec{i}$、$\vec{v}$、$\vec{F}$ 等.

本书中只研究与起点无关的向量, 并称这些向量为**自由向量**(简称**向量**). 如果两个向量的大小相等并且方向相同, 我们就称这两向量**相等**. 根据这个规定, 一个向量和将它经过平行移动后所得的向量都是相等的.

向量的大小称为**向量的模**, 向量 $\overrightarrow{AB}$、$\boldsymbol{a}$、$\vec{a}$ 的模依次记作 $|\overrightarrow{AB}|$、$|\boldsymbol{a}|$、$|\vec{a}|$. 模等于 1 的向量称为**单位向量**. 模等于零的向量称为**零向量**, 记作 $\boldsymbol{0}$ 或 $\vec{0}$. 零向量的方向可以看作是任意的.

如果两个非零向量的方向相同或相反, 就称**这两个向量平行**(或称共线). 向量 $\boldsymbol{a}$ 与 $\boldsymbol{b}$ 平行, 记作 $\boldsymbol{a} /\!/ \boldsymbol{b}$. 由于零向量的方向是任意的, 因此, 零向量与任何向量都平行.

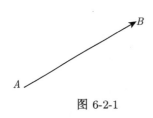

图 6-2-1

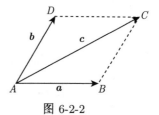

图 6-2-2

二、 向量的线性运算

1. 向量的加减法

在物理学中, 通过研究力的合成、速度的合成等, 总结出了一般向量加法的**平行四边形法则**: 已知两个向量 $\boldsymbol{a}$、$\boldsymbol{b}$, 任取一点 A, 作 $\overrightarrow{AB}=\boldsymbol{a}$, $\overrightarrow{AD}=\boldsymbol{b}$, 以 $\overrightarrow{AB}$、$\overrightarrow{AD}$ 为边作平行四边形 $ABCD$, 其对角线 $\overrightarrow{AC}=\boldsymbol{c}$, 称为向量 $\boldsymbol{a}$ 与 $\boldsymbol{b}$ 的和. 如图 6-2-3, 记为 $\boldsymbol{c} = \boldsymbol{a} + \boldsymbol{b}$.

由图 6-2-2 容易看出, 如果平移向量 $\boldsymbol{b}$, 使 $\boldsymbol{b}$ 的起点与 $\boldsymbol{a}$ 的终点重合, 此时从 $\boldsymbol{a}$ 的起点到 $\boldsymbol{b}$ 的终点的向量就是 $\boldsymbol{a} + \boldsymbol{b}$(图 6-2-3), 这种求两个向量和的法则称为**三角形法则**.

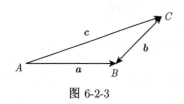

图 6-2-3

向量的加法符合下列运算规律:

(1) 交换律: $\boldsymbol{a} + \boldsymbol{b} = \boldsymbol{b} + \boldsymbol{a}$;

(2) 结合律: $(\boldsymbol{a} + \boldsymbol{b}) + \boldsymbol{c} = \boldsymbol{a} + (\boldsymbol{b} + \boldsymbol{c})$.

事实上, 按向量加法的三角形法则, 由图 6-2-2 和图 6-2-3 可得

$$\boldsymbol{a} + \boldsymbol{b} = \overrightarrow{AB} + \overrightarrow{BC} = \overrightarrow{AC} = \boldsymbol{c},$$

$$\boldsymbol{b} + \boldsymbol{a} = \overrightarrow{AD} + \overrightarrow{DC} = \overrightarrow{AC} = \boldsymbol{c}, \text{ 满足交换律}.$$

如图 6-2-4 所示, 先作 $\boldsymbol{a} + \boldsymbol{b}$ 加上 $\boldsymbol{c}$, 即得 $(\boldsymbol{a} + \boldsymbol{b}) + \boldsymbol{c}$; 如以 $\boldsymbol{a}$ 与 $\boldsymbol{b} + \boldsymbol{c}$ 相加, 则得同一结果, 满足结合律.

由于向量的加法满足交换律和结合律, 故 n 个向量 $\boldsymbol{a}_1, \boldsymbol{a}_2, \cdots, \boldsymbol{a}_n (n \geqslant 3)$ 相加可写成

$$\boldsymbol{a}_1 + \boldsymbol{a}_2 + \cdots + \boldsymbol{a}_n.$$

由向量相加的三角形法则, 可得 n 个向量的和, 只要依次把后一向量的起点放在前一向量的终点上, 从 $\boldsymbol{a}_1$ 的起点向 $\boldsymbol{a}_n$ 的终点所引的向量就是 $\boldsymbol{a}_1 + \boldsymbol{a}_2 + \cdots + \boldsymbol{a}_n$(图 6-2-5).

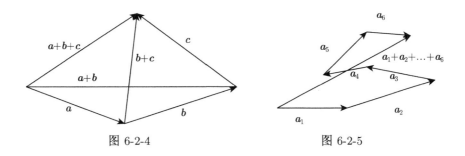

图 6-2-4　　　　　　　　　　　　　　　图 6-2-5

在实际问题中, 还经常遇到大小相等而方向相反的向量, 如作用力和反作用力等. 称与 a 大小相等而方向相反的向量为 a 的**负向量**, 记作 $-a$.

有了负向量的概念, 可以定义两个向量 a 与 b 的差为

$$b - a = b + (-a),$$

即把向量 $-a$ 加到向量 b 上, 便得 b 与 a 的差 $b-a$(图 6-2-6).

特别地, 当 $b=a$ 时, 有 $a-a=a+(-a)=0$.

如图 6-2-7, 任给向量 $\overrightarrow{AB}$, 有

$$\overrightarrow{AB} = \overrightarrow{AO} + \overrightarrow{OB} = \overrightarrow{OB} - \overrightarrow{OA}.$$

因此, 若把向量 a 与 b 都移到同一起点 O, 则从 a 的终点 A 向 b 的终点 B 所引向量 $\overrightarrow{AB}$ 便是向量 b 与 a 的差 $b-a$.

由三角形两边之和大于第三边的原理, 有

$$|a + b| \leqslant |a| + |b|,$$
$$|a - b| \leqslant |a| + |b|,$$

等号在 b 与 a 同向或反向时成立.

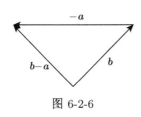

图 6-2-6

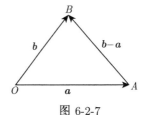

图 6-2-7

2. 向量与数的乘法

在应用中常遇到向量与数量的乘法, 例如将速度 v 的方向保持不变, 大小增大到二倍, 可以记为 $2v$. 由此, 我们引入向量与数量相乘 (简称**数乘**), 定义如下.

定义 1　向量 a 与实数 λ 的乘积, 记为 λa, 它是这样一个向量: 当 $\lambda > 0$ 时与 a 同向; 当 $\lambda < 0$ 时与 a 反向; 而它的模是 $|\lambda a| = |\lambda| \, |a|$. 当 $\lambda = 0$ 时, λa 是零向量, 即 $\lambda a = 0$.

特别地, 当 $\lambda = \pm 1$ 时, 有

$$1\,\boldsymbol{a} = \boldsymbol{a}, \quad (-1)\boldsymbol{a} = -\boldsymbol{a}.$$

向量的数乘符合下列运算规律:

(1) 结合律: $\lambda(\mu\boldsymbol{a}) = (\lambda\mu)\boldsymbol{a} = \mu(\lambda\boldsymbol{a})$;

(2) 分配律: $(\lambda + \mu)\boldsymbol{a} = \lambda\boldsymbol{a} + \mu\boldsymbol{a}, \lambda(\boldsymbol{a} + \boldsymbol{b}) = \lambda\boldsymbol{a} + \lambda\boldsymbol{b}$.

这是因为, 按数乘的定义, 向量 $\lambda(\mu\boldsymbol{a})$, $(\lambda\mu)\boldsymbol{a}$, $\mu(\lambda\boldsymbol{a})$ 都是平行的向量, 它们的指向也是相同的, 且

$$|\lambda(\mu\boldsymbol{a})| = |(\lambda\mu)\,\boldsymbol{a}| = |\mu(\lambda\boldsymbol{a})|, \text{ 结合律成立.}$$

分配律可同样按数乘的定义来证明, 请读者自己证明.

向量的加法和数乘运算统称为**向量的线性运算**.

设向量 $\boldsymbol{a}$ 是一个非零向量, $\boldsymbol{a}^\circ$ 是与 $\boldsymbol{a}$ 同向的单位向量. 由数与向量乘积的定义可知, $\boldsymbol{a}$ 与 $|\boldsymbol{a}|\,\boldsymbol{a}^\circ$ 有相同的方向, 并且 $|\boldsymbol{a}|\,\boldsymbol{a}^\circ$ 的模为

$$\big||\boldsymbol{a}|\,\boldsymbol{a}^\circ\big| = |\boldsymbol{a}|\,|\boldsymbol{a}^\circ| = |\boldsymbol{a}|,$$

即 $\boldsymbol{a}$ 与 $|\boldsymbol{a}|\,\boldsymbol{a}^\circ$ 有相同的模, 所以

$$\boldsymbol{a} = |\boldsymbol{a}|\,\boldsymbol{a}^\circ.$$

当 $|\boldsymbol{a}| \neq 0$ 时, 有

$$\boldsymbol{a}^\circ = \frac{\boldsymbol{a}}{|\boldsymbol{a}|}.$$

根据向量与数的乘法的定义容易得到:

如果非零向量 $\boldsymbol{b} = \lambda\boldsymbol{a}$, λ 为实数, 那么向量 $\boldsymbol{b}$ 平行于 $\boldsymbol{a}$; 反之, 如果非零向量 $\boldsymbol{b}$ 平行于 $\boldsymbol{a}$, 那么也存在唯一的实数 λ, 使得 $\boldsymbol{b} = \lambda\boldsymbol{a}$.

事实上, 若有 $\boldsymbol{b} = \lambda\boldsymbol{a}$, 又有 $\boldsymbol{b} = \mu\boldsymbol{a}$, 则两式相减, 便得

$$(\lambda - \mu)\boldsymbol{a} = 0,$$

即

$$|\lambda - \mu|\,|\boldsymbol{a}| = 0.$$

因 $|\boldsymbol{a}| \neq 0$, 故 $|\lambda - \mu| = 0$, 即 $\lambda = \mu$.

因此, 我们有如下定理:

定理 1   设 $\boldsymbol{a}, \boldsymbol{b}$ 均为非零向量, 则向量 $\boldsymbol{a}, \boldsymbol{b}$ 平行的充要条件是: 存在唯一的实数 λ, 使得

$$\boldsymbol{b} = \lambda\boldsymbol{a}.$$

例 1   平行四边形 $ABCD$ 中, 设 $\overrightarrow{AB} = \boldsymbol{a}, \overrightarrow{AD} = \boldsymbol{b}$. 试用 $\boldsymbol{a}$ 和 $\boldsymbol{b}$ 表示向量 $\overrightarrow{MA}, \overrightarrow{MB}, \overrightarrow{MC}, \overrightarrow{MD}$, 其中 M 是平行四边形对角线的交点.

解   如图 6-2-8, 由平行四边形的对角线互相平分, 可得

$$\boldsymbol{a} + \boldsymbol{b} = \overrightarrow{AC} = 2\overrightarrow{AM} = -2\overrightarrow{MA},$$

于是

$$\overrightarrow{MA} = -\frac{1}{2}(\boldsymbol{a} + \boldsymbol{b}); \quad \overrightarrow{MC} = -\overrightarrow{MA} = \frac{1}{2}(\boldsymbol{a} + \boldsymbol{b}).$$

因为

$$-\boldsymbol{a} + \boldsymbol{b} = \overrightarrow{BD} = 2\overrightarrow{MD},$$

所以

$$\overrightarrow{MD} = \frac{1}{2}(\boldsymbol{b} - \boldsymbol{a}); \quad \overrightarrow{MB} = -\overrightarrow{MD} = \frac{1}{2}(\boldsymbol{a} - \boldsymbol{b}).$$

例 2 如图 6-2-9 所示, E、F 分别为 $\triangle ABC$ 两腰 AC、BC 的中点, 用向量方法证明线段 EF 平行于 AB, 且等于线段 AB 的一半.

证 由图 6-2-9 可得

$$\overrightarrow{EC} = \frac{1}{2}\overrightarrow{AC}, \quad \overrightarrow{CF} = \frac{1}{2}\overrightarrow{CB},$$

$$\overrightarrow{EF} = \overrightarrow{EC} + \overrightarrow{CF} = \frac{1}{2}(\overrightarrow{AC} + \overrightarrow{CB}) = \frac{1}{2}\overrightarrow{AB},$$

由定理 1, $\overrightarrow{EF}$ 和 $\overrightarrow{AB}$ 平行, 即 $EF/\!/AB$; 又因为 $\left|\overrightarrow{EF}\right| = \frac{1}{2}\left|\overrightarrow{AB}\right|$, 所以线段 EF 等于线段 AB 的一半.

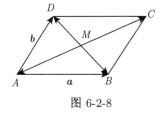

图 6-2-8

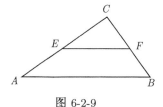

图 6-2-9

三、 向量的坐标分解式

前面用几何方法讨论了向量的表示和运算, 下面引进向量的坐标分解式, 将向量与有序数组联系起来, 从而也可用代数的方法来研究向量.

设有一个起点为坐标原点, 终点为 $M(x, y, z)$ 的向量 $\overrightarrow{OM}$(图 6-2-10), 由向量的加法定义, 有

$$\overrightarrow{OM} = \overrightarrow{ON} + \overrightarrow{NM} = \overrightarrow{ON} + \overrightarrow{OR},$$

$$\overrightarrow{ON} = \overrightarrow{OP} + \overrightarrow{PN} = \overrightarrow{OP} + \overrightarrow{OQ},$$

即

$$\overrightarrow{OM} = \overrightarrow{OP} + \overrightarrow{OQ} + \overrightarrow{OR}.$$

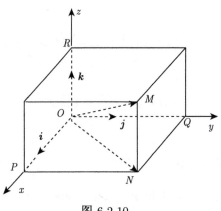

图 6-2-10

用 i, j, k 分别表示沿 x 轴、y 轴和 z 轴正向的单位向量 (称为**基本单位向量**), 则

$$\overrightarrow{OP} = x\boldsymbol{i}, \quad \overrightarrow{OQ} = y\boldsymbol{j}, \quad \overrightarrow{OR} = z\boldsymbol{k},$$

于是

$$\overrightarrow{OM} = x\boldsymbol{i} + y\boldsymbol{j} + z\boldsymbol{k}.$$

上式称为向量 $\overrightarrow{OM}$ 的**坐标分解式**. 称 x, y, z 为向量 $\overrightarrow{OM}$ 的**坐标**. 由于有序实数组 (x, y, z) 与点 M 是一一对应的, 所以有序数组 (x, y, z) 与起点在 O 点, 终点在 M 的向量 $\overrightarrow{OM}$ 也有一一对应关系, 并记

$$\overrightarrow{OM} = (x, y, z),$$

上式称为向量 $\overrightarrow{OM}$ 的**坐标表示式**.

　　有了向量的坐标表示式, 就可以把由几何方法定义的加、减、数乘运算, 转变为向量坐标之间的数量运算.

设

$$\boldsymbol{a} = (a_x, a_y, a_z), \quad \boldsymbol{b} = (b_x, b_y, b_z),$$

即

$$\boldsymbol{a} = a_x\boldsymbol{i} + a_y\boldsymbol{j} + a_z\boldsymbol{k}, \quad \boldsymbol{b} = b_x\boldsymbol{i} + b_y\boldsymbol{j} + b_z\boldsymbol{k},$$

则有

$$\boldsymbol{a} + \boldsymbol{b} = (a_x + b_x)\boldsymbol{i} + (a_y + b_y)\boldsymbol{j} + (a_z + b_z)\boldsymbol{k},$$
$$\boldsymbol{a} - \boldsymbol{b} = (a_x - b_x)\boldsymbol{i} + (a_y - b_y)\boldsymbol{j} + (a_z - b_z)\boldsymbol{k},$$
$$\lambda\boldsymbol{a} = (\lambda a_x)\boldsymbol{i} + (\lambda a_y)\boldsymbol{j} + (\lambda a_z)\boldsymbol{k}(\lambda \text{ 为实数}),$$

即

$$\boldsymbol{a} + \boldsymbol{b} = (a_x + b_x, a_y + b_y, a_z + b_z),$$
$$\boldsymbol{a} - \boldsymbol{b} = (a_x - b_x, a_y - b_y, a_z - b_z),$$

$$\lambda \boldsymbol{a} = (\lambda a_x, \lambda a_y, \lambda a_z).$$

由此, 向量的加、减及数乘运算可转化为向量的坐标分别对应的数量运算.

当向量 $\boldsymbol{a} \neq \boldsymbol{0}$ 时, 由定理 1 可知, 向量 $\boldsymbol{b} /\!/ \boldsymbol{a}$ 相当于 $\boldsymbol{b} = \lambda \boldsymbol{a}$, 其坐标表示式为

$$(b_x, b_y, b_z) = (\lambda a_x, \lambda a_y, \lambda a_z),$$

从而

$$\frac{b_x}{a_x} = \frac{b_y}{a_y} = \frac{b_z}{a_z},$$

即两向量对应的坐标成比例. 当 a_x, a_y, a_z 中有一个是零时, 如 $a_x = 0, a_y \neq 0, a_z \neq 0$, 这时此式应理解为 $b_x = 0, \dfrac{b_y}{a_y} = \dfrac{b_z}{a_z}$; 当 a_x, a_y, a_z 中有两个是零时, 如 $a_x = 0, a_y = 0, a_z \neq 0$, 这时此式应理解为 $b_x = 0, b_y = 0$.

例 3　已知两点 $M_1(x_1, y_1, z_1)$, $M_2(x_2, y_2, z_2)$, 求向量 $\overrightarrow{M_1 M_2}$ 的坐标表示式.

解　作向量 $\overrightarrow{OM_1}$, $\overrightarrow{OM_2}$, $\overrightarrow{M_1 M_2}$(图 6-2-11), 则

$$\begin{aligned}
\overrightarrow{M_1 M_2} &= \overrightarrow{OM_2} - \overrightarrow{OM_1} \\
&= (x_2 \boldsymbol{i} + y_2 \boldsymbol{j} + z_2 \boldsymbol{k}) - (x_1 \boldsymbol{i} + y_1 \boldsymbol{j} + z_1 \boldsymbol{k}) \\
&= (x_2 - x_1) \boldsymbol{i} + (y_2 - y_1) \boldsymbol{j} + (z_2 - z_1) \boldsymbol{k} \\
&= (x_2 - x_1, y_2 - y_1, z_2 - z_1)
\end{aligned}$$

这个例子表明: 一个向量的坐标就是它的终点的坐标减去起点的坐标.

例 4　设有两点 $A(x_1, y_1, z_1)$, $B(x_2, y_2, z_2)$ 以及实数 $\lambda \neq -1$, 点 C 把有向线段 $\overrightarrow{AB}$ 分成两个有向线段 $\overrightarrow{AC}$ 和 $\overrightarrow{CB}$, 使 $\overrightarrow{AC} = \lambda \overrightarrow{CB}$, 求定比分点 C 的坐标.

解　设点 C 的坐标为 (x, y, z), 如图 6-2-12.

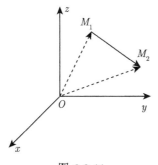
图 6-2-11

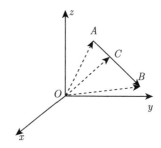
图 6-2-12

由于

$$\overrightarrow{AC} = \overrightarrow{OC} - \overrightarrow{OA}, \quad \overrightarrow{CB} = \overrightarrow{OB} - \overrightarrow{OC},$$

因此

$$\overrightarrow{OC} - \overrightarrow{OA} = \lambda (\overrightarrow{OB} - \overrightarrow{OC}).$$

故

$$\overrightarrow{OC} = \frac{1}{1+\lambda}(\overrightarrow{OA} + \lambda\overrightarrow{OB})$$

$$= \frac{1}{1+\lambda}(x_1 + \lambda x_2, y_1 + \lambda y_2, z_1 + \lambda z_2).$$

即得点 C 的坐标为

$$x = \frac{x_1 + \lambda x_2}{1+\lambda}, \ y = \frac{y_1 + \lambda y_2}{1+\lambda}, \ z = \frac{z_1 + \lambda z_2}{1+\lambda}.$$

特别, 当 $\lambda = 1$ 时, 点 C 是有向线段 $\overrightarrow{AB}$ 的中点, 其坐标为

$$x = \frac{x_1 + x_2}{2}, \ y = \frac{y_1 + y_2}{2}, \ z = \frac{z_1 + z_2}{2}.$$

四、 向量的模和方向余弦

下面我们来讨论如何用向量的坐标表示它的模和方向.

任给一非零向量 $\boldsymbol{a} = (x, y, z)$, 作 $\overrightarrow{OM} = \boldsymbol{a}$. 从图 6-2-13 容易得到

$$\boldsymbol{a} = \overrightarrow{OM} = \overrightarrow{OP} + \overrightarrow{OQ} + \overrightarrow{OR},$$

由勾股定理得

$$|\boldsymbol{a}| = \left|\overrightarrow{OM}\right| = \sqrt{\left|\overrightarrow{OP}\right|^2 + \left|\overrightarrow{OQ}\right|^2 + \left|\overrightarrow{OR}\right|^2} = \sqrt{x^2 + y^2 + z^2},$$

这就是向量 $\boldsymbol{a}$ 的模的坐标表示式. 它与点 $M(x, y, z)$ 到坐标原点的距离公式是一样的.

设有两非零向量 $\boldsymbol{a}$ 和 $\boldsymbol{b}$, 任取空间一点 O, 分别作向量 $\overrightarrow{OA} = \boldsymbol{a}$, $\overrightarrow{OB} = \boldsymbol{b}$, 称 $\theta = \angle AOB \ (0 \leqslant \theta \leqslant \pi)$ 为向量 $\boldsymbol{a}$ 与 $\boldsymbol{b}$ 的夹角 (图 6-2-14). 记作 $(\widehat{\boldsymbol{a}, \boldsymbol{b}})$ 或 $(\widehat{\boldsymbol{b}, \boldsymbol{a}})$, 即 $(\widehat{\boldsymbol{b}, \boldsymbol{a}}) = \theta$. 若向量 $\boldsymbol{a}$ 与 $\boldsymbol{b}$ 中有一个是零向量, 规定它们的夹角可以取 0 到 π 之间的任意值.

对非零向量 $\boldsymbol{a}$ 与轴 u, 可在 u 轴上取一与 u 轴同向的向量 $\boldsymbol{b}$, 规定向量 $\boldsymbol{a}$ 与 $\boldsymbol{b}$ 的夹角即为向量 $\boldsymbol{a}$ 与 u 轴的夹角. 类似还可定义轴与轴之间的夹角.

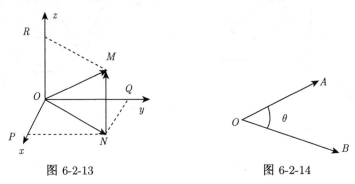

图 6-2-13　　　　　　　　　　　　　　　图 6-2-14

设一非零向量 $\boldsymbol{a} = (x, y, z)$, 由图 6-2-15 可以看出, 向量的方向还可以由向量与 x 轴、y 轴、z 轴正向的夹角 α, β, γ 完全确定. 称 α, β, γ 为向量 $\boldsymbol{a}$ 的**方向角**, 并规定 $0 \leqslant \alpha, \beta, \gamma \leqslant \pi$.

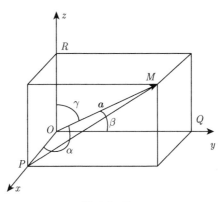

图 6-2-15

因为

$$\angle MOP = \alpha, \ \text{且} \ MP \perp OP,$$

所以

$$\cos \alpha = \frac{x}{|\boldsymbol{a}|};$$

同理可得

$$\cos \beta = \frac{y}{|\boldsymbol{a}|}, \quad \cos \gamma = \frac{z}{|\boldsymbol{a}|}.$$

从而

$$(\cos \alpha, \cos \beta, \cos \gamma) = \left(\frac{x}{|\boldsymbol{a}|}, \frac{y}{|\boldsymbol{a}|}, \frac{z}{|\boldsymbol{a}|} \right) = \frac{1}{|\boldsymbol{a}|}(x, y, z) = \frac{\boldsymbol{a}}{|\boldsymbol{a}|} = \boldsymbol{a}^\circ,$$

称 $\cos \alpha, \cos \beta, \cos \gamma$ 为向量 $\boldsymbol{a}$ 的**方向余弦**. 方向余弦的平方和为

$$\cos^2 \alpha + \cos^2 \beta + \cos^2 \gamma = 1.$$

此式表明: 向量 $(\cos \alpha, cos\beta, \cos \gamma)$ 的模为 1, 即以 $\boldsymbol{a}$ 的方向余弦为坐标的向量是与 $\boldsymbol{a}$ 同向的单位向量.

例 5 设已知两点 $A(0, 2\sqrt{3}, -3\sqrt{6}))$ 和 $B(\sqrt{3}, \sqrt{3}, -2\sqrt{6})$, 计算向量 $\overrightarrow{AB}$ 的模、方向余弦、方向角及与 $\overrightarrow{AB}$ 同方向的单位向量.

解 因为

$$\overrightarrow{AB} = (\sqrt{3} - 0, \sqrt{3} - 2\sqrt{3}, -2\sqrt{6} + 3\sqrt{6}) = (\sqrt{3}, -\sqrt{3}, \sqrt{6}),$$

所以

$$|\overrightarrow{AB}| = \sqrt{(\sqrt{3})^2 + \left(-\sqrt{3} \right)^2 + (\sqrt{6})^2} = 2\sqrt{3},$$

于是

$$\cos \alpha = \frac{1}{2}, \quad \cos \beta = -\frac{1}{2}, \ \cos \gamma = \frac{\sqrt{2}}{2}$$

$$\alpha = \frac{\pi}{3}, \quad \beta = \frac{2\pi}{3}, \quad \gamma = \frac{\pi}{4}.$$

$\overrightarrow{AB}$ 同方向的单位向量为 $\boldsymbol{a}^{\circ}$, 由于 $\boldsymbol{a}^{\circ} = (\cos\alpha, \cos\beta, \cos\gamma)$, 即得

$$\boldsymbol{a}^{\circ} = \left(\frac{1}{2}, -\frac{1}{2}, \frac{\sqrt{2}}{2}\right).$$

例 6　从点 $A(2, -1, 7)$ 沿向量 $\boldsymbol{a} = 8\boldsymbol{i} + 9\boldsymbol{j} - 12\boldsymbol{k}$ 的方向取线段 $|AB| = 34$, 求 B 点的坐标.

解　设 B 点的坐标为 (x, y, z), 则 $\overrightarrow{AB} = (x - 2, y + 1, z - 7)$. 由题意, 有 $\left|\overrightarrow{AB}\right| = 34$, 并且 $\overrightarrow{AB}$ 与 $\boldsymbol{a}$ 同向 (即它们有相同的方向余弦).

$\boldsymbol{a}$ 的方向余弦为

$$\cos\alpha = \frac{8}{\sqrt{8^2 + 9^2 + (-12)^2}} = \frac{8}{17},$$
$$\cos\beta = \frac{9}{17}, \quad \cos\gamma = -\frac{12}{17},$$

而 $\overrightarrow{AB}$ 的方向余弦为

$$\cos\alpha = \frac{x - 2}{\left|\overrightarrow{AB}\right|} = \frac{x - 2}{34}, \quad \cos\beta = \frac{y + 1}{34}, \quad \cos\gamma = \frac{z - 7}{34}.$$

从而

$$\frac{x - 2}{34} = \frac{8}{17}, \quad \frac{y + 1}{34} = \frac{9}{17}, \quad \frac{z - 7}{34} = -\frac{12}{17}.$$

解得

$$x = 18, \quad y = 17, \quad z = -17.$$

即 $(8, 17, -17)$ 就是所求点 B 的坐标.

五、向量在轴上的投影

设有一轴 u, $\overrightarrow{AB}$ 是 u 轴上的有向线段, 如果数 λ 满足 $|\lambda| = \left|\overrightarrow{AB}\right|$, 且当 $\overrightarrow{AB}$ 与轴 u 同向时 λ 是正的; 当 $\overrightarrow{AB}$ 与轴 u 反向时 λ 是负的, 那么数 λ 叫作**轴u上有向线段$\overrightarrow{AB}$的值**, 记做 AB, 即 $\lambda = AB$. 设 $\boldsymbol{e}$ 是与 u 轴同方向的单位向量, 则 $\overrightarrow{AB} = \lambda\boldsymbol{e}$.

设 A 是空间一点, 通过 A 点作平面 Π 垂直于 u 轴, 则平面 Π 与轴 u 的交点 A' 叫作**点A在轴u上的投影**(图 6-2-16).

若向量 $\overrightarrow{AB}$ 的起点 A 和终点 B 在轴 u 上的投影分别为 A' 和 B'(图 6-2-17), 设 $\boldsymbol{e}$ 是与 u 轴同方向的单位向量, 如果 $\overrightarrow{A'B'} = \lambda\boldsymbol{e}$. 则数 λ 叫作**向量$\overrightarrow{AB}$在轴u上的投影**, 记作 $\mathrm{Prj}_u\overrightarrow{AB}$ 或 $(\overrightarrow{AB})_u$, 称 u 轴为投影轴.

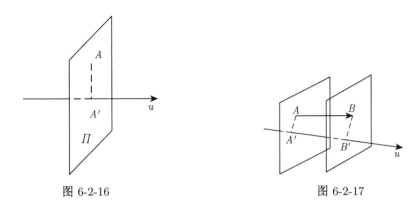

图 6-2-16　　　　　　　　　　　　图 6-2-17

由此定义可知, 向量 $\boldsymbol{a}$ 在直角坐标系中的坐标 a_x, a_y, a_z 就是 $\boldsymbol{a}$ 在三条坐标轴上的投影, 即

$$a_x = \mathrm{Prj}_x \boldsymbol{a}, \quad a_y = \mathrm{Prj}_y \boldsymbol{a}, \quad a_z = \mathrm{Prj}_z \boldsymbol{a}$$

或记为

$$a_x = (\boldsymbol{a})_x, \quad a_y = (\boldsymbol{a})_y, \quad a_z = (\boldsymbol{a})_z$$

类似向量的坐标性质, 可以证明向量的投影有下列性质:

性质 1 (投影定理)　　向量 $\boldsymbol{a}$ 在轴 u 上的投影等于向量的模乘以轴 u 与向量 $\boldsymbol{a}$ 的夹角 φ 的余弦, 即

$$\mathrm{Prj}_u \boldsymbol{a} = |\boldsymbol{a}| \cdot \cos \varphi.$$

性质 2　　两个向量的和在轴 u 上的投影等于两个向量在该轴上投影的和, 即

$$\mathrm{Prj}_u (\boldsymbol{a} + \boldsymbol{b}) = \mathrm{Prj}_u \boldsymbol{a} + \mathrm{Prj}_u \boldsymbol{b}.$$

该性质可推广到 n 个向量, 即

$$\mathrm{Prj}_u (\boldsymbol{a}_1 + \boldsymbol{a}_2 \cdots + \boldsymbol{a}_n) = \mathrm{Prj}_u \boldsymbol{a}_1 + \mathrm{Prj}_u \boldsymbol{a}_2 + \cdots + \mathrm{Prj}_u \boldsymbol{a}_n.$$

性质 3　　向量与数的乘积在轴 u 上的投影等于向量在该轴上的投影与该数之积, 即

$$\mathrm{Prj}_u (\lambda \boldsymbol{a}) = \lambda \mathrm{Prj}_u \boldsymbol{a}.$$

习 题 6-2

1. 已知 $\boldsymbol{u} = \boldsymbol{a} + \boldsymbol{b} + \boldsymbol{c}, \boldsymbol{v} = \boldsymbol{a} - \boldsymbol{b} - 2\boldsymbol{c}$, 试求 $\boldsymbol{u} + 2\boldsymbol{v}$ 与 $\boldsymbol{a}, \boldsymbol{b}, \boldsymbol{c}$ 的关系式.

2. 如果平面上一个四边形的对角线互相平分, 试用向量证明这是平行四边形.

3. 设 $\boldsymbol{a} = 2\boldsymbol{i} + 3\boldsymbol{j} + \boldsymbol{k}, \boldsymbol{b} = \boldsymbol{i} - \boldsymbol{j} + \boldsymbol{k}$, 求以 $\boldsymbol{u} = \boldsymbol{a} + \boldsymbol{b}, \boldsymbol{v} = 3\boldsymbol{a} - 2\boldsymbol{b}$ 为邻边的平行四边形两条对角线的长.

4. 求平行于向量 $\boldsymbol{a} = (-7, 6, -6)$ 的单位向量.

5. 试证明三点 $A(1, 0, -1)$、$B(3, 4, 5)$、$C(0, -2, -4)$ 共线.

6. 已知 $M_1(4, \sqrt{2}, 1)$ 和 $M_2(3, 0, 2)$, 求向量 $\overrightarrow{M_1 M_2}$ 的模、方向余弦和方向角.

7. 设向量 a 的模是 5, 它与轴 u 的夹角是 $\frac{\pi}{4}$, 求 a 在轴 u 上的投影.

8. 设 $m=3i+5j+8k$, $n=2i-4j-7k$ 和 $p=5i+j-4k$. 求向量 $a=4m+3n-p$ 在 x 轴及 y 轴上的投影.

9. 设向量 a 与 x 轴, y 轴的夹角余弦分别为 $\cos\alpha=\frac{1}{3}$, $\cos\beta-\frac{2}{3}$, 且其模为 3, 求向量 a.

10. 已知 $a=(3,5,-4)$, $b=(2,1,8)$.

(1) 求 $a-2b$;

(2) λ 与 μ 满足什么条件时, $\lambda a+\mu b$ 垂直于 y 轴?

11. 设 A, B, C, D 是四面体的顶点, M, N 分别是棱 AB、CD 的中点, 证明:

$$\overrightarrow{MN}=\frac{1}{2}(\overrightarrow{AD}+\overrightarrow{BC}).$$

12. 一向量的终点在点 $B(3,-1,6)$, 它在 x 轴、y 轴和 z 轴上的投影依次为 5, -4, 6 求这向量的起点 A 的坐标.

13. 已知向量的方向角 α,β,γ 满足于 $\alpha=\beta=\frac{1}{2}\gamma$, 求向量的方向余弦.

14. 已知向量 $\overrightarrow{AB}=(-3,0,4)$, $\overrightarrow{AC}=(5,-2,-14)$, 求等分 $\angle BAC$ 的单位向量.

第三节　向量的数量积与向量积

本节介绍向量的两类特殊乘法运算: 数量积和向量积. 先介绍两个向量的数量积.

一、 向量的数量积

数量积是两个向量的一种特殊乘积, 它是从物理问题中抽象出来的. 设一物体在常力 F 作用下沿直线从点 A 移动到点 B, 以 s 表示位移 $\overrightarrow{AB}$, 由物理学知道, 力 F 所做的功为

$$W=|F||s|\cos\theta,$$

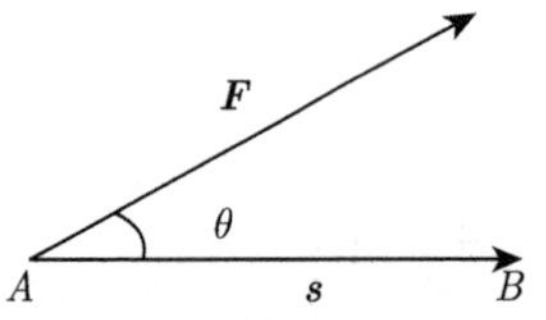

图 6-3-1

其中 θ 为 F 与 s 的夹角 (图 6-3-1). 在其他一些问题中, 也会遇到上述形式的运算, 由此我们引入向量的数量积的定义.

定义 1　两个向量 a 和 b, 它们的模 $|a|$ 和 $|b^*|$ 及它们夹角 θ 的余弦的乘积称为向量 a 和 b 的数量积 (又称点积或内积), 记作 $a\cdot b$, 即

$$a\cdot b=|a||b|\cos\theta.$$

根据这个定义, 上述问题中力所作的功 W 是力 F 和位移 s 的数量积, 即

$$W=F\cdot s$$

由投影的性质 1 可知, 当 $a\neq 0$, $b\neq 0$ 时, $|b|\cos(\widehat{a,b})$ 是向量 b 在向量 a 上的投影, 于是数量积又可以写成

$$a\cdot b=|a|\mathrm{Prj}_a b$$

或

$$a\cdot b=|b|\mathrm{Prj}_b a.$$

这就是说, 两向量的数量积等于其中一个向量的模和另一个向量在此向量方向上的投影的乘积.

由数量积的定义还可以推得如下结论:

(1) $a \cdot a = |a|^2$.

这是因为夹角 $\theta = 0$, 所以

$$a \cdot a = |a||a|\cos 0 = |a|^2.$$

(2) 对于两个非零向量 a、b, $a \perp b$ 的充要条件是 $a \cdot b = 0$. 事实上, 当 $a \perp b$ 时, 两向量的夹角 $\theta = \dfrac{\pi}{2}$ 于是

$$a \cdot b = |a||b|\cos\dfrac{\pi}{2} = 0;$$

反之, 当 $a \cdot b = 0$ 时, a、b 为两非零向量, 即 $|a| \neq 0, |b| \neq 0$, 故 $\cos\theta = 0$, 从而 $\theta = \dfrac{\pi}{2}$, 即 $a \perp b$.

零向量的方向任意, 于是可以认为零向量与任何向量都垂直. 因此得到这样的结论: 向量 $a \perp b$ 的充分必要条件是 $a \cdot b = 0$.

向量的数量积满足下列运算规律:

(1) 交换律: $a \cdot b = b \cdot a$;

(2) 分配律: $(a+b) \cdot c = a \cdot c + b \cdot c$;

(3) 数乘结合律: $(\lambda a) \cdot b = a \cdot (\lambda b) = \lambda(a \cdot b)$.

上面的运算规律中, (1) 和 (3) 可由数量积的定义直接推得. 下面证明 (2).

当 $c = 0$ 时, (2) 式显然成立; 当 $c \neq 0$ 时, 有

$$(a + b) \cdot c = |c|\mathrm{Prj_c}(a + b) = |c|(\mathrm{Prj_c}a + \mathrm{Prj_c}b)$$
$$= |c|\mathrm{Prj_c}a + |c|\mathrm{Prj_c}b = a \cdot c + b \cdot c.$$

例 1　已知 $|a| = |b| = 1, (\overset{\wedge}{a, b}) = \dfrac{\pi}{2}$,　$c = 2a + b, d = 3a - b$, 求 $(\overset{\wedge}{c, d})$.

解　由于 $\cos(\overset{\wedge}{c, d}) = \dfrac{c \cdot d}{|c||d|}$, 而

$$c \cdot d = (2a + b) \cdot (3a - b)$$
$$= 6a \cdot a + 3a \cdot b - 2a \cdot b - b \cdot b$$
$$= 6|a|^2 + a \cdot b - |b|^2$$
$$= 6 + 0 - 1 = 5;$$

同理

$$c \cdot c = (2a + b) \cdot (2a + b) = 5,$$
$$d \cdot d = (3a - b) \cdot (3a - b) = 10,$$

即

$$|c| = \sqrt{5}, \quad d = \sqrt{10}.$$

于是, 得

$$\cos(\overset{\wedge}{\pmb{c},\pmb{d}}) = \frac{5}{\sqrt{5}\sqrt{10}} = \frac{\sqrt{2}}{2}, \quad (\overset{\wedge}{\pmb{c},\pmb{d}}) = \frac{\pi}{4}.$$

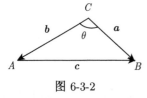

图 6-3-2

例 2　试用向量证明三角形的余弦定理.

证　在 $\triangle ABC$ 中, 设 $\angle ACB = \theta$(图 6-3-2), $|BC| = a$, $|CA| = b$, $|AB| = c$, 要证的结论是

$$c^2 = a^2 + b^2 - 2ab\cos\theta.$$

设 $\overrightarrow{CB} = \pmb{a}, \overrightarrow{CA} = \pmb{b}, \overrightarrow{AB} = \pmb{c}$, 则

$$\pmb{c} = \pmb{a} - \pmb{b},$$

从而

$$\begin{aligned}|\pmb{c}|^2 &= \pmb{c} \cdot \pmb{c} = (\pmb{a} - \pmb{b}) \cdot (\pmb{a} - \pmb{b}) = \pmb{a} \cdot \pmb{a} + \pmb{b} \cdot \pmb{b} - 2\pmb{a} \cdot \pmb{b} \\ &= |\pmb{a}|^2 + |\pmb{b}|^2 - 2|\pmb{a}||\pmb{b}|\cos(\overset{\wedge}{\pmb{a},\pmb{b}}),\end{aligned}$$

而 $|\pmb{a}| = a, |\pmb{b}| = b, |\pmb{c}| = c, (\overset{\wedge}{\pmb{a},\pmb{b}}) = \theta$, 因此

$$c^2 = a^2 + b^2 - 2ab\cos\theta.$$

下面来推导数量积的坐标表示式.

设 $\pmb{a} = a_x\pmb{i} + a_y\pmb{j} + a_z\pmb{k}, \pmb{b} = b_x\pmb{i} + b_y\pmb{j} + b_z\pmb{k}$, 则

$$\begin{aligned}\pmb{a} \cdot \pmb{b} =& (a_x\pmb{i} + a_y\pmb{j} + a_z\pmb{k}) \cdot (b_x\pmb{i} + b_y\pmb{j} + b_z\pmb{k}) \\ =& a_x\pmb{i} \cdot (b_x\pmb{i} + b_y\pmb{j} + b_z\pmb{k}) + a_y\pmb{j} \cdot (b_x\pmb{i} + b_y\pmb{j} + b_z\pmb{k}) + a_z\pmb{k} \cdot (b_x\pmb{i} + b_y\pmb{j} + b_z\pmb{k}) \\ =& a_xb_x\pmb{i} \cdot \pmb{i} + a_xb_y\pmb{i} \cdot \pmb{j} + a_xb_z\pmb{i} \cdot \pmb{k} + a_yb_x\pmb{j} \cdot \pmb{i} + a_yb_y\pmb{j} \cdot \pmb{j} \\ & + a_yb_z\pmb{j} \cdot \pmb{k} + a_zb_x\pmb{k} \cdot \pmb{i} + a_zb_y\pmb{k} \cdot \pmb{j} + a_zb_z\pmb{k} \cdot \pmb{k}.\end{aligned}$$

因为 $\pmb{i}, \pmb{j}, \pmb{k}$ 是互相垂直的基本单位向量, 所以

$$\pmb{i} \cdot \pmb{i} = \pmb{j} \cdot \pmb{j} = \pmb{k} \cdot \pmb{k} = 1,$$
$$\pmb{i} \cdot \pmb{j} = \pmb{j} \cdot \pmb{k} = \pmb{k} \cdot \pmb{i} = 0.$$

因此, 我们得到

$$\pmb{a} \cdot \pmb{b} = a_xb_x + a_yb_y + a_zb_z.$$

这就是两向量的数量积的坐标表示式.

显然, 当 $\pmb{a}$, $\pmb{b}$ 是两非零向量时, 有

$$\cos\theta = \frac{\pmb{a} \cdot \pmb{b}}{|\pmb{a}||\pmb{b}|} = \frac{a_xb_x + a_yb_y + a_zb_z}{\sqrt{a_x^2 + a_y^2 + a_z^2}\sqrt{b_x^2 + b_y^2 + b_z^2}}.$$

这就是两个向量夹角余弦的坐标表示式.

由此看出, 当 $\pmb{a}$, $\pmb{b}$ 垂直时, 必有 $a_xb_x + a_yb_y + a_zb_z = 0$, 反之亦然.

例 3　已知三点 $A(-1\,2, 3)$、$B(0, 0, 5)$ 和 $C(1, 1, 1)$, 求 $\angle ACB$.

解　设 $\overrightarrow{CA} = \boldsymbol{a}, \overrightarrow{CB} = \boldsymbol{b}$, 则 $\angle ACB$ 就是向量 $\boldsymbol{a}$ 与 $\boldsymbol{b}$ 的夹角.

$$\boldsymbol{a} = (-2, 1, 2),\ \boldsymbol{b} = (-1, -1, 4).$$

因为

$$\boldsymbol{a} \cdot \boldsymbol{b} = (-2) \times (-1) + 1 \times (-1) + 2 \times 4 = 9,$$

$$|\boldsymbol{a}| = \sqrt{(-2)^2 + (-1)^2 + 2^2} = 3,$$

$$|\boldsymbol{b}| = \sqrt{(-1)^2 + (-1)^2 + 4^2} = 3\sqrt{2}.$$

所以

$$\cos\angle ACB = \frac{\boldsymbol{a} \cdot \boldsymbol{b}}{|\boldsymbol{a}||\boldsymbol{b}|} = \frac{9}{3 \cdot 3\sqrt{2}} = \frac{1}{\sqrt{2}}.$$

从而 $\angle ACB = \dfrac{\pi}{4}$.

例 4　求向量 $\boldsymbol{a} = (5,\ -2,\ 5)$ 在向量 $\boldsymbol{b} = (1,\ -2,\ 2)$ 上的投影.

解　由 $\boldsymbol{a} \cdot \boldsymbol{b} = |\boldsymbol{b}| \mathrm{Prj}_{\boldsymbol{b}} \boldsymbol{a}$ 可得

$$\mathrm{Prj}_{\boldsymbol{b}} \boldsymbol{a} = \frac{\boldsymbol{a} \cdot \boldsymbol{b}}{|\boldsymbol{b}|} = \frac{5 + 4 + 10}{\sqrt{1 + 4 + 4}} = \frac{19}{3}.$$

例 5　设液体流过平面 Π 上面积为 A 的一个区域, 液体在这区域上各点处的流速均为 (常向量)$\boldsymbol{v}$. 设 $\boldsymbol{n}$ 为垂直于 Π 的单位向量 (图 6-3-3), 计算单位时间内经过这区域流向 $\boldsymbol{n}$ 所指一方的液体的质量 P(液体的密度为 ρ).

解　单位时间内流过这区域的液体组成一个底面积为 A、斜高为 $|\boldsymbol{v}|$ 的斜柱体 (图 6-3-4). 该柱体的斜高与底面的垂线的夹角就是 $\boldsymbol{v}$ 与 $\boldsymbol{n}$ 的夹角 θ, 所以这柱体的高为 $|\boldsymbol{v}|\cos\theta$, 体积为

$$A|\boldsymbol{v}|\cos\theta = A\boldsymbol{v} \cdot \boldsymbol{n}.$$

从而, 单位时间内经过这区域流向 $\boldsymbol{n}$ 所指一方的液体的质量为

$$P = \rho A\boldsymbol{v} \cdot \boldsymbol{n}.$$

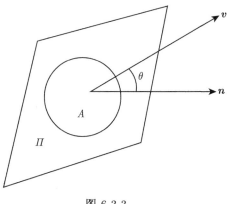
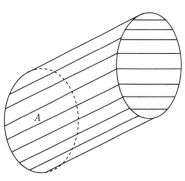

图 6-3-3　　　　　　　　　　　　　　　　　图 6-3-4

二、向量的向量积

向量积是两个向量的另一种特殊的乘积, 它也是从物理问题中抽象出来的. 例如, 在研究物体转动问题时, 不但要考虑这物体所受的力, 还要分析这些力所产生的力矩.

设 O 为一根杠杆 L 的支点, 有一个力 $\boldsymbol{F}$ 作用于这杠杆上 P 点处, $\boldsymbol{F}$ 与 $\overrightarrow{OP}$ 的夹角为 θ(图 6-3-5). 由力学规定, 力 $\boldsymbol{F}$ 对支点 O 的力矩是一向量 $\boldsymbol{M}$, 它的模

$$|\boldsymbol{M}| = |OQ||\boldsymbol{F}| = |\overrightarrow{OP}||\boldsymbol{F}| \sin\theta,$$

而 $\boldsymbol{M}$ 的方向垂直于 $\overrightarrow{OP}$ 与 $\boldsymbol{F}$ 所决定的平面, $\boldsymbol{M}$ 的指向是按右手规则从 $\overrightarrow{OP}$ 以不超过 π 的角转向 $\boldsymbol{F}$ 来确定的.

这种按上述法则由两个向量确定另一个向量的问题, 在物理学及其它科学中也经常遇到. 下面给出两向量的向量积的定义.

定义 2　由向量 $\boldsymbol{a}$ 和 $\boldsymbol{b}$ 确定一个新向量 $\boldsymbol{c}$, 使 $\boldsymbol{c}$ 满足:

(1) $\boldsymbol{c}$ 的模为 $c| = |\boldsymbol{a}||\boldsymbol{b}| \sin\theta$, 其中 θ 为 $\boldsymbol{a}$ 与 $\boldsymbol{b}$ 之间的夹角;

(2) $\boldsymbol{c}$ 垂直于 $\boldsymbol{a}$ 与 $\boldsymbol{b}$ 所决定的平面, 且 $\boldsymbol{a}$, $\boldsymbol{b}$, $\boldsymbol{c}$ 的方向符合右手规则 (图 6-3-6).

这样确定的向量 $\boldsymbol{c}$ 称为 $\boldsymbol{a}$ 与 $\boldsymbol{b}$ 的向量积 (又称叉积或外积), 记作 $\boldsymbol{a} \times \boldsymbol{b}$, 即

$$\boldsymbol{c} = \boldsymbol{a} \times \boldsymbol{b}.$$

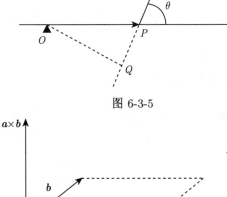

图 6-3-5

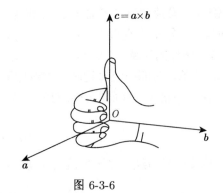

图 6-3-6

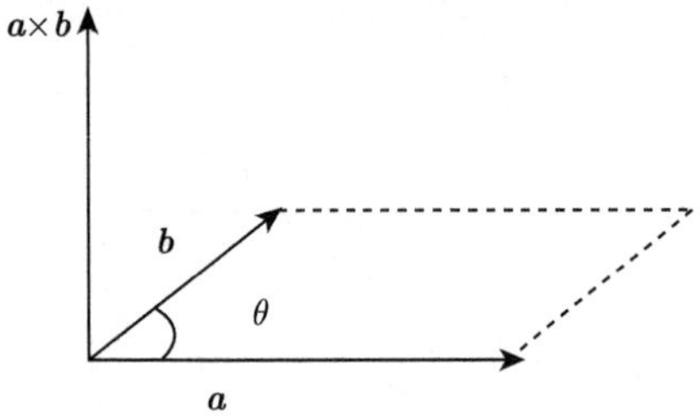

由向量积的定义可知, 力矩 $\boldsymbol{M}$ 等于 $\overrightarrow{OP}$ 与 $\boldsymbol{F}$ 的向量积, 即

$$\boldsymbol{M} = \overrightarrow{OP} \times \boldsymbol{F}.$$

向量积的模有明显的几何意义: $|\boldsymbol{a} \times \boldsymbol{b}| = |\boldsymbol{a}||\boldsymbol{b}| \sin\theta$ 表示以 $\boldsymbol{a}$, $\boldsymbol{b}$ 为邻边的平行四边形的面积 (图 6-3-7), 其中 θ 为 $\boldsymbol{a}$ 与 $\boldsymbol{b}$ 间的夹角.

图 6-3-7

由向量积的定义可以得到:

设 $\boldsymbol{a}$、$\boldsymbol{b}$ 为两个非零向量, 如果 $\boldsymbol{a} \times \boldsymbol{b} = 0$, 由于 $|\boldsymbol{a}| \neq 0$, $|\boldsymbol{b}| \neq 0$, 则必有 $\sin(\widehat{\boldsymbol{a}, \boldsymbol{b}}) = 0$, 于是 $(\widehat{\boldsymbol{a}, \boldsymbol{b}}) = 0$ 或 π, 即 $\boldsymbol{a}$ 与 $\boldsymbol{b}$ 平行; 反之, 如果 $\boldsymbol{a}$ 与 $\boldsymbol{b}$ 平行, 则 $(\widehat{\boldsymbol{a}, \boldsymbol{b}}) = 0$ 或 π, 于是 $|\boldsymbol{a} \times \boldsymbol{b}| = 0$, 即 $\boldsymbol{a} \times \boldsymbol{b} = \boldsymbol{0}$.

这就是说, 两个非零向量 a、b 平行的充要条件是它们的向量积为零. 显然, $a \times a = 0$.

向量积符合下列运算规律:

(1) $a \times b = -b \times a$.

这是因为按右手规则从 b 转向 a 定出的方向恰好与按右手规则从 a 转向 b 定出的方向相反. 它表明交换律对向量积不成立.

(2) 分配律: $(a + b) \times c = a \times c + b \times c$.

(3) 数乘结合律: $(\lambda a) \times c = a \times (\lambda c) = \lambda(a \times c)$ (λ 为数).

这两个规律的证明略去.

下面来推导向量积的坐标表示式.

设 $a = a_x i + a_y j + a_z k$, $b = b_x i + b_y j + b_z k$, 则

$$
\begin{aligned}
a \times b = & (a_x i + a_y j + a_z k) \times (b_x i + b_y j + b_z k) \\
= & a_x b_x i \times i + a_x b_y i \times j + a_x b_z i \times k + a_y b_x j \times i + a_y b_y j \times j + a_y b_z j \times k \\
& + a_z b_x k \times i + a_z b_y k \times j + a_z b_z k \times k
\end{aligned}
$$

由于

$$
i \times i = j \times j = k \times k = 0, \quad i \times j = k, \quad j \times k = i,
$$
$$
k \times i = j, \quad j \times i = -k, \quad k \times j = -i, \quad i \times k = -j,
$$

所以

$$
a \times b = (a_y b_z - a_z b_y)i + (a_z b_x - a_x b_z)j + (a_x b_y - a_y b_x)k.
$$

为了便于记忆, 把上式写成行列式的形式:

$$
a \times b = \begin{vmatrix} a_y & a_z \\ b_y & b_z \end{vmatrix} i - \begin{vmatrix} a_x & a_z \\ b_x & b_z \end{vmatrix} j + \begin{vmatrix} a_x & a_y \\ b_x & b_y \end{vmatrix} k = \begin{vmatrix} i & j & k \\ a_x & a_y & a_z \\ b_x & b_y & b_z \end{vmatrix}.
$$

这就是向量积的坐标表示式.

例 6　设 $a = (2, -1, 1)$, $b = (1, 2, -1)$, 计算 $a \times b$ 及与 a、b 都垂直的单位向量.

解

$$
a \times b = \begin{vmatrix} i & j & k \\ 2 & -1 & 1 \\ 1 & 2 & -1 \end{vmatrix} = \begin{vmatrix} -1 & 1 \\ 2 & -1 \end{vmatrix} i - \begin{vmatrix} 2 & 1 \\ 1 & -1 \end{vmatrix} j + \begin{vmatrix} 2 & -1 \\ 1 & 2 \end{vmatrix} k = -i + 3j + 5k.
$$

由向量积的定义可知, 若 $c = a \times b$, 则 $\pm c$ 与 a, b 都垂直, 而

$$
|c| = |a \times b| = \sqrt{(-1)^2 + 3^2 + 5^2} = \sqrt{35},
$$

因此所求的单位向量为

$$
\pm \frac{c}{|c|} = \pm \frac{1}{\sqrt{35}}(-1, 3, 5).
$$

例 7　已知平行四边形的两邻边分别为 $a = (1, -3, 1)$, $b = (2, -1, 3)$, 求平行四边形的面积.

解　因为

$$a \times b = \begin{vmatrix} i & j & k \\ 1 & -3 & 1 \\ 2 & -1 & 3 \end{vmatrix} = \begin{vmatrix} -3 & 1 \\ -1 & 3 \end{vmatrix} i - \begin{vmatrix} 1 & 1 \\ 2 & 3 \end{vmatrix} j + \begin{vmatrix} 1 & -3 \\ 2 & -1 \end{vmatrix} k = -8i - j + 5k,$$

由向量积的定义可知, 平行四边形的面积为

$$S = |a \times b| = \sqrt{(-8)^2 + (-1)^2 + 5^2} = 3\sqrt{10} .$$

例 8　设 $a = a_x i + a_y j + a_z k$, $b = b_x i + b_y j + b_z k$, $c = c_x i + c_y j + c_z k$, 求 $(a \times b) \cdot c$.

解

$$a \times b = \begin{vmatrix} i & j & k \\ a_x & a_y & a_z \\ b_x & b_y & b_z \end{vmatrix} = \begin{vmatrix} a_y & a_z \\ b_y & b_z \end{vmatrix} i - \begin{vmatrix} a_x & a_z \\ b_x & b_z \end{vmatrix} j + \begin{vmatrix} a_x & a_y \\ b_x & b_y \end{vmatrix} k,$$

由两向量的数量积的坐标式, 得

$$(a \times b) \cdot c = c_x \begin{vmatrix} a_y & a_z \\ b_y & b_z \end{vmatrix} - c_y \begin{vmatrix} a_x & a_z \\ b_x & b_z \end{vmatrix} + c_z \begin{vmatrix} a_x & a_y \\ b_x & b_y \end{vmatrix},$$

即

$$(a \times b) \cdot c = \begin{vmatrix} a_x & a_y & a_z \\ b_x & b_y & b_z \\ c_x & c_y & c_z \end{vmatrix} .$$

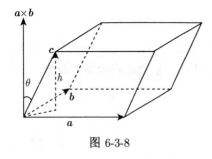

图 6-3-8

通常称 $(a \times b) \cdot c$ 为三个向量 a、b、c 的混合积. 利用例 8 的结果和行列式的性质容易验证:

$$(a \times b) \cdot c = (b \times c) \cdot a = (c \times a) \cdot b.$$

混合积 $(a \times b) \cdot c$ 是一个数量, 它的绝对值等于以 a、b、c 为棱的平行六面体的体积. 事实上, 在图 6-3-8 中, 以 a、b 为邻边的平行四边形的面积为

$$S = |a \times b|,$$

而平行六面体在这底面上的高 $h = |c| |\cos \theta|$,
于是, 平行六面体的体积

$$V = Sh$$
$$= |a \times b| |c| |\cos \theta| = |(a \times b) \cdot c|.$$

由上述混合积的几何意义, 立即可以得到: 三个向量 a, b, c 共面的充要条件是向量 a, b, c 的混合积为零, 即

$$(a \times b) \cdot c = 0.$$

例 9 试证 $A\left(0, 1, -\dfrac{1}{2}\right)$, $B(-3, 1, 1)$, $C(-1, 0, 1)$, $D(1, -1, 1)$ 四点共面.

证 只须证明向量 $\overrightarrow{AB} = \left(-3, 0, \dfrac{3}{2}\right)$, $\overrightarrow{AC} = \left(-1, -1, \dfrac{3}{2}\right)$, $\overrightarrow{AD} = \left(1, -2, \dfrac{3}{2}\right)$ 共面即可. 由于

$$(\overrightarrow{AB} \times \overrightarrow{AC}) \cdot \overrightarrow{AD} = \begin{vmatrix} -3 & 0 & \dfrac{3}{2} \\ -1 & -1 & \dfrac{3}{2} \\ 1 & -2 & \dfrac{3}{2} \end{vmatrix} = 0,$$

因此, A、B、C、D 四点共面.

习 题 6-3

1. 判断下列命题是否成立.

(1) $a \cdot a = |a| a$;

(2) 若 $a \cdot b = 0$, 则 a、b 中至少有一个零向量;

(3) 若 $a \neq 0$, 则 a 与 $b - \dfrac{a \cdot b}{|a|^2} a$ 垂直;

(4) 若 $a \neq 0$, 且 $a \times b = a \times c$, 则 $b = c$;

(5) $a \times b = |a| |b| \sin \theta$ (θ 为 a 与 b 间的夹角).

2. 设 $a = 2i - 3j + k$, $b = i - j + 3k$, $c = i - 2j$, 求

(1) $(a + 2b) \cdot a$; (2) $(a \times b) \cdot c$; (3) $(a \times b) \times c$; (4) $(a + b) \times (b + c)$.

3. 设 a、b、c 为单位向量, 且满足 $a + b + c = 0$, 求 $a \cdot b + b \cdot c + c \cdot a$.

4. 已知 $M_1(1, -1, 2)$、$M_2(3, 3, 1)$ 和 $M_3(3, 1, 3)$. 求与 $\overrightarrow{M_1 M_2}$、$\overrightarrow{M_2 M_3}$ 同时垂直的单位向量.

5. 设质量为 100 千克的物体从点 $M_1(3, 1, 8)$ 沿直线运动到点 $M_2(1, 4, 2)$, 计算重力所作的功 (长度单位为米, 重力方向为 z 轴负方向).

6. 求向量 $a = (4, -3, 4)$ 在向量 $b = (2, 2, 1)$ 上的投影.

7. 已知三角形的三顶点为 $A(4, 10, 7)$, $B(7, 9, 8)$, $C(5, 5, 8)$, 求 $\triangle ABC$ 面积.

8. 已知三角形三个顶点的坐标是 $A(-1, 2, 3)$, $B(1, 1, 1)$, $C(0, 0, 5)$, 试证 $\triangle ABC$ 是直角三角形, 并求 $\angle B$ 的大小.

9. 设 $a = (0, 2, 1)$, $b = (1, 0, 2)$ 为平行四边形的两邻边, 求平行四边形的高.

10. 试用向量证明不等式:

$$\sqrt{a_1^2 + a_2^2 + a_3^2} \sqrt{b_1^2 + b_2^2 + b_3^2} \geqslant |a_1 b_1 + a_2 b_2 + a_3 b_3|,$$

其中 a_1、a_2、a_3、b_1、b_2、b_3 为任意实数, 并指出等号成立的条件.

11. (1) 已知 $|a| = 2$, $|b| = 1$, $|c| = \sqrt{2}$, 且 $a \perp b$, $a \perp c$, b 与 c 的夹角为 $\dfrac{\pi}{4}$, 求 $|a + 2b - 3c|$.

(2) 已知 $|a| = 3$, $|b| = 4$, $|c| = 5$, 且 $a + b + c = 0$, 求 $b \cdot c$.

12. 已知向量 a 与向量 $b = (3, 6, 8)$ 及 x 轴都垂直, 且 $|a| = 2$, 求向量 a.

13. 试求由向量 $\overrightarrow{OA} = (1, 1, 1)$, $\overrightarrow{OB} = (0, 1, 1)$, $\overrightarrow{OC} = (-1, 0, 1)$ 所确定的平行六面体的体积.

14. 验证四点 $A(1,0,1)$, $B(4,4,6)$, $C(2,3,3)$ 和 $D(10,14,17)$ 在同一平面.

15. 设 $\boldsymbol{a} = (1,1,0)$, $\boldsymbol{b} = (1,0,1)$, 向量 $\boldsymbol{v}$ 与 $\boldsymbol{a}$、$\boldsymbol{b}$ 共面, 且 $\mathrm{Prj}_{\boldsymbol{a}}\boldsymbol{v} = \mathrm{Prj}_{\boldsymbol{b}}\boldsymbol{v} = 3$, 求 $\boldsymbol{v}$.

第四节　曲面及其方程

一、 曲面方程的概念

在实践中我们会遇到各种曲面, 例如管道的外表面、探照灯的反光镜以及锥面等. 下面我们来讨论一般的曲面方程的概念.

像在平面解析几何中把平面曲线当作平面上动点的轨迹一样, 在空间解析几何中, 任何曲面都可以看作空间动点的轨迹. 在这样的意义下, 如果曲面 S 与三元方程

$$F(x, y, z) = 0 \tag{6-4-1}$$

有下述关系:

(1) 曲面 S 上任一点的坐标都满足方程 (6-4-1);

(2) 不在曲面 S 上的点的坐标都不满足方程 (6-4-1).

那么, 方程 $F(x, y, z)=0$ 就称为**曲面 S 的方程**, 而曲面 S 就称为方程 $F(x, y, z)=0$ 的图形 (图 6-4-1).

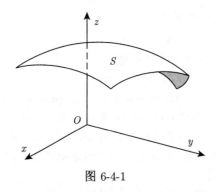

图 6-4-1

关于曲面, 我们研究下面两个基本问题:

(1) 已知曲面上点的轨迹, 建立该曲面的方程;

(2) 已知方程 $F(x,y,z)=0$, 研究该方程所表示的曲面的图形.

例 1　f 建立球心在 $M_0(x_0, y_0, z_0)$, 半径为 R 的球面的方程.

解　设 $M(x,y,z)$ 是球面上的任一点, 那么 $|M_0M| = R$, 即

$$\sqrt{(x-x_0)^2 + (y-y_0)^2 + (z-z_0)^2} = R,$$

或

$$(x-x_0)^2 + (y-y_0)^2 + (z-z_0)^2 = R^2. \tag{1}$$

这就是球面上点的坐标所满足的方程. 而不在球面上的点的坐标不满足这方程. 所以方程 (1) 就是以 $M_0(x_0, y_0, z_0)$ 为球心、R 为半径的球面的方程.

当球心在原点时, 那么 $x_0 = y_0 = z_0 = 0$, 从而球面方程为

$$x^2 + y^2 + z^2 = R^2.$$

例 2　求与两定点 $A(2, -1, 1)$, $B(1, 2, 3)$ 等距离的点的轨迹方程.

解　设轨迹上的动点为 $M(x, y, z)$, 则有

$$|AM| = |BM|,$$

即

$$\sqrt{(x-2)^2 + (y+1)^2 + (z-1)^2} = \sqrt{(x-1)^2 + (y-2)^2 + (z-3)^2}.$$

等式两边平方, 然后化简得

$$x - 3y - 2z + 4 = 0. \tag{2}$$

这就是动点的坐标所满足的方程; 反之, 与两定点距离不等的点的坐标都不满足这个方程. 因此方程 (2) 是所求的轨迹方程.

由立体几何知道, 该题的轨迹是线段 AB 的垂直平分面. 从以上的求解过程可见, 垂直平分面的方程是关于 x, y, z 的一次方程.

例 3　讨论方程 $x^2 + y^2 + z^2 + 6x - 2y - 4z + 5 = 0$ 表示怎样的曲面.

解　通过配方, 原方程可以改写成

$$(x+3)^2 + (y-1)^2 + (z-2)^2 = 3^2.$$

可以看出, 原方程表示球心在点 $(-3, 1, 2)$, 半径为 3 的球面.

一般地, 设有三元二次方程

$$Ax^2 + Ay^2 + Az^2 + Dx + Ey + Fz + G = 0, A \neq 0 \tag{6-4-2}$$

这个方程的特点是缺 xy, yz, zx 各项, 而且平方项系数相同, 如果将方程经过配方可化为例 1 方程 (6-4-2) 的形式, 它的图形就是一个**球面**, 此时方程 (6-4-2) 称为球面的一般方程.

下面我们要讨论实际问题中经常遇到的旋转曲面和柱面的方程.

二、旋转曲面

已知平面曲线绕该平面上的定直线旋转一周所成的曲面称为**旋转曲面**, 平面曲线和定直线分别称为**旋转曲面的母线和轴**.

设在 yOz 坐标面上有一已知曲线 C, 它的方程为

$$f(y, z) = 0 \tag{6-4-3}$$

把这曲线绕 z 轴旋转一周, 就得到一个以 z 轴为轴的旋转曲面 (图 6-4-2). 现在来建立它的方程.

设 $M(x, y, z)$ 为曲面上任一点, 曲线 C 上点 $M_1(0, y_1, z_1)$ 是点 M 在旋转前的起始点, 则 $z = z_1$, 且点 M 到 z 轴的距离 $d = \sqrt{x^2 + y^2}$, 而另一方面 $d = |y_1|$, 因此

$$\sqrt{x^2 + y^2} = |y_1|;$$

将 $z_1 = z$, $y_1 = \pm\sqrt{x^2+y^2}$ 代入方程 (6-4-3), 便得

$$f(\pm\sqrt{x^2+y^2}, z) = 0. \tag{6-4-4}$$

这就是所求旋转曲面的方程.

由方程 (6-4-4) 可以看出, 要得到 yOz 面上的曲线 C: $f(y,z) = 0$ 绕 z 轴旋转而形成的旋转曲面的方程, 只要在曲线 C 的方程中保持 z 不变, 而将 y 换成 $\pm\sqrt{x^2+y^2}$ 即可.

同理, 曲线 C 绕 y 轴旋转, 所成旋转曲面的方程为

$$f(y, \pm\sqrt{x^2+z^2}) = 0.$$

类似地可以得到 xOy 面上的曲线绕 x, y 轴旋转, zOx 面上的曲线绕 z, x 轴旋转的旋转曲面的方程.

例 4　直线 L 绕另一条与 L 相交的直线旋转一周, 所得旋转曲面称为**圆锥面**. 两直线的交点称为圆锥面的**顶点**, 两直线的夹角 $\alpha\left(0 < \alpha < \dfrac{\pi}{2}\right)$ 称为圆锥面的**半顶角**. 试建立顶点在坐标原点 O, 旋转轴为 z 轴, 半顶角为 α 的圆锥面 (图 6-4-3) 的方程.

解　如图 6-4-3, 在 yOz 坐标面内, L 与 z 轴正向夹角为 α, 过坐标原点, 则直线 L 的方程为

$$z = y\cot\alpha,$$

由于以 z 轴为旋转轴, 所以在直线方程中保持 z 不变, 将 y 换作 $\pm\sqrt{x^2+y^2}$, 就得到圆锥面方程为

$$z = \pm\sqrt{x^2+y^2}\cot\alpha.$$

令 $a = \cot\alpha$, 并对上式两边平方, 则有

$$z^2 = a^2(x^2+y^2).$$

这就是所求的圆锥面方程, 其中 $a = \cot\alpha$.

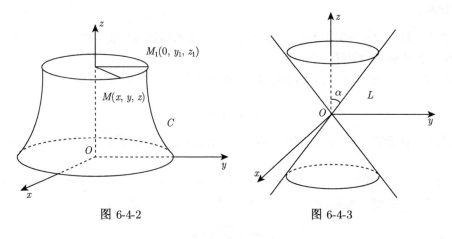

图 6-4-2　　　　　　　　　　　　　　　图 6-4-3

例 5 将 zOx 坐标面上的双曲线 $\dfrac{x^2}{a^2} - \dfrac{z^2}{c^2} = 1$ 分别绕 x 轴和 z 轴旋转一周, 求所生成的旋转曲面的方程.

解 在方程 $\dfrac{x^2}{a^2} - \dfrac{z^2}{c^2} = 1$ 中保持 x 不变, 将 z 换作 $\pm\sqrt{y^2 + z^2}$, 就得到绕 x 轴旋转所生成的旋转曲面的方程为

$$\frac{x^2}{a^2} - \frac{y^2 + z^2}{c^2} = 1.$$

同理, 绕 z 轴旋转所生成的旋转曲面的方程为

$$\frac{x^2 + y^2}{a^2} - \frac{z^2}{c^2} = 1.$$

这两种曲面分别称为**双叶旋转双曲面**(图 6-4-4) 和**单叶旋转双曲面**(图 6-4-5).

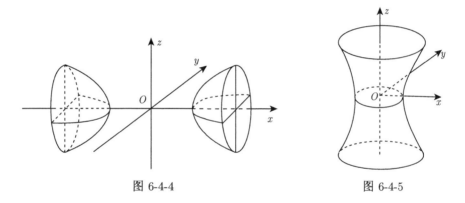

图 6-4-4   图 6-4-5

例 6 将 xOy 坐标面上的抛物线 $y = x^2$ 绕 y 轴旋转一周, 求所生成的旋转曲面的方程.

解 用 $\pm\sqrt{x^2 + z^2}$ 代替曲线方程中的 x 即可得旋转曲面的方程为

$$y = x^2 + z^2,$$

该曲面称为**旋转抛物面**(图 6-4-6).

三、柱面

动直线 L 沿定曲线 C 平行移动所形成的曲面称为**柱面**, 动直线 L 称为该柱面的**母线**, 定曲线 C 称为该柱面的**准线**(图 6-4-7).

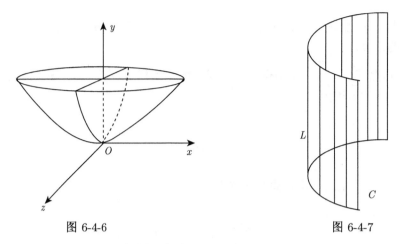

图 6-4-6　　　　　　　　　　　　　　　　　图 6-4-7

下面我们建立母线平行于坐标轴的柱面方程.

设柱面的母线 L 平行于 z 轴, 准线 C 为 xOy 面上的定曲线 $F(x, y) = 0$(图 6-4-8). $M(x, y, z)$ 为曲面上任一点, 过点 M 作平行于 z 轴的直线交 xOy 面于点 $M_0(x, y, 0)$, 由柱面的定义可知, 点 M_0 必在准线 C 上, 即 M_0 点的坐标满足方程 $F(x, y) = 0$. 由于 $F(x, y) = 0$ 中不含 z, 所以 M 点的坐标也满足方程 $F(x, y) = 0$. 而不在柱面上的点作平行于 z 轴的直线与 xOy 面的交点必不在曲线 C 上, 也就是说不在柱面上的点的坐标不满足方程 $F(x, y) = 0$. 所以, 不含变量 z 的方程

$$F(x, y) = 0$$

在空间表示以 xOy 面上的曲线 C 为准线, 母线平行于 z 轴的柱面.

例如, 方程 $x^2 + y^2 = R^2$ 在空间表示以 xOy 面上的圆 $x^2 + y^2 = R^2$ 为准线、母线平行于 z 轴的圆柱面 (图 6-4-9).

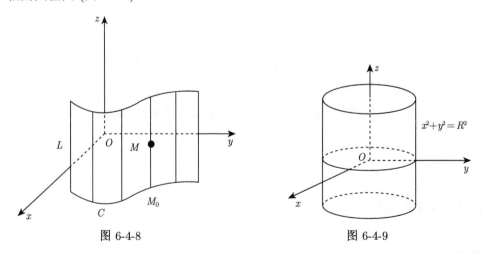

图 6-4-8　　　　　　　　　　　　　　　　　图 6-4-9

方程 $y^2 = x$ 在空间表示以 xOy 坐标面上的抛物线 $y^2 = x$ 为准线、母线平行于 z 轴的柱面, 该柱面称为**抛物柱面**(图 6-4-10).

同理, 不含变量 x 的方程 $G(y, z) = 0$ 和不含变量 y 的方程 $H(z, x) = 0$ 分别表示母线平行于 x 轴和 y 轴的柱面.

例如, 方程 $x - z = 0$ 表示母线平行于 y 轴的柱面, 其准线是 zOx 面上的直线 $x - z = 0$. 所以它为过 y 轴的平面 (图 6-4-11).

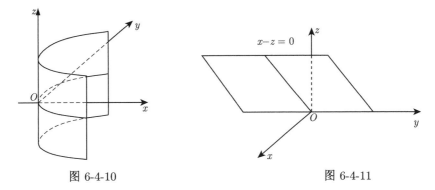

图 6-4-10　　　　　　　　　　　　　　　　　　图 6-4-11

习　题　6-4

1. 设有点 $A(1, 2, 3)$ 和 $B(2, -1, 4)$, 求线段 AB 的垂直平分面的方程.

2. 建立以点 $(1, 3, -2)$ 为球心, 且通过坐标原点的球面方程.

3. 一球面通过原点和点 $A(4, 0, 0)$, $B(1, 3, 0)$, $C(0, 0, -4)$, 求其球心和半径.

4. 求与坐标原点 O 及点 $(2, 3, 4)$ 的距离之比为 $1 : 2$ 的点的全体所组成的曲面的方程.

5. 建立下列旋转曲面的方程:

(1) zOx 面上的直线 $x = \dfrac{1}{3}z$ 分别绕 x 轴及 z 轴旋转一周而成的旋转曲面;

(2) yOz 面上的抛物线 $z^2 = 4y$ 绕 y 轴旋转一周而成的旋转曲面;

(3) yOz 面上的圆 $y^2 + z^2 = 16$ 绕 z 轴旋转一周而成的旋转曲面;

(4) yOz 面上的双曲线 $\dfrac{y^2}{4} - \dfrac{z^2}{9} = 1$ 分别绕 y 轴及 z 轴旋转一周而成的旋转曲面.

6. 指出下列方程在平面解析几何和空间解析几何中分别表示什么图形:

(1) $x = 0$;

(2) $x - y + 1 = 0$;

(3) $x^2 + y^2 = 1$;

(4) $y^2 = 5x$;

(5) $y = \sin x$.

7. 画出下列方程所表示的曲面.

(1) $x^2 + y^2 + z^2 = 1$;

(2) $\left(x - \dfrac{a}{2}\right)^2 + y^2 = \left(\dfrac{a}{2}\right)^2$;

(3) $z = 2 - y^2$;

(4) $x^2 + y^2 + z^2 - 6z - 7 = 0$;

(5) $\dfrac{x^2}{9} + \dfrac{z^2}{4} = 1$;

(6) $-\dfrac{x^2}{4} + \dfrac{y^2}{9} = 1$.

8. 说明下列旋转曲面是怎样形成的.

(1) $\dfrac{x^2}{4} + \dfrac{y^2}{9} + \dfrac{z^2}{9} = 1$;

(2) $x^2 - \dfrac{y^2}{4} + z^2 = 1$;

(3) $x^2 - y^2 - z^2 = 1$;

(4) $(z - a)^2 = x^2 + y^2$.

9. 一动点到两定点 $A(0, c, 0)$ 与 $B(0, -c, 0)$ 的距离之和为定长 $2a$, 求此动点的轨迹方程.

10. 将 yOz 面上的曲线 $z = \sin y (0 \leqslant y \leqslant \pi)$ 分别绕 y 轴及 z 轴旋转一周, 求所生成的旋转曲面的方程.

11. 指出下列方程所表示的曲面是哪一种曲面, 并画出它们的图形.

(1) $z = \sqrt{4 - x^2 - y^2}$;　　　　　　　　　(2) $z = 3\sqrt{x^2 + y^2}$;

(3) $x^2 + y^2 - 2z = 0$;　　　　　　　　　　　(4) $xy = 1$.

第五节　空间曲线及其方程

一、 空间曲线的一般方程

空间曲线可以看作两个曲面的交线. 设 $F(x, y, z) = 0$ 和 $G(x, y, z) = 0$ 分别为曲面 S_1 和 S_2 的方程, 两曲面的交线为曲线 C(图 6-5-1). 则曲线 C 上任何点的坐标应同时满足这两个曲面方程, 即满足方程组

$$\begin{cases} F(x, y, z) = 0, \\ G(x, y, z) = 0. \end{cases} \tag{6-5-1}$$

反之, 若点 M 不在曲线 C 上, 则它不可能同时在两个曲面上, 故点 M 的坐标不满足方程组. 因此, 曲线 C 可以用方程组 (6-5-1) 来表示. 方程组 (6-5-1) 称为**空间曲线 C 的一般方程**.

因为通过空间曲线 C 的曲面有无限多个, 只要从这无限多个曲面中任意选取两个, 把它们的方程联立起来, 所得方程组也同样表示空间曲线 C. 因此, 空间曲线的一般方程不是唯一的.

例 1　方程组

$$\begin{cases} z = \sqrt{a^2 - x^2 - y^2}, \\ \left(x - \dfrac{a}{2}\right)^2 + y^2 = \left(\dfrac{a}{2}\right)^2, \end{cases} \quad (a > 0)$$

表示怎样的曲线?

解　方程组中第一个方程表示球心在坐标原点、半径为 a 的上半球面, 第二个方程表示母线平行于 z 轴的圆柱面, 其准线为 xOy 面上以点 $\left(\dfrac{a}{2}, 0\right)$ 为圆心、$\dfrac{a}{2}$ 为半径的圆. 所给方程组就表示上述半球面与圆柱面的交线 (图 6-5-2).

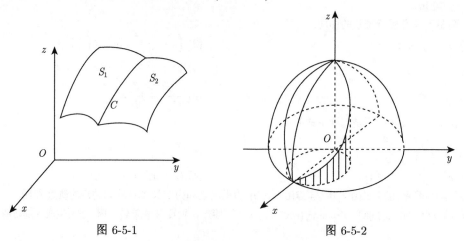

图 6-5-1　　　　　　　　　　　　　　　　　　　　　图 6-5-2

例 2　方程组 $\begin{cases} x^2 + y^2 = 1, \\ x^2 + z^2 = 1, \end{cases}$ $(x \geqslant 0, y \geqslant 0, z \geqslant 0)$ 表示怎样的曲线?

解　方程组中的两个方程分别表示母线平行于 z 轴和 y 轴的圆柱面在第一卦限内的部分, 它们的准线分别是 xOy 面和 zOx 面上的四分之一单位圆. 所给方程组表示这两圆柱面在第一卦限的交线 (图 6-5-3).

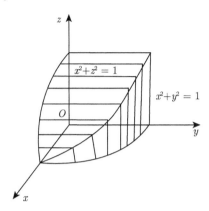

图 6-5-3

另外, 若将所给方程组的第一个方程减去第二个方程, 得同解的方程组

$$\begin{cases} x^2 + y^2 = 1, \\ y^2 - z^2 = 0, \end{cases}$$

在第一卦限内, 方程 $y^2 - z^2 = 0$ 即 $(y - z)(y + z) = 0$, 又和 $y - z = 0$ 同解. 于是, 所给曲线也可用方程组

$$\begin{cases} x^2 + y^2 = 1, \\ y - z = 0, \end{cases}$$

来表示. 这就是说, 本例所给的曲线也可视为平面 $y - z = 0$ 和圆柱面 $x^2 + y^2 = 1(x \geqslant 0, y \geqslant 0)$ 的交线.

二、 空间曲线的参数方程

空间曲线 C 的方程除了一般方程之外, 也可以用参数形式表示. 将曲线 C 上动点的坐标 x、y、z 表示为参数 t 的函数:

$$\begin{cases} x = x(t), \\ y = y(t), \\ z = z(t). \end{cases} \tag{6-5-2}$$

当 t 取某一定值时, 可由此方程组得曲线 C 上的一个点; 随着 t 的变动, 可得到曲线 C 上的全部点. 方程组 (6-5-2) 称为**空间曲线的参数方程**. 它是平面曲线参数方程的自然推广.

例 3　若空间一动点 $M(x, y, z)$ 在圆柱面 $x^2 + y^2 = a^2$ 上以角速度 ω 绕 z 轴旋转, 同时又以线速度 v 沿平行于 z 轴的方向上升 (这里 ω、v 都是常数), 则动点 M 的轨迹称为**螺旋线**(图 6-5-4), 试建立其参数方程.

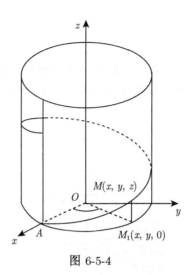

图 6-5-4

解   取时间 t 为参数, 当 $t = 0$ 时, 设动点在 x 轴的点 $A(a, 0, 0)$ 上. 经过时间 t, 动点 A 运动到点 $M(x, y, z)$(图 6-5-4), 从点 M 作 xOy 面的垂线, 垂足为 M_1, 其坐标为 $(x, y, 0)$, 因为动点在圆柱面上以角速度 ω 绕 z 轴旋转, 所以 $\angle AOM_1 = \omega t$, 从而,

$$
\begin{cases}
x = |OM_1| \cos \angle AOM_1 = a \cos \omega t, \\
y = |OM_1| \sin \angle AOM_1 = a \sin \omega t.
\end{cases}
$$

由于动点同时以线速度 v 沿平行于 z 轴的方向上升, 所以

$$
z = |M_1 M| = vt,
$$

因此, 螺旋线的参数方程为

$$
\begin{cases}
x = a \cos \omega t, \\
y = a \sin \omega t, \\
z = vt,
\end{cases}
$$

也可以取变量 $\theta = \angle AOM_1 = \omega t$ 作为参数, 此时该螺旋线的参数方程写为

$$
\begin{cases}
x = a \cos \theta, \\
y = a \sin \theta, \\
z = b\theta,
\end{cases}
$$

其中 $b = \dfrac{v}{\omega}$.

螺旋线是实践中常用的曲线. 例如, 平头螺丝钉的外缘曲线是螺旋线. 螺旋线有一重要性质: 当 θ 从 θ_0 变到 $\theta_0 + \alpha$ 时, z 由 $b\theta_0$ 变到 $b\theta_0 + b\alpha$. 这说明当 OM_1 转过角度 α 时, 点 M 沿螺旋线上升了高度 $b\alpha$, 即上升的高度与 OM_1 转过的角度成正比. 特别, 当 $\alpha = 2\pi$, 即 OM_1 转动一周时, 点 M 就上升固定的高度 $h = 2\pi b$. 这个高度 h 称为**螺距**.

三、 空间曲线在坐标面上的投影

以曲线 C 为准线、母线平行于 z 轴的柱面称为曲线 C 关于 xOy 面的**投影柱面**, 投影柱面与 xOy 面的交线 C' 称为空间曲线 C 在 xOy 面上的**投影曲线,** 简称**投影**(图 6-5-5). 类似地, 可以定义曲线 C 关于其它坐标面的投影柱面和投影.

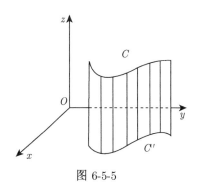

图 6-5-5

设空间曲线 C 的方程为

$$\begin{cases} F(x,y,z) = 0, \\ G(x,y,z) = 0, \end{cases} \qquad (6\text{-}5\text{-}3)$$

在方程组 (6-5-3) 中消去 z, 得方程

$$H(x,y) = 0 \qquad (6\text{-}5\text{-}4)$$

这是母线平行于 z 轴的柱面方程. 当 x、y、z 满足曲线 C 的方程组 (6-5-3) 时, 必有 x、y 满足方程 (6-5-4). 因此曲线 C 上所有的点都在柱面 $H(x,y) = 0$ 上, 也就是说, $H(x,y) = 0$ 是包含曲线 C 的柱面, 且曲线平行于 z 轴, 即曲线 C 关于 xOy 面的投影柱面.

从而曲线

$$\begin{cases} H(x,y) = 0, \\ z = 0, \end{cases} \qquad (6\text{-}5\text{-}5)$$

为空间曲线 C 在 xOy 面上的投影曲线 C'.

称方程 (6-5-4): $H(x,y) = 0$ 表示的柱面为曲线 C 关于 xOy 面的投影柱面, 称方程组 (6-5-5) 表示的曲线为曲线 C 在 xOy 面上的投影曲线.

同理, 由方程组 (6-5-3) 消去变量 x 得 $R(y,z) = 0$; 消去 y 得 $T(x,z) = 0$, 则曲线 C 在 yOz 面和 zOx 面的投影曲线的方程分别为

$$\begin{cases} R(y,z) = 0, \\ x = 0 \end{cases} \qquad \text{和} \qquad \begin{cases} T(x,z) = 0, \\ y = 0. \end{cases}$$

例 4　求曲线 C: $\begin{cases} x^2 + y^2 + z^2 = 1, \\ x^2 + (y-1)^2 + (z-1)^2 = 1 \end{cases}$　在 xOy 面上的投影曲线.

解　曲线 C 是两球面的交线. 将曲线方程组中两方程相减并化简, 得

$$y + z = 1,$$

再将 $z = 1 - y$ 代入方程组中第一个方程消去变量 z, 得

$$x^2 + 2y^2 - 2y = 0,$$

它是曲线 C 在 xOy 面上的投影柱面的方程. 因此, 两球面的交线 C 在 xOy 面上的投影曲线方程为

$$\begin{cases} x^2 + 2y^2 - 2y = 0, \\ z = 0, \end{cases}$$

它是 xOy 面上的椭圆.

例 5   求球面 $x^2 + y^2 + z^2 = 3$ 与旋转抛物面 $x^2 + y^2 = 2z$ 的交线在 xOy 面上的投影曲线方程.

解   将旋转抛物面方程化为

$$z = \frac{1}{2}(x^2 + y^2).$$

代入球面方程, 得

$$x^2 + y^2 + \frac{1}{4}(x^2 + y^2)^2 = 3,$$

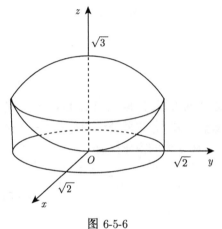

图 6-5-6

整理得

$$(x^2 + y^2 + 6)(x^2 + y^2 - 2) = 0.$$

因此, 得投影柱面方程为

$$x^2 + y^2 = 2.$$

于是, 所给球面与旋转抛物面的交线在 xOy 面上的投影曲线方程为

$$\begin{cases} x^2 + y^2 = 2, \\ z = 0, \end{cases}$$

它是 xOy 面上的圆 (图 6-5-6).

习　题　6-5

1. 画出下列曲线的图形.

(1) $\begin{cases} x^2 + y^2 + z^2 = 25, \\ z = 3; \end{cases}$ (2) $\begin{cases} x = 2, \\ y = 1; \end{cases}$

(3) $\begin{cases} y = \sqrt{a^2 - x^2}, \\ z = y; \end{cases}$ (4) $\begin{cases} z = \sqrt{4 - x^2 - y^2}, \\ x - y = 0. \end{cases}$

2. 指出下列方程组在平面解析几何与空间解析几何中分别表示什么图形.

(1) $\begin{cases} y = 2x + 1, \\ y = x - 2; \end{cases}$ (2) $\begin{cases} \dfrac{x^2}{4} + \dfrac{y^2}{9} = 1, \\ x = 2. \end{cases}$

3. 分别求母线平行于 x 轴及 y 轴而且通过曲线 $\begin{cases} 2y^2 + z^2 + 4x = 4z, \\ y^2 + 3z^2 - 8x = 12z \end{cases}$ 的柱面方程.

4. 求球面 $x^2 + y^2 + z^2 = 9$ 与平面 $x + z = 1$ 的交线在 xOy 面上的投影曲线的方程.

5. 求曲线 $\begin{cases} y^2 + z^2 - 2x = 0, \\ z = 3 \end{cases}$ 在 xOy 面上的投影曲线的方程.

6. 将下列曲线的一般方程化为参数方程.

(1) $\begin{cases} x^2 + y^2 + z^2 = 9, \\ y = x; \end{cases}$ (2) $\begin{cases} (x - 1)^2 + y^2 + (z + 1)^2 = 4, \\ z = 0. \end{cases}$

7. 求螺旋线 $\begin{cases} x = a\cos\theta, \\ y = a\sin\theta, \\ z = b\theta \end{cases}$ 在三个坐标面上的投影曲线的直角坐标方程.

8. 求由上半球面 $z = \sqrt{4 - x^2 - y^2}$ 和锥面 $z = \sqrt{3(x^2 + y^2)}$ 所围成的立体在 xOy 面上的投影.

9. 把曲线方程 $\begin{cases} 2x^2 + y^2 + z^2 = 16, \\ x^2 + z^2 - y^2 = 0 \end{cases}$ 换成母线平行于 x 轴及 y 轴的两个柱面的交线方程.

10. 求上半球 $0 \leqslant z \leqslant \sqrt{a^2 - x^2 - y^2}$ 与圆柱体 $x^2 + y^2 \leqslant ax(a > 0)$ 的公共部分在 xOy 面和 zOx 面上的投影.

11. 求旋转抛物面 $z = x^2 + y^2 (0 \leqslant z \leqslant 4)$ 在三坐标面上的投影.

第六节 平面及其方程

平面和直线是空间中最基本的几何图形. 用代数方法研究它们显得尤为重要, 在本节和下一节里我们以向量为工具来讨论平面和直线.

一、 平面的点法式方程

如果一平面过已知点且垂直于一已知非零向量, 那么它在空间的位置就完全确定了. 我们把垂直于平面的非零向量称为该**平面的法线向量**或**法向量**. 显然, 一个平面的法向量不唯一, 有无数个, 它们之间都是相互平行的.

设 $M_0(x_0, y_0, z_0)$ 为平面 Π 上一定点, $\boldsymbol{n} = (A, B, C)$ 为平面 Π 的法向量, 其中 A, B, C 不全为零, 现在来建立平面 Π 的方程.

设 $M(x, y, z)$ 是平面 Π 上任一点 (图 6-6-1), 作向量 $\overrightarrow{M_0M}$, 则 $\overrightarrow{M_0M}$ 在平面 Π 上, 与法线向量 $\boldsymbol{n}$ 垂直, 因此

$$\boldsymbol{n} \cdot \overrightarrow{M_0M} = 0$$

而 $\boldsymbol{n} = (A, B, C)$, $\overrightarrow{M_0M} = (x - x_0, y - y_0, z - z_0)$, 于是

$$(A, B, C) \cdot (x - x_0, y - y_0, z - z_0) = 0$$

即

$$A(x - x_0) + B(y - y_0) + C(z - z_0) = 0 \quad (6\text{-}6\text{-}1)$$

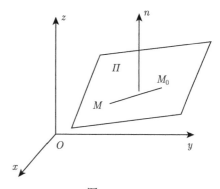

图 6-6-1

反过来, 当 $M(x, y, z)$ 不在平面 Π 上时, 向量 $\overrightarrow{M_0M}$ 与法线向量 $\boldsymbol{n}$ 不垂直, 从而 $\boldsymbol{n} \cdot \overrightarrow{M_0M} \neq 0$, 因而点 M 的坐标 x, y, z 不满足方程 (6-6-1).

由此可知, 方程 $A(x - x_0) + B(y - y_0) + C(z - z_0) = 0$ 就是平面 Π 的方程, 而平面 Π 就是平面方程的图形. 又因方程 (6-6-1) 是由平面 Π 上的一点及平面的一个法向量确定的, 所以方程 (6-6-1) 称为**平面的点法式方程**.

例 1 平面过点 $(3, -2, 1)$ 并以 $\boldsymbol{n} = (3, 4, 6)$ 为法向量, 求它的方程.

解   根据平面的点法式方程 (6-6-1), 得所求平面的方程为

$$3(x-3) + 4(y+2) + 6(z-1) = 0,$$

即

$$3x + 4y + 6z - 7 = 0.$$

例 2   已知平面过三个点 $P(1,2,-1)$, $Q(2,1,-3)$ 和 $R(5,2,-4)$, 求此平面方程.

解   因所求平面的法向量 $\boldsymbol{n}$ 与向量 $\overrightarrow{PQ} = (1,-1,\ -2)$ 和 $\overrightarrow{PR} = (4,\ 0,\ -3)$ 都垂直, 故可以取

$$\boldsymbol{n} = \overrightarrow{PQ} \times \overrightarrow{PR} = \begin{vmatrix} \boldsymbol{i} & \boldsymbol{j} & \boldsymbol{k} \\ 1 & -1 & -2 \\ 4 & 0 & -3 \end{vmatrix} = 3\boldsymbol{i} - 5\boldsymbol{j} + 4\boldsymbol{k}.$$

于是所求平面的方程为

$$3(x-1) - 5(y-2) + 4(z+1) = 0,$$

即

$$3x - 5y + 4z + 11 = 0.$$

二、 平面的一般式方程

方程 (6-6-1) 可化为

$$Ax + By + Cz + (-Ax_0 - By_0 - Cz_0) = 0,$$

把常数项 $(-Ax_0 - By_0 - Cz_0)$ 记作 D, 得

$$Ax + By + Cz + D = 0, \tag{6-6-2}$$

可见, 任何平面都可用 x, y, z 的一次方程 (6-6-2) 来表示.

反之, 可以证明, 任意三元一次方程 (6-6-2) 都表示一个平面. 事实上, 当 A, B, C 不全为零时, 总能找到 x_0, y_0, z_0, 使得

$$Ax_0 + By_0 + Cz_0 + D = 0,$$

由方程 (6-6-2) 减去上式得

$$A(x - x_0) + B(y - y_0) + C(z - z_0) = 0,$$

它表示过点 (x_0, y_0, z_0), 且法向量为 $\boldsymbol{n} = (A, B, C)$ 的平面. 由此可知, 任意三元一次方程 (6-6-2) 的图形总是一个平面. 方程 (6-6-2) 称为**平面的一般式方程**. 其中 x, y, z 的系数就是该平面的一个法向量 $\boldsymbol{n}$ 的坐标, 即 $\boldsymbol{n} = (A, B, C)$.

下面给出方程 (6-6-2) 的一些特殊情形:

当 $D = 0$ 时, 方程 (6-6-2) 变为

$$Ax + By + Cz = 0 \quad (缺常数项),$$

由于原点 $O(0,0,0)$ 的坐标满足该方程, 所以它表示过原点的平面.

当 $A = 0$ 时, 方程 (6-6-2) 变为

$$By + Cz + D = 0 \quad (\text{缺 } x \text{ 项}),$$

此时, 由于该平面的法向量 $\boldsymbol{n} = (0, B, C)$ 与 x 轴垂直, 所以它表示平行于 (或通过)x 轴的平面.

同理, 方程

$$Ax + Cz + D = 0 \quad (\text{缺 } y \text{ 项}),$$

$$Ax + By + D = 0 \quad (\text{缺 } z \text{ 项}),$$

分别表示平行于 (或通过)y 轴和 z 轴的平面.

当 $A = B = 0$ 时, 方程 (6-6-2) 变为

$$Cz + D = 0 \quad (\text{缺 } x, y \text{ 项}),$$

平面的法向量 $\boldsymbol{n} = (0, 0, C)$ 同时垂直于 x 轴和 y 轴, 所以它表示平行于 xOy 面的平面.

同理, 方程

$$Ax + D = 0 \text{ 和 } By + D = 0,$$

分别表示平行于 yOz 面和 zOx 面的平面.

例 3　已知平面过点 $M_0(1, -1, 1)$ 且通过 z 轴, 求该平面的方程.

解　由于所求平面通过 z 轴, 它的法向量垂直于 z 轴, 且平面必过原点. 因此可设这平面的方程为

$$Ax + By = 0.$$

又因为这平面通过点 $M_0(1, -1, 1)$, 所以有

$$A - B = 0 \text{ 即 } A = B.$$

将其代入所设方程并除以 $B(B \neq 0)$, 即得所求的平面方程为

$$x + y = 0.$$

例 4　已知平面过三点 $(a, 0, 0)$, $(0, b, 0)$ 和 $(0, 0, c)$, 求此平面方程 $(a, b, c$ 均不为零).

解　设所求平面方程为

$$Ax + By + Cz + D = 0,$$

把已知三点的坐标代入, 得方程组

$$\begin{cases} Aa + D = 0, \\ Bb + D = 0, \\ Cc + D = 0, \end{cases}$$

解得

$$A = -\frac{D}{a}, \quad B = -\frac{D}{b}, \quad C = -\frac{D}{c},$$

代入平面方程, 得

$$-\frac{D}{a}x - \frac{D}{b}y - \frac{D}{c}z + D = 0,$$

$$\frac{x}{a} + \frac{y}{b} + \frac{z}{c} = 1, \tag{6-6-3}$$

方程 (6-6-3) 称为**平面的截距式方程**. 而 a、b、c 依次称为平面在 x、y、z 轴上的**截距** (图 6-6-2).

三、两平面的夹角

设两平面 Π_1 与 Π_2 的方程分别为

$$A_1x + B_1y + C_1z + D_1 = 0,$$

$$A_2x + B_2y + C_2z + D_2 = 0,$$

两平面的法向量 $\boldsymbol{n}_1 = (A_1, B_1, C_1)$ 与 $\boldsymbol{n}_2 = (A_2, B_2, C_2)$ 之间的夹角 θ(通常指锐角) 称为**两平面的夹角**(图 6-6-3).

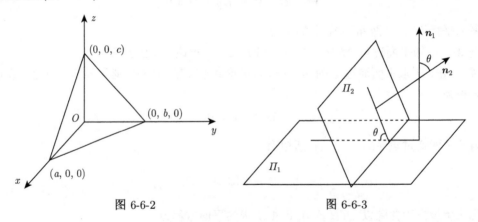

图 6-6-2　　　　　　　　　　图 6-6-3

于是

$$\cos\theta = |\cos(\boldsymbol{n}_1\widehat{}\boldsymbol{n}_2)| = \frac{|\boldsymbol{n}_1 \cdot \boldsymbol{n}_2|}{|\boldsymbol{n}_1| \cdot |\boldsymbol{n}_2|} = \frac{|A_1A_2 + B_1B_2 + C_1C_2|}{\sqrt{A_1^2 + B_1^2 + C_1^2} \cdot \sqrt{A_2^2 + B_2^2 + C_2^2}}$$

即

$$\cos\theta = \frac{|A_1A_2 + B_1B_2 + C_1C_2|}{\sqrt{A_1^2 + B_1^2 + C_1^2} \cdot \sqrt{A_2^2 + B_2^2 + C_2^2}} \tag{6-6-4}$$

根据两个向量垂直、平行的充要条件可以推得两个平面垂直、平行的充要条件.

两平面 Π_1 和 Π_2 垂直的充要条件为

$$A_1A_2 + B_1B_2 + C_1C_2 = 0;$$

两平面 Π_1 和 Π_2 平行的充要条件为

$$\frac{A_1}{A_2} = \frac{B_1}{B_2} = \frac{C_1}{C_2}.$$

例 5　已知两平面方程分别为 $x + y + 2z + 3 = 0$ 和 $x - 2y - z + 1 = 0$, 求两平面的夹角.

解　由公式 (6-6-4) 有

$$\cos\theta = \frac{|1 \times 1 + 1 \times (-2) + 2 \times (-1)|}{\sqrt{1^2 + 1^2 + 2^2}\sqrt{1^2 + (-2)^2 + (-1)^2}} = \frac{1}{2},$$

从而, 所求的夹角为 $\theta = \dfrac{\pi}{3}$.

例 6　已知平面过点 $(1, -2, 1)$, 且与两平面 $x - 2y + z - 3 = 0$ 和 $x + y - z + 2 = 0$ 都垂直, 求该平面的方程.

解　**解法一**　设所求平面方程为

$$A(x - 1) + B(y + 2) + C(z - 1) = 0.$$

其中 A, B, C 不全为零. 由于这个平面同时垂直于两已知平面, 因而有

$$\begin{cases} A - 2B + C = 0, \\ A + B - C = 0, \end{cases}$$

从而, 得

$$A = \frac{C}{3}, \quad B = \frac{2C}{3} \quad (C \neq 0),$$

代入所设方程并除以 C, 就得所求的平面方程为

$$\frac{1}{3}(x - 1) + \frac{2}{3}(y + 2) + (z - 1) = 0,$$

即

$$x + 2y + 3z = 0.$$

解法二　由所求平面的法向量 $\boldsymbol{n}$ 同时垂直于两已知平面的法向量 $\boldsymbol{n}_1 = (1, -2, 1)$ 和 $\boldsymbol{n}_2 = (1, 1, -1)$, 因此, 可以取

$$\boldsymbol{n} = \boldsymbol{n}_1 \times \boldsymbol{n}_2 = \begin{vmatrix} \boldsymbol{i} & \boldsymbol{j} & \boldsymbol{k} \\ 1 & -2 & 1 \\ 1 & 1 & -1 \end{vmatrix} = \boldsymbol{i} + 2\boldsymbol{j} + 3\boldsymbol{k},$$

于是, 得所求平面方程为

$$(x - 1) + 2(y + 2) + 3(z - 1) = 0,$$

即

$$x + 2y + 3z = 0.$$

四、 点到平面的距离

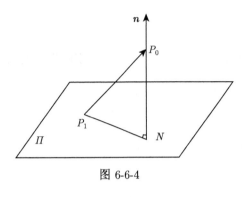

图 6-6-4

设平面 Π 的方程为 $Ax + By + Cz + D = 0$, 点 $P_0(x_0, y_0, z_0)$ 是平面外一点, 过点 P_0 作平面 Π 的垂线, 垂足为 N(图 6-6-4), 则 P_0 点到平面 Π 的距离

$$d = |P_0 N|.$$

在平面 Π 上任取一点 $P_1(x_1, y_1, z_1)$, 则向量 $\overrightarrow{P_1 P_0} = (x_0 - x_1, y_0 - y_1, z_0 - z_1)$, 则

$$d = \left| \mathrm{Prj}_{\boldsymbol{n}} \overrightarrow{P_1 P_0} \right| = \left| \frac{\overrightarrow{P_1 P_0} \cdot \boldsymbol{n}}{|\boldsymbol{n}|} \right|$$

$$= \frac{|A(x_0 - x_1) + B(y_0 - y_1) + C(z_0 - z_1)|}{\sqrt{A^2 + B^2 + C^2}}.$$

由于

$$Ax_1 + By_1 + Cz_1 + D = 0,$$

所以

$$d = \frac{|Ax_0 + By_0 + Cz_0 + D|}{\sqrt{A^2 + B^2 + C^2}}. \tag{6-6-5}$$

式 (6-6-5) 即为点 $P_0(x_0, y_0, z_0)$ 到平面 $Ax + By + Cz + D = 0$ 的距离公式.

例 7　求点 $(3, -1, 4)$ 到平面 $x + 2y - 2z + 1 = 0$ 的距离.

解　由式 (6-6-5), 有

$$d = \frac{|1 \times 3 + 2 \times (-1) - 2 \times 4 + 1|}{\sqrt{1^2 + 2^2 + (-2)^2}} = \frac{6}{3} = 2.$$

习　题　6-6

1. 设平面过点 $(-1, -2, 3)$ 且与平面 $5x - 3y + z + 4 = 0$ 平行, 求该平面方程.

2. 设平面过点 $M_0(2, 9, -6)$ 且与连接坐标原点及点 M_0 的线段 OM_0 垂直, 求该平面方程.

3. 设平面过点 $(-2, -2, 2)$, $(1, 1, -1)$ 和 $(1, -1, 2)$ 三点, 求该平面方程.

4. 指出下列各平面的特殊位置, 并画出各平面.

(1) $3x - 2 = 0$;

(2) $2x + 3y - 6 = 0$;

(3) $4y - z = 0$;

(4) $6x - 5y - z = 0$;

(5) $\dfrac{x}{3} + \dfrac{y}{2} + z = 1.$

5. 求平面 $2x - 2y + z + 5 = 0$ 与各坐标面的夹角的余弦.

6. 求点 $(1, 2, 1)$ 到平面 $x + 2y + 2z - 10 = 0$ 的距离.

7. 求两平行平面 $x - y + 2z - 2 = 0$ 与 $x - y + 2z + 4 = 0$ 间的距离.

8. 已知平面过点 $(1, 0, -1)$ 且平行于向量 $\boldsymbol{a}=(2, 1, 1)$ 和 $\boldsymbol{b}=(1, -1, 0)$, 求该平面方程.

9. 已知平面过 z 轴, 且与平面 $2x + y - \sqrt{5}z - 7 = 0$ 的夹角为 $\frac{\pi}{3}$, 求该平面方程.

10. 求三平面 $x + 3y + z - 1 = 0, 2x - y - z = 0$ 和 $-x + 2y + 2z - 3 = 0$ 的交点.

11. 已知一平面与平面 $6x + y + 6z + 5 = 0$ 平行, 且与三坐标面所围成的四面体体积为 1, 求该平面的方程.

12. 已知原点到平面 $\frac{x}{a} + \frac{y}{b} + \frac{z}{c} = 1$ 的距离为 d, 试证

$$\frac{1}{a^2} + \frac{1}{b^2} + \frac{1}{c^2} = \frac{1}{d^2}.$$

13. 一平面通过点 $(1, 2, 3)$, 它在正 x 轴、正 y 轴上的截距相等. 问当平面的截距为何值时, 它与三个坐标面所围成的立体的体积最小? 并写出此平面的方程.

第七节　空间直线及其方程

一、 空间直线的一般方程

由于空间任何一条直线都可以看作是两个平面的交线, 故我们可以直接从平面的一般方程得到空间直线的方程.

设平面 $\varPi_1$ 与 $\varPi_2$ 的方程分别为 $A_1x + B_1y + C_1z + D_1 = 0$ 和 $A_2x + B_2y + C_2z + D_2 = 0$, 它们的交线为直线 L(图 6-7-1), 则直线 L 上的任一点的坐标应同时满足这两个平面的方程, 即应满足方程组

$$\begin{cases} A_1x + B_1y + C_1z + D_1 = 0 \\ A_2x + B_2y + C_2z + D_2 = 0 \end{cases}. \tag{6-7-1}$$

反之, 若点 M 不在直线 L 上, 则它不可能同时在平面 $\varPi_1$ 和 $\varPi_2$ 上, 所以它的坐标不满足方程组 (6-7-1). 因此, 空间直线 L 可以用方程组 (6-7-1) 来表示, 称方程组 (6-7-1) 为**空间直线的一般方程**.

因为通过空间一直线 L 的平面有无限多个, 所以只要在这无限多个平面中任意选取两个, 把它们的方程联立起来, 所得的方程组就表示空间直线 L.

二、 空间直线的对称式方程与参数方程

如果一直线过已知点且平行于一已知非零向量, 那么它在空间的位置就完全确定了. 我们把平行于直线的任一非零向量称为**直线的方向向量**.

设空间直线 L 的方向向量为 $\boldsymbol{s} = (m, n, p)$, $M_0(x_0, y_0, z_0)$ 为直线 L 上的一定点 (图 6-7-2). 下面建立直线 L 的方程.

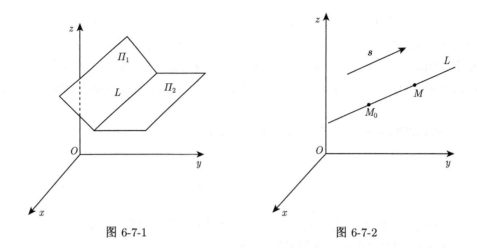

图 6-7-1　　　　　　　　　　　　　图 6-7-2

在 L 上任取一点 $M(x, y, z)$, 则向量 $\overrightarrow{M_0M}$ 与 s 平行, 而

$$\overrightarrow{M_0M} = (x - x_0, y - y_0, z - z_0).$$

由两向量平行的充要条件可得

$$\frac{x - x_0}{m} = \frac{y - y_0}{n} = \frac{z - z_0}{p}. \tag{6-7-2}$$

反之, 如果点 M 不在直线 L 上, $\overrightarrow{M_0M}$ 与 s 不平行, 则点 M 的坐标不满足方程 (6-7-2). 因此, 方程 (6-7-2) 就是直线 L 的方程, 称为直线的**对称式方程或点向式方程**. 方向向量 s 的坐标 (m, n, p) 称为直线的一组**方向数**. 而向量 s 的方向余弦称为该直线的**方向余弦**. 由于 s 是非零向量, 故 m, n, p 不全为零. 但其中某一个或两个可以为零, 例如, $m = 0, n, p \neq 0$, 此时方程 (6-7-2) 应理解为

$$\begin{cases} x - x_0 = 0, \\ \dfrac{y - y_0}{n} = \dfrac{z - z_0}{p}. \end{cases}$$

又如, 当 $m = n = 0$, 而 $p \neq 0$ 时, 方程 (6-7-2) 应理解为

$$\begin{cases} x - x_0 = 0, \\ y - y_0 = 0. \end{cases}$$

在方程 (6-7-2) 中, 若令各比值为另一个变量 t(称为**参数**), 即 $\dfrac{x - x_0}{m} = \dfrac{y - y_0}{n} = \dfrac{z - z_0}{p} = t$, 可得方程组

$$\begin{cases} x = x_0 + mt, \\ y = y_0 + nt, \\ z = z_0 + pt, \end{cases} \tag{6-7-3}$$

此方程组称为**直线的参数方程**, t 为参数.

例 1　求过 $M_1(x_1, y_1, z_1)$ 和 $M_2(x_2, y_2, z_2)$ 两点的直线方程.

解 所求直线的方向向量可取为

$$\boldsymbol{s} = \overrightarrow{M_1M_2} = (x_2 - x_1, y_2 - y_1, z_2 - z_1),$$

于是, 由方程 (6-7-2) 得直线的对称式方程方程为

$$\frac{x - x_1}{x_2 - x_1} = \frac{y - y_1}{y_2 - y_1} = \frac{z - z_1}{z_2 - z_1}.$$

例 2 将直线的一般方程

$$\begin{cases} 2x - 3y + z - 5 = 0, \\ 3x + y - 2z - 2 = 0, \end{cases}$$

化为直线的对称式方程和参数方程.

解 先在直线上找的一点. 令 $z = 0$, 得

$$\begin{cases} 2x - 3y - 5 = 0, \\ 3x + y - 2 = 0, \end{cases}$$

解此方程组, 得 $x = 1$, $y = -1$, 即 $(1, -1, 0)$ 为直线上的一点.

再求出直线的方向向量 $\boldsymbol{s}$. 由于两平面的交线与这两个平面的法向量 $\boldsymbol{n}_1 = (2, -3, 1)$ 和 $\boldsymbol{n}_2 = (3, 1, -2)$ 都垂直, 所以可取

$$\boldsymbol{s} = \boldsymbol{n}_1 \times \boldsymbol{n}_2 = \begin{vmatrix} \boldsymbol{i} & \boldsymbol{j} & \boldsymbol{k} \\ 2 & -3 & 1 \\ 3 & 1 & -2 \end{vmatrix} = (5, \ 7, \ 11).$$

因此, 所给直线的对称式方程为

$$\frac{x - 1}{5} = \frac{y + 1}{7} = \frac{z - 0}{11}.$$

令

$$\frac{x - 1}{5} = \frac{y + 1}{7} = \frac{z - 0}{11} = t,$$

得所给直线的参数方程为

$$\begin{cases} x = 1 + 5t, \\ y = -1 + 7t \\ z = 11t. \end{cases}$$

三、两直线的夹角

设直线 L_1 和 L_2 的对称式方程分别为

$$\frac{x - x_1}{m_1} = \frac{y - y_1}{n_1} = \frac{z - z_1}{p_1},$$

和

$$\frac{x - x_2}{m_2} = \frac{y - y_2}{n_2} = \frac{z - z_2}{p_2},$$

则方向向量 $s_1 = (m_1, n_1, p_1)$ 与 $s_2 = (m_2, n_2, p_2)$ 之间的夹角 θ (通常指锐角) 称为**直线L_1与L_2的夹角**. 于是

$$\cos\theta = |\cos(s_1, \overset{\wedge}{}\, s_2)| = \frac{|m_1 m_2 + n_1 n_2 + p_1 p_2|}{\sqrt{m_1^2 + n_1^2 + p_1^2} \cdot \sqrt{m_2^2 + n_2^2 + p_2^2}}. \tag{6-7-4}$$

同时, 由两向量平行、垂直的充要条件可立即得到

直线 L_1 和 L_2 垂直的充要条件是

$$m_1 m_2 + n_1 n_2 + p_1 p_2 = 0;$$

直线 L_1 和 L_2 平行的充要条件是

$$\frac{m_1}{m_2} = \frac{n_1}{n_2} = \frac{p_1}{p_2}.$$

例 3　已知两直线 L_1: $\dfrac{x+2}{2} = \dfrac{y-3}{1} = \dfrac{z-3}{-1}$ 和 L_2: $\dfrac{x-1}{1} = \dfrac{y+4}{-1} = \dfrac{z-6}{-2}$, 求两直线的夹角.

解　直线 L_1 和 L_2 的方向向量分别为 $s_1 = (2, 1, -1)$ 和 $s_2 = (1, -1, -2)$. 设两直线的夹角为 θ, 则由公式 (6-7-4) 有

$$\cos\theta = \frac{|2 \times 1 + 1 \times (-1) + (-1) \times (-2)|}{\sqrt{2^2 + 1^2 + (-1)^2} \cdot \sqrt{1^2 + (-1)^2 + (-2)^2}} = \frac{1}{2}.$$

所以, 直线 L_1 和 L_2 的夹角为 $\theta = \dfrac{\pi}{3}$.

四、直线与平面的夹角

设有直线 L: $\dfrac{x - x_0}{m} = \dfrac{y - y_0}{n} = \dfrac{z - z_0}{p}$ 和平面 Π: $Ax + By + Cz + D = 0$. 当直线 L 与平面 Π 不垂直时, L 在平面 Π 上的投影直线为 L', 则 L 与 L' 的夹角 φ $\left(0 \leqslant \varphi \leqslant \dfrac{\pi}{2}\right)$ 称为**直线L与平面Π的夹角**(图 6-7-3). 当直线 L 与平面 Π 垂直时, 规定 L 与 Π 的夹角为 $\dfrac{\pi}{2}$.

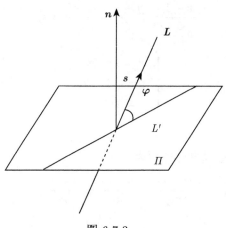

图 6-7-3

直线 L 的方向向量为 $\boldsymbol{s}=(m, n, p)$, 平面 $\varPi$ 的法线向量为 $\boldsymbol{n}=(A, B, C)$, 则直线 L 与平面 $\varPi$ 的夹角为

$$\varphi = \left| \frac{\pi}{2} - (\boldsymbol{s}, \overset{\wedge}{\boldsymbol{n}}) \right|,$$

因此 $\sin\varphi = |\cos(\boldsymbol{s}, \overset{\wedge}{\boldsymbol{n}})|$, 于是, 有

$$\sin\varphi = \frac{|Am + Bn + Cp|}{\sqrt{A^2 + B^2 + C^2}\sqrt{m^2 + n^2 + p^2}}. \tag{6-7-5}$$

由两向量平行、垂直的充要条件可立即得到:

直线 L 与平面 $\varPi$ 垂直的充要条件是

$$\frac{A}{m} = \frac{B}{n} = \frac{C}{p};$$

直线 L 与平面 $\varPi$ 平行的充要条件是

$$Am + Bn + Cp = 0.$$

例 4　求直线 $x - 2 = y - 3 = \dfrac{z-4}{2}$ 与平面 $2x - y + z - 8 = 0$ 的夹角和交点.

解　已知直线的方向向量为 $\boldsymbol{s} = (1, 1, 2)$, 平面的法向量为 $\boldsymbol{n} = (2, -1, 1)$, 由式 (6-7-5) 得

$$\sin\varphi = \frac{|2 \cdot 1 + (-1) \cdot 1 + 1 \cdot 2|}{\sqrt{2^2 + (-1)^2 + 1^2}\sqrt{1^2 + 1^2 + 2^2}} = \frac{1}{2}.$$

因此所求直线与平面的夹角为 $\varphi = \dfrac{\pi}{6}$.

化已知直线方程为参数方程

$$\begin{cases} x = 2 + t, \\ y = 3 + t, \\ z = 4 + 2t. \end{cases}$$

代入已知平面方程得

$$2(2 + t) - (3 + t) + 4 + 2t - 8 = 0,$$

解得 $t = 1$, 所以直线与平面的交点为 $(3, 4, 6)$.

例 5　求过点 $M_0(2, 1, 2)$ 且与直线 $\dfrac{x-2}{1} = \dfrac{y-3}{1} = \dfrac{z-4}{2}$ 垂直相交的直线方程.

解　过点 $M_0(2, 1, 2)$ 与直线 $\dfrac{x-2}{1} = \dfrac{y-3}{1} = \dfrac{z-4}{2}$ 垂直的平面为

$$(x - 2) + (y - 1) + 2(z - 2) = 0,$$

即

$$x + y + 2z - 7 = 0.$$

而直线 $\dfrac{x-2}{1} = \dfrac{y-3}{1} = \dfrac{z-4}{2}$ 与平面 $x + y + 2z - 7 = 0$ 的交点坐标为 $M_1(1, 2, 2)$. 于是,

所求直线的方向向量为

$$s = \overrightarrow{M_0M_1} = (-1, 1, 0),$$

所求直线的方程为

$$\frac{x-2}{-1} = \frac{y-1}{1} = \frac{z-2}{0},$$

即

$$\begin{cases} \dfrac{x-2}{-1} = \dfrac{y-1}{1}, \\ z - 2 = 0. \end{cases}$$

五、点到直线的距离

如图 6-7-4 所示, 设直线 L 的方向向量为 s, M_0 是直线 L 外一点. 在直线 L 上任取一点 M, 作 $\overrightarrow{MN} = s$, 则点 M_0 到直线 L 的距离 d 为以 $\overrightarrow{MM_0}$. s 为邻边的平行四边形的高, 由向量外积模的几何意义, 可得

$$d = \frac{|\overrightarrow{MM_0} \times s|}{|s|}. \tag{6-7-6}$$

式 (6-7-6) 即为点 M_0 到直线 L 的距离公式.

例 6　求点 $M_0(1, 2, -1)$ 到直线 $\dfrac{x-1}{2} = \dfrac{y-1}{-1} = \dfrac{z-1}{1}$ 的距离.

解　直线的方向向量 $s = (2, -1, 1)$, 取直线上一点 $M(1, 1, 1)$.
则 $\overrightarrow{MM_0} = (0, 1, -2)$

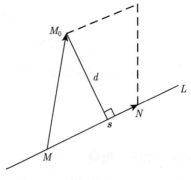

$$\overrightarrow{MM_0} \times s = \begin{vmatrix} i & j & k \\ 0 & 1 & -2 \\ 2 & -1 & 1 \end{vmatrix} = (-1, -4, -2).$$

$$\left|\overrightarrow{MM_0} \times s\right| = \sqrt{(-1)^2 + (-4)^2 + (-2)^2} = \sqrt{21},$$

$$|s| = \sqrt{2^2 + (-1)^2 + 1^2} = \sqrt{6}.$$

由式 (6-7-6), 点 M_0 到直线的距离

$$d = \frac{\left|\overrightarrow{MM_0} \times s\right|}{|s|} = \frac{\sqrt{21}}{\sqrt{6}} = \frac{\sqrt{14}}{2}.$$

图 6-7-4

六、平面束

通过空间直线 L 可以作无穷多个平面, 所有这些平面的集合称为过直线 L 的**平面束**. 设直线 L 的一般方程为

$$\begin{cases} A_1x + B_1y + C_1z + D_1 = 0, \\ A_2x + B_2y + C_2z + D_2 = 0, \end{cases}$$

其中系数 A_1、B_1、C_1 与 A_2、B_2、C_2 不成比例. 构造一个三元一次方程:

$$\lambda(A_1x + B_1y + C_1z + D_1) + \mu(A_2x + B_2y + C_2z + D_2) = 0 \tag{6-7-7}$$

其中 λ, μ 为任意实数. 上式也可写成

$$(\lambda A_1 + \mu A_2)x + (\lambda B_1 + \mu B_2)y + (\lambda C_1 + \mu C_2)z + (\lambda D_1 + \mu D_2) = 0.$$

由于系数 A_1, B_1, C_1 与 A_2, B_2, C_2 不成比例, 所以对于任何不全为零的实数 λ, μ, 上述方程的一次项系数不全为零, 从而它表示一个平面. 对于不同的 λ, μ 值, 所对应的平面也不同, 而且这些平面都通过直线 L, 也就是说, 这个方程表示通过直线 L 的一族平面. 另一方面, 任何通过直线 L 的平面也一定包含在上述通过 L 的平面族中. 因此, 方程 (6-7-7) 就是通过直线 L 的平面束方程.

例 7　求过直线 L_1: $\dfrac{x-1}{1} = \dfrac{y-2}{0} = \dfrac{z-3}{-1}$, 且与直线 L_2: $\dfrac{x+2}{2} = \dfrac{y-1}{1} = \dfrac{z}{1}$ 平行的平面方程.

解　将 L_1 化为一般式

$$\begin{cases} y = 2, \\ x + z - 4 = 0, \end{cases}$$

过 L_1 的平面束方程为

$$\lambda(y-2) + \mu(x+z-4) = 0,$$

其法向量为 $\boldsymbol{n} = (\mu, \lambda, \mu)$. 由已知, 直线 L_2 的方向向量为 $\boldsymbol{s} = (2,1,1)$, 且过 L_1 的平面与 L_2 平行, 因此,

$$\boldsymbol{n} \cdot \boldsymbol{s} = 2\mu + \lambda + \mu = 0,$$

解得

$$\lambda = -3\mu.$$

故所求的平面方程为

$$x - 3y + z + 2 = 0.$$

例 8　求直线 $\begin{cases} x + y - z - 1 = 0, \\ x - y + z + 1 = 0 \end{cases}$ 在平面 $x + 2y - z + 5 = 0$ 上的投影直线的方程.

解　设过直线 $\begin{cases} x + y - z - 1 = 0, \\ x - y + z + 1 = 0 \end{cases}$ 的平面束方程为

$$\lambda(x+y-z-1) + \mu(x-y+z+1) = 0,$$

即

$$(\lambda+\mu)x + (\lambda-\mu)y + (\mu-\lambda)z + (\mu-\lambda) = 0.$$

其中 λ, μ 为待定的常数. 这平面与平面 $x + 2y - z + 5 = 0$ 垂直的条件是

$$(\lambda+\mu) + 2(\lambda-\mu) - (\mu-\lambda) = 4\lambda - 2\mu = 0.$$

于是 $\mu = 2\lambda$, 故平面方程为

$$3x - y + z + 1 = 0.$$

该平面过已知直线, 且与平面 $x + 2y - z + 5 = 0$ 垂直, 二者的交线就是所求的投影直线, 即投影直线的方程为

$$\begin{cases} x + 2y - z + 5 = 0, \\ 3x - y + z + 1 = 0. \end{cases}$$

习　题　6-7

1. 设一直线过点 $(3, -1, 4)$, 且平行于直线 $\dfrac{x-4}{2} = \dfrac{y}{1} = \dfrac{z-2}{5}$, 求此直线方程.

2. 设直线过两点 $M_1(3, -2, 1)$ 和 $M_2(-1, 0, 2)$, 求此直线方程.

3. 将直线的一般方程

$$\begin{cases} x - y + z - 1 = 0, \\ 2x + y + z - 4 = 0 \end{cases}$$

化为直线的对称式方程和参数方程.

4. 设一平面过点 $(2, 0, -3)$ 且与直线 $\begin{cases} x - 2y + 4z - 7 = 0, \\ 3x + 5y - 2z + 1 = 0 \end{cases}$ 垂直, 求此平面方程.

5. 设直线过点 $(0, 2, 4)$ 且与两平面 $x+2z=1$ 和 $y-3z=2$ 平行, 求此直线方程.

6. 设直线过点 $(1, 1, 1)$ 且与直线 $\dfrac{x}{1} = \dfrac{y}{2} = \dfrac{z}{3}$ 垂直相交, 求此直线方程.

7. 求直线 $\dfrac{x-2}{3} = \dfrac{y-3}{-2} = \dfrac{z+1}{1}$ 与直线 $\dfrac{x}{2} = \dfrac{y+2}{1} = \dfrac{z-3}{3}$ 的夹角.

8. 证明直线 $\begin{cases} 5x - 3y + 3z = 9, \\ 3x - 2y + z = 1 \end{cases}$ 与直线 $\begin{cases} 2x + 2y - z = -2, \\ 3x + 8y + z = 18 \end{cases}$ 垂直.

9. 设一平面过点 $(3, 1, -2)$ 且通过直线 $\dfrac{x-4}{5} = \dfrac{y+3}{2} = \dfrac{z}{1}$, 求该平面方程.

10. 试确定下列各组中的直线和平面间的关系.

(1) $\dfrac{x+3}{-2} = \dfrac{y+4}{-7} = \dfrac{z}{3}$ 和 $4x - 2y - 2z - 3 = 0$.

(2) $\dfrac{x}{3} = \dfrac{y}{-2} = \dfrac{z}{7}$ 和 $3x - 2y + 7z - 8 = 0$.

(3) $\begin{cases} 2x - 5y + 4 = 0, \\ 5y - z + 1 = 0 \end{cases}$ 和 $4x - 2z - 5 = 0$.

(4) $\dfrac{x-1}{2} = \dfrac{y+3}{-1} = \dfrac{z+2}{5}$ 和 $4x + 3y - z + 3 = 0$.

11. 过点 $A(1, 2, 0)$ 作一直线, 使其与 z 轴相交, 且和平面 $4x + 3y - 2z = 0$ 平行, 求此直线方程.

12. 直线 L 过点 $A(-2, 1, 3)$ 和点 $B(0, -1, 2)$, 求点 $C(10, 5, 10)$ 到直线 L 的距离.

13. 求点 $(-1, 2, 0)$ 在平面 $x+2y-z+1=0$ 上的投影.

14. 求直线 $L: \begin{cases} 2y + 3z - 5 = 0, \\ x - 2y - z + 7 = 0 \end{cases}$ 在平面 $x - y + z + 8 = 0$ 上的投影直线方程.

15. 设一直线过点 $(1, 1, 1)$ 且与两直线 $L_1: \dfrac{x}{1} = \dfrac{y}{2} = \dfrac{z}{3}$ 和 $L_2: \dfrac{x-1}{21} = \dfrac{y-2}{1} = \dfrac{z-3}{4}$ 相交, 求此直线方程.

16. 求过直线 $\begin{cases} x + 5y + z = 0, \\ x - z + 4 = 0 \end{cases}$ 且与平面 $x - 4y - 8z + 12 = 0$ 成 $\dfrac{\pi}{4}$ 夹角的平面方程.

17. 求与直线 $\dfrac{x-1}{1} = \dfrac{y+2}{3} = \dfrac{z+5}{-2}$ 关于原点对称的直线方程.

18. 求直线 $L_1: \dfrac{x-5}{-4} = \dfrac{y-1}{1} = \dfrac{z-2}{1}$ 与直线 $L_2: \dfrac{x}{2} = \dfrac{y}{2} = \dfrac{z-8}{-3}$ 之间的距离.

第八节 二次曲面

在平面解析几何中二次方程所表示的曲线称为**二次曲线**. 类似地, 在空间解析几何中我们把三元二次方程所表示的曲面称为**二次曲面**, 而把平面称为**一次曲面**. 本节主要讨论如何从方程出发去研究方程所描述的二次曲面的几何性态. 所采用的方法是**截痕法**: 所谓截痕法就是用一组平行于坐标面的平面截曲面, 观察所得的交线, 从而了解曲面在各坐标轴方向的形态变化, 然后综合得出曲面的完整形态.

一、椭球面

由方程

$$\frac{x^2}{a^2} + \frac{y^2}{b^2} + \frac{z^2}{c^2} = 1 (a > 0, b > 0, c > 0) \tag{6-8-1}$$

所表示的曲面称为**椭球面**, 其中 a, b, c 称为椭球面的半轴.

在式 (6-8-1) 的左端以 $-x$ 代替 x, y, z 不变, 等式仍成立, 所以椭球面关于 yOz 面对称; 同理, 它关于 xOy 面、zOx 面和原点对称.

由方程 (6-8-1) 知 $\frac{x^2}{a^2} \leqslant 1, \frac{y^2}{b^2} \leqslant 1, \frac{z^2}{c^2} \leqslant 1$, 即 $|x| \leqslant a, |y| \leqslant b, |z| \leqslant c$, 这说明椭球面位于平面 $x = \pm a, y = \pm b, z = \pm c$ 所围成的长方体内.

椭球面与三个坐标面的交线方程分别为

$$\begin{cases} \dfrac{x^2}{a^2} + \dfrac{y^2}{b^2} = 1, \\ z = 0, \end{cases} \quad \begin{cases} \dfrac{y^2}{b^2} + \dfrac{z^2}{c^2} = 1, \\ x = 0, \end{cases} \quad \begin{cases} \dfrac{x^2}{a^2} + \dfrac{z^2}{c^2} = 1, \\ y = 0, \end{cases}$$

这些交线都是椭圆.

用平行于坐标面 xOy 的平面 $z = h(|h| < c)$ 截椭球面, 所得曲线方程为

$$\begin{cases} \dfrac{x^2}{a^2 \left(1 - \dfrac{h^2}{c^2}\right)} + \dfrac{y^2}{b^2 \left(1 - \dfrac{h^2}{c^2}\right)} = 1, \\ z = h, \end{cases}$$

这是平面 $z = h$ 上的一个椭圆, 此椭圆的中心在 z 轴上, 长、短半轴分别为

$$\frac{a}{c}\sqrt{c^2 - h^2}, \quad \frac{b}{c}\sqrt{c^2 - h^2}.$$

由此可见随着 $|h|$ 由 0 增加到 c, 两半轴逐渐缩小, 从而椭圆逐渐缩小. 特别地, 当 $h = 0$ 时, 椭圆最大, 当 $|h| = c$ 时, 椭圆收缩成点 $(0, 0, c)$ 与 $(0, 0, -c)$.

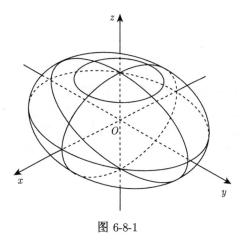

图 6-8-1

当 $|h| > c$ 时, 平面 $z = h$ 与椭球面无交点.

用平行于 yOz 面及 zOx 面的平面去截椭球面, 可得到类似的结果.

综合以上的讨论, 可得出椭球面的图形 (图 6-8-1).

若 $a = b > 0$, 方程 (6-8-1) 为

$$\frac{x^2}{a^2} + \frac{y^2}{a^2} + \frac{z^2}{c^2} = 1,$$

表示 zOx 面上的椭圆 $\frac{x^2}{a^2} + \frac{z^2}{c^2} = 1$ 或 yOz 面上的椭圆 $\frac{y^2}{a^2} + \frac{z^2}{c^2} = 1$ 绕 z 轴旋转一周而成的**旋转椭球面**.

若 $a = b = c > 0$, 则方程 (6-8-1) 变为 $x^2 + y^2 + z^2 = a^2$, 表示球心在原点, 半径为 a 的球面. 因此, 球面是椭球面的一种特殊情形.

二、椭圆抛物面

方程

$$\frac{x^2}{a^2} + \frac{y^2}{b^2} = z \quad (a > 0, b > 0) \tag{6-8-2}$$

所表示的曲面称为**椭圆抛物面**.

与讨论椭球面的方式类似, 可知椭圆抛物面 (6-8-2) 关于 yOz 面和 zOx 面对称, 关于 z 轴也对称.

因 $z \geqslant 0$, 故整个曲面在 xOy 面的上方, 它与 zOx 面和 yOz 面的交线是抛物线

$$\begin{cases} x^2 = a^2 z, \\ y = 0, \end{cases} \quad 和 \quad \begin{cases} y^2 = b^2 z, \\ x = 0, \end{cases}$$

这两条抛物线有共同的顶点和轴.

用平行于 zOx 面的平面 $y = h\ (h > 0)$ 去截它, 截痕曲线方程为

$$\begin{cases} x^2 = a^2 \left(z - \dfrac{h^2}{b^2} \right), \\ y = h, \end{cases}$$

这是平面 $y = h$ 上的一条抛物线, 它的轴平行于 z 轴, 顶点为 $\left(0, h, \dfrac{h^2}{b^2} \right)$.

类似地, 用平行于 yOz 面的平面 $x = h (h > 0)$ 去截它, 截痕也是抛物线.

用平行于 xOy 面的平面 $z = h (h > 0)$ 去截它, 截痕是一个椭圆

$$\begin{cases} \dfrac{x^2}{a^2} + \dfrac{y^2}{b^2} = h, \\ z = h, \end{cases}$$

这个椭圆的半轴随 h 增大而增大 (图 6-8-2).

若 $a = b > 0$, 方程 (6-8-2) 为

$$\frac{x^2}{a^2} + \frac{y^2}{a^2} = z,$$

它表示 zOx 面上的抛物线 $x^2 = a^2 z$ 或 yOz 面上的抛物线 $y^2 = a^2 z$ 绕 z 轴旋转一周而成的**旋转抛物面**.

三、单叶双曲面

方程

$$\frac{x^2}{a^2} + \frac{y^2}{b^2} - \frac{z^2}{c^2} = 1 \quad (a > 0, b > 0, c > 0) \quad (6\text{-}8\text{-}3)$$

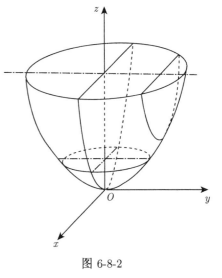

图 6-8-2

所表示的曲面称为**单叶双曲面**, 其中 a, b, c 称为双曲面的半轴.

显然, 它关于坐标面、坐标轴和坐标原点都是对称的.

用平行于 xOy 面的平面 $z = h$ 截曲面 (6-8-3), 截痕曲线的方程为

$$\begin{cases} \dfrac{x^2}{a^2} + \dfrac{y^2}{b^2} = 1 + \dfrac{h^2}{c^2}, \\ z = h, \end{cases}$$

这是平面 $z = h$ 上半轴为 $\dfrac{a}{c}\sqrt{c^2 + h^2}$, $\dfrac{b}{c}\sqrt{c^2 + h^2}$ 的椭圆. 当 $h = 0$ 时 (xOy 面), 半轴最小.

用平行于 zOx 面的平面 $y = h$ 截曲面 (6-8-3), 截痕曲线的方程为

$$\begin{cases} \dfrac{x^2}{a^2} - \dfrac{z^2}{c^2} = 1 - \dfrac{h^2}{b^2}, \\ y = h. \end{cases}$$

若 $h^2 < b^2$, 此时, 截痕为平面 $y = h$ 上实轴平行于 x 轴, 虚轴平行于 z 轴的双曲线; 若 $h^2 > b^2$, 则截痕为实轴平行于 z 轴, 虚轴平行于 x 轴的双曲线; 若 $h^2 = b^2$, 则上述截痕方程变成

$$\begin{cases} \left(\dfrac{x}{a} + \dfrac{z}{c}\right)\left(\dfrac{x}{a} - \dfrac{z}{c}\right) = 0, \\ y = h. \end{cases}$$

这表示平面 $y = \pm b$ 与曲面 (6-8-3) 的截痕是一对相交的直线, 交点为 $(0, b, 0)$ 和 $(0, -b, 0)$.

类似地, 用平行于 yOz 面的平面 $x = h(h^2 \neq a^2)$ 截曲面 (6-8-3), 所得截痕也是双曲线. 两平面 $x = \pm a$ 截曲面 (6-8-3) 所得截痕是一对相交的直线.

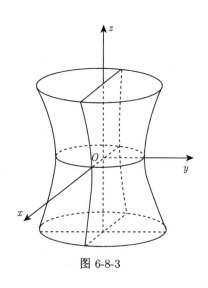

图 6-8-3

综合以上的讨论, 可得出单叶双曲面 (6-8-3) 的图形 (图 6-8-3).

若 $a = b > 0$, 方程 (6-8-3) 为

$$\frac{x^2}{a^2} + \frac{y^2}{a^2} - \frac{z^2}{c^2} = 1,$$

表示 zOx 面上的双曲线 $\frac{x^2}{a^2} - \frac{z^2}{c^2} = 1$ 或 yOz 面上的双曲线 $\frac{y^2}{a^2} - \frac{z^2}{c^2} = 1$ 绕 z 轴旋转一周而成的**单叶旋转双曲面**.

四、双叶双曲面

方程

$$\frac{x^2}{a^2} + \frac{y^2}{b^2} - \frac{z^2}{c^2} = -1 (a > 0, b > 0, c > 0) \quad (6\text{-}8\text{-}4)$$

所表示的曲面称为**双叶双曲面**.

显然, 它关于坐标面、坐标轴和原点都对称, 它与 zOx 面和 yOz 面的交线都是双曲线

$$\begin{cases} \dfrac{x^2}{a^2} - \dfrac{z^2}{c^2} = -1, \\ y = 0 \end{cases} \text{和} \begin{cases} \dfrac{y^2}{b^2} - \dfrac{z^2}{c^2} = -1, \\ x = 0. \end{cases}$$

用平行于 xOy 面的平面 $z = h (h^2 \geqslant c^2)$ 去截它, 当 $h^2 > c^2$ 时, 截痕是一个椭圆

$$\begin{cases} \dfrac{x^2}{a^2} + \dfrac{y^2}{b^2} = \dfrac{h^2}{c^2} - 1, \\ z = h. \end{cases}$$

它的半轴随 $|h|$ 的增大而增大; 当 $h^2 = c^2$ 时, 截痕是一个点; 当 $h^2 < c^2$ 时, 平面 $z = h$ 与该曲面没有交点. 当用平面 $y = h$ 及 $x = h$ 截该曲面时, 交线都是双曲线.

综合以上的讨论, 可得出双叶双曲面 (6-8-4) 的图形 (图 6-8-4).

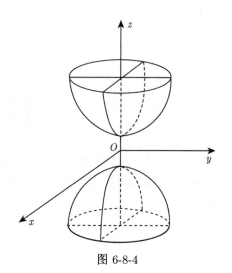

图 6-8-4

若 $a = b > 0$ 方程 (6-8-4) 为

$$\frac{x^2}{a^2} + \frac{y^2}{a^2} - \frac{z^2}{c^2} = -1,$$

表示 zOx 面上的双曲线 $\dfrac{z^2}{c^2} - \dfrac{x^2}{a^2} = 1$ 或 yOz 面上的双曲线 $\dfrac{z^2}{c^2} - \dfrac{y^2}{a^2} = 1$ 绕 z 轴旋转一周而成的**双叶旋转双曲面**.

五、 双曲抛物面 (马鞍面)

方程

$$-\frac{x^2}{a^2} + \frac{y^2}{b^2} = z \quad (a > 0, b > 0), \tag{6-8-5}$$

所表示的曲面称为**双曲抛物面**.

显然, 该曲面关于 yOz 面和 zOx 面对称, 关于 z 轴也对称. 它与 zOx 面和 yOz 面的截痕是抛物线

$$\begin{cases} x^2 = -a^2 z, \\ y = 0 \end{cases} \quad \text{和} \quad \begin{cases} y^2 = b^2 z, \\ x = 0. \end{cases}$$

这两条抛物线有共同的顶点和对称轴, 但对称轴的正方向相反.

它与 xOy 面的截痕是两条交于原点的直线

$$\begin{cases} \dfrac{x}{a} + \dfrac{y}{b} = 0, \\ z = 0 \end{cases} \quad \text{和} \quad \begin{cases} \dfrac{x}{a} - \dfrac{y}{b} = 0, \\ z = 0. \end{cases}$$

用平行于 xOy 面的平面 $z = h$ 去截它, 截痕方程是

$$\begin{cases} -\dfrac{x^2}{a^2} + \dfrac{y^2}{b^2} = h, \\ z = h. \end{cases}$$

当 $h \neq 0$ 时, 截痕总是双曲线: 若 $h > 0$, 双曲线的实轴平行于 y 轴; 若 $h < 0$, 双曲线的实轴平行于 x 轴.

综合以上的讨论, 可得出双曲抛物面 (6-8-5) 的图形 (图 6-8-5).

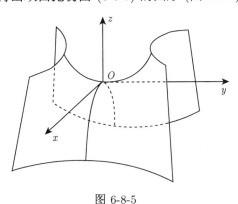

图 6-8-5

习 题 6-8

1. 画出下列方程所表示的曲面.

(1) $\dfrac{x^2}{4} + \dfrac{y^2}{9} + z^2 = 1$;

(2) $z = \dfrac{x^2}{4} + \dfrac{y^2}{9}$;

(3) $1 - z = x^2 + y^2$　　　　　　　　　　　　(4) $z = 3\sqrt{x^2 + y^2}$;

(5) $4x^2 + y^2 - z^2 = 4$;　　　　　　　　　　(6) $x^2 + y^2 - \dfrac{z^2}{4} = -1$.

2. 求曲线 $\begin{cases} y^2 + z^2 - 2x = 0, \\ z = 3 \end{cases}$ 在 xOy 面上的投影曲线的方程, 并指出原曲线是什么曲线.

3. 指出下列曲线的形状.

(1) $\begin{cases} x^2 + y^2 + z^2 = 16, \\ x = 3; \end{cases}$　　　　　　　　(2) $\begin{cases} \dfrac{x^2}{4} + \dfrac{y^2}{9} = z, \\ z = 4; \end{cases}$

(3) $\begin{cases} \dfrac{y^2}{9} - \dfrac{z^2}{4} = 1, \\ x - 2 = 0; \end{cases}$　　　　　　　　(4) $\begin{cases} y^2 + z^2 - 4x + 8 = 0, \\ y = 4. \end{cases}$

4. 画出下列各曲面所围成的立体的图形.

(1) $z = 0, z = a(a > 0), y = x, x^2 + y^2 = 1, x = 0$(在第一卦限内);

(2) $y = \sqrt{x},\ x + z = \dfrac{\pi}{2},\ y = 0,\ z = 0$;

(3) $x = 0, y = 0, z = 0, x = 2, y = 1, 3x + 4y + 2z - 12 = 0$;

(4) $x = 0, y = 0, z = 0, x^2 + y^2 = a^2, y^2 + z^2 = a^2$(在第一卦限内).

5. 画出下列各曲面所围成的立体的图形.

(1) $z = x^2 + y^2, z = 8 - x^2 - y^2, z = 1$;

(2) $x = 0, y = 0, z = 0, z = 1 - x^2, x + y = 1$;

(3) $z = x^2 + y^2, y^2 = x, x = 1, z = 0$.

6. 求曲线 $\begin{cases} z = 2 - x^2 - y^2 \\ z = (x - 1)^2 + (y - 1)^2 \end{cases}$ 在三个坐标面上的投影曲线的方程.

总复习题六

1. 填空题

(1) 设 $\boldsymbol{a} = (2, 1, 2)$, $\boldsymbol{b} = (4, -1, 10)$, $\boldsymbol{c} = \boldsymbol{b} - \lambda\boldsymbol{a}$, 且 $\boldsymbol{a} \perp \boldsymbol{c}$, 则 $\lambda = $ _____;

(2) 若 $|\boldsymbol{a}| = 4$, $|\boldsymbol{b}| = 3$, $|\boldsymbol{a} + \boldsymbol{b}| = \sqrt{31}$, 则 $|\boldsymbol{a} - \boldsymbol{b}| = $ _____;

(3) 设 $\boldsymbol{a} = 2\boldsymbol{i} + \boldsymbol{j} + \boldsymbol{k}$, $\boldsymbol{b} = \boldsymbol{i} - 2\boldsymbol{j} + 2\boldsymbol{k}$, $\boldsymbol{c} = 3\boldsymbol{i} - 4\boldsymbol{j} + 2\boldsymbol{k}$, 则 $\mathrm{Prj_c}(\boldsymbol{a} + \boldsymbol{b}) = $ _____;

(4) y 轴上与点 $A(1, -3, 7)$ 和点 $B(5, 7, -5)$ 等距离的点的坐标为 _____;

(5) 过直线 $\begin{cases} 4x - y + z - 1 = 0, \\ x + 5y - z + 2 = 0 \end{cases}$ 且与 x 轴平行的平面方程为 _____.

2. 选择题

(1) 设 $|\vec{a}| = 2$, $|\vec{b}| = \sqrt{3}$, $|\vec{a} + \vec{b}| = 1 + \sqrt{6}$, 则 $|\vec{a} \times \vec{b}| = ($ 　　$)$.

A. $2\sqrt{3}$;　B. $\sqrt{3}$;　C. 1;　D. $\sqrt{6}$.

(2) 设 $L_1 : \begin{cases} x + 2y - z - 7 = 0, \\ -2x + y + z - 7 = 0 \end{cases}$ 与 $L_2 : \begin{cases} 3x + 6y - 3z - 8 = 0, \\ 2x - y - z = 0, \end{cases}$ 则 L_1 与 L_2 (　).

A. 重合;　B. 平行;　C. 异面;　D. 相交.

(3) 设有直线 $L : \begin{cases} x + 3y + 2z + 1 = 0, \\ 2x - y - 10z + 3 = 0 \end{cases}$ 及平面 $\pi : 4x - 2y + z - 2 = 0$, 则直线 L (　).

A. 平行于 π;　B. 在 π 上;　C. 垂直于 π;　D. 与 π 斜交.

(4) 直线 $\dfrac{x - 1}{1} = \dfrac{y - 2}{2} = \dfrac{z + 1}{-1}$ 与平面 $x - y - z + 1 = 0$ 的夹角为 (　).

A. 0;　　B. $\dfrac{\pi}{3}$;　　C. $\dfrac{\pi}{4}$;　　D. $\dfrac{\pi}{2}$.

(5) 方程 $x^2 - y^2 - z^2 = 4$ 表示的旋转曲面是 (   ).

A. 柱面;   B. 双叶双曲面;   C. 锥面;   D. 单叶双曲面.

3. 设 a, b 为任意向量, 证明:

(1) $|a + b|^2 + |a - b|^2 = 2(|a|^2 + |b|^2)$;

(2) $|a \times b|^2 + (a \cdot b)^2 = |a|^2 |b|^2$.

4. 证明向量 $(a \cdot c)b - (b \cdot c)a$ 垂直于向量 c.

5. 设 $|a| = \sqrt{3}$, $|b| = 1, (\overset{\wedge}{a, b}) = \dfrac{\pi}{6}$, 求向量 $a - b$ 与 $a + b$ 的夹角.

6. 设 $a = (-1, 3, 2), b = (2, -3, -4), c = (-3, 12, 6)$, 证明三向量 a、b、c 共面, 并用 a 和 b 表示 c.

7. 设 $|a| = 4$, $|b| = 3$, $(\overset{\wedge}{a, b}) = \dfrac{\pi}{6}$, 求以 $a + 2b$ 和 $a - 3b$ 为边的平行四边形的面积.

8. 已知向量 a, b, c 满足 $a + b + c = 0$, 求证 $a \times b = b \times c = c \times a$.

9. 已知动点 $M(x, y, z)$ 到 xOy 面的距离与点 M 到点 $(1, -1, 2)$ 的距离相等, 求点 M 的轨迹方程.

10. 指出下列旋转曲面的一条母线和旋转轴.

(1) $z = 2(x^2 + y^2)$;

(2) $\dfrac{x^2}{3} + \dfrac{y^2}{4} + \dfrac{z^2}{3} = 10$;

(3) $z^2 = 3(x^2 + y^2)$;

(4) $x^2 - y^2 - z^2 = 1$.

11. 求通过两直线 $\dfrac{x-1}{1} = \dfrac{y+1}{-1} = \dfrac{z-1}{2}$ 与 $\dfrac{x-1}{-1} = \dfrac{y+1}{2} = \dfrac{z-1}{1}$ 的平面方程.

12. 求垂直于平面 $5x - y + 3z - 2 = 0$ 且与它的交线在 xOy 面上的平面方程.

13. 求通过点 $A(3, 0, 0)$ 和 $B(0, 0, 1)$ 且与 xOy 面成 $\dfrac{\pi}{3}$ 角的平面的方程.

14. 设一平面垂直于平面 $z = 0$, 并通过点 $(1, -1, 1)$ 到直线 $\begin{cases} y - z + 1 = 0, \\ x = 0 \end{cases}$ 的垂线, 求此平面方程.

15. 设两个平面均通过点 $A(-5, 10, 12)$, 其中一个平面通过 x 轴, 另一个通过 y 轴, 试求这两个平面的夹角的余弦.

16. 已知点 $A(1, 0, 0)$ 及点 $B(0, 2, 1)$, 试在 z 轴上求一点 C, 使 $\triangle ABC$ 的面积最小.

17. 求过点 $(-1, 0, 4)$, 且平行于平面 $3x - 4y + z - 10 = 0$, 又与直线 $\dfrac{x+1}{1} = \dfrac{y-3}{1} = \dfrac{z}{2}$ 相交的直线的方程.

18. 求直线 L: $\dfrac{x-1}{1} = \dfrac{y}{1} = \dfrac{z-1}{-1}$ 在平面 Π: $x - y + 2z - 1 = 0$ 上的投影直线 L' 的方程, 并求 L' 绕 y 轴旋转一周所成曲面的方程.

19. 求锥面 $z = \sqrt{x^2 + y^2}$ 与柱面 $z^2 = 2x$ 所围成立体在三个坐标面上的投影.

20. 画出下列各曲面所围立体的图形.

(1) 抛物柱面 $2y^2 = x$, 平面 $z = 0$ 及 $\dfrac{x}{4} + \dfrac{y}{2} + \dfrac{z}{2} = 1$;

(2) 抛物柱面 $x^2 = 1 - z$, 平面 $y = 0, z = 0$ 及 $x + y = 1$;

(3) 圆锥面 $z = \sqrt{x^2 + y^2}$ 及旋转抛物面 $z = 2 - x^2 - y^2$.

第六章参考答案

习题 6-1

1. 略.

2. $(x_0, y_0, 0), (0, y_0, z_0), (x_0, 0, z_0), (x_0, 0, 0), (0, y_0, 0), (0, 0, z_0)$.

3. (1)$(a, b, -c), (-a, b, c), (a, -b, c)$;   (2)$(a, -b, -c), (-a, b, -c), (-a, -b, c)$;

$(3)(-a, -b, -c)$.

4. $\left(-\dfrac{\sqrt{2}}{2}a,0,0\right)$, $\left(\dfrac{\sqrt{2}}{2}a,0,0\right)$, $\left(0,-\dfrac{\sqrt{2}}{2}a,0\right)$, $\left(0,\dfrac{\sqrt{2}}{2}a,0\right)$, $\left(-\dfrac{\sqrt{2}}{2}a,0,a\right)$, $\left(\dfrac{\sqrt{2}}{2}a,0,a\right)$, $\left(0,-\dfrac{\sqrt{2}}{2}a,a\right)$, $\left(0,\dfrac{\sqrt{2}}{2}a,a\right)$.

5. 略.

6. $(0, 6, 0)$.

7. $(0, 1, -2)$.

8. $5\sqrt{2}$, 5, $\sqrt{34}$, $\sqrt{41}$.

习题 6-2

1. $u + 2v = 3a - b - 3c$.

2. 略.

3. $\sqrt{227}$, $\sqrt{83}$.

4. $\pm\dfrac{1}{11}(-7,6,-6)$.

5. 略.

6. 2, $-\dfrac{1}{2}$, $-\dfrac{\sqrt{2}}{2}$, $\dfrac{1}{2}$, $\dfrac{2\pi}{3}$, $\dfrac{3\pi}{4}$, $\dfrac{\pi}{3}$.

7. $\dfrac{5\sqrt{2}}{2}$.

8. 13, 7.

9. $(1, 2, 2)$ 或 $(1, 2, -2)$

10. (1) $(-1, 3, -20)$;　　(2) $5\lambda + \mu = 0$.

11. 略.

12. $A(-2, 3, 0)$.

13. $0, 0, -1$ 或 $\dfrac{\sqrt{2}}{2}, \dfrac{\sqrt{2}}{2}, 0$.

14. $\left(-\dfrac{2}{\sqrt{6}}, -\dfrac{1}{\sqrt{6}}, -\dfrac{1}{\sqrt{6}}\right)$.

习题 6-3

1. (1) ×;　(2) ×;　(3) √;　(4) ×;　(5) ×.

2. (1) 30;　(2) 2;　(3) $(2,1,21)$;　(4) $(0,-1,-1)$.

3. $-\dfrac{3}{2}$.

4. $\pm\dfrac{1}{\sqrt{17}}(3,-2,-2)$.

5. 5880(焦耳).

6. 2.

7. $3\sqrt{6}$.

8. $\angle B = 45°$.

9. $\sqrt{\dfrac{21}{5}}$.

10. 略.

11. (1) $\sqrt{14}$;　(2) -16.

12. $\left(0, \dfrac{8}{5}, -\dfrac{6}{5}\right)$ 或 $\left(0, -\dfrac{8}{5}, \dfrac{6}{5}\right)$.

13. 1.

14. 略.

15. $\sqrt{2}(2, 1, 1)$.

习题 6-4

1. $2x - 6y + 2z - 7 = 0$.

2. $x^2 + y^2 + z^2 - 2x - 6y + 4z = 0$.

3. $(2, 1, -2)$, 3.

4. $\left(x + \dfrac{2}{3}\right)^2 + (y + 1)^2 + \left(z + \dfrac{4}{3}\right)^2 = \dfrac{116}{9}$.

5. (1) $x^2 = \dfrac{1}{9}(y^2 + z^2)$, $z^2 = 9(x^2 + y^2)$;　(2) $x^2 + z^2 = 4y$;　(3) $x^2 + y^2 + z^2 = 16$;

    (4) $\dfrac{y^2}{4} - \dfrac{x^2 + z^2}{9} = 1, \dfrac{x^2 + y^2}{4} - \dfrac{z^2}{9} = 1$.

6. (1) y 轴, yOz 面;　(2) 直线, 平行于 z 轴的平面;　(3) 圆, 母线平行于 z 轴的圆柱面;

    (4) 抛物线, 母线平行于 z 轴的抛物柱面;　(5) 正弦曲线, 母线平行于 z 轴的柱面.

7. 略.

8. (1) xOy 面上的椭圆 $\dfrac{x^2}{4} + \dfrac{y^2}{9} = 1$ 绕 x 轴旋转一周;　(2) xOy 面上的双曲线 $x^2 - \dfrac{y^2}{4} = 1$

    绕 y 轴旋转一周;　(3) xOy 面上的双曲线 $x^2 - y^2 = 1$ 绕 x 轴旋转一周;　(4) yOz 面

    上的直线 $z = y + a$ 绕 z 轴旋转一周.

9. $\dfrac{y^2}{a^2} + \dfrac{x^2 + z^2}{a^2 - c^2} = 1$.

10. $\sqrt{x^2 + z^2} = \sin y$, $z = \sin \sqrt{x^2 + y^2}$.

11. (1) 上半球面;　(2) 上半圆锥面;　(3) 旋转抛物面;　(4) 双曲柱面.

习题 6-5

1. 略.

2. 略.

3. $y^2 + z^2 - 4z = 0$, $z^2 - 4x = 4z$.

4. $\begin{cases} 2x^2 - 2x + y^2 = 8, \\ z = 0. \end{cases}$

5. $\begin{cases} y^2 - 2x + 9 = 0, \\ z = 0. \end{cases}$

6. (1) $\begin{cases} x = \dfrac{3}{\sqrt{2}} \cos t, \\ y = \dfrac{3}{\sqrt{2}} \cos t, \ (0 \leqslant t \leqslant 2\pi) \\ z = 3 \sin t; \end{cases}$　(2) $\begin{cases} x = 1 + \sqrt{3} \cos t, \\ y = \sqrt{3} \sin t, \\ z = 0. \end{cases}$

7. $\begin{cases} x^2 + y^2 = a^2, \\ z = 0. \end{cases}$ $\begin{cases} y = a\sin\dfrac{z}{b}, \\ x = 0, \end{cases}$ $\begin{cases} x = a\cos\dfrac{z}{b}, \\ y = 0. \end{cases}$

8. $x^2 + y^2 \leqslant 1$.

9. $\begin{cases} 3y^2 - z^2 = 16, \\ 3x^2 + 2z^2 = 16. \end{cases}$

10. $x^2 + y^2 \leqslant ax,\ z^2 + ax \leqslant a^2,\ 0 \leqslant x \leqslant a, z \geqslant 0$.

11. $x^2 + y^2 \leqslant 4,\ y^2 \leqslant z \leqslant 4,\ x^2 \leqslant z \leqslant 4$.

习题 6-6

1. $5x - 3y + z - 4 = 0$.

2. $2x + 9y - 6z - 121 = 0$.

3. $x - 3y - 2z = 0$.

4. 略.

5. $\dfrac{2}{3}, -\dfrac{2}{3}, \dfrac{1}{3}$.

6. 1.

7. $\sqrt{6}$.

8. $x + y - 3z - 4 = 0$.

9. $x + 3y = 0$ 或 $3x - y = 0$.

10. $(1, -1, 3)$.

11. $6x + y + 6z + 6 = 0$ 或 $6x + y + 6z - 6 = 0$.

12. 略.

13. $a = b = \dfrac{9}{2}, c = 9$ 时体积最小, $2x + 2y + z - 9 = 0$.

习题 6-7

1. $\dfrac{x-3}{2} = \dfrac{y+1}{1} = \dfrac{z-4}{5}$.

2. $\dfrac{x-3}{-4} = \dfrac{y+2}{2} = \dfrac{z-1}{1}$ 或 $\begin{cases} x = 3 - 4t, \\ y = 2t - 2, \\ z = t + 1. \end{cases}$

3. $\dfrac{x-3}{-2} = \dfrac{y}{1} = \dfrac{z+2}{3}, \begin{cases} x = 3 - 2t, \\ y = t, \\ z = 3t - 2. \end{cases}$

4. $16x - 14y - 11z - 65 = 0$.

5. $\dfrac{x}{-2} = \dfrac{y-2}{3} = \dfrac{z-4}{1}$.

6. $\dfrac{x-1}{4} = \dfrac{y-1}{1} = \dfrac{z-1}{-2}$.

7. $\dfrac{\pi}{3}$.

8. 略.

9. $8x - 9y - 22z - 59 = 0$.

10. (1) 平行;　(2) 垂直;　(3) 平行;　(4) 直线在平面内.

11. $\dfrac{x-1}{1} = \dfrac{y-2}{2} = \dfrac{z}{5}$.

12. $10\sqrt{2}$.

13. $\left(-\dfrac{5}{3}, \dfrac{2}{3}, \dfrac{2}{3}\right)$.

14. $\begin{cases} x-y+z+8=0, \\ x-6y-7z+17=0. \end{cases}$

15. $\dfrac{x-1}{0} = \dfrac{y-1}{1} = \dfrac{z-1}{2}$.

16. $x+20y+7z-12=0$ 或 $x-z+4=0$.

17. $\dfrac{x+1}{1} = \dfrac{y-2}{3} = \dfrac{z-5}{-2}$.

18. $\dfrac{5}{3}$.

习题 6-8

1. 略.

2. $\begin{cases} y^2 = 2x-9, \\ z=0, \end{cases}$ 原曲线是位于平面 $z=3$ 上的抛物线.

3. (1) 圆;　(2) 椭圆;　(3) 双曲线;　(4) 抛物线.

4. 略.

5. 略.

6. $\begin{cases} x^2+y^2=x+y, \\ z=0, \end{cases}$ 　$\begin{cases} 2y^2+2yz+z^2-4y-3z+2=0, \\ x=0, \end{cases}$ 　$\begin{cases} 2x^2+2xz+z^2-4x-3z+2=0, \\ y=0. \end{cases}$

总复习题六

1. (1) $\lambda=3$;　(2) $\sqrt{19}$;　(3) $\dfrac{19}{\sqrt{29}}$;　(4) $(0, 2, 0)$;　(5) $21y-5z+9=0$.

2. (1) D;　(2)B;　(3)C;　(4)A;　(5)B.

3. 略.

4. 略.

5. $\arccos \dfrac{2}{\sqrt{7}}$.

6. $\boldsymbol{c} = 5\boldsymbol{a} + \boldsymbol{b}$.

7. 30.

8. 略.

9. $(x-1)^2 + (y+1)^2 = 4(z-1)^2$.

10. (1) $\begin{cases} z=2y^2, \\ x=0, \end{cases}$ z 轴;　(2) $\begin{cases} \dfrac{x^2}{3}+\dfrac{y^2}{4}=10, \\ z=0, \end{cases}$ y 轴;　(3) $\begin{cases} z=\sqrt{3}y, \\ x=0, \end{cases}$ z 轴;

(4) $\begin{cases} x^2-y^2=1, \\ z=0, \end{cases}$ x 轴.

11. $5x+3y-z-1=0$.

12. $15x-3y-26z-6=0$.

13. $x + \sqrt{26}y + 3z = 3$ 或 $x - \sqrt{26}y + 3z = 3$.

14. $x + 2y + 1 = 0$.

15. $\dfrac{25}{13\sqrt{61}}$.

16. $C\left(0, 0, \dfrac{1}{5}\right)$.

17. $\dfrac{x+1}{16} = \dfrac{y}{19} = \dfrac{z-4}{28}$.

18. $\begin{cases} x - y + 2z - 1 = 0, \\ x - 3y - 2z + 1 = 0, \end{cases}$ $4x^2 - 17y^2 + 4z^2 + 2y - 1 = 0$.

19. $\begin{cases} (x-1)^2 + y^2 \leqslant 1, \\ z = 0, \end{cases}$ $\begin{cases} \left(\dfrac{z^2}{2} - 2\right)^2 + y^2 \leqslant 1, \\ x = 0, \end{cases}$ $\begin{cases} x \leqslant z \leqslant \sqrt{2x}, \\ y = 0. \end{cases}$

20. 略.

附录一　常用的中学数学公式

1. 乘法公式

$$a^2 - b^2 = (a+b)(a-b)$$

$$a^3 - b^3 = (a-b)(a^2 + ab + b^2)$$

一般地, 有

$$a^n - b^n = (a-b)(a^{n-1} + a^{n-2}b + a^{n-3}b^2 + \cdots + b^{n-1})(n \geqslant 2, n \in \mathbf{N}^+)$$

$$a^n + b^n = (a+b)(a^{n-1} - a^{n-2}b + a^{n-3}b^2 - \cdots - ab^{n-2} + b^{n-1})(n为正奇数)$$

2. 二项式定理

$$(a+b)^n = C_n^0 a^n + C_n^1 a^{n-1}b + C_n^2 a^{n-2}b^2 + \cdots + C_n^r a^{n-r}b^r + \cdots + C_n^n b^n.$$

其中 $C_n^m = \dfrac{A_n^m}{A_m^m} = \dfrac{n(n-1)\cdots(n-m+1)}{1 \times 2 \times \cdots \times m} = \dfrac{n!}{m! \cdot (n-m)!}(n, m \in \mathbf{N},$ 且 $m \leqslant n).$

3. 对数恒等式

$$a^{\log_a^b} = b(a > 0, a \neq 1, b > 0)$$

$$\log_a^{a^b} = b(a > 0, a \neq 1,)$$

$$a^b = e^{b \ln a}(a > 0, a \neq 1,)$$

4. 同角三角函数的基本关系式

$$\sin^2 x + \cos^2 x = 1, \quad \tan x = \frac{\sin x}{\cos x}, \quad \tan x \cdot \cot x = 1.$$

$$1 + \tan^2 x = \sec^2 x, \quad 1 + \cot^2 x = \csc^2 x$$

5. 和差角公式

$$\sin(\alpha \pm \beta) = \sin \alpha \cos \beta \pm \cos \alpha \sin \beta$$
$$\cos(\alpha \pm \beta) = \cos \alpha \cos \beta \mp \sin \alpha \sin \beta$$
$$\tan(\alpha \pm \beta) = \frac{\tan \alpha \pm \tan \beta}{1 \mp \tan \alpha \cdot \tan \beta}$$
$$\cot(\alpha \pm \beta) = \frac{\cot \alpha \cdot \cot \beta \mp 1}{\cot \beta \pm \cot \alpha}$$

6. 和差化积公式

$$\sin \alpha + \sin \beta = 2 \sin \frac{\alpha + \beta}{2} \cos \frac{\alpha - \beta}{2}$$

$$\sin\alpha - \sin\beta = 2\cos\frac{\alpha+\beta}{2}\sin\frac{\alpha-\beta}{2}$$

$$\cos\alpha + \cos\beta = 2\cos\frac{\alpha+\beta}{2}\cos\frac{\alpha-\beta}{2}$$

$$\cos\alpha - \cos\beta = -2\sin\frac{\alpha+\beta}{2}\sin\frac{\alpha-\beta}{2}$$

7. 积化和差公式

$$\sin\alpha\cos\beta = \frac{1}{2}[\sin(\alpha+\beta) + \sin(\alpha-\beta)]$$

$$\cos\alpha\sin\beta = \frac{1}{2}[\sin(\alpha+\beta) - \sin(\alpha-\beta)]$$

$$\cos\alpha\cos\beta = \frac{1}{2}[\cos(\alpha+\beta) + \cos(\alpha-\beta)]$$

$$\sin\alpha\sin\beta = -\frac{1}{2}[\cos(\alpha+\beta) - \cos(\alpha-\beta)]$$

8. 二倍角公式

$$\sin 2\alpha = 2\sin\alpha\cos\alpha$$
$$\cos 2\alpha = 2\cos^2\alpha - 1 = 1 - 2\sin^2\alpha = \cos^2\alpha - \sin^2\alpha$$
$$\tan 2\alpha = \frac{2\tan\alpha}{1-\tan^2\alpha}$$
$$\cot 2\alpha = \frac{\cot^2\alpha - 1}{2\cot\alpha}$$

9. 三倍角公式

$$\sin 3\alpha = 3\sin\alpha - 4\sin^3\alpha$$
$$\cos 3\alpha = 4\cos^3\alpha - 3\cos\alpha$$
$$\tan 3\alpha = \frac{3\tan\alpha - \tan^3\alpha}{1 - 3\tan^2\alpha}$$

10. 半角公式

$$\sin\frac{\alpha}{2} = \pm\sqrt{\frac{1-\cos\alpha}{2}}$$
$$\cos\frac{\alpha}{2} = \pm\sqrt{\frac{1+\cos\alpha}{2}}$$
$$\tan\frac{\alpha}{2} = \pm\sqrt{\frac{1-\cos\alpha}{1+\cos\alpha}} = \frac{1-\cos\alpha}{\sin\alpha} = \frac{\sin\alpha}{1+\cos\alpha}$$
$$\cot\frac{\alpha}{2} = \pm\sqrt{\frac{1+\cos\alpha}{1-\cos\alpha}} = \frac{1+\cos\alpha}{\sin\alpha} = \frac{\sin\alpha}{1-\cos\alpha}$$

11. 其他一些三角函数性质
反三角函数性质:

$$\arcsin x = \frac{\pi}{2} - \arccos x$$

$$\arctan x = \frac{\pi}{2} - \operatorname{arccot} x$$

常见三角不等式

若 $x \in \left(0, \dfrac{\pi}{2}\right)$, 则 $\sin x < x < \tan x$.

正弦、余弦的诱导公式:

$$\sin\left(\frac{n\pi}{2} + x\right) = \begin{cases} (-1)^{\frac{n}{2}}\sin x, & (n \text{ 为偶数}) \\ (-1)^{\frac{n-1}{2}}\cos x, & (n \text{ 为奇数}) \end{cases}$$

$$\cos\left(\frac{n\pi}{2} + x\right) = \begin{cases} (-1)^{\frac{n}{2}}\cos x, & (n \text{ 为偶数}) \\ (-1)^{\frac{n+1}{2}}\sin x, & (n \text{ 为奇数}) \end{cases}$$

12. 简单的三角方程的通解

$$\sin x = a \Leftrightarrow x = k\pi + (-1)^k \arcsin a(k \in Z, |a| \leqslant 1).$$

$$\cos x = a \Leftrightarrow x = 2k\pi \pm \arccos a(k \in Z, |a| \leqslant 1).$$

$$\tan x = a \Rightarrow x = k\pi + \arctan a(k \in Z).$$

特别地, 有

$$\sin\alpha = \sin\beta \Leftrightarrow \alpha = k\pi + (-1)^k \beta(k \in Z).$$

$$\cos\alpha = \cos\beta \Leftrightarrow \alpha = 2k\pi \pm \beta(k \in Z).$$

$$\tan\alpha = \tan\beta \Rightarrow \alpha = k\pi + \beta(k \in Z).$$

13. 最简单的三角不等式及其解集

$$\sin x > a(|a| \leqslant 1) \Leftrightarrow x \in (2k\pi + \arcsin a, 2k\pi + \pi - \arcsin a), k \in Z.$$

$$\sin x < a(|a| \leqslant 1) \Leftrightarrow x \in (2k\pi - \pi - \arcsin a, 2k\pi + \arcsin a), k \in Z.$$

$$\cos x > a(|a| \leqslant 1) \Leftrightarrow x \in (2k\pi - \arccos a, 2k\pi + \arccos a), k \in Z.$$

$$\cos x < a(|a| \leqslant 1) \Leftrightarrow x \in (2k\pi + \arccos a, 2k\pi + 2\pi - \arccos a), k \in Z.$$

$$\tan x > a(a \in R) \Rightarrow x \in \left(k\pi + \arctan a, k\pi + \frac{\pi}{2}\right), k \in Z.$$

$$\tan x < a(a \in R) \Rightarrow x \in \left(k\pi - \frac{\pi}{2}, k\pi + \arctan a\right), k \in Z.$$

附录二 积 分 表

(一) 含有$ax+b$的积分$(a \neq 0)$

1. $\displaystyle \int \frac{\mathrm{d}x}{ax+b} = \frac{1}{a}\ln|ax+b| + C$

2. $\displaystyle \int (ax+b)^\mu \mathrm{d}x = \frac{1}{a(\mu+1)}(ax+b)^{\mu+1} + C (\mu \neq -1)$

3. $\displaystyle \int \frac{x}{ax+b}\mathrm{d}x = \frac{1}{a^2}(ax+b-b\ln|ax+b|) + C$

4. $\displaystyle \int \frac{x^2}{ax+b}\mathrm{d}x = \frac{1}{a^3}\left[\frac{1}{2}(ax+b)^2 - 2b(ax+b) + b^2\ln|ax+b|\right] + C$

5. $\displaystyle \int \frac{\mathrm{d}x}{x(ax+b)} = -\frac{1}{b}\ln\left|\frac{ax+b}{x}\right| + C$

6. $\displaystyle \int \frac{\mathrm{d}x}{x^2(ax+b)} = -\frac{1}{bx} + \frac{a}{b^2}\ln\left|\frac{ax+b}{x}\right| + C$

7. $\displaystyle \int \frac{x}{(ax+b)^2}\mathrm{d}x = \frac{1}{a^2}\left(\ln|ax+b| + \frac{b}{ax+b}\right) + C$

8. $\displaystyle \int \frac{x^2}{(ax+b)^2}\mathrm{d}x = \frac{1}{a^3}\left(ax+b-2b\ln|ax+b| - \frac{b^2}{ax+b}\right) + C$

9. $\displaystyle \int \frac{\mathrm{d}x}{x(ax+b)^2} = \frac{1}{b(ax+b)} - \frac{1}{b^2}\ln\left|\frac{ax+b}{x}\right| + C$

(二) 含有$\sqrt{ax+b}$的积分

10. $\displaystyle \int \sqrt{ax+b}\mathrm{d}x = \frac{2}{3a}\sqrt{(ax+b)^3} + C$

11. $\displaystyle \int x\sqrt{ax+b}\mathrm{d}x = \frac{2}{15a^2}(3ax-2b)\sqrt{(ax+b)^3} + C$

12. $\displaystyle \int x^2\sqrt{ax+b}\mathrm{d}x = \frac{2}{105a^3}(15a^2x^2-12abx+8b^2)\sqrt{(ax+b)^3} + C$

13. $\displaystyle \int \frac{x}{\sqrt{ax+b}}\mathrm{d}x = \frac{2}{3a^2}(ax-2b)\sqrt{ax+b} + C$

14. $\displaystyle \int \frac{x^2}{\sqrt{ax+b}}\mathrm{d}x = \frac{2}{15a^3}(3a^2x^2-4abx+8b^2)\sqrt{ax+b} + C$

15. $\displaystyle \int \frac{\mathrm{d}x}{x\sqrt{ax+b}} = \begin{cases} \dfrac{1}{\sqrt{b}}\ln\left|\dfrac{\sqrt{ax+b}-\sqrt{b}}{\sqrt{ax+b}+\sqrt{b}}\right| + C & (b > 0) \\[3mm] \dfrac{2}{\sqrt{-b}}\arctan\sqrt{\dfrac{ax+b}{-b}} + C & (b < 0) \end{cases}$

16. $\displaystyle \int \frac{\mathrm{d}x}{x^2\sqrt{ax+b}} = -\frac{\sqrt{ax+b}}{bx} - \frac{a}{2b}\int \frac{\mathrm{d}x}{x\sqrt{ax+b}}$

17. $\displaystyle\int \frac{\sqrt{ax+b}}{x}\mathrm{d}x = 2\sqrt{ax+b} + b\int \frac{\mathrm{d}x}{x\sqrt{ax+b}}$

18. $\displaystyle\int \frac{\sqrt{ax+b}}{x^2}\mathrm{d}x = -\frac{\sqrt{ax+b}}{x} + \frac{a}{2}\int \frac{\mathrm{d}x}{x\sqrt{ax+b}}$

(三) 含有 $x^2 \pm a^2$ 的积分

19. $\displaystyle\int \frac{\mathrm{d}x}{x^2+a^2} = \frac{1}{a}\arctan\frac{x}{a} + C$

20. $\displaystyle\int \frac{\mathrm{d}x}{(x^2+a^2)^n} = \frac{x}{2(n-1)a^2(x^2+a^2)^{n-1}} + \frac{2n-3}{2(n-1)a^2}\int \frac{\mathrm{d}x}{(x^2+a^2)^{n-1}}$

21. $\displaystyle\int \frac{\mathrm{d}x}{x^2-a^2} = \frac{1}{2a}\ln\left|\frac{x-a}{x+a}\right| + C$

(四) 含有 $ax^2 + b(a>0)$ 的积分

22. $\displaystyle\int \frac{\mathrm{d}x}{ax^2+b} = \begin{cases} \dfrac{1}{\sqrt{ab}}\arctan\sqrt{\dfrac{a}{b}}x + C & (b>0) \\[3mm] \dfrac{1}{2\sqrt{-ab}}\ln\left|\dfrac{\sqrt{a}x-\sqrt{-b}}{\sqrt{a}x+\sqrt{-b}}\right| + C & (b<0) \end{cases}$

23. $\displaystyle\int \frac{x}{ax^2+b}\mathrm{d}x = \frac{1}{2a}\ln\left|ax^2+b\right| + C$

24. $\displaystyle\int \frac{x^2}{ax^2+b}\mathrm{d}x = \frac{x}{a} - \frac{b}{a}\int \frac{\mathrm{d}x}{ax^2+b}$

25. $\displaystyle\int \frac{\mathrm{d}x}{x(ax^2+b)} = \frac{1}{2b}\ln\frac{x^2}{\left|ax^2+b\right|} + C$

26. $\displaystyle\int \frac{\mathrm{d}x}{x^2(ax^2+b)} = -\frac{1}{bx} - \frac{a}{b}\int \frac{\mathrm{d}x}{ax^2+b}$

27. $\displaystyle\int \frac{\mathrm{d}x}{x^3(ax^2+b)} = \frac{a}{2b^2}\ln\frac{\left|ax^2+b\right|}{x^2} - \frac{1}{2bx^2} + C$

28. $\displaystyle\int \frac{\mathrm{d}x}{(ax^2+b)^2} = \frac{x}{2b(ax^2+b)} + \frac{1}{2b}\int \frac{\mathrm{d}x}{ax^2+b}$

(五) 含有 $ax^2 + bx + c(a>0)$ 的积分

29. $\displaystyle\int \frac{\mathrm{d}x}{ax^2+bx+c} = \begin{cases} \dfrac{2}{\sqrt{4ac-b^2}}\arctan\dfrac{2ax+b}{\sqrt{4ac-b^2}} + C & (b^2<4ac) \\[3mm] \dfrac{1}{\sqrt{b^2-4ac}}\ln\left|\dfrac{2ax+b-\sqrt{b^2-4ac}}{2ax+b+\sqrt{b^2-4ac}}\right| + C & (b^2>4ac) \end{cases}$

30. $\displaystyle\int \frac{x}{ax^2+bx+c}\mathrm{d}x = \frac{1}{2a}\ln\left|ax^2+bx+c\right| - \frac{b}{2a}\int \frac{\mathrm{d}x}{ax^2+bx+c}$

(六) 含有 $\sqrt{x^2+a^2}(a>0)$ 的积分

31. $\displaystyle\int \frac{\mathrm{d}x}{\sqrt{x^2+a^2}} = \mathrm{arsh}\frac{x}{a} + C_1 = \ln(x+\sqrt{x^2+a^2}) + C$

32. $\displaystyle\int \frac{\mathrm{d}x}{\sqrt{(x^2+a^2)^3}} = \frac{x}{a^2\sqrt{x^2+a^2}} + C$

33. $\displaystyle\int \frac{x}{\sqrt{x^2+a^2}}\mathrm{d}x = \sqrt{x^2+a^2}+C$

34. $\displaystyle\int \frac{x}{\sqrt{(x^2+a^2)^3}}\mathrm{d}x = -\frac{1}{\sqrt{x^2+a^2}}+C$

35. $\displaystyle\int \frac{x^2}{\sqrt{x^2+a^2}}\mathrm{d}x = \frac{x}{2}\sqrt{x^2+a^2}-\frac{a^2}{2}\ln(x+\sqrt{x^2+a^2})+C$

36. $\displaystyle\int \frac{x^2}{\sqrt{(x^2+a^2)^3}}\mathrm{d}x = -\frac{x}{\sqrt{x^2+a^2}}+\ln(x+\sqrt{x^2+a^2})+C$

37. $\displaystyle\int \frac{\mathrm{d}x}{x\sqrt{x^2+a^2}} = \frac{1}{a}\ln\frac{\sqrt{x^2+a^2}-a}{|x|}+C$

38. $\displaystyle\int \frac{\mathrm{d}x}{x^2\sqrt{x^2+a^2}} = -\frac{\sqrt{x^2+a^2}}{a^2 x}+C$

39. $\displaystyle\int \sqrt{x^2+a^2}\,\mathrm{d}x = \frac{x}{2}\sqrt{x^2+a^2}+\frac{a^2}{2}\ln(x+\sqrt{x^2+a^2})+C$

40. $\displaystyle\int \sqrt{(x^2+a^2)^3}\,\mathrm{d}x = \frac{x}{8}(2x^2+5a^2)\sqrt{x^2+a^2}+\frac{3}{8}a^4\ln(x+\sqrt{x^2+a^2})+C$

41. $\displaystyle\int x\sqrt{x^2+a^2}\,\mathrm{d}x = \frac{1}{3}\sqrt{(x^2+a^2)^3}+C$

42. $\displaystyle\int x^2\sqrt{x^2+a^2}\,\mathrm{d}x = \frac{x}{8}(2x^2+a^2)\sqrt{x^2+a^2}-\frac{a^4}{8}\ln(x+\sqrt{x^2+a^2})+C$

43. $\displaystyle\int \frac{\sqrt{x^2+a^2}}{x}\mathrm{d}x = \sqrt{x^2+a^2}+a\ln\frac{\sqrt{x^2+a^2}-a}{|x|}+C$

44. $\displaystyle\int \frac{\sqrt{x^2+a^2}}{x^2}\mathrm{d}x = -\frac{\sqrt{x^2+a^2}}{x}+\ln(x+\sqrt{x^2+a^2})+C$

(七) 含有 $\sqrt{x^2-a^2}\,(a>0)$ 的积分

45. $\displaystyle\int \frac{\mathrm{d}x}{\sqrt{x^2-a^2}} = \frac{x}{|x|}\mathrm{arch}\frac{|x|}{a}+C_1 = \ln\left|x+\sqrt{x^2-a^2}\right|+C$

46. $\displaystyle\int \frac{\mathrm{d}x}{\sqrt{(x^2-a^2)^3}} = -\frac{x}{a^2\sqrt{x^2-a^2}}+C$

47. $\displaystyle\int \frac{x}{\sqrt{x^2-a^2}}\mathrm{d}x = \sqrt{x^2-a^2}+C$

48. $\displaystyle\int \frac{x}{\sqrt{(x^2-a^2)^3}}\mathrm{d}x = -\frac{1}{\sqrt{x^2-a^2}}+C$

49. $\displaystyle\int \frac{x^2}{\sqrt{x^2-a^2}}\mathrm{d}x = \frac{x}{2}\sqrt{x^2-a^2}+\frac{a^2}{2}\ln\left|x+\sqrt{x^2-a^2}\right|+C$

50. $\displaystyle\int \frac{x^2}{\sqrt{(x^2-a^2)^3}}\mathrm{d}x = -\frac{x}{\sqrt{x^2-a^2}}+\ln\left|x+\sqrt{x^2-a^2}\right|+C$

51. $\displaystyle\int \frac{\mathrm{d}x}{x\sqrt{x^2-a^2}} = \frac{1}{a}\arccos\frac{a}{|x|}+C$

52. $\displaystyle\int \frac{\mathrm{d}x}{x^2\sqrt{x^2-a^2}} = \frac{\sqrt{x^2-a^2}}{a^2 x}+C$

53. $\int \sqrt{x^2 - a^2}\mathrm{d}x = \dfrac{x}{2}\sqrt{x^2 - a^2} - \dfrac{a^2}{2}\ln\left|x + \sqrt{x^2 - a^2}\right| + C$

54. $\int \sqrt{(x^2 - a^2)^3}\mathrm{d}x = \dfrac{x}{8}(2x^2 - 5a^2)\sqrt{x^2 - a^2} + \dfrac{3}{8}a^4 \ln\left|x + \sqrt{x^2 - a^2}\right| + C$

55. $\int x\sqrt{x^2 - a^2}\mathrm{d}x = \dfrac{1}{3}\sqrt{(x^2 - a^2)^3} + C$

56. $\int x^2\sqrt{x^2 - a^2}\mathrm{d}x = \dfrac{x}{8}(2x^2 - a^2)\sqrt{x^2 - a^2} - \dfrac{a^4}{8}\ln\left|x + \sqrt{x^2 - a^2}\right| + C$

57. $\int \dfrac{\sqrt{x^2 - a^2}}{x}\mathrm{d}x = \sqrt{x^2 - a^2} - a\arccos\dfrac{a}{|x|} + C$

58. $\int \dfrac{\sqrt{x^2 - a^2}}{x^2}\mathrm{d}x = -\dfrac{\sqrt{x^2 - a^2}}{x} + \ln\left|x + \sqrt{x^2 - a^2}\right| + C$

(八) 含有 $\sqrt{a^2 - x^2}(a > 0)$ 的积分

59. $\int \dfrac{\mathrm{d}x}{\sqrt{a^2 - x^2}} = \arcsin\dfrac{x}{a} + C$

60. $\int \dfrac{\mathrm{d}x}{\sqrt{(a^2 - x^2)^3}} = \dfrac{x}{a^2\sqrt{a^2 - x^2}} + C$

61. $\int \dfrac{x}{\sqrt{a^2 - x^2}}\mathrm{d}x = -\sqrt{a^2 - x^2} + C$

62. $\int \dfrac{x}{\sqrt{(a^2 - x^2)^3}}\mathrm{d}x = \dfrac{1}{\sqrt{a^2 - x^2}} + C$

63. $\int \dfrac{x^2}{\sqrt{a^2 - x^2}}\mathrm{d}x = -\dfrac{x}{2}\sqrt{a^2 - x^2} + \dfrac{a^2}{2}\arcsin\dfrac{x}{a} + C$

64. $\int \dfrac{x^2}{\sqrt{(a^2 - x^2)^3}}\mathrm{d}x = \dfrac{x}{\sqrt{a^2 - x^2}} - \arcsin\dfrac{x}{a} + C$

65. $\int \dfrac{\mathrm{d}x}{x\sqrt{a^2 - x^2}} = \dfrac{1}{a}\ln\dfrac{a - \sqrt{a^2 - x^2}}{|x|} + C$

66. $\int \dfrac{\mathrm{d}x}{x^2\sqrt{a^2 - x^2}} = -\dfrac{\sqrt{a^2 - x^2}}{a^2 x} + C$

67. $\int \sqrt{a^2 - x^2}\mathrm{d}x = \dfrac{x}{2}\sqrt{a^2 - x^2} + \dfrac{a^2}{2}\arcsin\dfrac{x}{a} + C$

68. $\int \sqrt{(a^2 - x^2)^3}\mathrm{d}x = \dfrac{x}{8}(5a^2 - 2x^2)\sqrt{a^2 - x^2} + \dfrac{3}{8}a^4\arcsin\dfrac{x}{a} + C$

69. $\int x\sqrt{a^2 - x^2}\mathrm{d}x = -\dfrac{1}{3}\sqrt{(a^2 - x^2)^3} + C$

70. $\int x^2\sqrt{a^2 - x^2}\mathrm{d}x = \dfrac{x}{8}(2x^2 - a^2)\sqrt{a^2 - x^2} + \dfrac{a^4}{8}\arcsin\dfrac{x}{a} + C$

71. $\int \dfrac{\sqrt{a^2 - x^2}}{x}\mathrm{d}x = \sqrt{a^2 - x^2} + a\ln\dfrac{a - \sqrt{a^2 - x^2}}{|x|} + C$

72. $\int \dfrac{\sqrt{a^2 - x^2}}{x^2}\mathrm{d}x = -\dfrac{\sqrt{a^2 - x^2}}{x} - \arcsin\dfrac{x}{a} + C$

(九) 含有 $\sqrt{\pm ax^2 + bx + c}(a > 0)$ 的积分

73. $\displaystyle\int \frac{\mathrm{d}x}{\sqrt{ax^2 + bx + c}} = \frac{1}{\sqrt{a}} \ln \left| 2ax + b + 2\sqrt{a}\sqrt{ax^2 + bx + c} \right| + C$

74. $\displaystyle\int \sqrt{ax^2 + bx + c}\,\mathrm{d}x = \frac{2ax + b}{4a} \sqrt{ax^2 + bx + c}$

$$+ \frac{4ac - b^2}{8\sqrt{a^3}} \ln \left| 2ax + b + 2\sqrt{a}\sqrt{ax^2 + bx + c} \right| + C$$

75. $\displaystyle\int \frac{x}{\sqrt{ax^2 + bx + c}}\,\mathrm{d}x = \frac{1}{a} \sqrt{ax^2 + bx + c}$

$$- \frac{b}{2\sqrt{a^3}} \ln \left| 2ax + b + 2\sqrt{a}\sqrt{ax^2 + bx + c} \right| + C$$

76. $\displaystyle\int \frac{\mathrm{d}x}{\sqrt{c + bx - ax^2}} = -\frac{1}{\sqrt{a}} \arcsin \frac{2ax - b}{\sqrt{b^2 + 4ac}} + C$

77. $\displaystyle\int \sqrt{c + bx - ax^2}\,\mathrm{d}x = \frac{2ax - b}{4a} \sqrt{c + bx - ax^2} + \frac{b^2 + 4ac}{8\sqrt{a^3}} \arcsin \frac{2ax - b}{\sqrt{b^2 + 4ac}} + C$

78. $\displaystyle\int \frac{x}{\sqrt{c + bx - ax^2}}\,\mathrm{d}x = -\frac{1}{a} \sqrt{c + bx - ax^2} + \frac{b}{2\sqrt{a^3}} \arcsin \frac{2ax - b}{\sqrt{b^2 + 4ac}} + C$

(十) 含有 $\sqrt{\pm \dfrac{x - a}{x - b}}$ 或 $\sqrt{(x - a)(b - x)}$ 的积分

79. $\displaystyle\int \sqrt{\frac{x - a}{x - b}}\,\mathrm{d}x = (x - b)\sqrt{\frac{x - a}{x - b}} + (b - a)\ln(\sqrt{|x - a|} + \sqrt{|x - b|}) + C$

80. $\displaystyle\int \sqrt{\frac{x - a}{b - x}}\,\mathrm{d}x = (x - b)\sqrt{\frac{x - a}{b - x}} + (b - a)\arcsin \sqrt{\frac{x - a}{b - x}} + C$

81. $\displaystyle\int \frac{\mathrm{d}x}{\sqrt{(x - a)(b - x)}} = 2\arcsin \sqrt{\frac{x - a}{b - a}} + C \quad (a < b)$

82. $\displaystyle\int \sqrt{(x - a)(b - x)}\,\mathrm{d}x = \frac{2x - a - b}{4} \sqrt{(x - a)(b - x)} + \frac{(b - a)^2}{4} \arcsin \sqrt{\frac{x - a}{b - x}} + C$

$$(a < b)$$

(十一) 含有三角函数的积分

83. $\displaystyle\int \sin x\,\mathrm{d}x = -\cos x + C$

84. $\displaystyle\int \cos x\,\mathrm{d}x = \sin x + C$

85. $\displaystyle\int \tan x\,\mathrm{d}x = -\ln |\cos x| + C$

86. $\displaystyle\int \cot x\,\mathrm{d}x = \ln |\sin x| + C$

87. $\displaystyle\int \sec x\,\mathrm{d}x = \ln \left| \tan \left(\frac{\pi}{4} + \frac{x}{2} \right) \right| + C = \ln |\sec x + \tan x| + C$

88. $\displaystyle\int \csc x\,\mathrm{d}x = \ln \left| \tan \frac{x}{2} \right| + C = \ln |\csc x - \cot x| + C$

89. $\displaystyle\int \sec^2 x \mathrm{d}x = \tan x + C$

90. $\displaystyle\int \csc^2 x \mathrm{d}x = -\cot x + C$

91. $\displaystyle\int \sec x \tan x \mathrm{d}x = \sec x + C$

92. $\displaystyle\int \csc x \cot x \mathrm{d}x = -\csc x + C$

93. $\displaystyle\int \sin^2 x \mathrm{d}x = \dfrac{x}{2} - \dfrac{1}{4}\sin 2x + C$

94. $\displaystyle\int \cos^2 x \mathrm{d}x = \dfrac{x}{2} + \dfrac{1}{4}\sin 2x + C$

95. $\displaystyle\int \sin^n x \mathrm{d}x = -\dfrac{1}{n}\sin^{n-1} x \cos x + \dfrac{n-1}{n}\int \sin^{n-2} x \mathrm{d}x$

96. $\displaystyle\int \cos^n x \mathrm{d}x = \dfrac{1}{n}\cos^{n-1} x \sin x + \dfrac{n-1}{n}\int \cos^{n-2} x \mathrm{d}x$

97. $\displaystyle\int \dfrac{\mathrm{d}x}{\sin^n x} = -\dfrac{1}{n-1}\cdot\dfrac{\cos x}{\sin^{n-1} x} + \dfrac{n-2}{n-1}\int \dfrac{\mathrm{d}x}{\sin^{n-2} x}$

98. $\displaystyle\int \dfrac{\mathrm{d}x}{\cos^n x} = \dfrac{1}{n-1}\cdot\dfrac{\sin x}{\cos^{n-1} x} + \dfrac{n-2}{n-1}\int \dfrac{\mathrm{d}x}{\cos^{n-2} x}$

99. $\displaystyle\int \cos^m x \sin^n x \mathrm{d}x = \dfrac{1}{m+n}\cos^{m-1} x \sin^{n+1} x + \dfrac{m-1}{m+n}\int \cos^{m-2} x \sin^n x \mathrm{d}x$

$\displaystyle\qquad\qquad = -\dfrac{1}{m+n}\cos^{m+1} x \sin^{n-1} x + \dfrac{n-1}{m+n}\int \cos^m x \sin^{n-2} x \mathrm{d}x$

100. $\displaystyle\int \sin ax \cos bx \mathrm{d}x = -\dfrac{1}{2(a+b)}\cos(a+b)x - \dfrac{1}{2(a-b)}\cos(a-b)x + C$

101. $\displaystyle\int \sin ax \sin bx \mathrm{d}x = -\dfrac{1}{2(a+b)}\sin(a+b)x + \dfrac{1}{2(a-b)}\sin(a-b)x + C$

102. $\displaystyle\int \cos ax \cos bx \mathrm{d}x = \dfrac{1}{2(a+b)}\sin(a+b)x + \dfrac{1}{2(a-b)}\sin(a-b)x + C$

103. $\displaystyle\int \dfrac{\mathrm{d}x}{a+b\sin x} = \dfrac{2}{\sqrt{a^2-b^2}}\arctan\dfrac{a\tan\dfrac{x}{2}+b}{\sqrt{a^2-b^2}} + C \quad (a^2 > b^2)$

104. $\displaystyle\int \dfrac{\mathrm{d}x}{a+b\sin x} = \dfrac{1}{\sqrt{b^2-a^2}}\ln\left|\dfrac{a\tan\dfrac{x}{2}+b-\sqrt{b^2-a^2}}{a\tan\dfrac{x}{2}+b+\sqrt{b^2-a^2}}\right| + C \quad (a^2 < b^2)$

105. $\displaystyle\int \dfrac{\mathrm{d}x}{a+b\cos x} = \dfrac{2}{a+b}\sqrt{\dfrac{a+b}{a-b}}\arctan\left(\sqrt{\dfrac{a-b}{a+b}}\tan\dfrac{x}{2}\right) + C \quad (a^2 > b^2)$

106. $\displaystyle\int \dfrac{\mathrm{d}x}{a+b\cos x} = \dfrac{1}{a+b}\sqrt{\dfrac{a+b}{b-a}}\ln\left|\dfrac{\tan\dfrac{x}{2}+\sqrt{\dfrac{a+b}{b-a}}}{\tan\dfrac{x}{2}-\sqrt{\dfrac{a+b}{b-a}}}\right| + C \quad (a^2 < b^2)$

107. $\displaystyle\int \dfrac{\mathrm{d}x}{a^2\cos^2 x + b^2\sin^2 x} = \dfrac{1}{ab}\arctan\left(\dfrac{b}{a}\tan x\right) + C$

108. $\displaystyle\int \frac{\mathrm{d}x}{a^2\cos^2 x - b^2\sin^2 x} = \frac{1}{2ab}\ln\left|\frac{b\tan x + a}{b\tan x - a}\right| + C$

109. $\displaystyle\int x\sin ax\mathrm{d}x = \frac{1}{a^2}\sin ax - \frac{1}{a}x\cos ax + C$

110. $\displaystyle\int x^2\sin ax\mathrm{d}x = -\frac{1}{a}x^2\cos ax + \frac{2}{a^2}x\sin ax + \frac{2}{a^3}\cos ax + C$

111. $\displaystyle\int x\cos ax\mathrm{d}x = \frac{1}{a^2}\cos ax + \frac{1}{a}x\sin ax + C$

112. $\displaystyle\int x^2\cos ax\mathrm{d}x = \frac{1}{a}x^2\sin ax + \frac{2}{a^2}x\cos ax - \frac{2}{a^3}\sin ax + C$

(十二) 含有反三角函数的积分 (其中$a > 0$)

113. $\displaystyle\int \arcsin\frac{x}{a}\mathrm{d}x = x\arcsin\frac{x}{a} + \sqrt{a^2 - x^2} + C$

114. $\displaystyle\int x\arcsin\frac{x}{a}\mathrm{d}x = \left(\frac{x^2}{2} - \frac{a^2}{4}\right)\arcsin\frac{x}{a} + \frac{x}{4}\sqrt{a^2 - x^2} + C$

115. $\displaystyle\int x^2\arcsin\frac{x}{a}\mathrm{d}x = \frac{x^3}{3}\arcsin\frac{x}{a} + \frac{1}{9}\left(x^2 + 2a^2\right)\sqrt{a^2 - x^2} + C$

116. $\displaystyle\int \arccos\frac{x}{a}\mathrm{d}x = x\arccos\frac{x}{a} - \sqrt{a^2 - x^2} + C$

117. $\displaystyle\int x\arccos\frac{x}{a}\mathrm{d}x = \left(\frac{x^2}{2} - \frac{a^2}{4}\right)\arccos\frac{x}{a} - \frac{x}{4}\sqrt{a^2 - x^2} + C$

118. $\displaystyle\int x^2\arccos\frac{x}{a}\mathrm{d}x = \frac{x^3}{3}\arccos\frac{x}{a} - \frac{1}{9}(x^2 + 2a^2)\sqrt{a^2 - x^2} + C$

119. $\displaystyle\int \arctan\frac{x}{a}\mathrm{d}x = x\arctan\frac{x}{a} - \frac{a}{2}\ln(a^2 + x^2) + C$

120. $\displaystyle\int x\arctan\frac{x}{a}\mathrm{d}x = \frac{1}{2}(a^2 + x^2)\arctan\frac{x}{a} - \frac{a}{2}x + C$

121. $\displaystyle\int x^2\arctan\frac{x}{a}\mathrm{d}x = \frac{x^3}{3}\arctan\frac{x}{a} - \frac{a}{6}x^2 + \frac{a^3}{6}\ln(a^2 + x^2) + C$

(十三) 含有指数函数的积分

122. $\displaystyle\int a^x\mathrm{d}x = \frac{1}{\ln a}a^x + C$

123. $\displaystyle\int \mathrm{e}^{ax}\mathrm{d}x = \frac{1}{a}\mathrm{e}^{ax} + C$

124. $\displaystyle\int x\mathrm{e}^{ax}\mathrm{d}x = \frac{1}{a^2}(ax - 1)\mathrm{e}^{ax} + C$

125. $\displaystyle\int x^n\mathrm{e}^{ax}\mathrm{d}x = \frac{1}{a}x^n\mathrm{e}^{ax} - \frac{n}{a}\int x^{n-1}\mathrm{e}^{ax}\mathrm{d}x$

126. $\displaystyle\int xa^x\mathrm{d}x = \frac{x}{\ln a}a^x - \frac{1}{(\ln a)^2}a^x + C$

127. $\displaystyle\int x^n a^x\mathrm{d}x = \frac{1}{\ln a}x^n a^x - \frac{n}{\ln a}\int x^{n-1}a^x\mathrm{d}x$

128. $\displaystyle\int \mathrm{e}^{ax}\sin bx\mathrm{d}x = \frac{1}{a^2 + b^2}\mathrm{e}^{ax}(a\sin bx - b\cos bx) + C$

129. $\displaystyle\int e^{ax}\cos bx\mathrm{d}x = \frac{1}{a^2+b^2}e^{ax}(b\sin bx + a\cos bx) + C$

130. $\displaystyle\int e^{ax}\sin^n bx\mathrm{d}x = \frac{1}{a^2+b^2n^2}e^{ax}\sin^{n-1}bx(a\sin bx - nb\cos bx)$

$$+\frac{n(n-1)b^2}{a^2+b^2n^2}\int e^{ax}\sin^{n-2}bx\mathrm{d}x$$

131. $\displaystyle\int e^{ax}\cos^n bx\mathrm{d}x = \frac{1}{a^2+b^2n^2}e^{ax}\cos^{n-1}bx(a\cos bx + nb\sin bx)$

$$+\frac{n(n-1)b^2}{a^2+b^2n^2}\int e^{ax}\cos^{n-2}bx\mathrm{d}x$$

(十四) 含有对数函数的积分

132. $\displaystyle\int \ln x\mathrm{d}x = x\ln x - x + C$

133. $\displaystyle\int \frac{\mathrm{d}x}{x\ln x} = \ln|\ln x| + C$

134. $\displaystyle\int x^n \ln x\mathrm{d}x = \frac{1}{n+1}x^{n+1}\left(\ln x - \frac{1}{n+1}\right) + C$

135. $\displaystyle\int (\ln x)^n\mathrm{d}x = x(\ln x)^n - n\int (\ln x)^{n-1}\mathrm{d}x$

136. $\displaystyle\int x^m(\ln x)^n\mathrm{d}x = \frac{1}{m+1}x^{m+1}(\ln x)^n - \frac{n}{m+1}\int x^m(\ln x)^{n-1}\mathrm{d}x$

(十五) 含有双曲函数的积分

137. $\displaystyle\int \mathrm{sh}x\mathrm{d}x = \mathrm{ch}x + C$

138. $\displaystyle\int \mathrm{ch}x\mathrm{d}x = \mathrm{sh}x + C$

139. $\displaystyle\int \mathrm{th}x\mathrm{d}x = \ln\mathrm{ch}x + C$

140. $\displaystyle\int \mathrm{sh}^2x\mathrm{d}x = -\frac{x}{2} + \frac{1}{4}\mathrm{sh}2x + C$

141. $\displaystyle\int \mathrm{ch}^2x\mathrm{d}x = \frac{x}{2} + \frac{1}{4}\mathrm{sh}2x + C$

(十六) 定积分 $(m,n\in N^+)$

142. $\displaystyle\int_{-\pi}^{\pi}\cos nx\mathrm{d}x = \int_{-\pi}^{\pi}\sin nx\mathrm{d}x = 0$

143. $\displaystyle\int_{-\pi}^{\pi}\cos mx\sin nx\mathrm{d}x = 0$

144. $\displaystyle\int_{-\pi}^{\pi}\cos mx\cos nx\mathrm{d}x = \begin{cases} 0, & m\neq n \\ \pi, & m = n \end{cases}$

145. $\displaystyle\int_{-\pi}^{\pi}\sin mx\sin nx\mathrm{d}x = \begin{cases} 0, & m\neq n \\ \pi, & m = n \end{cases}$

146. $\displaystyle\int_0^\pi \sin mx \sin nx \mathrm{d}x = \int_0^\pi \cos mx \cos nx \mathrm{d}x = \begin{cases} 0, & m \neq n \\ \dfrac{\pi}{2}, & m = n \end{cases}$

147. $I_n = \displaystyle\int_0^{\frac{\pi}{2}} \sin^n x \mathrm{d}x = \int_0^{\frac{\pi}{2}} \cos^n x \mathrm{d}x$

$$I_n = \frac{n-1}{n} I_{n-2}$$

$$I_n = \frac{n-1}{n} \cdot \frac{n-3}{n-2} \cdot \ \cdots\ \cdot \frac{4}{5} \cdot \frac{2}{3} \ (n\text{为大于 1 的正奇数}), I_1 = 1$$

$$I_n = \frac{n-1}{n} \cdot \frac{n-3}{n-2} \cdot \ \cdots\ \cdot \frac{3}{4} \cdot \frac{1}{2} \cdot \frac{\pi}{2} (n\text{为正偶数}), I_0 = \frac{\pi}{2}$$